세상을 바꾸는 공부법

KB176649
CROSS
크로스수학
기출문제
유형탐구

:: 지은이 김의중

1988년 서울대 경제학과 졸업

재수학원, 강남에서의 과외 등 24년 강의

현재는 각종 교재 집필중

:: 저서 세상을 바꾸는 공부법

눈으로 읽는

크로스 수학(B형) 기출문제

2014년 4월 1일 초판발행

지은이_ 김의중

펴낸이_ 배수현

디자인_ 정정임, 박수정

제 작_ 송재호

홍 보_ 전기복

펴낸곳_ 가나북스 www.gnbooks.co.kr

출판등록_ 제393-2009-000012호

전화_ 031-408-8811(代)

팩스_ 031-501-8811

ISBN 978-89-94664-24-8(53410)

* 가격은 뒤 표지에 있습니다.

세상을 바꾸는 공부법

CROSS
크로스수학
기출문제
유형탐구

크로스 수학

처음으로 '읽는' 수학문제집을 내면서

수학을 잘 하는 방법에는 두 가지 길이 있습니다.

하나는 가장 일반적인 방법인데 많은 문제를 꾸준히 열심히 푸는 방식입니다. 모르는 것은 한두 번 더 보는 것이 보통입니다. 대부분의 학생들이 이 방식을 사용해왔으며 아마 앞으로도 별일 없으면 이 방식을 선호할 것입니다.

여기서 시중에 나와 있는 그 수많은 문제집들을 그토록 열심히 푸는 학생들에게 질문하겠습니다. 그래서 그토록 많은 시간과 노력을 들여 수학을 풀어서 여러분은 최고가 될 수 있었나요? 혹은 그 가능성이라도 보이나요? 좀 더 게을러도, 좀 더 시간을 덜 들여도 오히려 그 성과는 더욱 뛰어난 나머지 '완벽' 함에 도전할 수 있는 다른 방법은 없을 것 같나요?

그래서 두번째 방식이 필요한 것입니다. 두번째 방식은 기본이 되는 문제들을 적당히 선별한 후 이 문제들을 마르고 닳도록 수도 없이 반복하여 완전히 암기하고 또 완전히 이해한 후 시험 직전에서야 다른 문제들을 쭉 푸는 것입니다. 이 방식을 쓰는 학생들은 매우 희귀하며 어쩌다가 한 학교에 혹은 한 학년에 몇 명이 있을까 말까 할 정도입니다. 하지만 중요한 사실은 그런 학생들이야말로 공부시간에 비하여 수학성적이 월등하게 높다는 것입니다. 남들이 소위 '수학천재' 라고 부르는 아니 오해하는 경우입니다.

두 번째 방식의 출발점은 본인이 '머리가 나쁘기 때문에 적은 수의 문제들을 잘 골라서 수도 없이 반복해야만 그 문제들을 이해할 수 있다' 는 소박함에서 출발한다는 사실을 꼭 기억해주시길 바랍니다. '수도 없이 반복하는 수학방식이라니 그건 그냥 암기가 아닌가요?' 라고 오해하지 않으시길 바랍니다. 암기와 이해는 결코 대립관계가 아닙니다. 완벽한 이해는 완벽한 암기를 하고 나서야 가능하거든요. 구구단을 생각해보세요.

보통 시중에 나와 있는 문제들은 당연히 전자의 방식을 위한 것입니다. 따라서 많이 풀지도 못할 문제들인지라 한 번에 최대한 고민하고 답을 확인할 수 있도록 답안지는 저 뒤에 따로 있게 마련이지요. 또 가능한 많은 문제들을 다뤄보도록 문제수를 최대한 늘리는 것에 치중한 나머지 여백은 거의 없고 빽빽한 문제들로 도배되어 있습니다.

그러나 두 번째 방식을 위한 문제집은 시중에 없습니다. 수백 번을 보는 동안 매번 답안지를 확인하러 뒷페이지를 넘겨야만 할까요? 중요한 깨달음을 적어 넣을 여백은 어디서 찾아야 하나요? 필자 또한 수도 없이 찾아보았지만 적당한 문제집을 발견하지 못해서 하는 수 없이 책들을 오려 붙여 써야만 했습니다. 그러다가 '세상을 바꾸는 공부법' 을 출간하면서 아예 제가 원하는 형태의 문제집을 직접 내보는 것이 어떨까 하는데 생각이 미치게 되었습니다.
조건은 다음과 같았습니다. 문제수가 적당히 적을 것, 한눈에 들어오도록 답안이 문제와 같은 페이지에 있을 것, 여백이 적당히 있어서 중요사항이나 깨달음 등을 메모하기 좋을 것, 공식들을 찾아보는 수고를 줄일 수 있도록 관련 공식도 문제마다 써 넣을 것 등이었습니다. 문제를 새로 창조해낼 만한 실력도 없었지만 굳이 그럴 이유도 없더군요. 좋은 기출문제들만 해도 그 수가 헤아릴 수 없으니까요. 가장 믿을 만한 수능기출문제등을 위주로 편집해 넣었습니다.

이런 류의 문제집을 처음 내다보니 불가해한 실수와 기일이 지나가버리더군요. 덕택에 주변 분들에게 정말 많은 폐를 끼쳐야만 했습니다. 우선은 1년이 넘는 기간동안 참아주신 가나북스 배수현 사장님께 진심으로 죄송하고 감사하다는 말씀 드립니다. 그리고 마감일까지 초보작가의 수도 없는 오류와 싸워주신 정정임님께도 깊은 감사의 마음을 전합니다.

마지막으로 부탁드립니다. 비록 이 책이 보잘것 없고 심지어 많은 오류들이 아직 생생하게 숨쉬고 있음이 분명하지만 최초로 두번째 방식을 위한다는 이 책에 담긴 정신만은 가볍게 넘기지 말아주세요.

또 약속드립니다. 그림이 많을 수록, 생략된 중간과정이 없을 수록 이해가 쉽다는 사실을 잘 알면서도 초판에서는 이를 실천할 만한 경력이 부족했으며, 꼭 필요한 문제들만을 선별해서 집어 넣을 시간적 여유가 없었습니다. 하지만 언젠가는, 반드시 가까운 시일내에 계속 가다듬어서 더욱 완벽한 재판을 내어놓도록 하겠습니다.

2014. 3

크로스수학 필자 **김 의 중**

Kim eui jung

크로스 수학

이 책을 '읽는' 방법

01 20개 내외의 **모르는 문제를 한 단위로 묶는다.**

02 깨달음이나 중요한 사항들을 **여백에 써 넣는다.**

03 문제풀이와 메모중 복습할 사항을 **최소한으로 골라서 줄친다.**

04 자신이 넘칠 때까지 **복습하고 또 복습한다.**

05 **튼튼이** 다음 단위를 **준비한다.**

06 제대로 공부하고 있다는 **신념을 끝까지 지킨다.**

CONTENTS

CHAPTER 01

CHAPTER 02

CHAPTER 03

CHAPTER 01

2점 완성 & 문제 풀이

총 107문항

001 눈을 사용하여 공부하는 것은 최고의 선택이다. 그러나 제대로 된 방법을 사용하지 않는다면 오히려 해가 될 뿐이다.

002 다독은 정독보다 훨씬 좋은 방법이다. 그러나 나누어 이해하고 나누어 암기하는 법을 배워야만 한다.

003 신체의 각종 이상상태는 음식과 약만으로 치료할 수 없다. 두뇌를 지배하도록 노력하라.

004 정독이 세상을 지배하는 시대는 이제 곧 끝난다. 다독이 새로운 지배자로 등극할 것이다.

005 중요한 사항을 줄치고 싶은가? 반드시 지울 수 있는 샤프를 사용하라. 중요한 사항은 끊임없이 변할 것이기 때문이다.

006 막연하게 수학에서의 한 문제를 못풀었다고 생각하지 말고 그 중에서 어느 부분을 못 풀었는지 분석하라.

007 나누어 이해한다는 의미를 깨닫는 것은 새로운 공부법을 익히는 첫걸음이다. 끊임없이 도전해서 반드시 익히도록 하라.

008 편두통이 있는가? 그것은 축복이다. 단지 통증을 다스리는 제대로된 방법을 익히도록 하라.

02.수능B

001

전체집합 U의 두 부분집합 A와 B에 대하여 $A\cap B^c=A$, $n(A)=9$, $n(B)=14$ 일 때, $n(A\cup B)$의 값을 구하시오.
(단, $n(X)$는 집합 X의 원소의 개수이다.)

HINT▸▸

차집합 $A-B=A\cap B^c$

$A\cap B^c=A-B=A-(A\cap B)=A$이므로 $A\cap B=\phi$이다.
$\therefore\ n(A\cup B)=n(A)+n(B)=9+14=23$

정답 : 23

99.수능B형

002

다항식 $x^3+5x^2+10x+6$이 $(x+a)(x^2+4x+b)$로 인수분해 될 때, $a+b$의 값을 구하시오.

HINT▸▸

고차식의 인수분해는 대부분 나머지 정리와 조립제법을 이용한다.
$f(\alpha)=0\rightarrow(x-\alpha)$가 인수다.

$f(-1)=0$이고 조립제법을 쓰면

$$\begin{array}{r|rrrr} & 1 & 5 & 10 & 6 \\ +) & & -1 & -4 & -6 \\ \hline & 1 & 4 & 6 & \boxed{0} \end{array}$$

$\therefore\ x^3+5x^2+10x+6=(x+1)(x^2+4x+6)$ 이므로
$a=1,\ b=6 \qquad \therefore\ a+b=7$

정답 : 7

97.수능B

003

$\sqrt{4+2\sqrt{3}}-\sqrt{4-2\sqrt{3}}$ 의 값은?

① -2　② $-\sqrt{3}$　③ 1
④ $\sqrt{3}$　⑤ 2

HINT▸▸

이중근호풀이법 :
$\sqrt{a+b\pm2\sqrt{ab}}=\sqrt{a}\pm\sqrt{b}$ (단, $a>b>0$)

$\sqrt{4+2\sqrt{3}}-\sqrt{4-2\sqrt{3}}$
$=\sqrt{3+1+2\sqrt{3\times1}}-\sqrt{3+1-2\sqrt{3\times1}}$
$=(\sqrt{3}+1)-(\sqrt{3}-1)=2$

정답 : ⑤

01.수능B

004

무리방정식 $(\sqrt{x}-\sqrt{3})(\sqrt{x}+\sqrt{3})=4$의 근은?

① 1　② 3　③ 5　④ 7　⑤ 9

HINT▸▸

$(a+b)(a-b)=a^2-b^2$

$(\sqrt{x}-\sqrt{3})(\sqrt{x}+\sqrt{3})=x-3=4$
$\therefore\ x=7$

정답 : ④

03.수능B

005

$x=\sqrt{2}$ 일 때, $\dfrac{3}{x-\dfrac{x-1}{x+1}}$ 의 값은?

① $\sqrt{2}+1$ ② $2(\sqrt{2}+1)$
③ $3(\sqrt{2}+1)$ ④ $4(\sqrt{2}+1)$
⑤ $5(\sqrt{2}+1)$

HINT▸▸

이런 종류의 문제에서는 일단 조건식을 간단하게 만들고 나서 조건을 대입하는 것이 좋다.

$$\frac{3}{x-\dfrac{x-1}{x+1}}=\frac{3}{\dfrac{x^2+1}{x+1}}=\frac{3(x+1)}{x^2+1}$$ 이고

$x=\sqrt{2}$ 이므로

(준식)$=\dfrac{3(\sqrt{2}+1)}{(\sqrt{2})^2+1}=\sqrt{2}+1$

정답 : ①

97.수능B

006

$\left(\dfrac{1+i}{1-i}\right)^{1998}$ 의 값은? (단, $i=\sqrt{-1}$ 이다.)

① -1 ② 1 ③ $-i$ ④ i ⑤ 1998

HINT▸▸

유리화란 분모의 허수를 없애기 위해 적당한 켤레수 등을 분자·분모에 곱해주는 것이다.

$i^2=-1,\ i^3=-i,\ i^4=1$

$$\frac{1+i}{1-i}=\frac{(1+i)^2}{(1-i)(1+i)}=\frac{1+2i+(i)^2}{2}=i$$

$$\left(\frac{1+i}{1-i}\right)^{1998}=(i)^{1998}=(i^4)^{499}i^2=-1$$

정답 : ①

97.수능B

007

이차방정식 $x^2-mx+2m+1=0$의 한 근이 1일 때 다른 한 근은? (단, m은 상수)

① 3 ② 2 ③ 0 ④ -1 ⑤ -3

HINT▸▸

$f(x)=0$의 근을 $\alpha, \beta, \ldots$라 하면
$f(\alpha)=f(\beta)=\ldots=0$이다.

$x^2-mx+2m+1=0$에 $x=1$을 대입하면
$f(1)=1-m+2m+1=0$
$\therefore\ m=-2$
$\therefore f(x)=x^2+2x-3=0$
$\Rightarrow (x+3)(x-1)=0$
$\therefore\ x=-3,\ 1$
따라서 다른 근은 -3

정답 : ⑤

02.수능B

008

이차방정식 $x^2-5x-2=0$의 두 근을 α와 β라 할 때, $\dfrac{1}{\alpha+1}+\dfrac{1}{\beta+1}$의 값은?

① 2 ② 3 ③ $\dfrac{3}{2}$ ④ $\dfrac{7}{4}$ ⑤ $\dfrac{5}{2}$

HINT▸▸

$ax^2+bx+c=0$의 두 근을 α, β라 할 때
$\alpha+\beta=-\dfrac{b}{a},\ \alpha\beta=\dfrac{c}{a}$

근과 계수와의 관계에서 $\alpha+\beta=5,\ \alpha\beta=-2$이므로

$$\frac{1}{\alpha+1}+\frac{1}{\beta+1}=\frac{\alpha+\beta+2}{\alpha\beta+(\alpha+\beta)+1}=\frac{7}{4}$$

정답 : ④

98.수능B

009

원 $x^2+y^2=5$ 위의 점 $(1,\ 2)$에서의 접선의 방정식은?

① $x+y=2$　　② $2x-y=0$
③ $x-2y=-3$　　④ $2x+y=4$
⑤ $x+2y=5$

HINT▸▸

$x^2+y^2=r^2$ 위의 점 $(x_1,\ y_1)$에서의 접선의 방정식은 $x_1x+y_1y=r^2$

$1\cdot x+2\cdot y=5 \Rightarrow x+2y=5$

정답 : ⑤

98.수능B

010

$\sin x+\cos x=\sqrt{2}$일 때, $\sin x\cos x$의 값은?

① 1　② $\sqrt{2}$　③ $-\sqrt{2}$　④ $\frac{1}{2}$　⑤ $-\frac{1}{2}$

HINT▸▸

$\sin^2 x+\cos^2 x=1$

$\sin x+\cos x=\sqrt{2}$ 의 양변을 제곱하면
$\sin^2 x+\cos^2 x+2\sin x\cos x=2$
$1+2\sin x\cos x=2$
$\therefore \sin x\cos x=\frac{1}{2}$

정답 : ④

99.수능B

011

$4\cos^2 x+4\sin x=5$일 때, $\sin x$의 값은?

① $\frac{1}{\sqrt{2}}$ ② $\frac{1}{2}$ ③ 1

④ $\frac{1}{2}$ ⑤ $-\frac{1}{\sqrt{2}}$

HINT▸▸

$\sin^2 x+\cos^2 x=1$

$\cos^2 x=1-\sin^2 x$ 이므로

준식은 $4(1-\sin^2 x)+4\sin x=5$이고

정리하여 고치면 $(2\sin x-1)^2=0$이므로

$\sin x=\frac{1}{2}$

정답 : ②

03.수능B

012

$\cos\theta=-\frac{1}{3}$일 때, $\sin\theta\cdot\tan\theta$ 의 값은?

① $-\frac{10}{3}$ ② $-\frac{8}{3}$ ③ $-\frac{5}{3}$

④ $\frac{5}{3}$ ⑤ $\frac{8}{3}$

HINT▸▸

$\sin^2 x+\cos^2 x=1$

$\tan x=\frac{\sin x}{\cos x}$

$\sin^2\theta=1-\cos^2\theta=1-\left(-\frac{1}{3}\right)^2=\frac{8}{9}$

준식$=\sin\theta\cdot\tan\theta=\sin\theta\times\frac{\sin\theta}{\cos\theta}$

$=\frac{\sin^2\theta}{\cos\theta}=\frac{\frac{8}{9}}{-\frac{1}{3}}=-\frac{8}{3}$

정답 : ②

97.수능B

013

행렬 $A=\begin{pmatrix}0 & 1\\2 & 3\end{pmatrix}$에 대하여 A^2의 모든 성분의 합을 구하시오.

HINT▸▸

$\begin{pmatrix}a\ b\\c\ d\end{pmatrix}\begin{pmatrix}e\ f\\g\ h\end{pmatrix}=\begin{pmatrix}ae+bg\ af+bh\\ce+dg\ cf+dh\end{pmatrix}$

$A^2=\begin{pmatrix}0 & 1\\2 & 3\end{pmatrix}\begin{pmatrix}0 & 1\\2 & 3\end{pmatrix}=\begin{pmatrix}2 & 3\\6 & 11\end{pmatrix}$

$\therefore\ 2+3+6+11=22$

정답 : 22

02.수능B

014

두 행렬 $E=\begin{pmatrix}1 & 0\\0 & 1\end{pmatrix}$과 $A=\begin{pmatrix}0 & 1\\1 & 0\end{pmatrix}$이 있다. 두 상수 a와 b가 $(E+2A)^2=aE+bA$를 만족시킬 때, $a+b$의 값은?

① 6 ② 7 ③ 8 ④ 9 ⑤ 10

HINT▸▸

단위행렬 $E=\begin{pmatrix}1\ 0\\0\ 1\end{pmatrix}$는 행렬문제의 핵심 개념이다.

$\begin{pmatrix}a\ b\\c\ d\end{pmatrix}\begin{pmatrix}e\ f\\g\ h\end{pmatrix}=\begin{pmatrix}ae+bg\ af+bh\\ce+dg\ cf+dh\end{pmatrix}$

$A^2=\begin{pmatrix}0\ 1\\1\ 0\end{pmatrix}\begin{pmatrix}0\ 1\\1\ 0\end{pmatrix}=\begin{pmatrix}1\ 0\\0\ 1\end{pmatrix}=E$이므로

$(E+2A)^2=E+4A+4A^2=5E+4A=aE+bA$에서

$a=5,\ b=4 \quad \therefore\ a+b=9$

정답 : ④

03.수능B

015

역행렬이 존재하는 두 행렬 A와 B가

$A=\begin{pmatrix}5 & 2\\7 & 3\end{pmatrix}B$ 를 만족시킬 때,

행렬 $AB^{-1}+BA^{-1}$의 모든 성분의 합을 구하시오.

HINT▸▸

행렬 $A=\begin{pmatrix}a\ b\\c\ d\end{pmatrix}$에서 역행렬은

$A^{-1}=\begin{pmatrix}a\ b\\c\ d\end{pmatrix}^{-1}=\dfrac{1}{ad-bc}\begin{pmatrix}d & -b\\-c & a\end{pmatrix}$

① $A=\begin{pmatrix}5 & 2\\7 & 3\end{pmatrix}B$의 양변에 A^{-1}을 곱하면

$AA^{-1}=\begin{pmatrix}5 & 2\\7 & 3\end{pmatrix}BA^{-1}=E$이므로

$BA^{-1}=\begin{pmatrix}5 & 2\\7 & 3\end{pmatrix}^{-1}=\begin{pmatrix}3 & -2\\-7 & 5\end{pmatrix}$

② $A=\begin{pmatrix}5 & 2\\7 & 3\end{pmatrix}B$의 양변에 B^{-1}를 곱하면

$AB^{-1}=\begin{pmatrix}5 & 2\\7 & 3\end{pmatrix}BB^{-1}=\begin{pmatrix}5 & 2\\7 & 3\end{pmatrix}$

①, ②에 의하여

$AB^{-1}+BA^{-1}=\begin{pmatrix}5 & 2\\7 & 3\end{pmatrix}+\begin{pmatrix}3 & -2\\-7 & 5\end{pmatrix}=\begin{pmatrix}8 & 0\\0 & 8\end{pmatrix}$

정답 : 16

04.6B

016

두 행렬 $A=\begin{pmatrix}0\ 1\\-1\ 1\end{pmatrix}$, $B=\begin{pmatrix}1\ 1\\1\ 2\end{pmatrix}$에 대하여 행렬 $AB+B^{-1}$의 모든 성분의 합은?

① 8　② 7　③ 6　④ 5　⑤ 4

HINT▸▸

$\begin{pmatrix}a\ b\\c\ d\end{pmatrix}\begin{pmatrix}e\ f\\g\ h\end{pmatrix}=\begin{pmatrix}ae+bg\ af+bh\\ce+dg\ cf+dh\end{pmatrix}$

행렬 $A=\begin{pmatrix}a\ b\\c\ d\end{pmatrix}$에서 역행렬은

$A^{-1}=\begin{pmatrix}a\ b\\c\ d\end{pmatrix}^{-1}=\dfrac{1}{ad-bc}\begin{pmatrix}d & -b\\-c & a\end{pmatrix}$

$AB=\begin{pmatrix}0 & 1\\-1 & 1\end{pmatrix}\begin{pmatrix}1 & 1\\1 & 2\end{pmatrix}=\begin{pmatrix}1 & 2\\0 & 1\end{pmatrix}$

$B^{-1}=\begin{pmatrix}2 & -1\\-1 & 1\end{pmatrix}$

$\therefore\ AB+B^{-1}=\begin{pmatrix}1 & 2\\0 & 1\end{pmatrix}+\begin{pmatrix}2 & -1\\-1 & 1\end{pmatrix}$

$=\begin{pmatrix}3 & 1\\-1 & 2\end{pmatrix}$

따라서, 행렬 $AB+B^{-1}$의 모든 성분의 합은

$3+1+(-1)+2=5$

정답 : ④

04.9B

017

$3A+B=\begin{pmatrix}2 & 1\\ -2 & 5\end{pmatrix}$, $2A-B=\begin{pmatrix}3 & -1\\ 2 & 5\end{pmatrix}$를 만족하는 행렬 A, B에 대하여 행렬 $A+B$의 각 성분의 합은?

① -1 ② 0 ③ 1 ④ 2 ⑤ 3

HINT▸▸

행렬 A,B를 연립방정식의 x, y처럼 생각하고 풀어보아라.

$(3A+B)+(2A-B)=\begin{pmatrix}5 & 0\\ 0 & 10\end{pmatrix}=5A$

$A=\begin{pmatrix}1 & 0\\ 0 & 2\end{pmatrix}$

$(3A+B)-(2A-B)=\begin{pmatrix}-1 & 2\\ -4 & 0\end{pmatrix}=A+2B$

$A+2B=\begin{pmatrix}1 & 0\\ 0 & 2\end{pmatrix}+2B=\begin{pmatrix}-1 & 2\\ -4 & 0\end{pmatrix}$

$2B=\begin{pmatrix}-2 & 2\\ -4 & -2\end{pmatrix}$, $B=\begin{pmatrix}-1 & 1\\ -2 & -1\end{pmatrix}$

$A+B=\begin{pmatrix}0 & 1\\ -2 & 1\end{pmatrix}$

그러므로 행렬 $A+B$의 각 성분의 합은 0이다.

정답 : ②

04.수능B

018

두 행렬 $A=\begin{pmatrix}1 & 2\\ 2 & 5\end{pmatrix}$, $B=\begin{pmatrix}2 & -3\\ 1 & -2\end{pmatrix}$에 대하여 $AX=B$를 만족시키는 행렬 X의 모든 성분의 합은?

① 2 ② 1 ③ 0 ④ -1 ⑤ -2

HINT▸▸

행렬 $A=\begin{pmatrix}a & b\\ c & d\end{pmatrix}$에서 역행렬은

$A^{-1}=\begin{pmatrix}a & b\\ c & d\end{pmatrix}^{-1}=\frac{1}{ad-bc}\begin{pmatrix}d & -b\\ -c & a\end{pmatrix}$

행렬A에서 $ad-bc=1\times 5-2\times 2$
$=1\neq 0$

$\therefore A$가 역행렬을 가지므로

$A^{-1}=\frac{1}{5-22}\begin{pmatrix}5 & -2\\ -2 & 1\end{pmatrix}$이고

$AX=B$에서

$X=A^{-1}B=\begin{pmatrix}5 & -2\\ -2 & 1\end{pmatrix}\begin{pmatrix}2 & -3\\ 1 & -2\end{pmatrix}$
$=\begin{pmatrix}8 & -11\\ -3 & 4\end{pmatrix}$

따라서 모든 성분의 합은

$8+(-11)+(-3)+4=-2$

정답 : ⑤

05.6B

019

두 행렬 X, Y에 대하여

$X+Y=\begin{pmatrix}-1 & -1\\ 1 & 0\end{pmatrix}$, $X-Y=\begin{pmatrix}-1 & 1\\ -1 & -2\end{pmatrix}$

일 때, X^2+XY는?

① $\begin{pmatrix}-1 & 1\\ -1 & -2\end{pmatrix}$ ② $\begin{pmatrix}1 & -1\\ 1 & 2\end{pmatrix}$ ③ $\begin{pmatrix}-1 & 0\\ 0 & -1\end{pmatrix}$

④ $\begin{pmatrix}-1 & -1\\ 1 & 0\end{pmatrix}$ ⑤ $\begin{pmatrix}1 & 1\\ -1 & 0\end{pmatrix}$

HINT▸▸

이런 종류의 문제에서는 연립방정식을 이용해서 X, Y행렬부터 구해보자.

$X+Y=\begin{pmatrix}-1 & -1\\ 1 & 0\end{pmatrix}$ -----㉠

$X-Y=\begin{pmatrix}-1 & 1\\ -1 & -2\end{pmatrix}$ -----㉡

㉠+㉡을 하면

$2X=\begin{pmatrix}-2 & 0\\ 0 & -2\end{pmatrix}$

$\therefore X=\begin{pmatrix}-1 & 0\\ 0 & -1\end{pmatrix}$

$\therefore X^2+XY=X(X+Y)$

$=\begin{pmatrix}-1 & 0\\ 0 & -1\end{pmatrix}\begin{pmatrix}-1 & -1\\ 1 & 0\end{pmatrix}$

$=\begin{pmatrix}1 & 1\\ -1 & 0\end{pmatrix}$

정답 : ⑤

05.9B

020

행렬 $A=\begin{pmatrix}3 & 1\\ 5 & 2\end{pmatrix}$에 대하여 행렬 $A-A^{-1}$의 모든 성분의 합은?

① 11 ② 12 ③ 13 ④14 ⑤ 15

HINT▸▸

$\begin{pmatrix}a_{11} & a_{12}\\ a_{21} & a_{22}\end{pmatrix}\pm\begin{pmatrix}b_{11} & b_{12}\\ b_{21} & b_{22}\end{pmatrix}=\begin{pmatrix}a_{11}\pm b_{11} & a_{12}\pm b_{12}\\ a_{21}\pm b_{21} & a_{22}\pm b_{22}\end{pmatrix}$

행렬 $A=\begin{pmatrix}a & b\\ c & d\end{pmatrix}$에서 역행렬은

$A^{-1}=\begin{pmatrix}a & b\\ c & d\end{pmatrix}^{-1}=\frac{1}{ad-bc}\begin{pmatrix}d & -b\\ -c & a\end{pmatrix}$

$A=\begin{pmatrix}3 & 1\\ 5 & 2\end{pmatrix}$에서 $A^{-1}=\begin{pmatrix}2 & -1\\ -5 & 3\end{pmatrix}$이므로

$A-A^{-1}=\begin{pmatrix}1 & 2\\ 10 & -1\end{pmatrix}$

따라서, 모든 성분의 합은 12이다.

정답 : ②

05.수능B

021

두 행렬 $A=\begin{pmatrix}1&1\\1&0\end{pmatrix}$, $B=\begin{pmatrix}1&2\\3&4\end{pmatrix}$에 대하여 $2A+X=AB$를 만족시키는 행렬 X는?

① $\begin{pmatrix}1&5\\3&-1\end{pmatrix}$ ② $\begin{pmatrix}2&4\\-1&2\end{pmatrix}$ ③ $\begin{pmatrix}2&5\\7&0\end{pmatrix}$

④ $\begin{pmatrix}2&7\\4&5\end{pmatrix}$ ⑤ $\begin{pmatrix}4&6\\1&2\end{pmatrix}$

HINT▸▸

이런 종류의 문제는 행렬을 방정식의 변수라 생각하고 문제의 변수에 대하여 풀어보자.

$\begin{pmatrix}a&b\\c&d\end{pmatrix}\begin{pmatrix}e&f\\g&h\end{pmatrix}=\begin{pmatrix}ae+bg&af+bh\\ce+dg&cf+dh\end{pmatrix}$

$\begin{pmatrix}a&b\\c&d\end{pmatrix}\pm\begin{pmatrix}e&f\\g&h\end{pmatrix}=\begin{pmatrix}a\pm e&b\pm f\\c\pm g&d\pm h\end{pmatrix}$

$k\begin{pmatrix}a&b\\c&d\end{pmatrix}=\begin{pmatrix}ka&kb\\kc&kd\end{pmatrix}$

$2A+X=AB$에서

$X=AB-2A=AB-2AE=A(B-2E)$

$=\begin{pmatrix}1&1\\1&0\end{pmatrix}\left\{\begin{pmatrix}1&2\\3&4\end{pmatrix}-2\begin{pmatrix}1&0\\0&1\end{pmatrix}\right\}$

$=\begin{pmatrix}1&1\\1&0\end{pmatrix}\begin{pmatrix}-1&2\\3&2\end{pmatrix}=\begin{pmatrix}2&4\\-1&2\end{pmatrix}$

정답 : ②

06.6B

022

행렬 $A=\begin{pmatrix}1&1\\2&4\end{pmatrix}$에 대하여 행렬 $A+2A^{-1}$은?

① $\begin{pmatrix}-2&0\\0&2\end{pmatrix}$ ② $\begin{pmatrix}-2&2\\0&2\end{pmatrix}$ ③ $\begin{pmatrix}4&-2\\4&0\end{pmatrix}$

④ $\begin{pmatrix}5&0\\0&2\end{pmatrix}$ ⑤ $\begin{pmatrix}5&0\\0&5\end{pmatrix}$

HINT▸▸

행렬 $A=\begin{pmatrix}a&b\\c&d\end{pmatrix}$에서 역행렬은

$A^{-1}=\begin{pmatrix}a&b\\c&d\end{pmatrix}^{-1}=\frac{1}{ad-bc}\begin{pmatrix}d&-b\\-c&a\end{pmatrix}$

$A+2A^{-1}=\begin{pmatrix}1&1\\2&4\end{pmatrix}+2\cdot\frac{1}{2}\begin{pmatrix}4&-1\\-2&1\end{pmatrix}$

$=\begin{pmatrix}5&0\\0&5\end{pmatrix}$

정답 : ⑤

06.9B

023

두 행렬 A, B가 $A=\begin{pmatrix}0 & 1\\1 & 0\end{pmatrix}$, $B=\begin{pmatrix}1 & 0\\0 & -1\end{pmatrix}$ 일 때, 행렬 $(A+B)^2$은?

① $\begin{pmatrix}-1 & 1\\1 & -1\end{pmatrix}$ ② $\begin{pmatrix}1 & 0\\0 & 1\end{pmatrix}$ ③ $\begin{pmatrix}2 & 0\\0 & -2\end{pmatrix}$

④ $\begin{pmatrix}0 & 2\\2 & 0\end{pmatrix}$ ⑤ $\begin{pmatrix}2 & 0\\0 & 2\end{pmatrix}$

HINT▸▸

$\begin{pmatrix}a & b\\c & d\end{pmatrix}\begin{pmatrix}e & f\\g & h\end{pmatrix}=\begin{pmatrix}ae+bg & af+bh\\ce+dg & cf+dh\end{pmatrix}$

$\begin{pmatrix}a & b\\c & d\end{pmatrix}\pm\begin{pmatrix}e & f\\g & h\end{pmatrix}=\begin{pmatrix}a\pm e & b\pm f\\c\pm g & d\pm h\end{pmatrix}$

$$\begin{aligned}(A+B)^2 &= \left(\begin{pmatrix}0 & 1\\1 & 0\end{pmatrix}+\begin{pmatrix}1 & 0\\0 & -1\end{pmatrix}\right)^2\\ &= \begin{pmatrix}1 & 1\\1 & -1\end{pmatrix}^2\\ &= \begin{pmatrix}1 & 1\\1 & -1\end{pmatrix}\begin{pmatrix}1 & 1\\1 & -1\end{pmatrix}\\ &= \begin{pmatrix}2 & 0\\0 & 2\end{pmatrix}\end{aligned}$$

정답 : ⑤

06.수능B

024

두 행렬 $A=\begin{pmatrix}-1 & 0\\0 & 1\end{pmatrix}$, $B=\begin{pmatrix}2 & 1\\3 & 3\end{pmatrix}$에 대하여 행렬 $(A+B)^{-1}$의 모든 성분의 합은?

① 1 ② 2 ③ 3 ④ 4 ⑤ 5

HINT▸▸

행렬 $A=\begin{pmatrix}a & b\\c & d\end{pmatrix}$에서 역행렬은

$A^{-1}=\begin{pmatrix}a & b\\c & d\end{pmatrix}^{-1}=\dfrac{1}{ad-bc}\begin{pmatrix}d & -b\\-c & a\end{pmatrix}$

$\begin{pmatrix}a & b\\c & d\end{pmatrix}\pm\begin{pmatrix}e & f\\g & h\end{pmatrix}=\begin{pmatrix}a\pm e & b\pm f\\c\pm g & d\pm h\end{pmatrix}$

$A+B=\begin{pmatrix}-1 & 0\\0 & 1\end{pmatrix}+\begin{pmatrix}2 & 1\\3 & 3\end{pmatrix}=\begin{pmatrix}1 & 1\\3 & 4\end{pmatrix}$

$\therefore (A+B)^{-1}=\dfrac{1}{4-3}\begin{pmatrix}4 & -1\\-3 & 1\end{pmatrix}=\begin{pmatrix}4 & -1\\-3 & 1\end{pmatrix}$

따라서, 모든 성분의 합은

$4+(-1)+(-3)+1=1$

정답 : ①

07.6B

025

두 행렬 X, Y에 대하여 $X+Y=\begin{pmatrix} 2 & 1 \\ -1 & 0 \end{pmatrix}$, $Y=\begin{pmatrix} 1 & -1 \\ -1 & 2 \end{pmatrix}$ 일 때, $2X$는?

① $\begin{pmatrix} 2 & -4 \\ 4 & 2 \end{pmatrix}$ ② $\begin{pmatrix} 2 & -2 \\ 0 & 6 \end{pmatrix}$ ③ $\begin{pmatrix} 2 & 0 \\ -2 & 2 \end{pmatrix}$

④ $\begin{pmatrix} 2 & 4 \\ -6 & 0 \end{pmatrix}$ ⑤ $\begin{pmatrix} 2 & 4 \\ 0 & -4 \end{pmatrix}$

HINT▸▸

$\begin{pmatrix} a & b \\ c & d \end{pmatrix}\pm\begin{pmatrix} e & f \\ g & h \end{pmatrix}=\begin{pmatrix} a\pm e & b\pm f \\ c\pm g & d\pm h \end{pmatrix}$

$k\begin{pmatrix} a & b \\ c & d \end{pmatrix}=\begin{pmatrix} ka & kb \\ kc & kd \end{pmatrix}$

$X+Y=\begin{pmatrix} 2 & 1 \\ -1 & 0 \end{pmatrix}$ … ㉠

$Y=\begin{pmatrix} 1 & -1 \\ -1 & 2 \end{pmatrix}$ … ㉡

㉠-㉡에서 $X=\begin{pmatrix} 1 & 2 \\ 0 & -2 \end{pmatrix}$

$\therefore\ 2X=\begin{pmatrix} 2 & 4 \\ 0 & -4 \end{pmatrix}$

정답 : ⑤

07.수능B

026

두 행렬 $A=\begin{pmatrix} 1 & -2 \\ 3 & 0 \end{pmatrix}$, $B=\begin{pmatrix} 2 & 0 \\ 1 & -1 \end{pmatrix}$에 대하여 $A=2B-X$를 만족시키는 행렬 X는?

① $\begin{pmatrix} 3 & 2 \\ -1 & -2 \end{pmatrix}$ ② $\begin{pmatrix} 3 & -2 \\ 1 & 2 \end{pmatrix}$ ③ $\begin{pmatrix} -1 & -2 \\ 3 & 2 \end{pmatrix}$

④ $\begin{pmatrix} -2 & -1 \\ 2 & 3 \end{pmatrix}$ ⑤ $\begin{pmatrix} -3 & 1 \\ -2 & 2 \end{pmatrix}$

HINT▸▸

일단 방정식이라 생각하고 X에 대하여 정리해 보자.

$\begin{pmatrix} a & b \\ c & d \end{pmatrix}\pm\begin{pmatrix} e & f \\ g & h \end{pmatrix}=\begin{pmatrix} a\pm e & b\pm f \\ c\pm g & d\pm h \end{pmatrix}$

주어진 식을 X에 대하여 정리하면

$X=2B-A$

$=\begin{pmatrix} 4 & 0 \\ 2 & -2 \end{pmatrix}-\begin{pmatrix} 1 & -2 \\ 3 & 0 \end{pmatrix}$

$=\begin{pmatrix} 3 & 2 \\ -1 & -2 \end{pmatrix}$

정답 : ①

08.수능B

027

두 행렬 $A=\begin{pmatrix}2&1\\1&1\end{pmatrix}$, $B=\begin{pmatrix}-1&-2\\1&0\end{pmatrix}$에 대하여 행렬 $(A+B)A$의 모든 성분의 합은?

① 9 ② 10 ③ 11 ④ 12 ⑤ 13

HINT▸▸

$\begin{pmatrix}a&b\\c&d\end{pmatrix}\begin{pmatrix}e&f\\g&h\end{pmatrix}=\begin{pmatrix}ae+bg&af+bh\\ce+dg&cf+dh\end{pmatrix}$

$\begin{pmatrix}a&b\\c&d\end{pmatrix}\pm\begin{pmatrix}e&f\\g&h\end{pmatrix}=\begin{pmatrix}a\pm e&b\pm f\\c\pm g&d\pm h\end{pmatrix}$

$A+B=\begin{pmatrix}2&1\\1&1\end{pmatrix}+\begin{pmatrix}-1&-2\\1&0\end{pmatrix}=\begin{pmatrix}1&-1\\2&1\end{pmatrix}$

$(A+B)A=\begin{pmatrix}1&-1\\2&1\end{pmatrix}\begin{pmatrix}2&1\\1&1\end{pmatrix}=\begin{pmatrix}1&0\\5&3\end{pmatrix}$

그러므로 $(A+B)A$의 모든 성분의 합은 $1+0+5+3=9$이다.

정답 : ①

09.6B

028

두 행렬 A, B에 대하여

$A-2B=\begin{pmatrix}-7&-2\\6&0\end{pmatrix}$, $B=\begin{pmatrix}2&-1\\-3&1\end{pmatrix}$

일 때, 행렬 A의 모든 성분의 합은?

① -1 ② -2 ③ -3
④ -4 ⑤ -5

HINT▸▸

$\begin{pmatrix}a&b\\c&d\end{pmatrix}\pm\begin{pmatrix}e&f\\g&h\end{pmatrix}=\begin{pmatrix}a\pm e&b\pm f\\c\pm g&d\pm h\end{pmatrix}$

$k\begin{pmatrix}a&b\\c&d\end{pmatrix}=\begin{pmatrix}ka&kb\\kc&kd\end{pmatrix}$

$A-2B=\begin{pmatrix}-7&-2\\6&0\end{pmatrix}$에서

$A=2B+\begin{pmatrix}-7&-2\\6&0\end{pmatrix}$

$=2\begin{pmatrix}2&-1\\-1&1\end{pmatrix}+\begin{pmatrix}-7&-2\\6&0\end{pmatrix}=\begin{pmatrix}-3&-4\\0&2\end{pmatrix}$

성분의 합$=-5$

정답 : ⑤

09.9B

029

두 행렬 $A=\begin{pmatrix}1 & 2\\0 & 4\end{pmatrix}$, $B=\begin{pmatrix}3 & 0\\1 & -2\end{pmatrix}$에 대하여

$X+B=AB$를 만족시키는 행렬 X는?

① $\begin{pmatrix}1 & 2\\0 & 4\end{pmatrix}$ ② $\begin{pmatrix}1 & 0\\0 & -1\end{pmatrix}$ ③ $\begin{pmatrix}2 & -4\\3 & -6\end{pmatrix}$

④ $\begin{pmatrix}3 & 0\\1 & -2\end{pmatrix}$ ⑤ $\begin{pmatrix}2 & 1\\3 & -1\end{pmatrix}$

HINT▸▸

$\begin{pmatrix}a & b\\c & d\end{pmatrix}\begin{pmatrix}e & f\\g & h\end{pmatrix}=\begin{pmatrix}ae+bg & af+bh\\ce+dg & cf+dh\end{pmatrix}$

$\begin{pmatrix}a & b\\c & d\end{pmatrix}\pm\begin{pmatrix}e & f\\g & h\end{pmatrix}=\begin{pmatrix}a\pm e & b\pm f\\c\pm g & d\pm h\end{pmatrix}$

$X+B=AB$에서

$X=AB-B=\begin{pmatrix}1 & 2\\0 & 4\end{pmatrix}\begin{pmatrix}3 & 0\\1 & -2\end{pmatrix}-\begin{pmatrix}3 & 0\\1 & -2\end{pmatrix}$

$=\begin{pmatrix}2 & -4\\3 & -6\end{pmatrix}$

정답 : ③

09.수능B

030

두 행렬 $A=\begin{pmatrix}3 & 0\\0 & 3\end{pmatrix}$, $B=\begin{pmatrix}-1 & 1\\1 & 1\end{pmatrix}$에 대하여

행렬 $AB+2B$의 모든 성분의 합은?

① 10 ② 8 ③ 6 ④ 4 ⑤ 2

HINT▸▸

단위행렬 $E=\begin{pmatrix}1 & 0\\0 & 1\end{pmatrix}$은 행렬단원의 핵심개념이다.

단위행렬 E는 행렬의 곱셈에서 항등원이 된다.

$k\begin{pmatrix}a & b\\c & d\end{pmatrix}=\begin{pmatrix}ka & kb\\kc & kd\end{pmatrix}$

$A=3E$ (E는 단위행렬)이므로

$AB+2B=3B+2B=5B=\begin{pmatrix}-5 & 5\\5 & 5\end{pmatrix}$

따라서, 구하는 모든 성분의 합은 10이다.

정답 : ①

10.6B

031

행렬 $A=\begin{pmatrix}1 & 2\\ -2 & 3\end{pmatrix}$에 대하여 행렬 B가 $A+B=2E$를 만족시킬 때, 행렬 $A-B$의 모든 성분의 합은? (단, E는 단위행렬이다.)

① 1　② 2　③ 3　④ 4　⑤ 5

HINT▸▸

$\begin{pmatrix}a & b\\ c & d\end{pmatrix}\pm\begin{pmatrix}e & f\\ g & h\end{pmatrix}=\begin{pmatrix}a\pm e & b\pm f\\ c\pm g & d\pm h\end{pmatrix}$

$A+B=2E$에서 $B=2E-A$이므로

$$\begin{aligned}A-B&=A-(2E-A)\\&=2A-2E\\&=2\left\{\begin{pmatrix}1 & 2\\ -2 & 3\end{pmatrix}-\begin{pmatrix}1 & 0\\ 0 & 1\end{pmatrix}\right\}\\&=2\begin{pmatrix}0 & 2\\ -2 & 2\end{pmatrix}\\&=\begin{pmatrix}0 & 4\\ -4 & 4\end{pmatrix}\end{aligned}$$

따라서 모든 성분의 합은 4이다.

정답 : ④

10.9B

032

두 행렬 A, B에 대하여 $A-B=\begin{pmatrix}3 & 1\\ 5 & 2\end{pmatrix}$일 때, $AX=\begin{pmatrix}3 & 1\\ 1 & 0\end{pmatrix}$, $BX=\begin{pmatrix}2 & 1\\ 1 & -1\end{pmatrix}$을 만족시키는 행렬 X는?

① $\begin{pmatrix}2 & -1\\ -5 & 3\end{pmatrix}$　② $\begin{pmatrix}1 & 3\\ -1 & 2\end{pmatrix}$　③ $\begin{pmatrix}-2 & 1\\ 5 & -3\end{pmatrix}$

④ $\begin{pmatrix}5 & 1\\ 1 & -2\end{pmatrix}$　⑤ $\begin{pmatrix}3 & -1\\ 0 & 1\end{pmatrix}$

HINT▸▸

행렬 $A=\begin{pmatrix}a & b\\ c & d\end{pmatrix}$에서 역행렬은

$A^{-1}=\begin{pmatrix}a & b\\ c & d\end{pmatrix}^{-1}=\dfrac{1}{ad-bc}\begin{pmatrix}d & -b\\ -c & a\end{pmatrix}$

역행렬의 정의 :

$AX=XA=E$이면 $X=A^{-1}$

$AX-BX=(A-B)X=\begin{pmatrix}1 & 0\\ 0 & 1\end{pmatrix}$이고

$A-B=\begin{pmatrix}3 & 1\\ 5 & 2\end{pmatrix}$이므로

$\begin{pmatrix}3 & 1\\ 5 & 2\end{pmatrix}X=\begin{pmatrix}1 & 0\\ 0 & 1\end{pmatrix}$에서

$\therefore\ X=\begin{pmatrix}3 & 1\\ 5 & 2\end{pmatrix}^{-1}=\begin{pmatrix}2 & -1\\ -5 & 3\end{pmatrix}$

정답 : ①

10.수능B

033

$A=\begin{pmatrix}1&-1\\1&1\end{pmatrix}$, $B=\begin{pmatrix}1&1\\-1&1\end{pmatrix}$에 대하여

행렬 $A(A+B)$의 모든 성분의 합은?

① 1 ② 2 ③ 3 ④ 4 ⑤ 5

HINT▸▸

단위행렬 $E=\begin{pmatrix}1&0\\0&1\end{pmatrix}$은 행렬단원의 핵심개념이다.

$\begin{pmatrix}a&b\\c&d\end{pmatrix}\begin{pmatrix}e&f\\g&h\end{pmatrix}=\begin{pmatrix}ae+bg&af+bh\\ce+dg&cf+dh\end{pmatrix}$

$\begin{pmatrix}a&b\\c&d\end{pmatrix}\pm\begin{pmatrix}e&f\\g&h\end{pmatrix}=\begin{pmatrix}a\pm e&b\pm f\\c\pm g&d\pm h\end{pmatrix}$

$AE=EA=A$

$A+B=\begin{pmatrix}1&-1\\1&1\end{pmatrix}+\begin{pmatrix}1&1\\-1&1\end{pmatrix}=\begin{pmatrix}2&0\\0&2\end{pmatrix}$

$=2E$

$A(A+B)=A\cdot 2E=2A=\begin{pmatrix}2&-2\\2&2\end{pmatrix}$

따라서, 구하는 모든 성분의 합은

$2-2+2+2=4$

정답 : ④

07.9B

034

이차정사각행렬 X에 대하여

$$\begin{pmatrix}2&1\\5&3\end{pmatrix}X=\begin{pmatrix}2&1\\0&1\end{pmatrix}$$

일 때, X의 모든 성분의 합은?

① 5 ② 3 ③ 0 ④ -3 ⑤ -5

HINT▸▸

행렬 $A=\begin{pmatrix}a&b\\c&d\end{pmatrix}$에서 역행렬은

$A^{-1}=\begin{pmatrix}a&b\\c&d\end{pmatrix}^{-1}=\dfrac{1}{ad-bc}\begin{pmatrix}d&-b\\-c&a\end{pmatrix}$

$\begin{pmatrix}a&b\\c&d\end{pmatrix}\begin{pmatrix}e&f\\g&h\end{pmatrix}=\begin{pmatrix}ae+bg&af+bh\\ce+dg&cf+dh\end{pmatrix}$

$\begin{pmatrix}2&1\\5&3\end{pmatrix}X=\begin{pmatrix}2&1\\0&1\end{pmatrix}$에서

$X=\begin{pmatrix}2&1\\5&3\end{pmatrix}^{-1}\begin{pmatrix}2&1\\0&1\end{pmatrix}$

$=\begin{pmatrix}3&-1\\-5&2\end{pmatrix}\begin{pmatrix}2&1\\0&1\end{pmatrix}$

$=\begin{pmatrix}6&2\\-10&-3\end{pmatrix}$

따라서 X의 모든 성분의 합은 -5이다.

정답 : ⑤

08.6B

035

이차정사각행렬 A와

두 행렬 $B=\begin{pmatrix}3&1\\2&1\end{pmatrix}$, $E=\begin{pmatrix}1&0\\0&1\end{pmatrix}$에 대하여

$BA=B+E$일 때, 행렬 A의 모든 성분의 합은?

① -3 ② -1 ③ 0 ④ 1 ⑤ 3

HINT ▸▸

역행렬의 정의 : $AA^{-1}=A^{-1}A=E$

$AE=EA=A$

$B^{-1}=\begin{pmatrix}3&2\\2&1\end{pmatrix}=\frac{1}{3-2}\begin{pmatrix}1&-1\\-2&3\end{pmatrix}$이고

$BA=B+E$에서

$$\begin{aligned}A&=B^{-1}(B+E)\\&=E+B^{-1}\\&=\begin{pmatrix}1&0\\0&1\end{pmatrix}+\begin{pmatrix}1&-1\\-2&3\end{pmatrix}\\&=\begin{pmatrix}2&-1\\-2&4\end{pmatrix}\end{aligned}$$

따라서 행렬 A의 모든 성분의 합은 3이다.

정답 : ⑤

08.9B

036

행렬 $A=\begin{pmatrix}3&2\\5&-4\end{pmatrix}$에 대하여

행렬 $A(2A^{-1}+3E)$의 모든 성분의 합은? (단, E는 단위행렬이다.)

① 22 ② 24 ③ 25 ④ 27 ⑤ 28

HINT ▸▸

$k\begin{pmatrix}a&b\\c&d\end{pmatrix}=\begin{pmatrix}ka&kb\\kc&kd\end{pmatrix}$

$AA^{-1}=A^{-1}A=E$

$\begin{pmatrix}a&b\\c&d\end{pmatrix}\pm\begin{pmatrix}e&f\\g&h\end{pmatrix}=\begin{pmatrix}a\pm e&b\pm f\\c\pm g&d\pm h\end{pmatrix}$

$$\begin{aligned}A(2A^{-1}+3E)&=2AA^{-1}+3A\\&=2E+3A\\&=\begin{pmatrix}2&0\\0&2\end{pmatrix}+\begin{pmatrix}9&6\\15&-12\end{pmatrix}\\&=\begin{pmatrix}11&6\\15&-10\end{pmatrix}\end{aligned}$$

따라서, 모든 성분의 합은

$11+6+15+(-10)=22$

정답 : ①

11.9B

037

행렬 $A=\begin{pmatrix}3 & 1\\ 3 & 2\end{pmatrix}$에 대하여 행렬 $3A^{-1}$의 모든 성분의 합은?

① -2 ② -1 ③ 0 ④ 1 ⑤ 2

HINT▸▸

행렬 $A=\begin{pmatrix}a\ b\\ c\ d\end{pmatrix}$에서 역행렬은

$$A^{-1}=\begin{pmatrix}a\ b\\ c\ d\end{pmatrix}^{-1}=\frac{1}{ad-bc}\begin{pmatrix}d & -b\\ -c & a\end{pmatrix}$$

$A^{-1}=\frac{1}{6-3}\begin{pmatrix}2 & -1\\ -3 & 3\end{pmatrix}=\frac{1}{3}\begin{pmatrix}2 & -1\\ -3 & 3\end{pmatrix}$이므로

$3A^{-1}=\begin{pmatrix}2 & -1\\ -3 & 3\end{pmatrix}$ 이다.

따라서 $3A^{-1}$ 의 모든 성분의 합은

$2+(-1)+(-3)+3=1$

정답 : ④

11.수능B

038

행렬 $A=\begin{pmatrix}1 & -2\\ 0 & 1\end{pmatrix}$의 역행렬 A^{-1}의 모든 성분의 합은?

① 5 ② 4 ③ 3 ④ 2 ⑤ 1

HINT▸▸

행렬 $A=\begin{pmatrix}a\ b\\ c\ d\end{pmatrix}$에서 역행렬은

$$A^{-1}=\begin{pmatrix}a\ b\\ c\ d\end{pmatrix}^{-1}=\frac{1}{ad-bc}\begin{pmatrix}d & -b\\ -c & a\end{pmatrix}$$

$$A^{-1}=\frac{1}{1-0}\begin{pmatrix}1\ 2\\ 0\ 1\end{pmatrix}=\begin{pmatrix}1\ 2\\ 0\ 1\end{pmatrix}$$

따라서, 모든 성분의 합은 $1+2+1=4$이다.

정답 : ②

97.수능B

039

$\left\{\left(\frac{4}{9}\right)^{-\frac{2}{3}}\right\}^{\frac{9}{4}}$ 의 값은?

① $\frac{8}{27}$ ② $\frac{16}{61}$ ③ $\frac{81}{16}$

④ $\frac{27}{8}$ ⑤ $\frac{64}{81}$

HINT▸▸

$(a^m)^n = a^{mn}$

$a^{-m} = \frac{1}{a^m}$

$$\left\{\left(\frac{4}{9}\right)^{-\frac{2}{3}}\right\}^{\frac{9}{4}} = \left\{\left(\left(\frac{2}{3}\right)^2\right)^{-\frac{2}{3}}\right\}^{\frac{9}{4}} = \left\{\left(\frac{2}{3}\right)^{-\frac{4}{3}}\right\}^{\frac{9}{4}}$$

$$= \left(\frac{2}{3}\right)^{-\frac{4}{3}\cdot\frac{9}{4}} = \left(\frac{2}{3}\right)^{-3}$$

$$= \left(\frac{3}{2}\right)^3 = \frac{27}{8}$$

정답 : ④

98.수능B

040

$\log_2 6 - \log_2 \frac{3}{2}$ 의 값은?

① 0 ② -1 ③ 1 ④ -2 ⑤ 2

HINT▸▸

$\log_c a + \log_c b = \log_c ab$

$\log_c a - \log_c b = \log_c \frac{a}{b}$

$$\log_2 6 - \log_2 \frac{3}{2}$$
$$= (\log_2 2 + \log_2 3) - (\log_2 3 - \log_2 2)$$
$$= 2\log_2 2 = 2$$

다른 풀이▸▸

$$\log_2 6 - \log_2 \frac{3}{2} = \log_2\left(\frac{6}{\frac{3}{2}}\right)$$
$$= \log_2 4 = 2$$

정답 : ⑤

99.수능B

041

$\log_7 \frac{1}{\sqrt{7}}$ 의 값은?

① $\frac{1}{4}$ ② $\frac{1}{2}$ ③ 0

④ $-\frac{1}{2}$ ⑤ $-\frac{1}{4}$

HINT▸▸

$n\log_a b = \log_a b^n$

$\frac{1}{a^m} = a^{-m}$

$\sqrt{7} = 7^{\frac{1}{2}}$ 이고 $\frac{1}{\sqrt{7}} = (\sqrt{7})^{-1}$

(준식)$= \log_7 7^{-\frac{1}{2}} = -\frac{1}{2}\log_7 7 = -\frac{1}{2}$

정답 : ②

01.수능B

042

$(\sqrt{2})^5$ 의 값은?

① $\sqrt{2}$ ② 2 ③ $2\sqrt{2}$ ④ 4 ⑤ $4\sqrt{2}$

HINT▸▸

$a^{\frac{n}{m}} = \sqrt[m]{a^n}$

$\sqrt{a^2 b} = a\sqrt{b}$

$(\sqrt{2})^5 = (\sqrt{2})^4\sqrt{2} = 4\sqrt{2}$

정답 : ⑤

02.수능B

043

$\sqrt[3]{2}\times\sqrt[6]{16}$ 을 간단히 하면?

① 2　② 4　③ $\sqrt{2}$
④ $2\sqrt{2}$　⑤ $2\sqrt{2}$

HINT▸▸

$a^{\frac{n}{m}}=\sqrt[m]{a^n}$

$a^m\times a^n=a^{m+n}$

$(a^m)^n=a^{mn}$

$$\sqrt[3]{2}\times\sqrt[6]{16}=2^{\frac{1}{3}}\times(2^4)^{\frac{1}{6}}=2^{\frac{1}{3}}\times2^{\frac{2}{3}}=2^{\frac{1}{3}+\frac{2}{3}}=2$$

정답 : ①

03.수능B

044

$\log_3 12+\log_3 9-\log_3 4$ 의 값은?

① 1　② 2　③ 3　④ 4　⑤ 5

HINT▸▸

$\log_c a+\log_c b=\log_c ab$

$\log_c a-\log_c b=\log_c \frac{a}{b}$

$n\log_a b=\log_a b^n$

$$\log_3 12+\log_3 9-\log_3 4=\log_3\frac{12\cdot9}{4}=\log_3 3^3=3$$

정답 : ③

04.6B

045

$25^{-\frac{3}{2}} \times 100^{\frac{3}{2}}$ 의 값은?

① 2 ② 4 ③ 6 ④ 8 ⑤ 10

HINT ▸▸

$(a^m)^n = a^{mn}$

$a^{\frac{n}{m}} = \sqrt[m]{a^n}$

$a^{-m} = \dfrac{1}{a^m}$

$$(\text{주어진 식}) = \left(\frac{1}{25}\right)^{\frac{3}{2}} \times 100^{\frac{3}{2}} = \left(\frac{100}{25}\right)^{\frac{3}{2}}$$
$$= 4^{\frac{3}{2}} = (2^2)^{\frac{3}{2}} = 2^{2\times\frac{3}{2}} = 2^3$$
$$= 8$$

정답 : ④

04.9B

046

$\log_5 \dfrac{9}{25} - \log_5 9$ 의 값은?

① -2 ② -1 ③ 1 ④ 2 ⑤ 3

HINT ▸▸

$\log_c a + \log_c b = \log_c ab$

$\log_c a - \log_c b = \log_c \dfrac{a}{b}$

$a^{-m} = \dfrac{1}{a^m}$

$$(\text{준식}) = \log_5 \frac{\frac{9}{25}}{9} = \log_5 \frac{1}{25} = \log_5 5^{-2} = -2$$

정답 : ①

04.수능B

047

$3^{\frac{2}{3}} \times 9^{\frac{3}{2}} \div 27^{\frac{8}{9}}$ 의 값은?

① 1　② $\sqrt{3}$　③ 3　④ $3\sqrt{3}$　⑤ 9

HINT▸▸

$a^m \times a^n = a^{m+n}$

$a^m \div a^n = a^{m-n}$

$$3^{\frac{2}{3}} \times 9^{\frac{3}{2}} \div 27^{\frac{8}{9}} = 3^{\frac{2}{3}} \times (3^2)^{\frac{3}{2}} \div (3^3)^{\frac{8}{9}}$$
$$= 3^{\frac{2}{3}} \times 3^3 \div 3^{\frac{8}{3}}$$
$$= 3^{\frac{2}{3}+3-\frac{8}{3}} = 3$$

정답 : ③

05.6B

048

$\log_4 64$의 값은?

① 1　② 2　③ 3　④ 4　⑤ 5

HINT▸▸

$nlog_a b = \log_a b^n$

$\log_a a = 1$

$$\log_4 64 = \log_4 4^3 = 3\log_4 4 = 3$$

정답 : ③

05.9B

049

$4^{-\frac{1}{2}} \times 8^{\frac{5}{3}}$ 의 값은?

① 2 ② 4 ③ 8 ④ 16 ⑤ 32

HINT▸▸

$(a^m)^n = a^{mn}$

$a^m \times a^n = a^{m+n}$

$$\begin{aligned}(\text{준식}) &= (2^2)^{-\frac{1}{2}} \times (2^3)^{\frac{5}{3}} \\ &= 2^{-1} \times 2^5 \\ &= 2^4 \\ &= 16\end{aligned}$$

정답 : ④

05.수능B

050

$5^{\frac{2}{3}} \times 25^{-\frac{5}{6}}$ 의 값은?

① $\frac{1}{25}$ ② $\frac{1}{5}$ ③ 1 ④ 5 ⑤ 25

HINT▸▸

$a^m \times a^n = a^{m+n}$

$a^{-m} = \frac{1}{a^m}$

$(a^m)^n = a^{mn}$

$$\begin{aligned}(\text{준식}) &= 5^{\frac{2}{3}} \times 5^{2 \cdot \left(-\frac{5}{6}\right)} \\ &= 5^{\frac{2}{3}} \times 5^{-\frac{5}{3}} \\ &= 5^{\frac{2}{3}+\left(-\frac{5}{3}\right)} \\ &= 5^{-1} \\ &= \frac{1}{5}\end{aligned}$$

정답 : ②

06.6B

051

$\left(3\cdot 9^{\frac{1}{3}}\right)^{\frac{3}{5}}$ 의 값은?

① $\sqrt[3]{3}$ ② $\sqrt[3]{3^2}$ ③ 3
④ $\sqrt[3]{3^4}$ ⑤ $\sqrt[3]{3^5}$

HINT▸▸

$(a^m)^n = a^{mn}$

$a^m \times a^n = a^{m+n}$

$$\left(3 \cdot 3^{\frac{2}{3}}\right)^{\frac{3}{5}} = \left(3^{\frac{5}{3}}\right)^{\frac{3}{5}} = 3^{\frac{5}{3}\times\frac{3}{5}} = 3$$

정답 : ③

06.9B

052

$\log_2 16 + \log_2 \frac{1}{8}$ 의 값은?

① 1 ② 2 ③ 3 ④ 4 ⑤ 5

HINT▸▸

$nlog_a b = \log_a b^n$

$\log_c a + \log_c b = \log_c ab$

$a^{-m} = \frac{1}{a^m}$

$$\log_2 16 + \log_2 \frac{1}{8} = \log_2 2^4 + \log_2 2^{-3}$$
$$= 4 - 3 = 1$$

정답 : ①

06.수능B

053

$(\log_3 27) \times 8^{\frac{1}{3}}$ 의 값은?

① 12 ② 10 ③ 8 ④ 6 ⑤ 4

HINT▸▸

$n log_a b = \log_a b^n$

$(a^m)^n = a^{mn}$

$\log_a a = 1$

$\log_3 27 \cdot 8^{\frac{1}{3}} = \log_3 3^3 \cdot (2^3)^{\frac{1}{3}} = 3 \cdot 2 = 6$

정답 : ④

07.6B

054

$\log_8 2\sqrt{2}$ 의 값은?

① $\frac{1}{16}$ ② $\frac{1}{8}$ ③ $\frac{1}{4}$ ④ $\frac{1}{2}$ ⑤ 1

HINT▸▸

$n log_a b = \log_a b^n$

$\log_a a = 1$

$\log_{a^m} b^n = \frac{n}{m} log_a b$

$\log_8 2\sqrt{2} = \log_{2^3} 2^{\frac{3}{2}} = \frac{1}{3} \times \frac{3}{2} \log_2 2 = \frac{1}{2}$

정답 : ④

07.9B

055

$\log_{\frac{1}{2}} 2 + \log_7 \frac{1}{7}$ 의 값은?

① -2 ② -1 ③ 0 ④ 1 ⑤ 2

HINT▸▸

$\log_a a = 1$

$\log_{a^m} b^n = \frac{n}{m} log_a b$

$a^{-m} = \frac{1}{a^m}$

$$\begin{aligned}\log_{\frac{1}{2}} 2 + \log_7 \frac{1}{7} &= \log_{2^{-1}} 2 + \log_7 7^{-1} \\ &= -\log_2 2 - \log_7 7 \\ &= -1 - 1 = -2\end{aligned}$$

정답 : ①

07.수능B

056

$8^{\frac{2}{3}} + \log_2 8$ 의 값은?

① 5 ② 6 ③ 7 ④ 8 ⑤ 9

HINT▸▸

$(a^m)^n = a^{mn}$

$\log_a a = 1$

$n log_a b = \log_a b^n$

$$\begin{aligned}8^{\frac{2}{3}} + \log_2 8 &= (2^3)^{\frac{2}{3}} + \log_2 2^3 \\ &= 2^2 + 3 \\ &= 7\end{aligned}$$

정답 : ③

08.6B

057

$(\sqrt{2\sqrt{6}})^4$의 값은?

① 16　② 18　③ 20　④ 22　⑤ 24

HINT▸▸

$(a^m)^n = a^{mn}$

$\sqrt[m]{a^n} = a^{\frac{n}{m}}$

$(\sqrt{2\sqrt{6}})^4 = \left\{(2\sqrt{6})^{\frac{1}{2}}\right\}^4 = (2\sqrt{6})^2 = 24$

정답 : ⑤

08.9B

058

$2^{2\log_3 9}$의 값은?

① 8　② 16　③ 24　④ 32　⑤ 40

HINT▸▸

$n\log_a b = \log_a b^n$

$\log_a a = 1$

$2^{2\log_3 9} = 2^{4\log_3 3} = 2^4 = 16$

정답 : ②

08.수능B

059

$9^{\frac{3}{2}} \times 27^{-\frac{2}{3}}$ 의 값은?

① $\frac{1}{3}$ ② 1 ③ $\sqrt{3}$
④ 3 ⑤ $3\sqrt{3}$

HINT▸▸

$a^m \times a^n = a^{m+n}$

$(a^m)^n = a^{mn}$

$9^{\frac{3}{2}} \times 27^{-\frac{2}{3}} = 3^{2 \times \frac{3}{2}} \times 3^{3 \times \left(-\frac{2}{3}\right)} = 3^3 \times 3^{-2} = 3$

정답 : ④

09.6B

060

$2^{\log_2 4} \times 8^{\frac{2}{3}}$ 의 값은?

① 2 ② 4 ③ 8 ④ 16 ⑤ 32

HINT▸▸

$(a^m)^n = a^{mn}$

$a^m \times a^n = a^{m+n}$

$a^{\log_b c} = c^{\log_b a}$

$\log_a a = 1$

(준식) $= 4^{\log_2 2} \times (2^3)^{\frac{2}{3}} = 4 \times 4 = 16$

정답 : ④

09.9B

061

$\log_2 9 \cdot \log_3 \sqrt{2}$ 의 값은?

① 1 ② 2 ③ 3 ④ 4 ⑤ 5

HINT▸▸

$\log_a b = \dfrac{\log_c b}{\log_c a}$

$n\log_a b = \log_a b^n$

$\log_2 9 \cdot \log_3 \sqrt{2} = \dfrac{2\log 3}{\log 2} \times \dfrac{\frac{1}{2}\log 2}{\log 3} = 2 \times \dfrac{1}{2} = 1$

정답 : ①

09.수능B

062

$27^{\frac{1}{3}} + \log_2 4$의 값은?

① 1 ② 2 ③ 3 ④ 4 ⑤ 5

HINT▸▸

$(a^m)^n = a^{mn}$

$n\log_a b = \log_a b^n$

$\log_a a = 1$

$27^{\frac{1}{3}} + \log_2 4 = (3^3)^{\frac{1}{3}} + \log_2 2^2 = 3 + 2 = 5$

정답 : ⑤

10.6B

063

$\frac{1}{\sqrt[3]{8}} \times \log_3 81$의 값은?

① 1　② 2　③ 3　④ 4　⑤ 5

HINT▸▸

$a^{\frac{n}{m}} = \sqrt[m]{a^n}$

$nlog_a b = \log_a b^n$

$\log_a a = 1$

$\sqrt[3]{8} = \sqrt[3]{2^3} = 2^{\frac{3}{3}} = 2$

$\log_3 81 = \log_3 3^4 = 4$

$\therefore \frac{1}{\sqrt[3]{8}} \times \log_3 81 = \frac{1}{2^{\frac{3}{3}}} \times \log_3 3^4$

$= \frac{1}{2} \times 4 = 2$

정답 : ②

10.9B

064

$\log_3 6 + \log_3 2 - \log_3 4$의 값은?

① 1　② 2　③ 3　④ 4　⑤ 5

HINT▸▸

$\log_c a + \log_c b = \log_c ab$

$\log_c a - \log_c b = \log_c \frac{a}{b}$

$\log_a a = 1$

$\log_3 6 + \log_3 2 - \log_3 4 = \log_3 \frac{6 \times 2}{4}$

$= \log_3 3$

$= 1$

정답 : ①

10.수능B

065

$4^{\frac{3}{2}} \times \log_3 \sqrt{3}$ 의 값은?

① 5 ② 4 ③ 3 ④ 2 ⑤ 1

HINT▸▸

$(a^m)^n = a^{mn}$

$n\log_a b = \log_a b^n$

$a^{\frac{n}{m}} = \sqrt[m]{a^n}$

$\log_a a = 1$

$$4^{\frac{3}{2}} \times \log_3 \sqrt{3} = (2^2)^{\frac{3}{2}} \times \log_3 3^{\frac{1}{2}}$$
$$= 2^3 \times \frac{1}{2} = 4$$

정답 : ②

11.6B

066

$4 \times 8^{\frac{1}{3}}$ 의 값은?

① 4 ② 6 ③ 8 ④ 10 ⑤ 12

HINT▸▸

$(a^m)^n = a^{mn}$

$a^m \times a^n = a^{m+n}$

$$4 \times 8^{\frac{1}{3}} = 2^2 \times (2^3)^{\frac{1}{3}} = 2^3 = 8$$

정답 : ③

11.9B

067

$\log_2 12 + \log_2 \frac{4}{3}$ 의 값은?

① 1　② 2　③ 3　④ 4　⑤ 5

HINT▸▸

$\log_c a + \log_c b = \log_c ab$

$nlog_a b = \log_a b^n$

$\log_a a = 1$

$\log_2 12 + \log_2 \frac{4}{3} = \log_2 (12 \times \frac{4}{3}) = \log_2 16$

$= \log_2 2^4 = 4$

정답 : ④

01.수능B

068

함수 $f(x) = \lim_{n\to\infty} \frac{x^{2n+4}+2x}{x^{2n}+1}$ 일 때,

$f\left(\frac{1}{2}\right) + f(2)$ 의 값을 구하시오.

HINT▸▸

$\frac{\infty}{\infty}$ 의 꼴에서는 분자·분모를 제일 큰수로 나누고 $\frac{0}{0}$ 의 꼴에서는 인수분해를 해준다.

$|r| < 1 \quad \lim_{n\to\infty} r^n = 0$

$|r| > 1 \quad \lim_{n\to\infty} r^n$ 은 발산한다

(i) $|x| < 1$일 때,

$f(x) = \lim_{n\to\infty} \frac{x^{2n+4}+2x}{x^{2n}+1} = \frac{0+2x}{1} = 2x$

(ii) $|x| > 1$일 때, x^{2n}으로 분자·분모를 나누면

$f(x) = \lim_{n\to\infty} \frac{x^4 + \frac{2}{x^{2n-1}}}{1 + \frac{1}{x^{2n}}} = \frac{x^4+0}{1+0} = x^4$

따라서, $f\left(\frac{1}{2}\right) + f(2) = 2 \times \frac{1}{2} + 2^4$

$= 1 + 16 = 17$

정답 : 17

04.6B

069

$\lim_{n\to\infty}\dfrac{n}{\sqrt{2n^2-n}+\sqrt{n^2-1}}$ 의 값은?

① $\sqrt{2}-1$　② 1　③ $\sqrt{2}$
④ 2　⑤ $\sqrt{2}+1$

HINT▸▸

$\dfrac{\infty}{\infty}$ 의 꼴에서는 분자·분모를 제일 큰 숫자로 나눈다.

분자·분모를 n으로 나눈다.

$$(\text{주어진 식})=\lim_{n\to\infty}\frac{1}{\sqrt{2-\frac{1}{n}}+\sqrt{1-\frac{1}{n^2}}}$$

$$=\frac{1}{\sqrt{2}+1}$$

$$=\frac{\sqrt{2}-1}{(\sqrt{2}+1)(\sqrt{2}-1)}$$

$$=\sqrt{2}-1$$

정답 : ①

98.수능B

070

두 부등식 $\dfrac{1}{x-3}\leqq\dfrac{1}{x-2}$ 과 $x^2-ax+b<0$ 의 해가 같을 때, 두 실수 a, b의 합 $a+b$를 구하시오.

HINT▸▸

$\dfrac{1}{f(x)}<\dfrac{1}{g(x)}$ 의 꼴에서는 $f(x)$나 $g(x)$의 부호를 알 수 없으므로 $g(x)<f(x)$ 등으로 형태를 변형하지 않도록 주의한다.

$$\frac{1}{x-3}\leqq\frac{1}{x-2}\Rightarrow\frac{1}{x-3}-\frac{1}{x-2}\leqq 0$$

$$\Rightarrow\frac{(x-2)-(x-3)}{(x-3)(x-2)}\leqq 0$$

$$\therefore\ \frac{1}{(x-3)(x-2)}\leqq 0$$

즉 $(x-3)(x-2)\leqq 0$ (단, $x\neq 2$, $x\neq 3$)

$\therefore\ (x-2)(x-3)<0$

$\Rightarrow x^2-5x+6<0$의 해와 $x^2-ax+b<0$의 해가 같으므로 $a=5$, $b=6$

$\therefore\ a+b=11$

정답 : 11

03.수능B

071

부등식 $x \leq \dfrac{10}{x-3}$을 만족시키는 자연수 x의 개수는?

① 1　② 2　③ 3　④ 4　⑤ 5

HINT▸▸

분자가 x 등의 미지수를 포함한 식이라면
분모$=0$이 되는 무연근을 주의하라.

$\dfrac{10}{x-3}$을 좌변으로 이항하면 $x-\dfrac{10}{x-3} \leq 0$이므로 $\dfrac{x^2-3x-10}{x-3} \leq 0$ 양변에 $(x-3)^2$을 곱하면 $(x-5)(x+2)(x-3) \leq 0$

$x=3$이 무연근이므로

$x \leq -2$ 또는 $3 < x \leq 5$

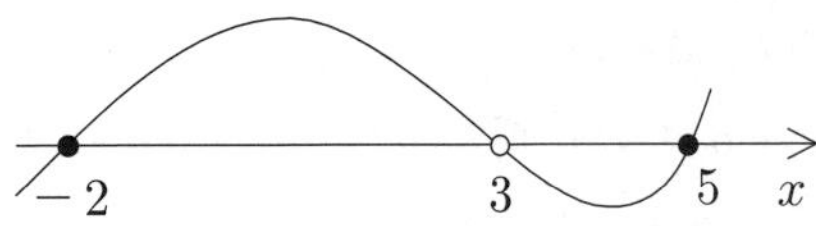

따라서 구하는 자연수 x는 4, 5로 2개다.

정답 : ②

04.9B

072

부등식 $\dfrac{x^2-x-56}{|x(x-2)|} \leq 0$

을 만족하는 정수 x의 개수를 구하시오.

HINT▸▸

분자가 x 등의 미지수를 포함한 식이라면
분모$=0$이 되는 무연근을 주의하라.

$\dfrac{(x-8)(x+7)}{|x(x-2)|} \leq 0$에서 $|x(x-2)| > 0$이므로

$\dfrac{(x-8)(x+7)}{|x(x-2)|} \leq 0 \Leftrightarrow (x-8)(x+7) \leq 0,\ (x \neq 0, 2)$

$\therefore -7 \leq x \leq 8$ (단, $x \neq 0,\ 2$)

따라서 만족하는 정수 x의 개수는 14개이다.

정답 : 14

04.수능B

073

연립부등식 $\begin{cases} \dfrac{x+2}{x^2-4x+3} \geqq 0 \\ \dfrac{9}{x-8} \leqq -1 \end{cases}$

을 만족시키는 정수 x 의 개수는?

① 6　② 7　③ 8　④ 9　⑤ 10

HINT▸▸

$\dfrac{g(x)}{f(x)} \geqq 0$의 꼴일때

분자·분모에 0보다 큰 $f(x)^2$을 곱하면 부등호의 방향이 그대로인채 $f(x)\cdot g(x) \geqq 0$이 된다.

연립부등식을 정리하면

(ⅰ) $\dfrac{x+2}{x^2-4x+3} = \dfrac{x+2}{(x-3)(x-1)} \geqq 0$에서

$(x+2)(x-3)(x-1) \geqq 0,\ x \neq 3.\ x \neq 1$

이므로 $-2 \leqq x < 1,\ x > 3$

(ⅱ) $\dfrac{9}{x-8} \leqq -1$에서 $\dfrac{x+1}{x-8} \leqq 0$이므로

$(x+1)(x-8) \leqq 0,\ x \neq 8$

$\therefore\ -1 \leqq x < 8$

(ⅰ), (ⅱ)에서 $-1 \leqq x < 1,\ 3 < x < 8$

따라서 구하는 정수 x의 개수는

$-1, 0, 4, 5, 6, 7$의 6개다.

정답 : ①

98.수능B

074

$\lim\limits_{x \to 0} \dfrac{\ln(1+x)}{2x}$ 의 값은?

① 1　② 2　③ 3　④ $\dfrac{1}{2}$　⑤ $\dfrac{1}{3}$

HINT▸▸

$n\log_a b = \log_a b^n$

$\lim\limits_{x \to 0}(1+x)^{\frac{1}{x}} = e$

$\ln e = \log_e e = 1$

$$\lim_{x \to 0} \frac{\ln(1+x)}{2x} = \lim_{x \to 0} \frac{1}{2} \ln(1+x)^{\frac{1}{x}} = \frac{1}{2}\ln e = \frac{1}{2}$$

정답 : ④

01.수능B

075

다음 식을 성립하게 하는 상수 a, b의 곱 ab의 값은?

$$\lim_{x\to1}\frac{x-1}{x^2+ax+b}=\frac{1}{3}$$

① -3 ② -2 ③ 1 ④ 2 ⑤ 3

HINT▸▸

$\frac{0}{0}$의 꼴일 때는 인수분해 후 약분하라.

$\lim_{x\to a}\frac{f(x)}{g(x)}=b$의 꼴에서

$f(a)=0 \Rightarrow g(a)=0$

$g(a)=0 \Rightarrow f(a)=0$ 이 된다.

$\lim_{x\to1}(x-1)=0$이므로

$\lim_{x\to1}(x^2+ax+b)=1+a+b=0$

$\therefore\ b=-1-a\ \cdots$ ㉠

이 때, ㉠을 주어진 식에 대입하면

$$\lim_{x\to1}\frac{x-1}{x^2+ax+b}=\lim_{x\to1}\frac{x-1}{x^2+ax-(1+a)}$$

$$=\lim_{x\to1}\frac{x-1}{(x-1)(x+1+a)}$$

$$=\lim_{x\to1}\frac{1}{(x+1+a)}=\frac{1}{a+2}=\frac{1}{3}$$

$\therefore\ a=1$

한편, ㉠에서 $b=-2$ $\therefore\ ab=-2$

정답 : ②

03.수능B

076

$\lim_{x\to-2}\frac{2x+4}{\sqrt{x+11}-3}$의 값을 구하시오.

HINT▸▸

$\frac{0}{0}$의 꼴일 때는 인수분해 후 약분하라.

무리식 즉, $\sqrt{f(x)}$의 꼴이 있을 때는 유리화를 해보자.

$$\lim_{x\to-2}\frac{2x+4}{\sqrt{x+11}-3}$$

$$=\lim_{x\to-2}\frac{(2x+4)(\sqrt{x+11}+3)}{(\sqrt{x+11}-3)(\sqrt{x+11}+3)}$$

$$=\lim_{x\to-2}\frac{2(x+2)(\sqrt{x+1}+3)}{x+11-9}$$

$$=\lim_{x\to-2}2(\sqrt{x+11}+3)=12$$

정답 : 12

05.6B

077

$\lim_{x \to 2} \frac{x^2-4}{x^2+ax} = b$ (단, $b \neq 0$)가 성립하도록 상수 a, b의 값을 정할 때, $a+b$의 값은?

① -4 ② -2 ③ 0 ④ 2 ⑤ 4

HINT▸▸

극한 값에서 분모 혹은 분자 중 하나가 0이면 나머지도 0이어야 수렴값이 존재한다.

$\frac{0}{0}$의 꼴은 인수분해로 푼다.

$\lim_{x \to 2} \frac{x^2-4}{x^2+ax} = b$에서 $x \to 2$일 때

(분자) $\to 0$ 이고 $b(\neq 0)$로 수렴하므로

(분모) $\to 0$이어야 한다.

즉, $\lim_{x \to 2}(x^2+ax) = 0$이므로

$4+2a=0 \quad \therefore a=-2$

$$\therefore \lim_{x \to 2} \frac{x^2-4}{x^2-2x} = \lim_{x \to 2} \frac{(x+2)(x-2)}{x(x-2)}$$

$$= \lim_{x \to 2} \frac{x+2}{x}$$

$$= \frac{2+2}{2} = 2 = b$$

$\therefore a+b=-2+2=0$

정답 : ③

05.수능B

078

두 상수 a, b가 $\lim_{x \to 2} \frac{x^2-(a+2)x+2a}{x^2-b} = 3$을 만족시킬 때, $a+b$의 값은?

① -6 ② -4 ③ -2 ④ 0 ⑤ 2

HINT▸▸

극한 값에서 분모 혹은 분자 중 하나가 0이면 나머지도 0이어야 수렴값이 존재한다.

$\frac{0}{0}$의 꼴은 인수분해로 푼다.

$\lim_{x \to 2} \frac{x^2-(a+2)x+2a}{x^2-b} = 3$에서 $x \to 2$일 때

(분자) $\to 0$이므로 (분모) $\to 0$이어야 한다.

따라서 $\lim_{x \to 2}(x^2-b) = 4-b=0$에서 $b=4$

$$\therefore \lim_{x \to 2} \frac{x^2-(a+2)x+2a}{x^2-b}$$

$$= \lim_{x \to 2} \frac{(x-2)(x-a)}{(x-2)(x+2)}$$

$$= \lim_{x \to 2} \frac{x-a}{x+2} = \frac{2-a}{2+2} = 3$$

$\therefore a=-10$

$\therefore a+b=-10+4=-6$

정답 : ①

05.9B

079

두 실수 a, b 에 대하여

$\lim_{x \to 1} \frac{\sqrt{x^2+a} - b}{x-1} = \frac{1}{2}$ 일 때, ab 의 값은?

① 6 ② 7 ③ 8 ④ 9 ⑤ 10

HINT▸▸

극한 값에서 분모 혹은 분자 중 하나가 0이면 나머지도 0이어야 수렴값이 존재한다.

$\frac{0}{0}$ 의 꼴은 인수분해로 푼다.

$\lim_{x \to 1} \frac{\sqrt{x^2+a} - b}{x-1} = \frac{1}{2}$ 에서 $x \to 1$ 일 때

(분모) → 0이므로 (분자) → 0이어야 한다.

즉, $\lim_{x \to 1} \sqrt{x^2+a} - b = 0$ 이므로

$\sqrt{1+a} - b = 0$

$\therefore b = \sqrt{1+a}$ ⋯ ㉠

$$\therefore \lim_{x \to 1} \frac{\sqrt{x^2+a} - b}{x-1}$$

$$= \lim_{x \to 1} \frac{\sqrt{x^2+a} - \sqrt{1+a}}{x-1}$$

$$= \lim_{x \to 1} \frac{(x^2+a)-(1+a)}{(x-1)\left(\sqrt{x^2+a} + \sqrt{1+a}\right)}$$

$$= \lim_{x \to 1} \frac{(x-1)(x+1)}{(x-1)\left(\sqrt{x^2+a} + \sqrt{1+a}\right)}$$

$$= \lim_{x \to 1} \frac{x+1}{\sqrt{x^3+a} + \sqrt{1+a}}$$

$$= \frac{2}{2\sqrt{1+a}}$$

$$= \frac{1}{\sqrt{1+a}}$$

따라서, $\frac{1}{\sqrt{1+a}} = \frac{1}{2}$ 이므로 $\sqrt{1+a} = 2$

$\therefore a = 3$ ㉠에서 $b = 2$

$\therefore ab = 3 \times 2 = 6$

정답 : ①

06.6B

080

함수

$$f(x)=\begin{cases} x^2+x+a & (x \geqq 2) \\ x+b & (x<2) \end{cases}$$

가 $x=2$에서 연속이 되도록 상수 a, b를 정할 때, $a-b$의 값은?

① -4 ② -2 ③ 2 ④ 4 ⑤ 6

HINT▸▸

$f(x)$가 $x=a$에서 연속한다는 의미는 $\lim_{x\to a} f(x)$가 존재하고 $f(a)$도 존재하며 $\lim_{x\to a} f(x)=f(a)$가 된다는 것이다.

$x=2$에서 연속이므로

$f(2)=\lim_{x\to 2-0} f(x)=\lim_{x\to 2+0} f(x)$이다.

즉, $4+2+a=\lim_{x\to 2-0}(x+b)$에서

$6+a=2+b \quad \therefore a-b=-4$

정답 : ①

06.수능B

081

$\lim_{x\to 1}\dfrac{x^2-1}{\sqrt{x+3}-2}$의 값은?

① 7 ② 8 ③ 9 ④ 10 ⑤ 11

HINT▸▸

$\dfrac{0}{0}$의 꼴일 때는 인수분해 후 약분하라.

무리식 즉, $\sqrt{f(x)}$의 꼴이 있을 때는 유리화를 해보자.

$$(\text{준식})=\lim_{x\to 1}\frac{(x-1)(x+1)(\sqrt{x+3}+2)}{(\sqrt{x+3}-2)(\sqrt{x+3}+2)}$$

$$=\lim_{x\to 1}\frac{(x-1)(x+1)(\sqrt{x+3}+2)}{x-1}$$

$$=2\cdot 4=8$$

정답 : ②

07.6B

082

두 상수 a, b에 대하여

$\lim_{x \to 1} \frac{\sqrt{2x+a}-\sqrt{x+3}}{x^2-1}=b$일 때, ab의 값은?

① 16 ② 4 ③ 1 ④ $\frac{1}{4}$ ⑤ $\frac{1}{16}$

HINT▸▸

$\frac{0}{0}$의 꼴일 때는 인수분해 후 약분하라.

무리식 즉, $\sqrt{f(x)}$의 꼴이 있을 때는 유리화를 해보자.

$\lim_{x\to a}\frac{g(x)}{f(x)}$의 값이 수렴하고 분자나 분모 중 하나가 0이 되면 나머지도 0이 된다.

$\lim_{x\to 1}\frac{\sqrt{2x+a}-\sqrt{x+3}}{x^2-1}=b$ 에서

$x \to 1$일 때 (분모)$\to 0$이므로

(분자) $\to 0$이어야 한다.

따라서 $\sqrt{2+a}-\sqrt{1+3}=0$ 이므로 $a=2$

(준식)

$$=\lim_{x\to 1}\frac{(\sqrt{2x+2}-\sqrt{x+3})(\sqrt{2x+2}+\sqrt{x+3})}{(x^2-1)(\sqrt{2x+2}+\sqrt{x+3})}$$

$$=\lim_{x\to 1}\frac{x-1}{(x^2-1)(\sqrt{2x+2}+\sqrt{x+3})}$$

$$=\lim_{x\to 1}\frac{1}{(x+1)(\sqrt{2x+2}+\sqrt{x+3})}$$

$$=\frac{1}{2(2+2)}=\frac{1}{8}=b$$

$\therefore\ ab=2\times\frac{1}{8}=\frac{1}{4}$

정답 : ④

07.9B

083

두 상수 a, b에 대하여

$\lim_{x\to 1}\frac{ax+b}{\sqrt{x+1}-\sqrt{2}}=2\sqrt{2}$ 일 때, ab의 값은?

① -3 ② -2 ③ -1 ④ 1 ⑤ 2

HINT▸▸

$\frac{0}{0}$의 꼴일 때는 인수분해 후 약분하라.

무리식 즉, $\sqrt{f(x)}$의 꼴이 있을 때는 유리화를 해보자.

$\lim_{x\to a}\frac{g(x)}{f(x)}$의 값이 수렴하고 분자나 분모 중 하나가 0이 되면 나머지도 0이 된다.

극한값이 존재하고 $x\to 1$ 일 때,

$\lim_{x\to 1}(\sqrt{x+1}-\sqrt{2})=0$ 이므로

$\lim_{x\to 1}(ax+b)=a+b=0$

$\therefore\ b=-a$

$$\lim_{x\to 1}\frac{ax+b}{\sqrt{x+1}-\sqrt{2}}$$
$$=\lim_{x\to 1}\frac{ax-a}{\sqrt{x+1}-\sqrt{2}}$$
$$=\lim_{x\to 1}\frac{a(x-1)(\sqrt{x+1}+\sqrt{2})}{(\sqrt{x+1}-\sqrt{2})(\sqrt{x+1}+\sqrt{2})}$$
$$=\lim_{x\to 1}\frac{a(x-1)(\sqrt{x+1}+\sqrt{2})}{x-1}$$
$$=\lim_{x\to 1}a(\sqrt{x+1}+\sqrt{2})$$
$$=2\sqrt{2}a=2\sqrt{2}$$

$\therefore\ a=1$

따라서, $a=1$, $b=-1$ 이므로

$ab=-1$

정답 : ③

07.수능B

084

함수

$$f(x)=\begin{cases}\dfrac{x^2+x-12}{x-3} & (x\neq 3)\\ a & (x=3)\end{cases}$$

가 모든 실수 x 에서 연속일 때, a 의 값은?

① 10 ② 9 ③ 8 ④ 7 ⑤ 6

HINT▸▸

$f(x)$가 $x=a$에서 연속한다는 의미는 $\lim_{x\to a}f(x)$가 존재하고 $f(a)$도 존재하며 $\lim_{x\to a}f(x)=f(a)$가 된다는 것이다.

$f(x)$는 $x=3$ 에서 연속이므로 $\lim_{x\to 3}f(x)=f(3)$ 이어야 한다.

$$\begin{aligned}\lim_{x\to 3}f(x)&=\lim_{x\to 3}\frac{x^2+x-12}{x-3}\\&=\lim_{x\to 3}\frac{(x-3)(x+4)}{x-3}\\&=\lim_{x\to 3}(x+4)\\&=7\end{aligned}$$

$\therefore\ f(3)=a=7$

정답 : ④

08.6B

085

$\displaystyle\lim_{x\to-\infty}\frac{x+1}{\sqrt{x^2+x}-x}$ 의 값은?

① -1 ② $-\frac{1}{2}$ ③ 0 ④ $\frac{1}{2}$ ⑤ 1

HINT▸▸

$\frac{\infty}{\infty}$ 의 꼴일 때는 제일 큰수로 분자·분모를 나눈다.

$-x=t$ 로 놓으면

$x\to-\infty$ 일 때, $t\to\infty$ 이므로

$$\begin{aligned}\lim_{x\to-\infty}\frac{x+1}{\sqrt{x^2+x}-x}&=\lim_{t\to\infty}\frac{-t+1}{\sqrt{t^2-t}+t}\\&=\lim_{t\to\infty}\frac{-1+\frac{1}{t}}{\sqrt{1-\frac{1}{t}}+1}\\&=\frac{-1+0}{1+1}=-\frac{1}{2}\end{aligned}$$

정답 : ②

08.9B

086

$\lim_{x \to -3} \frac{\sqrt{x^2-x-3}+ax}{x+3}=b$가 성립하도록 상수 a, b의 값을 정할 때, $a+b$의 값은?

① $-\frac{5}{6}$ ② $-\frac{1}{2}$ ③ 0 ④ $\frac{1}{2}$ ⑤ $\frac{5}{6}$

HINT▸▸

$\lim_{x \to a}\frac{g(x)}{f(x)}$가 수렴할 때 $f(x)$, $g(x)$중 하나의 함수값이 0이라면 나머지도 0이 된다.

$\frac{0}{0}$의 꼴일 때는 인수분해 후 약분하라.

무리식 즉, $\sqrt{f(x)}$의 꼴이 있을 때는 유리화를 해보자.

$x\to-3$ 일 때 (분모)→0 이므로
(분자)→0 이어야 한다.

$\lim_{x \to -3}(\sqrt{x^2-x-3}+ax)$
$=\sqrt{(-3)^2-(-3)-3}-3a$
$=3-3a=0$
$\therefore a=1$

$\lim_{x \to -3}\frac{\sqrt{x^2-x-3}+x}{x+3}$

$=\lim_{x \to -3}\frac{(\sqrt{x^2-x-3}+x)(\sqrt{x^2-x-3}-x)}{(x+3)(\sqrt{x^2-x-3}-x)}$

$=\lim_{x \to -3}\frac{-(x+3)}{(x+3)(\sqrt{x^2-x-3}-x)}$

$=\lim_{x \to -3}\frac{-1}{\sqrt{x^2-x-3}-x}$

$=\frac{-1}{\sqrt{(-3)^2-(-3)-3}-(-3)}$

$=-\frac{1}{6}$

즉, $b=-\frac{1}{6}$ 이므로 $a+b=\frac{5}{6}$

정답 : ⑤

09.6B

087

$\lim_{x\to 1}\frac{x^3-x^2+x-1}{\sqrt{x+8}-3}$ 의 값은?

① 0　② 3　③ 6　④ 9　⑤ 12

HINT ▸▸

$\frac{0}{0}$ 의 꼴일 때는 인수분해 후 약분하라.

무리식 즉, $\sqrt{f(x)}$ 의 꼴이 있을 때는 유리화를 해보자.

$$\lim_{x\to 1}\frac{x^3-x^2+x-1}{\sqrt{x+8}-3}\times\frac{\sqrt{x+8}+3}{\sqrt{x+8}+3}$$

$$=\lim_{a\to 1}\frac{(x-1)(x^2+1)\{\sqrt{x+8}+3\}}{x-1}$$

$$=\lim_{x\to 1}(x^2+1)\{\sqrt{x+8}+3\}=2\times 6=12$$

정답 : ⑤

09.9B

088

$\lim_{x\to 1}\frac{x^2+ax-b}{x^3-1}=3$ 이 성립하도록 상수 a, b 의 값을 정할 때, $a+b$ 의 값은?

① 9　② 11　③ 13　④ 15　⑤ 17

HINT ▸▸

극한 값에서 분모 혹은 분자 중 하나가 0이면 나머지도 0이어야 수렴값이 존재한다.

$\frac{0}{0}$ 의 꼴은 인수분해로 푼다.

즉 위 문제에서 분모인 (x^3-1)의 극한값이 0으로 수렴하므로

$\lim_{x\to 1}(x^2+ax-b)=0$ 에서 $1+a-b=0$

$\therefore b=a+1$

대입해서 정리하면

(준식)

$$=\frac{x^2+ax-a-1}{(x-1)(x^2+x+1)}=\frac{(x-1)(x+a+1)}{(x-1)(x^2+x+1)}$$

$$=\lim_{x\to 1}\frac{x+a+1}{x^2+x+1}=\frac{a+2}{3}=3$$

따라서 $a=7,\ b=8$

$\therefore a+b=7+8=15$

정답: ④

09.수능B

089

두 상수 a, b 에 대하여 $\lim_{x\to3}\frac{\sqrt{x+a}-b}{x-3}=\frac{1}{4}$ 일 때, $a+b$ 의 값은?

① 3 ② 5 ③ 7 ④ 9 ⑤ 11

HINT▸▸

$\frac{0}{0}$ 의 꼴일 때는 인수분해 후 약분하라.

무리식 즉, $\sqrt{f(x)}$ 의 꼴이 있을 때는 유리화를 해보자.

극한 값에서 분모 혹은 분자 중 하나가 0이면 나머지도 0이어야 수렴값이 존재한다.

$\lim_{x\to3}\frac{\sqrt{x+a}-b}{x-3}=\frac{1}{4}$ 에서 $x\to3$일 때

(분모)→ 0이므로 (분자)→ 0이어야 한다.

즉, $\lim_{x\to3}(\sqrt{x+a}-b)=0$에서

$\sqrt{3+a}-b=0$

$\therefore\ b=\sqrt{3+a}$

$\lim_{x\to3}\frac{\sqrt{x+a}-\sqrt{3+a}}{x-3}\times\frac{\sqrt{x+a}+\sqrt{3+a}}{\sqrt{x+a}+\sqrt{3+a}}$

$=\lim_{x\to3}\frac{x-3}{(x-3)(\sqrt{x+a}+\sqrt{3+a})}$

$=\lim_{x\to3}\frac{1}{\sqrt{x+a}+\sqrt{3+a}}=\frac{1}{2\sqrt{3+a}}=\frac{1}{4}$

즉, $2\sqrt{3+a}=4$에서 $\sqrt{3+a}=2$

$\therefore\ a=1$

따라서, $b=\sqrt{3+1}=2$이고 $a+b=3$

정답 : ①

10.6B

090

두 상수 a, b에 대하여 $\lim_{x\to3}\frac{x^2+ax+b}{x-3}=14$일 때, $a+b$의 값은?

① -25 ② -23 ③ -21

④ -19 ⑤ -17

HINT▸▸

극한 값에서 분모 혹은 분자 중 하나가 0이면 나머지도 0이어야 수렴값이 존재한다.

$\frac{0}{0}$ 의 꼴은 인수분해로 푼다.

$\lim_{x\to3}\frac{x^2+ax+b}{x-3}=14$ 에서

$x\to3$ 일 때, (분모)→ 0이므로 (분자)→ 0이어야 한다. 즉,

$\lim_{x\to3}(x^2+ax+b)=9+3a+b=0$

$\therefore\ b=-3(a+3)$

$\lim_{x\to3}\frac{x^2+ax-3(a+3)}{x-3}$

$=\lim_{x\to3}\frac{(x-3)(x+a+3)}{x-3}$

$=6+a=14$

$\therefore\ a=8,\ b=-33$

$\therefore\ a+b=-25$

정답 : ①

11.6B

091

$\lim_{x\to 0}(1+3x)^{\frac{1}{6x}}$ 의 값은?

① $\frac{1}{e^2}$ ② $\frac{1}{e}$ ③ $\sqrt{e}$ ④ e ⑤ e^2

HINT▸▸

$\lim_{x\to 0}(1+x)^{\frac{1}{x}}=e$

$(a^m)^n=a^{mn}$

$3x=t$라 하면,

$\lim_{t\to 0}(1+t)^{\frac{1}{2t}}=\lim_{t\to 0}(1+t)^{\frac{1}{t}\cdot\frac{1}{2}}=e^{\frac{1}{2}}=\sqrt{e}$

정답 : ③

11.수능B

092

$\lim_{x\to 0}\frac{e^x-1}{5x}$ 의 값은?

① 5 ② e ③ 1 ④ $\frac{1}{e}$ ⑤ $\frac{1}{5}$

HINT▸▸

$\lim_{x\to 0}\frac{a^x-1}{x}=\ln a$

$\lim_{x\to 0}\frac{e^x-1}{x}=\ln e=1$

$$\lim_{x\to 0}\frac{e^x-1}{5x}=\frac{1}{5}\lim_{x\to 0}\frac{e^x-1}{x}$$

$$=\frac{1}{5}\times 1=\frac{1}{5}$$

정답 : ⑤

01.수능B

093

일차변환 f를 나타내는 행렬이

$\begin{pmatrix} \frac{1}{2} & -\frac{\sqrt{3}}{2} \\ \frac{\sqrt{3}}{2} & \frac{1}{2} \end{pmatrix}$라 하자.

다음 그림의 꺾인 선분 OAB를 f에 의하여 옮겨서 얻은 꺾인 선분과 x축으로 둘러싸인 부분의 넓이는?

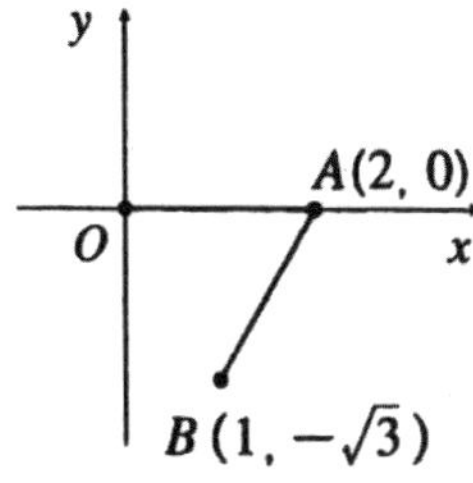

① $\sqrt{2}$ ② $2\sqrt{2}$ ③ $\sqrt{3}$ ④ 1 ⑤ 2

HINT▸▸

삼각형은 넓이 $S=\frac{1}{2}absin\theta$

원점 O를 중심으로 θ만큼 회전하는

회전변환 행렬$\begin{pmatrix} \cos\theta & -\sin\theta \\ \sin\theta & \cos\theta \end{pmatrix}$

한변이 a인 정삼각형의 높이 : $\frac{\sqrt{3}}{2}a$,

넓이 : $\frac{\sqrt{3}}{4}a^2$

일차변환

$\begin{pmatrix} \frac{1}{2} & -\frac{\sqrt{3}}{2} \\ \frac{\sqrt{3}}{2} & \frac{1}{2} \end{pmatrix}=\begin{pmatrix} \cos60^\circ & -\sin60^\circ \\ \sin60^\circ & \cos60^\circ \end{pmatrix}$이다.

즉, 원점을 중심으로 한 60° 회전변환과 같다.
여기서, A, B가 옮겨진 점을 A′, B′이라 하면
$S(\triangle OAB)=S(\triangle OA'B')$이고
$\triangle OAB$는 한 변의 길이가 2인 정삼각형이므로 구하는 넓이는 $\frac{\sqrt{3}}{4}\times 2^2=\sqrt{3}$ 혹은

$\frac{1}{2}\times 2^2\times\sin60^\circ$

$=2\times\frac{\sqrt{3}}{2}$

$=\sqrt{3}$

정답 : ③

03.수능B

094

직선 $y=x$ 에 대한 대칭변환 f 와 원점을 중심으로 하는 회전변환 g 가 있다. 합성변환 $g\circ f$ 에 의해 점 $(1, 0)$이 점 $\left(-\frac{1}{2}, \frac{\sqrt{3}}{2}\right)$으로 옮겨졌을 때, 이 합성변환 $g\circ f$에 의해 점 $\left(\frac{1}{2}, -\frac{\sqrt{3}}{2}\right)$으로 옮겨지는 점은?

① $(1, 1)$ ② $(-1, -1)$ ③ $(0, 1)$
④ $(0, -1)$ ⑤ $(-1, 0)$

HINT▶▶

$y=x$의 대칭변환 $f=\begin{pmatrix}0&1\\1&0\end{pmatrix}$

원점을 중심으로 θ만큼 회전하는 회전변환

$g=\begin{pmatrix}\cos\theta&-\sin\theta\\\sin\theta&\cos\theta\end{pmatrix}$

$g\circ f$는 $y=x$에 대한 대칭변환 후에 회전변환을 하는 합성변환이므로

$\begin{pmatrix}\cos\theta&-\sin\theta\\\sin\theta&\cos\theta\end{pmatrix}\begin{pmatrix}0&1\\1&0\end{pmatrix}\begin{pmatrix}1\\0\end{pmatrix}=\begin{pmatrix}-\frac{1}{2}\\\frac{\sqrt{3}}{2}\end{pmatrix}$에서

$\begin{pmatrix}-\sin\theta\\\cos\theta\end{pmatrix}=\begin{pmatrix}-\frac{1}{2}\\\frac{\sqrt{3}}{2}\end{pmatrix}$

$\therefore \begin{cases}\sin\theta=\frac{1}{2}\\\cos\theta=\frac{\sqrt{3}}{2}\end{cases}$ $\quad\therefore\ \theta=30^\circ$

따라서, 점 $(0, 1)$에서 점 $\left(-\frac{1}{2}, \frac{\sqrt{3}}{2}\right)$으로 30° 회전이동하는 변환이 g 가 된다.

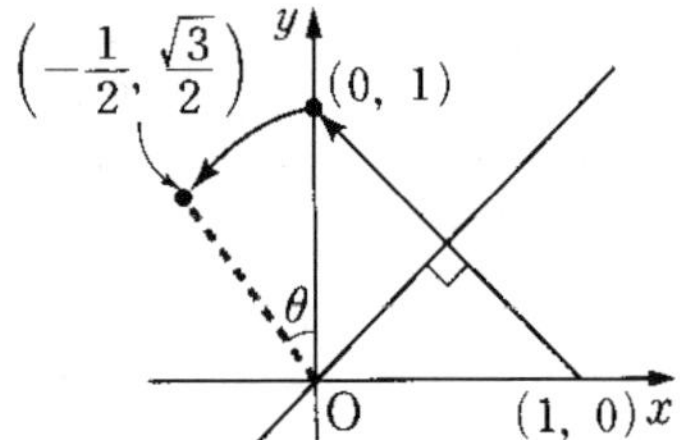

일차변환 f, g를 나타내는 행렬을 각각 X, Y라 하고, $g\circ f$에 의해 점 $\left(\frac{1}{2}, -\frac{\sqrt{3}}{2}\right)$으로 옮겨지는 점의 좌표를 (a, b)라 하면

$YX\begin{pmatrix}a\\b\end{pmatrix}$

$=\begin{pmatrix}\cos30^\circ&-\sin30^\circ\\\sin30^\circ&\cos30^\circ\end{pmatrix}\begin{pmatrix}0&1\\1&0\end{pmatrix}\begin{pmatrix}a\\b\end{pmatrix}$

$=\begin{pmatrix}\frac{1}{2}\\-\frac{\sqrt{3}}{2}\end{pmatrix}$

$-\frac{1}{2}a+\frac{\sqrt{3}}{2}b=\frac{1}{2}$ ⋯ ①

$\frac{\sqrt{3}}{2}a+\frac{1}{2}b=-\frac{\sqrt{3}}{2}$ ⋯ ②

①, ②를 연립하여 풀면 $a=-1$, $b=0$이므로 $(-1, 0)$

정답 : ⑤

11.6B

095

일차변환 $f:(x, y) \to (3x-y, x+ay)$에 의하여 점 $(1, -1)$이 점 $(4, 0)$으로 옮겨질 때, 상수 a의 값은?

① 1 ② 2 ③ 3 ④ 4 ⑤ 5

HINT▸▸

이런 종류의 문제는 주어진 조건대로 식을 정리하기만 하면 된다.

점$(1, -1)$의 x, y값을 $(3x-y,\ x+ay)$에 대입한다. 그리고 그 좌표가 $(4,\ 0)$이 되어야 한다.

$$f:(1, -1) \to (3\cdot1-(-1),\ 1+a\cdot(-1)) = (4, 1-a)$$

이므로 $1-a=0$

$\therefore a=1$

정답 : ①

02.수능B

096

그림과 같이 원점을 중심으로 하는 타원의 한 초점을 F라 하고, 이 타원이 y축과 만나는 한 점을 A라고 하자. 직선 AF의 방정식이 $y=\frac{1}{2}x-1$ 일 때, 이 타원의 장축의 길이는?

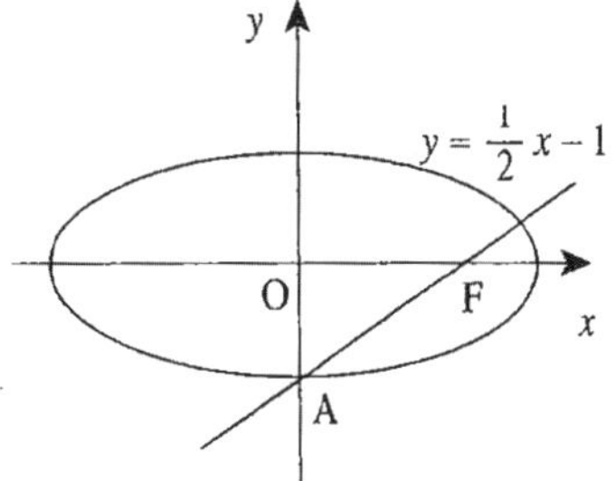

① $4\sqrt{2}$ ② $2\sqrt{7}$ ③ 5
④ $2\sqrt{6}$ ⑤ $2\sqrt{5}$

HINT▸▸

타원 $\frac{x^2}{a^2}+\frac{y^2}{b^2}=1$에서

초점 $(\pm k,\ 0)$의 $k^2=\sqrt{a^2-b^2}$

$y=\frac{1}{2}x-1$에서 $F(2,\ 0)$, $A(0,\ -1)$이므로

$\frac{x^2}{a^2}+\frac{y^2}{b^2}=1$에서 $F(2,\ 0)$이고, $b=1$이다.

$k^2=a^2-b^2$에서 $4=a^2-1$이므로 $a^2=5$

$a>0$이므로 $a=\sqrt{5}$에서 장축의 길이는 $2a=2\sqrt{5}$

정답 : ⑤

99.수능B

097

다음 그림과 같은 직각삼각형이 일차변환에 의해 옮겨질 수 있는 도형을 〈보기〉 중에서 모두 고른 것은?

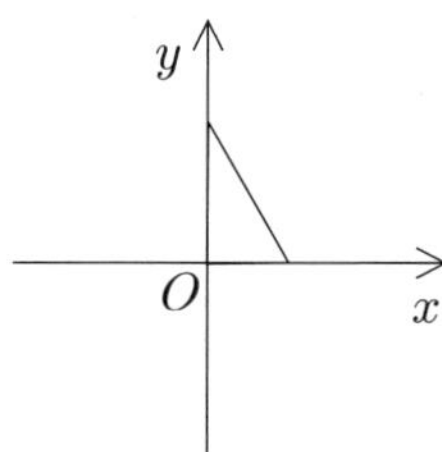

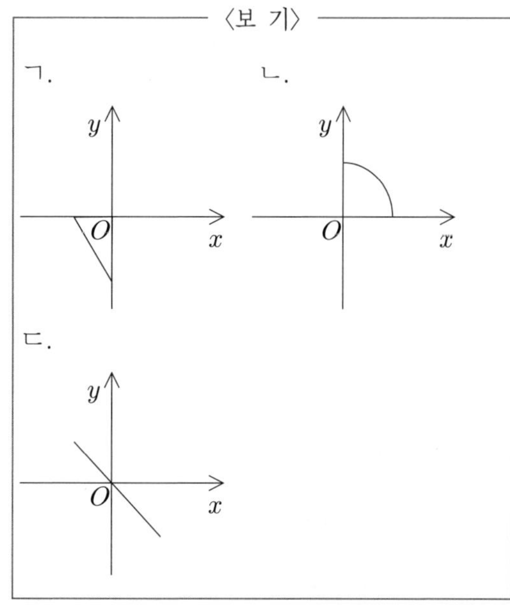

① ㄱ　　② ㄷ　　③ ㄱ, ㄴ
④ ㄱ, ㄷ　　⑤ ㄴ, ㄷ

HINT▸▸

일차변환에 의해 직선은 직선 혹은 점으로 변할 수 있다.

① $D=ad-bc\neq 0$인 경우
 일차변환에 의해 직선은 직선으로 변환한다.
② $D=ad-bc=0$인 경우
 일차변환에 의해 평면상의 도형은 원점을 지나는
 직선 혹은 점으로 변환한다.
따라서 ①, ②에서 ㄱ과 ㄷ이 맞다.
(∵ ㄴ에서 곡선은 만들어지지 않는다.)

정답 : ④

10.수능B

098

좌표공간에서 점 $P(0,3,0)$과 점 $A(-1,1,a)$ 사이의 거리는 점 P와 점$B(1,\ 2,\ -1)$사이의 거리의 2배이다. 양수 a의 값은?

HINT▶▶

두점 사이의 거리의 공식

$d=\sqrt{(x_2-x_1)^2+(y_2-y_1)^2+(z_2-z_1)^2}$

$\overline{PA}=\sqrt{(-1-0)^2+(1-3)^2+(a-0)^2}$

$=\sqrt{1+4+a^2}=\sqrt{5+a^2}$

$\overline{PB}=\sqrt{(1-0)^2+(2-3)^2+(-1-0)^2}$

$=\sqrt{1+1+1}=\sqrt{3}$

$\overline{PA}=2\overline{PB}$ 이므로

$\sqrt{5+a^2}=2\sqrt{3}$

$5+a^2=12$

$a^2=7$

$\therefore\ a=\sqrt{7}(\because\ a>0)$

정답 : $\sqrt{7}$

99.수능B형

099

두 벡터 $\vec{a}$, $\vec{b}$에 대하여
$|\vec{a}|=2,\ |\vec{b}|=3,\ |\vec{a}-2\vec{b}|=6$ 일 때,
내적 $\vec{a}\cdot\vec{b}$의 값은?

① 5 ② 4 ③ 3 ④ 2 ⑤ 1

HINT▶▶

$\vec{a}\cdot\vec{a}=|\vec{a}|^2$

$\vec{a}\cdot\vec{b}=|\vec{a}|\cdot|\vec{b}|\cdot\cos\theta$

$|\vec{a}|=2,\ |\vec{b}|=3,\ |\vec{a}-2\vec{b}|=6$

$|\vec{a}-2\vec{b}|^2=(\vec{a}-2\vec{b})\cdot(\vec{a}-2\vec{b})$

$=\vec{a}\cdot\vec{a}-4\vec{a}\cdot\vec{b}+4\vec{b}\cdot\vec{b}$

$=|\vec{a}|^2-4\vec{a}\cdot\vec{b}+4|\vec{b}|^2$

$=4-4\vec{a}\cdot\vec{b}+36$이므로

$36=4-4\vec{a}\cdot\vec{b}+36$

$\therefore\ \vec{a}\cdot\vec{b}=1$

정답 : ⑤

01.수능B

100

두 벡터 $\vec{a}=(9,\ x+1,\ -12)$, $\vec{b}=(-8,\ x,\ 7)$이 수직일 때, 양수 x의 값을 구하시오.

HINT▸▸

$\vec{a}$와 $\vec{b}$가 서로 수직일 때

$\vec{a}\cdot\vec{b}=|\vec{a}|\cdot|\vec{b}|\cdot\cos 90^\circ=0$

$\vec{a}=(a_1, a_2)$, $\vec{b}=(b_1, b_2)$일 때

$\vec{a}\cdot\vec{b}=a_1b_1+a_2b_2$

두 벡터는 수직이므로 내적은 0이다.

따라서

$\vec{a}=(9,\ x+1,\ -12)$, $\vec{b}=(-8,\ x,\ 7)$로부터

$$\begin{aligned}\vec{a}\cdot\vec{b}&=9\times(-8)+(x+1)\times x+(-12)\times 7\\&=-72+x^2+x-84=0\end{aligned}$$

$x^2+x-156=0$, $(x+13)(x-12)=0$

$\therefore\ x=12\ (\because\ x>0)$

정답 : 12

01.수능B

101

두 벡터 $\vec{a}=(2,\ -3,\ 2)$, $\vec{b}=(1,\ -4,\ 0)$가 이루는 각의 크기를 θ라 할 때, $\cos\theta$의 값은?

① $\frac{2}{17}$ ② $\frac{5}{17}$ ③ $\frac{8}{17}$

④ $\frac{11}{17}$ ⑤ $\frac{14}{17}$

HINT▸▸

$\vec{a}\cdot\vec{b}=|\vec{a}|\cdot|\vec{b}|\cdot\cos\theta \Leftrightarrow \cos\theta=\dfrac{\vec{a}\cdot\vec{b}}{|\vec{a}|\cdot|\vec{b}|}$

$\vec{a}=(a_1,\ a_2)$에서 $|\vec{a}|=\sqrt{{a_1}^2+{a_2}^2}$

$|\vec{a}|=\sqrt{2^2+(-3)^2+2^2}=\sqrt{17}$

$|\vec{b}|=\sqrt{1+(-4)^2+0}=\sqrt{17}$

$\vec{a}\cdot\vec{b}=2\cdot1+(-3)\cdot(-4)+2\cdot0=14$

$\therefore\ \cos\theta=\dfrac{\vec{a}\cdot\vec{b}}{|\vec{a}||\vec{b}|}=\dfrac{14}{\sqrt{17}\sqrt{17}}=\dfrac{14}{17}$

정답 : ⑤

02.수능B

102

두 벡터 $\vec{a}=(-1,\ 3)$과 $\vec{b}=(2,\ 1)$에 대하여 내적 $\vec{a}\cdot(\vec{a}+\vec{b})$의 값은?

① 11 ② 13 ③ 15 ④ 17 ⑤ 19

HINT▸▸

$\vec{a}=(a_1,\ a_2)$, $\vec{b}=(b_1,\ b_2)$에서

$\vec{a}+\vec{b}=(a_1+b_1,\ a_2+b_2)$

$\vec{a}\cdot\vec{b}=a_1b_1+a_2b_2$

$\vec{a}+\vec{b}=(1,\ 4)$이므로

$$\vec{a}\cdot(\vec{a}+\vec{b})=(-1,\ 3)\cdot(1,\ 4)$$
$$=-1+12=11$$

정답 : ①

06.9B

103

두 벡터 $\vec{a}=(2,\ 2,\ 1)$, $\vec{b}=(1,\ 4,\ -1)$이 이루는 각의 크기 θ의 값은? (단, $0\leqq\theta\leqq\pi$이다.)

① $\frac{\pi}{6}$ ② $\frac{\pi}{4}$ ③ $\frac{\pi}{3}$ ④ $\frac{\pi}{2}$ ⑤ $\frac{2}{3}\pi$

HINT▸▸

$\vec{a}\cdot\vec{b}=|\vec{a}|\cdot|\vec{b}|\cdot\cos\theta \Leftrightarrow \cos\theta=\frac{\vec{a}\cdot\vec{b}}{|\vec{a}|\cdot|\vec{b}|}$

$\vec{a}=(a_1,\ a_2)$에서 $|\vec{a}|=\sqrt{{a_1}^2+{a_2}^2}$

$|\vec{a}|=\sqrt{2^2+2^2+1^2}=3$

$|\vec{b}|=\sqrt{1^2+4^2+(-1)^2}=3\sqrt{2}$

$\vec{a}\cdot\vec{b}=2\times1+2\times4+1\times(-1)=9$

$$\cos\theta=\frac{\vec{a}\cdot\vec{b}}{|\vec{a}|\cdot|\vec{b}|}=\frac{9}{3\times3\sqrt{2}}=\frac{1}{\sqrt{2}}$$

$\therefore\ \theta=\frac{\pi}{4}$

정답 : ②

11.9B

104

두 벡터 $\vec{a}=(x+1, 2)$, $\vec{b}=(1, -x)$가 서로 수직일 때, x의 값은?

① 1　② 2　③ 3　④ 4　⑤ 5

HINT▸▸

$\vec{a}$와 $\vec{b}$가 서로 수직일 때

$\vec{a}\cdot\vec{b}=|\vec{a}|\cdot|\vec{b}|\cdot\cos 90^\circ=0$

$\vec{a}=(a_1, a_2)$, $\vec{b}=(b_1, b_2)$일 때

$\vec{a}\cdot\vec{b}=a_1b_1+a_2b_2$

$\vec{a}\cdot\vec{b}=(x+1)\times1+2(-x)=-x+1=0$

$\therefore\ x=1$

정답 : ①

10.9B

105

좌표공간에서 직선 $\dfrac{x-1}{2}=\dfrac{y+1}{3}=z-2$가 평면 $z=4$와 만나는 점의 좌표를 (a, b, c)라 할 때, $a+b+c$의 값은?

① 11　② 12　③ 13　④ 14　⑤ 15

HINT▸▸

$\dfrac{x-x_1}{a}=\dfrac{y-y_1}{b}=\dfrac{z-z_1}{c}$인 직선은 방향벡터 (a, b, c)이고 점 (x_1, y_1, z_1)을 지난다.

주어진 직선의 방정식에 $z=4=c$를 대입하면

$\dfrac{x-1}{2}=\dfrac{y+1}{3}=4-2=2$

$x-1=4\quad\therefore\ x=5=a$

$y+1=b\quad\therefore\ y=5=b$

$\therefore\ a+b+c=5+5+4=14$

정답 : ④

08.수능B

106

함수 $f(x)=6x^2+2ax$ 가

$\int_0^1 f(x)dx = f(1)$을 만족시킬 때, 상수 a 의 값은?

① -4 ② -2 ③ 0 ④ 2 ⑤ 4

HINT▸▸

$$\int_a^b f(x)dx = [F(x)]_a^b = F(b)-F(a)$$

$$\int_a^b x^n dx = \frac{1}{n+1}x^{n+1}+c$$

$$\int_0^1 f(x)dx = [2x^3+ax^2]_0^1 = 2+a$$

$=6+2a=f(1)$

$\therefore a=-4$

정답 : ①

11.수능B

107

확률변수 X 가 이항분포 $\mathrm{B}(200,\ p)$ 를 따르고 X 의 평균이 40 일 때, X 의 분산은?

① 32 ② 33 ③ 34 ④ 35 ⑤ 36

HINT▸▸

이항분포 $B(n,\ p)$에서

$E(x)=np,\ \ V(x)=npq$이다. (단 $q=1-p$)

확률변수 X의 평균이 40이므로 $200\times p=40$

$\therefore\ p=\frac{1}{5}$

따라서 확률변수 X는 이항분포 $\mathrm{B}\left(200,\ \frac{1}{5}\right)$을 따르므로

$\mathrm{V}(X)=200\times\frac{1}{5}\times\frac{4}{5}=32$이다.

정답 : ①

크로스수학
기출문제 유형탐구

CHAPTER

02

3점 완성 & 문제 풀이

009 글씨가 오른쪽으로 누우면 급한 마음을 표현하게 된다. 마음을 차분히 할 수 있도록 복습활동을 하도록 하라.

010 밤늦게까지 학교에 남아 야자를 하고, 각종 사교육을 받아야만 했던 학생들이 **부모님들에 의해 수면과 운동을 권장 받는** 그런 꿈같은 세상을 만들어보자.

011 **다독, 나눠이해하기, 눈으로 읽기의 원리** 등으로 무장한 학생들은 예전에 불가능했던 **독자적** 학습력을 갖추게 될 것이고 사교육은 정말 이해력이 현저하게 떨어지는 일부 학생에 한정될 것이다.

012 **공부를 엄청나게 잘 하고 싶다면 그 최후의 목표는 올바른 다독을 하는 것이다. 다시 그 올바르게 다독하는 법은 필수적으로 눈으로 공부하기를 제대로 사용하는 것을 조건으로 한다.**

013 **눈으로 공부하려면 확실한 두뇌의 청명함과 균형이 필요하니 그 다음으로 중요한 것은 예복습의 균형 즉 좌우의 균형이고 또 오래 제대로 버티기 위해서는 충분한 수면과 운동이 절실하게 필요해진다.**

014 **"기억하라. 훌륭한 공부법은 하나의 거대한 구조물인 것이다."**

크로스수학
기출문제 유형탐구

1. 수학1

행렬
지수와 로그
수열과 급수

총 46문항

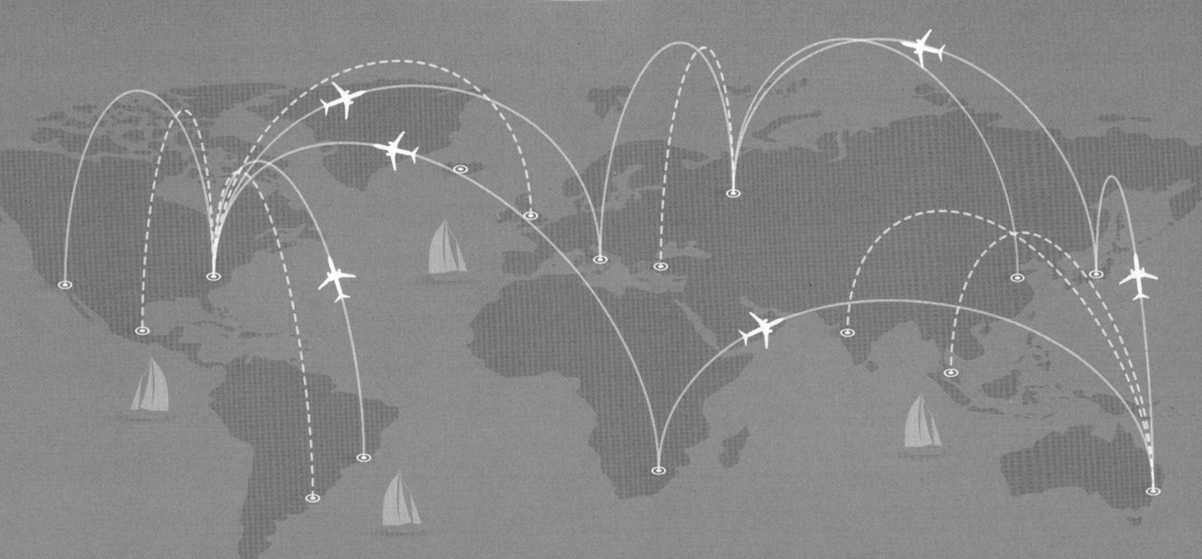

015 99퍼센트의 상식이 항상 승리한 결과 지구가 아직 네모난 상태에서 살고 있었을지 모를 그런 세계에서는 **단 1초도 살고 싶지 않다. 당신도 어쩌면 그렇지 아니한가?**

016 일반적으로 **다독**은 빠른 속도와 형편없는 이해, 볼품없는 암기도를 자랑하고 **정독**은 느린 속도와 높은 이해, 암기도를 나타낸다고 알려져 있다. 필자는 이런 일반적인 관념이 많이 잘못되어 있다고 생각한다.

017 **제대로 된 요령으로 무장한 '눈으로 읽기'** 라는 대표적인 다독용 방식은 어떤 정독보다 더 강하다. 이것에는 몇 가지 요령이 숨어있는데 가장 중요한 것은 **'나눠서 이해한다'** 는 원칙이다.

018 잘 모르는 부분을 체크하고 많이 어려우면 1:3의 기본 비율보다 약간 높은 1:5 정도로 반복하면서 그냥 진도를 나가도록 하라.

019 단순암기를 뛰어 넘은 **'완전암기'** 수준에서는 이렇게 깨달음의 기적이 일어나는 경우가 반드시 생긴다. 그 기쁨을 한 번 경험하기가 어렵지 몇 번이고 겪다보면 서서히 익숙해지고 그 다음부터는 아무리 어려운 부분이 나와도 여유 있게 적당히 중요표시를 하면서 1:3 에서 1:5 방식으로 복습한 후 지나가게 되는 것이다.

10.6B

001

모든 성분의 합이 24인 이차정사각행렬 A가 $2A^2-A=2E$를 만족시킬 때, 행렬 $2A-E$의 역행렬의 모든 성분의 합을 구하시오.
(단 E는 단위행렬이다.)

HINT▸▸

역행렬의 정의
$AA^{-1}=A^{-1}A=E$

$2A^2-A=2E$ 에서
$(2A-E)A=2E$
$(2A-E)(\frac{1}{2}A)=E$
$\therefore\ (2A-E)^{-1}=\frac{1}{2}A$
따라서 행렬 A의 모든 성분의 합이 24이므로 행렬 $2A-E$의 역행렬의 모든 성분의 합은
$24\times\frac{1}{2}=12$

정답 : 12

07.6B

002

12개의 꼭짓점을 갖는 다음 그래프를 적절하게 색칠하는 데 필요한 최소 색의 수는?

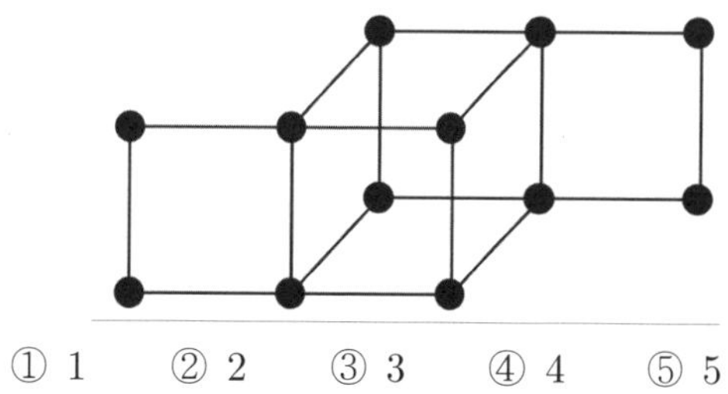

① 1　② 2　③ 3　④ 4　⑤ 5

HINT▸▸

그림으로 푸는 문제다.
인접하는 점이 최소의 다른 색이 되도록 가능한 범위에서 표시해 본다.

주어진 그래프를 적절하게 색칠하는 데 필요한 최소의 색의 수는 다음 그림과 같이 2가지 이다.

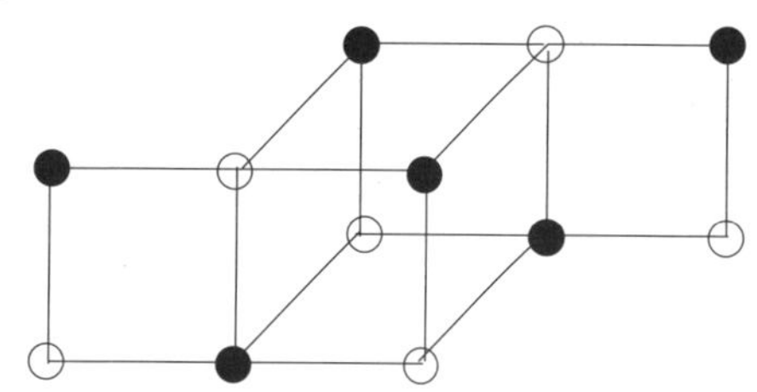

정답 : ②

11.6B

003

0이 아닌 두 실수 a, b에 대하여 두 행렬 A, B를 $A=\begin{pmatrix}1 & a\\0 & 1\end{pmatrix}, B=\begin{pmatrix}1 & 0\\b & 1\end{pmatrix}$ 이라 할 때, 옳은 것만을 〈보 기〉에서 있는 대로 고른 것은?

〈보 기〉

ㄱ. $(A-B)^2=abE$

ㄴ. $A^{-1}=2E-A$

ㄷ. $A+A^{-1}=B+B^{-1}$

① ㄱ ② ㄴ ③ ㄷ ④ ㄱ,ㄴ ⑤ ㄴ,ㄷ

HINT▸▸

$\begin{pmatrix}a & b\\c & d\end{pmatrix}\pm\begin{pmatrix}e & f\\g & h\end{pmatrix}=\begin{pmatrix}a\pm e & b\pm f\\c\pm g & d\pm h\end{pmatrix}$

$\begin{pmatrix}a & b\\c & d\end{pmatrix}\begin{pmatrix}e & f\\g & h\end{pmatrix}=\begin{pmatrix}ae+bg & af+bh\\ce+dg & cf+dh\end{pmatrix}$

$A=\begin{pmatrix}a & b\\c & d\end{pmatrix} \Rightarrow A^{-1}=\dfrac{1}{ad-bc}\begin{pmatrix}d & -b\\-c & a\end{pmatrix}$

ㄱ. 〈거짓〉

$A=\begin{pmatrix}1 & a\\0 & 1\end{pmatrix}, B=\begin{pmatrix}1 & 0\\b & 1\end{pmatrix}$이므로

$A-B=\begin{pmatrix}0 & a\\-b & 0\end{pmatrix}$,

$(A-B)^2=\begin{pmatrix}0 & a\\-b & 0\end{pmatrix}\begin{pmatrix}0 & a\\-b & 0\end{pmatrix}$

$=\begin{pmatrix}-ab & 0\\0 & -ab\end{pmatrix}=-abE$

ㄴ. 〈참〉

$A^{-1}=\begin{pmatrix}1 & -a\\0 & 1\end{pmatrix}$

$2E-A=\begin{pmatrix}2 & 0\\0 & 2\end{pmatrix}-\begin{pmatrix}1 & a\\0 & 1\end{pmatrix}=\begin{pmatrix}1 & -a\\0 & 1\end{pmatrix}$

$\therefore A^{-1}=2E-A$

ㄷ. 〈참〉

ㄴ에서 $A^{-1}=2E-A$이므로

$A+A^{-1}=2E$

또 $B^{-1}=\begin{pmatrix}1 & 0\\-b & 1\end{pmatrix}$이므로

$B+B^{-1}=2E$

$\therefore A+A^{-1}=B+B^{-1}$

따라서 보기 중 옳은 것은 ㄴ, ㄷ이다.

정답 : ⑤

08.6B

004

행렬 $\begin{pmatrix} 0 & 0 & 1 & 0 & 1 & 1 \\ 0 & 0 & 1 & 0 & 1 & 1 \\ 1 & 1 & 0 & 1 & 0 & 0 \\ 0 & 0 & 1 & 0 & 1 & 1 \\ 1 & 1 & 0 & 1 & 0 & 0 \\ 1 & 1 & 0 & 1 & 0 & 0 \end{pmatrix}$ 을 인접행렬로 가질 수 있는 그래프를 〈보기〉에서 모두 고른 것은?

〈보 기〉

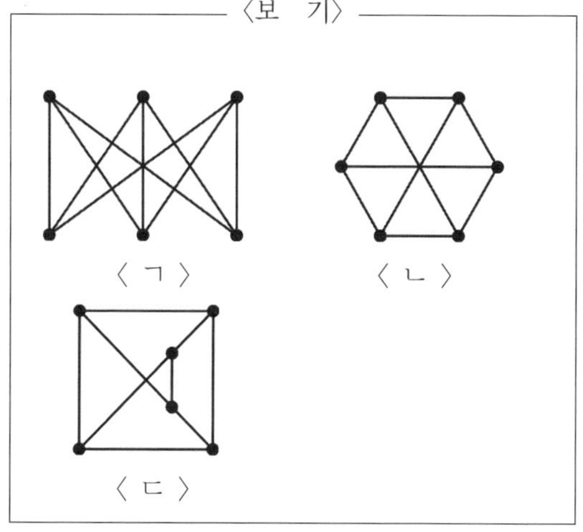

① ㄱ ② ㄴ ③ ㄱ, ㄴ
④ ㄴ, ㄷ ⑤ ㄱ, ㄴ, ㄷ

HINT▸▸

차수가 의미하는 것은 연결선들의 숫자다.

주어진 인접행렬로 가질 수 있는 그래프는 6개의 꼭짓점들의 차수가 모두 3이므로 〈보기〉 에서 주어진 그래프는 모두 조건을 만족한다.

정답 : ⑤

08.수능B

005

꼭짓점 A, B, C, D, X, Y, Z로 이루어진 다음 그래프에 최소 개수의 변을 추가하여 꼭짓점을 적절하게 색칠하는 데 필요한 최소 색의 수가 4인 그래프 H를 만들 때, 가능한 그래프 H의 개수는?

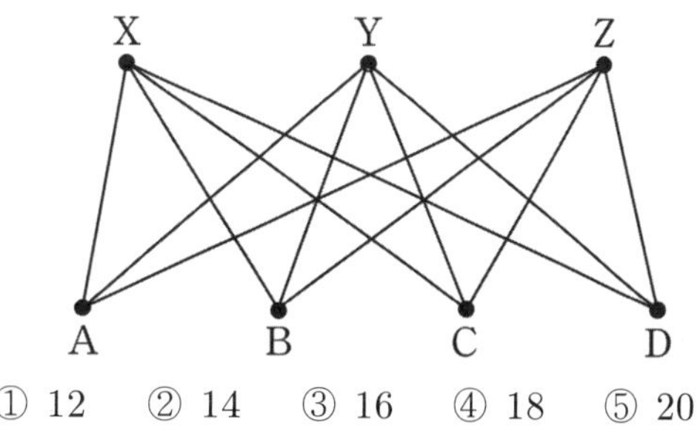

① 12 ② 14 ③ 16 ④ 18 ⑤ 20

HINT▸▸

최소색이 4가 되도록 그림에 변을 추가해보자.

$\{X, Y, Z\}$와 $\{A, B, C, D\}$ 간에는 모든 경우의 변이 그려져 있는 상태이므로, 추가하는 변은 각 집합의 원소끼리 연결한 변이 될 것이다. 이때 필요한 색의 수가 4가 되도록 하기 위해서는 각 집합에서 한 변씩만 추가하면 된다. 한 변을 위해서는 서로 다른 두 꼭짓점이 필요하므로, 가능한 그래프의 개수는 ${}_3C_2 \times {}_4C_2 = 18$개다.

정답 : ④

10.6B

006

다음은 5개의 꼭짓점이 a, b, c, d, e인 어느 그래프의 인접행렬이다.

$$\begin{matrix} & a & b & c & d & e \\ a \\ b \\ c \\ d \\ e \end{matrix}\begin{pmatrix} 0 & 1 & 1 & 1 & 1 \\ 1 & 0 & 1 & 1 & 0 \\ 1 & 1 & 0 & 1 & 0 \\ 1 & 1 & 1 & 0 & 1 \\ 1 & 0 & 0 & 1 & 0 \end{pmatrix}$$

이 그래프의 꼭짓점을 적절하게 색칠하는데 필요한 최소 색의 수는?

① 1 ② 2 ③ 3 ④ 4 ⑤ 5

HINT▸▸

인접하는 점들은 같은 색을 가질 수 없도록 최소의 색을 표시해보자.

주어진 인접행렬을 그래프로 나타내면 다음과 같다.

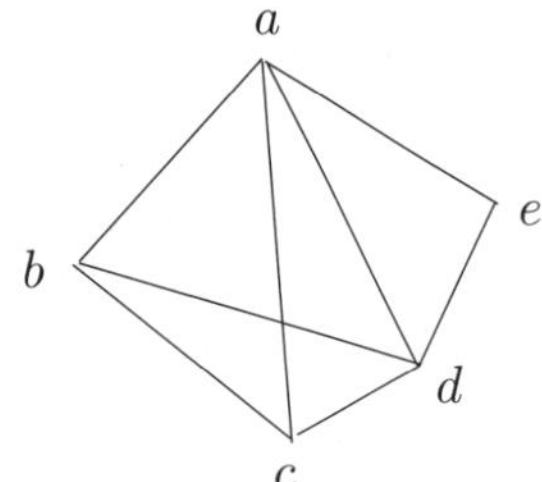

따라서 그래프를 적절하게 색칠하는데 b와 e에는 같은 색을 칠하고 c와 d는 a, b와 서로 다른 색을 칠해야 하므로 색칠하는데 필요한 최소의 색의 수는 4가지이다.

정답 : ④

11.6B

007

다음 그래프의 각 꼭짓점 사이의 연결 관계를 나타내는 행렬의 성분 중 1의 개수는?

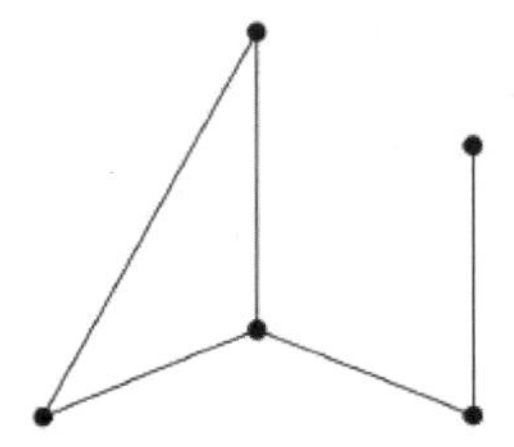

① 8 ② 10 ③ 12 ④ 14 ⑤ 16

HINT▸▸

$A \to B$, $B \to A$로 $\overline{AB}$는 행렬의 성분 중 두 개의 1을 의미한다.

주어진 그래프의 각 꼭짓점 사이의 연결 관계를 나타내는 행렬의 성분 중 1의 개수는 행렬의 모든 성분의 합과 같다. 이때 행렬의 모든 성분의 합은 그래프의 변의 개수의 2배이므로

$5 \times 2 = 10$ 이다.

정답 : ②

07.6B

008

그림과 같이 함수 $y=8^x$의 그래프가 두 직선 $y=a$, $y=b$와 만나는 점을 각각 A, B라 하고, 함수 $y=4^x$의 그래프가 두 직선 $y=a$, $y=b$와 만나는 점을 각각 C, D라 하자.
점 B에서 직선 $y=a$에 내린 수선의 발을 E, 점 C에서 직선 $y=b$에 내린 수선의 발을 F라 하자. 삼각형 AEB의 넓이가 20일 때, 삼각형 CDF의 넓이는? (단, $a>b>1$이다.)

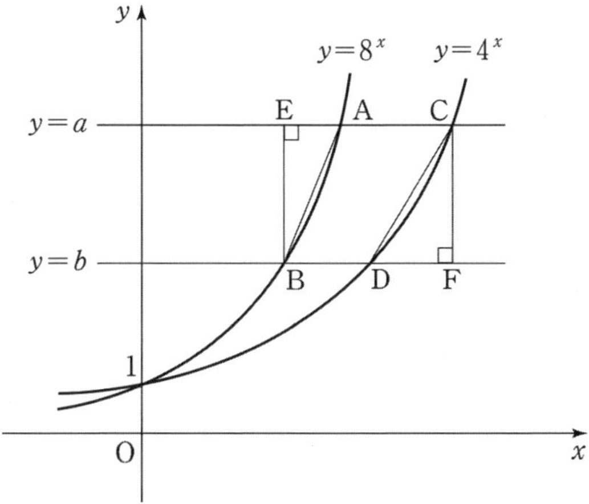

① 26 ② 28 ③ 30 ④ 32 ⑤ 34

HINT▸▸

$y=a^x$와 $y=\log_a x$는 서로 역함수의 관계이며 $y=x$에 대칭이다.

$\log_{a^m} b^n = \frac{n}{m} log_a b$

점 A, B는 $y=8^x$위의 점이고 y좌표가 각각 a, b이므로

$A(\log_8 a,\ a),\ B(\log_8 b,\ b)$

따라서 $\triangle AEB$의 넓이는

$\frac{1}{2}\times\overline{AE}\times\overline{BE}$

$=\frac{1}{2}\times(a-b)\times(\log_8 a-\log_8 b)=20$

여기서 $\log_8 a=\log_{2^3} a=\frac{1}{3}log_2 a$이므로

$\frac{1}{3}\times\frac{1}{2}\times(a-b)\times(\log_2 a-\log_2 b)=20$

$\frac{1}{2}\times(a-b)\times(\log_2 a-\log_2 b)=60$---㉠

한편 점 C, D는 $y=4^x$위의 점이고 y좌표가 각각 a, b이므로

$C(\log_4 a,\ a),\ D(\log_4 b,\ b)$

따라서 $\triangle CDF$의 넓이는

$\frac{1}{2}\times\overline{DF}\times\overline{FC}$

$=\frac{1}{2}\times(a-b)\times(\log_4 a-\log_4 b)$

$=\frac{1}{2}\times\frac{1}{2}\times(a-b)\times(\log_2 a-\log_2 b)$

$=\frac{1}{2}\times 60(\because$ ㉠$)$

$=30$

정답 : ③

07.9B

009

x에 관한 방정식 $a^{2x}-a^{x}=2\,(a>0,\ a\neq 1)$의 해가 $\frac{1}{7}$이 되도록 하는 상수 a의 값을 구하시오.

HINT▸▸

$a^{x}>0$ (단, $a>0$일 경우)

$a^{b}=x \Leftrightarrow \log_{a}x=b$

$a^{n}=b \Leftrightarrow a=b^{\frac{1}{n}}$

$a^{2x}-a^{x}=2\ (a>0,\ a\neq 1)$에서 $a^{x}=t\,(>0)$이라 하면

$t^{2}-t-2=0$

$(t-2)(t+1)=0$

$t>0$이므로 $t=2$

즉, $a^{x}=2$

$\therefore\ x=\log_{a}2=\frac{1}{7}$

$\therefore\ 2=a^{\frac{1}{7}}$

$\therefore\ a=2^{7}=128$

정답 : 128

07.수능B

010

지수함수 $f(x)=a^{x-m}$의 그래프와 그 역함수의 그래프가 두 점에서 만나고, 두 교점의 x좌표가 1과 3일 때, $a+m$의 값은?

① $2-\sqrt{3}$ ② 2 ③ $1+\sqrt{3}$
④ 3 ⑤ $2+\sqrt{3}$

HINT▸▸

역함수와 만난다. $\Leftrightarrow$ $y=x$그래프와 만난다.

$y=a^{x}$ 함수조건 $a>0$

$f(x)$의 그래프와 그 역함수의 그래프의 교점은 $f(x)$의 그래프와 직선$y=x$의 교점과 같고, 두 교점의 x좌표가 1,3이므로 교점의 좌표는 (1,1), (3,3)이다.

$f(1)=1$에서 $a^{1-m}=1$이므로

$1-m=0$

$\therefore m=1$

$f(3)=3$에서 $a^{3-m}=3$이므로

$a^{2}=3$

$a>0$이므로 $a=\sqrt{3}$

$\therefore\ m+a=1+\sqrt{3}$

정답 : ③

08.9B

011

어느 제과점에서는 다음과 같은 방법으로 빵의 가격을 실질적으로 인상한다.

빵의 개당 가격은 그대로 유지하고, 무게를 그 당시 무게에서 10% 줄인다.

이 방법을 n번 시행하면 빵의 단위 무게당 가격이 처음의 1.5배 이상이 된다. n의 최솟값은? (단, $\log 2 = 0.3010$, $\log 3 = 0.4771$로 계산한다.)

① 3 ② 4 ③ 5 ④ 6 ⑤ 7

HINT▸▸

$a^{-m} = \dfrac{1}{a^m}$

$n\log_a b = \log_a b^n$

$\log_c a - \log_c b = \log_c \dfrac{a}{b}$

$\log_a a = 1$

처음 빵의 개당 무게와 가격을 각각 A g, B원 이라 하자.
1번 시행 후 개당 무게는 $0.9A$ g이므로
n번 시행 수 개당 무게는 $(0.9)^n A$ g
처음 빵의 1g당 가격은 $\dfrac{B}{A}$원

n번 시행 후 1g당 가격은 $\dfrac{B}{(0.9)^n A}$원

$\dfrac{B}{(0.9)^n A} \geq \dfrac{3}{2} \times \dfrac{B}{A}$에서

$(0.9)^{-n} \geq \dfrac{3}{2}$

$-n\log \dfrac{9}{10} \geq \log 3 - \log 2$

$n(1-2\log 3) \geq \log 3 - \log 2$

$n \geq \dfrac{0.4771 - 0.3010}{1 - 2 \times 0.4771} = \dfrac{0.1761}{0.0458} = 3.8\times\times\times$

따라서, 구하는 정수n의 최솟값은 4이다.

정답 : ②

08.9B

012

지진의 규모 R와 지진이 일어났을 때 방출되는 에너지 E 사이에는 다음과 같은 관계가 있다고 한다.

$$R = 0.67\log(0.37E) + 1.46$$

지진의 규모가 6.15일 때 방출되는 에너지를 E_1, 지진의 규모가 5.48일 때 방출되는 에너지를 E_2라 할 때, $\dfrac{E_1}{E_2}$의 값을 구하시오.

HINT▸▸

$\log a = \log_{10} a$ 밑이 없을 때는 그 밑의 값을 10으로 여긴다.

$\log_c a - \log_c b = \log_c \dfrac{a}{b}$

$\log_a x = b \Leftrightarrow a^b = x$

$\log_a a = 1$

$6.15 = 0.67\log(0.37E_1) + 1.46 \cdots$ ㉠

$5.48 = 0.67\log(0.37E_2) + 1.46 \cdots$ ㉡

㉠-㉡에서

$0.67 = 0.67\{\log(0.37E_1) - \log(0.37E_2)\}$

$0.67 = 0.67\log\dfrac{E_1}{E_2}$, $1 = \log\dfrac{E_1}{E_2}$

$\therefore \dfrac{E_1}{E_2} = 10$

정답 : 10

09.9B

013

어느 도시의 중심온도 u(°C), 근교의 농촌온도 r(°C), 도시화된 지역의 넓이 $a(\text{km}^2)$ 사이에는 다음과 같은 관계가 있다고 한다.

$$u = r + 0.05 + 1.6\log a$$

10년전에 비하여 이 도시의 도시화된 지역의 넓이가 25% 확장되었고 근교의 농촌온도는 변하지 않았을 때, 도시의 중심온도는 10년 전에 비하여 x°C 높아졌다. x의 값은?
(단, 도시 중심의 위치는 10년 전과 같고, $\log 2 = 0.30$으로 계산한다.)

① 0.12 ② 0.13 ③ 0.14
④ 0.15 ⑤ 0.16

HINT▸▸

$\log_c a - \log_c b = \log_c \dfrac{a}{b}$

10년전의 중심온도를 u_A, 현재의 중심온도를 u_B, 농촌온도를 r, 도시화된 지역의 넓이를 a라 하면

$u_A = r + 0.05 + 1.6\log a$ ----------①

$u_B = r + 0.05 + 1.6\log 1.25a$ --------②

로 나타낼 수 있다.

이 때, $x = u_B - u_A$이므로

②-①에 의해

$x = 1.6\log\dfrac{5}{4} = 1.6\log\dfrac{10}{8} = 1.6(1 - 3\log 2)$

$= 1.6(1 - 0.9) = 1.6 \times 0.1 = 0.16$

정답 : ⑤

08.9B

014

두 함수

$f(x)=2^{x-2}+1$, $g(x)=\log_2(x-1)+2$ 에 대하여 〈보기〉에서 옳은 것만을 있는 대로 고른 것은?

〈보 기〉

ㄱ. $f^{-1}(5)\cdot\{g(5)+1\}=20$ 이다.

ㄴ. $y=f(x)$의 그래프와 $y=g(x)$의 그래프는 직선 $y=x$에 대하여 대칭이다.

ㄷ. $y=f(x)$의 그래프와 $y=g(x)$의 그래프는 만나지 않는다.

① ㄴ　② ㄷ　③ ㄱ, ㄴ
④ ㄴ, ㄷ　⑤ ㄱ, ㄴ, ㄷ

HINT▸▸

$y=a^x$와 $y=\log_a x$는 서로 역함수이고 $y=x$ 그래프에 대칭이다.

$f(x)$의 역함수를 구하면 $x=2^{y-2}+1$에서

$2^{y-2}=x-1$

$y-2=\log_2(x-1)$

$\therefore\ y=\log_2(x-1)+2$

따라서, $f^{-1}(x)=\log_2(x-1)+2$이고

$g(x)=f^{-1}(x)$

ㄱ. 〈참〉

$f^{-1}(5)=\log_2(5-1)+2=4$이므로

$f^{-1}(5)\{g(5)+1\}$

$=f^{-1}(5)\{f^{-1}(5)+1\}$

$=4(4+1)=20$

ㄴ. 〈참〉

$f(x)$의 역함수가 $g(x)$이므로 $y=f(x)$의 그래프와 $y=g(x)$의 그래프는 직선 $y=x$에 대하여 대칭이다.

ㄷ. 〈거짓〉

$y=f(x)$의 그래프는 $y=2^x$의 그래프를 x축의 방향으로 2만큼, y축의 방향으로 1만큼 평행이동한 것이다. 그러므로 $y=2^x$의 그래프 위의 점 $(0,1)$은 $y=f(x)$의 그래프위의 점 $(2,2)$로 평행이동한다. 이 때, 점 $(2,2)$는 직선 $y=x$위의 점이므로 $y=f(x)$의 그래프와 $y=x$의 그래프는 만난다. 그러므로 $y=f(x)$의 그래프와 역함수 $y=g(x)$의 그래프는 만난다.

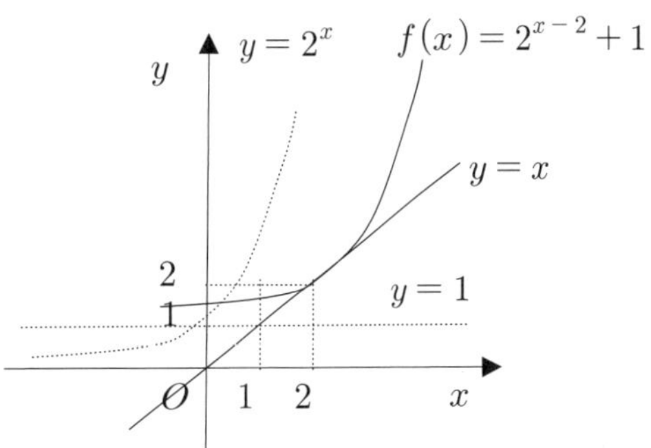

정답 : ③

08.수능B

015

두 지수함수 $f(x)=a^{bx-1}$, $g(x)=a^{1-bx}$ 이 다음 조건을 만족시킨다.

> (가) 함수 $y=f(x)$의 그래프와 함수 $y=g(x)$의 그래프는 직선 $x=2$에 대하여 대칭이다.
>
> (나) $f(4)+g(4)=\frac{5}{2}$

두 상수 a, b의 합 $a+b$의 값은? (단, $0<a<1$)

① 1 ② $\frac{9}{8}$ ③ $\frac{5}{4}$ ④ $\frac{11}{8}$ ⑤ $\frac{3}{2}$

HINT▸▸

함수 $f(x)$가 $x=a$에 대칭이동하면 $f(2a-x)$가 된다.

$x=p$에서 대칭인 함수 $f(x)$가 관계식
$f(p-x)=f(p+x) \Leftrightarrow f(2p-x)=f(x)$
를 만족한다.
마찬가지의 원리로, 두 함수 $f(x)$, $g(x)$가 $x=p$에서 대칭인 그래프를 가지면
$f(2p-x)=g(x)$이다.
조건 (가)에서 $f(2\times 2 \quad x)=g(x)$이므로,

$$a^{b(4-x)-1}=a^{1-bx} \Leftrightarrow a^{-bx+(4b-1)}=a^{-bx+1}$$

$\therefore\ b=\frac{1}{2}$

또, 조건 (나)에서

$$f(4)+g(4)=a^{\frac{1}{2}\times 4-1}+a^{1-\frac{1}{2}\times 4}\text{이고,}$$
$$=a+a^{-1}=\frac{5}{2}$$

양변에 a를 곱한 뒤 이차방정식을 풀면,

$a^2-\frac{5}{2}a+1=0$

$2a^2-5a+2=0$

$(2a-1)(a-2)=0$가 되어

$a=\frac{1}{2}$임을 알 수 있다. ($\because 0<a<1$)

따라서 $a+b=\frac{1}{2}+\frac{1}{2}=1$이다.

정답 : ①

09.6B

016

어느 무선 시스템에서 송신기와 수신기 사이의 거리 R와 수신기의 수신 전력 S 사이에는 다음과 같은 관계식이 성립한다고 한다.

$$S=P-20\log\left(\frac{4\pi fR}{c}\right)$$

(단, P는 송신기의 송신 전력, f와 c는 각각 주파수와 빛의 속도를 나타내는 상수이고, 거리의 단위는 m, 송·수신 전력의 단위는 dBm이다.)

어느 실험실에서 송신기의 위치를 고정하고 송신기와 수신기 사이의 거리에 따른 수신 전력의 변화를 측정하였다. 그 결과 두 지점 A, B에서 측정한 수신 전력이 각각 -25, -5로 나타났다. 두 지점 A, B에서 송신기까지의 거리를 각각 R_A, R_B라 할 때, $\frac{R_A}{R_B}$의 값은?

① $\frac{1}{100}$　② $\frac{1}{10}$　③ $\sqrt{10}$
④ 10　⑤ 100

HINT▸▸

상용로그 : $\log a=\log_{10}a$

$\log_c a-\log_c b=\log_c\frac{a}{b}$

A지점에서의 수신 전력을 S_A,
B지점에서의 수신 전력을 S_B라고 하면

$$S_A=p-20\log\left(\frac{4\pi fR_A}{c}\right)=-25$$

$$S_B=p-20\log\left(\frac{4\pi fR_B}{c}\right)=-5$$

$$S_B-S_A$$
$$=20\left\{\log\frac{4\pi fR_A}{c}-\log\frac{4\pi fR_B}{c}\right\}$$
$$=20\log\frac{\frac{4\pi fR_A}{c}}{\frac{4\pi fR_B}{c}}$$

$$20\log\frac{R_A}{R_B}=20\quad\therefore\ \frac{R_A}{R_B}=10$$

정답 : ④

09.6B

017

그림과 같이 함수 $y=\log_2 x$의 그래프 위의 한 점 A_1에서 y축에 평행한 직선을 그어 직선 $y=x$와 만나는 점을 B_1이라 하고, 점 B_1에서 x축에 평행한 직선을 그어 이 그래프와 만나는 점을 A_2라 하자. 이와 같은 과정을 반복하여 점 A_2로부터 점 B_2와 점 A_3을, 점 A_3으로부터 점 B_3와 점 A_4를 얻는다. 네 점 A_1, A_2, A_3, A_4의 x좌표를 차례로 a, b, c, d라 하자.
네 점 $(c,\ 0)$, $(d,\ 0)$, $(d,\ \log_2 d)$, $(c,\ \log_2 c)$를 꼭짓점으로 하는 사각형의 넓이를 함수 $f(x)=2^x$을 이용하여 a, b로 나타낸 것과 같은 것은?

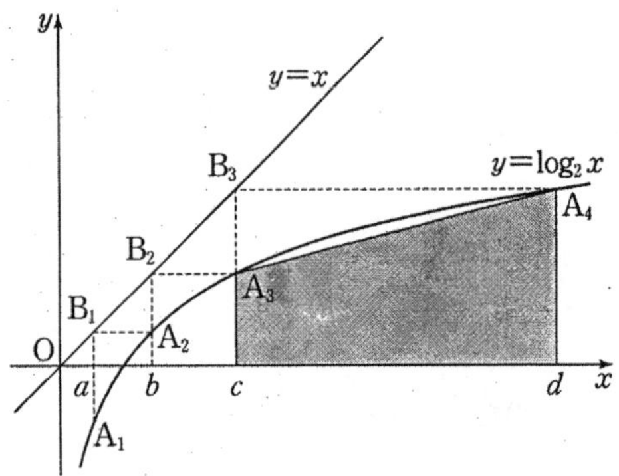

①
$\frac{1}{2}\{f(b)+f(a)\}\{(f\circ f)(b)-(f\circ f)(a)\}$
②
$\frac{1}{2}\{f(b)-f(a)\}\{(f\circ f)(b)+(f\circ f)(a)\}$
③ $\{f(b)+f(a)\}\{(f\circ f)(b)+(f\circ f)(a)\}$
④ $\{f(b)+f(a)\}\{(f\circ f)(b)-(f\circ f)(a)\}$
⑤ $\{f(b)-f(a)\}\{(f\circ f)(b)+(f\circ f)(a)\}$

HINT▸▸

사다리꼴의 넓이 $\frac{1}{2}\times$높이$\times$(밑변+윗변)

$y=a^x$와 $y=\log_a x$는 서로 역함수의 관계이며 $y=x$ 그래프에 대칭이다.

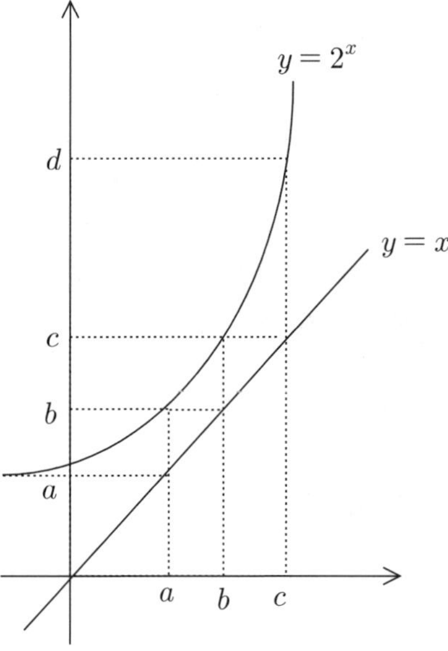

$y=\log_2 x$의 역함수는 $y=2^x$ 이므로 위 그림에서
$f(a)=2^a=b$
$f(b)=2^b=c=f(f(a))=(f\circ f)(a)$
$f(c)=2^c=d=f(f(b))=(f\circ f)(b)$

위 그림의 사다리꼴의 넓이는
$\frac{1}{2}(b+c)(d-c)=$
$\frac{1}{2}\{f(a)+f(b)\}\{(f\circ f)(b)-(f\circ f)(a)\}$

정답 : ①

09.수능B

018

조개류는 현탁물을 여과한다.
수온이 t(℃)이고 개체중량이 w(g)일 때, A조개와 B조개가 1시간 동안 여과하는 양(L)을 각각 Q_A, Q_B라고 하면 다음과 같은 관계식이 성립한다고 한다.

$Q_A = 0.01t^{1.25}w^{0.25}$,

$Q_B = 0.05t^{0.75}w^{0.30}$

수온이 20℃이고 A조개와 B조개의 개체중량이 각각 8g일 때, $\dfrac{Q_A}{Q_B}$의 값은 $2^a \times 5^b$이다.

$a+b$의 값은? (단, a, b는 유리수이다.)

① 0.15　② 0.35　③ 0.55
④ 0.75　⑤ 0.95

HINT▸▸

$a^m \div a^n = a^{m-n}$

$$\frac{Q_A}{Q_B} = \frac{0.01t^{1.25}w^{0.25}}{0.05t^{0.75}w^{0.30}} = \frac{1}{5}t^{0.5}w^{-0.05}$$

이때, $t=20$, $w=8$이므로

$$\frac{Q_A}{Q_B} = \frac{1}{5}20^{0.5}8^{-0.05}$$
$$= 5^{-1}(5^{0.5}\cdot 2^1)2^{-0.15}$$
$$= 5^{-0.5}\times 2^{0.85}$$

$\therefore\ a+b = 0.85-0.5 = 0.35$

정답 : ②

10.6B

019

곡선 $y=2^x-1$ 위의 점 $A(2,3)$을 지나고 기울기가 -1인 직선이 곡선 $y=\log_2(x+1)$과 만나는 점을 B라 하자. 두점 A, B에서 x축에 내린 수선의 발을 각각 C, D라 할 때, 사각형 $ACDB$의 넓이는?

① $\frac{5}{2}$　② $\frac{11}{4}$　③ 3　④ $\frac{13}{4}$　⑤ $\frac{7}{2}$

HINT▸▸

기울기가 m이고 $A(x_1,\ y_1)$을 지나는 직선의 식

$y-y_1 = m(x-x_1)$

직선 AB의 방정식은

$y-3=-(x-2)$

즉, $y=-x+5$

한편, 두 함수 $y=2^x-1$, $y=\log_2(x+1)$은 서로 역함수이므로 두 함수의 그래프는 직선 $y=x$에 대하여 대칭이다.
직선 AB가 직선 $y=x$와 수직으로 만나므로 점 B의 좌표는 점 A를 직선 $y=x$에 대하여 대칭이동한 것과 같다.

$\therefore\ B(3,2)$

사각형 $ACDB$에서

$\overline{AC}=3$, $\overline{BD}=2$, $\overline{CD}=1$이므로

사다리꼴인 사각형 $ACDB$의 넓이는

$$\frac{1}{2}\times(3+2)\times 1 = \frac{5}{2}$$

정답 : ①

10.6B

020

어느 세라믹 재료의 열전도 계수( )는 적절한 실험 조건에서 일정하고, 다음과 같이 계산된다고 한다.

$$k = C\frac{\log t_2 - \log t_1}{T_2 - T_1}$$

(단, C는 0보다 큰 상수, T_1(℃), T_2(℃)는 실험을 시작한 후 각각 t_1(초), t_2(초)일 때 세라믹 재료의 측정 온도이다.)

이 세라믹 재료의 열전도 계수를 측정하는 실험에서 실험을 시작한 후 10초일 때와 20초일 때의 측정 온도가 각각 200℃, 202℃ 이었다. 실험을 시작한 후 x초일 때 측정 온다가 206℃가 되었다. x의 값은?

① 70 ② 80 ③ 90 ④ 100 ⑤ 110

HINT▸▸

$n\log_a b = \log_a b^n$

$\log_c a + \log_c b = \log_c ab$

$\log_c a - \log_c b = \log_c \frac{a}{b}$

$t_1 = 10$ 일 때, $T_1 = 200$

$t_2 = 20$ 일 때, $T_2 = 202$ 이므로

$k = C\times\frac{\log 20 - \log 10}{202 - 200} = C\times\frac{\log 2}{2} \cdots$ ㉠

$t_3 = x$일 때, $T_3 = 206$ 이므로

$k = C\times\frac{\log x - \log 20}{206 - 202}$

$= C\times\frac{\log x - \log 20}{4} \cdots$ ㉡

㉠, ㉡에서

$\frac{\log x - \log 20}{4} = \frac{\log 2}{2}$

$\log x - \log 20 = 2\log 2$

$\log x = \log 20 + 2\log 2 = \log 80$

$\therefore\ x = 80$

정답 : ②

10.9B

021

양수기로 물을 끌어올릴 때, 펌프의 1분당 회전수 N, 양수량 Q, 양수할 높이 H와 양수기의 비교회전도 S 사이에는 다음과 같은 관계가 있다고 한다.

$$S = NQ^{\frac{1}{2}}H^{-\frac{3}{4}}$$

(단, N, Q, H의 단위는 각각 $rpm, m^3/$분$, m$이다.)

펌프의 1분당 N, Q, H 회전수가 일정한 양수기에 대하여 양수량이 24, 양수할 높이가 5일 때의 비교회전도를 S_1, 양수량이 12, 양수할 높이가 10일 때의 비교회전도를 S_2라 하자. $\frac{S_1}{S_2}$의 값은?

① $2^{\frac{3}{4}}$ ② $2^{\frac{7}{8}}$ ③ 2
④ $2^{\frac{9}{8}}$ ⑤ $2^{\frac{5}{4}}$

HINT▸▸

$(a^m)^n = a^{mn}$

$a^m \div a^n = a^{m-n}$

$a^m \times a^n = a^{m+n}$

양수량이 24, 양수할 높이가 5일 때의 비교회전도가 S_1이므로

$$S_1 = N \cdot (24)^{\frac{1}{2}} \cdot 5^{-\frac{3}{4}} = N \cdot (2^3 \cdot 3)^{\frac{1}{2}} \cdot 5^{-\frac{3}{4}}$$

양수량이 12, 양수할 높이가 10일 때의 비교회전도가 S_2이므로

$$S_2 = N \cdot (12)^{\frac{1}{2}} \cdot 10^{-\frac{3}{4}} = N \cdot (2^2 \cdot 3)^{\frac{1}{2}} \cdot (2 \cdot 5)^{-\frac{3}{4}}$$

$$\therefore \frac{S_1}{S_2} = \frac{N \cdot (2^3 \cdot 3)^{\frac{1}{2}} \cdot 5^{-\frac{3}{4}}}{N \cdot (2^2 \cdot 3)^{\frac{1}{2}} \cdot (2 \cdot 5)^{-\frac{3}{4}}} = 2^{\frac{3}{2}-1-\left(-\frac{3}{4}\right)} = 2^{\frac{5}{4}}$$

정답 : ⑤

10.수능B

022

지반의 상대 밀도를 구하기 위하여 지반에 시험기를 넣어 조사하는 방법이 있다. 지반의 유효수직응력을 S, 시험기가 지반에 들어가면서 받는 저항력을 R라 할 때, 지반의 상대밀도 D(%)는 다음과 같이 구할수 있다고 한다.

$$D=-98+66\log\frac{R_{\mathrm{A}}}{\sqrt{S_{\mathrm{A}}}}$$

(단, S와 R의 단위는 metric ton/m^2이다.)

지반 A의 유효수직응력은 지반 B의 유효수직응력의 1.44배이고, 시험기가 지반 A에 들어가면서 받는 저항력은 시험기가 지반 B에 들어가면서 받는 저항력의 1.5배이다.

지반 B의 상대밀도가 65(%)일 때, 지반 A의 상대밀도(%)는?

(단, $\log 2=0.3$으로 계산한다.)

① 81.5 ② 78.5 ③ 74.9
④ 71.6 ⑤ 68.3

HINT▸▸

$\log_c a-\log_c b=\log_c\frac{a}{b}$

지반 A, B의 유효수직응력을 각각 S_A, S_B, 시험기가 받는 저항력을 각각 R_A, R_B라 하면

$S_A=S_B\times 1.44$
$R_A=R_B\times 1.5$

지반 B의 상대밀도가 65%이므로

$$65=-98+66\log\frac{R_{\mathrm{B}}}{\sqrt{S_{\mathrm{B}}}}\cdots ㉠$$

따라서, 구하는 지반 A의 상대밀도 D는

$$\begin{aligned}D&=-98+66\log\frac{R_{\mathrm{A}}}{\sqrt{S_{\mathrm{A}}}}\\&=-98+66\log\frac{1.5R_{\mathrm{B}}}{\sqrt{1.44S_{\mathrm{B}}}}\\&=-98+66\log\frac{1.5R_{\mathrm{B}}}{1.2\sqrt{S_{\mathrm{B}}}}\\&=-98+66\log\frac{R_{\mathrm{B}}}{\sqrt{S_{\mathrm{B}}}}+66\log\frac{5}{4}\\&=65+66(1-3\log 2)\quad(\because ㉠)\\&=65+66(1-0.9)\\&=71.6\end{aligned}$$

정답 : ④

11.6B

023

두 원소 A, B가 들어있는 기체 K가 기체확산장치를 통과하면 A, B의 농도가 변한다.
기체확산장치를 통과하기 전 기체 K에 들어있는 A, B의 농도를 각각 a_0, b_0이라 하고, 기체확산장치를 n번 통과한 기체에 들어있는 A, B의 농도를 각각 a_n, b_n이라 하자.

$c_0 = \dfrac{a_0}{b_0}$, $c_n = \dfrac{a_n}{b_n}$이라 하면 다음 관계식이 성립한다고 한다.

$c_n = 1.004 \times c_{n-1}$, $c_0 = \dfrac{1}{99}$

일 때, 기체 K가 기체확산장치를 n번 통과하면 $c_n \geqq \dfrac{1}{9}$이 된다. 자연수 n의 최솟값은?

(단, $\log 1.1 = 0.0414$, $\log 1.004 = 0.0017$로 계산한다.)

① 593 ② 613 ③ 633
④ 653 ⑤ 673

HINT▸▸

등비수열의 일반항 $a_n = a_1 \times r^{n-1}$
$\log 11 = 1 + \log 1.1$

$c_n = 1.004 \times c_{n-1}$, $c_0 = \dfrac{1}{99}$에서

$\{c_n\}$은 첫째항이 $\dfrac{1}{99} \times 1.004$이고 공비가 1.004인 등비수열이므로

$c_n = \dfrac{1}{99} \times (1.004)^n \ (n = 0, 1, 2, \cdots)$이다.

$\therefore c_n \geqq \dfrac{1}{9}$에서 $\dfrac{1}{99} \times (1.004)^n \geqq \dfrac{1}{9}$

$\therefore (1.004)^n \geqq 11$

양변에 상용로그를 취하면

$n \log 1.004 \geqq \log 11$

$\therefore n \geqq \dfrac{\log 11}{\log 1.004} = \dfrac{1.0414}{0.0017} = 612.\cdots$

따라서, 자연수 n의 최솟값은 613이다.

정답 : ②

11.9B

024

특정 환경의 어느 웹사이트에서 한 메뉴 안에 선택할 수 있는 항목이 n 개 있는 경우, 항목을 1 개 선택하는 데 걸리는 시간 T(초)가 다음 식을 만족시킨다.

$$T=2+\frac{1}{3}\log_2(n+1)$$

메뉴가 여러 개인 경우, 모든 메뉴에서 항목을 1 개씩 선택하는 데 걸리는 전체 시간은 각 메뉴에서 항목을 1 개씩 선택하는 데 걸리는 시간을 모두 더하여 구한다. 예를 들어, 메뉴가 3 개이고 각 메뉴 안에 항목이 4 개씩 있는 경우, 모든 메뉴에서 항목을 1 개씩 선택하는 데 걸리는 전체 시간은 $3\left(2+\frac{1}{3}\log_2 5\right)$ 초이다.

메뉴가 10 개이고 각 메뉴 안에 항목이 n 개씩 있을 때, 모든 메뉴에서 항목을 1 개씩 선택하는 데 걸리는 전체 시간이 30 초 이하가 되도록 하는 n 의 최댓값은?

① 7 ② 8 ③ 9 ④ 10 ⑤ 11

HINT▸▸

$a^b=x \Leftrightarrow \log_a x=b$

메뉴가 10이고 항목이 n개씩이므로 걸리는 전체시간은

$10\left\{2+\frac{1}{3}\log_2(n+1)\right\}$

이 때 $10\left\{2+\frac{1}{3}\log_2(n+1)\right\}\leqq 30$ 에서

$2+\frac{1}{3}\log_2(n+1)\leqq 3,\ \log_2(n+1)\leqq 3$

$n+1\leqq 2^3,\ n\leqq 7$

따라서 n의 최댓값은 7이다.

정답 : ①

11.수능B

025

누에나방 암컷은 페로몬을 분비하여 수컷을 유인한다. 누에나방 암컷이 페로몬을 분비한 후 t 초가 지났을 때 분비한 곳으로부터 거리가 x 인 곳에서 측정한 페로몬의 농도 y 는 다음 식을 만족시킨다고 한다.

$$\log y = A - \frac{1}{2}\log t - \frac{Kx^2}{t}$$

(단, A 와 K 는 양의 상수이다.)

누에나방 암컷이 페로몬을 분비한 후 1 초가 지났을 때 분비한 곳으로부터 거리가 2 인 곳에서 측정한 페로몬의 농도는 a 이고, 분비한 후 4 초가 지났을 때 분비한 곳으로부터 거리가 d 인 곳에서 측정한 페로몬의 농도는 $\frac{a}{2}$ 이다. d 의 값은?

① 7 ② 6 ③ 5 ④ 4 ⑤ 3

HINT▸▸

$\log_c a - \log_c b = \log_c \frac{a}{b}$

$nlog_a b = \log_a b^n$

$\log_a 1 = 0$

주어진 조건에 따라 다음 식을 만족한다.

$\log a = A - \frac{1}{2}\log 1 - \frac{4K}{1}$ ⋯ ㉠

$\log \frac{a}{2} = A - \frac{1}{2}\log 4 - \frac{d^2K}{4}$ ⋯ ㉡

식 ㉠, ㉡을 정리하면

$\log a = A - 4K$ ⋯ ㉢

$\log a - \log 2 = A - \log 2 - \frac{d^2k}{4}$

$\log a = A - \frac{d^2K}{4}$ ⋯ ㉣

㉢ − ㉣하면 $\left(\frac{d^2}{4} - 4\right)K = 0$

$\therefore\ d = 4\ (\because\ d > 0,\ K > 0)$

정답 : ④

07.6B

026

다음은 모든 자연수 n에 대하여 부등식

$$\frac{1!+2!+3!+\cdots+n!}{(n+1)!}<\frac{2}{n+1}$$

가 성립함을 수학적귀납법으로 증명한 것이다.

〈증명〉

자연수 n에 대하여

$$a_n=\frac{1!+2!+3!+\cdots+n!}{(n+1)!}$$

이라 할 때, $a_n<\frac{2}{n+1}$임을 보이면 된다.

(1) $n=1$일 때, $a_1=\frac{1!}{2!}=\frac{1}{2}<1$이므로

주어진 부등식은 성립한다.

(2) $n=k$일 때, $a_k<\frac{2}{k+1}$라고 가정하면

$n=k+1$일 때,

$$a_{k+1}=\frac{1!+2!+3!+\cdots+(k+1)!}{(k+2)!}$$

$$=\boxed{(가)}\,(1+a_k)$$

$$<\boxed{(가)}\left(1+\frac{2}{k+1}\right)$$

$$=\frac{1}{k+2}+\boxed{(나)}\text{ 이다.}$$

자연수 k에 대하여 $\frac{2}{k+1}\leq 1$이므로

$\boxed{(나)}\leq\frac{1}{k+2}$이고 $a_{k+1}<\frac{2}{k+2}$이다.

따라서 $n=k+1$일 때도 주어진 부등식은 성립한다.

그러므로 모든 자연수 n에 대하여 주어진 부등식은 성립한다.

위 증명에서 (가), (나)에 들어갈 식으로 알맞은 것은?

	(가)	(나)
①	$\frac{1}{k+2}$	$\frac{1}{(k+1)(k+2)}$
②	$\frac{1}{k+2}$	$\frac{2}{(k+1)(k+2)}$
③	$\frac{1}{k+1}$	$\frac{1}{(k+1)(k+2)}$
④	$\frac{1}{k+1}$	$\frac{2}{(k+1)(k+2)}$
⑤	$\frac{1}{k+1}$	$\frac{2}{(k+1)^2}$

HINT▸▸

수학적 귀납법

① $n=1$ 일 때 성립.

② $n=k$ 일 때 성립한다고 가정하면
$n=k+1$일 때도 성립.

$n=k$일 때, $a_k < \dfrac{2}{k+1}$ 이라고 가정하면

$n=k+1$ 일 때,

$$a_{k+1} = \frac{1!+2!+3!+\cdots+(k+1)!}{(k+2)!}$$
$$= \frac{1}{k+2} \cdot \frac{1!+2!+3!+\cdots+(k+1)!}{(k+1)!}$$
$$= \frac{1}{k+2}\left\{1+\frac{1!+2!+3!+\cdots+k!}{(k+1)!}\right\}$$
$$= \boxed{\left(\frac{1}{k+2}\right)}(1+a_k)$$
$$< \frac{1}{k+2}\left(1+\frac{2}{k+1}\right) \ (\because \text{전제조건})$$
$$= \frac{1}{k+2}+\boxed{\left(\frac{2}{(k+1)(k+2)}\right)} \text{ 이다.}$$

자연수k에 대하여 $\dfrac{2}{k+1} \leqq 1$ 이므로

$$\frac{2}{(k+1)(k+2)} = \frac{2}{k+1} \cdot \frac{1}{k+2} \leqq \frac{1}{k+2}$$

이고, $a_{k+1} < \dfrac{1}{k+2}+\dfrac{1}{k+2}=\dfrac{2}{k+2}$ 이다.

정답 : ②

08.수능B

027

수열 $\{a_n\}$이 점화 관계

$$\begin{cases} a_1=1, \ a_2=2 \\ a_{n+2}+a_{n+1}+a_n=6 \quad (n=1, 2, 3, \ldots) \end{cases}$$

을 만족시킬 때, $\displaystyle\sum_{k=1}^{11} a_k$ 의 값은?

① 15 ② 18 ③ 21 ④ 24 ⑤ 27

HINT▸▸

$$\sum_{k=1}^{n} a_k = a_1+a_2+a_3+\ldots+a_n$$

$$\sum_{k=1}^{11} a_k = a_1+a_2+(a_3+a_4+a_5)$$
$$+(a_6+a_7+a_8)+(a_9+a_{10}+a_{11})$$
$$=1+2+6+6+6=21$$

정답 : ③

08.6A

028

자연수 n과

$0 \leqq p < r \leqq n+1$, $0 \leqq q < s \leqq n$을 만족시키는 네 정수 p, q, r, s에 대하여 좌표평면에서 네 점 A(p, q), B(r, q), C(r, s), D(p, s)를 꼭짓점으로 하고 넓이가 k^2인 정사각형의 개수를 a_k라고 하자. 다음은 $\sum_{k=1}^{n} a_k$의 값을 구하는 과정이다. (단, k는 n 이하의 자연수이다.)

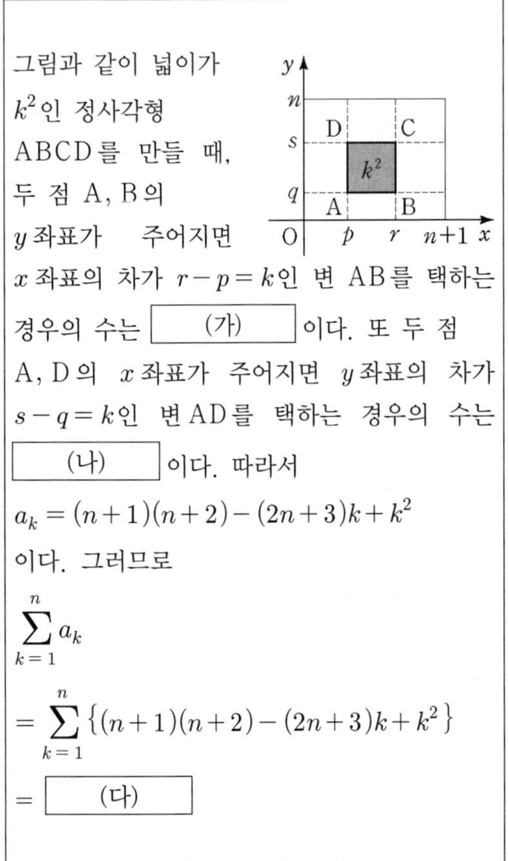

그림과 같이 넓이가 k^2인 정사각형 ABCD를 만들 때, 두 점 A, B의 y좌표가 주어지면 x좌표의 차가 $r-p=k$인 변 AB를 택하는 경우의 수는 (가) 이다. 또 두 점 A, D의 x좌표가 주어지면 y좌표의 차가 $s-q=k$인 변 AD를 택하는 경우의 수는 (나) 이다. 따라서

$a_k = (n+1)(n+2) - (2n+3)k + k^2$

이다. 그러므로

$$\sum_{k=1}^{n} a_k$$
$$= \sum_{k=1}^{n} \{(n+1)(n+2) - (2n+3)k + k^2\}$$
$$= \boxed{(다)}$$

(가), (나), (다)에 들어갈 식으로 알맞은 것은?

	(가)	(나)	(다)
①	$n-k+1$	$n-k+2$	$\dfrac{n(n+1)(n+2)}{6}$
②	$n-k+2$	$n-k+1$	$\dfrac{n(n+1)(n+2)}{6}$
③	$n-k+1$	$n-k+2$	$\dfrac{n(n+1)(n+2)}{3}$
④	$n-k+2$	$n-k+1$	$\dfrac{n(n+1)(n+2)}{3}$
⑤	$n-k+1$	$n-k+2$	$\dfrac{n(n+1)(n+2)}{2}$

HINT ▸▸

$$\sum_{k=1}^{n} nf(k) = n\sum_{k=1}^{n} f(k)$$

$$\sum_{k=1}^{n} k = \frac{1}{2}n(n+1)$$

$$\sum_{k=1}^{n} k^2 = \frac{1}{6}n(n+1)(2n+1)$$

$r-p=k,\ \ 0 \leqq r \leqq n+1$ 이므로

$0 \leqq p \leqq n+1-k$

따라서 변 AB는 p에 의하여 결정되므로 변 AB를 택하는 경우의 수는 정수 p의 개수와 같다.

이 때 정수 p의 개수는

$(n+1-k)-0+1=n-k+2$

$\therefore$ (가) $\boxed{n-k+2}$

같은 방법으로 변 AD를 택하는 경우의 수는 정수 q의 개수와 같으므로

$(n-k)-0+1=n-k+1$

$\therefore$ (나) $\boxed{n-k+1}$

$$\begin{aligned}\sum_{k=1}^{n} a_k &= \sum_{k=1}^{n}\{(k-n-2)(k-n-1)\}\\ &= \sum_{k=1}^{n}\{(n+1)(n+2)-(2n+3)k+k^2\}\\ &= n(n+1)(n+2)-(2n+3)\\ &\quad\times\frac{n(n+1)}{2}+\frac{n(n+1)(2n+1)}{6}\\ &= \frac{n(n+1)(n+2)}{3}\end{aligned}$$

$\therefore$ (다) $\boxed{\dfrac{n(n+1)(n+2)}{3}}$

정답 : ④

08.수능B

029

수열 $\{a_n\}$이

$$\begin{cases} a_1 = \dfrac{1}{2} \\ (n+1)(n+2)a_{n+1} = n^2 a_n \\ (n = 1, 2, 3, \dots) \end{cases}$$

일 때, 다음은 모든 자연수 n에 대하여

$$\sum_{k=1}^{n} a_k = \sum_{k=1}^{n} \frac{1}{k^2} - \frac{n}{n+1} \quad \cdots\cdots (*)$$

이 성립함을 수학적귀납법으로 증명한 것이다.

〈증명〉

(1) $n=1$일 때, (좌변)$=\dfrac{1}{2}$,

(우변)$=1-\dfrac{1}{2}=\dfrac{1}{2}$ 이므로

(*)이 성립한다.

(2) $n=m$일 때, (*)이 성립한다고 가정하면

$$\sum_{k=1}^{m} a_k = \sum_{k=1}^{m} \frac{1}{k^2} - \frac{m}{m+1}$$

이다. $n=m+1$일 때, (*)이 성립함을 보이자.

$$\sum_{k=1}^{m+1} a_k$$

$$= \sum_{k=1}^{m} \frac{1}{k^2} - \frac{m}{m+1} + a_{m+1}$$

$$= \sum_{k=1}^{m} \frac{1}{k^2} - \frac{m}{m+1} + \boxed{(가)} \times a_m$$

$$= \sum_{k=1}^{m} \frac{1}{k^2} - \frac{m}{m+1} + \frac{m^2}{(m+1)(m+2)} \cdot \frac{(m-1)^2}{m(m+1)} \cdot \cdots \cdot \frac{1^2}{2\cdot 3} a_1$$

$$= \sum_{k=1}^{m} \frac{1}{k^2} - \frac{m}{m+1} + \boxed{(나)}$$

$$= \sum_{k=1}^{m} \frac{1}{k^2} - \frac{m}{m+1} + \frac{1}{(m+1)^2} - \boxed{(다)}$$

$$= \sum_{k=1}^{m+1} \frac{1}{k^2} - \frac{m+1}{m+2}$$

그러므로 $n=m+1$일 때도 (*)이 성립한다.
따라서 모든 자연수 n에 대하여 (*)이 성립한다.

위 증명에서 (가), (나), (다)에 들어갈 식으로 알맞은 것은?

	(가)	(나)	(다)
①	$\frac{m}{(m+1)(m+2)}$	$\frac{1}{(m+1)^2(m+2)}$	$\frac{1}{(m+1)(m+2)^2}$
②	$\frac{m}{(m+1)(m+2)}$	$\frac{m}{(m+1)^2(m+2)}$	$\frac{1}{(m+1)(m+2)}$
③	$\frac{m^2}{(m+1)(m+2)}$	$\frac{1}{(m+1)^2(m+2)}$	$\frac{1}{(m+1)(m+2)^2}$
④	$\frac{m^2}{(m+1)(m+2)}$	$\frac{1}{(m+1)^2(m+2)}$	$\frac{1}{(m+1)(m+2)}$
⑤	$\frac{m^2}{(m+1)(m+2)}$	$\frac{m}{(m+1)^2(m+2)}$	$\frac{1}{(m+1)(m+2)^2}$

HINT ▸▸

수학적 귀납법

① $n=1$일 때 성립.

② $n=k$일 때 성립한다고 가정하면
$n=k+1$일때도 성립.

조건식에서

$(n+1)(n+2)a_{n+1}=n^2a_n$ 이므로

$$a_{n+1}=\frac{n^2}{(n+1)(n+2)}a_n$$

이다.

n에 m을 대입하면

$$a_{m+1}=\frac{m^2}{(m+1)(m+2)}a_m \text{ 이므로}$$

(가)에 알맞은 답은 $\boxed{\dfrac{m^2}{(m+1)(m+2)}}$ 이다.

또한

$$a_{m+1}=\frac{m^2}{(m+1)(m+2)}\cdot\frac{(m-1)^2}{m(m+1)}$$

$$\cdot\frac{(m-2)^2}{(m-1)m}\cdot\frac{(m-3)^2}{(m-2)(m-1)}\cdot\cdots\cdot\frac{2^2}{3\cdot4}\cdot\frac{1}{2\cdot3}$$

$$=\boxed{\frac{1}{(m+1)^2(m+2)}}=\text{(나)이다.}$$

(나)와 (다)가 포함된 식을 비교해 보면

$$\text{(나)}=\frac{1}{(m+1)^2}-\text{(다)이므로}$$

$\left(\because\right.$ 마지막에 $\displaystyle\sum_{k=1}^{m+1}\frac{1}{k^2}=\sum_{k=1}^{m}\frac{1}{k^2}+\frac{1}{(m+1)^2}$ 의

형태가 되로록 $\left.\right)$

$$\text{(다)}=\frac{1}{(m+1)^2}-\text{(나)}$$

$$=\frac{1}{(m+1)^2}-\frac{1}{(m+1)^2(m+2)}$$

$$=\boxed{\frac{1}{(m+1)(m+2)}} \text{ 이다.}$$

정답 : ④

09.수능B

030

수열 $\{a_n\}$이

$$\begin{cases}a_1=2,\ a_2=5\\ a_n=2a_{n-1}+a_{n-2}\quad(n\geq3)\end{cases}$$

을 만족시킬 때, a_5의 값은?

① 70 ② 72 ③ 74 ④ 76 ⑤ 78

HINT ▸▸

이와 같은 문제의 경우에는 굳이 따로 일반항의 식을 구하지 말고 단순한 반복계산을 통해 답을 구해보자.

$a_n,\ a_{n-1},\ a_{n-2}$의 조건식에 $a_1,\ a_2,\ a_3,\ldots$를 순서대로 대입하자.

$a_3=2a_2+a_1=10+2=12$

$a_4=2a_3+a_2=24+5=29$

$a_5=2a_4+a_3=58+12=70$

정답 : ①

07.수능B

031

다음은 모든 자연수 n에 대하여

$$(1^2+1)\cdot 1!+(2^2+1)\cdot 2!+\cdots$$
$$+(n^2+1)\cdot n!=n\cdot(n+1)!$$

이 성립함을 수학적귀납법으로 증명한 것이다.

> 〈증명〉
> (1) $n=1$일 때, (좌변)$=2$, (우변)$=2$
> 이므로 주어진 등식은 성립한다.
> (2) $n=k$일 때 성립한다고 가정하면
> $$(1^2+1)\cdot 1!+(2^2+1)\cdot 2!+\cdots$$
> $$+(k^2+1)\cdot k!=k\cdot(k+1)!$$
> 이다. $n=k+1$일 때 성립함을 보이자.
> $$(1^2+1)\cdot 1!+(2^2+1)\cdot 2!+\cdots$$
> $$+(k^2+1)\cdot k!+\{(k+1)^2+1\}\cdot(k+1)!$$
> $$=\boxed{(가)}+\{(k+1)^2+1\}\cdot(k+1)!$$
> $$=\left(\boxed{(나)}\right)\cdot(k+1)!$$
> $$=(k+1)\cdot\boxed{(다)}$$
> 그러므로 $n=k+1$일 때도 성립한다.
> 따라서 모든 자연수 n에 대하여 주어진 등식은 성립한다.

위 증명에서 (가), (나), (다)에 들어갈 식으로 알맞은 것은?

	(가)	(나)	(다)
①	$k\cdot(k+1)!$	k^2+2k+1	$(k+1)!$
②	$k\cdot(k+1)!$	k^2+3k+2	$(k+2)!$
③	$k\cdot(k+1)!$	k^2+3k+2	$(k+1)!$
④	$(k+1)\cdot(k+1)!$	k^2+3k+2	$(k+2)!$
⑤	$(k+1)\cdot(k+1)!$	k^2+2k+1	$(k+1)!$

HINT▸▸

수학적 귀납법

① $n=1$ 일 때 성립.

② $n=k$ 일 때 성립한다고 가정하면
$n=k+1$일때도 성립.

$$(1^2+1)\cdot 1!+(2^2+1)\cdot 2!+\cdots$$
$$+(k^2+1)\cdot k!+\{(k+1)^2+1\}\cdot(k+1)!$$
$$=\boxed{k\cdot(k+1)!}+\{(k+1)^2+1\}\cdot(k+1)!$$
$$=\{k+(k+1)^2+1\}\cdot(k+1)!$$
$$=(\boxed{k^2+3k^2+2})\cdot(k+1)!$$
$$=(k+1)(k+2)(k+1)!$$
$$=(k+1)\cdot\boxed{(k+2)!}$$

정답 : ②

08.6A

032

그림과 같이 나무에 55개의 전구가 맨 위 첫 번째 줄에는 1개, 두 번째 줄에는 2개, 세 번째 줄에는 3개, …, 열 번째 줄에는 10개가 설치되어 있다. 전원을 넣으면 이 전구들은 다음 규칙에 따라 작동한다.

> (가) n이 10 이하의 자연수일 때, n번째 줄에 있는 전구는 n초가 되는 순간 처음 켜진다.
> (나) 모든 전구는 처음 켜진 후 1초 간격으로 꺼짐과 켜짐을 반복한다.

전원을 넣고 n초가 되는 순간 켜지는 모든 전구의 개수를 a_n이라고 하자. 예를 들어 $a_1=1,\ a_2=2,\ a_4=6,\ a_{11}=25$ 이다.

$\sum_{n=1}^{14} a_n$의 값은?

① 215 ② 220 ③ 225 ④ 230 ⑤ 235

HINT ▸▸

홀수항과 짝수항을 달리 구한다.

$n \leq 10$일 때,

$a_1=1$,

$a_2=2$

$a_3=1+3=4$

$a_4=2+4=6$

$a_5=1+3+5=9$

$a_6=2+4+6=12$

$a_7=1+3+5+7=16$

$a_8=2+4+6+8=20$

$a_9=1+3+5+7+9=25$

$a_{10}=2+4+6+8+10=30$

$n>10$일 때,

$a_{11}=a_{13}=\cdots=1+3+5+7+9=25$

$a_{12}=a_{14}=\cdots=2+4+6+8+10=30$

따라서

$$\sum_{n=1}^{14} a_n = 235$$

다른 풀이 ▸▸

굳이 $\sum$를 이용해 푼다면

$$\sum_{n=1}^{5}\left(\sum_{k=1}^{n}2k-1\right)+\sum_{n=1}^{5}\left(\sum_{k=1}^{n}2k\right)$$

$$+2\times\left(\sum_{k=1}^{5}(2k-1)+\sum_{k=1}^{5}2k\right)$$

$$=\sum_{n=1}^{5}\left(2\times\frac{n(n+1)}{2}-n\right)+\sum_{n=1}^{5}\left(2\times\frac{n(n+1)}{2}\right)$$

$$+2\left(\sum_{k=1}^{5}(4k-1)\right)$$

$$=\sum_{n=1}^{5}(n^2+n^2+n)+2\times\left(4\times\frac{5\times6}{2}-5\right)$$

$$=\sum_{n=1}^{5}(2n^2+n)+110$$

$$=\left(2\times\frac{1}{6}\times5\times6\times11+\frac{1}{2}\times5\times6+110\right)$$

$$=235$$

정답 : ⑤

09.수능B

033

다음은 모든 자연수 n 에 대하여 등식

$$\sum_{k=0}^{n}\frac{{}_{n}\mathrm{C}_{k}}{{}_{n+4}\mathrm{C}_{k}}=\frac{n+5}{5}$$

가 성립함을 수학적 귀납법으로 증명한 것이다.

〈보 기〉

(1) $n=1$일 때,

$$(\text{좌변})=\frac{{}_{1}\mathrm{C}_{0}}{{}_{5}\mathrm{C}_{0}}+\frac{{}_{1}\mathrm{C}_{1}}{{}_{5}\mathrm{C}_{1}}=\frac{6}{5},$$

$$(\text{우변})=\frac{1+5}{5}=\frac{6}{5}$$

이므로 주어진 등식은 성립한다.

(2) $n=m$일 때,

등식 $\displaystyle\sum_{k=0}^{m}\frac{{}_{m}\mathrm{C}_{k}}{{}_{m+4}\mathrm{C}_{k}}=\frac{m+5}{5}$ 가

성립한다고 가정하자.

$n=m+1$일 때,

$$\sum_{k=0}^{m+1}\frac{{}_{m+1}\mathrm{C}_{k}}{{}_{m+5}\mathrm{C}_{k}}=$$

$$\boxed{(\text{가})}+\sum_{k=0}^{m}\frac{{}_{m+1}\mathrm{C}_{k+1}}{{}_{m+5}\mathrm{C}_{k+1}}\text{ 이다.}$$

자연수 l 에 대하여

$${}_{l+1}\mathrm{C}_{k+1}=\boxed{(\text{나})}\cdot{}_{l}\mathrm{C}_{k}\quad(0\leq k\leq l)$$

이므로

$$\sum_{k=0}^{m}\frac{{}_{m+1}\mathrm{C}_{k+1}}{{}_{m+5}\mathrm{C}_{k+1}}=\boxed{(\text{다})}\times\sum_{k=0}^{m}\frac{{}_{m}\mathrm{C}_{k}}{{}_{m+4}\mathrm{C}_{k}}\text{ 이다.}$$

따라서

$$\sum_{k=0}^{m+1}\frac{{}_{m+1}\mathrm{C}_{k}}{{}_{m+5}\mathrm{C}_{k}}=\boxed{(\text{가})}+\boxed{(\text{다})}\times\sum_{k=0}^{m}\frac{{}_{m}\mathrm{C}_{k}}{{}_{m+4}\mathrm{C}_{k}}=\frac{m+6}{5}\text{ 이다.}$$

그러므로 모든 자연수 n에 대하여 주어진 등식이 성립한다.

위의 과정에서 (가), (나), (다)에 알맞은 것은?

	(가)	(나)	(다)
①	1	$\frac{l+2}{k+2}$	$\frac{m+1}{m+4}$
②	1	$\frac{l+1}{k+1}$	$\frac{m+1}{m+5}$
③	1	$\frac{l+1}{k+1}$	$\frac{m+1}{m+4}$
④	$m+1$	$\frac{l+1}{k+1}$	$\frac{m+1}{m+5}$
⑤	$m+1$	$\frac{l+2}{k+2}$	$\frac{m+1}{m+4}$

HINT▸▸

$$\sum_{k=1}^{n} nk = n\sum_{k=1}^{n} k$$

$${}_nC_r = \frac{n!}{r!(n-r)!}$$

$$\sum_{k=0}^{m+1}\frac{{}_{m+1}C_k}{{}_{m+5}C_k} = \frac{{}_{m+1}C_0}{{}_{m+5}C_0} + \sum_{k=1}^{m+1}\frac{{}_{m+1}C_k}{{}_{m+5}C_k}$$

$$= \boxed{1} + \sum_{k=0}^{m}\frac{{}_{m+1}C_{k+1}}{{}_{m+5}C_{k+1}}$$

따라서 (가)에 들어갈 수는 $\boxed{1}$ 이다.

$${}_{l+1}C_{k+1} = \frac{(l+1)!}{(k+1)!\times(l-k)!}$$

$$= \frac{l+1}{k+1}\times\frac{l!}{k!\times(l-k)!}$$

$$= \boxed{\frac{l+1}{k+1}} \times {}_lC_k$$

따라서 (나)에 들어갈 식은 $\boxed{\frac{l+1}{k+1}}$이다.

$$\sum_{k=0}^{m+1}\frac{{}_{m+1}C_k}{{}_{m+5}C_k}$$

$$= 1 + \sum_{k=0}^{m}\frac{{}_{m+1}C_{k+1}}{{}_{m+5}C_{k+1}}$$

$$= 1 + \sum_{k=0}^{m}\frac{\frac{m+1}{k+1}\times {}_mC_k}{\frac{m+5}{k+1}\times {}_{m+4}C_k}$$

$$= 1 + \boxed{\frac{m+1}{m+5}}\times\sum_{k=0}^{m}\frac{{}_mC_k}{{}_{m+4}C_k}$$

$$= 1 + \frac{m+1}{m+5}\times\frac{m+5}{5} = \frac{m+6}{5}$$

따라서 (다)에 들어갈 식은 $\boxed{\frac{m+1}{m+5}}$이다.

정답 : ②

10.9B

034

수열 $\{a_n\}$이 점화 관계

$$\begin{cases} a_1 = 2, a_2 = 3 \\ a_n + a_{n+1} + a_{n+2} = n+1 \ (n = 1, 2, 3, \cdots) \end{cases}$$

을 만족시킬 때, $\sum_{k=1}^{14} a_k$의 값은?

① 37 ② 38 ③ 39 ④ 40 ⑤ 41

HINT▸▸

이런 종류의 문제는 굳이 일반항을 구할 필요가 없다. 수회 반복계산을 해보자.

$$\sum_{k=1}^{n} a_k = \sum_{k=1}^{l} a_k + \sum_{k=l+1}^{n} a_k$$

$$\begin{cases} a_1 = 2,\ a_2 = 3 \\ a_n + a_{n+1} + a_{n+2} = n+1 \end{cases}$$

이므로

$$\sum_{k=1}^{14} a_k = (a_1 + a_2) + (a_3 + a_4 + a_5) + (a_6 + a_7 + a_8)$$

$$+ (a_9 + a_{10} + a_{11}) + (a_{12} + a_{13} + a_{14})$$

$$= 5 + (3+1) + (6+1) + (9+1) + (12+1)$$

$$= 39$$

정답 : ③

09.수능B

035

자연수 n에 대하여 점 A_n이 x축 위의 점일 때, 점 A_{n+1}을 다음 규칙에 따라 정한다.

> (가) 점 A_1의 좌표는 $(2,\ 0)$이다.
> (나)
> (1) 점 A_n을 지나고 y축에 평행한 직선이 곡선 $y=\frac{1}{x}$ $(x>0)$과 만나는 점을 P_n이라한다.
> (2) 점 P_n을 직선 $y=x$에 대하여 대칭이동한 점을 Q_n이라 한다.
> (3) 점Q_n을 지나고 y축에 평행한 직선이x축과 만나는 점을 R_n이라 한다.
> (4) 점 R_n을 x축의 방향으로 1만큼 평행이동한 점을 A_{n+1}이라 한다.

점 A_n의 x좌표를 x_n이라 하자. $x_5=\frac{q}{p}$일 때, $p+q$의 값을 구하시오.
(단, p, q는 서로소인 자연수이다.)

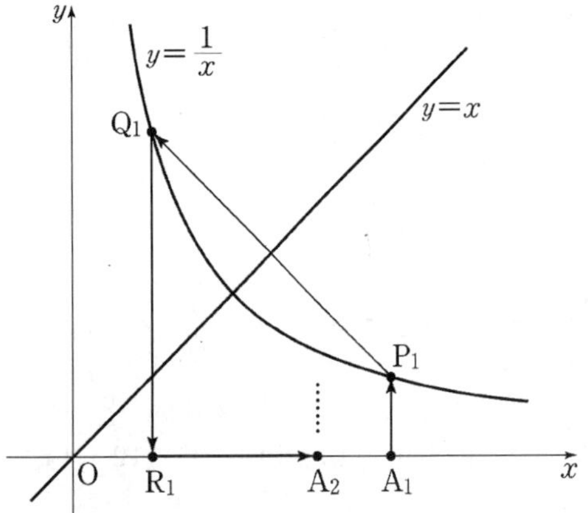

HINT▸▸

x_5와 같이 항수가 낮을 경우 일반항의 규칙을 찾기보다는 주어진 조건을 이용해서 직접 구해보자.

그림에서 $x_{n+1}=\frac{1}{x_n}+1$이므로

$$x_2=\frac{1}{x_1}+1=\frac{1}{2}+1=\frac{3}{2}$$

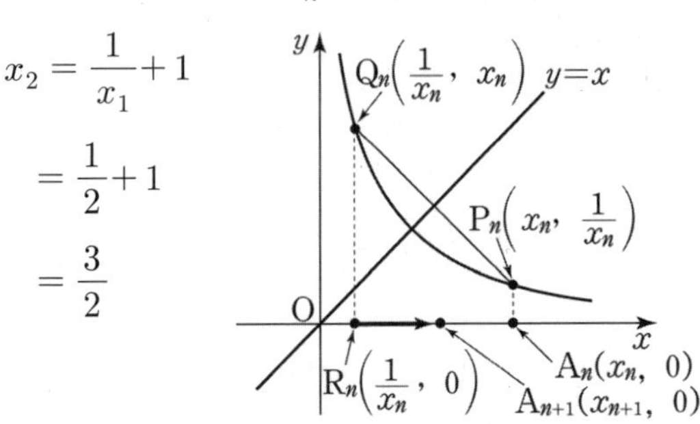

$$x_3=\frac{1}{x_2}+1=\frac{2}{3}+1=\frac{5}{3}$$

$$x_4=\frac{1}{x_3}+1=\frac{3}{5}+1=\frac{8}{5}$$

$$x_5=\frac{1}{x_4}+1=\frac{5}{8}+1=\frac{13}{8}$$

$\therefore\ p+q=8+13=21$

정답 : 21

11.6B

036

수열 $\{a_n\}$은 $a_1=1$이고

$$a_{n+1}=\sum_{k=1}^{n}2^{n-k}a_k \ (n \geqq 1)$$

을 만족시킨다. 다음은 일반항 a_n을 구하는 과정이다.

> 주어진 식으로부터 $a_2=$ (가) 이다.
> 자연수 n에 대하여
> $$a_{n+2}=\sum_{k=1}^{n+1}2^{n+1-k}a_k$$
> $$=\sum_{k=1}^{n}2^{n+1-k}a_k+a_{n+1}$$
> $$=\boxed{(\text{나})}\sum_{k=1}^{n}2^{n-k}a_k+a_{n+1}$$
> $$=\boxed{(\text{다})}\,a_{n+1}$$
> 이다.
> 따라서 $a_1=1$ 이고, $n \geqq 2$ 일 때
> $a_n=(\boxed{(\text{다})})^{n-2}$이다.

위의 (가), (나), (다)에 알맞은 수를 각각 p, q, r라 할 때, $p+q+r$의 값은?

① 3 ② 4 ③ 5 ④ 6 ⑤ 7

HINT▸▸

등비수열 일반항 $a_n=a\cdot r^{n-1}$

주어진 식으로부터 $a_2=\sum_{k=1}^{1}2^{1-k}a_k=\boxed{1}$ 이다.

자연수 n에 대하여

$$a_{n+2}=\sum_{k=1}^{n+1}2^{n+1-k}a_k$$
$$=\sum_{k=1}^{n}2^{n+1-k}a_k+a_{n+1}$$
$$=\boxed{2}\sum_{k=1}^{n}2^{n-k}a_k+a_{n+1}$$
$$=\boxed{3}a_{n+1}$$
$$\left(\because a_{n+1}=\sum_{k=1}^{n}2^{n-k}a_k\right)$$

이다. 따라서 $a_1=1$이고, $n \geqq 2$일 때

$a_n=3^{n-2}$ 이다.

$\therefore p=1, q=2, r=3$

$\therefore p+q+r=6$

정답 : ④

11.6B

037

첫째항이 2인 등차수열 $\{a_n\}$에 대하여

$a_4 - a_2 = 4$일 때, $\sum_{k=11}^{20} a_k$의 값을 구하시오.

HINT▸▸

등차수열의 일반항 $a_n = a + (n-1)d$

$$\sum_{k=1}^{n} k = \frac{1}{2}n(n+1)$$

$$\sum_{k=l}^{n} a_k = \sum_{k=1}^{n} a_k - \sum_{k=1}^{l-1} a_k$$

주어진 등차수열의 공차를 d라 하면

$a_4 - a_2 = 2d = 4$에서 $d = 2$이다.

$\therefore a_n = 2 + (n-1)2 = 2n$

$$\therefore \sum_{k=11}^{20} a_k = \sum_{k=1}^{20} 2k - \sum_{k=1}^{10} 2k$$

$$= 2 \times \frac{20 \times 21}{2} - 2 \times \frac{10 \times 11}{2}$$

$$= 20 \times 21 - 10 \times 11 = 310$$

정답 : 310

11.수능B

038

세 수 a, $a+b$, $2a-b$는 이 순서대로 등차수열을 이루고, 세 수 1, $a-1$, $3b+1$은 이 순서대로 공비가 양수인 등비수열을 이룬다.

$a^2 + b^2$의 값을 구하시오.

HINT▸▸

등차중항 $2b = a + c$

등비중항 $b^2 = ac$

a, $a+b$, $2a-b$가 등차수열이므로

$2(a+b) = 3a - b \quad \therefore a = 3b$ ……㉠

1, $a-1$, $3b-1$이 등비수열이므로

$(a-1)^2 = 3b+1$

$(a-1)^2 = a+1$ ($\because$ ㉠ 대입)

$a^2 - 3a = 0$

$\therefore a = 0$ 또는 $a = 3$

공비가 양수이므로 $a = 3$, $b = 1$

$\therefore a^2 + b^2 = 3^2 + 1^2 = 10$

정답 : 10

08.6B

039

그림과 같이 길이가 8인 선분 AB가 있다. 선분 AB의 삼등분점 A_1, B_1을 중심으로 하고 선분 A_1B_1을 반지름으로 하는 두 원이 서로 만나는 두 점을 각각 P_1, Q_1 이라고 하자. 선분 A_1B_1의 삼등분점 A_2, B_2를 중심으로 하고 선분 A_2B_2를 반지름으로 하는 두 원이 서로 만나는 두 점을 각각 P_2, Q_2 라고 하자. 선분 A_2B_2의 삼등분점 A_3, B_3을 중심으로 하고 선분 A_3B_3을 반지름으로 하는 두 원이 서로 만나는 두 점을 각각 P_3, Q_3 이라고 하자. 이와 같은 과정을 계속하여 n번째 얻은 두 호 $P_nA_nQ_n$, $P_nB_nQ_n$의 길이의 합을 l_n이라 할 때, $\sum_{n=1}^{\infty} l_n$의 값은?

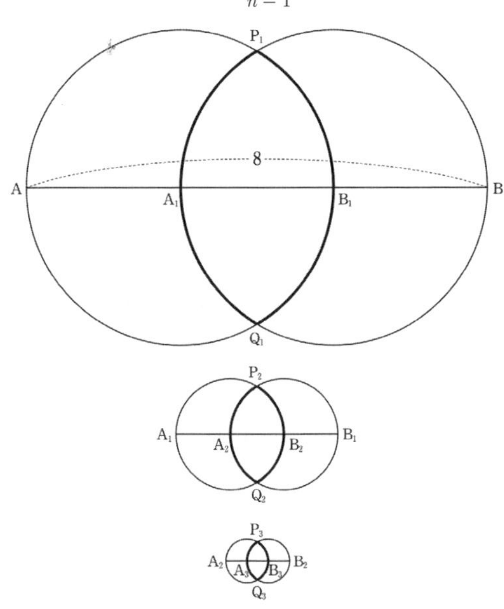

① $\frac{10}{3}\pi$ ② 4π ③ $\frac{14}{3}\pi$

④ $\frac{16}{3}\pi$ ⑤ 6π

HINT▸▸

호의 길이 $l = r\theta$

둘째항까지 구한 후 무한등비급수의 합의 공식에 대입한다. $S_n = \frac{a}{1-r}$

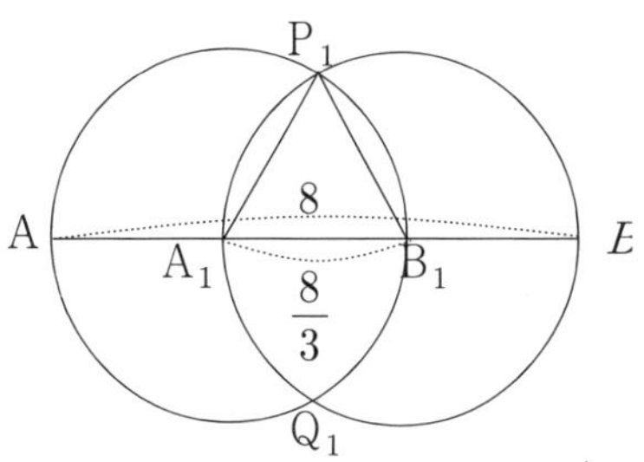

세 선분 $\overline{A_1B_1}$, $\overline{A_1P_1}$, $\overline{B_1P_1}$ 의 길이는 모두 원의 반지름의 길이인 $\frac{8}{3}$ 이므로 $\triangle A_1B_1P_1$ 은 정삼각형이다. $\therefore \angle P_1A_1B_1 = \frac{\pi}{3}$

따라서, 호 $P_1A_1Q_1$ 의 길이는

$\frac{8}{3} \times \frac{2}{3}\pi = \frac{16}{9}\pi$ 이므로

두 호 $P_1A_1Q_1$, $P_1B_1Q_1$ 의 길이의 합은

$l_1 = 2 \times \frac{16}{9}\pi = \frac{32}{9}\pi$

한편, 모양의 도형을 크기순으로 나열하면 이들은 모두 닮은꼴이고,

$\overline{AB} : \overline{A_1B_1} = 8 : \frac{8}{3} = 3 : 1$ 이므로

닮음비는 3 : 1 이다.

$$\therefore \sum_{n=1}^{\infty} l_n = l_1 + \frac{1}{3}l_1 + \left(\frac{1}{3}\right)^2 l_1 + \cdots$$

$$= \frac{l_1}{1-\frac{1}{3}} = \frac{\frac{32}{9}\pi}{\frac{2}{3}} = \frac{16}{3}\pi$$

정답 : ④

08.수능B

040

자연수 n에 대하여 두 점 P_{n-1}, P_n이 함수 $y=x^2$의 그래프 위의 점일 때, 점 P_{n+1}을 다음 규칙에 따라 정한다.

> (가) 두 점 P_0, P_1의 좌표는 각각 $(0, 0)$, $(1, 1)$이다.
> (나) 점 P_{n+1}은 점 P_n을 지나고 직선 $\mathrm{P}_{n-1}\mathrm{P}_n$에 수직인 직선과 함수 $y=x^2$의 그래프의 교점이다.
> (단, P_n과 P_{n+1}은 서로 다른 점이다.)

$l_n=\overline{\mathrm{P}_{n-1}\mathrm{P}_n}$이라 할 때, $\lim_{n\to\infty}\frac{l_n}{n}$의 값은?

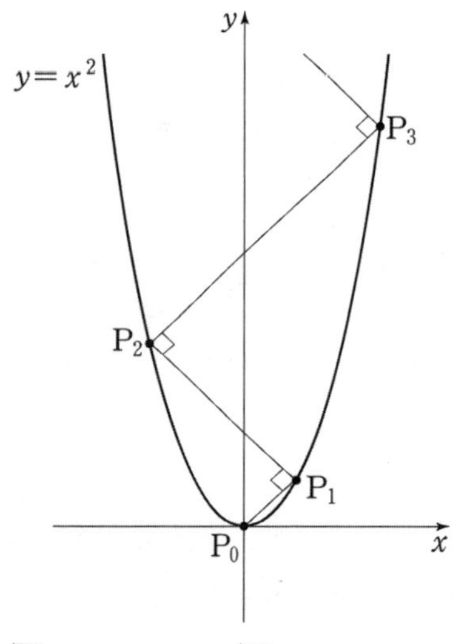

① $2\sqrt{3}$ ② $2\sqrt{2}$ ③ 2
④ $\sqrt{3}$ ⑤ $\sqrt{2}$

HINT▸▸

$ax^2+bx+c=0$에서 두근을 α, β라 하면
$\alpha+\beta=-\frac{b}{a}$, $\alpha\beta=\frac{c}{a}$

시작하는 직선이 $(0,\ 0)$, $(1,\ 1)$을 지나므로 l_n의 기울기는 모두 1 또는 -1이다. 그러므로 직선 l_n의 함수를 임의로 $y=x+k$, $y=-x+k$로 놓을 수 있으며 $y=x^2$과의 교점의 x좌표들은 $x^2=x+k$ 또는 $x^2=-x+k$의 식을 만족하게 된다.

즉, $x^2-x-k=0$, $x^2+x-k=0$ 이 P_n의 점들에 성립하고 l_n과 $y=x^2$의 두 교점의 x좌표의 합은 1 또는 -1이 되므로 P_n을 쉽게 구할 수 있다. ($\because$ 근과 계수와의 관계에 의해 $\alpha+\beta=\pm 1$)

우선 $P_1=(1,\ 1)$에서 x좌표는 1이므로 P_2의 x좌표는 -2가 된다. 이를 $y=x^2$에 대입하면 $P_2=(-2,\ 4)$)이다. 같은 방법으로

$P_3=(3,\ 9)$이고, $P_4=(-4,\ 16)$, ⋯ 이다.

즉, x좌표가 0, 1, -2, 3, -4, 5, ⋯이고 x값간 거리는 1, 3, 5, 7, 9... 또한 기울기가 $\pm\tan\frac{\pi}{4}=\pm 1$이므로 P_n과P_{n+1}간의 거리는

$l_1=\sqrt{2}$, $l_2=3\sqrt{2}$, $l_3=5\sqrt{2}$ 이므로

$l_n=(2n-1)\sqrt{2}$임을 알 수 있다.

$$\lim_{n\to\infty}\frac{l_n}{n}=\frac{(2n-1)\sqrt{2}}{n}=\left(2-\frac{1}{n}\right)\sqrt{2}=2\sqrt{2}$$

정답 : ②

09.6B

041

그림과 같이 길이가 6인 선분 AB를 지름으로 하는 원을 그리고, 선분 AB의 3등분점을 각각 P_1, P_2라 하고 선분 AP_1을 지름으로 하는 원의 아래쪽 반원, 선분 AP_2를 지름으로 한는 원의 아래쪽 반원, 선분 P_2B를 지름으로 하는 원의 위쪽 반원, 선분 P_1B를 지름으로 하는 원의 위쪽 반원을 경계로 하여 만든 ∽ 모양의 도형에 색칠하여 얻은 그림을 R_1이라 하자.

그림 R_1에서 선분 AB 위의 색칠되지 않은 두 선분 AP_1, P_2B를 각각 지름으로 하는 두 원을 그리고, 이 두 원 안에 각각 그림 R_1을 얻은 것과 같은 방법으로 만들어지는 두 ∽ 모양의 도형에 색칠하여 얻은 그림을 R_2라 하자.

그림 R_2에서 두 선분 AP_1, P_2B 위의 색칠되지 않은 네 선분을 각각 지름으로 하는 네 원을 그리고, 이 네 원 안에 각각 그림 R_1을 얻는 것과 같은 방법으로 만들어지는 네 ∽ 모양의 도형에 색칠하여 얻은 그림을 R_3이라 하자.

이와 같은 과정을 계속하여 n번째 얻은 그림 R_n에 색칠되어 있는 모든 ∽ 모양의 도형의 넓이의 합을 S_n이라 할 때, $\lim_{n\to\infty} S_n$의 값은?

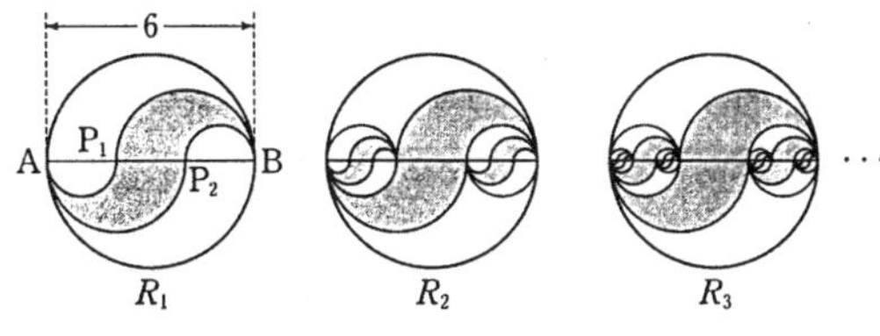

① $\frac{25}{7}\pi$ ② $\frac{27}{7}\pi$ ③ $\frac{29}{7}\pi$

④ $\frac{31}{7}\pi$ ⑤ $\frac{33}{7}\pi$

HINT ▸▸

2번째 항까지 구한 후 무한등비급수의 합의 공식에 대입한다. $S_n = \frac{a}{1-r}$

$S_1 = \frac{1}{2}\{4\pi - \pi\} \times 2 = 3\pi$이고

이후 ∽ 모양의 도형은 닮음비가 $\frac{1}{3}$배이므로 넓이 $\frac{1}{9}$배, 개수는 2배로 변화하므로 $\lim_{n\to\infty} S_n$은 공비가 $\frac{1}{9} \times 2 = \frac{2}{9}$인 무한등비급수가 된다.

$\therefore \lim_{n\to\infty} S_n = \frac{3\pi}{1-\frac{2}{9}} = \frac{27\pi}{7}$

정답 : ②

09.9B

042

첫째항과 공차가 같은 등차수열 $\{a_n\}$에 대하여 $S_n = \sum_{k=1}^{n} a_k$라 할 때, 옳은 것만을 〈보기〉에서 있는 대로 고른 것은? (단, $a_1 > 0$)

〈보 기〉

ㄱ. 수열 $\{S_n\}$이 수렴한다.

ㄴ. 무한급수 $\sum_{n=1}^{\infty} \frac{1}{S_n}$ 이 수렴한다.

ㄷ. $\lim_{n \to \infty} (\sqrt{S_{n+1}} - \sqrt{S_n})$이 존재한다.

① ㄴ ② ㄷ ③ ㄱ, ㄴ
④ ㄱ, ㄷ ⑤ ㄴ, ㄷ

HINT▸▸

$$\frac{1}{A \cdot B} = \frac{1}{B-A}\left(\frac{1}{A} - \frac{1}{B}\right) = \frac{1}{A-B}\left(\frac{1}{B} - \frac{1}{A}\right)$$

$\frac{\infty}{\infty}$의 꼴은 제일 큰 수로 분자·분모를 나눈다.

등차수열의 일반항 $a_n = a_1 + (n-1)d$

$a_n = an$(단, a는 첫째항이고 양수)

$$S_n = \sum_{k=1}^{n} a_k = a \times \frac{n(n+1)}{2}$$

ㄱ. 〈거짓〉

수열 $\lim_{n\to\infty} S_n = \sum_{k=1}^{n} ak = a\sum_{k=1}^{n} k$

$= a \times \frac{n(n+1)}{2} = \infty$

이므로 거짓

ㄴ. 〈참〉

무한급수 $\sum_{k=1}^{\infty} \frac{1}{S_n} = \sum_{k=1}^{\infty} \frac{2}{an(n+1)}$

$= \sum_{k=1}^{\infty} \frac{2}{a}(\frac{1}{n} - \frac{1}{n+1})$이므로

$$\lim_{n\to\infty} \frac{2}{a}\left\{(1-\frac{1}{2}) + (\frac{1}{2} - \frac{1}{3}) + \cdots + (\frac{1}{n} - \frac{1}{n+1})\right\} = \frac{2}{a}$$

따라서 수렴하므로 참.

ㄷ. 〈참〉

분자·분모에 $\sqrt{S_{n+1}} + \sqrt{S_n}$을 곱해주면

$$\sqrt{S_{n+1}} - \sqrt{S_n} = \frac{S_{n+1} - S_n}{\sqrt{S_{n+1}} + \sqrt{S_n}}$$

$$= \frac{\frac{a(n+1)(n+2)}{2} - \frac{an(n+1)}{2}}{\sqrt{\frac{a}{2}(n+1)(n+2)} + \sqrt{\frac{a}{2}(n)(n+1)}}$$

$$= \frac{a(n+1)}{\sqrt{\frac{a}{2}(n+1)(n+2)} + \sqrt{\frac{a}{2}(n)(n+1)}}$$

∴ $\frac{\infty}{\infty}$ 꼴이므로 분모 분자를 최고차항 n으로 나누어 정리하면 주어진 식은

$$\lim_{n\to\infty} \frac{a}{\sqrt{\frac{a}{2}} + \sqrt{\frac{a}{2}}} = \lim_{n\to\infty} \frac{a}{\sqrt{2a}} = \frac{\sqrt{2a}}{2}$$

이므로 존재한다.

따라서 참.

정답 : ⑤

09.9B

043

그림과 같이 원점 O 를 지나고 기울기가 $\sqrt{3}$ 인 직선 l_1 과 점 A(0, 4) 가 있다. 점 O 를 중심으로 하고 선분 OA 를 반지름으로 하는 원이 직선 l_1 과 제 1사분면에서 만나는 점을 O_1 이라 하자. 점 O_1 에서 x 축에 내린 수선의 발을 O_2 라 하자. 점 O_2 을 중심으로 하고 선분 O_1O_2 를 반지름으로 하는 원이 선분 OO_1 과 만나는 점을 A_1 이라 하자. 선분 A_1O , 선분 OO_2 , 호 O_2A_1 로 둘러싸인 도형의 넓이를 S_1 이라 하자. 점 O_2 를 중심으로 하고 선분 O_1O_2 를 반지름으로 하는 원이 점 O_2 를 지나고 직선 l_1 에 평행한 직선 l_2 와 제1사분면에서 만나는 점을 O_3 이라 하자. 점 O_3 에서 x 축에 내린 수선의 발을 O_4 라 하자. 점 O_3 을 중심으로 하고 선분 O_3O_4 를 반지름으로 하는 원이 선분 O_2O_3 과 만나는 점을 A_2 이라 하자. 선분 A_2O_2 , 선분 O_2O_4 , 호 O_4A_2 로 둘러싸인 도형의 넓이를 S_2 이라 하자. 이와 같은 과정을 계속하여 n 번째 얻은 도형의 넓이를 S_n 이라 할 때, $\sum_{n=1}^{\infty} S_n$ 의 값은?

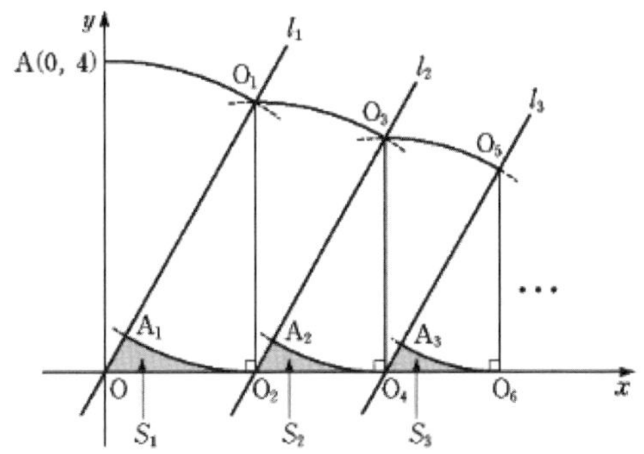

① $4\sqrt{3}-2\pi$ ② $8\sqrt{3}-4\pi$ ③ $4\sqrt{3}-\pi$
④ $8\sqrt{3}-2\pi$ ⑤ $16\sqrt{3}-4\pi$

HINT▸▸

부채꼴의 넓이 $S=\frac{1}{2}r^2\theta=\frac{1}{2}rl$

무한등비급수의 합의 공식 $S_n=\frac{a_1}{1-r}$

기울기 $=\tan\theta=\sqrt{3}$ 이므로 $\theta=\frac{\pi}{3}$가 된다.

$\therefore \angle O_1OO_2=\frac{\pi}{3}$, $\angle OO_1O_2=\frac{\pi}{6}$

$\overline{O_1O_2}=4\times\sin\frac{\pi}{3}=2\sqrt{3}$,

길이의 닮음비 $=\frac{2\sqrt{3}}{4}=\frac{\sqrt{3}}{2}$

$S_1=\triangle OO_1O_2-$부채꼴$A_1O_1O_2$

$=\frac{1}{2}\times2\sqrt{3}\times2-\frac{1}{2}\times(2\sqrt{3})^2\times\frac{\pi}{6}=2\sqrt{3}-\pi$

$S_2=\triangle O_2O_3O_4-$부채꼴$A_2O_3O_4$

$=\frac{1}{2}\times3\times\sqrt{3}-\frac{1}{2}\times3^2\times\frac{\pi}{6}=\frac{3}{4}(2\sqrt{3}-\pi)$

$S_3=\triangle O_4O_5O_6-$부채꼴$A_3O_5O_6$

$=\frac{1}{2}\times\frac{3\sqrt{3}}{2}\times\frac{3}{2}-\frac{1}{2}\times(\frac{3\sqrt{3}}{2})^2\times\frac{\pi}{6}$

$=(\frac{3}{4})^2(2\sqrt{3}-\pi)$

S_1, S_2, S_3에 의해서 수열 $\{S_n\}$은 첫째항이 $2\sqrt{3}-\pi$이고 공비가 $\frac{3}{4}$인 등비수열이므로

무한등비급수

$\sum_{n=1}^{\infty}S_n=\frac{2\sqrt{3}-\pi}{1-\frac{3}{4}}=8\sqrt{3}-4\pi$

정답 : ②

10.9B

044

그림과 같이 반지름의 길이가 4이고 중심각의 크기가 $\frac{\pi}{4}$인 부채꼴 $A_0A_1B_1$이 있다. 점 A_1에서 선분 A_0B_1에 내린 수선의 발을 B_2라 하고, 선분 A_0A_1위의 $\overline{A_1B_2}=\overline{A_1A_2}$인 점 A_2에 대하여 중심각의 크기가 $\frac{\pi}{4}$인 부채꼴 $A_1A_2B_2$를 그린다. 점 A_2에서 선분 A_1B_2에 내린 수선의 발을 B_3이라 하고, 선분 A_1A_2위의 $\overline{A_2B_3}=\overline{A_2A_3}$인 점 A_3에 대하여 중심각의 크기가 $\frac{\pi}{4}$인 부채꼴 $A_2A_3B_3$을 그린다.

이와 같은 과정을 계속하여 점 A_n에서 선분 $A_{n-1}B_n$에 내린 수선의 발을 B_{n+1}이라 하고, 선분 $A_{n-1}A_n$위의 $\overline{A_nB_{n+1}}=\overline{A_nA_{n+1}}$인 점 A_{n+1}에 대하여 중심각의 크기가 $\frac{\pi}{4}$인 부채꼴 $A_nA_{n+1}B_{n+1}$을 그린다. 부채꼴 $A_{n-1}A_nB_n$의 호 A_nB_n의 길이를 l_n이라 할 때, $\sum_{n=1}^{\infty} l_n$의 값은?

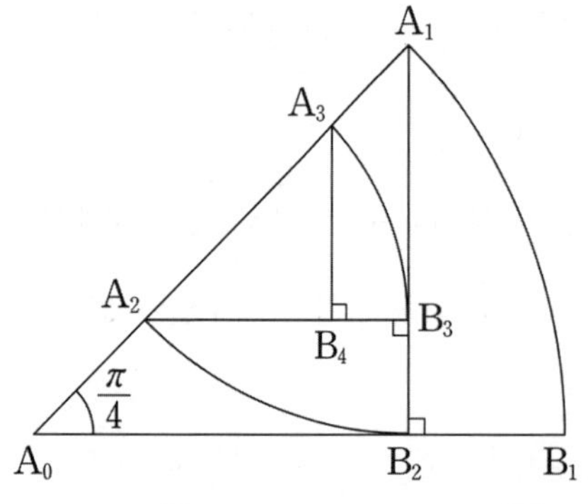

① $(4-\sqrt{2})\pi$ ② $(2+\sqrt{2})\pi$
③ $(2+2\sqrt{2})\pi$ ④ $(4+\sqrt{2})\pi$
⑤ $(4+2\sqrt{2})\pi$

HINT▸▸

무한등비급수의 합의 공식 $S_n=\frac{a}{1-r}$

부채꼴의 호의 길이 $l=r\theta$

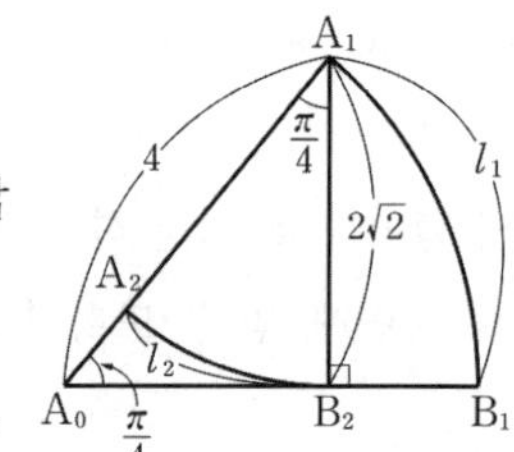

부채꼴 $A_0A_1B_1$, $A_1A_2B_2$, …는 서로 닮음이다.

$\overline{A_1B_2}=\sin\frac{\pi}{4}\times\overline{A_0B_1}$,

$\overline{A_2B_3}=\sin\frac{\pi}{4}\times\overline{A_1B_2}$, …

이므로 $l_{n+1}=\frac{\sqrt{2}}{2}l_n$

따라서 수열 $\{l_n\}$은 첫째항이 $l_1=4\times\frac{\pi}{4}=\pi$이고, 공비가 $\frac{\sqrt{2}}{2}$인 무한등비수열이므로

$$\sum_{n=1}^{\infty} l_n=\frac{\pi}{1-\frac{\sqrt{2}}{2}}=(2+\sqrt{2})\pi$$

정답 : ②

10.6B

045

모든 항이 양수인 수열 $\{a_n\}$에 대하여

$\sum_{n=1}^{\infty}(3^n a_n - 2)$가 수렴할 때,

$\lim_{n\to\infty}\frac{6a_n + 5\cdot 4^{-n}}{a_n + 3^{-n}}$의 값을 구하시오.

HINT▸▸

$\lim_{n\to\infty} S_n$이 수렴한다. $\Rightarrow$ $\lim a_n = 0$

$\frac{\infty}{\infty}$의 꼴일 때는 분자·분모를 제일 큰 수로 나눈다.

$\sum_{n=1}^{\infty}(3^n a_n - 2)$가 수렴하므로

$\lim_{n\to\infty}(3^n a_n - 2) = 0$

$\therefore \lim_{n\to\infty} 3^n a_n = 2$

$\lim_{n\to\infty}\frac{6a_n + 5\cdot 4^{-n}}{a_n + 3^{-n}}$ (분자·분모에 3^n을 곱한다)

$= \lim_{n\to\infty}\frac{6\cdot 3^n a_n + 5(\frac{3}{4})^n}{3^n a_n + 1}$

$= \frac{6\times 2}{2+1} = 4$

정답 : 4

11.9B

046

수열 $\{a_n\}$과 $\{b_n\}$이

$\lim_{n\to\infty}(n+1)a_n = 2$, $\lim_{n\to\infty}(n^2+1)b_n = 7$

을 만족시킬 때, $\lim_{n\to\infty}\frac{(10n+1)b_n}{a_n}$의 값을 구하시오. (단, $a_n \neq 0$)

HINT▸▸

$\frac{\infty}{\infty}$의 꼴일 때는 분자·분모를 제일 큰 수로 나눈다.

$\lim_{n\to\infty}\frac{(10n+1)b_n}{a_n}$

$= \lim_{n\to\infty}\frac{(n^2+1)b_n}{(n+1)a_n}\times\frac{(n+1)(10n+1)}{n^2+1}$

$= \frac{7}{2}\lim_{n\to\infty}\frac{10+\frac{11}{n}+\frac{1}{n^2}}{1+\frac{1}{n^2}}$

$= \frac{7}{2}\times 10 = 35$

정답 : 35

크로스수학
기출문제 유형탐구

2. 수학2

방정식과 부등식
삼각함수
미분

총 101문항

020 **'모르는 게 많다' 는 사실은 오히려 다독을 계속하게 만드는 욕심 즉 에너지원을 의미한다는 것을 아는가? 이러한 '궁금증의 에너지원' 이 다독이 정독을 앞서는 두 번째 요소인 것이다.**

021 다 이해하면 이제 호기심이 사라지는 것을. 따라서 당장 내일이 시험날짜가 아니라면 학원선생님에게 일일이 물어보러 뛰어다니지 말지어다. **호기심을 남겨 두고 자신의 힘으로 해결할 때까지 복습하라.**

022 정독파들이 2번에서 3번 정도 보고 나서 다시 보기 지루하다는 말을 늘어놓는 것을 들을 때 아마도 헛웃음이 나올지도 모른다. 10번을 넘게 읽어도 궁금한 게 이리 많은데 참 웃긴 일이라 느끼면서 말이다.

023 인간은 습관의 동물이고 콩 심은데 콩 나고 팥 심은데 팥 나는 것처럼 **지식의 읽는 속도는 이용 속도에도 그대로 적용되는 법이다.** 즉 응용속도가 현저하게 증가한다는 것이다.

024 다독을 고수하라. 그러면 당신은 **엄청난 순발력**을 자랑하게 될 것이다. **다독이 레이싱 카라면 정독은 경운기다.**

025 다독하라. 대신 아주 정교하게 필요한 요소들을 알고 덤벼라. **눈을 사용하는 법**을 능숙하게 익히고 **나눠서 읽기**를 깨달았다면 이제 당신은 어떤 정독하는 사람들도 이루지 못하는 신기원에 들어서게 될 것이다.

07.6B

001

건물의 용적률은 모든 층의 바닥 면적을 합한 연면적을 대지 면적으로 나눈 값을 백분율로 나타낸 것이다. 즉,

$$(\text{용적률}) = \frac{(\text{연면적})}{(\text{대지 면적})} \times 100\,(\%)$$

이다. 대지 면적이 $a\text{m}^2$인 건물 P의 용적률은 $b\%$이고, 대지 면적이 $(a+150)\text{m}^2$인 건물 Q의 용적률은 $(b-50)\%$이다. 건물 P와 건물 Q의 연면적이 각각 450m^2일 때, a의 값을 구하시오.

HINT▸▸

주어진 조건에 해당 변수들을 대입해서 침착하게 계산하자.

주어진 조건에서

$\frac{450}{a} = \frac{b}{100}$ 이고, $\frac{450}{a+150} = \frac{b-50}{100}$ 이므로

$\frac{450}{a+150} = \frac{b}{100} - \frac{50}{100} = \frac{450}{a} - \frac{50}{100}$

$\therefore\ \frac{450}{a+150} - \frac{450}{a} + \frac{1}{2} = 0$

양변에 $2a(a+150)$을 곱하여 정리하면

$\frac{900a - 900(a+150) + a(a+150)}{2a(a+150)} = 0$

$\therefore\ a^2 + 150a - 900 \cdot 150$

$= (a+450)(a-300)$

$= 0$

$\therefore\ a = 300\ (\because\ a > 0)$

정답 : 300

07.6B

002

다음 두 식을 만족시키는 모든 실수 x의 값의 합은?

$$\begin{cases} 2\sqrt{x^2-x-2} + 2 = x^2 - x \\ \dfrac{x-5}{x-1} \leq 0 \end{cases}$$

① 1 ② 2 ③ 3 ④ 4 ⑤ 5

HINT▸▸

$x^2 - x - 2 = t$로 치환한다. 무연근을 제거하자.

$2\sqrt{x^2-x-2} + 2 = x^2 - x\ \cdots$ ㉠

에서 $2\sqrt{x^2-x-2} = x^2 - x - 2$

$x^2 - x - 2 = t$ 로 놓으면

$2\sqrt{t} = t$

양변을 제곱하면 $4t = t^2 \quad \therefore\ t = 0, 4$

$x^2 - x - 2 = 0$ 에서 $(x+1)(x-2) = 0$

$\therefore\ x = -1, 2$

$x^2 - x - 2 = 4$ 에서 $x^2 - x - 6 = 0$

$(x+2)(x-3) = 0 \quad \therefore\ x = -2, 3$

따라서,

방정식 ㉠의 근은 $x = -2, -1, 2, 3$ 이다.

$\frac{x-5}{x-1} \leq 0\ \cdots$ ㉡

에서 $(x-1)(x-5) \leq 0$, $x \neq 1$

$\therefore\ 1 < x \leq 5$

따라서, 두 식 ㉠, ㉡을 동시에 만족하는 실수 x의 값은 $x = 2, 3$ 이므로 구하는 합은

$2 + 3 = 5$

정답 : ⑤

07.6B

003

두 상수 a, b에 대하여

부등식 $\dfrac{x^2-a^2}{x^2-x+1}<0$의 해가

부등식 $\dfrac{1}{x-2b}<\dfrac{1}{x+2}$의 해와 같을 때, ab의 값은? (단, $a>0$이다.)

① 2 ② 4 ③ 6 ④ 8 ⑤ 10

HINT▸▸

이차식 $f(x)$에서 $D<0$이라면 $f(x)>0$ 혹은 $f(x)<0$이 된다.

(i) 모든 실수 x에 대하여

$x^2-x+1=\left(x-\dfrac{1}{2}\right)^2+\dfrac{3}{4}>0$이므로

$\dfrac{x^2-a^2}{x^2-x+1}<0 \Leftrightarrow x^2-a^2<0$

$\therefore\ -a<x<a \quad \cdots$ ㉠ ($\because\ a>0$)

(ii) $\dfrac{1}{x-2b}-\dfrac{1}{x+2}=\dfrac{2+2b}{(x-2b)(x+2)}<0$

$\Leftrightarrow (2+2b)(x-2b)(x+2)<0 \cdots$ ㉡

이 때, 이차방정식 ㉡의 해가 ㉠과 같아야 하므로

$2+2b>0$이고 $-2<x<2b$

이어야 한다.

$\therefore\ -a=-2,\ a=2b$

$\therefore\ a=2\ ,b=1 \quad ab=2$

정답 : ①

07.9B

004

무리방정식 $x^2+5x+5\sqrt{x^2+5x}-6=0$의 모든 실근의 합은?

① 10 ② 5 ③ 0 ④ −5 ⑤ −10

HINT▸▸

$f(x)+a\sqrt{f(x)}+b=0$의 꼴일 때는 $\sqrt{f(x)}=t$로 치환해본다.

근과 계수와의 관계 $ax^2+bx+c=0$의 두 근을 $\alpha,\ \beta$라 하면 $\alpha+\beta=-\dfrac{b}{a},\ \alpha\beta=\dfrac{c}{a}$

$\sqrt{x^2+5x}=t\ \ (t>0)$로 치환하면

$t^2+5t-6=(t+6)(t-1)=0$

$\therefore\ t=1$

이 때, $x^2+5x=1$ 즉, $x^2+5x-1=0$이므로 근과 계수의 관계에서 모든 실근의 합은 -5이다.

정답 : ④

07.수능B

005

최고차항의 계수가 1인 두 이차식 $f(x)$, $g(x)$의 최대공약수가 $x+3$, 최소공배수가 $x(x+3)(x-4)$일 때, 분수부등식 $\frac{1}{f(x)}+\frac{1}{g(x)} \leqq 0$을 만족시키는 정수 x의 개수는?

① 1 ② 2 ③ 3 ④ 4 ⑤ 5

HINT▸▸

분수식의 계산에서는 무연근을 제외한다.

$\frac{g(x)}{f(x)} < 0 \Leftrightarrow f(x) \cdot g(x) < 0$(단, $g(x) \neq 0$)

4차식이고 최고차항의 계수가 양수면 W형태가 된다.

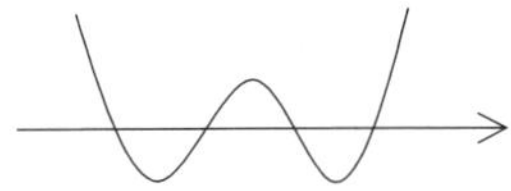

$f(x) = A(x+3), g(x) = B(x+3)$

(A, B는 서로소인 두 일차식)으로 놓으면

$L = AB(x+3) = x(x+3)(x-4)$ 에서

$A = x, B = x-4$ 또는 $A = x-4, B = x$

$\frac{1}{f(x)} + \frac{1}{g(x)} \leqq 0 \Leftrightarrow \frac{B+A}{L} \leqq 0$

$\Leftrightarrow \frac{x+x-4}{x(x+3)(x-4)} \leqq 0$

$\Leftrightarrow 2(x-2)x(x+3)(x-4) \leqq 0$,

$x \neq -3, x \neq 0, x \neq 4$

$\Leftrightarrow -3 < x < 0, 2 \leqq x < 4$

따라서, 정수 x는 $-2, -1, 2, 3$의 4개이다.

정답 : ④

08.6B

006

양수 a에 대하여 연립부등식

$$\begin{cases} x(x+a)(x-2a) < 0 \\ x^2 + ax - 2a^2 \leqq 0 \end{cases}$$

을 만족시키는 정수 x가 4개일 때, 이 4개의 정수의 합은?

① -4 ② -2 ③ 0 ④ 2 ⑤ 4

HINT▸▸

$(x-\alpha)(x-\beta) < 0 \Leftrightarrow \alpha < x < \beta$

$(x-\alpha)(x-\beta) > 0 \Leftrightarrow x < \alpha$ 또는 $x > \beta$

(단, $\alpha < \beta$)

3차식이고 최고차항의 계수가 양수면

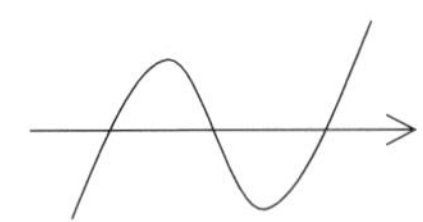 의 형태가 된다.

$x(x+a)(x-2a) < 0$

$\therefore x < -a$ 또는 $0 < x < 2a \cdots$ ㉠

$x^2 + ax - 2a^2 \leqq 0$

$(x+2a)(x-a) \leqq 0$

$\therefore -2a \leqq x \leqq a \cdots$ ㉡

㉠, ㉡의 공통범위는

$-2a \leqq x < -a$ 또는 $0 < x \leqq a$

이 범위에 속하는 정수 x가 4개이려면

두 구간의 길이 차가 a로 같으므로 두 구간에 속하는 정수는 2개씩이어야 한다.

따라서 이 구간에 속하는 정수 x는

1, 2, -4, -3이고 이들의 합은 -4이다.

정답 : ①

08.9B

007

a가 음수일 때, 다음 연립부등식을 만족시키는 정수 x의 개수는?

$$\begin{cases} \dfrac{(x-6)(x-a)}{x-1} \geq 0 \\ \dfrac{x}{(x-a)(x-10)} \leq 0 \end{cases}$$

① 1 ② 2 ③ 3 ④ 4 ⑤ 5

HINT▸▸

$\dfrac{g(x)}{f(x)} > 0 \Leftrightarrow f(x) \cdot g(x) > 0$ (단, $f(x) \neq 0$)

$\dfrac{g(x)}{f(x)} < 0 \Leftrightarrow f(x) \cdot g(x) < 0$ (단, $f(x) \neq 0$)

(i) $\dfrac{(x-6)(x-a)}{x-1} \geq 0$

$\Leftrightarrow (x-6)(x-a)(x-1) \geq 0$

(단, $x \neq 1$)

$\Leftrightarrow a \leq x < 1$ 또는 $x \geq 6$ ($\because a < 0$)

(ii) $\dfrac{x}{(x-a)(x-10)} \leq 0$

$\Leftrightarrow x(x-a)(x-10) \leq 0$

(단, $x \neq a$, $x \neq 10$)

$\Leftrightarrow x < a$ 또는 $0 \leq x < 10$ ($\because a < 0$)

(i), (ii)에서 주어진 두 부등식을 동시에 만족시키는 x의 값의 범위는

$$0 \leq x < 1 \text{ 또는 } 6 \leq x < 10$$

따라서 구하는 정수 x는 0, 6, 7, 8, 9의 5개이다.

정답 : ⑤

08.수능B

008

방정식 $\sqrt{x^2-2x+1} - \sqrt{x^2-2x} = \dfrac{1}{2}$의 모든 실근의 합은?

① 5 ② 4 ③ 3 ④ 2 ⑤ 1

HINT▸▸

$\sqrt{f(x)}$의 형태가 있을 경우 $f(x)=t$ 혹은 $\sqrt{f(x)}=t$라 놓고 풀어보자.

이 문제에서는 $x^2-2x+1=(x-1)^2$임을 이용하자.

주어진 방정식의 근호 내부는 공통적으로 x^2-2x가 등장하므로, $X=|x-1|$라고 하면

$\sqrt{X^2} - \sqrt{X^2-1} = \dfrac{1}{2} \Leftrightarrow X - \sqrt{X^2-1} = \dfrac{1}{2}$

$X - \dfrac{1}{2} = \sqrt{X^2-1} \Rightarrow X^2 - X + \dfrac{1}{4} = X^2 - 1$

$\therefore X = |x-1| = \dfrac{5}{4}$

따라서, 두 근을 α, β라 하면

$\alpha = 1 + \dfrac{5}{4}$, $\beta = 1 - \dfrac{5}{4}$ $\therefore \alpha + \beta = 2$

정답 : ④

08.9B

009

어느 회사는 A, B 두 공장에서 자동차를 생산하고 있다. 자동차 50대를 생산하는 경우에 A공장과 B공장을 동시에 가동하여 생산하면 6시간이 걸리고, B공장만 가동하여 생산할 때는 A공장만 가동할 때보다 5시간 더 걸린다고 한다. A공장만 가동하여 자동차 50대를 생산하는 데 x시간 걸린다. x의 값을 구하시오.

HINT▸▸

a를 이용해서 b를 만드는데 h시간이 걸린다. $\frac{b}{a}=h$로 표현해 보자.

A, B공장에서 1시간에 생산하는 자동차의 대수를 각각 a, b라 하자.

A공장과 B공장을 동시에 가동하여 50대를 생산하는 데 6시간이 걸리므로

$$\frac{50}{a+b}=6 \cdots ㉠$$

한편, A공장만 가동하여 50대를 생산하는데 걸리는 시간은 $\frac{50}{a}$이므로 B공장만 가동하여 50대를 생산하는데 걸리는 시간은

$$\frac{50}{b}=\frac{50}{a}+5$$

$$\therefore \frac{10}{b}=\frac{10}{a}+1 \cdots ㉡$$

㉠에서 $a+b=\frac{25}{3}$이므로

$$b=\frac{25}{3}-a=\frac{25-3a}{3}$$

를 ㉡에 대입하여 정리하면

$$\frac{30}{25-3a}-\frac{10}{a}=1$$

$$\frac{30a-10(25-3a)}{a(25-3a)}=1$$

$$60a-250=-3a^2+25a$$

$$\left(\text{단, } a\neq 0,\ a\neq\frac{25}{3}\right)$$

$$3a^2+35a-250=0$$

$$(3a+50)(a-5)=0$$

$$\therefore a=5\ (\because a>0)$$

따라서 A공장만 가동하여 자동차 50대를 생산하는 데 걸리는 시간은

$$x=\frac{50}{a}=10$$

정답 : 10

08.수능B

010

아래 그림은 좌표평면에서 중심이 원점 O이고 반지름의 길이가 1인 원과 점 $(0, -1)$을 지나는 이차함수 $y=f(x)$의 그래프를 나타낸 것이다. 방정식

$$\frac{1}{f(x)+1}-\frac{1}{f(x)-1}=\frac{2}{x^2}$$

의 서로 다른 실근 x의 개수는?

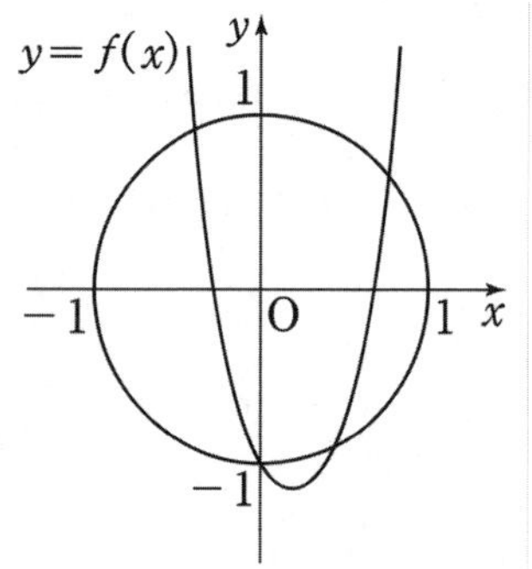

① 2　　② 3　　③ 4　　④ 5　　⑤ 6

HINT▸▸

$x^2+f(x)^2=1$의 실근은 $y=f(x)$의 그래프와 $x^2+y^2=1$의 교점과 같다.

양변에 $x^2(f(x)-1)(f(x)+1)$을 곱하면

$x^2\{(f(x)-1)-(f(x)+1)\}=2\{(f(x))^2-1\}$

$x^2(-2)=2\{f(x)^2-1\}$

$x^2=1-\{f(x)\}^2$

$\therefore x^2+\{f(x)\}^2=1$

유도한 방정식 $x^2+\{f(x)\}^2=1$의 실근은 함수 $y=f(x)$와 원 $x^2+y^2=1$의 교점의 x좌표를 의미한다. 그러한 점은 주어진 그림 상에서 총 4개 존재한다.

다만, 원 방정식에서 $f(x)$는 ± 1이 될 수 없고, x는 0이 될 수 없으므로 그러한 교점(그림 상에서 점$(-1,0)$ 하나가 있다.)을 제외하면, 원방정식의 서로 다른 실근 x의 개수는 다음과 같이 3개이다.

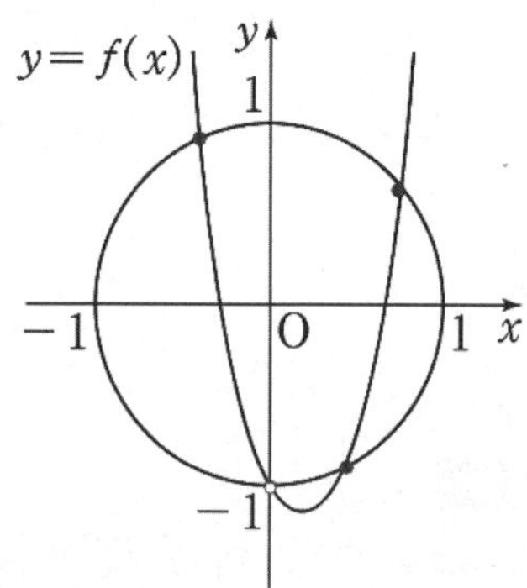

정답 : ②

09.6B

011

분수방정식

$$\frac{x^2+x+1}{x-2}-\frac{x+2}{x-1}=\frac{3}{(x-1)(x-2)}-2$$

의 모든 실근의 합은?

① -3 ② -2 ③ -1 ④ 1 ⑤ 2

HINT▸▸

분수식중 등호로 연결되어 있을 경우는 분모들의 최소공배수를 곱해주자.
분수식일 경우 무연근의 제거를 잊지 말자.

양변에 분모의 최소공배수 $(x-1)(x-2)$를 곱하여 정리하면

$(x-1)(x^2+x+1)-(x+2)(x-2)$

$=3-2(x-1)(x-2)$ (단, $x\neq 1,\ x\neq 2$)

$\therefore\ x^3-1-x^2+4=3-2x^2+6x-4$

$x^3+x^2-6x+4=0$

$(x-1)(x^2+2x-4)=0$

$x=1$ 또는 $x^2+2x-4=0$

여기서 $x=1$은 무연근이므로 모든 실근의 합은 -2이다.

정답 : ②

09.9B

012

분수방정식 $\frac{3}{x+4}-\frac{1}{x-2}\geq 1$을 만족시키는 모든 정수 x의 합은?

①-5 ②-4 ③-3 ④-2 ⑤-1

HINT▸▸

그 부호를 알수 없으므로 양변에 바로 $(x+4)(x-2)$을 곱하는 것은 안된다.
우변의 1을 이항시키고 통분해보자.
분수식에서는 무연근의 제거를 잊지 말자.

1을 이항시킨후 $(x+4)^2(x-2)^2$를 곱해서 준식을 정리하면

$$\frac{3(x-2)-(x+4)-(x+4)(x-2)}{(x+4)(x-2)}\geq 0$$

$(x+4)(x-2)(x^2+2)\leq 0,\ x\neq 2,\ -4$

$-4<x<2$

이때 정수 $x=-3,\ -2,-1,0,1$

정답 : ①

09.9B

013

구간 $[0, 4]$ 에서 정의된 연속함수 $y=f(x)$ 의 그래프가 그림과 같다.

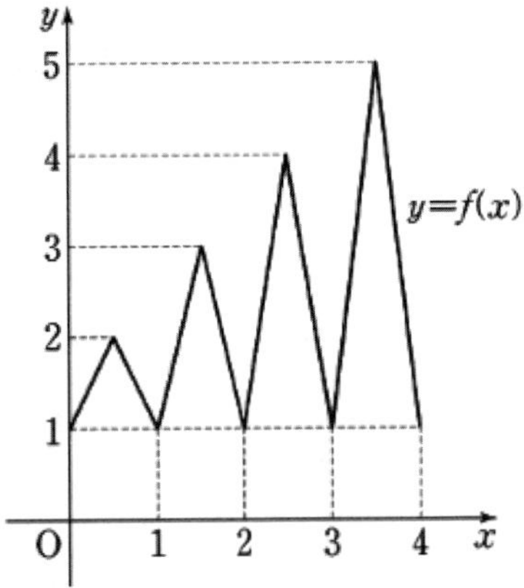

방정식 $\sqrt{f(x)-x}=2f(x)-2x-1$ 의 실근의 개수를 구하시오.

HINT▸▸

$\sqrt{f(x)}$ 의 형태가 있을 경우 $f(x)=t$ 혹은 $\sqrt{f(x)}=t$로 치환해보자.

$f(x)-x=t$로 치환하면 주어진 식은

$\sqrt{t}=2t-1$

$t=(2t-1)^2$

(단 $\sqrt{t}=2t-1$에서 $2t-1 \geqq 0$

$\therefore t \geqq \frac{1}{2}$)··············(a)

위 식을 정리하면

$(4t-1)(t-1)=0$

$\therefore t=\frac{1}{4}$ 또는 $t=1$ 이다.

위의 (a)조건을 만족하는 값은 $t=1$ 이다.

즉 $f(x)-x=1 \Rightarrow f(x)=x+1$이 되어 $y=f(x)$와 $y=x+1$의 교점이 주어진 방정식의 근을 만족한다.

그림을 그려보면 교점의 개수는 8개이다.

정답 : 8개

09.수능B

014

무리방정식 $\sqrt{x^2-7x+15}=x^2-7x+9$ 의 모든 실근의 곱을 구하시오.

HINT▸▸

$\sqrt{f(x)}$ 의 형태가 있을 경우 $f(x)=t$ 혹은 $\sqrt{f(x)}=t$로 치환해보자.

실근조건에 $\sqrt{f(x)}$ 가 있을 경우 $f(x)\geq 0$

$\sqrt{x^2-7x+15}=x^2-7x+9$에서

$\sqrt{x^2-7x+15}=t\,(t\geq 0)$로 치환하면

$t=t^2-6$

$t^2-t-6=0$, $(t-3)(t+2)=0$

$\therefore\ t=3$ 또는 $t=-2$

$\therefore\ t=3\ (\because t\geq 0)$

따라서, $\sqrt{x^2-7x+15}=3$에서 양변을 제곱하면

$x^2-7x+15=9$, $x^2-7x+6=0$

$(x-1)(x-6)=0$

$\therefore\ x=1$ 또는 $x=6$

따라서, 구하는 모든 실근의 곱은 $1\times 6=6$

정답 : 6

10.6B

015

무리방정식 $(\sqrt{x-1})^3-6\sqrt{x-1}=x-1$의 모든 실근의 합을 구하시오.

HINT▸▸

$\sqrt{f(x)}$ 의 형태가 있을 경우 $f(x)=t$ 혹은 $\sqrt{f(x)}=t$로 치환해보자.

실근조건에 $\sqrt{f(x)}$ 가 있을 경우 $f(x)\geq 0$

$\sqrt{x-1}=t\ (t\geq 0)$라 하면

$t^3-6t=t^2$

$t^3-t^2-6t=0$

$t(t-3)(t+2)=0$

$\therefore\ t=0,\ t=3\ (\because t\geq 0)$

$\sqrt{x-1}=0$에서 $x=1$

$\sqrt{x-1}=3$에서 $x=10$

따라서 구하는 모든 실근의 합은

$1+10=11$

정답 : 11

10.6B

016

x에 대한 부등식 $x(x-a)(x-1)^2<0$을 만족시키는 자연수의 개수가 4일 때, 실수 a의 최댓값은?

① 3 ② 4 ③ 5 ④ 6 ⑤ 7

HINT ▸▸

부등식에 $f(x)^2$의 꼴이 있을 때는

항상 $f(x)^2 \geqq 0$이 됨을 이용하자.

$x(x-a)(x-1)^2<0$ 에서

$(x-1)^2 \geqq 0$ 이므로

$x(x-a)<0$, $x \neq 1 \cdots ㉠$

따라서 ㉠을 만족하는 자연수의 개수가 4개이므로 다음과 같아야 한다.

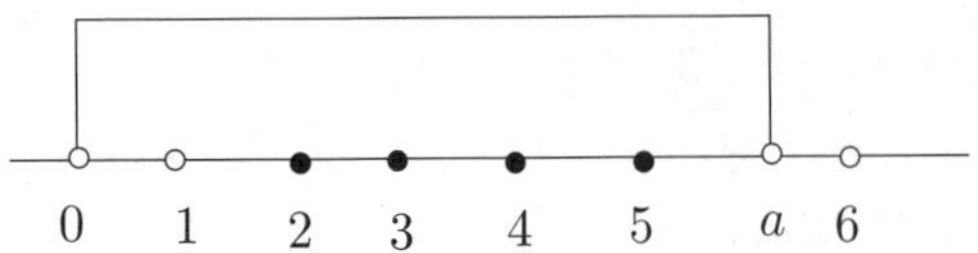

$\therefore\ 5<a \leqq 6$

따라서 실수 a의 최댓값은 6이다.

정답 : ④

10.9B

017

분수부등식 $x-4 \leqq \dfrac{20}{x-3}$을 만족시키는 자연수 x의 개수를 구하시오.

HINT ▸▸

분수식에서는 무연근의 제거를 잊지 말자.

$\dfrac{g(x)}{f(x)}<0 \Leftrightarrow f(x) \cdot g(x)<0$ (단, $f(x) \neq 0$)

$f(x)$가 최고차항의 계수가 양수인 3차식이라면

그래프의 개형은 이 된다.

$x-4-\dfrac{20}{x-3} \leqq 0$ 을 통분하면

$\dfrac{(x-4)(x-3)-20}{x-3} \leqq 0$, $\dfrac{x^2-7x-8}{x-3} \leqq 0$

양변에 $(x-3)^2$을 곱하면

$(x+1)(x-8)(x-3) \leqq 0$, $x \neq 3$

이때, $x=3$은 무연근이므로 $3<x \leqq 8$

따라서 주어진 분수부등식을 만족시키는 자연수 x는 4, 5, …, 8의 5개다.

정답 : 5

10.6B

018

이차함수 $y=f(x)$의 그래프가 그림과 같다.

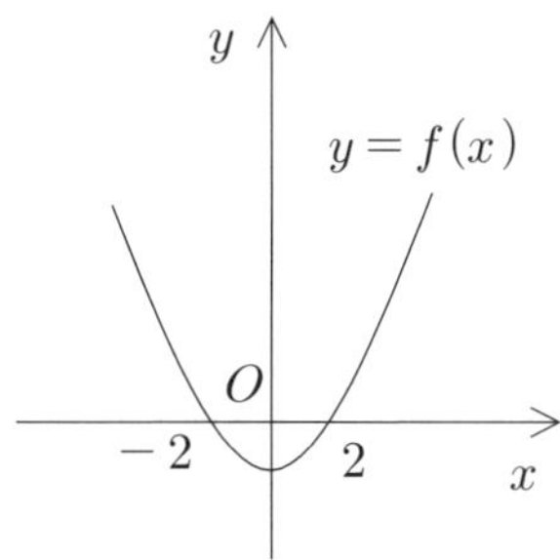

두 집합

$A=\left\{x \middle| \frac{f(x+1)}{f(x-1)} \le 1\right\}$,

$B=\{x|-5<x<5\}$

에 대하여 집합 $A\cap B$에 속하는 정수의 개수는?(단, $f(2)=f(-2)=0$)

① 4 ② 5 ③ 6 ④ 7 ⑤ 8

HINT▸▸

분수식에서는 무연근의 제거를 잊지 말자.

$\frac{g(x)}{f(x)}<0 \Leftrightarrow f(x)\cdot g(x)<0$ (단, $f(x)\ne 0$)

$f(x)$가 최고차항의 계수가 양수인 3차식이라면

그래프의 개형은 (그래프) 이 된다.

$f(x)$의 이차항의 계수를 $a(a>0)$라고 하면

$f(x)=a(x-2)(x+2)$

$$\begin{aligned}\frac{f(x+1)}{f(x-1)}\le 1 &\Leftrightarrow \frac{a(x-1)(x+3)}{a(x-3)(x+1)}\le 1\\ &\Leftrightarrow \frac{(x-1)(x+3)}{(x-3)(x+1)}\le 1\\ &\Leftrightarrow \frac{(x-1)(x+3)}{(x-3)(x+1)}-1\le 0\\ &\Leftrightarrow \frac{4x}{(x-3)(x+1)}\le 0\end{aligned}$$

따라서

$x(x+1)(x-3)\le 0$, $x\ne -1, x\ne 3$ 이므로

$A=\{x|x<-1$ 또는 $0\le x<3\}$

$\therefore A\cap B$

$=\{x|-5<x<-1$ 또는 $0\le x<3\}$

따라서 집합 $A\cap B$의 원소 중에서 정수인 것은 -4, -3, -2, 0, 1, 2의 6개이다.

정답 : ③

10.6B

019

분수방정식 $\frac{x}{x-1}+\frac{x-2}{x+1}=\frac{ax+5}{x^2-1}$가 오직 하나의 실근을 갖도록 하는 모든 상수 a의 값의 곱은?

① 3　② -4　③ 5　④ 6　⑤ 7

HINT▸▸

분수식이 등호로 연결되어 있을 때는 분모의 최소공배수를 양변에 곱해준다.
분수식에서는 무연근의 제거를 잊지 말자.

$$\frac{x}{x-1}+\frac{x-2}{x+1}=\frac{ax+5}{x^2-1}$$

의 양변에 x^2-1을 곱하면

$x(x+1)+(x-2)(x-1)=ax+5$

$2x^2-(2+a)x-3=0$ ⋯ ㉠

의 판별식 D가

$D=(2+a)^2-4\cdot2\cdot(-3)$

$=a^2+4a+8$

$=(a+2)^2+4>0$

이므로 서로 다른 두 실근을 갖는다.

그런데 이 방정식이 오직 하나의 실근을 가지므로 ㉠은 무연근 $x=1$ 또는 $x=-1$을 근을 가져야 한다.

(i) $x=1$일 때, $2-(2+a)-3=0$

$\therefore a=-3$

(ii) $x=-1$일 때, $2+(2+a)-3=0$

$\therefore a=-1$

따라서 (i), (ii)에서 구하는 모든 상수 a의 값의 곱은

$(-3)\times(-1)=3$

정답 : ①

10.9B

020

꼭짓점의 좌표가 $(0,\ -5)$인
이차함수 $y=f(x)$의 그래프가 그림과 같다.

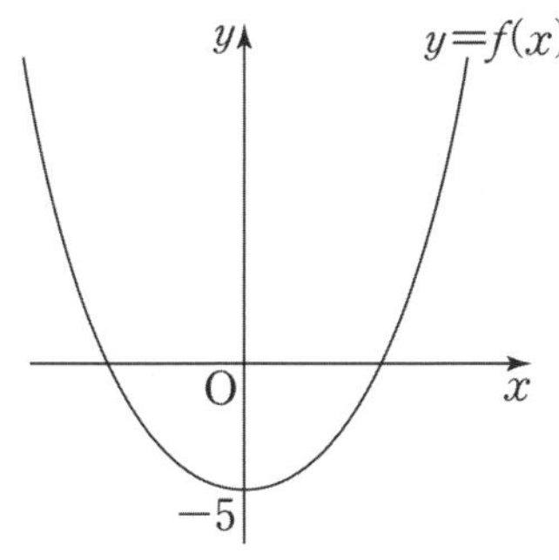

방정식 $|f(x)|-2=\sqrt{4-f(x)}$의 서로 다른 실근의 개수는?

① 1　　② 2　　③ 3　　④ 4　　⑤ 5

HINT▸▸

실근조건과 $\sqrt{f(x)}$의 꼴이 있을 때에는 $f(x)\geq 0$, $\sqrt{f(x)}\geq 0$임을 잊지 말자.

주어진 식의 양변을 제곱하면

$\{f(x)\}^2-4|f(x)|+4=4-f(x)$

(i) $f(x)\geq 0$일 때,

$\{f(x)\}^2-3f(x)=0$

$\therefore f(x)=0$ 또는 $f(x)=3$

이때, $f(x)=0$은 무연근이므로

$(\because \sqrt{4-f(x)}=|f(x)|-2\geq 0)$

$f(x)=3$

오른쪽 그림에서 주어진 방정식은 서로 다른 두 실근을 갖는다.

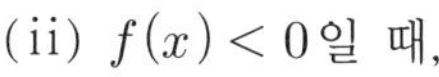

(ii) $f(x)<0$일 때,

$\{f(x)\}^2+5f(x)=0$

$\therefore\ f(x)=-5$

오른쪽 그림에서 주어진 방정식은 오직 하나의 실근을 갖는다.

따라서 실근의 개수는 $2+1=3$이다.

정답 : ③

10.수능B

021

무리방정식 $\sqrt{4x^2-5x+7}-4x^2+5x=1$ 의 모든 실근의 곱은?

① $-\frac{1}{2}$ ② $-\frac{3}{2}$ ③ $-\frac{5}{2}$

④ $-\frac{7}{2}$ ⑤ $-\frac{9}{2}$

HINT▸▸

이차방정식 $ax^2+bx+c=0$에서 두 근을 α, β라 하면 $\alpha+\beta=-\frac{b}{a}$, $\alpha\beta=\frac{c}{a}$

$\sqrt{f(x)}$의 형태가 있을 경우 $f(x)=t$ 혹은 $\sqrt{f(x)}=t$로 치환해보자.

실근조건에 $\sqrt{f(x)}$가 있을 경우 $f(x)>0$

$ax^2+bx+c=0$에서 두근을 α, β라 하면 $\alpha+\beta=-\frac{b}{a}$, $\alpha\beta=\frac{c}{a}$

$\sqrt{4x^2-5x+7}=X$로 놓으면

$4x^2-5x+7=X^2$

$4x^2-5x=X^2-7$

따라서, 주어진 방정식을 정리하면

$X-(X^2-7)=1$

$X^2-X-6=(X-3)(X+2)=0$

$\therefore\ X=3(\because\ X\geq 0)$

즉, $\sqrt{4x^2-5x+7}=3$에서

$4x^2-5x+7=9$

$4x^2-5x-2=0$

이므로 근과 계수의 관계에 의해 구하는 모든 실근의 곱은

$\frac{-2}{4}=-\frac{1}{2}$

정답 : ①

10.수능B

022

x에 대한 분수부등식

$1+\frac{k}{x-k} \leqq \frac{1}{x-1}$

을 만족시키는 정수 x의 개수가 3이 되도록 하는 자연수 k의 값을 구하시오.

HINT▸▸

분수식에서는 무연근의 제거를 잊지 말자.

$\frac{g(x)}{f(x)}<0 \Leftrightarrow f(x)\cdot g(x)<0$ (단, $f(x)\neq 0$)

$1+\frac{k}{x-k} \leqq \frac{1}{x-1}$에서

$\frac{x}{x-k} \leqq \frac{1}{x-1}$ ㉠

㉠의 양변에 $(x-1)^2(x-k)^2$을 곱하면

$x(x-k)(x-1)^2 \leqq (x-1)(x-k)^2$

$(x-1)(x-k)\{x(x-1)-(x-k)\} \leqq 0$

$(x-1)(x-k)(x^2-2x+k) \leqq 0$ ㉡

이때, 이차방정식 $x^2-2x+k=0$(⋯ ㉢)의 판별식을 D라 하면 $\frac{D}{4}=1-k$이다. $k=1$이면 조건에 위배되어 k는 1이 아닌 자연수이므로 $k>1$이 되어 ㉢의 판별식 $D<0$이고 ㉢은 허근을 가진다.

즉, $x^2-2x+k>0$이므로

따라서, ㉡의 해는 $1<x<k$

이때, 주어진 분수부등식을 만족하는 정수 x가 3개이어야 하므로 자연수 k는 5이다.

정답 : 5

11.6B

023

부등식 $(2x+1)^4-7(2x+1)^3 \leqq 0$ 을 만족시키는 정수 x의 개수는?

① 1 ② 2 ③ 3 ④ 4 ⑤ 5

HINT▸▸

인수분해가 가능할 경우 그림으로 이해하자.

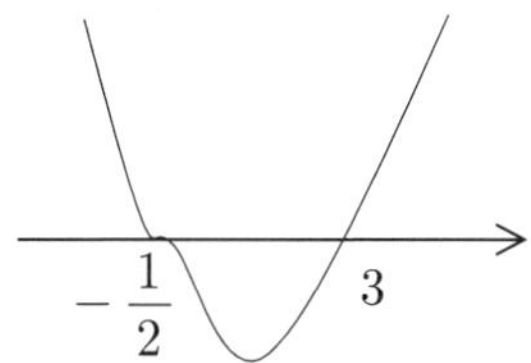

사차식에서 최고차항의 계수가 0보다 크면 그 형태는 (W 모양)이 된다.

$(2x+1)^4-7(2x+1)^3 \leqq 0$

$\Leftrightarrow (2x+1)^3(2x-6) \leqq 0$

$\Leftrightarrow (2x+1)^3(x-3) \leqq 0$

$\Leftrightarrow (2x+1)(x-3) \leqq 0$

$\therefore -\frac{1}{2} \leqq x \leqq 3$

따라서, 정수 x의 값은 0, 1, 2, 3의 4개다.

정답 : ④

11.9B

024

분수부등식 $\dfrac{1}{x}+\dfrac{1}{x-8}\leq 0$

을 만족시키는 모든 자연수 x의 합을 구하시오.

HINT▸▸

분수식에서는 무연근의 제거를 잊지 말자.

$\dfrac{g(x)}{f(x)}<0 \Leftrightarrow f(x)\cdot g(x)<0$ (단, $f(x)\neq 0$)

3차식에서 최고차항의 계수>0이면 그 형태는

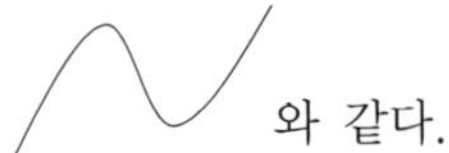 와 같다.

$\dfrac{1}{x}+\dfrac{1}{x-8}\leq 0 \Leftrightarrow \dfrac{2x-8}{x(x-8)}\leq 0$

$\Leftrightarrow x(x-4)(x-8)\leq 0,\ x\neq 0,\ x\neq 8$

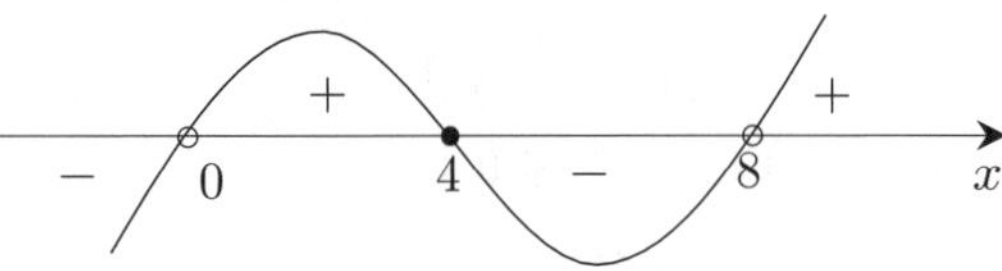

따라서, 주어진 부등식의 해는

$x<0$ 또는 $4\leq x<8$

이므로 자연수 x는 4, 5, 6, 7 이고,

구하는 합은 $4+5+6+7=22$ 이다.

정답 : 22

11.수능B

025

이차함수 $y=f(x)$와 삼차함수 $y=g(x)$의 그래프가 그림과 같다.

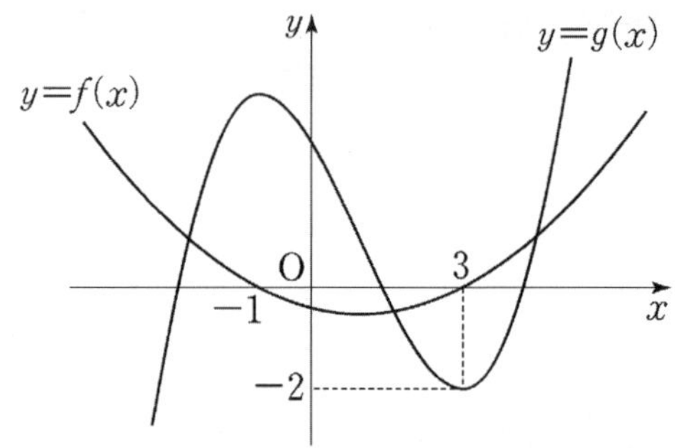

$f(-1)=f(3)=0$ 이고,

함수 $g(x)$가 $x=3$에서 극솟값 -2를 가질 때, 방정식 $\dfrac{g(x)+2}{f(x)}-\dfrac{2}{g(x)}=1$ 의 서로 다른 실근의 개수는?

① 1 ② 2 ③ 3 ④ 4 ⑤ 5

HINT ▸▸

분수방정식의 경우 분모의 최소공배수를 곱해주되 무연근제거를 잊지 말자.

방정식 $\dfrac{g(x)+2}{f(x)}-\dfrac{2}{g(x)}=1$의 양변에 $f(x)g(x)$를 곱하면

$g(x)\{g(x)+2\}-2f(x)=f(x)g(x)$

$g(x)\{g(x)+2\}-f(x)\{g(x)+2\}=0$

$\{g(x)+2\}\{g(x)-f(x)\}=0$

$\therefore\ g(x)=-2$ 또는 $g(x)=f(x)$
(단, $f(x)\neq 0$, $g(x)\neq 0$)

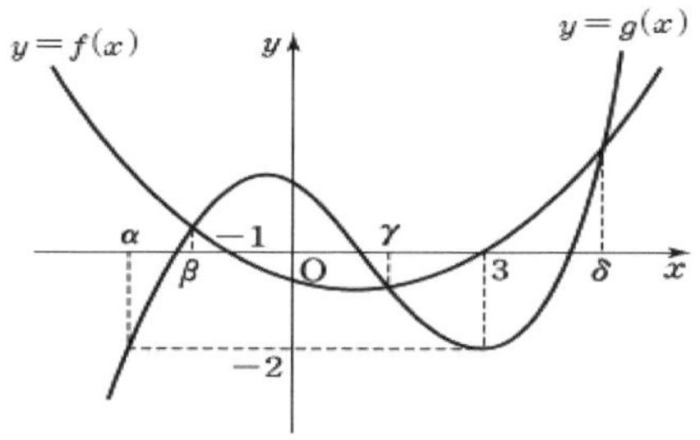

(ⅰ) $g(x)=-2$일 때, $x=\alpha$ 또는 $x=3$
그러나 $f(3)=0$이므로 $x=\alpha$

(ⅱ) $f(x)=g(x)$일 때, $x=\beta$ 또는 $x=\gamma$ 또는 $x=\delta$

따라서 (ⅰ), (ⅱ)에서 주어진 방정식의 서로 다른 실근의 개수는 4이다.

다른 풀이 ▸▸

$f(-1)=f(3)=0$에서

$f(x)=p(x+1)(x-3)\ (p>0)$

$\dfrac{g(x)+2}{f(x)}=\dfrac{g(x)+2}{g(x)}$

$(g(x)+2)\left\{\dfrac{1}{f(x)}-\dfrac{1}{g(x)}\right\}=0$

$\Leftrightarrow \{g(x)=-2$ 또는 $f(x)=g(x)\}$
그리고 $\{f(x)g(x)\neq 0\}$

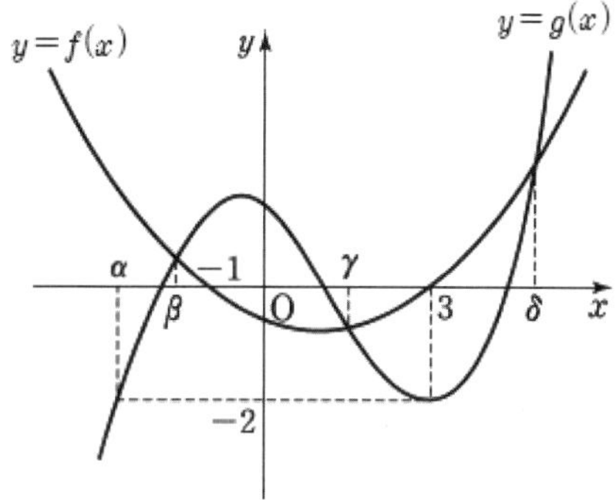

서로 다른 실근의 개수는 $g(x)=-2$인 것 : $x=3$, $x=\alpha$의 2개

$f(x)=g(x)$인 것: $x=\beta$, $x=\gamma$, $x=\delta$의 3개

이 중 $f(x)g(x)=0$인 것 : $x=3$

$\therefore\ 2+3-1=4$(개)

정답 : ④

11.9B

026

대칭축이 $x=-2$인 이차함수 $y=f(x)$의 그래프가 그림과 같다.

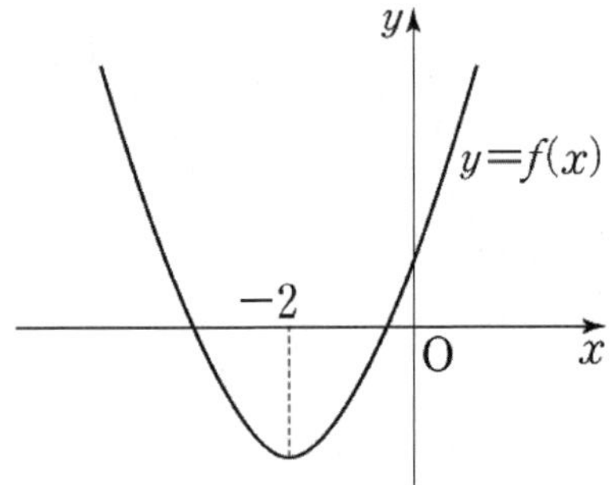

방정식 $\sqrt{f(-x)+5}=f(-x)-1$의 모든 실근의 합은?

① -4　② -2　③ 0　④ 2　⑤ 4

HINT▸▸

$\sqrt{f(x)}$의 형태가 있을 경우 $f(x)=t$ 혹은 $\sqrt{f(x)}=t$로 치환해보자.

분수식에서는 무연근의 제거를 잊지 말자.

$\dfrac{g(x)}{f(x)}<0 \Leftrightarrow f(x)\cdot g(x)<0$ (단, $f(x)\neq 0$)

$f(-x)=t$라고 하면

$\sqrt{t+5}=t-1$ (단, $t\geq 1$)

양변을 제곱하면

$t+5=t^2-2t+1$, $t^2-3t-4=0$

$(t-4)(t+1)=0$

$\therefore$ $t=-1$ 또는 $t=4$

이때, $t=-1$은 무연근이므로

$t=f(-x)=4$···㉠

이때 $f(-x)$는 $f(x)$의 y축 대칭함수

따라서 $y=f(-x)$의 그래프와 직선 $y=4$의 교점의 x좌표를 각각 α, β라고 하면 그림과 같다.

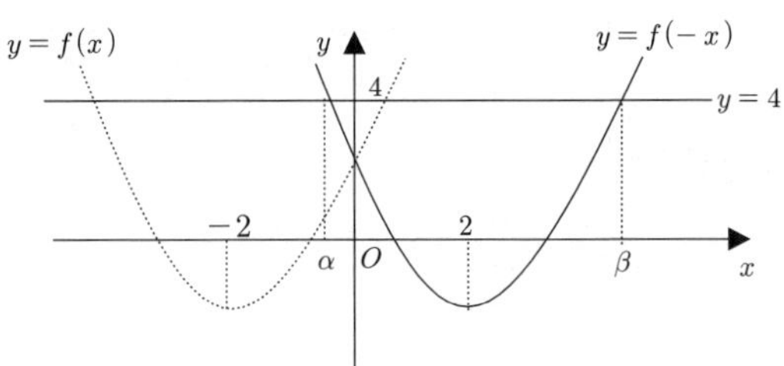

즉, ㉠을 만족하는 x의 값의 합은 $f(-x)$의 축이 $x=2$이므로 두근 α, β의 평균이 2가 되어

$\dfrac{\alpha+\beta}{2}=2$ $\therefore$ $\alpha+\beta=4$

정답 : ⑤

11.수능B

027

두 집합

$A=\left\{x \,\middle|\, \dfrac{(x-2)^2}{x-4} \leqq 0\right\}$,

$B=\{x \mid x^2-8x+a \leqq 0\}$

에 대하여 $A \cup B=\{x \mid x \leqq 5\}$ 일 때, 상수 a 의 값은?

① 7 ② 10 ③ 12 ④ 15 ⑤ 16

HINT▸▸

분수식에서는 무연근의 제거를 잊지 말자.

$\dfrac{g(x)}{f(x)}<0 \Leftrightarrow f(x) \cdot g(x)<0$ (단, $f(x) \neq 0$)

3차 함수 $f(x)$의 최고차항의 계수가 양수이면

그래프의 개형은 이 된다.

집합 A에서 $\dfrac{(x-2)^2}{x-4} \leqq 0$

$\Leftrightarrow (x-2)^2(x-4) \leqq 0$ 이고 $x \neq 4$

$\Leftrightarrow x=2$ 또는 $x-4 \leqq 0$ 이고 $x \neq 4$

$\Leftrightarrow x<4$

$\therefore A=\{x \mid x<4\}$

이 때 $A \cup B=\{x \mid x \leq 5\}$이므로

B에서 방정식 $x^2-8x+a=0$이 $x=5$를 근으로 가져야 한다.

즉, $x=5$를 $x^2-8x+a=0$에 대입하면

$25-8 \cdot 5+a=0$

$\therefore a=15$

$x^2-8x+15=(x-5)(x-3) \leqq 0$

$3 \leqq x \leqq 5$

$A \cup B=\{x | x \leqq 5\}$

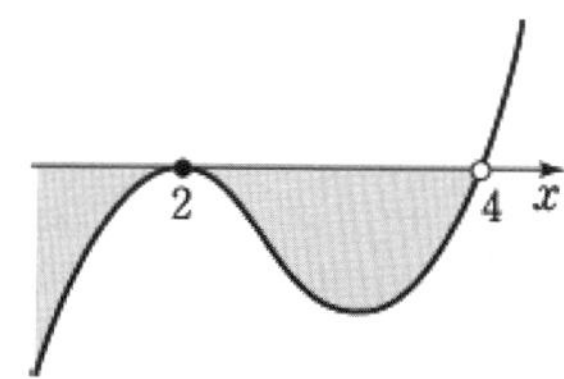

정답 : ④

07.6B

028

두 함수

$$f(x)=\frac{1}{x+2},\ g(x)=\sqrt{3}\sin x-\cos x$$

에 대하여 폐구간 $[0, \pi]$에서
함수 $y=(f\circ g)(x)$의 최댓값은?

① $\frac{1}{2}$ ② 1 ③ $\frac{3}{2}$ ④ 2 ⑤ $\frac{5}{2}$

HINT▸▸

$\sin x\cos y-\cos x\sin y=\sin(x-y)$

$\sqrt{3}\sin x-\cos x=2\left(\frac{\sqrt{3}}{2}\sin x-\frac{1}{2}\cos x\right)$

$=2\left(\cos\frac{\pi}{6}\sin x-\sin\frac{\pi}{6}\cos x\right)$

$=2\sin\left(x-\frac{\pi}{6}\right)$

$g(x)=2\sin\left(x-\frac{\pi}{6}\right)$ 이므로 폐구간 $[0, \pi]$에서

최솟값은 $g(0)=2\sin\left(-\frac{\pi}{6}\right)=-1$

최댓값은 $g\left(\frac{2}{3}\pi\right)=2\sin\frac{\pi}{2}=2$

$\therefore\ -1\leq g(x)\leq 2$
따라서,

$y=(f\circ g)(x)=f(g(x))=\frac{1}{g(x)+2}$

이므로 최댓값 M은 $g(x)=-1$ 일 때

$M=\frac{1}{-1+2}=1$

정답 : ②

07.9B

029

두 실수 x, y에 대하여

$$\sin x+\sin y=1,\ \cos x+\cos y=\frac{1}{2}$$

일 때, $\cos(x-y)$의 값은?

① $\frac{5}{8}$ ② $\frac{3}{8}$ ③ $\frac{1}{8}$
④ $-\frac{3}{8}$ ⑤ $-\frac{5}{8}$

HINT▸▸

$\cos x\cos y+\sin x\sin y=\cos(x-y)$
$\sin^2\theta+\cos^2\theta=1$

$(\sin x+\sin y)^2$
$=\sin^2 x+\sin^2 y+2\sin x\sin y=1$
$(\cos x+\cos y)^2=\cos^2 x+\cos^2 y+2\cos x\cos y$
$=\frac{1}{4}$
위 두 등식의 변끼리 더하면

$1+1+2(\sin x\sin y+\cos x\cos y)=1+\frac{1}{4}$

$\therefore\ \sin x\sin y+\cos x\cos y=-\frac{3}{8}$

$\therefore\ \cos(x-y)=\cos x\cos y+\sin x\sin y$

$=-\frac{3}{8}$

정답 : ④

07.수능B

030

$\sin\alpha = \frac{3}{4}$ 일 때, $\cos 2\alpha$ 의 값은?

① $-\frac{1}{32}$ ② $-\frac{1}{16}$ ③ $-\frac{1}{8}$

④ $-\frac{1}{4}$ ⑤ $-\frac{1}{2}$

HINT▸▸

$\cos 2\alpha = \cos^2\alpha - \sin^2\alpha$

$= 2\cos^2\alpha - 1$

$= 1 - 2\sin^2\alpha$

$$\cos 2\alpha = 1 - 2\sin^2\alpha = 1 - 2\times\left(\frac{3}{4}\right)^2$$

$$= 1 - \frac{9}{8} = -\frac{1}{8}$$

정답 : ③

08.6B

031

폐구간 $[0,\ 2\pi]$ 에서 삼각방정식

$$\sin\left(2x - \frac{\pi}{2}\right) = 2\cos^2 x$$

의 모든 해의 합은?

① 2π ② 3π ③ 4π ④ 5π ⑤ 6π

HINT▸▸

$\sin(90^\circ - A) = \cos A$

$\cos 2\alpha = \cos^2\alpha - \sin^2\alpha$

$= 2\cos^2\alpha - 1$

$= 1 - 2\sin^2\alpha$

$\sin\left(2x - \frac{\pi}{2}\right) = -\sin\left(\frac{\pi}{2} - 2x\right) = -\cos 2x$

이므로 $-\cos 2x = 2\cos^2 x$ 에서

$-(2\cos^2 x - 1) = 2\cos^2 x$

$4\cos^2 x = 1$, $\cos x = \pm\frac{1}{2}$

(i) $\cos x = \frac{1}{2}$ 에서 $x = \frac{\pi}{3}$ 또는 $x = \frac{5}{3}\pi$

(ii) $\cos x = -\frac{1}{2}$ 에서 $x = \frac{2}{3}\pi$ 또는 $x = \frac{4}{3}\pi$

따라서, 구하는 모든 해의 합은

$\frac{\pi}{3} + \frac{5}{3}\pi + \frac{2}{3}\pi + \frac{4}{3}\pi = 4\pi$

[참고]

$\cos x$ 의 그래프는 $x = \pi$ 를 중심으로 좌우대칭이므로 바로 4π 가 나올 수 있다.

정답 : ③

08.9B

032

$\sin^2\frac{\theta}{2}=\frac{1}{3}$ 일 때, $\tan 2\theta$ 의 값은?

(단, $0<\theta<\frac{\pi}{2}$)

① $-\frac{4\sqrt{2}}{7}$ ② $-\frac{3\sqrt{2}}{7}$ ③ $-\frac{2\sqrt{2}}{7}$

④ $-\frac{\sqrt{2}}{7}$ ⑤ $-\frac{1}{7}$

HINT▸▸

$\sin^2\frac{\theta}{2}=\frac{1-\cos\theta}{2}$

$\tan 2\theta=\frac{2\tan\theta}{1-\tan^2\theta}$

$\sin^2\theta+\cos^2\theta=1$

$\sin^2\frac{\theta}{2}=\frac{1}{3}$ 이므로 $\frac{1-\cos\theta}{2}=\frac{1}{3}$

$\therefore\ \cos\theta=\frac{1}{3}$

$0<\theta<\frac{\pi}{2}$ 이므로

$\sin\theta=\sqrt{1-\cos^2\theta}=\frac{2\sqrt{2}}{3}$

따라서 $\tan\theta=\frac{\sin\theta}{\cos\theta}=\frac{\frac{2\sqrt{2}}{3}}{\frac{1}{3}}=2\sqrt{2}$ 이므로

$\tan 2\theta=\frac{2\tan\theta}{1-\tan^2\theta}=\frac{2\cdot 2\sqrt{2}}{1-8}=-\frac{4\sqrt{2}}{7}$

정답 : ①

08.수능B

033

$0\leq x<2\pi$ 일 때, 방정식

$\sin 2x=2\cos x-2\cos^2 x$ 를 만족시키는 서로 다른 모든 x 의 값의 합은?

① π ② $\frac{5}{4}\pi$ ③ $\frac{3}{2}\pi$

④ $\frac{7}{4}\pi$ ⑤ 2π

HINT▸▸

$\sin 2\theta=2\sin\theta\cos\theta$

$\sin x\cos y+\cos x\sin y=\sin(x+y)$

$\sin 2x=2\sin x\cos x$를 방정식에 대입한 뒤 정리하면 $\cos x(\sin x+\cos x-1)=0$

$\therefore\ \cos x=0$ 또는 $\sin x+\cos x=1$

$\cos x=0$을 만족하는 근은 $x=\frac{\pi}{2},\frac{3\pi}{2}$ 이고,

$\sin x+\cos x=\sqrt{2}\sin\left(x+\frac{\pi}{4}\right)=1$을 만족하는 근은 $x=0,\frac{\pi}{2}$ 이므로, 주어진 방정식을 만족시키는 서로 다른 모든 x의 값의 합은

$0+\frac{\pi}{2}+\frac{3\pi}{2}=2\pi$

정답 : ⑤

09.6B

034

$\dfrac{\sin 50° + \sin 10°}{\cos 50° + \cos 10°}$ 의 값은?

① $\sqrt{3}$ ② $\sqrt{2}$ ③ $\dfrac{\sqrt{3}}{2}$

④ $\dfrac{\sqrt{2}}{2}$ ⑤ $\dfrac{\sqrt{3}}{3}$

HINT▸▸

$\sin A + \sin B = 2\sin\dfrac{A+B}{2}\cos\dfrac{A-B}{2}$

$\cos A + \cos B = 2\cos\dfrac{A+B}{2}\cos\dfrac{A-B}{2}$

$\tan\theta = \dfrac{\sin\theta}{\cos\theta}$

$$\frac{\sin 50° + \sin 10°}{\cos 50° + \cos 10°} = \frac{2\sin\dfrac{50° + 10°}{2}\cos\dfrac{50° - 10°}{2}}{2\cos\dfrac{50° + 10°}{2}\cos\dfrac{50° - 10°}{2}} = \frac{2\sin 30° \cos 20°}{2\cos 30° \cos 20°} = \tan 30° = \frac{\sqrt{3}}{3}$$

정답 : ⑤

09.9B

035

$\sqrt{3}\sin\theta + \cos\theta = \dfrac{1}{2}$ 일 때,

$\cos\left(\theta + \dfrac{\pi}{6}\right)$의 값은? (단, $0 < \theta < \pi$)

① $-\dfrac{\sqrt{5}}{8}$ ② $-\dfrac{\sqrt{15}}{8}$ ③ $-\dfrac{1}{2}$

④ $-\dfrac{\sqrt{5}}{4}$ ⑤ $-\dfrac{\sqrt{15}}{4}$

HINT▸▸

$\sin x\cos y + \cos x\sin y = \sin(x+y)$

$\sin^2\theta + \cos^2\theta = 1 \Leftrightarrow \cos^2\theta = 1 - \sin^2\theta$

$$\sqrt{3}\sin\theta + \cos\theta = 2\left(\frac{\sqrt{3}}{2}\sin\theta + \frac{1}{2}\cos\theta\right)$$

$$= 2\left(\cos\frac{\pi}{6}\sin\theta + \sin\frac{\pi}{6}\cos\theta\right) = 2\sin\left(\theta + \frac{\pi}{6}\right)$$

$$\sqrt{3}\sin\theta + \cos\theta = 2\sin\left(\theta + \frac{\pi}{6}\right) = \frac{1}{2}$$

$$\therefore \sin\left(\theta + \frac{\pi}{6}\right) = \frac{1}{4}$$

$\dfrac{\pi}{6} < \theta + \dfrac{\pi}{6} < \dfrac{7}{6}\pi$ 이므로,

$$\cos\left(\theta + \frac{\pi}{6}\right) = \pm\sqrt{1 - \sin^2\left(\theta + \frac{\pi}{6}\right)} = \pm\frac{\sqrt{15}}{4}$$

그런데 $\sin\dfrac{\pi}{6} = \dfrac{1}{2} > \dfrac{1}{4}$ 이므로

$\dfrac{\pi}{2} < \theta + \dfrac{\pi}{6} < \dfrac{7}{6}\pi$이 되어

$$\cos\left(\theta + \frac{\pi}{6}\right) = -\frac{\sqrt{15}}{4}$$

정답 : ⑤

09.6B

036

좌표평면에서 두 점 P, Q가 점 $(1,\ 0)$을 동시에 출발하여 원 $x^2+y^2=1$ 위를 시계 반대 방향으로 돌고 있으며,
점 P가 $2t\ (0 \leq t \leq \pi)$만큼 움직일 때 점 Q는 t만큼 움직인다.
점 P에서 y축 까지의 거리와 점 Q에서 x축 까지의 거리가 같아지는
모든 t의 값의 합은?

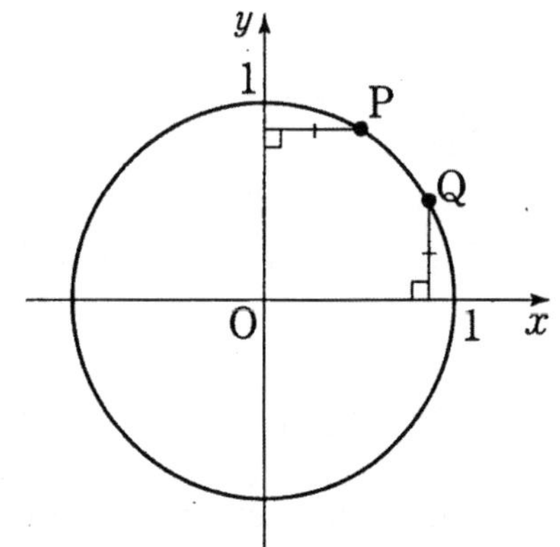

① $\dfrac{\pi}{4}$　② $\dfrac{\pi}{2}$　③ π
④ $\dfrac{5}{4}\pi$　⑤ $\dfrac{3}{2}\pi$

HINT▸▸

$\cos 2\theta = \cos^2\theta - \sin^2\theta$
$= 2\cos^2\theta - 1$
$= 1 - 2\sin^2\theta$

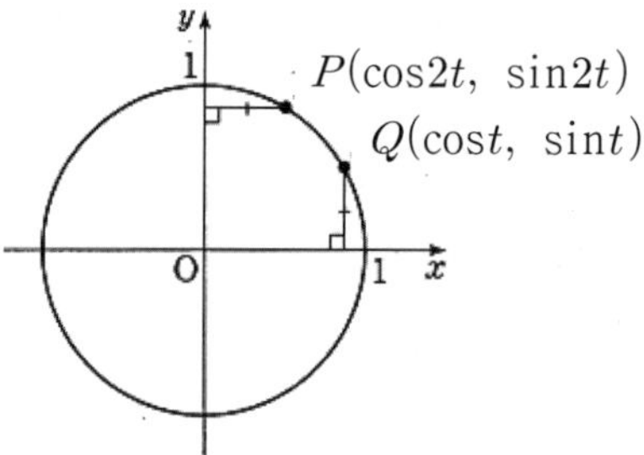

두 점을 $P(\cos 2t, \sin 2t)$, $Q(\cos t, \sin t)$ 라 하면
$|\cos 2t| = \sin t$ ⇨ $\cos 2t = \pm \sin t$

i) $\cos 2t = \sin t$ 에서
$2\sin^2 t + \sin t - 1 = 0$
$(\because \cos 2t = 1 - 2\sin^2 t)$
$(2\sin t - 1)(\sin t + 1) = 0$
$\therefore\ \sin t = \dfrac{1}{2}\ (0 \leq t \leq \pi)$
$\therefore\ t = \dfrac{\pi}{6},\ \dfrac{5}{6}\pi$

ii) $\cos 2t = -\sin t$ 에서
$2\sin^2 t - \sin t - 1 = 0 (\because \cos 2t = 1 - \sin^2 t)$
$(2\sin t + 1)(\sin t - 1) = 0$
$\therefore\ \sin t = 1\ (0 \leq t \leq \pi)$
$\therefore\ t = \dfrac{\pi}{2}$

따라서 t 의 값의 합은
$\dfrac{\pi}{6} + \dfrac{5}{6}\pi + \dfrac{\pi}{2} = \dfrac{3}{2}\pi$

정답 : ⑤

09.수능B

037

$\tan\theta = -\sqrt{2}$ 일 때, $\sin\theta\tan2\theta$의 값은?

(단, $\frac{\pi}{2} < \theta < \pi$)

① $\frac{2\sqrt{3}}{3}$ ② $\sqrt{3}$ ③ $\frac{4\sqrt{3}}{3}$

④ $\frac{5\sqrt{3}}{3}$ ⑤ $2\sqrt{3}$

HINT▸▸

$\tan2\theta = \frac{2\tan\theta}{1-\tan^2\theta}$

$\tan\theta = -\sqrt{2}$ 이고 제 2사분면이므로

삼각함수값이 주어졌을때 $0 < \theta < \frac{\pi}{2}$로 가정하고 그림을 이용하여 나머지 값을 구하면 편리하다. 단, 부호 등은 따로 꼼꼼이 따져보자.

$ex)\ \tan\theta = -\sqrt{2}\left(\frac{\pi}{2} < \theta < \pi\right)$

아래그림 참조해서

$\Rightarrow\ \sin\theta = \frac{\sqrt{2}}{\sqrt{3}} = \frac{\sqrt{6}}{3}$

($\because$ 2사분면에서 $\sin\theta > 0$)

$\cos\theta = -\frac{1}{\sqrt{3}} = -\frac{\sqrt{3}}{3}$

($\because$ 2사분면에서 $\cos\theta < 0$)

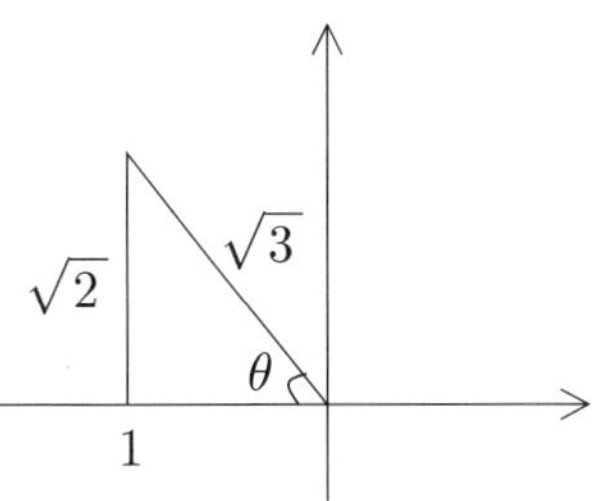

$\therefore \sin\theta = \frac{2}{\sqrt{3}} = \frac{\sqrt{6}}{3}\left(\because \frac{\pi}{2} < \theta < \pi\right)$

$\therefore\ \sin\theta\tan2\theta = \sin\theta\cdot\frac{2\tan\theta}{1-\tan^2\theta}$

$= \frac{\sqrt{6}}{3}\cdot\frac{2(-\sqrt{2})}{1-(-\sqrt{2})^2} = \frac{4\sqrt{3}}{3}$

정답 : ③

10.6B

038

삼각방정식

$2\sin x - 4\sin x \cos^2 x - \cos 2x + 1 = 0$

을 만족시키는 모든 근의 합은?

(단, $0 \leqq x < 2\pi$)

① $\frac{5}{2}\pi$ ② $\frac{11}{4}\pi$ ③ 3π

④ $\frac{13}{4}\pi$ ⑤ $\frac{7}{2}\pi$

HINT▸▸

$\cos 2\theta = \cos^2\theta - \sin^2\theta$

$= 2\cos^2\theta - 1$

$= 1 - 2\sin^2\theta$

$\sin^2\theta + \cos^2\theta = 1$

$2\sin x - 4\sin x(1 - \sin^2 x) - (1 - 2\sin^2 x) + 1$

$= 4\sin^3 x + 2\sin^2 - 2\sin x$

$= 2\sin x(\sin x + 1)(2\sin x - 1) = 0$

$\therefore$ $\sin x = 0$ 또는 $\sin x = -1$ 또는

$\sin x = \frac{1}{2}$

$\therefore$ $x = 0,\ \pi,\ \frac{3}{2}\pi,\ \frac{\pi}{6},\ \frac{5}{6}\pi$

따라서 구하는 모든 근의 합은

$\frac{0+6+9+1+5}{6}\pi = \frac{7}{2}\pi$

정답 : ⑤

10.9B

039

$\cos\theta = \frac{\sqrt{5}}{3}$일 때, $\sin\theta\cos 2\theta$의 값은?

(단, $0 < \theta < \frac{\pi}{2}$)

① $\frac{2}{27}$ ② $\frac{1}{9}$ ③ $\frac{4}{27}$ ④ $\frac{5}{27}$ ⑤ $\frac{2}{9}$

HINT▸▸

$\sin^2\theta + \cos^2\theta = 1$

$\cos 2\theta = \cos^2\theta - \sin^2\theta$

$= 2\cos^2\theta - 1$

$= 1 - 2\sin^2\theta$

$\cos\theta = \frac{\sqrt{5}}{3}\left(0 < \theta < \frac{\pi}{2}\right)$이므로

$\sin\theta = \sqrt{1-\cos^2\theta} = \sqrt{1-\frac{5}{9}} = \frac{2}{3}$

$\left(\because 0 < \theta < \frac{\pi}{2}\right)$

$\therefore$ $\sin\theta\cos 2\theta = \sin\theta(2\cos^2\theta - 1)$

$= \frac{2}{3}\times\left(2\times\frac{5}{9} - 1\right)$

$= \frac{2}{27}$

정답 : ①

10.6B

040

좌표평면에서 원점 O를 중심으로 하고 반지름의 길이가 각각 1, $\sqrt{2}$ 인 두 원 C_1, C_2가 있다. 직선 $y=\frac{1}{2}$이 원 C_1, C_2와 제 1사분면에서 만나는 점을 각각 P, Q라고 하자.
점 $A(\sqrt{2},\ 0)$에 대하여
$\angle QOP=\alpha$, $\angle AOQ=\beta$라고 할 때, $\sin(\alpha-\beta)$의 값은?

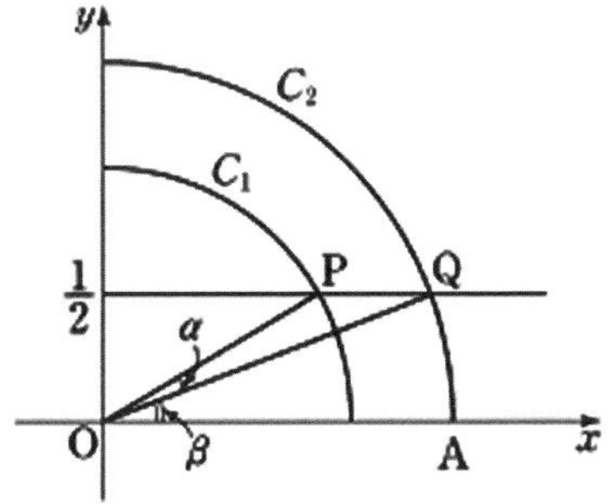

① $\frac{3-\sqrt{14}}{8}$　② $\frac{\sqrt{7}-\sqrt{14}}{8}$
③ $\frac{\sqrt{6}-\sqrt{14}}{8}$　④ $\frac{3-\sqrt{21}}{8}$
⑤ $\frac{\sqrt{7}-\sqrt{21}}{8}$

HINT▸▸

$\sin2\theta=2\sin\theta\cos\theta$
$\sin(\alpha-\beta)=\sin\alpha\cos\beta-\cos\alpha\sin\beta$
$\sin^2\theta+\cos^2\theta=1 \Leftrightarrow \cos^2\theta=1-\sin^2\theta$
$\cos2\theta=\cos^2\theta-\sin^2\theta$
$=2\cos^2\theta-1$
$=1-2\sin^2\theta$

주어진 그림에서

$\sin(\alpha+\beta)=\frac{1}{2}$, $\cos(\alpha+\beta)=\frac{\sqrt{3}}{2}$이고,

$\sin\beta=\frac{\frac{1}{2}}{\sqrt{2}}=\frac{\sqrt{2}}{4}$,

$\cos\beta=\sqrt{1-\left(\frac{\sqrt{2}}{4}\right)^2}=\frac{\sqrt{14}}{4}$이다.

이때, $\sin2\beta=2\sin\beta\cos\beta=\frac{\sqrt{7}}{4}$,

$\cos2\beta=1-2\sin^2\theta=\frac{3}{4}$이므로

$\sin(\alpha-\beta)=\sin\{(\alpha+\beta)-2\beta\}$
$=\sin(\alpha+\beta)\cos2\beta-\cos(\alpha+\beta)\sin2\beta$
$=\frac{1}{2}\cdot\frac{3}{4}-\frac{\sqrt{3}}{2}\cdot\frac{\sqrt{7}}{4}$
$=\frac{3-\sqrt{21}}{8}$

정답 : ④

10.수능B

041

$\tan\frac{\theta}{2}=\frac{\sqrt{2}}{2}$일 때, $\sec\theta$의 값은?

(단, $0<\theta<\frac{\pi}{2}$)

① 3 ② $\frac{10}{3}$ ③ $\frac{11}{3}$ ④ 4 ⑤ $\frac{13}{3}$

HINT▶▶

$\tan 2\theta=\frac{2\tan\theta}{1-\tan^2\theta}$

$\tan^2\theta+1=\sec^2\theta \Leftarrow \sin^2\theta+\cos^2\theta=1$

$\tan\frac{\theta}{2}=\frac{\sqrt{2}}{2}$이므로

$$\tan\theta=\frac{2\tan\frac{\theta}{2}}{1-\tan^2\frac{\theta}{2}}$$

$$=\frac{2\times\frac{\sqrt{2}}{2}}{1-\left(\frac{\sqrt{2}}{2}\right)^2}=2\sqrt{2}$$

이때, $\sec^2\theta=\tan^2\theta+1$에서

$\sec^2\theta=(2\sqrt{2})^2+1=9$

$\therefore \sec\theta=3\left(\because\ 0<\theta<\frac{\pi}{2}\right)$

정답 : ①

11.6B

042

$\tan 2\alpha=\frac{5}{12}$일 때, $\tan\alpha=p$ 이다.

$60p$의 값을 구하시오. (단, $0<\alpha<\frac{\pi}{4}$ 이다.)

HINT▶▶

$\tan 2\theta=\frac{2\tan\theta}{1-\tan^2\theta}$

$\tan 2\alpha=\frac{2\tan\alpha}{1-\tan^2\alpha}=\frac{5}{12}$

$5\tan^2\alpha+24\tan\alpha-5=0$

$(5\tan\alpha-1)(\tan\alpha+5)=0$

$\therefore \tan\alpha=\frac{1}{5}\left(\because\ 0<\alpha<\frac{\pi}{4}\right)$

따라서 $p=\frac{1}{5}$이므로 $60p=12$

정답 : 12

11.6B

043

닫힌 구간 $\left[\frac{\pi}{6}, \frac{5}{6}\pi\right]$에서

함수 $f(x)=\sqrt{3}\sin x+\cos x+1$

의 최댓값을 M, 최솟값을 m이라 할 때

$M+m$의 값은?

① $\frac{5}{2}$ ② 3 ③ $\frac{7}{2}$ ④ 4 ⑤ $\frac{9}{2}$

HINT▸▸

$\sin x\cos y+\cos x\sin y=\sin(x+y)$

$\sqrt{3}\sin x+\cos x$

$=2\left(\frac{\sqrt{3}}{2}\sin x+\frac{1}{2}\cos x\right)$

$=2\left(\cos\frac{\pi}{6}\sin x+\sin\frac{\pi}{6}\cos x\right)$

$=2\sin\left(x+\frac{\pi}{6}\right)$

$f(x)=\sqrt{3}\sin x+\cos x+1$

$=2\sin(x+\alpha)+1$

(단, $\cos\alpha=\frac{\sqrt{3}}{2}, \sin\alpha=\frac{1}{2}$)

$\therefore f(x)=2\sin\left(x+\frac{\pi}{6}\right)+1$

$\frac{\pi}{3}\leqq x+\frac{\pi}{6}\leqq\pi$ 에서

$0\leqq\sin\left(x+\frac{\pi}{6}\right)\leqq 1$이므로

$1\leqq 2\sin\left(x+\frac{\pi}{6}\right)+1\leqq 3$

$M=3,\ m=1$

$\therefore M+m=4$

정답 : ④

11.9B

044

좌표평면에서 두 직선 $y=x$, $y=-2x$가 이루는 예각의 크기를 θ라 할 때, $\tan\theta$의 값은?

① 2 ② $\frac{7}{3}$ ③ $\frac{8}{3}$ ④ 3 ⑤ $\frac{10}{3}$

HINT▸▸

$\tan(x-y)=\dfrac{\tan x-\tan y}{1+\tan x\tan y}$

두 직선 $y=x$, $y=-2x$가 x축과 이루는 양의 각의 크기를 각각 θ_1, θ_2라고 하면

$\tan\theta_1=1$, $\tan\theta_2=-2$

$\therefore \tan\theta=|\tan(\theta_1-\theta_2)|$ $\left(\because 0<\theta<\frac{\pi}{2}\right)$

$=\left|\dfrac{\tan\theta_1-\tan\theta_2}{1+\tan\theta_1\tan\theta_2}\right|$

$=\left|\dfrac{1-(-2)}{1+1\times(-2)}\right|$

$=3$

정답 : ④

11.수능B

045

방정식 $3\cos 2x+17\cos x=0$ 을 만족시키는 x 에 대하여 $\tan^2 x$ 의 값을 구하시오.

HINT▸▸

$\cos 2\theta=\cos^2\theta-\sin^2\theta$

$=2\cos^2\theta-1$

$=1-2\sin^2\theta$

$\tan^2\theta+1=\sec^2\theta$

$\sec\theta=\dfrac{1}{\cos\theta}$

$3\cos 2x+17\cos x=0$에서

$3(2\cos^2 x-1)+17\cos x=0$

$6\cos^2 x+17\cos x-3=0$

$\cos x=t$ $(-1\leq t\leq 1)$로 치환하면

$6t^2+17t-3=0$

$(t+3)(6t-1)=0$

$\therefore t=\cos x=\dfrac{1}{6}$ $(\because -1\leq t\leq 1)$

$\tan^2 x=\sec^2 x-1=36-1=35$

정답 : 35

07.6B

046

두 함수 $f(x)$, $g(x)$에 대하여 〈보기〉에서 항상 옳은 것을 모두 고른 것은?

〈보 기〉

ㄱ. $f(x)=\begin{cases} 1\ (x \geqq 0) \\ -1\ (x<0) \end{cases}$, $g(x)=|x|$ 일 때, $(g \circ f)(x)$는 $x=0$에서 연속이다.

ㄴ. $(g \circ f)(x)$가 $x=0$에서 연속이면 $f(x)$는 $x=0$에서 연속이다.

ㄷ. $(f \circ f)(x)$가 $x=0$에서 연속이면 $f(x)$는 $x=0$에서 연속이다.

① ㄱ ② ㄴ ③ ㄱ, ㄴ
④ ㄱ, ㄷ ⑤ ㄴ, ㄷ

HINT▸▸

함수 $f(x)$가 $x=a$에서 연속이라는 것은
① $\lim_{x\to\infty} f(x)$가 존재
② $f(a)$가 존재
③ $\lim_{x\to a} f(x)=f(a)$

ㄱ. 〈참〉
$(g \circ f)(x)=|\pm1|=1$이므로 $x=0$에서 연속이다.

ㄴ. 〈거짓〉
ㄱ에서 $(g \circ f)(x)$는 $x=0$에서 연속이지만 $f(x)$는 $x=0$에서 연속이 아니다.

ㄷ. 〈거짓〉
(반례) $f(x)=\begin{cases} 1\ \ (x=0) \\ 0\ \ (x\neq0) \end{cases}$ 라 하면
$(f \circ f)(x)=0$ 이므로 $(f \circ f)(x)$는 $x=0$에서 연속이지만 $f(x)$는 $x=0$에서 연속이 아니다.

따라서 옳은 것은 ㄱ이다.

정답 : ①

07.6B

047

극한 $\lim_{x \to 0} \frac{\{f(x)\}^2}{f(x^2)} = 4$를 만족시키는 함수 $f(x)$를 〈보기〉에서 모두 고른 것은?

〈보 기〉

ㄱ. $f(x) = 4|x|$

ㄴ. $f(x) = 2x^2 + 2x$

ㄷ. $f(x) = x + \frac{4}{x}$

① ㄱ　② ㄴ　③ ㄱ, ㄷ
④ ㄴ, ㄷ　⑤ ㄱ, ㄴ, ㄷ

HINT▸▸

$\frac{0}{0}$의 꼴은 인수분해 후 약분하라.

ㄱ. $\{f(x)\}^2 = (4|x|)^2 = 16x^2$

$f(x^2) = 4|x^2| = 4x^2$

$$\therefore \lim_{x \to 0} \frac{\{f(x)\}^2}{f(x^2)} = \lim_{x \to 0} \frac{16x^2}{4x^2} = 4$$

ㄴ. $\{f(x)\}^2 = (2x^2 + 2x)^2 = 4x^2(x+1)^2 = 4x^4 + 8x^3 + 4x^2$

$f(x^2) = 2(x^2)^2 + 2(x^2) = 2x^4 + 2x^2 = 2x^2(x^2+1)$

$$\therefore \lim_{x \to 0} \frac{\{f(x)\}^2}{f(x^2)} = \lim_{x \to 0} \frac{2(x+1)^2}{x^2+1} = 2$$

ㄷ. $\{f(x)\}^2 = \left(x + \frac{4}{x}\right)^2 = x^2 + 8 + \frac{16}{x^2}$

$f(x^2) = x^2 + \frac{4}{x^2}$

$$\therefore \lim_{x \to 0} \frac{\{f(x)\}^2}{f(x^2)} = \lim_{x \to 0} \frac{x^2 + 8 + \frac{16}{x^2}}{x^2 + \frac{4}{x^2}} = \lim_{x \to 0} \frac{x^4 + 8x^2 + 16}{x^4 + 4} = 4$$

따라서 $\lim_{x \to 0} \frac{\{f(x)\}^2}{f(x^2)} = 4$를 만족하는 함수 $f(x)$는 ㄱ, ㄷ이다.

정답 : ③

07.9B

048

함수 $f(x)$가

$$f(x)=\begin{cases}\dfrac{x^2}{2x-|x|} & (x\neq 0)\\ a & (x=0)\end{cases}$$

일 때, 〈보기〉에서 옳은 것을 모두 고른 것은? (단, a는 실수이다.)

〈보 기〉

ㄱ. $f(-3)=1$이다.
ㄴ. $x>0$일 때, $f(x)=x$이다.
ㄷ. 함수 $f(x)$가 $x=0$에서 연속이 되도록 하는 a가 존재한다.

① ㄴ ② ㄷ ③ ㄱ, ㄴ
④ ㄱ, ㄷ ⑤ ㄴ, ㄷ

HINT▸▸

함수 $f(x)$가 $x=a$에서 연속이라는 것은

① $\lim\limits_{x\to\infty}f(x)$가 존재

② $f(a)$가 존재

③ $\lim\limits_{x\to a}f(x)=f(a)$

ㄱ. 〈거짓〉

$$f(-3)=\frac{(-3)^2}{2\cdot(-3)-|-3|}=\frac{9}{-6-3}=-1$$

ㄴ. 〈참〉

$x>0$이면

$$f(x)=\frac{x^2}{2x-|x|}=\frac{x^2}{2x-x}=\frac{x^2}{x}=x$$

ㄷ. 〈참〉

$x>0$일 때, $f(x)=x$

$x<0$일 때, $f(x)=\frac{1}{3}x$이므로

$$\lim_{x\to+0}f(x)=\lim_{x\to+0}x=0$$

$$\lim_{x\to-0}f(x)=\lim_{x\to-0}\frac{1}{3}x=0$$

$$\therefore \lim_{x\to 0}f(x)=0$$

$f(x)$가 $x=0$에서 연속이려면

$\lim\limits_{x\to 0}f(x)=f(0)$이므로

$a=0$ (참)

따라서, 보기 중 옳은 것은 ㄴ, ㄷ이다.

정답 : ⑤

08.6B

049

다항함수 $g(x)$에 대하여

극한값 $\lim_{x \to 1} \frac{g(x)-2x}{x-1}$가 존재한다. 다항함수 $f(x)$가 $f(x)+x-1=(x-1)g(x)$를 만족시킬 때, $\lim_{x \to 1} \frac{f(x)g(x)}{x^2-1}$의 값은?

① 1 ② 2 ③ 3 ④ 4 ⑤ 5

HINT▸▸

$\frac{0}{0}$의 꼴은 인수분해 후 약분하라.

$\lim_{x \to a} \frac{g(x)}{f(x)} = k$에서

$f(a)=0$ 이라면 $g(a)=0$

$g(a)=0$ 이라면 $f(a)=0$

$\lim_{x \to 1} \frac{g(x)-2x}{x-1}$의 극한값이 존재하고 $x \to 1$ 일 때 (분모)→0이므로 (분자)→0이어야 하고, $g(x)$는 다항함수이므로 연속이다.

그러므로

$\lim_{x \to 1} \{g(x)-2x\} = g(1)-2=0$

$\therefore\ g(1)=2$ -------㉠

$f(x)+x-1=(x-1)g(x)$에서

$f(x) = (x-1)\{g(x)-1\}$ ---㉡

따라서 ㉠과 ㉡에 의해

$$\lim_{x \to 1} \frac{f(x)g(x)}{x^2-1}$$

$$= \lim_{x \to 1} \frac{(x-1)\{g(x)-1\}g(x)}{(x-1)(x+1)}$$

$$= \lim_{x \to 1} \frac{\{g(x)-1\}g(x)}{x+1}$$

$$= \frac{\{g(1)-1\}g(1)}{2}$$

$$= \frac{(2-1)\cdot 2}{2} = 1$$

정답 : ①

08.9B

050

함수 $y=f(x)$의 그래프가 〈보기〉와 같이 주어질 때, 함수 $y=f(x-1)f(x+1)$이 $x=-1$에서 연속이 되는 경우만을 있는 대로 고른 것은?

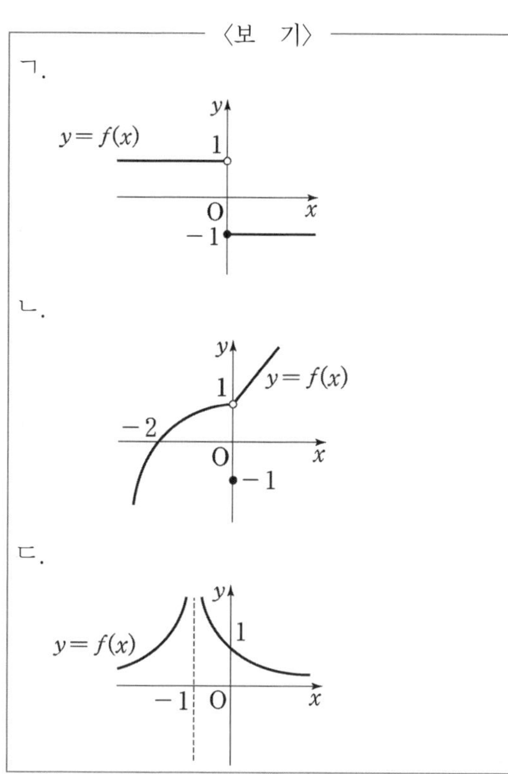

① ㄱ ② ㄴ ③ ㄷ
④ ㄴ, ㄷ ⑤ ㄱ, ㄴ, ㄷ

HINT▸▸

$f(x)$, $g(x)$가 $x=a$에서 연속
$\Rightarrow$ $f(x)\cdot g(x)$도 $x=a$에서 연속

함수 $f(x)$가 $x=a$에서 연속이라는 것은
① $\lim_{x\to\infty} f(x)$가 존재
② $f(a)$가 존재
③ $\lim_{x\to a} f(x)=f(a)$

주어진 각각의 그래프에서
ㄱ. $f(-2)f(0)=1\times(-1)=-1$

$\lim_{x\to-1+0} f(x-1)f(x+1)=1\cdot(-1)=-1$

$\lim_{x\to-1-0} f(x-1)f(x+1)=1\cdot1=1$

$\lim_{x\to-1+0} f(x-1)f(x+1)$
$\neq \lim_{x\to-1-0} f(x-1)f(x+1)$

$\lim_{x\to-1} f(x-1)f(x+1)$이 존재하지 않으므로 $y=f(x-1)f(x+1)$은 $x=-1$에서 불연속이다.

ㄴ. $f(-2)f(0)=0\times(-1)=0$

$\lim_{x\to-1+0} f(x-1)f(x+1)=0\cdot1=0$

$\lim_{x\to-1-0} f(x-1)f(x+1)=0\cdot1=0$

$\therefore \lim_{x\to-1} f(x-1)f(x+1)=f(-2)f(0)=0$

따라서 $y=f(x-1)f(x+1)$은 $x=-1$에서 연속이다.

ㄷ. $y=f(x)$는 $x=-2$에서 연속이고 $x=0$에서 연속이므로 $y=f(x-1)$와 $y=f(x+1)$은 각각 $x=-1$에서 연속이다. 따라서 연속함수의 성질에 의해 $y=f(x-1)f(x+1)$은 $x=-1$에서 연속이다.

따라서 $y=f(x-1)f(x+1)$이 $x=-1$에서 연속이 되는 경우는 ㄴ, ㄷ이다.

정답 : ④

08.수능B

051

함수 $f(x)=x^2-4x+a$ 와

함수 $g(x)=\lim_{n\to\infty}\frac{2|x-b|^n+1}{|x-b|^n+1}$ 에 대하여 $h(x)=f(x)g(x)$라 하자. 함수 $h(x)$가 모든 실수 x 에서 연속이 되도록 하는 두 상수 a, b 의 합 $a+b$ 의 값은?

① 3 ② 4 ③ 5 ④ 6 ⑤ 7

HINT▸▸

$f(x)$, $g(x)$가 $x=a$에서 연속

$\Rightarrow \frac{g(x)}{f(x)}$도 $x=a$에서 연속

$\lim_{n\to\infty} r^n$은 ① $|r|<1$, $\lim_{n\to\infty} r^n=0$

② $|r|=1$, $\lim_{n\to\infty} r^n=\pm 1$

③ $|r|>1$, $\lim_{n\to\infty} r^n$은 발산

$\frac{\infty}{\infty}$의 꼴은 분자분모를 제일 큰수로 나누어라.

함수 $f(x)$가 $x=a$에서 연속이라는 것은

① $\lim_{x\to\infty} f(x)$가 존재

② $f(a)$가 존재

③ $\lim_{x\to a} f(x)=f(a)$

수열의 극한으로 정의된 함수 $g(x)$를 x의 구간을 나누어 구하여 정리해보면,

$$g(x)=\begin{cases}1 & (|x-b|<1\text{일 때})\\ \frac{3}{2} & (|x-b|=1\text{일 때})\\ 2 & (|x-b|>1\text{일 때})\end{cases}$$

따라서 $h(x)=f(x)g(x)$는 $f(x)$의 일부분을 x의 구간에 따라 늘리고 줄인 함수이다. 특히 $|x-b|\neq 1$이면 (즉 x가 $b+1$, $b-1$이 아니면) $f(x)$,$g(x)$ 모두 연속함수이므로, 그 구간에서 $h(x)$는 연속함수이다.

그러므로 $x=b+1$, $x=b-1$에서 $h(x)$가 연속하도록 상수 a,b의 값을 결정해야 한다.

'그런데, $f(x)$를 구간에 따라 단순히 늘리고 줄인 함수가 구간의 경계에서 연속하기 위해서는 구간의 경계에서의 값이 0이어야 한다.'

즉, $f(b+1)=f(b-1)=0$

그런데 $f(x)$는 이차함수이므로, 대칭축 $x=2$에 대칭인 점끼리만 같은 y좌표를 갖는다.

따라서 $b=2$이어야 하며,

$f(b+1)=f(3)=f(b-1)=f(1)=a-3=0$

이므로 $a=3$이다. 그러므로 $a+b=2+3=5$ 이다.

정답 : ③

09.6B

052

다항함수 $f(x)$가

$$\lim_{x\to+0}\frac{x^3 f\left(\frac{1}{x}\right)-1}{x^3+x}=5,$$

$$\lim_{x\to1}\frac{f(x)}{x^2+x-2}=\frac{1}{3}$$

을 만족시킬 때, $f(2)$의 값을 구하시오.

HINT▸▸

$\frac{\infty}{\infty}$의 꼴은 분자분모를 제일 큰수로 나누어라.

$\frac{0}{0}$의 꼴은 인수분해 후 약분하라.

$\lim_{x\to a}\frac{g(x)}{f(x)}=k$에서

$f(a)=0$ 이라면 $g(a)=0$

$g(a)=0$ 이라면 $f(a)=0$

$f\left(\frac{1}{x}\right)$에서 $\frac{1}{x}=t$로 치환해보자.

$\lim_{x\to+0}\frac{x^3 f\left(\frac{1}{x}\right)-1}{x^3+x}$ ($\frac{1}{x}=t$ 라 놓으면)

$$=\lim_{t\to\infty}\frac{\frac{1}{t^3}f(t)-1}{\frac{1}{t^3}+\frac{1}{t}}=\lim_{t\to\infty}\frac{f(t)-t^3}{t^2+1}=5$$

$\therefore\ f(x)=x^3+5x^2+ax+b$

또 $\lim_{x\to1}\frac{f(x)}{x^2+x-2}=\frac{1}{3}$ 에서 $f(1)=0$

$\therefore\ f(1)=6+a+b=0$

$\therefore\ b=-a-6$

$\lim_{x\to1}\frac{(x-1)(x^2+6x+a+6)}{(x-1)(x+2)}=\frac{1}{3}$ 에서

$\lim_{x\to1}\frac{x^2+6x+a+6}{x+2}=\frac{13+a}{3}=\frac{1}{3}$

$\therefore\ a=-12,\ b=6$

$\therefore\ f(x)=x^3+5x^2-12x+6$

$\therefore\ f(2)=10$

정답 : 10

09.수능B

053

실수 a 에 대하여 집합

$\{x \mid ax^2+2(a-2)x-(a-2)=0,\ x\text{는 실수}\}$

의 원소의 개수를 $f(a)$ 라 할 때, 옳은 것만을 [보기]에서 있는 대로 고른 것은?

〈보 기〉

ㄱ. $\lim\limits_{a\to 0} f(a)=f(0)$

ㄴ. $\lim\limits_{a\to c+0} f(a) \neq \lim\limits_{a\to c-0} f(a)$ 인 실수 c 는 2 개다.

ㄷ. 함수 $f(a)$ 가 불연속인 점은 3 개이다.

① ㄴ ② ㄷ ③ ㄱ, ㄴ
④ ㄴ, ㄷ ⑤ ㄱ, ㄴ, ㄷ

HINT▸▸

$f(a)$의 식을 그래프로 그려보아라.
2차방정식에서
$D>0 \Rightarrow$ 서로 다른 두 실근
$D=0 \Rightarrow$ 중근
$D<0 \Rightarrow$ 근이 없다.(서로 다른 두 허근)

(i) $a=0$일 때, $-4x+4=0 \quad \therefore\ x=1$
즉, $f(0)=1$

(ii) $a\neq 0$일 때, 이차방정식
$ax^2+2(a-2)x-(a-2)=0$의
판별식을 D라 하면

$$\frac{D}{4}=(a-2)^2+a(a-2)=2(a-1)(a-2)$$

즉, 이 이차방정식은 $a=1$ 또는 $a=2$일 때 중근을 갖고, $1<a<2$일 때 실근을 갖지 않고, $a<1$ 또는 $a>2$일 때 서로 다른 두 실근을 갖는다.

따라서, 함수 $f(a)$는
$f(0)=f(1)=f(2)=1$,
$1<a<2$일 때 $f(a)=0$,
$a<0$ 또는 $0<a<1$ 또는 $a>2$일 때
$f(a)=2$

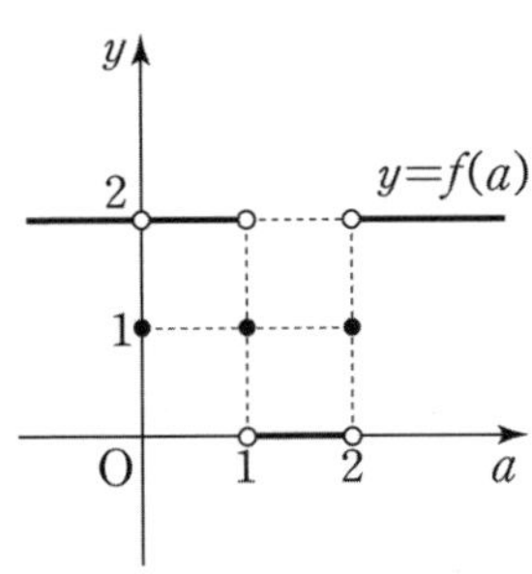

ㄱ. 〈거짓〉

$\lim\limits_{a\to 0} f(a)=2,\ f(0)=1,$

$\lim\limits_{a\to 0} f(a)\neq f(0)$

ㄴ. 〈참〉

$\lim\limits_{a\to c+0} f(a) \neq \lim\limits_{a\to c-0} f(a)$를 만족하는 c는 1, 2의 2개다.

ㄷ. 〈참〉

함수 $f(a)$가 불연속인 점은 $a=0$, $a=1$, $a=2$일 때의 3개이다.

따라서 옳은 것은 ㄴ, ㄷ이다.

정답 : ④

10.6B

054

실수 전체의 집합에서 정의된 함수 $y=f(x)$의 그래프가 그림과 같다.

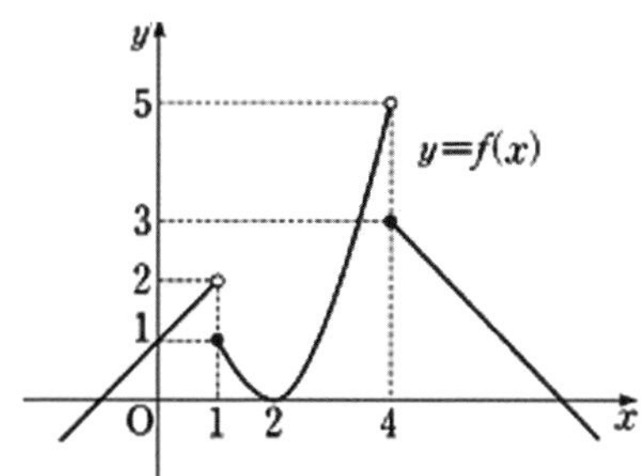

$\lim_{t\to\infty} f\left(\frac{t-1}{t+1}\right)+\lim_{t\to-\infty} f\left(\frac{4t-1}{t+1}\right)$의 값은?

① 3 ② 4 ③ 5 ④ 6 ⑤ 7

HINT▸▸

$\frac{t-1}{t+1}$, $\frac{4t-1}{t+1}$을 s로 치환하여 풀어보자.

$\lim_{t\to\infty} f\left(\frac{t-1}{t+1}\right)$에서 $s=\frac{t-1}{t+1}$로 놓으면

$$s=1+\frac{-2}{t+1}$$

이므로 $t\to\infty$일 때, $s\to1-0$

$$\therefore \lim_{t\to\infty} f\left(\frac{t-1}{t+1}\right)=\lim_{s\to1-0} f(s)=2 \text{---㉠}$$

또, $\lim_{t\to-\infty} f\left(\frac{4t-1}{t+1}\right)$에서 $s=\frac{4t-1}{t+1}$로 놓으면

$$s=4+\frac{-5}{t+1}$$

이므로 $t\to-\infty$일 때, $s\to4+0$

$$\therefore \lim_{t\to-\infty} f\left(\frac{4t-1}{t+1}\right)=\lim_{s\to4+0} f(s)=3 \text{---㉡}$$

따라서, ㉠과 ㉡에서

$$\lim_{t\to\infty} f\left(\frac{t-1}{t+1}\right)+\lim_{t\to-\infty} f\left(\frac{4t-1}{t+1}\right)$$
$$=2+3=5$$

정답 : ③

10.6B

055

함수 $f(x)=2x^4-3x+1$에 대하여

$\lim_{n\to\infty} n\left\{f\left(1+\frac{3}{n}\right)-f\left(1-\frac{2}{n}\right)\right\}$의 값을 구하시오.

HINT▸▸

$f'(a)=\lim_{n\to 0}\frac{f(a+h)-f(a)}{h}$의 식 형태로 유도한다.

$h=\frac{1}{n}$으로 놓으면 $n\to\infty$일 때,

$h\to 0$이므로

$\lim_{n\to\infty} n\left\{f\left(1+\frac{3}{n}\right)-f\left(1-\frac{2}{n}\right)\right\}$

$=\lim_{h\to 0}\frac{f(1+3h)-f(1-2h)}{h}$

$=\lim_{h\to 0}\frac{f(1+3h)-f(1)}{h}-\lim_{h\to 0}\frac{f(1-2h)-f(1)}{h}$

$=3\lim_{h\to 0}\frac{f(1+3h)-f(1)}{3h}+2\lim_{h\to 0}\frac{f(1-2h)-f(1)}{-2h}$

$=3f'(1)+2f'(1)$

$=5f'(1)$

이때, $f'(x)=8x^3-3$이므로

$5f'(1)=5\times(8-3)=25$

정답 : 25

10.6B

056

$\lim_{x\to 0}\frac{e^{2x^2}-1}{\tan x\sin 2x}$의 값은?

① $\frac{1}{4}$ ② $\frac{1}{2}$ ③ 1 ④ 2 ⑤ 4

HINT▸▸

$\lim_{x\to 0}\frac{e^x-1}{x}=1$

$\lim_{\theta\to 0}\frac{\theta}{\tan\theta}=\lim_{\theta\to 0}\frac{\tan\theta}{\theta}$

$=\lim_{\theta\to 0}\frac{\theta}{\sin\theta}$

$=\lim_{\theta\to 0}\frac{\sin\theta}{\theta}$

$=1$

(주어진 식)

$=\lim_{x\to 0}\left\{\frac{e^{2x^2}-1}{2x^2}\times\frac{x}{\tan x}\times\frac{2x}{\sin 2x}\right\}$

$=1\times 1\times 1=1$

정답 : ③

10.9B

057

다항함수 $f(x)$가

$$\lim_{x\to\infty}\frac{f(x)}{x^3}=0,\ \lim_{x\to0}\frac{f(x)}{x}=5$$

를 만족시킨다. 방정식 $f(x)=x$의 한 근이 -2일 때, $f(1)$의 값은?

① 6 ② 7 ③ 8 ④ 9 ⑤ 10

HINT▸▸

$\frac{0}{0}$의 꼴은 인수분해 후 약분하라.

$\lim_{x\to a}\frac{g(x)}{f(x)}=k$에서

$f(a)=0$ 이라면 $g(a)=0$

$g(a)=0$ 이라면 $f(a)=0$

$\lim_{x\to\infty}\frac{f(x)}{x^3}=0$이므로 $f(x)$는 이차 이하의 다항함수이다.

따라서, $f(x)=ax^2+bx+c$라 하면

$\lim_{x\to0}\frac{f(x)}{x}=5$에서 (분모)→0일 때, (분자)→0

이어야 하므로 $f(0)=c=0$

$\therefore\ f(x)=ax^2+bx$

이를 다시 주어진 식에 대입하면

$$\lim_{x\to0}\frac{ax^2+bx}{x}=\lim_{x\to0}(ax+b)=b=5$$

이때, 방정식 $ax^2+5x=x$의 한 근이 -2이므로 $4a-10=-2$, $4a=8$ $\quad\therefore\ a=2$

따라서 $f(x)=2x^2+5x$이므로 $f(1)=7$이다.

정답 : ②

11.6B

058

함수

$$f(x)=\begin{cases}\dfrac{x^2+ax-10}{x-2} & (x\neq2)\\ b & (x=2)\end{cases}$$

가 실수 전체의 집합에서 연속일 때, 두 상수 a, b의 합 $a+b$의 값은?

① 10 ② 11 ③ 12 ④ 13 ⑤ 14

HINT▸▸

$\frac{0}{0}$의 꼴은 인수분해 후 약분하라.

$\lim_{x\to a}\frac{g(x)}{f(x)}=k$에서

$f(a)=0$ 이라면 $g(a)=0$

$g(a)=0$ 이라면 $f(a)=0$

함수 $f(x)$가 $x=2$에서 연속이므로

$\lim_{x\to2}\frac{x^2+ax-10}{x-2}=b$이고,

$x\to2$일 때, (분모)→0, (분자)→0이다.

$x^2+ax-10=0$, $4+2a-10=0$ $\therefore\ a=3$

(준식)$=\lim_{x\to2}\frac{(x-2)(x+5)}{(x-2)}=\lim_{x\to2}(x+5)=7$

$\therefore\ b=7$

$\therefore\ a+b=3+7=10$

정답 : ①

10.수능B

059

$$f(x)=\begin{cases} x+2 & (x<-1) \\ 0 & (x=-1) \\ x^2 & (-1<x<1) \\ x-2 & (x\geq 1) \end{cases}$$

에 대하여 옳은 것만을 〈보기〉에서 있는 대로 고른 것은?

> ㄱ. $\lim_{x\to 1+0}\{f(x)+f(-x)\}=0$
>
> ㄴ. 함수 $f(x)-|f(x)|$가 불연속인 점은 1개이다.
>
> ㄷ. 함수 $f(x)f(x-a)$가 실수 전체의 집합에서 연속이 되는 상수 a는 없다.

① ㄱ　② ㄱ, ㄴ　③ ㄱ, ㄷ
④ ㄴ, ㄷ　⑤ ㄱ, ㄴ, ㄷ

HINT▸▸

함수 $f(x)$가 $x=a$에서 연속이라는 것은

① $\lim_{x\to\infty}f(x)$가 존재

② $f(a)$가 존재

③ $\lim_{x\to a}f(x)=f(a)$

ㄱ. 〈참〉

$\lim_{x\to 1+0}f(x)=\lim_{x\to 1+0}(x-2)=-1$

$-x=t$라 할 때, $x\to 1+0$이면

$t\to -1-0$이므로

$\lim_{x\to 1+0}f(-x)=\lim_{x\to -1-0}f(t)$

$=\lim_{t\to -1-0}(t+2)=1$

$\therefore \lim_{x\to 1+0}\{f(x)+f(-x)\}=-1+1=0$

ㄴ. 〈참〉

$$f(x)-|f(x)|=\begin{cases} 2x+4 & (x<-2) \\ 0 & (-2\leq x<1) \\ 2x-4 & (1\leq x<2) \\ 0 & (2\leq x) \end{cases}$$

$y=f(x)-|f(x)|$의 그래프는 그림과 같으므로 $f(x)-|f(x)|$의 불연속인 점의 개수는 1이다.

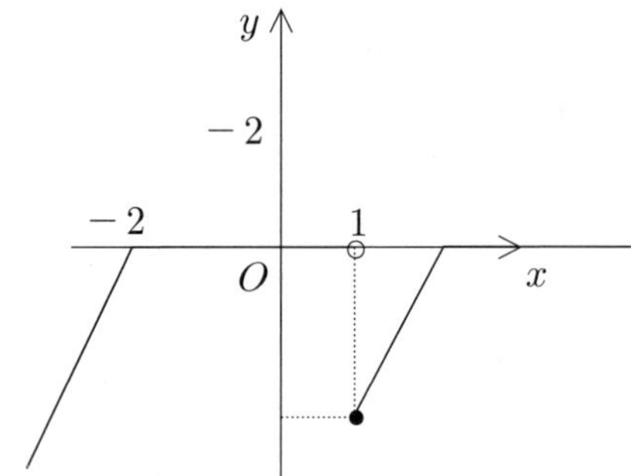

ㄷ. 〈거짓〉

불연속점에서 그 값이 0이 되도록 해보자.

【반 례】 $a=-1$이면

$$f(x+1)=\begin{cases} x+3 & (x<-2) \\ 0 & (x=-2) \\ (x+1)^2 & (-2<x<0) \\ x-1 & (x\geq 0) \end{cases}$$ 이므로

즉, 왼쪽으로 1만큼 이동하면 원래의 불연속점의 함수값이 0이 된다.

$f(x)f(x+1)$

$$=\begin{cases} (x+2)(x+3) & (x<-2) \\ 0 & (x=-2) \\ (x+2)(x+1)^2 & (-2<x<-1) \\ x^2(x+1)^2 & (-1\leq x<0) \\ x^2(x-1) & (0\leq x<1) \\ (x-2)(x-1) & (x\geq 1) \end{cases}$$

따라서, 함수 $f(x)f(x+1)$은 실수 전체의 집합에서 연속이다.

정답 : ②

11.9B

060

정의역이 $\{x \mid 0 \leqq x \leqq 4\}$인 함수 $y=f(x)$의 그래프가 그림과 같다.

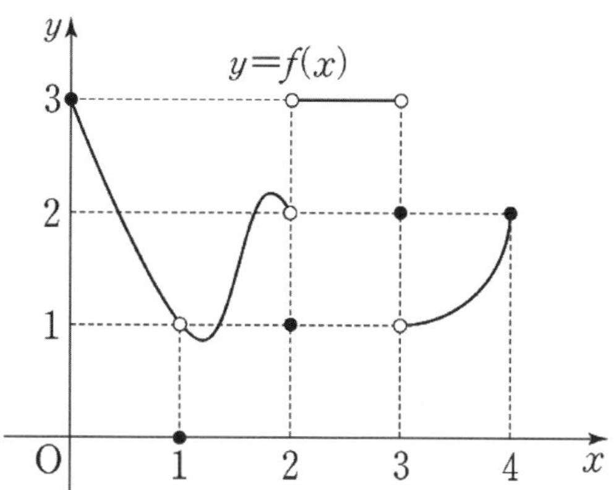

$\lim_{x\to+0} f(f(x))+\lim_{x\to 2+0} f(f(x))$의 값은?

① 1　② 2　③ 3　④ 4　⑤ 5

HINT▸▸

그림으로 이해하여 풀도록하라.
'$+0$'이 있으면 우극한값
'-0'이 있으면 좌극한값이다.

$\lim_{x\to+0} f(f(x))=\lim_{t\to 3-0} f(t)=3$

$\lim_{x\to 2+0} f(f(x))=f(3)=2$

$\therefore \lim_{x\to+0} f(f(x))+\lim_{x\to 2+0} f(f(x))$

$=3+2=5$

정답 : ⑤

11.9B

061

함수 $f(x)$가

$$f(x)=\begin{cases} \dfrac{e^{3x}-1}{x(e^x+1)} & (x\neq 0) \\ a & (x=0)\end{cases}$$ 이다.

$f(x)$가 $x=0$에서 연속일 때, 상수 a의 값은?

① 1　② $\frac{3}{2}$　③ 2　④ $\frac{5}{2}$　⑤ 3

HINT▸▸

$\lim_{x\to 0}\frac{e^x-1}{x}=1$

함수 $f(x)$가 $x=a$에서 연속이라는 것은

① $\lim_{x\to\infty} f(x)$가 존재

② $f(a)$가 존재

③ $\lim_{x\to a} f(x)=f(a)$

함수 $f(x)$가 $x=0$에서 연속이므로

$a=\lim_{x\to 0} f(x)$

$=\lim_{x\to 0}\frac{e^{3x}-1}{x(e^x+1)}$

$=\lim_{x\to 0}\left(\frac{e^{3x}-1}{3x}\times\frac{3}{e^x+1}\right)=1\times\frac{3}{2}=\frac{3}{2}$

정답 : ②

07.6B

062

그림과 같이 지름의 길이가 2이고, 두 점 A, B를 지름의 양 끝점으로 하는 반원 위에 점 C가 있다. 삼각형 ABC의 내접원의 중심을 O, 중심 O에서 선분 AB와 선분 BC에 내린 수선의 발을 각각 D, E라 하자. $\angle ABC = \theta$이고, 호 AC의 길이를 l_1, 호 DE의 길이를 l_2라 할 때, $\lim_{\theta \to 0} \frac{l_1}{l_2}$의 값은? (단, $0 < \theta < \frac{\pi}{2}$이다.)

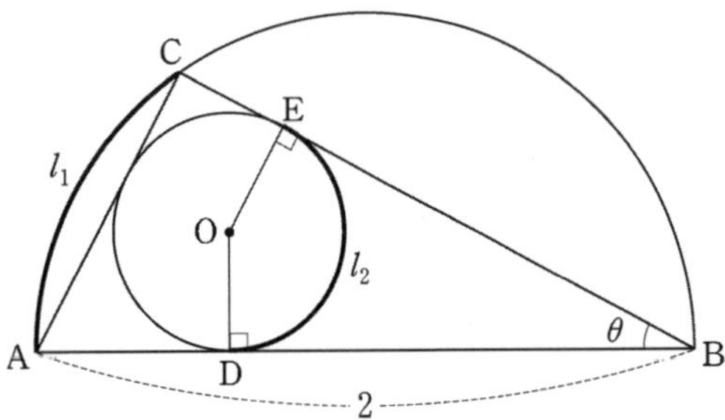

① 1　② $\frac{\pi}{4}$　③ $\frac{\pi}{3}$　④ $\frac{2}{\pi}$　⑤ $\frac{3}{\pi}$

HINT▸▸

호의 중심각의 크기는 원주각의 2배다.

호의길이 $l = r\theta$

지름을 한변으로 하는 원에 내접하는 삼각형은 직각삼각형이 된다.

삼각형의 넓이

$$S = \frac{1}{2}absin\theta = \frac{r}{2}(a+b+c)$$

$$\lim_{\theta \to 0} \frac{\sin\theta}{\theta} = \lim_{\theta \to 0} \frac{\theta}{\sin\theta} = 1$$

호AC의 중심각의 크기는 2θ이므로

$$l_1 = 1 \cdot 2\theta = 2\theta$$

직각삼각형 ABC에서 $\overline{AB} = 2$,

$\overline{AC} = 2\sin\theta$, $\overline{BC} = 2\cos\theta$이므로 넓이 S는

$$S = \frac{1}{2} \times 2\sin\theta \times 2\cos\theta = 2\sin\theta\cos\theta$$

또, 삼각형 ABC내접원의 반지름의 길이를 r라 하면 넓이 S는

$$S = r \times \frac{2 + 2\sin\theta + 2\cos\theta}{2}$$

$$= r(1 + \sin\theta + \cos\theta)$$

∴ 두 넓이는 동일해야 하므로

$$2\sin\theta\cos\theta = r(1 + \sin\theta + \cos\theta)$$

$$\therefore\ r = \frac{2\sin\theta\cos\theta}{1 + \sin\theta + \cos\theta}$$

사각형 ODBE에서 $\angle DOE = \pi - \theta$이므로

$$l_2 = r(\pi - \theta) = \frac{2\sin\theta\cos\theta(\pi - \theta)}{1 + \sin\theta + \cos\theta}$$

$$\therefore\ \lim_{\theta \to 0} \frac{l_1}{l_2} = \lim_{\theta \to 0} \frac{2\theta(1 + \sin\theta + \cos\theta)}{2\sin\theta\cos\theta(\pi - \theta)}$$

$$= \lim_{\theta \to 0} \frac{\theta}{\sin\theta} \cdot \lim_{\theta \to 0} \frac{1 + \sin\theta + \cos\theta}{\cos\theta(\pi - \theta)}$$

$$= 1 \cdot \frac{1 + 0 + 1}{1 \cdot \pi} = \frac{2}{\pi}$$

정답 : ④

07.수능B

063

그림과 같이 양수 θ 에 대하여

$\angle ABC = \angle ACB = \theta$ 이고 $\overline{BC} = 2$ 인 이등변 삼각형 ABC 가 있다. 삼각형 ABC 의 내접원의 중심을 O , 선분 AB 와 내접원이 만나는 점을 D , 선분 AC 와 내접원이 만나는 점을 E 라 하자. 삼각형 OED 의 넓이를 $S(\theta)$ 라 할 때, $\lim_{\theta \to +0} \frac{S(\theta)}{\theta^3}$ 의 값은?

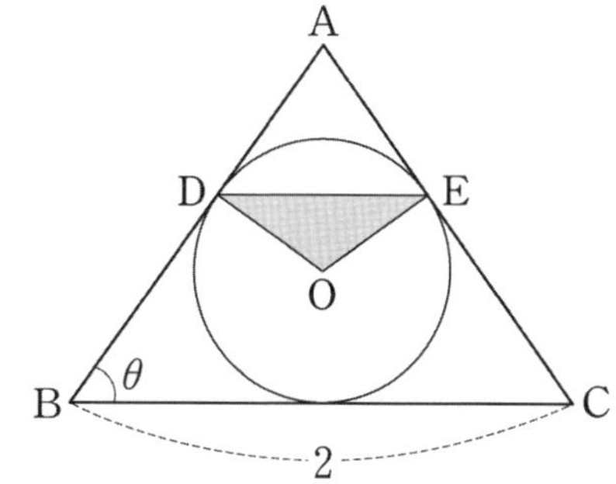

① $\frac{1}{8}$ ② $\frac{1}{4}$ ③ $\frac{3}{8}$ ④ $\frac{1}{2}$ ⑤ $\frac{5}{8}$

HINT▸▸

$2\sin\theta\cos\theta = \sin2\theta$

삼각형의 넓이 $S = \frac{1}{2}ab\sin\theta$

$\lim_{\theta \to 0} \frac{\theta}{\tan\theta} = \lim_{\theta \to 0} \frac{\tan\theta}{\theta}$

$= \lim_{\theta \to 0} \frac{\theta}{\sin\theta} = \lim_{\theta \to 0} \frac{\sin\theta}{\theta} = 1$

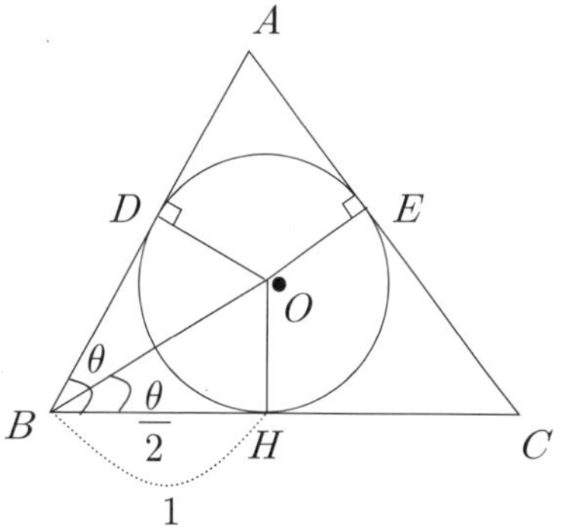

사각형AODE 에서

$\angle DAE = \pi - 2\theta$,

$\angle ADO = \angle AEO = 90^\circ$

이므로 $\angle DOE = 2\theta$

한편, O 에서 선분BC 에 내린 수선의 발을 H 라 하고, 내접원의 반지름의 길이를 r 라 하면

$\tan\frac{\theta}{2} = \frac{\overline{OH}}{\overline{BH}} = \frac{r}{1} = r$

$\therefore \quad S(\theta) = \triangle OED = \frac{1}{2}r^2\sin2\theta$

$= \frac{1}{2}\tan^2\frac{\theta}{2}\sin2\theta$

$= \sin\theta\cos\theta\tan^2\frac{\theta}{2}$

$\therefore \quad \lim_{\theta \to +0} \frac{S(\theta)}{\theta^3} = \lim_{\theta \to +0} \frac{\sin\theta\cos\theta\tan^2\frac{\theta}{2}}{\theta^3}$

$= \lim_{\theta \to +0} \cos\theta \frac{\sin\theta}{\theta} \frac{\tan^2\frac{\theta}{2}}{4\left(\frac{\theta}{2}\right)^2}$

$= \frac{1}{4}$

정답 : ②

09.6B

064

$\lim_{x \to 0} \frac{e^{1-\sin x} - e^{1-\tan x}}{\tan x - \sin x}$ 의 값은?

① $\frac{1}{e}$ ② $\frac{2}{e}$ ③ 1

④ e ⑤ $2e$

HINT▸▸

$e^{1-\tan x}$를 앞으로 내어놓는다.

$\lim_{x \to 0} \frac{e^x - 1}{x} = 1$

준식은

$\lim_{x \to 0} \frac{e^{1-\sin x} - e^{1-\tan x}}{\tan x - \sin x}$

$= \lim_{x \to 0} e^{1-\tan x} \times \frac{e^{\tan x - \sin x} - 1}{\tan x - \sin x}$

$= \lim_{x \to 0} e^{1-\tan x} \times \lim_{x \to 0} \frac{e^{\tan x - \sin x} - 1}{\tan x - \sin x}$

(여기서 $\tan x - \sin x = t$ 라 하면)

$= \lim_{x \to 0} e^{1-\tan x} \times \lim_{t \to 0} \frac{e^t - 1}{t} = e^{1-0} \times 1 = e$

정답 : ④

07.6B

065

최고차항의 계수가 1인 삼차함수 $f(x)$가 $f(-1)=2$, $f(0)=0$, $f(1)=-2$ 를 만족시킬 때, $\lim_{x \to 0} \frac{f(x)}{x}$ 의 값은?

① -1 ② -2 ③ -3 ④ -4 ⑤ -5

HINT▸▸

$\frac{0}{0}$ 꼴은 인수분해 후 약분하라.

$f(x)$는 최고차항의 계수가 1인 삼차함수이므로

$f(x) = x^3 + ax^2 + bx + c$

로 놓으면 $f(-1)=2$, $f(0)=0$,

$f(1)=-2$에서

$-1+a-b+c=2$, $c=0$,

$1+a+b+c=-2$

$\therefore$ $a=0$, $b=-3$, $c=0$

따라서 $f(x) = x^3 - 3x$이므로

$\lim_{x \to 0} \frac{f(x)}{x} = \lim_{x \to 0} \frac{x^3 - 3x}{x}$

$= \lim_{x \to 0} (x^2 - 3)$

$= -3$

정답 : ③

07.6B

066

함수 $f(x)$에 대하여 〈보기〉에서 항상 옳은 것을 모두 고른 것은?

〈보 기〉

ㄱ. $\lim_{h\to 0}\frac{f(1+h)-f(1)}{h}=0$이면 $\lim_{x\to 1}f(x)=f(1)$이다.

ㄴ. $\lim_{h\to 0}\frac{f(1+h)-f(1)}{h}=0$이면 $\lim_{h\to 0}\frac{f(1+h)-f(1-h)}{2h}=0$이다.

ㄷ. $f(x)=|x-1|$일 때, $\lim_{h\to 0}\frac{f(1+h)-f(1-h)}{2h}=0$이다.

① ㄱ　② ㄷ　③ ㄱ, ㄴ
④ ㄴ, ㄷ　⑤ ㄱ, ㄴ, ㄷ

HINT▸▸

$f'(a)=\lim_{n\to 0}\frac{f(a+h)-f(a)}{h}$

미분가능 ⇒ 연속

함수 $f(x)$가 $x=a$에서 연속이라는 것은

① $\lim_{x\to\infty}f(x)$가 존재

② $f(a)$가 존재

③ $\lim_{x\to a}f(x)=f(a)$

ㄱ. 〈참〉

$\lim_{h\to 0}\frac{f(1+h)-f(1)}{h}=0$

이면 함수 $f(x)$의 $x=1$에서의 미분계수 $f'(1)$이 존재하므로

함수 $f(x)$는 $x=1$에서 연속이다.

$\therefore\ \lim_{x\to 1}f(x)=f(1)$

ㄴ. 〈참〉

$$\lim_{h\to 0}\frac{f(1+h)-f(1-h)}{2h}$$

$$=\frac{1}{2}\lim_{h\to 0}\frac{f(1+h)-f(1)+f(1)-f(1-h)}{h}$$

$$=\frac{1}{2}\lim_{h\to 0}\left\{\frac{f(1+h)-f(1)}{h}+\frac{f(1-h)-f(1)}{-h}\right\}$$

$$=\frac{1}{2}\lim_{h\to 0}\frac{f(1+h)-f(1)}{h}+\frac{1}{2}\lim_{h\to 0}\frac{f(1+(-h))-f(1)}{-h}$$

$$=\frac{1}{2}(f'(1)+f'(1))=0+0=0$$

ㄷ. 〈참〉

$f(x)=|x-1|$일 때

$$\lim_{h\to 0}\frac{f(1+h)-f(1-h)}{2h}$$

$$=\lim_{h\to 0}\frac{|1+h-1|-|1-h-1|}{2h}$$

$$=\lim_{h\to 0}\frac{|h|-|-h|}{2h}=0$$

따라서 옳은 것은 ㄱ, ㄴ, ㄷ이다.

정답 : ⑤

09.수능B

067

그림과 같이 원 $x^2+y^2=1$ 위의 점 P 에서의 접선이 x 축과 만나는 점을 Q 라 하자.
점 A$(-1,\ 0)$과 원점 O에 대하여 $\angle \mathrm{PAO}=\theta$라 할 때,

$$\lim_{\theta\to\frac{\pi}{4}-0}\frac{\overline{\mathrm{PQ}}-\overline{\mathrm{OQ}}}{\theta-\frac{\pi}{4}}$$ 의 값은?

(단, 점 P는 제 1사분면 위의 점이다.)

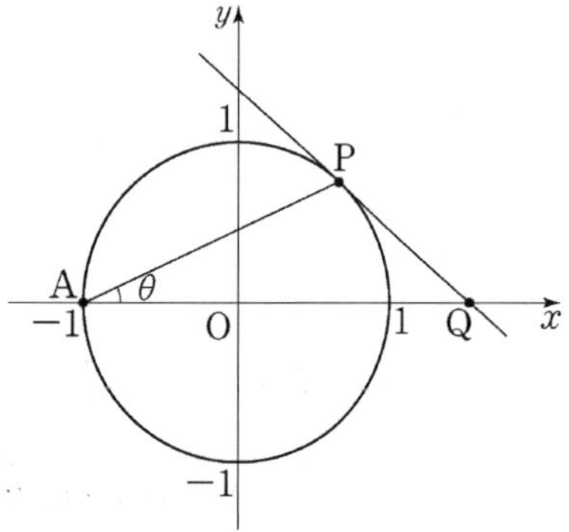

① 2 ② $\sqrt{3}$ ③ $\frac{3}{2}$

④ 1 ⑤ $\frac{\sqrt{2}}{2}$

HINT▶▶

중심각은 원주각의 두배

접점이 주어질 경우 원의 접선 $x_1x+y_1y=r^2$

$\sin^2\theta+\cos^2\theta=1$, $\tan^2\theta+1=\sec^2\theta$

$\sec\theta=\frac{1}{\cos\theta}$, $\tan\theta=\frac{\sin\theta}{\cos\theta}$

$\cos2\theta=\cos^2\theta-\sin^2\theta$

$=2\cos^2\theta-1$

$=1-2\sin^2\theta$

$\lim_{\theta\to0}\frac{\sin\theta}{\theta}=\lim_{\theta\to0}\frac{\theta}{\sin\theta}=1$

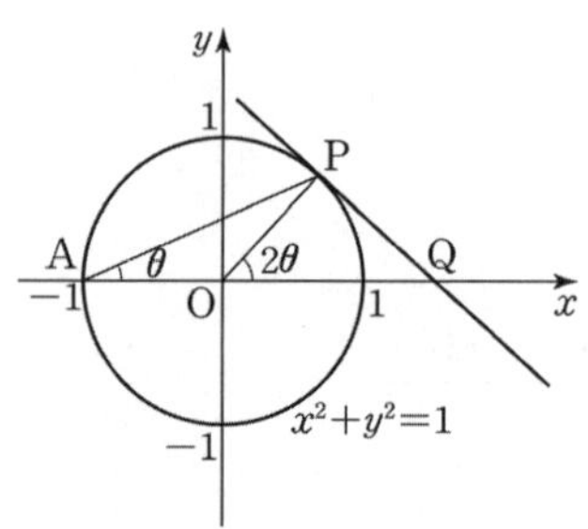

그림에서 $\triangle AOP$가 이등변삼각형이므로
$\angle POQ = 2\theta$
$\therefore P(\cos 2\theta,\ \sin 2\theta)$

점 P를 지나는 접선의 방정식은
$\cos 2\theta x + \sin 2\theta y = 1$

$\therefore Q\left(\dfrac{1}{\cos 2\theta}, 0\right)$

$\therefore \overline{PQ} - \overline{OQ}$

$= \sqrt{\left(\cos 2\theta - \dfrac{1}{\cos 2\theta}\right)^2 + \sin^2 2\theta} - \dfrac{1}{\cos 2\theta}$

$= \sqrt{1 - 2 + \dfrac{1}{\cos^2 2\theta}} - \dfrac{1}{\cos 2\theta}$

$= \sqrt{\sec^2 2\theta - 1} - \dfrac{1}{\cos 2\theta}$

$= \tan 2\theta - \dfrac{1}{\cos 2\theta} = \dfrac{\sin 2\theta - 1}{\cos 2\theta}$

한편 $\theta - \dfrac{\pi}{4} = t$라 하면 $\theta = \dfrac{\pi}{4} + t$이므로

$$\frac{\sin 2\theta - 1}{\cos 2\theta} = \frac{\sin\left(\frac{\pi}{2} + 2t\right) - 1}{\cos\left(\frac{\pi}{2} + 2t\right)}$$

$$= \frac{\cos 2t - 1}{-\sin 2t}$$

$$= \frac{-2\sin^2 t}{-\sin 2t}\ (\because \cos 2t = 1 - 2\sin^2 t)$$

$$= \frac{2\sin^2 t}{\sin 2t}$$

$$\therefore \lim_{\theta \to \frac{\pi}{4} - 0} \frac{\overline{PQ} - \overline{OQ}}{\theta - \frac{\pi}{4}} = \lim_{t \to -0} \frac{\frac{2\sin^2 t}{\sin 2t}}{t}$$

$$= 2\lim_{t \to -0} \frac{\sin^2 t}{t^2} \cdot \frac{2t}{\sin 2t} \cdot \frac{1}{2}$$

$$= 2 \times \frac{1}{2} = 1$$

정답 : ④

07.6B

068

함수 $f(x)$가
$f(x+2) - f(2) = x^3 + 6x^2 + 14x$를 만족시킬 때, $f'(2)$의 값을 구하시오.

HINT▸▸

$f'(a) = \lim\limits_{n \to 0} \dfrac{f(a+h) - f(a)}{h}$

$\dfrac{0}{0}$의 꼴은 인수분해 해본다.

좌우변을 각각 h로 나누고 $x = h$를 대입한다.

$f'(2) = \lim\limits_{h \to 0} \dfrac{f(2+h) - f(2)}{h}$ (좌변)

$f'(2) = \lim\limits_{h \to 0} \dfrac{h^3 + 6h^2 + 14h}{h}$ (우변)

$= \lim\limits_{h \to 0} (h^2 + 6h + 14)$

$= 14$

정답 : 14

07.6B

069

양수 a에 대하여
점 $(a, 0)$에서 곡선 $y=3x^3$에 그은 접선과
점 $(0, a)$에서 곡선 $y=3x^3$에 그은 접선이
서로 평행할 때, $90a$의 값을 구하시오.

HINT▸▸

접점이 주어질 경우 접선의 식
$y-y_1=f'(x_1)(x-x_1)$
$(a^m)^n=a^{mn}$

접점의 좌표를 $(b, 3b^3)$이라 하면
$y'=9x^2$ 이므로 접선의 방정식은
$y-3b^3=9b^2(x-b)$, $y=9b^2x-6b^3 \cdots$ ㉠
(i) ㉠이 점 $(a, 0)$을 지나므로
$9b^2a-6b^3=0$, $3a-2b=0$
$\therefore\ b=\frac{3}{2}a$
따라서, 접선의 방정식은
$y=\frac{81}{4}a^2x-\frac{81}{4}a^3 \cdots$ ㉡
(ii) ㉠이 점 $(0, a)$를 지날 때,
$a=-6b^3$
$\therefore\ b=\left(-\frac{a}{6}\right)^{\frac{1}{3}}$
따라서, 접선의 방정식은
$y=9\left(-\frac{a}{6}\right)^{\frac{2}{3}}x+a \cdots$ ㉢
이 때, ㉡, ㉢이 서로 평행하므로
$\frac{81}{4}a^2=9\left(-\frac{a}{6}\right)^{\frac{2}{3}}$, $\left(\frac{9}{4}a^2\right)^3=\left(-\frac{a}{6}\right)^2$
$\frac{9^3}{4^3}a^6=\frac{1}{6^2}a^2$, $a^4=\frac{2^4}{3^8}$
$\therefore\ a=\frac{2}{3^2}=\frac{2}{9}\ (\because a>0)$
$\therefore\ 90a=20$

정답 : 20

07.6B

070

양수 a가 $\lim_{x\to 0}\frac{(a+12)^x-a^x}{x}=\ln 3$을 만족시킬 때, a의 값은?

① 2　② 3　③ 4　④ 5　⑤ 6

HINT▸▸

$\lim_{x\to 0}\frac{a^x-1}{x}=\ln a$

$\log_c a-\log_c b=\log_c\frac{a}{b}$

$\lim_{x\to 0}\frac{(a+12)^x-a^x}{x}$

$=\lim_{x\to 0}\frac{(a+12)^x-1}{x}-\lim_{x\to 0}\frac{a^x-1}{x}$

$=\ln(a+12)-\ln a$

$=\ln\frac{a+12}{a}=\ln 3$

$\frac{a+12}{a}=3$, $a+12=3a$

$\therefore a=6$

정답 : ⑤

07.9B

071

함수 $f(x)=x^3+5x$에 대하여

$\lim_{h\to 0}\frac{f(2+h)-f(2)}{h}$의 값을 구하시오.

HINT▸▸

$f'(a)=\lim_{n\to 0}\frac{f(a+h)-f(a)}{h}$

$f'(x)=3x^2+5$이므로

$\lim_{h\to 0}\frac{f(2+h)-f(2)}{h}$

$=f'(2)$

$=3\cdot 2^2+5$

$=17$

정답 : 17

072

함수 $f(x)=x^3-12x$가 $x=a$에서 극댓값 b를 가질 때, $a+b$의 값을 구하시오.

HINT▸▸

$f'(a)=0$이면 $f(x)$는 $x=a$에서 극값을 가진다.
3차식이고 최고차항의 계수 $a>0$이면

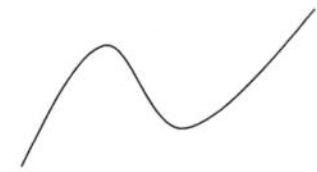 의 형태가 된다.

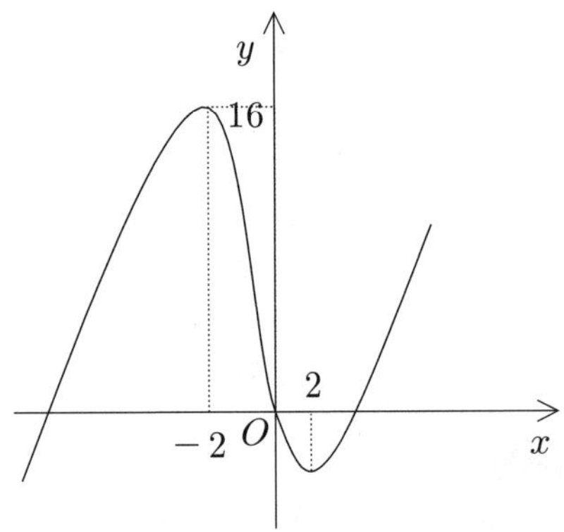

$f'(x)=3x^2-12$

$=3(x+2)(x-2)=0$에서

$x=-2, 2$

최고차항의 계수가 양수이므로

$f(x)$는 $x=-2$일 때 극댓값을 갖고, 극댓값은

$f(-2)=-8+24=16$

$\therefore\ a=-2,\ b=16$

$\therefore\ a+b=14$

정답 : 14

07.수능B

073

최고차항의 계수가 양수인 사차함수 $f(x)$가 다음 조건을 만족시킨다.

> $f'(x)=0$이 서로 다른 세 실근 α, β, $\gamma\ (\alpha<\beta<\gamma)$를 갖고,
> $f(\alpha)f(\beta)f(\gamma)<0$이다.

〈보기〉에서 옳은 것을 모두 고른 것은?

〈보 기〉

ㄱ. 함수 $f(x)$는 $x=\beta$에서 극댓값을 갖는다.

ㄴ. 방정식 $f(x)=0$은 서로 다른 두 실근을 갖는다.

ㄷ. $f(\alpha)>0$이면 방정식 $f(x)=0$은 β보다 작은 실근을 갖는다.

① ㄱ　　② ㄷ　　③ ㄱ, ㄴ
④ ㄴ, ㄷ　　⑤ ㄱ, ㄴ, ㄷ

HINT▶▶

최고차항의 계수가 양수인 4차식의 그래프는 W형태가 된다.

ㄱ. 〈참〉

$f'(x)=0$은 최고차항의 계수가 양수인 삼차 방정식이고, 서로 다른 세 실근을 가지므로 $y=f'(x)$의 그래프의 개형은 다음과 같다.

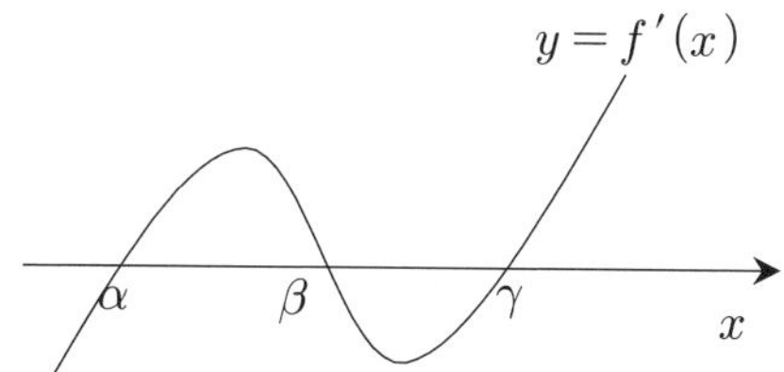

$x=\beta$의 좌우에서 $f'(x)$의 부호가 양에서 음으로 바뀌므로 $f(x)$는 $x=\beta$에서 극댓값을 갖는다.

ㄴ. 〈참〉

사차함수$y=f(x)$의 그래프의 개형은 다음과 같다.

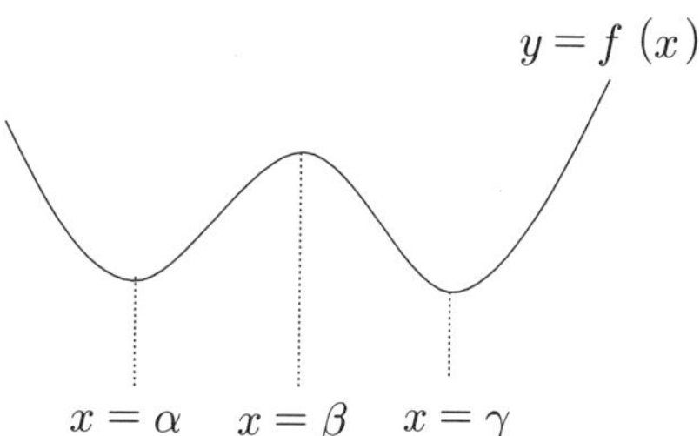

따라서, $f(\alpha)f(\beta)f(\gamma)<0$인 경우는 다음과 같다.

(i) $f(\alpha)<0, f(\beta)<0, f(\gamma)<0$

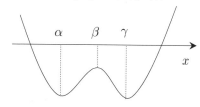

α β γ

x

(ii) $f(\alpha)<0, f(\beta)>0, f(\gamma)>0$

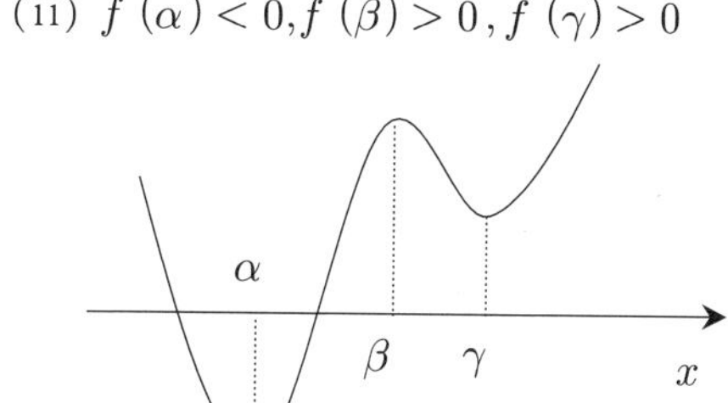

(iii) $f(\alpha)>0, f(\beta)>0, f(\gamma)<0$

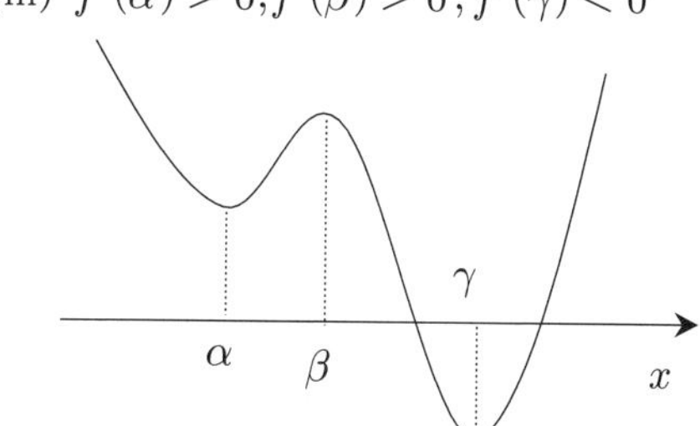

그러므로 방정식$f(x)=0$은 서로 다른 두 실근을 갖는다.

ㄷ. 〈거짓〉

ㄴ의 (iii)에서 방정식$f(x)=0$의 두 실근은 모두 β보다 크다.

따라서, 보기 중 옳은 것은 ㄱ, ㄴ이다.

정답 : ③

07.9B

074

좌표평면 위에 그림과 같이 중심각의 크기가 $90°$이고 반지름의 길이가 10인 부채꼴 OAB가 있다. 점 P가 점A에서 출발하여 호 AB를 따라 매초 2의 일정한 속력으로 움직일 때, $\angle AOP = 30°$가 되는 순간 점P의 y 좌표의 시간(초)에 대한 변화율은?

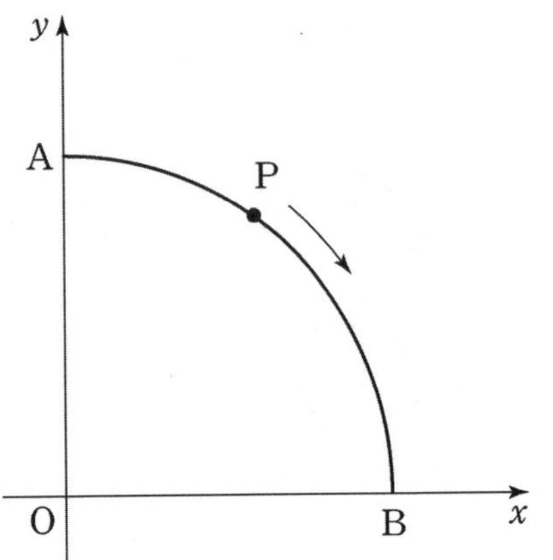

① $-\frac{1}{2}$ ② $-\frac{\sqrt{2}}{2}$ ③ $-\frac{\sqrt{3}}{2}$
④ -1 ⑤ -2

HINT▸▸

$$\frac{dy}{dx} = \frac{dy}{dt} \cdot \frac{dt}{dx}$$

그래프에서의 속력

$$v = \sqrt{\left(\frac{dx}{dt}\right)^2 + \left(\frac{dy}{dt}\right)^2}$$

t초 후에 선분 OP와 y축이 이루는 각의 크기를 θ라 하면

점 P의 좌표는 $(10\sin\theta,\ 10\cos\theta)$이므로 속력 v는

$$\begin{aligned} v &= \sqrt{\left(\frac{dx}{dt}\right)^2 + \left(\frac{dy}{dt}\right)^2} \\ &= \sqrt{\left(\frac{dx}{d\theta}\right)^2 + \left(\frac{dy}{d\theta}\right)^2}\ \frac{d\theta}{dt} \\ &= \sqrt{(10\cos\theta)^2 + (-10\sin\theta)^2}\ \frac{d\theta}{dt} \\ &= 10\frac{d\theta}{dt} \\ &= 2 \end{aligned}$$

$$\therefore\ \frac{d\theta}{dt} = \frac{1}{5}$$

따라서

$$\begin{aligned} \frac{dy}{dt} = \frac{dy}{d\theta} \cdot \frac{d\theta}{dt} &= -10\sin\theta\,\frac{d\theta}{dt} \\ &= -2\sin\theta \end{aligned}$$

이므로

$\angle AOP = 30°$인 순간의 점 P의 y좌표의 시간에 대한 변화율은

$$-2\sin 30° = -2\cdot\frac{1}{2} = -1$$

정답 : ④

07.수능B

075

함수 $f(x)=x+\sin x$ 에 대하여 함수 $g(x)$를 $g(x)=(f\circ f)(x)$ 로 정의할 때, 〈보기〉에서 옳은 것을 모두 고른 것은?

〈보 기〉

ㄱ. 함수 $f(x)$의 그래프는 개구간 $(0, \pi)$에서 위로 볼록하다.

ㄴ. 함수 $g(x)$는 개구간 $(0, \pi)$에서 증가한다.

ㄷ. $g'(x)=1$인 실수 x가 개구간 $(0, \pi)$에 존재한다.

① ㄱ ② ㄷ ③ ㄱ, ㄴ
④ ㄴ, ㄷ ⑤ ㄱ, ㄴ, ㄷ

HINT▸▸

$f''(x)<0 \rightarrow$ 위로 볼록
$f(g(x))'=f'(g(x))\cdot g'(x)$

평균값의 정리 :
구간 $[a, b]$ 에서 연속이고 구간 (a, b)에서 미분가능한 함수 $f(x)$에서 $f'(c)=\dfrac{f(b)-f(a)}{b-a}$ 를 만족하는 c가 구간 (a, b)에 반드시 존재한다.

ㄱ. 〈참〉
$f(x)=x+\sin x$에서
$f'(x)=1+\cos x$, $f''(x)=-\sin x$
$0<x<\pi$에서 $0<\sin x<1$
$\therefore -1<f''(x)<0$
따라서, $f(x)$는 $0<x<\pi$에서 위로 볼록하다.

ㄴ. 〈참〉
$g'(x)=f'(f(x))f'(x)$
$=(1+\cos f(x))(1+\cos x)$
$0<x<\pi$에서 $-1<\cos x<1$
$\therefore 0<1+\cos x<2$
그런데 $f(x)=x+\sin x$의 그래프는 구간$(0, \pi)$에서 $f'(x)=1+\cos x>0$이므로 증가함수이고
$\therefore 0<x<\pi$에서 우측 끝값인 $x=\pi$에서 최대가 되어 $0<f(x)<\pi$, $-1<\cos f(x)<1$,
$0<1+\cos f(x)<2$
$\therefore \quad g'(x)>0$
따라서, $g(x)$는 $0<x<\pi$에서 증가한다.

ㄷ. 〈참〉
$g(0)=f(f(0))=f(0)=0$
$g(\pi)=f(f(\pi))=f(\pi)=\pi$
$g(x)$가 $[0,\pi]$에서 연속이고, $(0,\pi)$에서 미분가능하므로 $f'(x)=\dfrac{g(\pi)-g(0)}{\pi-0}=\dfrac{\pi}{\pi}=1$인 $x(0<x<\pi)$가 적어도 하나 존재한다.(평균값 정리)
따라서, 옳은 것은 ㄱ, ㄴ, ㄷ 이다.

정답 : ⑤

08.6B

076

자연수 a, b에 대하여 함수

$$f(x)=\lim_{n\to\infty}\frac{ax^{n+b}+2x-1}{x^n+1}\ (x>0)$$이

$x=1$에서 미분가능할 때, $a+10b$의 값을 구하시오.

HINT▸▸

$|r|<1$ $\lim_{n\to\infty}r^n=0$, $|r|>1$ $\lim_{n\to\infty}r^n$은 발산

$\frac{\infty}{\infty}$의 꼴일 때는 분자·분모를 제일 큰수로 나누어라.

$x=a$에서 미분가능 → $x=a$에서 연속

i) $0<x<1$일 때, $\lim_{n\to\infty}x^n=0$이므로

$f(x)=2x-1$

ii) $x=1$일 때, $f(x)=\frac{a+1}{2}$

iii) $x>1$일 때,

$$f(x)=\lim_{n\to\infty}\frac{ax^b+\frac{2}{x^{n-1}}-\frac{1}{x^n}}{1+\frac{1}{x^n}}=ax^b$$

$f(x)$는 $x=1$에서 연속이므로($\because$ 미분가능하면 연속)

$2\cdot1-1=1=\frac{a+1}{2}=a$ $\quad\therefore\ a=1$

$0<x<1$일 때, $f'(x)=2$,

$x>1$일 때, $f'(x)=abx^{b-1}$이고,

$f(x)$는 $x=1$에서 미분가능하므로

$$\lim_{x\to1-0}\frac{f(x)-f(1)}{x-1}=\lim_{x\to1+0}\frac{f(x)-f(1)}{x-1}=f'(1)$$

에서 $f'(1)=2=ab$

$a=1$이므로 $b=2$

$\therefore\ a+10b=1+10\times2=21$

정답 : 21

08.6B

077

세 다항함수 $f(x)$, $g(x)$, $h(x)$가 다음 두 조건을 만족시킨다.

> 모든 실수 x에 대하여
> (가) $f(x)g(x)>0$
> (나) $\dfrac{g(x)}{f(x)h(x)} \geq 0$

〈보기〉에서 옳은 것을 모두 고른 것은?

〈보 기〉

ㄱ. 방정식 $f(x)=0$은 실근을 갖지 않는다.
ㄴ. 부등식 $g(x)>0$의 해집합은 공집합이거나 실수 전체의 집합이다.
ㄷ. 방정식 $|g(x)|+h(x)=0$은 적어도 1개의 실근을 갖는다.

① ㄱ　② ㄷ　③ ㄱ, ㄴ
④ ㄴ, ㄷ　⑤ ㄱ, ㄴ, ㄷ

HINT▸▸

항상 $f(x)>0$ ⇒ 근이 없다.
x축과의 교점이 없다.

모든 실수 x에 대하여
조건 (가)에 의하여
$f(x)>0$, $g(x)>0$ 또는
$f(x)<0$, $g(x)<0$…㉠
조건 (나)에서 $\dfrac{g(x)}{f(x)h(x)} \geq 0$ 이므로
$f(x)g(x)h(x) \geq 0$ $(f(x) \neq 0,\ h(x) \neq 0)$
$\therefore$ $h(x)>0$…㉡
$(\because f(x)g(x)>0,\ h(x) \neq 0)$
ㄱ. 〈참〉
조건 (가)에 의하여 $f(x)=0$은 실근을 갖지 않는다.
ㄴ. 〈참〉
㉠에서 모든 실수 x에 대하여
$g(x)>0$ 또는 $g(x)<0$
이다. 따라서, 부등식 $g(x)>0$의 해집합은 공집합이거나 실수 전체의 집합이다.
ㄷ. 〈거짓〉
모든 실수 x에 대하여 $g(x) \neq 0$ 이므로
$|g(x)|>0$
또한, ㉡에서 $h(x)>0$ 이므로
$|g(x)|+h(x)>0$
따라서, 방정식 $|g(x)|+h(x)=0$은 실근이 존재하지 않는다.

따라서 옳은 것은 ㄱ, ㄴ 이다.

정답 : ③

08.6B

078

삼차함수 $f(x)=x(x-1)(ax+1)$의 그래프 위의 점 $\mathrm{P}(1, 0)$을 접점으로 하는 접선을 l이라 하자. 직선 l에 수직이고 점 P를 지나는 직선이 곡선 $y=f(x)$와 서로 다른 세 점에서 만나도록 하는 a의 값의 범위는?

① $-1<a<-\frac{1}{3}$ 또는 $0<a<1$

② $-\frac{1}{3}<a<0$ 또는 $0<a<1$

③ $-1<a<0$ 또는 $0<a<\frac{1}{3}$

④ $-1<a<0$ 또는 $\frac{1}{3}<a<1$

⑤ $-2<a<-\frac{1}{3}$ 또는 $\frac{1}{3}<a<2$

HINT ▸▸

$P(x_1,\ y_1)$에서의 접선

$\Rightarrow\ y-y_1=f'(x_1)(x-x_1)$

기울기가 $m_1,\ m_2$인 두 직선이 직교할 경우

$m_1m_2=-1$

$\{f(x)\cdot g(x)\cdot h(x)\}'$

$=f'(x)\cdot g(x)\cdot h(x)+f(x)\cdot g'(x)\cdot h(x)$

$+f(x)\cdot g(x)\cdot h'(x)$

주어진 함수는 삼차함수이므로 $a\neq 0$

$f'(x)=(x-1)(ax+1)+x(ax+1)$
$\quad+ax(x-1)$

이므로 점 $\mathrm{P}(1, 0)$에서의 접선 l의 기울기는

$f'(1)=a+1$

또한 접선 l과 수직이면서 점 $\mathrm{P}(1, 0)$을 지나는 직선의 방정식은

$y=-\frac{1}{a+1}(x-1)\ (a\neq -1)\cdots$㉠

따라서 ㉠과 곡선 $y=f(x)$가 서로 다른 세 점에서 만나야 하므로

$-\frac{1}{a+1}(x-1)=x(x-1)(ax+1)$

$(x-1)(ax^2+x+\frac{1}{a+1})=0$

이 때 $ax^2+x+\frac{1}{a+1}=0$은 $a\neq 0,\ a\neq 1$이어서 $x=1$을 근으로 갖지 않고 서로 다른 두 실근을 만족시키도록

$D=1-4a\cdot\frac{1}{a+1}=\frac{-3a+1}{a+1}>0$

$\frac{3a-1}{a+1}<0,\ (3a-1)(a+1)<0$

$\therefore\ -1<a<0$ 또는 $0<a<\frac{1}{3}\ (\because a\neq 0)$

정답 : ③

08.6B

079

모든 계수가 정수인 삼차함수 $y=f(x)$는 다음 조건을 만족시킨다.

(가) 모든 실수 x에 대하여 $f(-x)=-f(x)$이다. (나) $f(1)=5$ (다) $1<f'(1)<7$

함수 $y=f(x)$의 극댓값은 m이다. m^2의 값을 구하시오.

HINT▸▸

모든 기함수에서 $f(0)=0$
최고차항의 계수가 음수일 경우 3차식의 형태는

이 된다.

(가)에서
$f(x)=ax^3+bx$ (a,b는 정수, $a\neq 0$)로 놓을 수 있다.
(나)에서
$f(1)=a+b=5$
$f'(x)=3ax^2+b$이므로
(다)에서
$1<f'(1)=3a+b<7$
$b=5-a$를 $1<f'(1)=3a+b<7$에 대입하여 정리하면 $-2<a<1$
$\therefore\ a=-1$ ($\because\ a\neq 0$ 정수조건)
이 때, $b=6$이므로 $f(x)=-x^3+6x$
$f'(x)=-3x^2+6=0$에서
$x=\pm\sqrt{2}$

최고차항의 계수가 음수인 3차식이므로

의 형태가 되고
따라서 $f(x)$는 $x=\sqrt{2}$일 때 극대이다.

$$\begin{aligned}\therefore\ m&=f(\sqrt{2})\\&=-(\sqrt{2})^3+6\sqrt{2}\\&=-2\sqrt{2}+6\sqrt{2}\\&=4\sqrt{2}\end{aligned}$$

$\therefore\ m^2=32$

정답 : 32

08.6B

080

함수 $f(x)=\left(\frac{x}{x-1}\right)^x (x>1)$에 대하여 〈보기〉에서 옳은 것을 모두 고른 것은?

〈보 기〉

ㄱ. $\lim_{x\to\infty} f(x)=e$

ㄴ. $\lim_{x\to\infty} f(x)f(x+1)=e^2$

ㄷ. $k \geq 2$일 때, $\lim_{x\to\infty} f(kx)=e^k$이다.

① ㄱ ② ㄷ ③ ㄱ, ㄴ
④ ㄴ, ㄷ ⑤ ㄱ, ㄴ, ㄷ

HINT▸▸

$\lim_{x\to\infty}\left(1+\frac{1}{x}\right)^x=e$

$\lim_{x\to\infty} f(x)\cdot g(x)=\lim_{x\to\infty} f(x)\cdot\lim_{x\to\infty} g(x)$

ㄱ. 〈참〉

$x-1=t$로 놓으면 $x\to\infty$일 때, $t\to\infty$이므로

$$\begin{aligned}\lim_{x\to\infty} f(x)&=\lim_{x\to\infty}\left(\frac{x}{x-1}\right)^x\\&=\lim_{t\to\infty}\left(\frac{t+1}{t}\right)^{t+1}\\&=\lim_{t\to\infty}\left\{\left(1+\frac{1}{t}\right)^t\left(1+\frac{1}{t}\right)\right\}\\&=e\end{aligned}$$

ㄴ. 〈참〉

ㄱ에서 $\lim_{x\to\infty} f(x)=e$

또, $$\begin{aligned}\lim_{x\to\infty} f(x+1)&=\lim_{x\to\infty}\left(\frac{x+1}{x}\right)^{x+1}\\&=\lim_{x\to\infty}\left\{\left(1+\frac{1}{x}\right)^x\left(1+\frac{1}{x}\right)\right\}\\&=e\end{aligned}$$

$$\begin{aligned}\therefore\ &\lim_{x\to\infty} f(x)f(x+1)\\&=\lim_{x\to\infty} f(x)\cdot\lim_{x\to\infty} f(x+1)=e^2\end{aligned}$$

ㄷ. 〈거짓〉

$kx-1=t$로 놓으면 $x\to\infty$일 때, $t\to\infty$이므로

$$\begin{aligned}\lim_{x\to\infty} f(kx)&=\lim_{x\to\infty}\left(\frac{kx}{kx-1}\right)^{kx}\\&=\lim_{t\to\infty}\left(\frac{t+1}{t}\right)^{t+1}\\&=\lim_{t\to\infty}\left\{\left(1+\frac{1}{t}\right)^t\left(1+\frac{1}{t}\right)\right\}\\&=e\end{aligned}$$

정답 : ③

08.6B

081

연속함수 $f(x)$가 $\lim_{x\to 0}\frac{f(x)}{1-\cos(x^2)}=2$를 만족시킬 때,

$\lim_{x\to 0}\frac{f(x)}{x^p}=q$이다. $p+q$의 값은? (단, $p>0$, $q>0$이다.)

① 4 ② 5 ③ 6 ④ 7 ⑤ 8

HINT ▸▸

$$\lim_{\theta\to 0}\frac{\sin\theta}{\theta}=\lim_{\theta\to 0}\frac{\theta}{\sin\theta}=1$$

$$\sin^2\theta+\cos^2\theta=1$$

$$\lim_{x\to 0}\frac{f(x)}{x^p}=\lim_{x\to 0}\left\{\frac{f(x)}{1-\cos(x^2)}\times\frac{1-\cos(x^2)}{x^p}\right\}$$

$$=\lim_{x\to 0}\left\{\frac{f(x)}{1-\cos(x^2)}\cdot\frac{1-\cos^2(x^2)}{x^p}\cdot\frac{1}{1+\cos(x^2)}\right\}$$

$$=\lim_{x\to 0}\left\{\frac{f(x)}{1-\cos(x^2)}\cdot\frac{\sin^2(x^2)}{x^p}\cdot\frac{1}{1+\cos(x^2)}\right\}$$

$$=2\times\lim_{x\to 0}\frac{\sin^2(x^2)}{x^p}\times\frac{1}{2}$$

$$=\lim_{x\to 0}\frac{\sin^2(x^2)}{x^p}=q$$

등식이 성립하려면

$p=4,\ q=1$

$\left(\because \frac{\{\sin(x^2)\}^2}{(x^2)^2}\right.$ 의 꼴이 되어야 한다. $\left.\right)$

$\therefore\ p+q=5$

정답 : ②

08.6B

082

수직선 위를 움직이는 두 점 P, Q의 시각 t일 때의 위치는 각각

$$P(t)=\frac{1}{3}t^3+4t-\frac{2}{3},\quad Q(t)=2t^2-10$$

이다. 두 점 P, Q의 속도가 같아지는 순간 두 점 P, Q 사이의 거리를 구하시오.

HINT ▸▸

	적분 →		적분 →	
가속도		속도		위치
	← 미분		← 미분	

시각t 일 때의 두 점 P,Q 의 속도는 각각

$v_P=P'(t)=t^2+4$

$v_Q=Q'(t)=4t$

$v_P=v_Q$ 에서

$t^2+4=4t$, $t^2-4t+4=0$

$(t-2)^2=0$, $t=2$

$t=2$ 일 때 두 점 P,Q 의 위치는 각각

$P(2)=\frac{8}{3}+8-\frac{2}{3}=10$

$Q(2)=8-10=-2$

이므로 두 점 P,Q 사이의 거리는

$10-(-2)=12$

정답 : 12

08.9B

083

구간 $[-2,\ 0]$에서 함수
$f(x)=x^3-3x^2-9x+8$ 의 최댓값을 구하시오.

HINT ▸▸

최대·최소값은 양 끝값과 극값을 비교하여 구한다.
함수 $f'(x)=0$일 때 극값을 갖는다.
3차식이고 최고차항의 계수 $a>0$이면

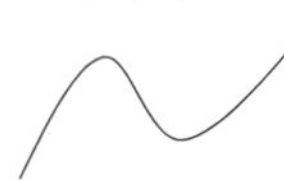 의 형태가 된다.

$f'(x)=3x^2-6x-9$
$=3(x-3)(x+1)$
이므로 $f'(x)=0$에서
$x=-1$ 또는 $x=3$
이 때, $x=-1$에서 극대이므로
$f(-1)=(-1)^3-3(-1)^2-9(-1)+8$
$=13$
구간의 양끝값은 각각
$f(-2)=(-2)^3-3(-2)^2-9(-2)+8=6$
$f(0)=8$이므로
구간 $[-2,0]$에서 $f(x)$의 최댓값은
$\therefore f(-1)=13$이 된다.

정답 : 13

08.수능B

084

다항함수 $f(x)$에 대하여
$\lim_{x\to2}\frac{f(x+1)-8}{x^2-4}=5$일 때, $f(3)+f'(3)$의 값을 구하시오.

HINT ▸▸

$\frac{0}{0}$의 꼴일 때는 인수분해 후 약분한다.

$\lim_{x\to a}\frac{g(x)}{f(x)}=0$에서 $g(a)=0$이면 $f(a)=0$
$f(a)=0$이면 $g(a)=0$

$f'(a)=\lim_{h\to0}\frac{f(a+h)-f(a)}{h}$

$\lim_{x\to2}\frac{f(x+1)-8}{x^2-4}=5$의 극한값이 존재하고 극한 내부의 분모의 극한값이 $\lim_{x\to2}(x^2-4)=0$이므로 $\lim_{x\to2}(f(x+1)-8)=0$, 즉 $f(3)=8$이어야 한다.
한편, $f'(3)=\lim_{x\to2}\frac{f(x+1)-f(3)}{(x+1)-3}$이므로
$\lim_{x\to2}\frac{f(x+1)-8}{x^2-4}$
$=\lim_{x\to2}\frac{1}{x+2}\lim_{x\to2}\frac{f(x+1)-f(3)}{(x+1)-3}$
$=\frac{1}{4}f'(3)=5$
$\therefore f'(3)=20$, $f(3)+f'(3)=8+20=28$

정답 : 28

08.9B

085

좌표평면에서 곡선

$y=\cos^n x \quad \left(0<x<\frac{\pi}{2},\ n=2, 3, 4, \ldots\right)$

의 변곡점의 y좌표를 a_n이라 할 때, $\lim_{n\to\infty} a_n$의 값은?

① $\frac{1}{e^2}$ ② $\frac{1}{e}$ ③ $\frac{1}{\sqrt{e}}$

④ $\frac{1}{2e}$ ⑤ $\frac{1}{\sqrt{2e}}$

HINT▸▸

$f(x)$의 변곡점에서는 $f''(x)=0$

$(\cos x)'=-\sin x$

$(\sin x)'=\cos x$

$\{f(x)\cdot g(x)\}'=f'(x)g(x)+f(x)\cdot g'(x)$

$\lim_{x\to\infty}\left(1+\frac{1}{x}\right)^x=e$

$y=\cos^n x$

$y'=-n\cos^{n-1}x\sin x$

$y''=n(n-1)\cos^{n-2}x\sin^2 x-n\cos^{n-1}x\cos x$

$=n(n-1)\cos^{n-2}x(1-\cos^2 x)-n\cos^{n-1}x\cos x$

$=n(n-1)\cos^{n-2}x-n(n-1)\cos^n x-n\cos^n x$

$=n(n-1)\cos^{n-2}x-n^2\cos^n x$

$=\cos^{n-2}x(n^2-n-n^2\cos^2 x)$

$=\cos^{n-2}x(n^2\sin^2 x-n)$

$0<x<\frac{\pi}{2}$에서 $\cos x\neq 0$이므로

$y''=0$에서 $n^2\sin^2 x-n=0$,

$\sin^2 x=\frac{1}{n}$

꼭짓점의 좌표를 (b_n, a_n)이라 하면

$\sin^2 b_n=\frac{1}{n}$이므로 이 값을 원함수에 대입하면

$a_n=\cos^n b_n=(\cos^2 b_n)^{\frac{n}{2}}$

$=(1-\sin^2 b_n)^{\frac{n}{2}}=\left(1-\frac{1}{n}\right)^{\frac{n}{2}}$

$\therefore \lim_{n\to\infty} a_n=\lim_{n\to\infty}\left(1-\frac{1}{n}\right)^{\frac{n}{2}}$

$=\lim_{n\to\infty}\left\{\left(1-\frac{1}{n}\right)^{-n}\right\}^{-\frac{1}{2}}$

$=\lim_{n\to\infty}\left\{\left(1+\frac{1}{-n}\right)^{-n}\right\}^{-\frac{1}{2}}$

$=e^{-\frac{1}{2}}$

$=\frac{1}{\sqrt{e}}$

정답 : ③

08.수능B

086

함수 $f(x)=4\ln x+\ln(10-x)$에 대하여 〈보기〉에서 옳은 것만을 있는 대로 고른 것은?

〈보 기〉

ㄱ. 함수 $f(x)$의 최댓값은 $13\ln 2$이다.
ㄴ. 방정식 $f(x)=0$은 서로 다른 두 실근을 갖는다.
ㄷ. 함수 $y=e^{f(x)}$의 그래프는 구간 $(4, 8)$에서 위로 볼록하다.

① ㄱ ② ㄷ ③ ㄱ, ㄴ
④ ㄴ, ㄷ ⑤ ㄱ, ㄴ, ㄷ

HINT▸▸

$a^{\log_b c}=c^{lob_b a}$

$\log_a 1=0$

$\log_c a+\log_c b=\log_c ab$

$nlog_a b=\log_a b^n$

$\{f(x)\cdot g(x)\}'=f'(x)g(x)+f(x)\cdot g'(x)$

$\log_a b$에서 $a>0,\ a\neq 1,\ b>0$

중간값의 정리 : 함수 $f(x)$가 닫힌구간 $[a,\ b]$에서 연속이고 $f(a)\neq f(b)$일때 $f(a),\ f(b)$ 사이의 임의의 실수 l에 대하여 $f(c)=l$인 c가 $(a,\ b)$에서 적어도 하나 존재한다.

$f''(x)>0 \Rightarrow$ 아래로 볼록

$f''(x)<0 \Rightarrow$ 위로 볼록

먼저 $(g\circ f)(x)$에서 $g(x)$가 증가함수이면 $(g\circ f)(x)$의 증감은 $f(x)$의 증감과 일치함을 기억한다.

주어진 식은 $f(x)=\ln x^4(10-x)$로 고쳐진다.

ㄱ. 〈참〉

$h(x)=x^4(10-x)$라고 하면,

$$\begin{aligned}h'(x)&=4x^3(10-x)+x^4\times(-1)\\&=x^3(40-4x-x)\\&=x^3(40-5x)\\&=5x^3(8-x)\end{aligned}$$

이므로 $x=8$에서

$h(x)$가 최댓값을 갖는다.

($\because$ 진수조건에 의해서 $0<x<10$, ㄴ 풀이과정 참조하면 $=8$에서 극대값)

따라서 $f(x)=\ln h(x)$ 또한 $x=8$에서 최댓값을 갖는다. 따라서 $f(8)=13\ln 2$.

ㄴ. 〈참〉

$f(x)=0 \Leftrightarrow h(x)=1$이므로 $h(x)=1$인 x의 개수가 두 개인지 확인한다.

($\because \log_a 1=0$)

개구간 $(0,8)$에서 $h'(x)>0$이므로 $h(x)$는 증가함수이고 $h(0)=0,\ h(8)>1$이므로 이 구간에서 $h(x)=1$인 x는 단 하나이다. 마찬가지로 $(8,10)$에서 $h'(x)<0$이므로 $h(x)$는 감소함수이고 $h(8)>1,\ h(10)=0$이므로 $h(x)=1$인 x는 단 하나이다. 따라서 $h(x)=1$을 만족하는 x의 개수는 $f(x)$의 정의역 $(0,10)$에서 서로 다른 두 실근을 갖는다.

ㄷ. 〈거짓〉

$y=e^{f(x)}=e^{\ln h(x)}=h(x)$이다. 그런데,

$h''(x)=20x^2(6-x)$이므로 $x=6$ 주변에서 $h(x)$의 오목 볼록이 바뀐다. 그러므로 $(4,8)$에서 위로 볼록하지 않는 경우가 있다.

따라서 ㄱ,ㄴ만 참이다.

정답 : ③

09.6B

087

곡선 $y=x^2$ 위의 점 $(-2,\ 4)$에서의 접선이 곡선 $y=x^3+ax-2$에 접할 때, 상수 a의 값은?

① -9 ② -7 ③ -5 ④ -3 ⑤ -1

HINT▸▸

$(x_1,\ y_1)$에서 접선의 식

$y-y_1=f'(x_1)(x-x_1)$

주어진 첫 번째 식에서 $y'=2x$이므로

$y'_{x=-2}=2x_{x=-2}=-4$이므로

접선의 방정식은 $y=-4(x+2)+4$

$\therefore\ y=-4x-4$ -㉠

직선 ㉠과 삼차함수 $y=x^3+ax-2$의 교점의 x좌표를 t라 하고 하면

$t^3+at-2=-4t-4$ (동일한 점을 지난다)-㉡

$3t^2+a=-4$ (기울기가 같다)-㉢

을 만족해야 한다.

㉡과 ㉢을 연립하면

$t^3+(-3t^2)t+2=0 \quad (\because a+4=-3t^2)$

$-2t^3+2=0$

$\therefore\ t^3=1 \quad \therefore\ t=1\ (\because t^2+t+1\neq 0)$

$\therefore\ a=-3-4=-7$ ($\because$ ㉢에 대입)

정답 : ②

09.6B

088

함수 $y=f(x)$의 그래프는 y축에 대하여 대칭이고, $f'(2)=-3$, $f'(4)=6$일 때,

$\lim\limits_{x\to-2}\dfrac{f(x^2)-f(4)}{f(x)-f(-2)}$의 값은?

① -8 ② -4 ③ 4 ④ 8 ⑤ 12

HINT▸▸

$$f'(a)=\lim_{h\to0}\frac{f(a+h)-f(a)}{h}=\lim_{b\to a}\frac{f(b)-f(a)}{b-a}$$

y축 대칭이므로 $f(x)=f(-x)$이다.

양변을 미분하면 $f'(x)=-f'(-x)$

$\therefore f'(-2)=3, \quad f'(-4)=-6$

$$(\text{준식})=\lim_{x\to-2}\frac{x-(-2)}{f(x)-f(-2)}\times\frac{f(x^2)-f(4)}{x-(-2)}$$

$$=\lim_{x\to-2}\frac{\dfrac{f(x^2)-f(4)}{x^2-4}}{\dfrac{f(x)-f(-2)}{x-(-2)}}\times(x-2)$$

$$=\frac{f'(4)}{f'(-2)}\times(-4)$$

$$=\frac{6}{3}\times(-4)=-8$$

$(\because x\to-2$ 일때 $x^2\to4)$

정답 : ①

09.6B

089

좌표평면 위에 점 $A(0,\ 2)$가 있다. $0<t<2$일 때, 원점 O와 직선 $y=2$ 위의 점 $P(t,\ 2)$를 잇는 선분 OP의 수직이등분선과 y축의 교점을 B라 하자. 삼각형 ABP의 넓이를 $f(t)$라 할 때, $f(t)$의 최댓값은 $\frac{b}{a}\sqrt{3}$이다. $a+b$의 값을 구하시오. (단, a, b는 서로소인 자연수이다.)

HINT▸▸

직선의 기울기 $\dfrac{y_2-y_1}{x_2-x_1}$

두직선이 수직으로 만날 때 $mm'=-1$

$p(x_1,\ y_1)$을 지나는 직선의 식

$y=m(x-x_1)+y_1$

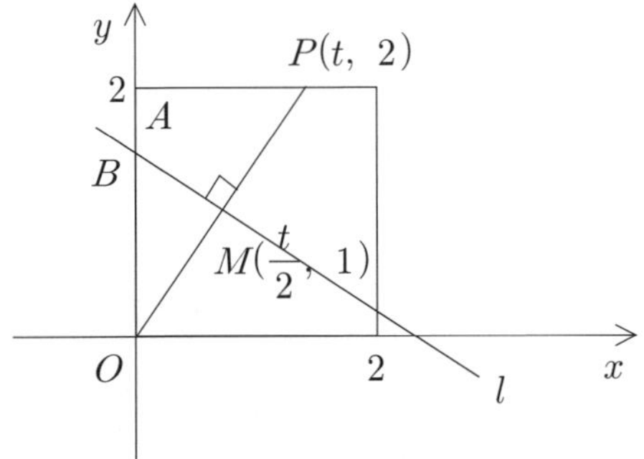

위의 그림에서 직선 l 의 방정식은 $\overline{OP}$의 기울이가 $\dfrac{2}{t}$이므로

$$y=-\frac{t}{2}\left(x-\frac{t}{2}\right)+1$$

이 식에서

y 절편은 $\dfrac{t^2}{4}+1$ 이고 점$B\left(0,\ \dfrac{t^2}{4}+1\right)$ 이다.

$$\therefore \overline{AB}=2-\left(\frac{t^2}{4}+1\right)=1-\frac{t^2}{4}$$

$\overline{AP}=t$이므로

$$f(t)=\frac{1}{2}\left(1-\frac{t^2}{4}\right)t=\frac{1}{2}\left(t-\frac{t^3}{4}\right)$$

$f'(t)=\dfrac{1}{2}\left(1-\dfrac{3t^2}{4}\right)=0$ 에서 $1-\dfrac{3t^2}{4}=0$이고

$\therefore t=\dfrac{2\sqrt{3}}{3}$에서 최댓값 $f\left(\dfrac{2\sqrt{3}}{3}\right)=\dfrac{2\sqrt{3}}{9}$을 갖는다.

$\therefore\ a+b=9+2=11$

정답 : 11

09.6B

090

함수 $f(x)=(2x^3+1)(x-1)^2$ 에 대하여 $f'(-1)$ 의 값을 구하시오.

HINT▸▸

$\{f(x)\cdot g(x)\}'=f'(x)g(x)+f(x)\cdot g'(x)$

$f(x)=(2x^3+1)(x-1)^2$

$f'(x)=6x^2(x-1)^2+(2x^3+1)\cdot 2(x-1)$

$=2(x-1)\{3x^2(x-1)+2x^3+1\}$

$=2(x-1)\{3x^3-3x^2+2x^3+1\}$

$=2(x-1)(5x^3-3x^2+1)$

$\therefore\ f'(-1)=2(-1-1)(-5-3+1)$
$=2(-2)(-7)=28$

정답 : 28

09.9B

091

곡선 $y=x^3+2$ 위의 점 $P(a,\ -6)$ 에서의 접선의 방정식을 $y=mx+n$ 이라 할 때, 세 수 $a,\ m,\ n$ 의 합을 구하시오.

HINT▸▸

$(x_1,\ y_1)$에서 접선의 식

$y-y_1=f'(x_1)(x-x_1)$

점 $P(a,-6)$는 $y=x^3+2$위의 점이므로

$-6=a^3+2$

$\therefore\ a=-2$

$y'=3x^2$이므로

점 $P(-2,-6)$에서의 접선의 기울기 $m=12$

접선의 방정식은

$y=12(x-(-2))+6=12x+18$

$\therefore a=-2,\ m=12,\ n=18$

$a+m+n=28$

정답 : 28

09.6B

092

$x=0$에서 극댓값을 갖는 모든 다항함수 $f(x)$에 대하여 옳은 것만을 〈보기〉에서 있는 대로 고른 것은?

〈보 기〉

ㄱ. 함수 $|f(x)|$은 $x=0$에서 극댓값을 갖는다.

ㄴ. 함수 $f(|x|)$은 $x=0$에서 극댓값을 갖는다.

ㄷ. 함수 $f(x)-x^2|x|$은 $x=0$에서 극댓값을 갖는다.

① ㄴ ② ㄷ ③ ㄱ, ㄴ ④ ㄱ, ㄷ ⑤ ㄴ, ㄷ

HINT▸▸

$x=a$에서 $f(x)$가 극대값을 가지면

$\lim_{x\to a-0} f'(x)>0$, $\lim_{x\to a+0} f'(x)<0$

즉, $x=0$의 좌측에서는 $f'(x)>0$

$x=0$의 우측에서는 $f'(x)<0$이 된다.

ㄱ. 〈거짓〉

[반례] $f(x)=-x^2$

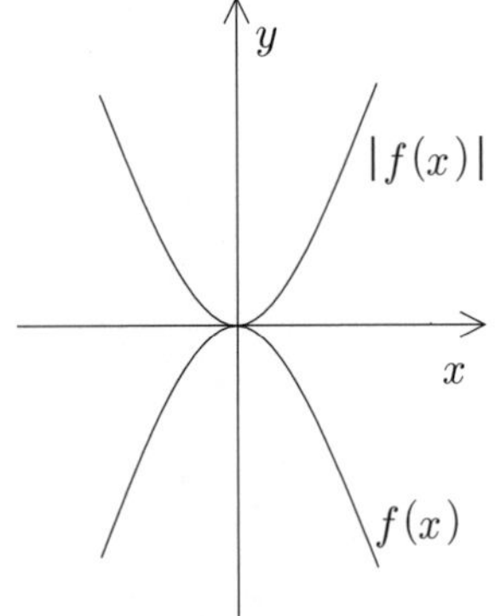

$x=0$에서 $y=f(x)$가 극소값을 갖는다.

즉, 충분히 작은 양수 h에 대하여

$f'(-h)>0$, $f'(h)<0$임을 알 수 있다.

ㄴ. 〈참〉

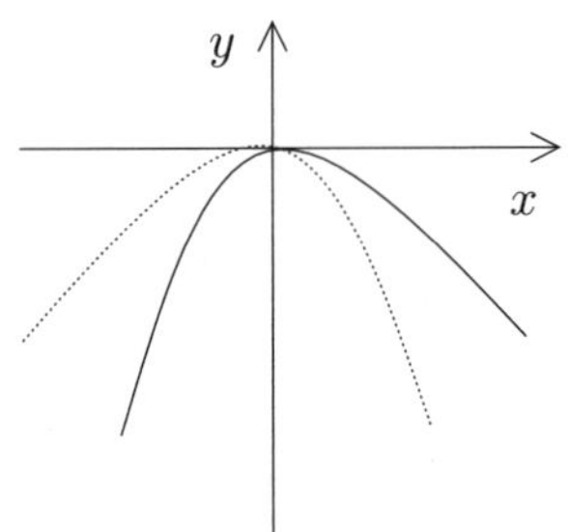

$$f(|x|)=\begin{cases} f(-x) & (x<0) \\ f(x) & (x\geqq 0) \end{cases}$$

$$f'(|x|)=\begin{cases} -f'(-x) & (x<0) \\ f'(x) & (x>0) \end{cases}$$

$x=-h$일 때,

$=-f'(-(-h))=-f'(h)>0$ (좌측)

$x=h$ 일 때, $f'(h)<0$ (우측)

따라서, $x=0$에서 극대

[참고] 간단히 $x=0$의 좌우모양이 위와 같아진다는 것이니 그림을 상상하면 바로 풀린다.

ㄷ. 〈참〉

$g(x)=f(x)-x^2|x|$ 라고 하면

$$g(x)=\begin{cases} f(x)+x^3 & (x<0) \\ f(x)-x^3 & (x\geqq 0) \end{cases}$$

$$g'(x)=\begin{cases} f'(x)+3x^2 & (x<0) \\ f'(x)-3x^2 & (x>0) \end{cases}$$

$g'(-h)=f'(-h)+3h^2>0$ $(\because f'(-h)>0)$

$g'(h)=f'(h)-3h^2<0$ $(\because f'(h)<0)$

따라서 $x=0$에서 극대

정답 : ⑤

09.9B

093

함수 $f(x)=\ln(e^x-1)$의 역함수를 $g(x)$라 할 때, 양수 a에 대하여

$\dfrac{1}{f'(a)}+\dfrac{1}{g'(a)}$의 값은?

① 2 ② 4 ③ 6 ④ 8 ⑤ 10

HINT▸▸

$\{\ln f(x)\}'=\dfrac{f'(x)}{f(x)}$

$\dfrac{dy}{dx}=\dfrac{1}{\dfrac{dx}{dy}}$ 즉, $\{f^{-1(x)}\}'=\dfrac{1}{f'(y)}$

$f'(x)=\dfrac{e^x}{e^x-1}$ ……………………(i)

$y=g(x)$ 에서, $x=f(y)=\ln(e^y-1)$

$\therefore e^y-1=e^x,\ e^y=e^x+1$

$g'(x)=\dfrac{1}{f'(y)}=\dfrac{e^y-1}{e^y}=\dfrac{e^x}{e^x+1}$

……………………(ii)

(i), (ii) 에 의해

$\dfrac{1}{f'(a)}+\dfrac{1}{g'(a)}=\dfrac{e^a-1}{e^a}+\dfrac{e^a+1}{e^a}=2$

정답 : ①

09.수능B

094

함수 $f(x)=(x^2+1)(x^2+x-2)$에 대하여 $f'(2)$의 값을 구하시오.

HINT▸▸

$\{f(x)\cdot g(x)\}'=f'(x)g(x)+f(x)\cdot g'(x)$

$f(x)=(x^2+1)(x^2+x-2)$에서

$f'(x)=2x(x^2+x-2)+(x^2+1)(2x+1)$

$=4x^3+3x^2-2x+1$

$\therefore\ f'(2)=4\cdot2^3+3\cdot2^2-2\cdot2+1$

$=41$

정답 : 41

09.수능B

095

곡선 $y=e^x$ 위의 점 $(1,\ e)$에서의 접선이 곡선 $y=2\sqrt{x-k}$에 접할 때, 실수 k 의 값은?

① $\frac{1}{e}$ ② $\frac{1}{e^2}$ ③ $\frac{1}{e^4}$

④ $\frac{1}{1+e}$ ⑤ $\frac{1}{1+e^2}$

HINT▸▸

$(x_1,\ y_1)$에서 접선의 식

$y-y_1=f'(x_1)(x-x_1)$

직선$f(x)$가 2차식의 곡선 $g(x)$에 접할 때 $g(x)-f(x)=0$의 판별식 $D=0$이 된다.

$y'=e^x$에서 $y'_{x=1}=e$이므로

점 $(1,\ e)$에서의 접선의 방정식은

$y-e=e(x-1)$

$\therefore\ y=ex$

이 직선과 곡선 $y=2\sqrt{x-k}$가 접하므로

$ex=2\sqrt{x-k}$

양변을 제곱하면 $e^2x^2=4(x-k)$

방정식 $e^2x^2=4(x-k)$

즉, $e^2x^2-4x+4k=0$의 판별식을 D라 하면

$D/4=4-e^2{\cdot}4k=0 \quad \therefore\ k=\frac{1}{e^2}$

정답 : ②

10.9B

096

함수 $f(x)=x^3-(a+2)x^2+ax$에 대하여 곡선 $y=f(x)$위의 점 $(t, f(t))$에서의 접선의 y 절편을 $g(t)$라 하자.

함수 $g(t)$가 개구간 $(0,\ 5)$에서 증가할 때, a의 최솟값을 구하시오.

HINT▸▸

$(x_1,\ y_1)$에서 접선의 식

$y-y_1=f'(x_1)(x-x_1)$

곡선 $y=f(x)$ 위의 점 $(t,\ f(t))$에서의 접선의 방정식은 $y-f(t)=f'(t)(x-t)$

위의 식에 $x=0$을 대입하면 y절편은

$g(t)=f(t)-tf'(t)$

이때, $f'(x)=3x^2-2(a+2)x+a$이므로

$g(t)$

$=\{t^3-(a+2)t^2+at\}-t\{3t^2-2(a+2)t+a\}$

$=-2t^3+(a+2)t^2$

$g'(t)=-6t^2+2(a+2)t$이고 개구간 $(0,\ 5)$에서 함수 $g(t)$가 증가하려면 좌우양끝값과 극값이 모두 0보다 크거나 같으면 된다.

$g(0)\geq 0$에서 $0\geq 0$

$g(5)=-150+10(a+2)\geq 0$

$\therefore\ a\geq 13$

그리고 $g'(t)=0$이 되는 극값을 구하면

$-3t^2(t-a-2)=0$이고

$t=a+2>0\ (\because a\geq 13)$이어서 극값이 없으므로 따라서 a의 최솟값은 13이다.

정답 : 13

10.9B

097

곡선 $y=\left(\ln\frac{1}{ax}\right)^2$의 변곡점이 직선 $y=2x$ 위에 있을 때, 양수 a의 값은?

① e ② $\frac{5}{4}e$ ③ $\frac{3}{2}e$ ④ $\frac{7}{4}e$ ⑤ $2e$

HINT▸▸

$\{f(x)^n\}=n\{f(x)\}^{n-1}\cdot f'(x)$

$nlog_ab=\log_ab^n$

$a^{-m}=\frac{1}{a^m}$

$f(x)$의 변곡점에서는 $f''(x)=0$

$\{\ln f(x)\}'=\frac{f'(x)}{f(x)}$

$\left\{\frac{g(x)}{f(x)}\right\}'=\frac{f(x)g'(x)-f'(x)g(x)}{\{f(x)\}^2}$

$y=\left(\ln\frac{1}{ax}\right)^2=(-\ln ax)^2=(\ln ax)^2$

$y'=2\ln ax\times\frac{a}{ax}=\frac{2}{x}\ln ax$

$y''=-\frac{2}{x^2}\ln ax+\frac{2}{x}\times\frac{1}{x}$

$=\frac{2}{x^2}(1-\ln ax)=0$

에서 $\ln ax=1$, $ax=e$

$\therefore\ x=\frac{e}{a}$

$x=\frac{e}{a}$일 때, $y=\left(\ln\frac{1}{e}\right)^2=(-1)^2=1$

$x<\frac{e}{a}$일 때, $f''(x)>0$이고,

$x>\frac{e}{a}$일 때, $f''(x)<0$이므로

점 $\left(\frac{e}{a},\ 1\right)$은 주어진 곡선의 변곡점이다.

변곡점 $\left(\frac{e}{a},\ 1\right)$이 직선 $y=2x$ 위에 있으므로

$1=\frac{2e}{a}$

$\therefore\ a=2e$

정답 : ⑤

10.수능B

098

함수 $f(x)=(x-1)^2(x-4)+a$의 극솟값이 10일 때, 상수 a의 값을 구하시오.

HINT▸▸

$\{f(x)g(x)\}'=\{f'(x)g(x)\}+\{f(x)g'(x)\}$

$f'(a)=0$이면 $f(x)$는 $x=a$에서 극값을 가진다.

3차식이고 최고차항의 계수 $a>0$이면

 의 형태가 된다.

$f(x)=(x-1)^2(x-4)+a$에서

$f'(x)=2(x-1)(x-4)+(x-1)^2$

$=(x-1)\{2(x-4)+(x-1)\}$

$=3(x-1)(x-3)$

$f'(x)=0$에서 $(x-1)(x-3)=0$

$\therefore x=1$ 또는 $x=3$

x	$\cdots$	1	$\cdots$	3	$\cdots$
$f'(x)$	+	0	−	0	+
$f(x)$	↗	극대	↘	극소	↗

위의 증감표에 의해 함수 $f(x)$는 $x=3$일 때, 극솟값 10을 가지므로

$f(3)=(3-1)^2(3-4)+a=10$

$-4+a=10$

$\therefore a=14$

정답 : 14

10.수능B

099

좌표평면에서 곡선 $y^3=\ln(5-x^2)+xy+4$위의 점 $(2,\ 2)$에서의 접선의 기울기는?

① $-\frac{3}{5}$ ② $-\frac{1}{2}$ ③ $-\frac{2}{5}$

④ $-\frac{3}{10}$ ⑤ $-\frac{1}{5}$

HINT▸▸

$\{\ln f(x)\}'=\frac{f'(x)}{f(x)}$

$\{f(x)\cdot g(x)\}'=f'(x)g(x)+f(x)\cdot g'(x)$

$y^3=\ln(5-x^2)+xy+4$에서

$3y^2dy=\frac{-2x}{5-x^2}dx+ydx+xdy$

$(3y^2-x)dy=\left(\frac{-2x}{5-x^2}+y\right)dx$

$\therefore \frac{dy}{dx}=\left(\frac{-2x}{5-x^2}+y\right)\times\frac{1}{3y^2-x}$

$\therefore \left[\frac{dy}{dx}\right]_{x=2,\ y=2}$

$=\left(\frac{-2\cdot2}{5-2^2}+2\right)\times\frac{1}{3\cdot2^2-2}$

$=-\frac{1}{5}$

정답 : ⑤

11.6B

100

함수 $f(x)=\frac{1}{2}x^2-a\ln x\ (a>0)$ 의 극솟값이 0일 때, 상수 a의 값은?

① $\frac{1}{e}$ ② $\frac{2}{e}$ ③ $\sqrt{e}$ ④ e ⑤ $2e$

HINT▸▸

$(\ln x)'=\frac{1}{x}$

$\log_a b$에서 $a>0,\ a\neq 1,\ b>0$

$\left\{\frac{g(x)}{f(x)}\right\}'=\frac{f(x)g'(x)-f'(x)g(x)}{\{f(x)\}^2}$

$f'(x)=x-\frac{a}{x}=\frac{x^2-a}{x}$

$f'(x)=0$에서 $x=\sqrt{a}$ ($\because x>0$: 진수조건)

이므로 $f(x)$의 증감표는 다음과 같다.

x	0	$\cdots$	$\sqrt{a}$	$\cdots$
$f'(x)$		$-$	0	$+$
$f(x)$		↘		↗

따라서, $f(x)$는 $x=\sqrt{a}$에서 극솟값을 갖는다.

$f(\sqrt{a})=0$이므로

$\frac{1}{2}a-a\ln\sqrt{a}=0$에서

$\ln\sqrt{a}=\frac{1}{2},\ \frac{1}{2}\ln a=\frac{1}{2}$

$\therefore a=e$

정답 : ④

11.9B

101

함수 $f(x)=\ln(2x-1)$에 대하여

$f'(10)=\frac{q}{p}$일 때, $p+q$의 값을 구하시오.

(단, p와 q는 서로소인 자연수이다.)

HINT▸▸

$\{\ln f(x)\}'=\frac{f'(x)}{f(x)}$

$f(x)=\ln(2x-1)$에서 $f'(x)=\frac{2}{2x-1}$

이므로

$f'(10)=\frac{2}{2\times 10-1}=\frac{2}{19}$

$\therefore\ p+q=19+2=21$

정답 : 21

크로스수학
기출문제 유형탐구

3. 기하와 벡터

변환
도형
공간과 벡터

총 32문항

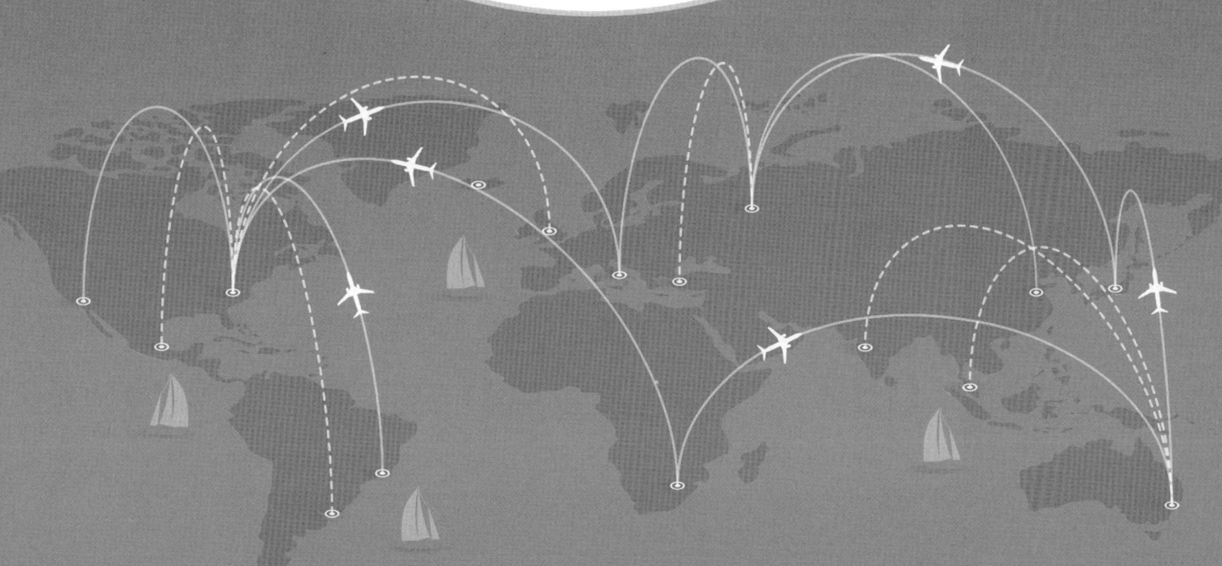

026 수험공부나 자격시험처럼 정말 **여러 번 보더라도 100프로 이해해야만 할 책이 있다면 그 책은 반드시 다독하라.** 도데체 내가 몇 번을 보았는지 기억도 나지 않을 만큼.

027 **복습단위의 크기도 잊지 말아야 한다. 복습단위가 너무 크면 막막해지기 쉽고 너무 작으면 지루해지고 호기심의 에너지원이 사라지리라.**

028 **눈을 사용해서 읽는 속도가 어느 정도가 적당한지 모른다면 왼손을 사용해보라.**

029 주의해야 할 사실은 상식과는 다르게 왼쪽 두뇌를 활성화시키는 것이 오른손이 아니라 왼손이라는 것이다.

030 잘 쓰지 않는 손으로 책을 가리키면서 공부한다면 이해만 되고 정리가 되지 않는다는 단점이 없어짐은 물론이거니와 모든 읽은 지식들이 좀 더 **장기저장** 목적으로 잘 정리될 것이다.

031 **얇은 포스트잇으로 순간순간 진도를 붙여 놓도록 하라.** 그러면 짬짬이 손까지 다 쉬었다가 복귀할 때 매우 유용하다.

032 **최소줄치기, 왼손사용, 포스트잇사용, 자모힌트법, 1:3비율조정, 나눠이해하기** 등을 통해서 효율성으로 무장한 **'눈으로 보기'는 당신의 공부방법을 완성할 것이다.**

11.6B

001

원점을 중심으로 90° 만큼 회전하는 회전변환을 나타내는 행렬을 A라 하자. 일차변환 f를 나타내는 행렬이 $A+A^2+A^3+A^4+A^5$과 같을 때, f에 의하여 점 $(2,0)$이 점 (a,b)로 옮겨진다. $a+b$의 값은?

①-2 ②-1 ③ 0 ④ 1 ⑤ 2

HINT▸▸

회전변환 행렬은 $\begin{pmatrix} \cos\theta & -\sin\theta \\ \sin\theta & \cos\theta \end{pmatrix}$이지만 각도가 90° 이므로 좌표이동만으로 푸는 것이 더 간단하다.

행렬 A, A^2, A^3, A^4, A^5이 나타내는 일차변환은 원점을 중심으로 각각 90°, 180°, 270°, 360°, 450° 만큼 회전하는 회전변환이다.

$\therefore A\begin{pmatrix} 2 \\ 0 \end{pmatrix}=\begin{pmatrix} 0 \\ 2 \end{pmatrix}$, $A^2\begin{pmatrix} 2 \\ 0 \end{pmatrix}=\begin{pmatrix} -2 \\ 0 \end{pmatrix}$,

$A^3\begin{pmatrix} 2 \\ 0 \end{pmatrix}=\begin{pmatrix} 0 \\ -2 \end{pmatrix}$, $A^4\begin{pmatrix} 2 \\ 0 \end{pmatrix}=\begin{pmatrix} 2 \\ 0 \end{pmatrix}$, $A^5\begin{pmatrix} 2 \\ 0 \end{pmatrix}=\begin{pmatrix} 0 \\ 2 \end{pmatrix}$

$\therefore (A+A^2+A^3+A^4+A^5)\begin{pmatrix} 2 \\ 0 \end{pmatrix}$

$=\begin{pmatrix} 0 \\ 2 \end{pmatrix}+\begin{pmatrix} -2 \\ 0 \end{pmatrix}+\begin{pmatrix} 0 \\ -2 \end{pmatrix}+\begin{pmatrix} 2 \\ 0 \end{pmatrix}+\begin{pmatrix} 0 \\ 2 \end{pmatrix}=\begin{pmatrix} 0 \\ 2 \end{pmatrix}$

즉, 점 $(2,0)$은 일차변환 f에 의하여 점 $(0,2)$로 옮겨진다.

$\therefore a=0, b=2$

$\therefore a+b=2$

정답 : ⑤

11.9B

002

좌표평면에서 두 일차변환 f, g를 나타내는 행렬이 각각 $\begin{pmatrix} -1 & 3 \\ 0 & -1 \end{pmatrix}$, $\begin{pmatrix} 3 & 1 \\ 1 & 0 \end{pmatrix}$일 때, 합성변환 $f\circ g$에 의하여 점$(-1,1)$이 옮겨지는 점의 좌표는?

① $(-1,\ 1)$ ② $(-1,\ 0)$ ③ $(0,\ 1)$
④ $(1,\ -1)$ ⑤ $(1,\ 1)$

HINT▸▸

$\begin{pmatrix} a & b \\ c & d \end{pmatrix}\begin{pmatrix} e & f \\ g & h \end{pmatrix}=\begin{pmatrix} ae+bg & af+bh \\ ce+dg & cf+dh \end{pmatrix}$

합성변환 $f\circ g$를 나타내는 행렬은

$\begin{pmatrix} -1 & 3 \\ 0 & -1 \end{pmatrix}\begin{pmatrix} 3 & 1 \\ 1 & 0 \end{pmatrix}=\begin{pmatrix} 0 & -1 \\ -1 & 0 \end{pmatrix}$

이므로 합성변환 $f\circ g$에 의하여 점 $(-1,\ 1)$이 옮겨지는 점의 좌표는

$\begin{pmatrix} 0 & -1 \\ -1 & 0 \end{pmatrix}\begin{pmatrix} -1 \\ 1 \end{pmatrix}=\begin{pmatrix} -1 \\ 1 \end{pmatrix}$

즉, $(-1,\ 1)$ 이다.

정답 : ①

11.수능B

003

좌표평면에서 행렬 $\begin{pmatrix} k & 0 \\ 0 & k \end{pmatrix}$ $(k>1)$ 로 나타내는 일차변환에 의하여 세 점 A(3, 0), B(3, 3), C(0, 3) 이 옮겨진 점을 각각 A′, B′, C′이라 하자. 삼각형 ABC의 내부와 삼각형 A′B′C′의 내부의 공통부분의 넓이가 $\frac{1}{2}$ 일 때, k 의 값은?

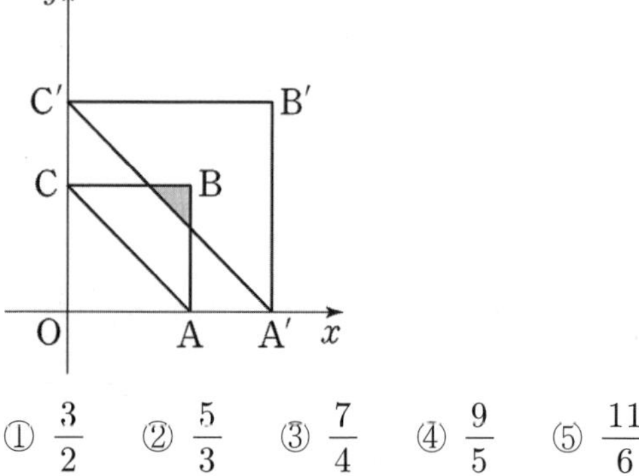

① $\frac{3}{2}$ ② $\frac{5}{3}$ ③ $\frac{7}{4}$ ④ $\frac{9}{5}$ ⑤ $\frac{11}{6}$

HINT▸▸

두점 (x_1, y_1), (x_2, y_2)를 지나는 직선의 식

$$y-y_1=\frac{y_2-y_1}{x_2-x_1}(x-x_1)$$

행렬 $\begin{pmatrix} k & 0 \\ 0 & k \end{pmatrix}=kE$이며 확대행렬이라 볼 수 있다.

행렬 $\begin{pmatrix} k & 0 \\ 0 & k \end{pmatrix}$로 나타내어지는 일차변환에 의하여 $A(3, 0)$, $B(3, 3)$, $C(0, 3)$이 옮겨진 각각의 점 A', B', C'의 좌표를 구하면

$\begin{pmatrix} k & 0 \\ 0 & k \end{pmatrix}\begin{pmatrix} 3 \\ 0 \end{pmatrix}=\begin{pmatrix} 3k \\ 0 \end{pmatrix}$ $\therefore$ A′(3k, 0)

$\begin{pmatrix} k & 0 \\ 0 & k \end{pmatrix}\begin{pmatrix} 3 \\ 3 \end{pmatrix}=\begin{pmatrix} 3k \\ 3k \end{pmatrix}$ $\therefore$ B′(3k, 3k)

$\begin{pmatrix} k & 0 \\ 0 & k \end{pmatrix}\begin{pmatrix} 0 \\ 3 \end{pmatrix}=\begin{pmatrix} 0 \\ 3k \end{pmatrix}$ $\therefore$ C′(0, 3k)

두 점 A', C'의 좌표가 A′(3k, 0), C′(0, 3k)이므로 직선 A′C′의 방정식은

$y=\frac{0-3k}{3k-0}(x-3k)$,

즉 $x+y=3k$ ⋯ ㉠

직선㉠이 선분 $\overline{AB}$와 선분 $\overline{BC}$와 만나는 점을 각각 P, Q 라 하면

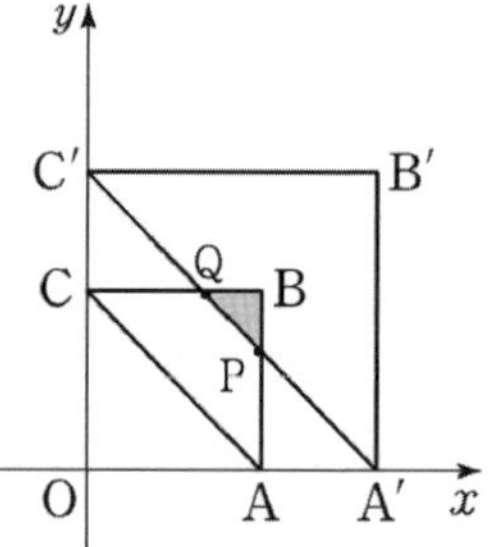

점 P의 좌표는 $x=3$일 때 $y=3k-3$이므로 $P(3,\ 3k-3)$ (∵ ㉠)

점 Q의 좌표는 $y=3$일 때 $3=-x+3k$, 즉 $x=3k-3$이므로 $Q(3k-3,\ 3)$

색칠한 공통부분인 △PQB의 넓이가 $\frac{1}{2}$이므로

$\triangle PQB=\frac{1}{2}\times\overline{PB}\times\overline{QB}$

$=\frac{1}{2}\times\{3-(3k-3)\}\{3-(3k-3)\}$

$=\frac{1}{2}\times(6-3k)^2=\frac{1}{2}$

즉, $(6-3k)^2=1$에서 $6-3k=1$

$(\because\ 6-3k>0)$

$3k=5,\ \ k=\frac{5}{3}$

정답 : ②

11.수능B

004

좌표평면에서 원점을 중심으로 하는 회전변환 f에 의하여 점 $(1,\ 0)$이 제1사분면 위의 점 $\left(\frac{\sqrt{3}}{2},\ a\right)$로 옮겨진다.

회전변환 f를 나타내는 행렬의 모든 성분의 합을 b라 할 때, a^2+b^2의 값은?

① $\frac{31}{12}$ ② $\frac{11}{4}$ ③ $\frac{35}{12}$ ④ $\frac{37}{12}$ ⑤ $\frac{13}{4}$

HINT▸▸

$\sin^2\theta+\cos^2\theta=1$

회전변환 행렬 $\begin{pmatrix}\cos\theta & -\sin\theta\\ \sin\theta & \cos\theta\end{pmatrix}$

원점을 중심으로 θ만큼 회전하는 회전변환 f를 나타내는 행렬은 $\begin{pmatrix}\cos\theta & -\sin\theta\\ \sin\theta & \cos\theta\end{pmatrix}$이므로

$$\begin{pmatrix}\cos\theta & -\sin\theta\\ \sin\theta & \cos\theta\end{pmatrix}\begin{pmatrix}1\\0\end{pmatrix}=\begin{pmatrix}\frac{\sqrt{3}}{2}\\ a\end{pmatrix}$$

$$\begin{pmatrix}\cos\theta\\ \sin\theta\end{pmatrix}=\begin{pmatrix}\frac{\sqrt{3}}{2}\\ a\end{pmatrix}\quad \therefore \cos\theta=\frac{\sqrt{3}}{2},\ \sin\theta=a$$

$\sin^2\theta+\cos^2\theta=1$에서

$$a^2+\left(\frac{\sqrt{3}}{2}\right)^2=1$$

$$\therefore\ a^2=1-\left(\frac{\sqrt{3}}{2}\right)^2=\frac{1}{4}$$

회전변환 f를 나타내는 행렬의 모든 성분의 합은

$$2\cos\theta=2\times\frac{\sqrt{3}}{2}=\sqrt{3}=b$$

$$\therefore\ a^2+b^2=\frac{1}{4}+(\sqrt{3})^2=\frac{13}{4}$$

정답 : ⑤

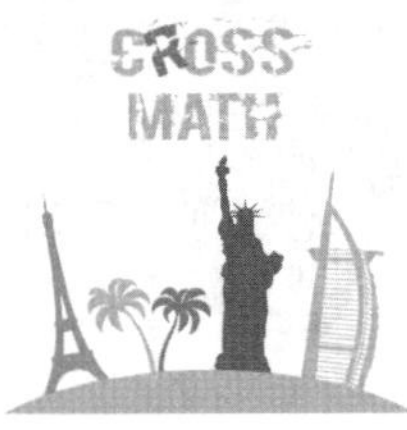

07.9B

005

쌍곡선 $x^2-y^2=1$에 대한 옳은 설명을 〈보기〉에서 모두 고른 것은?

〈보 기〉

ㄱ. 점근선의 방정식은 $y=x$, $y=-x$이다.
ㄴ. 쌍곡선 위의 점에서 그은 접선 중 점근선과 평행한 접선이 존재한다.
ㄷ. 포물선 $y^2=4px\ (p\neq 0)$는 쌍곡선과 항상 두 점에서 만난다.

① ㄱ ② ㄴ ③ ㄱ, ㄷ
④ ㄴ, ㄷ ⑤ ㄱ, ㄴ, ㄷ

HINT▸▸

쌍곡선 $\dfrac{x^2}{a^2}-\dfrac{y^2}{b^2}=\pm 1$ 에서

점근선의 식 $y=\pm\dfrac{b}{a}x$

$f(x)-g(x)$가 이차식이고 판별식 $D>0$이면 두 그래프는 두 점에서 만난다.

쌍곡선 $x^2-y^2=1$에서
ㄱ. 〈참〉
점근선의 방정식은 $y=\pm x$이다.
ㄴ. 〈거짓〉
쌍곡선 위의 점 (x_1,y_1)에서의 접선의 방정식은
$x_1x-y_1y=1$ ...㉠

$\therefore\ y=\dfrac{x_1}{y_1}x-\dfrac{1}{y_1}$

이 접선이 점근선과 평행하려면

$\dfrac{x_1}{y_1}=1$ 또는 $\dfrac{x_1}{y_1}=-1$

즉, $x_1=\pm y_1$ 이어야 한다.

그런데 이럴 경우 ㉠식이 ${x_1}^2-{y_1}^2=0=1$이 되어 모순이 된다.

즉, 점 (x_1,y_1)은 점근선 $y=\pm x$위의 점이되기도 하므로 모순이다.

따라서 쌍곡선 위의 점에서 그은 접선 중 점근선과 평행한 접선은 존재하지 않는다.

ㄷ. 〈참〉

$y^2=4px$를 $x^2-y^2=1$에 대입하여 정리하면

$x^2-4px-1=0$

이 때 $\dfrac{D}{4}=(2p)^2-(-1)=4p^2+1>0$

이므로 포물선과 쌍곡선의 교점은 항상 2개이다.

이상에서 옳은 것은 ㄱ, ㄷ이다.

정답 : ③

07.9B

006

타원 $x^2+9y^2=9$의 두 초점 사이의 거리를 d라 할 때, d^2의 값을 구하시오.

HINT▸▸

타원의 초점 $\frac{x^2}{a^2}+\frac{y^2}{b^2}=1$에서 $F(\pm k,\ 0)$이 초점이라면 $k=\sqrt{a^2-b^2}$이 된다.

$x^2+9y^2=9$ 에서 $\frac{x^2}{9}+y^2=1$

$a^2=9,\ b^2=1$

$\therefore\ a=3,\ b=1$

두 초점의 좌표를 $F(c,0),\ F'(-c,0)$라 하면

$c=\sqrt{a^2-b^2}$

$=\sqrt{3^2-1}$

$=2\sqrt{2}$

$\therefore\ d=2c=4\sqrt{2}$

$\therefore\ d^2=32$

정답 : 32

10.9B

007

좌표평면 위의 점 $(-1,\ 0)$에서
쌍곡선 $x^2-y^2=2$에 그은 접선의 방정식을 $y=mx+n$이라 할 때, m^2+n^2의 값은?
(단, m,n은 상수 이다.)

① $\frac{5}{2}$ ② 3 ③ $\frac{7}{2}$ ④ 4 ⑤ $\frac{9}{2}$

HINT▸▸

쌍곡선 접선의 식

$\frac{x_1x}{a^2}-\frac{y_1y}{b^2}=\pm 1$

접점의 좌표를 $(\alpha,\ \beta)$라 하면
접선의 방정식은 $\alpha x-\beta y=2$
이 직선이 점 $(-1,\ 0)$을 지나므로
$-\alpha=2 \quad \therefore\ \alpha=-2$
또, $\alpha^2-\beta^2=2$에서 $\beta^2=2 \quad \therefore\ \beta=\pm\sqrt{2}$
따라서 두 접점의 좌표는 $(-2,\ -\sqrt{2})$, $(-2,\ \sqrt{2})$이므로 접선의 방정식은
(i) $-2x+\sqrt{2}y=2$에서 $y=\sqrt{2}x+\sqrt{2}$
(ii) $-2x-\sqrt{2}y=2$에서 $y=-\sqrt{2}x-\sqrt{2}$
$\therefore\ m^2+n^2=2+2=4$

정답 : ④

07.수능B

008

로그함수 $y=\log_2(x+a)+b$ 의 그래프가 포물선 $y^2=x$ 의 초점을 지나고, 이 로그함수의 그래프의 점근선이 포물선 $y^2=x$ 의 준선과 일치할 때, 두 상수 a, b 의 합 $a+b$ 의 값은?

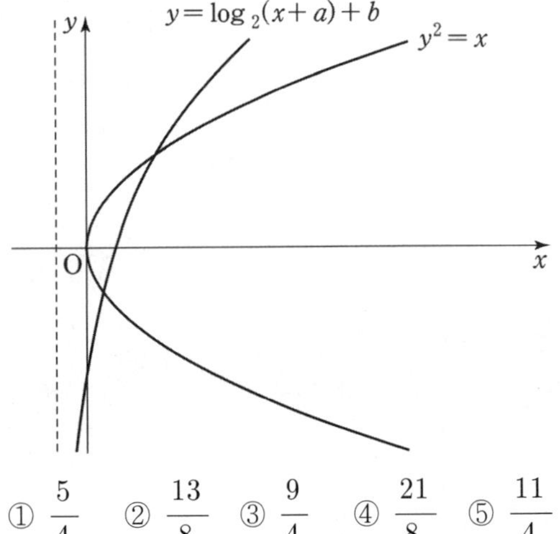

① $\frac{5}{4}$ ② $\frac{13}{8}$ ③ $\frac{9}{4}$ ④ $\frac{21}{8}$ ⑤ $\frac{11}{4}$

HINT▸▸

포물선 $y^2=4px$ 의
준선 : $x=-p$, 초점 : $(p,\ 0)$

$y=\log_2(x+a)+b$ 의 점근선은 $x=-a$,

포물선 $y^2=x$ 의 준선은

$x=-\frac{1}{4}$ 이므로

$a=\frac{1}{4}$

$y=\log_2(x+a)+b$ 가

$y^2=x$ 의 초점$\left(\frac{1}{4},0\right)$을 지나므로

$0=\log_2\left(\frac{1}{4}+\frac{1}{4}\right)+b$

$=\log_2\frac{1}{2}+b$

$=-1+b$

$\therefore\ b=1$

$\therefore\ a+b=\frac{5}{4}$

정답 : ①

07.수능B

009

그림과 같이 쌍곡선 $\frac{x^2}{16}-\frac{y^2}{9}=1$의 두 초점을 F, F′이라 하자. 제1사분면에 있는 쌍곡선 위의 점 P와 제2사분면에 있는 쌍곡선 위의 점 Q에 대하여 $\overline{\mathrm{PF'}}-\overline{\mathrm{QF'}}=3$일 때, $\overline{\mathrm{QF}}-\overline{\mathrm{PF}}$의 값을 구하시오.

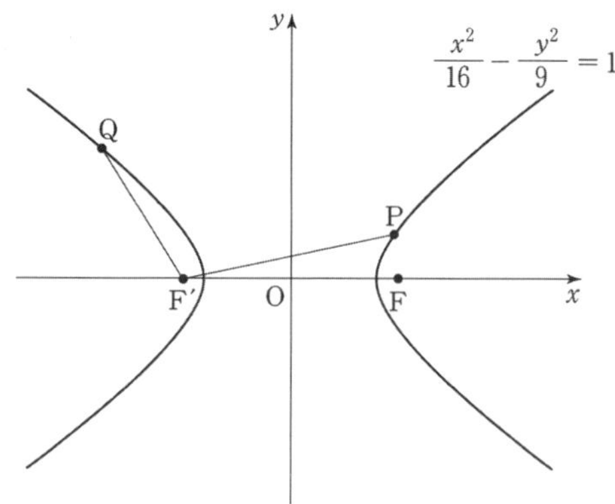

HINT▸▸

쌍곡선의 정의 : 두 초점까지의 거리의 차가 일정한 점들의 자취

쌍곡선 $\frac{x^2}{a^2}-\frac{y^2}{b^2}=1$에서 주축의 길이 : $2a$

쌍곡선$\frac{x^2}{16}-\frac{y^2}{9}=1$ 의 주축의 길이는

$2\times4=8$

이므로 쌍곡선의 정의에 의하여

$\overline{PF'}-\overline{PF}=\overline{QF}-\overline{QF'}=8$

$\therefore\ \overline{PF'}=\overline{PF}+8 \cdots$ ㉠

$\overline{QF'}=\overline{QF}-8 \cdots$ ㉡

㉠-㉡에서

$\overline{PF'}-\overline{QF'}=\overline{PF}-\overline{QF}+16$

$\overline{PF'}-\overline{QF'}=3$ 이므로

$\overline{QF}-\overline{PF}=16-3=13$

정답 : 13

08.9B

010

쌍곡선 $x^2-y^2=32$ 위의 점 P$(-6,\ 2)$에서의 접선 l에 대하여 원점 O에서 l에 내린 수선의 발을 H, 직선 OH와 이 쌍곡선이 제1사분면에서 만나는 점을 Q라 하자. 두 선분 OH와 OQ의 길이의 곱 $\overline{\mathrm{OH}}\cdot\overline{\mathrm{OQ}}$를 구하시오.

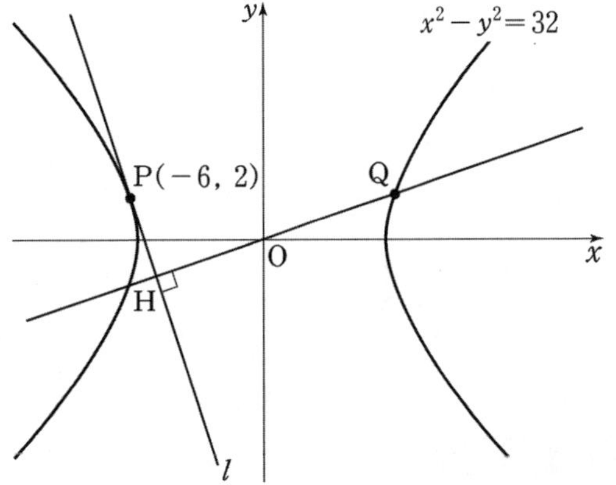

HINT▸▸

접점 $(x_1,\ y_1)$이 주어질 때 쌍곡선의 접선의 식

$\dfrac{x_1x}{a^2}-\dfrac{y_1y}{b^2}=\pm1$

두 점 사이의 거리

$d=\sqrt{(x_2-x_1)^2+(y_2-y_1)^2}$

접선 l 의 방정식은

$-6x-2y=32,\ 3x+y=-16\cdots$㉠

원점을 지나면서 ㉠과 수직인 직선의 방정식은

$-x+3y=0,\ x-3y=0\cdots$㉡

㉠,㉡에서 $H(-\dfrac{24}{5},-\dfrac{8}{5})$

또한, 쌍곡선 $x^2-y^2=32$와 ㉡의 교점은 $Q(6,2)$ 이다.

$\therefore\ \overline{OH}\cdot\overline{OQ}$

$=\sqrt{(-\dfrac{24}{5})^2+(-\dfrac{8}{5})^2}\times\sqrt{6^2+2^2}$

$=\dfrac{8\sqrt{10}}{5}\times2\sqrt{10}=32$

정답 : 32

08.수능B

011

타원 $\frac{x^2}{4}+y^2=1$의 네 꼭짓점을 연결하여 만든 사각형에 내접하는 타원 $\frac{x^2}{a^2}+\frac{y^2}{b^2}=1$ 이 있다.

타원 $\frac{x^2}{a^2}+\frac{y^2}{b^2}=1$의 두 초점이 $\mathrm{F}(b, 0)$, $\mathrm{F}'(-b, 0)$일 때, $a^2b^2=\frac{q}{p}$이다. $p+q$의 값을 구하시오. (단, p, q는 서로소인 자연수이다.)

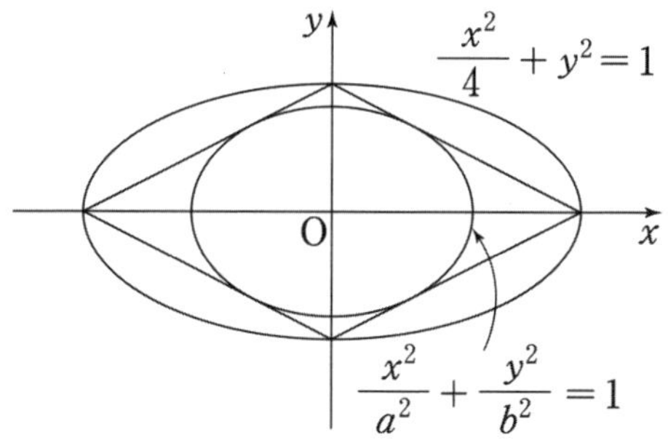

HINT▸▸

$\frac{x^2}{a^2}+\frac{y^2}{b^2}=1$에서

타원의 초점 $F(k,\ 0)$, $F'(-k,\ 0)$에서

$k^2=a^2-b^2$ ($a>b$인 경우)

타원의 접선의 식 $y=mx\pm\sqrt{a^2m^2+b^2}$

문제의 그림 상에서,

내접하는 타원 $\frac{x^2}{a^2}+\frac{y^2}{b^2}=1$의 네 접선 중 1사분면 위의 접선은 기울기가 $-\frac{1}{2}$이므로, 접선의 방정식을 세우면 $y=-\frac{1}{2}x+\sqrt{\frac{a^2}{4}+b^2}$

이 접선은 y절편이 1이므로 $\sqrt{\frac{a^2}{4}+b^2}=1$이다.

한편, 내접하는 타원의 한 초점이 $F(b,0)$이고, (그림 상에서) 장축이 $2a$, 단축이 $2b$이므로 $a^2-b^2=b^2$에서 $a^2=2b^2$이다. 따라서

$\sqrt{\frac{2b^2}{4}+b^2}=1$ $\therefore$ $b^2=\frac{2}{3}$,

따라서 구하고자하는 값은 $a^2b^2=2b^4=\frac{8}{9}$이다.

그러므로 $p=9, q=8, p+q=17$이다.

정답 : 17

09.9B

012

쌍곡선 $9x^2-16y^2=144$의 초점을 지나고 점근선과 평행한 4개의 직선으로 둘러싸인 도형의 넓이는?

① $\frac{75}{16}$ ② $\frac{25}{4}$ ③ $\frac{25}{2}$ ④ $\frac{75}{4}$ ⑤ $\frac{75}{2}$

HINT▸▸

쌍곡선 $\frac{x^2}{a^2}-\frac{y^2}{b^2}=\pm 1$ 에서

점근선의 식 $y=\pm\frac{b}{a}x$

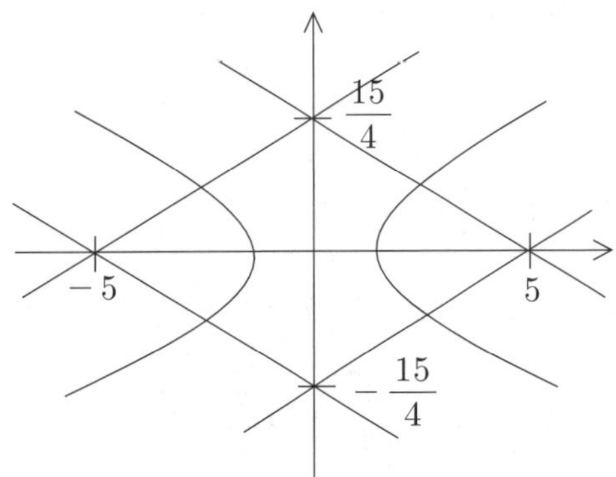

주어진 식을 고치면 $\frac{x^2}{4^2}-\frac{y^2}{3^2}=1$

초점 $(\pm 5,0)$이고 점근선은 $y=\pm\frac{3}{4}$이므로

초점을 지나고 점근선에 평행한 직선은

$y=\frac{3}{4}(x\pm 5), y=-\frac{3}{4}(x\pm 5)$ 이므로

이 4개의 직선으로 둘러싸인 도형의 넓이는

$4(\frac{1}{2}\cdot 5\cdot\frac{15}{4})=\frac{75}{2}$

정답 : ⑤

09.수능B

013

포물선 $y^2=4x$ 위의 점 $\mathrm{P}(a,\ b)$에서의 접선이 x축과 만나는 점을 Q라 하자. $\overline{\mathrm{PQ}}=4\sqrt{5}$일 때, a^2+b^2의 값은?

① 21 ② 32 ③ 45 ④ 60 ⑤ 77

HINT▸▸

접점이 주어질 때 포물선의 접선

$y_1y=2p(x+x_1)$

점 $\mathrm{P}(a,\ b)$가 포물선 $y^2=4x$ 위의 점이므로

$b^2=4a$ …… ㉠

또, 점 P에서의 접선은 $by=2(x+a)$이므로

이 접선이 x축과 만나는 점 Q의 좌표는

$\mathrm{Q}(-a,\ 0)$

이때, $\overline{PQ}=4\sqrt{5}$에서 $\overline{PQ}^2=80=4a^2+b^2$

$4a^2+4a=80\,(\because ㉠)$

$a^2+a-20=0$

$(a-4)(a+5)=0$

$a=4$ ($\because a>0$; 포물선의 형태를 생각해보자.)

$\therefore a^2+b^2=a^2+4a=16+16=32$

정답 : ②

10.9B

014

좌표평면에서 두 점 $A(5,\ 0)$, $B(-5,\ 0)$에 대하여 장축이 선분 AB인 타원의 두 초점을 F, F'이라 하자. 초점이 F이고 꼭짓점이 원점인 포물선이 타원과 만나는 두 점을 각각P, Q라 하자. $\overline{PQ}=2\sqrt{10}$일 때, 두 선분 PF와 PF'의 길이의 곱 $\overline{PF}\times\overline{PF'}$의 값은 $\frac{q}{p}$이다. $p+q$의 값을 구하시오.
(단 p와 q는 서로소인 자연수이다.)

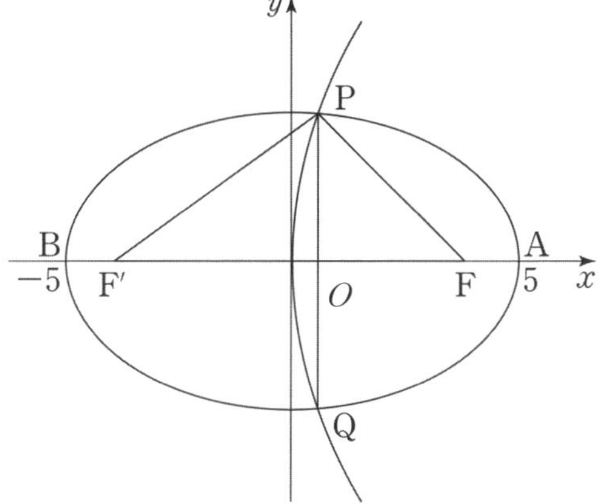

HINT▸▸

타원 : 두 초점까지의 거리의 합이 일정
포물선 : 초점까지의 거리와 준선까지의 거리가 동일

$\overline{PF}=x$, $\overline{PF'}=y$라 하면 타원의 성질에 의해

$x+y=10$ …… ㉠

포물선의 성질에 의해

$\overline{PF}=\overline{OF'}=x$($\because$ 준선=F'의 x값)이므로

삼각형 OPF'에서

$\overline{PF'^2}=\overline{OF'^2}+\left(\frac{1}{2}\overline{PQ}\right)^2$이므로

$y^2=x^2+10$ …… ㉡

㉡에서 $(y-x)(y+x)=10$이므로

$y-x=1$($\because$ ㉠) …… ㉢

㉠, ㉡을 연립하여 풀면

$x=\frac{9}{2}$, $y=\frac{11}{2}$

$\overline{PF}\times\overline{PF'}=xy=\frac{99}{4}$

$\therefore\ p+q=103$

정답 : 103

10.수능B

015

좌표 평면에서 점 $A(0,\ 4)$와 타원 $\frac{x^2}{5}+y^2=1$위의 점 P에 대하여 두 점 A와 P를 지나는 직선이 원$x^2+(y-3)^2=1$ 과 만나는 두점 중에서 A가 아닌 점을 Q라 하자. 점 P가 타원위의 모든 점을 지날 때, 점 Q가 나타내는 도형의 길이는?

① $\frac{\pi}{6}$ ② $\frac{\pi}{4}$ ③ $\frac{\pi}{3}$ ④ $\frac{2}{3}\pi$ ⑤ $\frac{3}{4}\pi$

HINT▶▶

직선의 기울기는 $\tan\theta$값과 같다.

두 그래프가 접할 때 $f(x)-g(x)$가 2차식이라면 판별식 $D=0$

중심각은 원주각의 크기의 2배다.

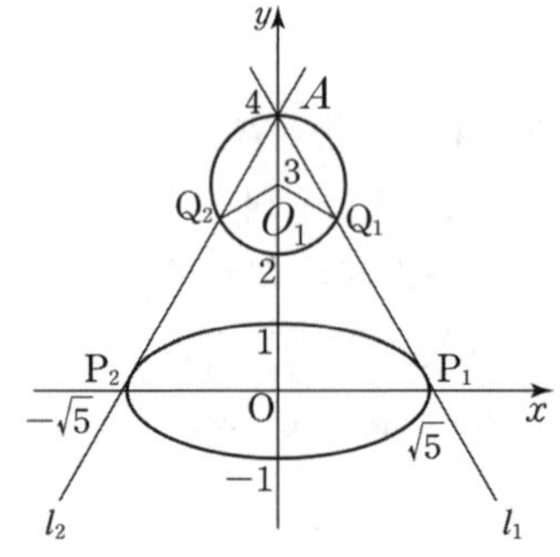

점 $A(0,\ 4)$를 지나고 타원에 접하는 두 직선을 l_1, l_2라 하고, 원 $x^2+(y-3)^2=1$의 중심을 O_1이라 하자. 두 직선 l_1, l_2가 원 O_1과 만나는 점을 각각 Q_1, Q_2라 하면, 점 P가 타원 위의 모든 점을 지날 때 점 Q가 나타내는 도형의 길이는 호 Q_1Q_2의 길이와 같다.

점 $A(0,\ 4)$를 지나는 직선의 방정식은

$y=mx+4$ ㉠

직선 ㉠이 타원 $\frac{x^2}{5}+y^2=1$과 접할 때,

$\frac{x^2}{5}+(mx+4)^2=1$, 즉

$\left(m^2+\frac{1}{5}\right)x^2+8mx+15=0$의 판별식을 $\frac{D}{4}$라 하면

$\frac{D}{4}=(4m)^2-\left(m^2+\frac{1}{5}\right)\times 15=m^2-3=0$

$\therefore\ m=\pm\sqrt{3}$

$\therefore\ y=\sqrt{3}x+4$ 또는 $y=-\sqrt{3}x+4$

즉, $l_1 : y=-\sqrt{3}x+4$, $l_2 : y=\sqrt{3}x+4$

$\angle \mathrm{Q_2AQ_1}=60°$이므로 $\angle \mathrm{Q_2O_1Q_1}=120°$

따라서, 점 Q가 나타내는 도형의 길이는

$2\pi\times 1\times\frac{1}{3}=\frac{2}{3}\pi$

정답 : ④

11.6B

016

원 $(x-4)^2+y^2=r^2$과 쌍곡선 $x^2-2y^2=1$이 서로 다른 세 점에서 만나기 위한 양수 r의 최댓값은?

① 4 ② 5 ③ 6 ④ 7 ⑤ 8

HINT▸▸

쌍곡선의 표준형 $\frac{x^2}{a^2}-\frac{y^2}{b^2}=\pm 1$

그림을 이용해서풀어보자.

원 $(x-4)^2+y^2=r^2$의 중심의 좌표는 $(4,0)$이고, 반지름의 길이는 r이다.

또한, 쌍곡선 $x^2-2y^2=1$의 꼭짓점의 좌표는 이 식에 $y=0$을 대입하면 쉽게 구하는데 $(1,0)$, $(-1,0)$이다.

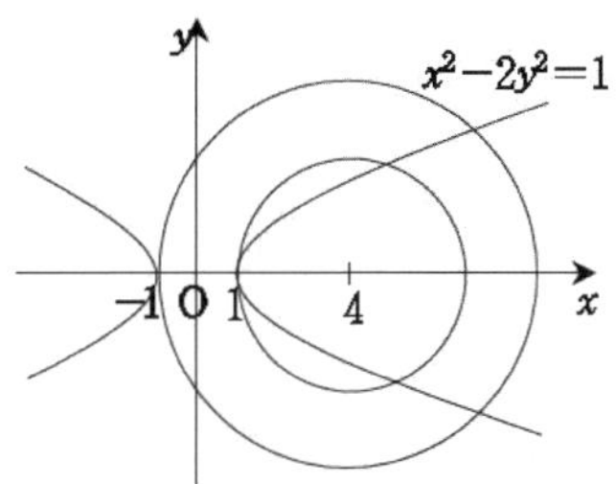

그림과 같이 원과 쌍곡선이 서로 다른 세 점에서 만나려면 원이 쌍곡선의 꼭짓점을 지나야 한다.

원이 점 $(1,0)$을 지날 때,

$r=4-1=3$

원이 점 $(-1,0)$을 지날 때,

$r=4-(-1)=5$

따라서 r의 최댓값은 5이다.

정답 : ②

07.수능B

017

좌표공간에서 평면 $x=3$과 평면 $z=1$의 교선을 l이라 하자. 점 P가 직선 l 위를 움직일 때, 선분 OP의 길이의 최솟값은? (단, O는 원점이다.)

① $2\sqrt{2}$ ② $\sqrt{10}$ ③ $2\sqrt{3}$

④ $\sqrt{14}$ ⑤ $3\sqrt{2}$

HINT▸▸

두 점사이의 거리의 공식

$d=\sqrt{(x_2-x_1)^2+(y_2-y_1)^2}$

그림으로 이해해보자.

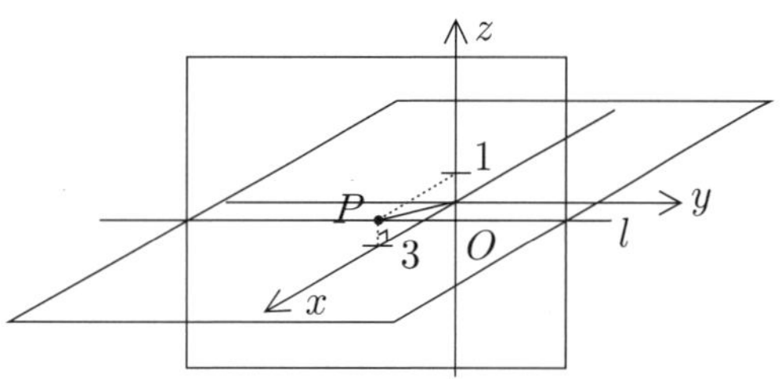

점P의 좌표를 $(3,\ t,\ 1)$(t는 실수)로 놓으면

$\overline{OP}=\sqrt{3^2+t^2+1^2}$

$=\sqrt{t^2+10}$

이므로

$t=0$일 때, $\overline{OP}$의 최솟값은 $\sqrt{10}$이다.

정답 : ②

11.9B

018

두 초점이 F, F'이고, 장축의 길이가 10, 단축의 길이가 6인 타원이 있다. 중심이 F이고 점 F'을 지나는 원과 이 타원의 두 교점 중 한 점을 P라 하자. 삼각형 PFF'의 넓이는?

① $2\sqrt{10}$　② $3\sqrt{5}$　③ $3\sqrt{6}$
④ $3\sqrt{7}$　⑤ $\sqrt{70}$

HINT▸▸

장축의 길이 $2a$, 단축의 길이 $2b$인 타원의 초점의 x좌표는 $k=\pm\sqrt{a^2-b^2}$

조건을 만족하는 타원의 방정식을

$\frac{x^2}{a^2}+\frac{y^2}{b^2}=1$ $(a>b>0)$ 라 하면

$2a=10$, $2b=6$ $\therefore$ $a=5$, $b=3$

따라서, 두 초점 F, F'의 좌표를 각각 $(c,0)$, $(-c,0)$ $(c>0)$라 하면

$F(\sqrt{5^2-3^2},0)$, $F'(-\sqrt{5^2-3^2},0)$

즉, $F(4,0)$, $F'(-4,0)$ 이다.

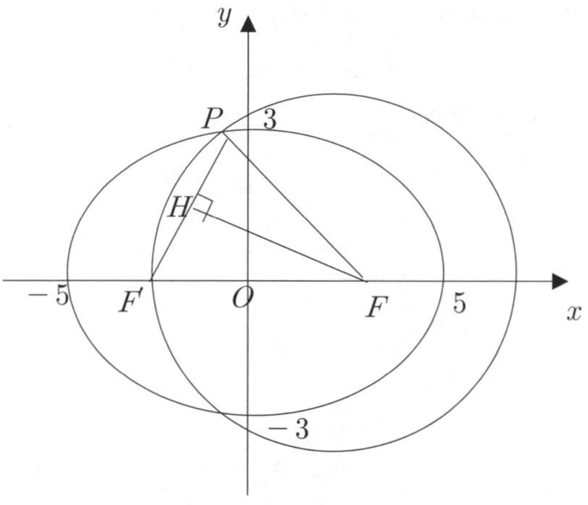

$PF=8$, $FF'=8$, $PF'=2$이므로

$(\because PF+PF'=10)$

피타고라스 정리를 이용하면

$FH=\sqrt{8^2-1^2}=\sqrt{63}=3\sqrt{7}$

$\therefore$ PFF'의 넓이 $S=\frac{1}{2}\times2\times3\sqrt{7}=3\sqrt{7}$

정답 : ④

11.수능B

019

한 변의 길이가 10 인 마름모 $ABCD$ 에 대하여 대각선 BD 를 장축으로 하고, 대각선 AC 를 단축으로 하는 타원의 두 초점 사이의 거리가 $10\sqrt{2}$ 이다. 마름모 $ABCD$ 의 넓이는?

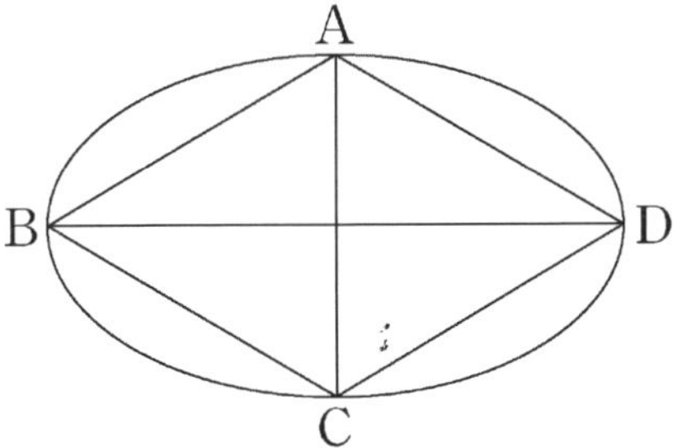

① $55\sqrt{3}$　② $65\sqrt{2}$　③ $50\sqrt{3}$
④ $45\sqrt{3}$　⑤ $45\sqrt{2}$

HINT▸▸

$\dfrac{x^2}{a^2}+\dfrac{y^2}{b^2}=1$의 초점의 x좌표 $k=\pm\sqrt{a^2-b^2}$
(단, $a>b$)

마름모 ABCD에 대하여 대각선 BD의 길이를 $2a$, 대각선 AC의 길이를 $2b$라 하면

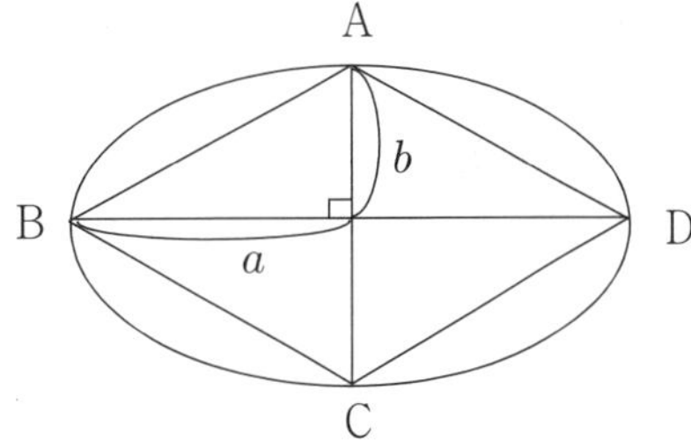

마름모의 한변의 길이가 10이므로
$a^2+b^2=10^2$ ⋯⋯ ㉠
타원의 중심을 $(0,\ 0)$이라 하면 타원의 두 초점 사이의 거리가 $10\sqrt{2}$ 이므로
$a^2-b^2=(5\sqrt{2})^2$ ⋯⋯ ㉡
($\because$ 두 초점의 좌표는 $(-5\sqrt{2},\ 0)$, $(5\sqrt{2},\ 0)$)
㉠+㉡을 하면 $2a^2=150$, $a^2=75$
$\therefore a=5\sqrt{3}$
$a=5\sqrt{3}$ 을 ㉠에 대입하면 $b^2=25$,
$\therefore\ b=5$
따라서 마름모 ABCD의 넓이는
$4\times\dfrac{1}{2}\times a\times b=4\times\dfrac{1}{2}\times 5\sqrt{3}\times 5=50\sqrt{3}$

정답 : ③

07.9B

020

그림과 같이 좌표공간에서 한 변의 길이가 4인 정육면체를 한 변의 길이가 2인 8개의 정육면체로 나누었다. 이 중 그림의 세 정육면체 A, B, C 안에 반지름의 길이가 1인 구가 각각 내접하고 있다. 3개의 구의 중심을 연결한 삼각형의 무게중심의 좌표를 (p, q, r)라 할 때, $p+q+r$의 값은?

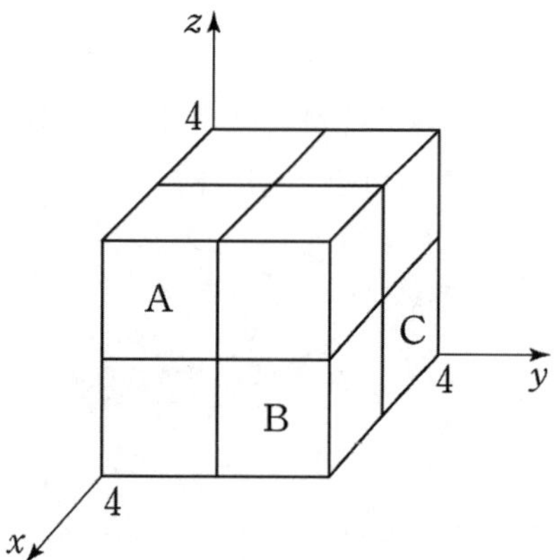

① 6 ② $\frac{19}{3}$ ③ $\frac{20}{3}$ ④ 7 ⑤ $\frac{22}{3}$

HINT▸▸

삼각형의 무게 중심의 좌표

$$\left(\frac{x_1+x_2+x_3}{2},\ \frac{y_1+y_2+y_3}{2}\right)$$

정육면체 A안에 내접하고 있는 구의 중심의 좌표는 (3, 1, 3)
정육면체 B안에 내접하고 있는 구의 중심의 좌표는 (3, 3, 1)
정육면체 C안에 내접하고 있는 구의 중심의 좌표는 (1, 3, 1)
이므로 3개의 구의 중심을 연결한 삼각형의 무게중심의 좌표 (p, q, r) 는

$$p=\frac{3+3+1}{3}=\frac{7}{3}$$

$$q=\frac{1+3+3}{3}=\frac{7}{3}$$

$$r=\frac{3+1+1}{3}=\frac{5}{3}$$

$$\therefore\ p+q+r=\frac{7+7+5}{3}=\frac{19}{3}$$

정답 : ②

08.9B

021

다음 조건을 만족하는 점 P 전체의 집합이 나타내는 도형의 둘레의 길이는?

> 좌표공간에서 점 P를 중심으로 하고 반지름의 길이가 2인 구가 두 개의 구
> $x^2+y^2+z^2=1$
> $(x-2)^2+(y+1)^2+(z-2)^2=4$
> 에 동시에 외접한다.

① $\frac{2\sqrt{5}}{3}\pi$　② $\sqrt{5}\pi$　③ $\frac{5\sqrt{5}}{3}\pi$

④ $2\sqrt{5}\pi$　⑤ $\frac{8\sqrt{5}}{3}\pi$

HINT▸▸

외접할 경우

$d=r_1+r_2$

d : 두원의 중심 사이의 거리

r_1, r_2 : 두원의 반지름

두 구

$x^2+y^2+z^2=1$,

$(x-2)^2+(y+1)^2+(z-2)^2=4$

의 중심을 각각 $O(0,0,0)$, $A(2,-1,2)$라 하면 두 구의 중심 사이의 거리 d는

$d=\overline{OA}=\sqrt{2^2+(-1)^2+2^2}=3$이고,두 구의 반지름의 길이가 각각 $r_1=1$, $r_2=2$이므로

$d=r_1+r_2$ 따라서, 두 구는 외접한다.

조건을 만족하는 점P의 자취는 선분OA로부터 일정한 거리에 있는 점의 자취 즉, 원을 나타낸다.

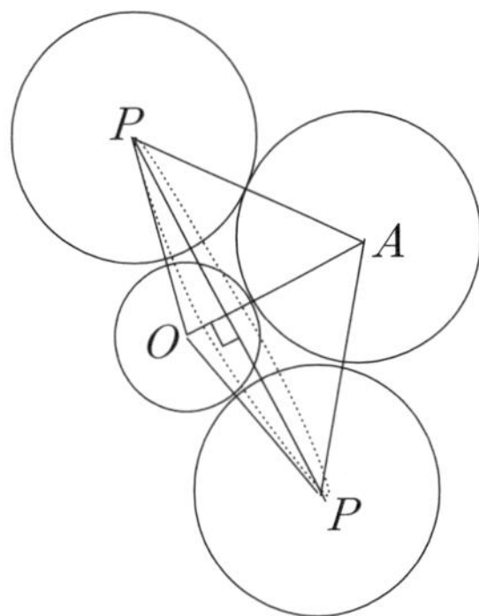

다음 그림에서

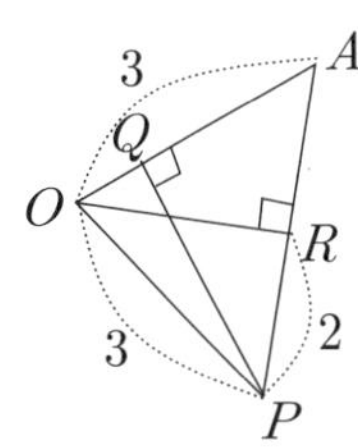

$\overline{OR}=\sqrt{3^2-2^2}=\sqrt{5}$ 이므로

$\frac{1}{2}\times4\times\sqrt{5}=\frac{1}{2}\times3\times\overline{PQ}$ 에서

$\overline{PQ}=\frac{4}{3}\sqrt{5}$

따라서, 점P의 자취는 반지름의 길이가 $\frac{4}{3}\sqrt{5}$인 원이므로 Q점을 중심으로 한바퀴 도는 도넛모양을 상상해보자. 구하는 둘레의 길이는

$2\pi\times\frac{4}{3}\sqrt{5}=\frac{8\sqrt{5}}{3}\pi$

정답 : ⑤

09.9B

022

사면체 ABCD 에서 모서리 CD 의 길이는 10, 면 ACD 의 넓이는 40 이고, 면 BCD 와 면 ACD 가 이루는 각의 크기는 30° 이다. 점 A 에서 평면 BCD 에 내린 수선의 발을 H 라 할 때, 선분 AH 의 길이는?

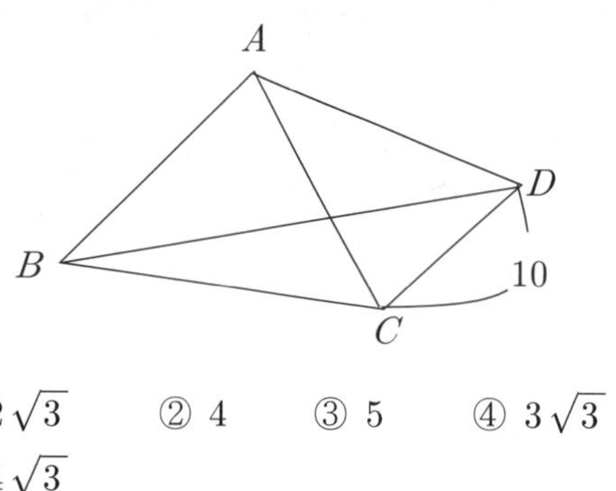

① $2\sqrt{3}$ ② 4 ③ 5 ④ $3\sqrt{3}$
⑤ $4\sqrt{3}$

HINT▸▸

삼수선의 정리

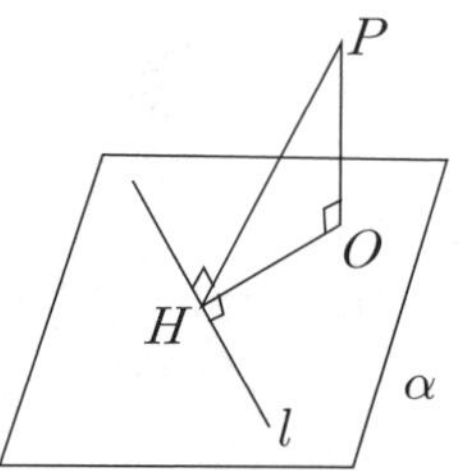

$PO\perp\alpha$, $OH\perp l$, $PH\perp l$ 중 두가지가 성립하면 나머지도 성립한다.

$\triangle ACD$에서 밑변이 10이고 넓이가 40이므로 $\overline{AE}=8$이 되고

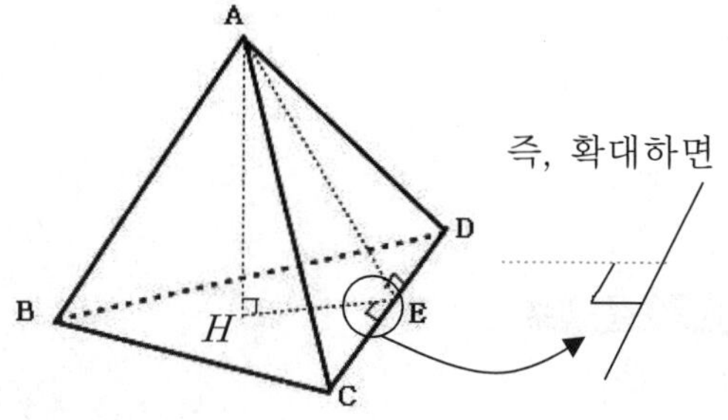

점 A에서 모서리 CD에 내린 수선의 발을 E라 하면 삼수선의 정리에 의하여 $AE\perp HE$
따라서 $\triangle AEH$는 직각삼각형이고
$\angle AEH=30°$
이므로 $AE=8$ 일때 $AH=8\times\sin30°=4$

정답 : ②

09.수능B

023

평면 α 위에 $\angle A = 90°$ 이고 $\overline{BC} = 6$인 직각이등변삼각형 ABC가 있다. 평면 α 밖의 한 점 P에서 이 평면까지의 거리가 4이고, 점 P에서 평면 α에 내린 수선의 발이 점 A일 때, 점 P에서 직선 $\overline{BC}$까지의 거리는?

① $3\sqrt{2}$ ② 5 ③ $3\sqrt{3}$ ④ $4\sqrt{2}$ ⑤ 6

HINT▸▸

삼수선의 정리

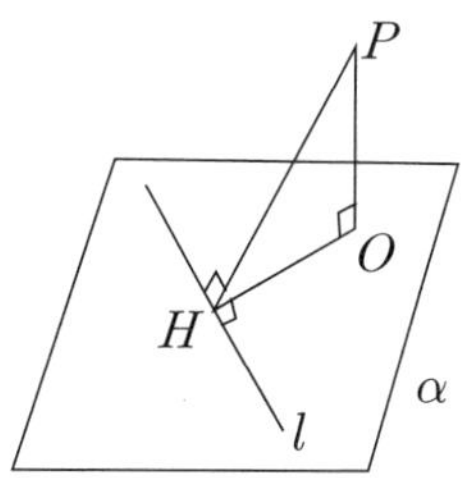

$PO \perp \alpha$, $OH \perp l$, $PH \perp l$ 중 두가지가 성립하면 나머지도 성립한다.

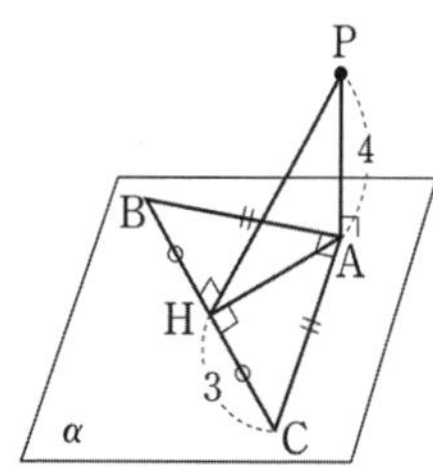

그림과 같이 점 P에서 직선 BC에 내린 수선의 발을 H라 하면

$\overline{PA} \perp \alpha$, $\overline{PH} \perp \overline{BC}$이므로 삼수선의 정리에 의해 $\overline{AH} \perp \overline{BC}$이다.

이때, 점 H는 $\overline{BC}$의 중점이므로 $\overline{CH} = 3$

또, 삼각형 AHC는 직각이등변삼각형이므로

($\because \triangle ABC$도 직각이등변삼각형)

$\overline{AH} = 3$

따라서, 삼각형 PHA에서

$\overline{PH} = \sqrt{3^2 + 4^2} = 5$

정답 : ②

10.9B

024

좌표공간에서 점 $P(-3,\ 4,\ 5)$를 yz평면에 대하여 대칭이동한 점을 Q라 하자. 선분 PQ를 $2:1$로 내분하는 점의 좌표를 $(a,\ b,\ c)$ 라 할 때, $a+b+c$의 값을 구하시오.

HINT▸▸

내분의 공식 $(x_1,\ y_1)(x_2,\ y_2)$를 $m:n$으로 내분할 경우

$$\left(\frac{mx_2+nx_1}{m+n},\ \frac{my_2+ny_1}{m+n}\right)$$

yz평면에 대칭이동한다는 말은 x값의 부호가 바뀐다는 것이므로 점 Q의 좌표는 $(3,\ 4,\ 5)$이므로 선분 PQ를 $2:1$로 내분하는 점을 R라 하면

$$\mathrm{R}\left(\frac{2(3)+(-3)}{2+1},\ 4,\ 5\right)$$

$\therefore\ a=1,\ b=4,\ c=5$

$\therefore\ a+b+c=10$

정답 : 10

07.9B

025

평면 $2x-y=0$과 평면 $x-3y+kz+2=0$이 이루는 각의 크기가 $60°$일 때, 양의 상수 k의 값은?

① $\sqrt{5}$ ② $\sqrt{6}$ ③ $2\sqrt{2}$
④ $\sqrt{10}$ ⑤ $2\sqrt{3}$

HINT▸▸

평면간의 각은 법선벡터간의 각과 같다.

$\vec{x}\cdot\vec{y}=|\vec{x}|\cdot|\vec{y}|\cos\theta$

$\vec{a}=(a,\ a_2,\ a_3),\ \vec{b}=(b_1,\ b_2,\ b_3)$에서

$\vec{a}\cdot\vec{b}=a_1b_1+a_2b_2+a_3b_3$

$ax+by+cz+d=0$의 법선벡터

$\vec{h}=(a,\ b,\ c)$

두 평면의 법선벡터는

$\overrightarrow{h_1}=(2,\ -1,0),\ \overrightarrow{h_2}=(1,\ -3,\ k)$

두 평면이 이루는 각의 크기가 $60°$ 이므로

$\overrightarrow{h_1}\cdot\overrightarrow{h_2}=|\overrightarrow{h_1}|\cdot|\overrightarrow{h_2}|\cos 60°$ 에서

$$2+3+0 = \sqrt{2^2+(-1)^2+0^2}\cdot\sqrt{1^2+(-3)^2+k^2}\cdot\cos 60° = \sqrt{5}\times\sqrt{k^2+10}\times\frac{1}{2}$$

$\sqrt{5k^2+50}=10$

$k^2=10$

$\therefore\ k=\sqrt{10}\ (\because k>0)$

정답 : ④

11.수능B

026

좌표공간에 점 A(9, 0, 5)가 있고, xy 평면 위에 타원 $\frac{x^2}{9}+y^2=1$ 이 있다. 타원 위의 점 P에 대하여 $\overline{AP}$의 최댓값을 구하시오.

HINT ▸▸

$\sin^2\theta+\cos^2\theta=1$

$(a,\ b,\ c)$의 xy 평면대칭 $\to(a,\ b,\ -c)$

점 A에서 xy평면에 내린 수선의 발을 H라 하면 H(9, 0, 0)

$\overline{AP}=\sqrt{\overline{AH}^2+\overline{HP}^2}=\sqrt{5^2+\overline{HP}^2}$

점 H가 x축 위의 점이므로 $\overline{HP}$의 최댓값은 점 P의 좌표가 P(−3, 0, 0)일 때이다.

$\overline{HP}=\sqrt{(9+3)^2+0^2+0^2}=12$

$\therefore\ \overline{AP}=\sqrt{5^2+12^2}=13$

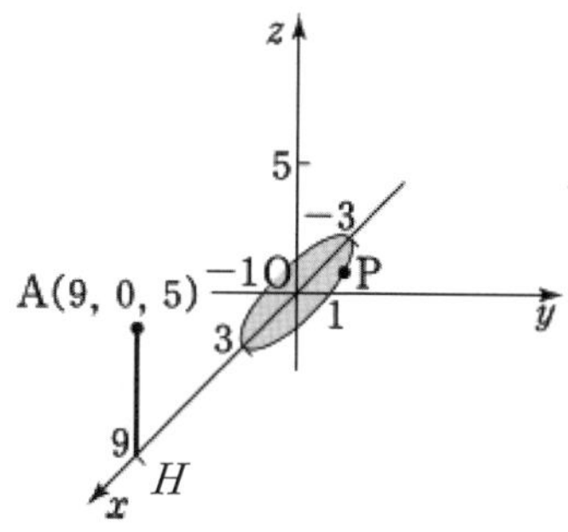

다른 풀이 ▸▸

점 P의 좌표를 $(3\cos\theta,\ \sin\theta,\ 0)$이라 두면

(x값을 $3\cos\theta$라 두는 이유는 분모의 9때문이다. 주어진 식에 대입해보면 친숙한 공식이 나온다.

즉, 조건식이 $\frac{(3\cos\theta)^2}{9}+\sin^2\theta=1$

$\sin^2\theta+\cos^2\theta=1$)

$\overline{AP}=\sqrt{(9-3\cos\theta)^2+\sin^2\theta+5^2}$ …㉠

$=\sqrt{81-54\cos\theta+9\cos^2\theta+(1-\cos^2\theta)+25}$

$=\sqrt{8\left\{\cos^2\theta-\frac{54}{8}\cos\theta+\left(\frac{27}{8}\right)^2\right\}-\frac{27}{8^2}+107}$

$=\sqrt{8\left(\cos\theta-\frac{27}{8}\right)^2+\frac{127}{8}}$

$\cos\theta=-1$일 때 최대가 되므로 ㉠에 대입하면

$\overline{AP}\leqq\sqrt{\{9-3(-1)\}^2+0+5^2}$

$=\sqrt{169}=13=\sqrt{12^2+5^2}$

정답 : 13

08.9B

027

평면 위의 두 점 O_1, O_2 사이의 거리가 1일 때, O_1, O_2를 각각 중심으로 하고 반지름의 길이가 1인 두 원의 교점을 A, B라 하자. 호 AO_2B 위의 점 P와 호 AO_1B 위의 점 Q에 대하여 두 벡터 $\overrightarrow{O_1P}$, $\overrightarrow{O_2Q}$의 내적 $\overrightarrow{O_1P} \cdot \overrightarrow{O_2Q}$의 최댓값을 M, 최솟값을 m이라 할 때, $M+m$의 값은?

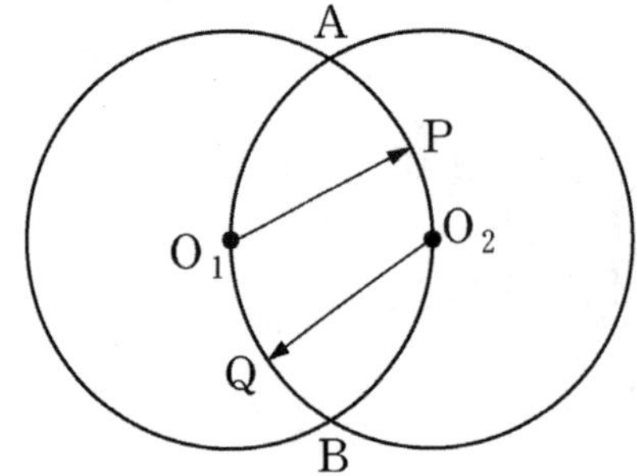

① -1　② $-\frac{1}{2}$　③ 0　④ $\frac{1}{4}$　⑤ 1

HINT▸▸

$\vec{a} \cdot \vec{b} = |\vec{a}| \cdot |\vec{b}| \cos\theta$

$\overrightarrow{O_1P} \cdot \overrightarrow{O_2Q} = |\overrightarrow{O_1P}||\overrightarrow{O_2Q}|\cos\theta$

두 벡터 $\overrightarrow{O_1P}$, $\overrightarrow{O_2Q}$의 크기는 원의 반지름 길이가 1로 일정하므로 두 벡터의 내적값은 두 벡터가 이루는 각의 크기의 cos값에 의해 결정된다.

두 원은 서로 다른 원의 중심을 지나므로 두 벡터가 이루는 각의 크기 θ의 범위는 $\frac{\pi}{3} \leq \theta \leq \pi$이다.

(즉, P, Q가 A나 B로 일치할 때와 $\overrightarrow{O_1P}$, $\overrightarrow{O_2Q}$가 반대 방향일 때)

$-1 \leq \cos\theta \leq \frac{1}{2}$

두 벡터의 내적의 최댓값은 θ가 $\frac{\pi}{3}$일 때 $\frac{1}{2}$이고 최솟값은 θ가 π일 때 -1이다.

$\therefore M+m = \frac{1}{2}+(-1) = -\frac{1}{2}$

정답 : ②

08.수능B

028

그림과 같이 $\overline{AB}=\overline{AD}=4$, $\overline{AE}=8$인 직육면체 ABCD-EFGH에서 모서리 AE를 1 : 3으로 내분하는 점을 P, 모서리 AB, AD, FG의 중점을 각각 Q, R, S라 하자. 선분 QR의 중점을 T라 할 때, 벡터 $\overrightarrow{TP}$와 벡터 $\overrightarrow{QS}$의 내적 $\overrightarrow{TP}\cdot\overrightarrow{QS}$의 값을 구하시오.

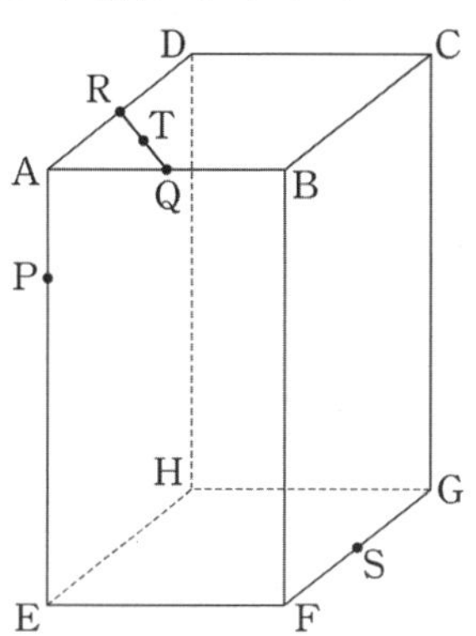

HINT▸▸

점 A를 공간에서의 좌표 (0, 0, 0)으로 놓는다.

$\vec{a}=(a_1,\ a_2,\ a_3)$, $\vec{b}=(b_1,\ b_2,\ b_3)$에서

$\vec{a}\cdot\vec{b}=a_1b_1+a_2b_2+a_3b_3$

$\overrightarrow{OB}-\overrightarrow{OA}=\overrightarrow{AB}$

A의 좌표를 (0, 0, 0)이라고 하고,

$\overrightarrow{AB}$의 방향을 y축 방향,

$\overrightarrow{RA}$의 방향을 x축 방향,

$\overrightarrow{EA}$의 방향을 z축 방향이라고 하면

P의 좌표는 $(0,\ 0,\ -2)$,

Q의 좌표는 $(0,\ 2,\ 0)$,

R의 좌표는 $(-2,\ 0,\ 0)$이다.

따라서 $\overline{RQ}$의 중점인 T의 좌표는

$(-1,\ 1,\ 0)$이다.

한편 S의 좌표는 $(-2,\ 4,\ -8)$이다. 따라서,

$$\overrightarrow{TP}\cdot\overrightarrow{QS}=(\overrightarrow{AP}-\overrightarrow{AT})\cdot(\overrightarrow{AS}-\overrightarrow{AQ})$$
$$=(1,-1,2)\cdot(-2,2,-8)$$
$$=-2-2+16=12$$

정답 : 12

09.9B

029

다음 그림은 밑면이 정팔각형인 팔각기둥이다.

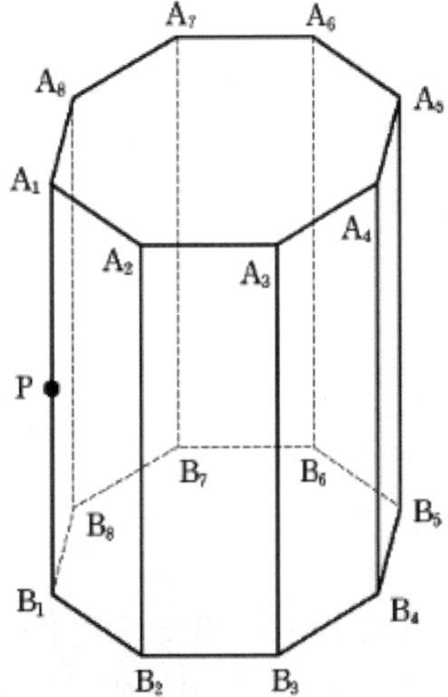

$\overline{\mathrm{A_1A_3}}=3\sqrt{2}$ 이고, 점 P 가 모서리 $\mathrm{A_1B_1}$ 의 중점일 때, 벡터 $\sum_{i=1}^{8}(\overrightarrow{\mathrm{PA_i}}+\overrightarrow{\mathrm{PB_i}})$의 크기를 구하시오.

HINT▸▸

$\overrightarrow{PA}+\overrightarrow{PB}=\overrightarrow{PC}$

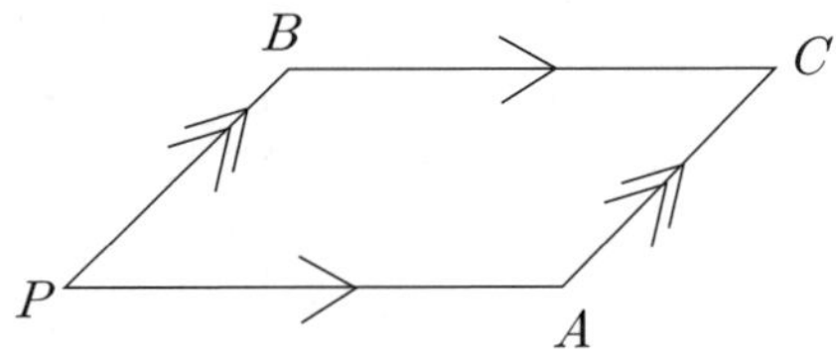

$\overrightarrow{OA}-\overrightarrow{OB}=\overrightarrow{BA}$

정팔각형의 성질을 이용하여 대각선의 교점을 O라면 삼각형OA_1A_3는 직각삼각형이 되고 $\overline{A_1O}=3$이다.

$\overline{A_iB_i}$의 중점을 P_i라 하면

$\overrightarrow{PA_i}+\overrightarrow{PB_i}=2\overrightarrow{PP_i}$이다.

$\therefore \sum_{i=1}^{8}(\overrightarrow{PA_i}+\overrightarrow{PB_i})$

$=2\sum_{i=1}^{8}\overrightarrow{P_1P_i}$

(여기서 점 P를 지나고 밑면에 평행인 평면을 가정하고 그 중심을 O'라 하면)

$=2\sum_{i=1}^{8}(\overrightarrow{O'P_i}-\overrightarrow{O'P_1})$

$=-2(8\overrightarrow{O'P_1})$ $(\because \sum_{i=1}^{8}\overrightarrow{O'P_i}=0)$

$=-2(8\overrightarrow{OA_1})=-2\times8\times3$ $(\because \overline{OA_1}=3)$

따라서 크기는 48이다.

정답 : 48

11.수능B

030

삼각형 ABC 에서

$\overline{AB}=2$, $\angle B=90^\circ$, $\angle C=30^\circ$

이다. 점 P가 $\overrightarrow{PB}+\overrightarrow{PC}=\vec{0}$를 만족시킬 때, $|\overrightarrow{PA}|^2$의 값은?

① 5 ② 6 ③ 7 ④ 8 ⑤ 9

HINT ▸▸

a, b, c, θ

에서 $c=\dfrac{a}{\sin\theta}=\dfrac{b}{\cos\theta}$

$b=\dfrac{a}{\tan\theta}$

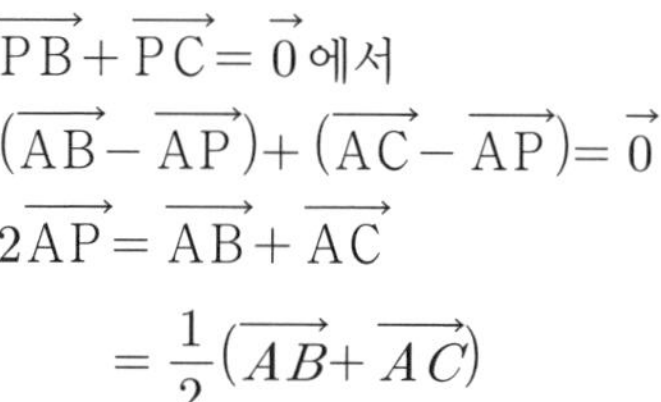

$\overrightarrow{PB}+\overrightarrow{PC}=\vec{0}$에서

$(\overrightarrow{AB}-\overrightarrow{AP})+(\overrightarrow{AC}-\overrightarrow{AP})=\vec{0}$

$2\overrightarrow{AP}=\overrightarrow{AB}+\overrightarrow{AC}$

$=\dfrac{1}{2}(\overrightarrow{AB}+\overrightarrow{AC})$

즉, 점 P는 $\overrightarrow{BC}$의 중점이다.

△ABC가 직각 삼각형이므로

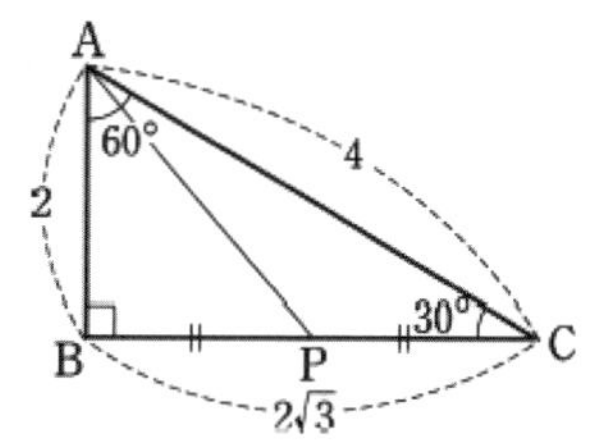

$\overline{AC}=\dfrac{2}{\sin30^\circ}=4$

$\overline{BC}=\dfrac{2}{\tan30^\circ}=2\sqrt{3}$

$\overline{BP}=\dfrac{1}{2}\overline{BC}=\sqrt{3}$ 이므로

$\overline{PA}=\sqrt{2^2+(\sqrt{3})^2}=\sqrt{7}$

$\therefore\ |\overrightarrow{PA}|^2=\sqrt{(2^2+(\sqrt{3})^2)}$

$=2^2+(\sqrt{3})^2$

$=7$

[참고] 그림만으로 풀면 더 쉬울수도 있다. 위 그림에서 $\triangle ABP$는 직각삼각형이며 구하고자 하는 것은 $\overline{PA}$의 길이의 제곱이므로 피타고라스의 정리를 이용하여 $2^2+(\sqrt{3})^2=7$로 바로 구할 수 있다.

정답 : ③

10.수능B

031

좌표 공간에서 직선 $\frac{x}{2}=y=z+3$과 평면 $\alpha : x+2y+2z=6$의 교점을 A라 하자. 중심이 점$(1,\ -1,\ 5)$이고 점 A를 지나는 구가 평면 α와 만나서 생기는 도형의 넓이는 $k\pi$이다. k의 값을 구하시오.

HINT▸▸

점과 평면과의 거리

$$d=\frac{|ax_1+by_1+cz_1+d|}{\sqrt{a^2+b^2+c^2}}$$

$l : \frac{x}{2}=y=z+3=t$(t는 실수)라 하면

$x=2t,\ y=t,\ z=t-3$

따라서, $A(2t,\ t,\ t-3)$이라 하면 점 A는 평면 $\alpha : x+2y+2z=6$ 위의 점이므로

$2t+2t+2(t-3)=6$

$\therefore\ t=2$

$\therefore\ A(4,\ 2,\ -1)$

이때, 중심이 점 $(1,\ -1,\ 5)$이고,

점$A(4,\ 2,\ -1)$을 지나는 구의 반지름의 길이 r는

$$r=\sqrt{(4-1)^2+(2+1)^2+(-1-5)^2}$$
$$=\sqrt{54}=3\sqrt{6}$$

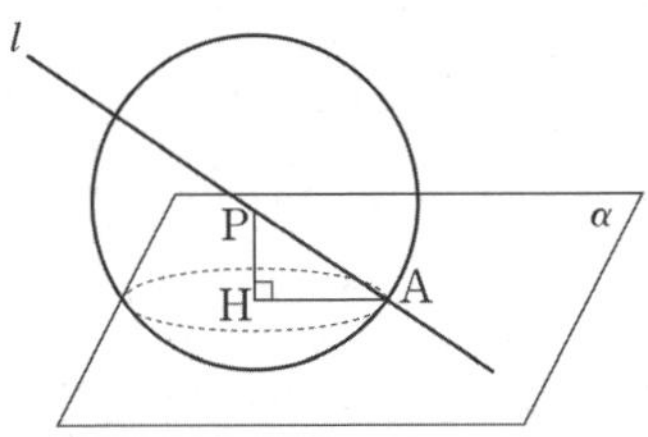

원의 중심을 P라 하고 P에서 평면 α에 내린 수선의 발을 H라 하면

$$\overline{\mathrm{PH}}=\frac{|1-2+10-6|}{\sqrt{1^2+2^2+2^2}}=1$$

또, $\overline{\mathrm{PA}}=r=3\sqrt{6}$ 이므로 $\triangle PHA$에서

$$\overline{\mathrm{HA}}=\sqrt{\overline{\mathrm{PA}}^2-\overline{\mathrm{PH}}^2}=\sqrt{54-1}=\sqrt{53}$$

따라서, 문제에서 구하는 도형은 반지름이 $\sqrt{53}$ 인 원이므로 원의 넓이는 53π이다.

$\therefore\ k=53$

정답 : 53

09.수능B

032

좌표공간에서

직선 $\frac{x-2}{2}=\frac{y-2}{3}=z-1$에 수직이고

점 $(1,\ -5,\ 2)$를 지나는 평면의 방정식을

$2x+ay+bz+c=0$이라 할 때, $a+b+c$의 값을 구하시오.

HINT▸▸

직선 $\frac{x-x_1}{a}=\frac{y-y_1}{b}=\frac{z-z_1}{c}$의 방향벡터

: $\vec{v}=(a,\ b,\ c)$

법선벡터가 $(a,\ b,\ c)$이고 점 $(x_1,\ y_1,\ z_1)$을 지나는 평면

: $a(x-x_1)+b(y-y_1)+c(z-z_1)=0$

구하는 평면이 직선 $\frac{x-2}{2}=\frac{y-2}{3}=z-1$에 수직이므로 평면의 법선벡터는 직선의 방향벡터 $(2,\ 3,\ 1)$과 일치한다.

또한, 구하는 평면은 점 $(1,\ -5,\ 2)$를 지나므로

$2(x-1)+3(y+5)+(z-2)=0$

$2x+3y+z+11=0$

$\therefore\ a=3,\ b=1,\ c=11$

$\therefore\ a+b+c=3+1+11=15$

정답 : 15

4. 적분과 통계

적분
확률
통계

총 64문항

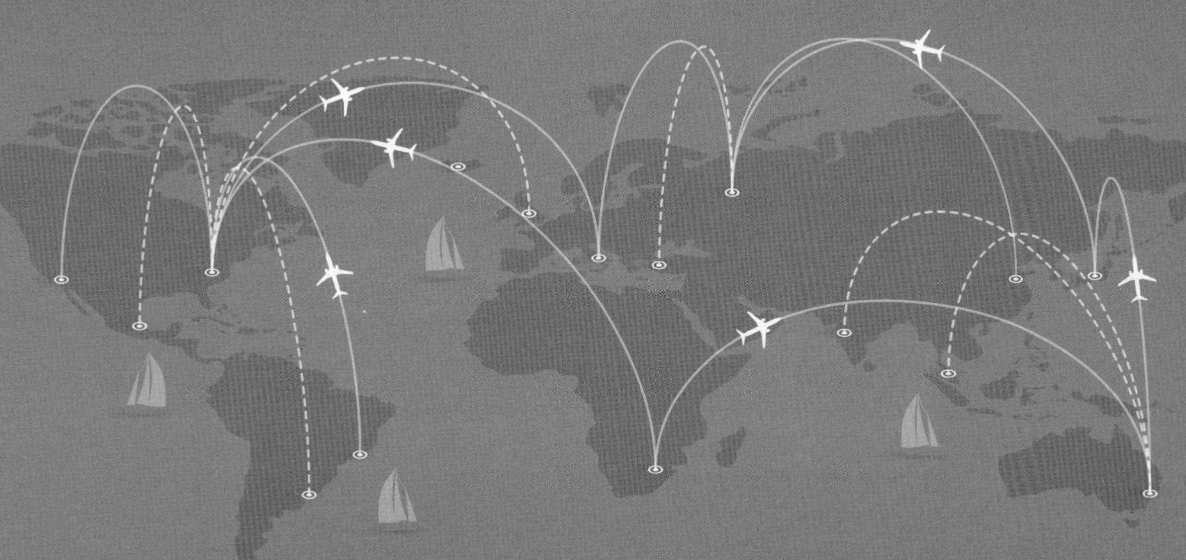

033

필요한 사항을 녹음해 놓고 틈틈이 반복복습을 할 경우 아주 중요한 요령은 **복습은 뒤부터 해야 한다는 것이다. 뒤쪽부터 한단위를 반복해서 들으면서 지루해질 때까지 하라.**

034

많은 사람들이 복습은 무조건 책의 첫 페이지부터 한다. 얼마나 멍청한 방법인가? **"그런 학습자들은 항상 1단원전문가가 될 뿐이다."**

035

공부란 **호기심**이라는 중요한 에너지원을 갖고 있는데 계속되는 복습은 무기력증을 유발하는 왼쪽을 활성화시키고 추진에너지를 소비하므로 과도하지 않은 복습은 필수적이다.

036

선생님들이여 검사하기 쉽다고 **반복해서 쓰는 숙제를 애용하는 것을 삼가해주시라. 가장 느리고 비효율적이며 게다가 장도 꼬이는 백해무익한 숙제다.** 반복쓰기는 기초를 다질때 약간 효과가 있을 뿐이다.

037

수학을 풀때 가장 중요한 포인트는 단순 계산을 무시하라는 것이다. 중요한 식을 세우는 것이나 문제의 핵심에 촛점을 맞추라. 심지어 계산부분은 답만 보고 넘어가도 좋다.

038

수학에서는 누구나 알다시피 **틀린 문제를 골라서 복습하면 어느 정도 시간을 줄일 수 있다.** 어차피 쉽거나 항상 맞는 문제는 간혹 가다 풀면 될 것이다.

07.9B

001

$\int_{0}^{2}|x^2(x-1)|dx$ 의 값은?

① $\frac{3}{2}$ ② 2 ③ $\frac{5}{2}$ ④ 3 ⑤ $\frac{7}{2}$

HINT▸▸

$\int_{a}^{b}f(x)dx=\int_{a}^{c}f(x)dx+\int_{c}^{b}f(x)dx$

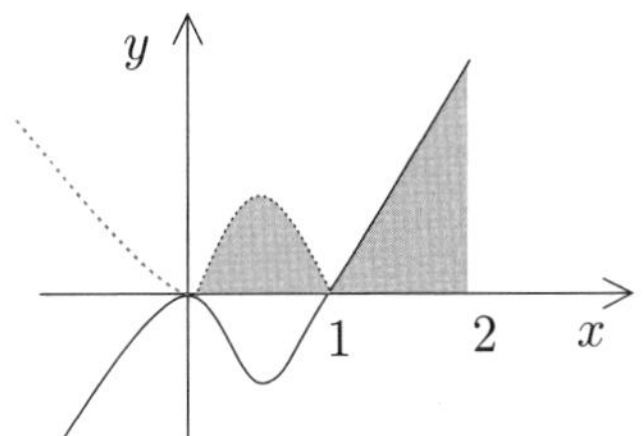

구간 $[0, 2]$ 에서

$|x^2(x-1)|=\begin{cases}-x^3+x^2 & (0\leq x<1)\\ x^3-x^2 & (1\leq x\leq 2)\end{cases}$

$\therefore \int_{0}^{2}|x^2(x-1)|dx$

$=\int_{0}^{1}(-x^3+x^2)dx+\int_{1}^{2}(x^3-x^2)dx$

$=\left[-\frac{1}{4}x^4+\frac{1}{3}x^3\right]_0^1+\left[\frac{1}{4}x^4-\frac{1}{3}x^3\right]_1^2$

$=\frac{3}{2}$

정답 : ①

07.9B

002

곡선 $y=6x^2+1$과 x축 및 두 직선 $x=1-h$, $x=1+h\,(h>0)$로 둘러싸인 부분의 넓이를 $S(h)$라 할 때,

$\lim_{h\to+0}\frac{S(h)}{h}$ 의 값을 구하시오.

HINT▸▸

$\lim_{h\to 0}\frac{f(a+h)-f(a)}{h}=f'(a)$

$\frac{d}{dx}\int f(x)dx=f(x)$

$f(x)=6x^2+1$이라 하고 $f(x)$의 부정적분을 $F(x)$라 하면

$S(h)=\int_{1-h}^{1+h}f(x)dx$

$=[F(x)]_{1-h}^{1+h}$

$=F(1+h)-F(1-h)$

따라서

$\lim_{h\to 0+}\frac{S(h)}{h}=\lim_{h\to 0+}\frac{F(1+h)-F(1-h)}{h}$

$=\lim_{h\to 0+}\frac{F(1+h)-F(1)}{h}+\lim_{h\to 0+}\frac{F(1-h)-F(1)}{-h}$

$=2F'(1)$

$=2f(1)=2\times(6\times 1^2+1)$

$=2\times 7=14$

정답 : 14

07.9B

003

실수 전체의 집합에서 이계도함수를 갖고

$f(0)=0,\quad f(1)=\sqrt{3}$

을 만족시키는 모든 함수 $f(x)$에 대하여

$\int_0^1 \sqrt{1+\{f'(x)\}^2}\,dx$ 의 최솟값은?

① $\sqrt{2}$ ② 2 ③ $1+\sqrt{2}$

④ $\sqrt{5}$ ⑤ $1+\sqrt{3}$

HINT▸▸

곡선 $f(x)$의 a에서 b까지의 길이

$d=\int_a^b \sqrt{1+\{f'(x)\}^2}\,dx$

$\int_0^1 \sqrt{1+\{f'(x)\}^2}\,dx$ 는 곡선 $y=f(x)$ $(0 \leqq x \leqq 1)$의 길이를 의미하므로

이 길이의 최솟값은 두 점 $(0,0)$, $(1, \sqrt{3})$을 잇는 선분의 길이와 같다.

따라서 구하는 최솟값은 두점이 직선으로 연결될 때이므로

$\sqrt{(1-0)^2+(\sqrt{3}-0)^2}=2$

정답 : ②

07.수능B

004

곡선 $y=\frac{1}{4}x^2$과 직선 $y=4$로 둘러싸인 부분을 y축 둘레로 회전시킨 회전체의 부피가 $k\pi$일 때, 상수 k의 값을 구하시오.

HINT▸▸

y축 둘레로 회전시킬 때의 부피 $v=\pi\int_a^b x^2 dy$

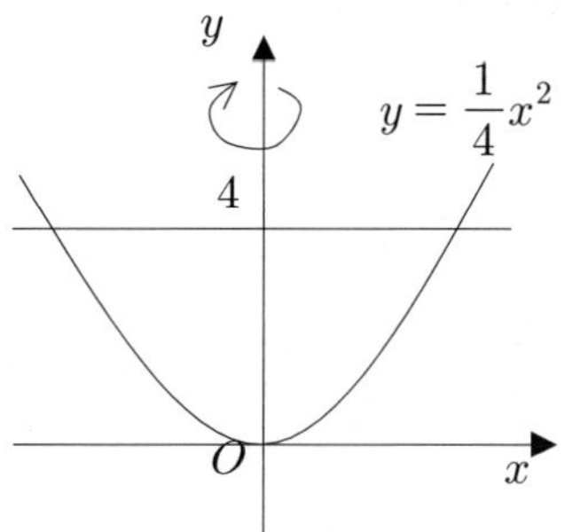

$y=\frac{1}{4}x^2$ 에서 $x^2=4y$ 이므로

구하는 회전체의 부피는

$V=\int_0^4 \pi x^2\,dy$

$=\int_0^4 4\pi y\,dy$

$=\left[2\pi y^2\right]_0^4$

$=32\pi$

$\therefore\ k=32$

정답 : 32

07.수능B

005

함수 $f(x)=x^3+x$ 일 때,

$\lim_{n\to\infty}\frac{1}{n}\sum_{k=1}^{n}f\left(1+\frac{2k}{n}\right)$의 값을 구하시오.

HINT▸▸

무한급수에서 정적분으로의 전환

$\frac{k}{n}\to x$, $\frac{1}{n}\to dx$로 변환

$$\lim_{n\to\infty}\sum_{k=1}^{n}f\left(a+\frac{b-a}{n}k\right)\cdot\frac{b-a}{n}=\int_a^b f(x)dx$$

$$\lim_{n\to\infty}\sum_{k=1}^{n}f\left(a+\frac{p}{n}k\right)\cdot\frac{p}{n}=\int_a^{a+p}f(x)dx$$

$$=\int_0^p f(a+x)dx$$

$$=\int_0^1 pf(a+px)dx$$

다양한 방법으로 표현할 수 있도록 반복해보자.

$$\lim_{n\to\infty}\frac{1}{n}\sum_{k=1}^{n}f\left(1+\frac{2k}{n}\right)$$

$$=\lim_{n\to\infty}\sum_{k=1}^{n}f\left(1+\frac{2k}{n}\right)\cdot\frac{2}{n}\cdot\frac{1}{2}$$

$$=\frac{1}{2}\int_1^3 f(x)\,dx$$

$$\left(=\frac{1}{2}\int_0^2 f(1+x)dx=\int_0^1 f(1+2x)dx\right)$$

$$=\frac{1}{2}\int_1^3(x^3+x)dx$$

$$=\frac{1}{2}\left[\frac{1}{4}x^4+\frac{1}{2}x^2\right]_1^3$$

$$=\frac{1}{2}\left(\frac{81}{4}+\frac{9}{2}-\frac{1}{4}-\frac{1}{2}\right)$$

$$=\frac{1}{2}(20+4)$$

$$=12$$

정답 : 12

08.9B

006

좌표평면에서

곡선 $y=\dfrac{xe^{x^2}}{e^{x^2}+1}$과 직선 $y=\dfrac{2}{3}x$로 둘러싸인 두 부분의 넓이의 합은?

① $\dfrac{5}{3}\ln2-\ln3$　　② $2\ln3-\dfrac{5}{3}\ln2$

③ $\dfrac{5}{3}\ln2+\ln3$　　④ $2\ln3+\dfrac{5}{3}\ln2$

⑤ $\dfrac{7}{3}\ln2-\ln3$

HINT▸▸

$a^x=b \Leftrightarrow \log_a b=x$

$\{\ln f(x)\}'=\dfrac{f'(x)}{f(x)}$

$\log_c a-\log_c b=\log_c\dfrac{a}{b}$

$y=\dfrac{xe^{x^2}}{e^{x^2}+1}$에서 분자인 xe^{x^2}은 분모인 $(e^{x^2}+1)$의 미분함수와 동류항이라는 사실에 주목하자.

곡선과 직선의 교점의 좌표를 구한다.

$\dfrac{xe^{x^2}}{e^{x^2}+1}=\dfrac{2}{3}x$ 에서 양변에 $(e^{x^2}+1)$을 곱하면

$xe^{x^2}=\dfrac{2}{3}xe^{x^2}+\dfrac{2}{3}x$, $\dfrac{1}{3}x\left(e^{x^2}-2\right)=0$

$x=0$ 또는 $e^{x^2}-2=0$

$e^{x^2}=2$ 에서 $x^2=\ln2$

$\therefore\ x=\pm\sqrt{\ln2}$

따라서, 구하는 넓이 S는 $f(x)=\dfrac{1}{3}x(e^{x^2}-2)$가 기함수라 원점 대칭이므로

$\left(\because f(-x)=-\dfrac{1}{3}x(e^{x^2}-2)=-f(x)\right)$

$\left(\dfrac{2}{3}x-\dfrac{xe^{x^2}}{e^{x^2}+1}\right)$도 기함수가 되어

$$S=2\int_0^{\sqrt{\ln2}}\left(\frac{2}{3}x-\frac{xe^{x^2}}{e^{x^2}+1}\right)dx$$

$$=\int_0^{\sqrt{\ln2}}\frac{4}{3}x\,dx-\int_0^{\sqrt{\ln2}}\frac{2xe^{x^2}}{e^{x^2}+1}\,dx$$

$$=\left[\frac{2}{3}x^2\right]_0^{\sqrt{\ln2}}-\left[\ln(e^{x^2}+1)\right]_0^{\sqrt{\ln2}}$$

$$=\frac{2}{3}\ln2-(\ln3-\ln2)$$

$$=\frac{5}{3}\ln2-\ln3$$

정답 : ①

08.수능B

007

직선 $y=x+a$가 포물선 $y^2=12x$에 접할 때, 포물선 $y^2=12x$와 직선 $y=x+a$ 및 y축으로 둘러싸인 부분을 x축의 둘레로 회전시켜 생기는 회전체의 부피를 $b\pi$라 하자. 두 상수 a, b의 곱 ab의 값을 구하시오.

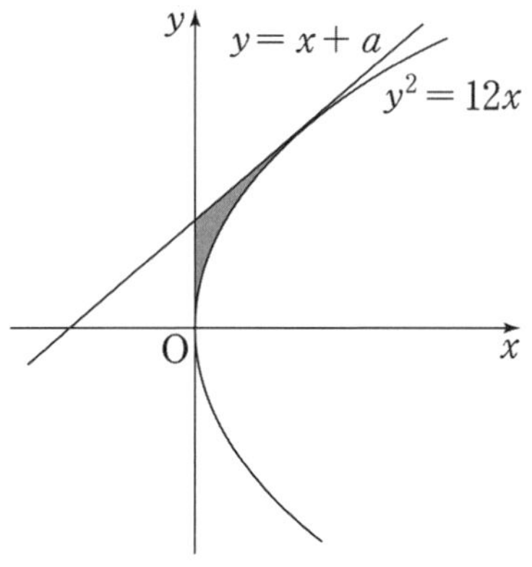

HINT ▸▸

포물선의 접선의 식

$y=mx+\dfrac{p}{m}$: 기울기 m이 주어질때

$y_1y=2p(x+x_1)$: 접점$(x_1,\ y_1)$이 주어질때

회전체에서 x축둘레로 → $\pi\int y^2dx$

y축줄레로 → $\pi\int x^2dx$

기울기가 m인 포물선 $y^2=4px$의 접선의 방정식은 $y=mx+\dfrac{p}{m}$이므로,

$y^2=12x=4px$의 접선을 $y=x+a$라 놓으면 $m=1,\ p=3$이 되고,

위 공식에 의해 $a=\dfrac{p}{m}=\dfrac{3}{1}=3$이다.

이때 접점은 $y=x+3$을 $y^2=12x$에 대입하여

$(x+3)^2=12x$

$x^2+6x+9-12x=0$

$(x-3)^2=0$이 되므로 교점이$(3,\ 6)$이라는 것을 알 수 있다.

이 때, 회전체의 부피는

$$\pi\int_0^3\{(\text{접선 }y)^2-(\text{포물선 }y)^2\}dx$$

$$=\pi\int_0^3\{(x+3)^2-(12x)\}dx$$

$$=\pi\int_0^3(x-3)^2dx$$

$$=\pi\left[\frac{1}{3}(x-3)^3\right]_0^3=9\pi$$

따라서 $b=9$이고 $ab=3\times9=27$이다.

정답 : 27

08.수능B

008

폐구간 $[0, 1]$에서 정의된 연속함수 $f(x)$가 $f(0)=0$, $f(1)=1$이며, 개구간 $(0, 1)$에서 이계도함수를 갖고 $f'(x)>0$, $f''(x)>0$일 때, $\int_0^1 \{f^{-1}(x)-f(x)\}dx$의 값과 같은 것은?

① $\lim_{n\to\infty}\sum_{k=1}^{n}\left\{\frac{k}{n}-f\left(\frac{k}{n}\right)\right\}\frac{1}{2n}$

② $\lim_{n\to\infty}\sum_{k=1}^{n}\left\{\frac{k}{n}-f\left(\frac{k}{n}\right)\right\}\frac{2}{n}$

③ $\lim_{n\to\infty}\sum_{k=1}^{n}\left\{\frac{k}{n}-f\left(\frac{k}{n}\right)\right\}\frac{1}{n}$

④ $\lim_{n\to\infty}\sum_{k=1}^{n}\left\{\frac{k}{2n}-f\left(\frac{k}{n}\right)\right\}\frac{1}{n}$

⑤ $\lim_{n\to\infty}\sum_{k=1}^{n}\left\{\frac{2k}{n}-f\left(\frac{k}{n}\right)\right\}\frac{1}{n}$

HINT▸▸

그림으로 이해하면 훨씬 쉽다.

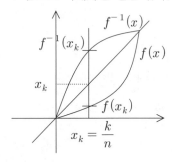

이 그림에서 $y=x$그래프와 $y=f(x)$의 사이부분을 2배 해주면 된다.

즉

$$2\int_0^1 \{x-f(x)\}dx = 2\lim_{n\to\infty}\sum\left(\frac{k}{n}-f\left(\frac{k}{n}\right)\right)\frac{1}{n}$$

이 된다.

이때 $\Delta x=\frac{1}{n}$으로 생각하고, $x_k=\frac{k}{n}$이라고 하자.

$$\int_0^1 \{f^{-1}(x)-f(x)\}dx$$

$$=\lim_{n\to\infty}\sum_{k=1}^{n}(f^{-1}(x_k)-f(x_k))\Delta x$$

$$=\lim_{n\to\infty}\sum_{k=1}^{n}(f^{-1}(x_k)-f(x_k))\frac{1}{n}$$

이때 $f^{-1}(x_k)$와 $f(x_k)$는 $y=x$에 대칭이므로 그 차인 $\sum_{k=1}^{n}f^{-1}(x_k)-\sum_{k=1}^{n}f(x_k)$는 $\sum_{k=1}^{n}(x-f(x))$에 2배를 한 것과 같다.

$$\int_0^1 \{f^{-1}(x)-f(x)\}dx$$

$$=\lim_{n\to\infty}\sum_{k=1}^{n}(f^{-1}(x_k)-f(x_k))\frac{1}{n}$$

$$=2\lim_{n\to\infty}\sum_{k=1}^{n}(x-f(x))\frac{1}{n}$$

$$=\lim_{n\to\infty}\sum_{k=1}^{n}\left(2\frac{k}{n}-2f\left(\frac{k}{n}\right)\right)\frac{1}{n}$$

$$=\lim_{n\to\infty}\sum_{k=1}^{n}\left\{\frac{k}{n}-f\left(\frac{k}{n}\right)\right\}\frac{2}{n}$$

정답 : ②

09.9B

009

두 곡선 $y=x^4-x^3$, $y=-x^4+x$ 로 둘러싸인 도형의 넓이가 곡선 $y=ax(1-x)$ 에 의하여 이등분할 때, 상수 a 의 값은? (단, $0<a<1$)

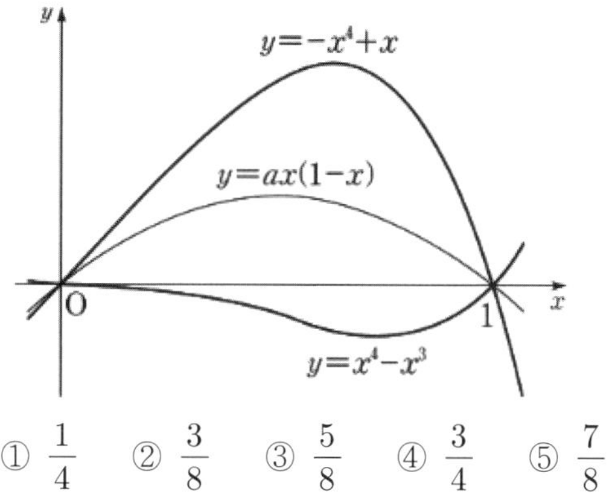

① $\frac{1}{4}$ ② $\frac{3}{8}$ ③ $\frac{5}{8}$ ④ $\frac{3}{4}$ ⑤ $\frac{7}{8}$

HINT▸▸

$f(x)$, $g(x)$ 두 그래프 사이의 넓이는

$S=\int_a^b |f(x)-g(x)|dx$ 이다.

$$\frac{1}{2}\int_0^1 \{(-x^4+x)-(x^4-x^3)\}dx=$$

$$\int_0^1 \{(-x^4+x)-(ax-ax^2)\}dx \text{ 이므로}$$

$$\int_0^1 (x^3-2ax^2-(1-2a)x)dx$$

$$=\left[\frac{1}{4}x^4-\frac{2}{3}ax^3+\frac{1}{2}(2a-1)x^2\right]_0^1$$

$$=\frac{1}{4}-\frac{2}{3}a+a-\frac{1}{2}=0$$

정리하면 $a=\frac{3}{4}$

정답 : ④

10.9B

010

실수 전체의 집합에서 연속인 함수 $f(x)$가 모든 실수 t에 대하여 $\int_0^2 xf(tx)dx=4t^2$ 을 만족시킬 때, $f(2)$의 값은?

① 1 ② 2 ③ 3 ④ 4 ⑤ 5

HINT▸▸

$$\int_a^b f(x)dx=[F(x)]_a^b$$
$$=F(b)-F(a)$$

$tx=s$ 로 놓으면 $tdx=ds$ 이고,

$x=0$일 때, $s=0$

$x=2$일 때, $s=2t$이므로

$$\int_0^2 xf(tx)dx=\int_0^{2t}\left\{\frac{s}{t}f(s)\frac{1}{t}\right\}ds$$

$$=\frac{1}{t^2}\int_0^{2t} sf(s)ds=4t^2$$

$$\therefore \int_0^{2t} sf(s)ds=4t^4$$

이때, $sf(s)$ 의 부정적분을 $G(s)$ 라 하면

$$\int_0^{2t} sf(s)ds=G(2t)-G(0)=4t^4$$

양변을 t 에 대하여 미분하면

$G'(2t)\times 2=2(2t)f(2t)=16t^3$

$(\because G'(s)=sf(s))$

따라서 $f(2t)=4t^2$ 이므로 $f(x)=x^2$

$\therefore f(2)=2^2=4$

정답 : ④

09.9B

011

함수 $f(x)=\int_0^x \frac{1}{1+t^6}dt$ 에 대하여 상수 a 가 $f(a)=\frac{1}{2}$ 을 만족시킬 때,

$$\int_0^a \frac{e^{f(x)}}{1+x^6}dx$$

의 값은?

① $\frac{\sqrt{e}-1}{2}$ ② $\sqrt{e}-1$ ③ 1

④ $\frac{\sqrt{e}+1}{2}$ ⑤ $\sqrt{e}+1$

HINT▸▸

$\frac{d}{dx}\int f(x)dx=f(x)$

$\{e^{f(x)}\}'=e^{f(x)}\cdot f'(x)$

$f(x)=\int_0^x \frac{1}{1+t^6}dt$ 이므로

$f'(x)=\frac{1}{1+x^6}$

$e^{f(x)}=t$ 로 치환하면

$e^{f(x)}f'(x)dx=dt$이고

$x=0 \rightarrow f(0)=\int_0^0 \frac{1}{1+t^6}dt=0$이 되어

$e^{f(x)}=1$, $t=1$

$x=a \rightarrow t=\sqrt{e}$ 이므로

$$\int_0^a \frac{e^{f(x)}}{1+x^6}dx$$
$$=\int_1^{\sqrt{e}} \frac{1}{1+x^6}\times\frac{1}{f'(x)}dt$$
$$=\int_1^{\sqrt{e}} \frac{1}{1+x^6}\times\frac{1+x^6}{1}dt$$
$$=\int_1^{\sqrt{e}} 1\,dt=\sqrt{e}-1$$

정답 : ②

10.수능B

012

실수 전체의 집합에서 미분가능한 함수 $f(x)$가 있다. 모든 실수 x에 대하여

$f(2x)=2f(x)f'(x)$이고, $f(a)=0$,

$\int_{2a}^{4a}\frac{f(x)}{x}dx=k\ (a>0, 0<k<1)$ 일 때,

$\int_{a}^{2a}\frac{\{f(x)\}^2}{x^2}dx$의 값을 k로 나타낸 것은?

① $\frac{k^2}{4}$ ② $\frac{k^2}{2}$ ③ k^2 ④ k ⑤ $2k$

HINT▸▸

$\int_a^b(uv')dx=[uv]_a^b-\int_a^b(u'v)dx$

$\{f(x)^n\}'=nf(x)^{n-1}\cdot f'(x)$

$\int\frac{1}{x^2}dx=\int x^{-2}dx$

$=\frac{1}{-2+1}x^{-2+1}+C$

$=-\frac{1}{x}+C$

$\int_a^{2a}\frac{\{f(x)\}^2}{x^2}dx=\int_a^{2a}\{f(x)\}^2\frac{1}{x^2}dx$

에서 $\{f(x)\}^2=u$, $\frac{1}{x^2}=v'$이라 하면 부분적분법에 의해

$\int uv'=uv-\int u'v$이므로

$\int_a^{2a}\{f(x)\}^2\cdot\frac{1}{x^2}dx$

$=\left[\{f(x)\}^2\left(-\frac{1}{x}\right)\right]_a^{2a}$

$-\int_a^{2a}2f(x)f'(x)\cdot\left(-\frac{1}{x}\right)dx$

이때, $f(2x)=2f(x)f'(x)$에 $x=a$를 대입하면

$f(2a)=2f(a)f'(a)=0(\because f(a)=0)$

또한, $f(2x)=2f(x)f'(x)$이므로

$\left[\{f(x)\}^2\left(-\frac{1}{x}\right)\right]_a^{2a}+\int_a^{2a}2f(x)f'(x)\cdot\frac{1}{x}dx$

$=0+\int_a^{2a}f(2x)\cdot\frac{1}{x}dx$

이때, $2x=t$로 치환하면 $2dx=dt$이고

$\frac{1}{x}=\frac{2}{t}$이므로

$\int_a^{2a}f(2x)\cdot\frac{1}{x}dx=\int_{2a}^{4a}f(t)\cdot\frac{2}{t}\cdot\frac{1}{2}dt$

$=\int_{2a}^{4a}\frac{f(t)}{t}dt=k$

정답 : ④

10.9B

013

실수 전체의 집합에서 연속인 함수 $f(x)$가 있다. 2이상인 자연수 n에 대하여 폐구간 $[0,\ 1]$을 n등분한 각 분점(양 끝점도 포함)을 차례대로 $0=x_0, x_1, x_2, \cdots, x_{n-1}, x_n=1$

이라 할 때, 옳은 것만을 〈보기〉에서 있는 대로 고른 것은?

ㄱ. $n=2m$(m은 자연수)이면 $\displaystyle\sum_{k=0}^{m-1}\frac{f(x_{2k})}{m} \leqq \sum_{k=0}^{n-1}\frac{f(x_k)}{n}$이다.

ㄴ. $\displaystyle\lim_{n\to\infty}\sum_{k=1}^{n}\frac{1}{n}\left\{\frac{f(x_{k-1})+f(x_k)}{2}\right\} = \int_0^1 f(x)dx$

ㄷ. $\displaystyle\sum_{k=0}^{n-1}\frac{f(x_k)}{n} \leqq \int_0^1 f(x)dx \leqq \sum_{k=1}^{n}\frac{f(x_k)}{n}$

① ㄱ ② ㄴ ③ ㄷ
④ ㄱ, ㄴ ⑤ ㄴ, ㄷ

HINT▸▸

ㄱ, ㄷ의 경우 감소함수이거나 함수값이 음수일 경우를 따져보면 반례를 생각하기 쉽다.

$$\sum_{k=1}^{n}(a_k \pm b_k) = \sum_{k=1}^{n}a_k \pm \sum_{k=1}^{n}b_k$$

무한급수 → 정적분 : $\dfrac{k}{n}\Rightarrow x,\ \dfrac{1}{n}\Rightarrow dx$

ㄱ. 〈거짓〉

【반례】 $f(x)>0$이고, 함수 $f(x)$가 감소함수일 때,

$$\sum_{k=0}^{m-1}\frac{f(x_{2k})}{m} = \frac{1}{m}\sum_{k=0}^{m-1}f(x_{2k})$$

$$=\frac{1}{m}\{f(x_0)+f(x_2)+\ \cdots\ +f(x_{2m-2})\}$$

$$=\frac{2}{n}\{f(x_0)+f(x_2)+\ \cdots\ +f(x_{n-2})\}$$

$$=\frac{1}{n}\{2f(x_0)+2f(x_2)+\ \cdots\ +2f(x_{n-2})\}$$

$$>\frac{1}{n}\left\{\begin{matrix}(f(x_0)+f(x_1))+(f(x_2)+f(x_3))+\\ \cdots\ +(f(x_{n-2})+f(x_{n-1}))\end{matrix}\right\}$$

$(\because f(x)$가 감소함수이므로
$2f(x_0) > f(x_0)+f(x_1))$
$= \sum_{k=0}^{n-1} \frac{f(x_k)}{n}$

$\therefore \sum_{k=0}^{m-1} \frac{f(x_{2k})}{m} > \sum_{k=0}^{n-1} \frac{f(x_k)}{n}$

ㄴ. 〈참〉
어차피 $n \to \infty$ 이므로
$\lim_{n\to\infty} f(x_n) = \lim_{n\to\infty} f(x_{n-1})$

$\therefore \lim_{n\to\infty} \sum_{k=1}^{n} \frac{1}{n} f(x_k) = \int_0^1 f(x)dx$ 이고

$\lim_{n\to\infty} \sum_{k=1}^{n} \frac{1}{n} f(x_{k-1}) = \int_0^1 f(x)dx$ 이므로

$\lim_{n\to\infty} \sum_{k=1}^{n} \frac{1}{n} \left\{ \frac{f(x_{k-1})+f(x_k)}{2} \right\}$

$= \frac{1}{2} \lim_{n\to\infty} \left(\sum_{k=1}^{n} \frac{1}{n} f(x_{k-1}) + \sum_{k=1}^{n} \frac{1}{n} f(x_k) \right)$

$= \frac{1}{2} \cdot 2 \int_0^1 f(x)dx$

$= \int_0^1 f(x)dx$

ㄷ. 〈거짓〉
【반례】 $f(x)$가 감소함수일 때,
$f(n-1) \geq f(n)$이므로 2이상의 자연수 n에 대하여

$\frac{f(n-1)}{n} \geq \frac{f(n)}{n}$

$\therefore \sum_{k=0}^{n-1} \frac{f(x_k)}{n} \geq \sum_{k=1}^{n} \frac{f(x_k)}{n}$

ㄴ과 달리 lim 기호가 없는 것에 주의하자.
따라서 옳은 것은 ㄴ뿐이다.

정답 : ②

10.수능B

014

두 곡선 $y=\sqrt{x}$, $y=\sqrt{-x+10}$과 x축으로 둘러싸인 부분을 x축의 둘레로 회전시켜 생기는 회전체의 부피가 $a\pi$일 때, a의 값을 구하시오.

HINT▸▸

x축 둘레로 회전할 때 : $\pi \int_a^b y^2 dx$
$= \pi \int f(x)^2 dx$

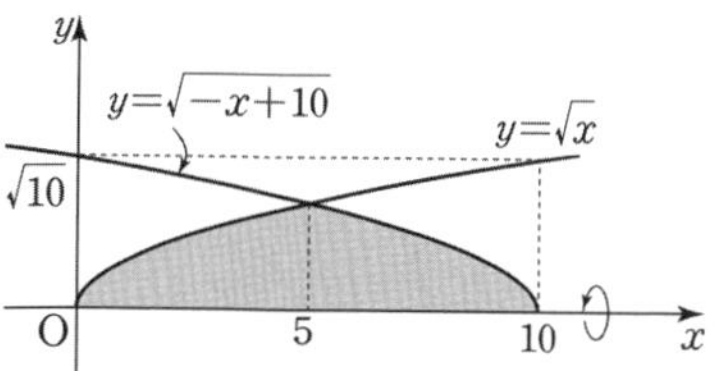

두 곡선 $y=\sqrt{x}$, $y=\sqrt{-x+10}$과 x축으로 둘러싸인 부분은 $x=5$에 의해 이등분되므로 구하는 회전체의 부피는

$V=\pi \int_0^5 (\sqrt{x})^2 dx \times 2$

$= 2\pi \int_0^5 x dx$

$= 2\pi \left[\frac{1}{2} x^2 \right]_0^5$

$= 25\pi$

$\therefore a = 25$

정답 : 25

11.6B

015

곡선 $y=e^x-1$과 x축 및 직선 $x=1$로 둘러싸인 도형을 x축 둘레로 회전시킬 때 생기는 회전체의 부피가 $\frac{\pi}{2}(e^2+ae+b)$이다.

a^2+b^2의 값을 구하시오.
(단, a, b는 정수이다.)

HINT▸▸

x축 둘레로 회전할 때 : $\pi\int_a^b y^2dx$

$=\pi\int f(x)^2dx$

$\int e^{ax+b}dx=\frac{1}{a}e^{ax+b}+C$

$$\pi\int_0^1(e^x-1)^2dx=\pi\int_0^1(e^{2x}-2e^x+1)dx$$
$$=\pi\left[\frac{1}{2}e^{2x}-2e^x+x\right]_0^1$$
$$=\pi\left(\frac{1}{2}e^2-2e+1-\frac{1}{2}+2\right)$$
$$=\frac{\pi}{2}(e^2-4e+5)$$

따라서 $a=-4$, $b=5$이므로
$a^2+b^2=41$

정답 : 41

07.9B

016

점수가 표시된 그림과 같은 과녁에 6개의 화살을 쏘아 점수를 얻는 경기가 있다. 6개의 화살을 모두 과녁에 맞혔을 때, 점수의 합계가 51점 이상이 되는 경우의 수는? (단, 화살이 과녁의 경계에 맞는 경우는 없다.)

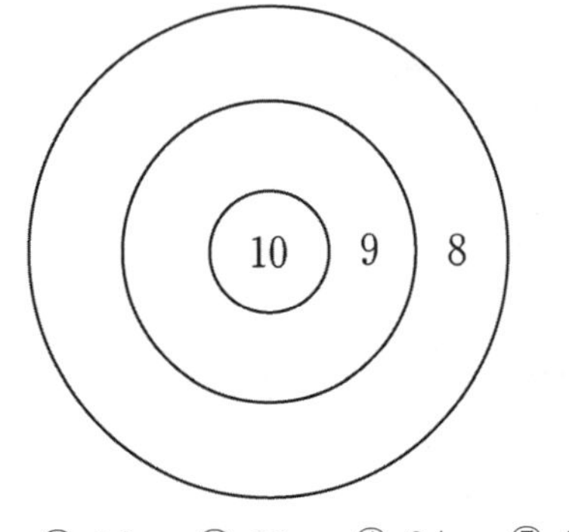

① 15 ② 18 ③ 21 ④ 24 ⑤ 27

HINT▸▸

${}_nH_r={}_{n+r-1}C_r$
${}_nC_r={}_nC_{n-r}$

8,9,10으로 이루어진 6개의 점수를 순서를 고려하지 않고 나열하는 방법의 수는
3에서 6개를 택하는 중복조합의 수와 같다.
즉, ${}_3H_6={}_{3+6-1}C_6={}_8C_6={}_8C_2=28$ (가지)
이 때, 점수의 합이 51점 미만이 되는 경우는
(8,8,8,8,8,8), (8,8,8,8,8,9), (8,8,8,8,9,9), (8,8,8,8,8,10)의 4가지이다.
따라서, 구하는 경우의 수는
$28-4=24$ (가지)

정답 : ④

08.9B

017

사과 주스, 포도 주스, 감귤 주스 중에서 8병을 선택하려고 한다. 사과 주스, 포도 주스, 감귤 주스를 각각 적어도 1병 이상씩 선택하는 경우의 수는? (단, 각 종류의 주스는 8병 이상씩 있다.)

① 17 ② 19 ③ 21 ④ 23 ⑤ 25

HINT▸▸

${}_nH_r = {}_{n+r-1}C_r$

${}_nC_r = {}_nC_{n-r}$

적어도 1병이라는 표현이 있으므로 나머지 5병만 계산한다.

선택하는 사과주스 , 포도주스, 감귤주스 병의 개수를 각각 x, y, z라 하면 각 종류의 주스는 적어도 한 병 이상씩 선택해야 하므로$x+y+z=5$를 만족하는 정수 x, y, z를 구한다. 따라서 구하는 경우의 수는 3개에서 중복을 허락하여 5개를 뽑는 방법의 수이므로

$${}_3H_5 = {}_{3+5-1}C_5 = {}_7C_5 = {}_7C_2 = \frac{7\times6}{2} = 21$$

정답 : ③

09.수능B

018

어느 회사원이 처리해야할 업무는 A, B를 포함하여 모두 6가지이다. 이 중에서 A, B를 포함한 4가지 업무를 오늘 처리하려고 하는데, A를 B보다 먼저 처리해야 한다. 오늘 처리할 업무를 택하고, 택한 업무의 처리 순서를 정하는 경우의 수는?

① 60 ② 66 ③ 72 ④ 78 ⑤ 84

HINT▸▸

순서가 정해진 문자끼리는 동일한 문자로 취급한다.

동일한 문자가 있을 경우 : $\frac{n!}{r!q!}$

오늘 처리할 업무를 택하는 방법은 A, B를 제외한 4가지 업무 중 2가지를 택하는 조합이므로

${}_4C_2 = 6$(가지)

택한 4가지 업무 중 A, B는 순서가 정해져 있으므로 이를 같은 업무로 생각하면 이 4가지 업무의 처리 순서를 정하는 경우의 수는 $\frac{4!}{2!} = 12$(가지)

따라서, 구하는 경우의 수는 $6\times12 = 72$(가지)

정답 : ③

08.6B

019

a, b, c, d, e 를 모두 사용하여 만든 다섯 자리 문자열 중에서 다음 세 조건을 만족시키는 문자열의 개수는?

(가) 첫째 자리에는 b 가 올 수 없다.
(나) 셋째 자리에는 a 도 올 수 없고 b 도 올 수 없다.
(다) 다섯째 자리에는 b 도 올 수 없고 c 도 올 수 없다.

① 24 ② 28 ③ 32 ④ 36 ⑤ 40

HINT▸▸

수형도를 이용해보자.
1, 3, 5칸에는 b가 올 수 없으므로 b를 기준으로 따져보자.

b는 둘째 자리, 넷째 자리에만 올 수 있으므로 먼저 b의 위치를 정하고 나머지 조건을 만족하도록 문자를 배열한다.

(i) b가 둘째 자리에 올 경우 : □b□□□
a를 첫째 자리에 놓고 나머지 c, d, e를 조건에 맞게 배열하는 방법은 4가지 $(2\times2!)$
($\because$ 다섯째 자리에 올 수 있는 문자는 d, e 두가지, 넷째 자리에 올 수 잇는 문자는 남은 두가지)
c를 첫째 자리에 놓고 나머지 a, d, e를 조건에 맞게 배열하는 방법은 4가지 $(2\times2!)$
d 또는 e를 첫째 자리에 놓고 나머지들을 조건에 맞게 배열하는 방법은 $(3!-2\times2!+1)$
($\because$ 전체 가지수 $3!$에서 a가 셋째 자리에 올 경우와 c가 다섯째 자리에 올 경우를 빼고 중복계산된 경우 한가지를 더한다.)
각각 3가지씩, 총6가지이므로 모두 14가지이다.

(ii) b가 넷째 자리에 올 경우 위의 (i)과 같은 방법으로 배열하면 모두 14가지

(i), (ii)에서 구하는 경우의 수는 28가지이다.

정답 : ②

09.수능B

020

같은 종류의 사탕 5개를 3명의 아이에게 1개 이상씩 나누어 주고, 같은 종류의 초콜릿 5개를 1개의 사탕을 받은 아이에게만 1개 이상씩 나누어 주려고 한다. 사탕과 초콜릿을 남김없이 나누어 주는 경우의 수는?

① 27　② 24　③ 21　④ 18　⑤ 15

HINT▸▸

수형도를 이용해보자.

$_{n}H_{r} = {}_{n+r-1}C_{r}$

A, B, C 3명의 아이에게 사탕 5개를 1개 이상씩 나누어 주는 경우를 먼저 생각하면
(∵ 3개는 이미 하나씩 나누어주었으므로 나머지 2개를 나누는 경우를 구하면 된다
; $_{3}H_{2} = {}_{3+2-1}C_{2} = {}_{4}C_{2} = 6$가지)

	A	B	C
(i)	1	1	3
(ii)	1	3	1
(iii)	3	1	1
(iv)	1	2	2
(v)	2	1	2
(vi)	2	2	1

(i)~(iii)의 경우 1개의 사탕을 받은 아이에게만 초콜릿 5개를 1개 이상 씩 나누어 주는 경우는

$_{2}H_{3} = {}_{4}C_{3}$으로 (1, 4), (2, 3), (3, 2), (4, 1)의 4가지이므로 경우의 수는

$3 \times 4 = 12$

(iv)~(vi)의 경우는 1개의 사탕을 받은 아이가 1명이므로 그 아이가 초콜릿 5개를 모두 가진다.

따라서, 구하는 경우의 수는 $12 + 3 = 15$

정답 : ⑤

10.6B

021

그림은 두 지점 A, B를 포함한 13개 지점 사이의 도로망을 나타낸 것이다.

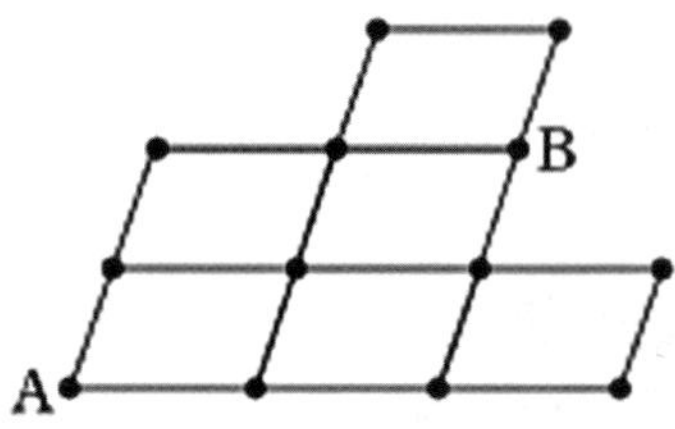

지점 A에서 출발하여 서로 다른 5개 지점을 거쳐 지점 B에 도착하는 방법의 수는?
(단, 한 번 지나간 도로는 다시 지나가지 않는다.)

① 7 ② 8 ③ 9 ④ 10 ⑤ 11

HINT▸▸

최단거리가 아니라 5개 지점을 거쳐야 하므로 공식으로는 힘들고 그림을 그려보아라.

오른쪽 그림에서

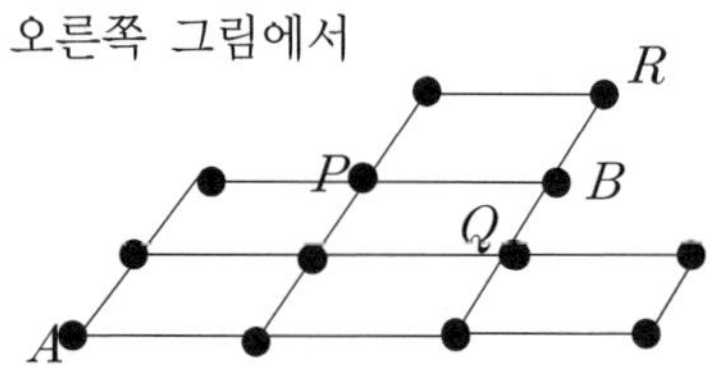

A에서 출발하여
P를 거쳐 B로 갈 때 서로 다른 5개 지점을 거쳐 가는 방법의 수는 4가지 :
$A \to P \to R \to B$일 때 3가지
$A \to P \to$ 바로 B일 때 1가지($A \to P$: S자형)

A에서 출발하여
Q를 거쳐 B로 갈 때 서로 다른 5개 지점을 거쳐 가는 방법의 수는 2가지

A에서 출발하여
$P \to Q$혹은 $Q \to P$를 거쳐 B로 갈 때 서로 다른 5개 지점을 거쳐 가는 방법의 수는 각각 한가지이므로 구하는 모든 경우의 수는 $4+2+2=8$가지이다.

정답 : ②

10.9B

022

그림과 같이 경계가 구분된 6개 지역의 인구조사를 조사원 5명이 담당하려고 한다. 5명 중에서 1명은 서로 이웃한 2개 지역을, 나머지 4명은 남은 4개 지역을 각각 1개씩 담당한다. 이 조원 5명의 담당 지역을 정하는 경우의 수는? (단, 경계가 일부라도 닿은 두 지역은 서로 이웃한 지역으로 본다.)

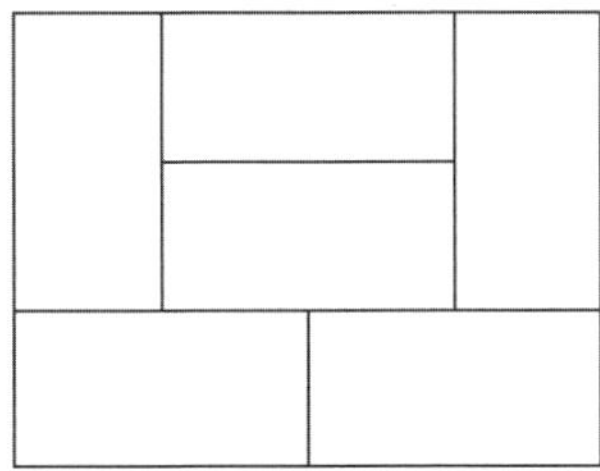

① 720 ② 840 ③ 960 ④ 1080 ⑤ 1200

HINT▸▸

$_nC_r = \dfrac{n!}{r!(n-r)!}$

일단 이웃하는 지역을 골라보자.

그림에서 이웃한 2개의 지역을 담당하는 경우의 수는

①과 ②, ①과 ③, ①과 ⑤, ②와 ③, ②와 ④, ③과 ④, ③과 ⑤, ③과 ⑥, ④와 ⑥, ⑤와 ⑥의 10(가지)

5명 중 이웃하는 지역을 담당할 조사원을 정하는 경우의 수는

$_5C_1 = 5$(가지)

남은 4개 지역에 조사원을 지정하는 경우의 수는 4!

따라서 조사원 5명의 담당 지역을 정하는 경우의 수는

$10 \times {_5C_1} \times 4! = 1200$(가지)

정답 : ⑤

10.9B

023

학생이 24명인 어느 학급에서 다음 규칙에 따라 연락망을 만들었다.

> (가) 처음에 선생님이 학생 4명에게 연락한다.
> (나) 학급의 각 학생은 모둠 A와 모둠 B중에서 한 모둠에만 속한다.
> 모둠 A의 학생은 연락을 받기만 하고, 모둠 B의 학생은 연락을 받고 다른 학생 4명에게 연락을 해야 한다.
> (다) 모든 학생은 한 번씩만 연락을 받는다.

이 연락망에서 모둠 A에 속한 학생의 수는?
(단, 선생님은 1명이고, 처음에만 연락한다.)

① 13　② 15　③ 17　④ 19　⑤ 21

HINT▸▸

선생님도 4명에게 연락해야 하므로
(모둠 B학생수 $+1)\times 4=$전체 학생수가 된다.

모둠 B에 속한 학생의 수를 i(명)라 하면 연락을 하는 사람의 수는 선생님을 포함하여 $i+1$(명)이다.
연락을 받는 학생의 수는 24(명)이므로
$4(i+1)=24,\ i+1=6$
$\therefore\ i=5$
따라서 모둠 A에 속한 학생의 수는
$24-5=19$(명)이다.

정답 : ④

10.수능B

024

어느 행사장에는 현수막을 1개씩 설치할 수 있는 장소가 5곳이 있다. 현수막은 A, B, C 세 종류가 있고, A는 1개 B는 4개 C는 2개가 있다. 다음 조건을 만족시키도록 현수막 5개를 택하여 5곳에 설치할 때, 그 결과로 나타날 수 있는 경우의 수는?(단. 같은 종류의 현수막끼리는 구분하지 않는다.)

> (가) A는 반드시 설치한다.
> (나) B는 2곳 이상 설치한다.

① 55　② 65　③ 75　④ 85　⑤ 95

HINT▸▸

동일한 문자를 가질 경우의 순열 : $\dfrac{n!}{p!q!}$

(ⅰ) A : 1개, B : 2개, C : 2개를 설치하는 경우의 수는 $\dfrac{5!}{2!2!}=30$

(ⅱ) A : 1개, B : 3개, C : 1개를 설치하는 경우의 수는 $\dfrac{5!}{3!}=20$

(ⅲ) A : 1개, B : 4개, C : 0개를 설치하는 경우의 수는 $\dfrac{5!}{4!}=5$

따라서, 구하는 경우의 수는
$30+20+5=55$

정답 : ①

11.6B

025

방정식 $x+y+z=17$을 만족시키는 음이 아닌 정수 x, y, z에 대하여 순서쌍 (x, y, z)의 개수를 구하시오.

HINT▸▸

중복조합 ${}_nH_r = {}_{n+r-1}C_r$, ${}_nC_r = {}_nC_{n-r}$

x, y, z자리에 올 수 있는 정수를 $1+1+\ldots$로 생각하여 중복된 1을 순서없이 x, y, z 세바구니에 집어 넣는 가짓수라 생각해보자.

$ex)$ $\underbrace{xxx \ldots yyy \ldots zzz \ldots}_{\text{총 } 17\text{개}}$

$$\begin{aligned} {}_3H_{17} &= {}_{3+17-1}C_{17} \\ &= {}_{19}C_{17} \\ &= {}_{19}C_2 \\ &= 171 \end{aligned}$$

정답 : 171

11.9B

026

그림과 같이 최대 6개의 용기를 넣을 수 있는 원형의 실험기구가 있다. 서로 다른 6개의 용기 A, B, C, D, E, F를 이 실험 기구에 모두 넣을 때, A와 B가 이웃하게 되는 경우의 수는? (단, 회전하여 일치하는 것은 같은 것으로 본다.)

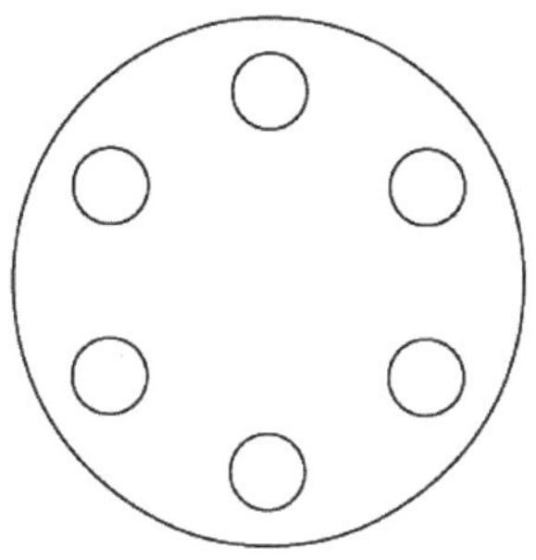

① 36 ② 48 ③ 60 ④ 72 ⑤ 84

HINT▸▸

원순열 $(n-1)!$

이웃하는 대상은 한 묶음으로 보고 나중에 그 순서의 뒤바뀜에 따른 가짓수를 곱하라.

A와 B를 한 묶음으로 생각해서 5개를 원형의 실험기구에 넣는 경우의 수는

$(5-1)! = 4! = 24$

또한, A와 B가 자리를 바꾸는 경우의 수는

$2! = 2$

따라서 구하고자 하는 경우의 수는

$24 \times 2 = 48$

정답 : ②

11.수능B

027

흰색 깃발 5 개, 파란색 깃발 5 개를 일렬로 모두 나열할 때, 양 끝에 흰색 깃발이 놓이는 경우의 수는?
(단, 같은 색 깃발끼리는 서로 구별하지 않는다.)

①56 ② 63 ③ 70 ④ 77 ⑤ 84

HINT▸▸

같은 것을 포함한 경우의 순열 $\frac{n!}{p!q!}$

구하는 경우의 수는 양 끝에 놓이는 흰색 깃발 2개를 제외한 흰색 깃발 3개, 파란색 깃발 5개를 일렬로 나열하는 경우의 수와 같으므로

$\therefore \frac{8!}{3!5!} = 56$

정답 : ①

11.수능B

028

자연수 r 에 대하여 ${}_3\mathrm{H}_\mathrm{r} = {}_7\mathrm{C}_2$ 일 때,
${}_5\mathrm{H}_\mathrm{r}$ 의 값을 구하시오.

HINT▸▸

${}_nH_r = {}_{n+r-1}C_r$

${}_nC_r = {}_nC_{n-r}$

${}_3\mathrm{H}_r = {}_{3+r-1}\mathrm{C}_r = {}_{r+2}C_r$

$= {}_{r+2}C_{r+2-r} = {}_{r+2}\mathrm{C}_2$ 이므로

${}_3\mathrm{H}_r = {}_7\mathrm{C}_2$에서

${}_{r+2}\mathrm{C}_2 = {}_7\mathrm{C}_2$

($\because r=2$이면 ${}_4\mathrm{C}_2 = {}_7\mathrm{C}_2$이므로 식이 성립 안함)

${}_{r+2}\mathrm{C}_r = {}_7\mathrm{C}_5 \qquad \therefore r=5$

${}_5\mathrm{H}_r = {}_5\mathrm{H}_5 = {}_{5+5-1}C_5$

$= {}_9\mathrm{C}_5 = {}_9\mathrm{C}_4 = \frac{9 \cdot 8 \cdot 7 \cdot 6}{4 \cdot 3 \cdot 2 \cdot 1} = 126$

정답 : 126

07.6B

029

1부터 9까지의 자연수 중에서 임의로 서로 다른 4개의 수를 선택하여 네 자리의 자연수를 만들 때, 백의 자리의 수와 십의 자리의 수의 합이 짝수가 될 확률은?

① $\frac{4}{9}$　② $\frac{1}{2}$　③ $\frac{5}{9}$　④ $\frac{11}{18}$　⑤ $\frac{13}{18}$

HINT▸▸

$${}_nP_r = \frac{n!}{(n-r)!}$$
$$= n\cdot(n-1)\cdot(n-2)\cdot \dots \cdot(n-r+1)$$

9개의 자연수 중에서 서로 다른 4개의 수를 택하여 만들 수 있는 네 자리의 자연수의 개수는

$${}_9\mathrm{P}_4 = 9\cdot8\cdot7\cdot6$$

(i) 백의 자리의 수와 십의 자리의 수가 모두 짝수인 경우의 수는

$${}_4\mathrm{P}_2\times{}_7\mathrm{P}_2 = 4\cdot3\cdot7\cdot6$$

(ii) 백의 자리의 수와 십의 자리의 수가 모두 홀수인 경우의 수는

$${}_5\mathrm{P}_2\times{}_7\mathrm{P}_2 = 5\cdot4\cdot7\cdot6$$

따라서 백의 자리의 수와 십의 자리의 수의 합이 짝수인 경우의 수는

$$4\cdot3\cdot7\cdot6+5\cdot4\cdot7\cdot6$$
$$=7\cdot6\cdot4(3+5)=7\cdot6\cdot4\cdot8$$

따라서 구하는 확률은

$$\frac{7\cdot6\cdot4\cdot8}{9\cdot8\cdot7\cdot6}=\frac{4}{9}$$

정답 : ①

07.9B

030

학생 9명의 혈액형을 조사하였더니 A형, B형, O형인 학생이 각각 2명, 3명, 4명이었다. 이 9명의 학생 중에서 임의로 2명을 뽑을 때, 혈액형이 같을 확률은?

① $\frac{13}{36}$　② $\frac{1}{3}$　③ $\frac{11}{36}$　④ $\frac{5}{18}$　⑤ $\frac{1}{4}$

HINT▸▸

A형 두명 만 뽑을 확률 : ${}_2C_2$

B형 두명 만 뽑을 확률 : ${}_3C_2$

C형 두명 만 뽑을 확률 : ${}_4C_2$

구하고자 하는 확률은

$$\frac{{}_2C_2+{}_3C_2+{}_4C_2}{{}_9C_2}=\frac{1+3+\frac{4\times3}{2}}{\frac{9\times8}{2}}$$
$$=\frac{1+3+6}{36}$$
$$=\frac{5}{18}$$

정답 : ④

07.수능B

031

주머니 A에는 1, 2, 3, 4, 5의 숫자가 하나씩 적혀 있는 5장의 카드가 들어 있고, 주머니 B에는 6, 7, 8, 9, 10의 숫자가 하나씩 적혀 있는 5장의 카드가 들어 있다.
두 주머니 A, B에서 각각 카드를 임의로 한 장씩 꺼냈다. 꺼낸 2장의 카드에 적혀 있는 두 수의 합이 홀수일 때, 주머니 A에서 꺼낸 카드에 적혀 있는 수가 짝수일 확률은?

① $\frac{5}{13}$　② $\frac{4}{13}$　③ $\frac{3}{13}$
④ $\frac{2}{13}$　⑤ $\frac{1}{13}$

HINT▸▸

$\mathrm{P(A|B)} = \dfrac{\mathrm{P(A \cap B)}}{\mathrm{P(B)}}$

2장의 카드에 적혀있는 두 수의 합이 홀수인 사건을 E라 하고, 주머니 A, B에서 꺼낸 카드에 적혀있는 수가 짝수인 사건을 각각 A,B라 하면 구하는 확률은 $P(A|E)$이다.

$$\therefore\ P(A|E) = \frac{P(A\cap E)}{P(E)} = \frac{P(A\cap E)}{P(A\cap E)+P(B\cap E)} = \frac{\frac{2}{5}\cdot\frac{2}{5}}{\frac{2}{5}\cdot\frac{2}{5}+\frac{3}{5}\cdot\frac{3}{5}} = \frac{4}{13}$$

정답 : ②

07.수능B

032

여학생 4명과 남학생 2명이 어느 요양 시설에서 6명 모두가 하루에 한 명씩 6일 동안 봉사 활동을 하려고 한다. 이 6명의 학생이 봉사 활동 순번을 임의로 정할 때, 첫째 날 또는 여섯째 날에 남학생이 봉사 활동을 하게 될 확률은?

① $\frac{17}{30}$　② $\frac{3}{5}$　③ $\frac{19}{30}$
④ $\frac{2}{3}$　⑤ $\frac{7}{10}$

HINT▸▸

'또는'이라는 표현이 있을 때는 여사건을 이용하자.
여사건 $P(A^c) = 1 - P(A)$
1에서 여학생이 첫째날과 여섯째날 모두에 있는 여사건을 빼보자.

구하고자 하는 확률은

$$1 - \frac{{}_4P_2\times 4!}{6!} = 1 - \frac{4\times 3\times 4!}{6!} = 1 - \frac{4\times 3}{6\times 5} = 1 - \frac{2}{5} = \frac{3}{5}$$

정답 : ②

07.수능B

033

이산확률변수 X에 대하여

$\mathrm{P}(\mathrm{X}=2)=1-\mathrm{P}(\mathrm{X}=0)$,

$0<\mathrm{P}(\mathrm{X}=0)<1$, $\mathrm{E}(\mathrm{X})^2=2\mathrm{V}(\mathrm{X})$

일 때, 확률 $\mathrm{P}(\mathrm{X}=2)$의 값은?

① $\frac{1}{6}$ ② $\frac{1}{3}$ ③ $\frac{1}{2}$ ④ $\frac{2}{3}$ ⑤ $\frac{5}{6}$

HINT▸▸

$E(X)=\sum_{i=0}^{n} x_i p_i$

$V(X)=E(X^2)-\{E(X)\}^2$

$\mathrm{P}(X=0)+\mathrm{P}(X=2)=1$이므로

확률변수 X의 확률분포표는 다음과 같다.

X	0	2	계
$\mathrm{P}(X)$	a	b	1

$E(X)=2b$ 이고 $E(X^2)=2^2b=4b$ 이므로

$V(X)=E(X^2)-\{E(X)\}^2$

$=4b-4b^2$

따라서 $E(X)^2=2V(X)$ 에서

$4b^2=2\times(4b-4b^2)$, $b=2-2b$, $3b=2$

$\therefore\ P(X=2)=b=\frac{2}{3}$

정답 : ④

08.6B

034

어느 산악회 전체 회원의 60%가 남성이다. 이 산악회에서 남성의 50%가 기혼이고 여성의 40%가 기혼이다. 이 산악회의 회원 중에서 임의로 뽑은 한 명이 기혼일 때, 이 회원이 여성일 확률은?

① $\frac{6}{23}$ ② $\frac{8}{23}$ ③ $\frac{10}{23}$ ④ $\frac{12}{23}$ ⑤ $\frac{14}{23}$

HINT▸▸

$P(A|B)=\frac{P(A\cap B)}{P(B)}$

임의로 뽑은 한 명이 기혼일 사건을 A,

여학생일 사건을 B라 하면 구하는 확률은

$P(B|A)$이다.

$P(A)=\frac{6}{10}\times\frac{5}{10}+\frac{4}{10}\times\frac{4}{10}=\frac{46}{100}$

$P(A\cap B)=\frac{4}{10}\times\frac{4}{10}=\frac{16}{100}$

$\therefore P(B|A)=\frac{P(A\cap B)}{P(A)}=\frac{\frac{16}{100}}{\frac{46}{100}}=\frac{16}{46}=\frac{8}{23}$

정답 : ②

08.9B

035

두 사건 A, B에 대하여

$\mathrm{P}(\mathrm{A} \cup \mathrm{B}) = \frac{5}{8}$, $\mathrm{P}(\mathrm{B}) = \frac{1}{4}$일 때, $\mathrm{P}(\mathrm{A}|\mathrm{B}^C)$

의 값은? (단, B^C는 B의 여사건이다.)

① $\frac{1}{2}$ ② $\frac{1}{3}$ ③ $\frac{1}{4}$ ④ $\frac{1}{5}$ ⑤ $\frac{1}{6}$

HINT▸▸

$\mathrm{P}(\mathrm{A} \cup \mathrm{B}) = \mathrm{P}(\mathrm{A}) + \mathrm{P}(\mathrm{B}) - \mathrm{P}(\mathrm{A} \cap \mathrm{B})$

$P(A|B) = \frac{P(A \cap B)}{P(B)}$

$\mathrm{P}(\mathrm{A} \cap \mathrm{B}^c) = \mathrm{P}(\mathrm{A} \cup \mathrm{B}) - \mathrm{P}(\mathrm{B})$

$\mathrm{P}(A|B^C) = \frac{\mathrm{P}(A \cap B^C)}{\mathrm{P}(B^C)}$ 이다.

그런데,

$\mathrm{P}(A \cup B) = \mathrm{P}(A) + \mathrm{P}(B) - \mathrm{P}(A \cap B)$에서

$$\begin{aligned} \mathrm{P}(A \cap B^C) &= \mathrm{P}(A) - \mathrm{P}(A \cap B) \\ &= \mathrm{P}(A \cup B) - \mathrm{P}(B) \\ &= \frac{5}{8} - \frac{1}{4} = \frac{3}{8} \end{aligned}$$ 이고,

$\mathrm{P}(B^C) = 1 - \mathrm{P}(B) = \frac{3}{4}$ 이다.

$$\therefore \mathrm{P}(A|B^C) = \frac{\mathrm{P}(A \cap B^C)}{\mathrm{P}(B^C)} = \frac{\frac{3}{8}}{\frac{3}{4}} = \frac{1}{2}$$

정답 : ①

09.수능B

036

철수가 받은 전자우편의 10% 는'여행'이라는 단어를 포함한다.'여행'을 포함한 전자우편의 50% 가 광고이고,'여행'을 포함하지 않은 전자우편의 20% 가 광고이다. 철수가 받은 한 전자우편이 광고일 때, 이 전자우편이'여행'을 포함할 확률은?

① $\frac{5}{23}$ ② $\frac{6}{23}$ ③ $\frac{7}{23}$ ④ $\frac{8}{23}$ ⑤ $\frac{9}{23}$

HINT▸▸

$P(A|B) = \frac{P(A \cap B)}{P(B)}$

철수가 받은 전자우편이'여행'을 포함할 사건을 A, 철수가 받은 전자우편이 광고인 사건을 B라 하자.

$$\begin{aligned} \mathrm{P}(\mathrm{B}) &= \mathrm{P}(\mathrm{A} \cap \mathrm{B}) + \mathrm{P}(\mathrm{A}^c \cap \mathrm{B}) \\ &= \frac{1}{10} \times \frac{1}{2} + \frac{9}{10} \times \frac{1}{5} \\ &= \frac{1}{20} + \frac{9}{50} = \frac{23}{100} \end{aligned}$$

$$\therefore \mathrm{P}(\mathrm{A}|\mathrm{B}) = \frac{\mathrm{P}(\mathrm{A} \cap \mathrm{B})}{\mathrm{P}(\mathrm{B})} = \frac{\frac{1}{20}}{\frac{23}{100}} = \frac{5}{23}$$

정답 : ①

08.9B

037

다음은 어느 고등학교 학생 1000명을 대상으로 혈액형을 조사한 표이다.

남학생 (단위: 명)

	A형	B형	AB형	O형
Rh^+형	203	150	71	159
Rh^-형	7	6	1	3

여학생 (단위: 명)

	A형	B형	AB형	O형
Rh^+형	150	80	40	115
Rh^-형	6	4	0	5

이 1000명의 학생 중에서 임의로 선택한 한 학생의 혈액형이 B형일 때, 이 학생이 Rh^+형의 남학생일 확률은?

① $\frac{1}{4}$ ② $\frac{3}{8}$ ③ $\frac{1}{2}$ ④ $\frac{5}{8}$ ⑤ $\frac{3}{4}$

HINT▸▸

$$P(A|B) = \frac{P(A \cap B)}{P(B)}$$

조사 대상인 1000명 중 혈액형이 B형인 학생의 수는

$$150 + 6 + 80 + 4 = 240(\text{명})$$

이 중 혈액형이 B형이고 Rh^+형의 남학생의 수는 150(명)

따라서 구하는 확률은

$$\frac{150}{240} = \frac{5}{8}$$

정답 : ④

08.수능B

038

1부터 9까지의 자연수가 하나씩 적혀 있는 9개의 공이 주머니에 들어 있다. 이 주머니에서 임의로 4개의 공을 동시에 꺼낼 때, 꺼낸 공에 적혀 있는 수 중에서 가장 큰 수와 가장 작은 수의 합이 7 이상이고 9 이하일 확률은?

① $\frac{5}{9}$ ② $\frac{1}{2}$ ③ $\frac{4}{9}$ ④ $\frac{7}{18}$ ⑤ $\frac{1}{3}$

HINT▸▸

각각 7, 8, 9일 때를 기준으로 수형도를 그려보자.

$${}_nC_r = \frac{n!}{r!(n-r)!}$$

9개의 공 중 4개의 공을 동시에 꺼내는 경우의 수는 ${}_9C_4 = 126$이다. 이제, 꺼낸 공 중 가장 큰 수를 M, 가장 작은 수를 m이라 하고 $7 \leqq m+M \leqq 9$인 경우의 수를 구하자.

(1) $m+M=7$일 때 총 7가지

$(m,M)=(1,6)$: ${}_4C_2=6$ 가지

$(m,M)=(2,5)$: ${}_2C_2=1$ 가지

$(m,M)=(3,4)$: 나올 수 없다.

(2) $m+M=8$일 때 총 13가지

$(m,M)=(1,7)$: ${}_5C_2=10$ 가지

$(m,M)=(2,6)$: ${}_3C_2=3$ 가지

$(m,M)=(3,5)$: 나올 수 없다.

(3) $m+M=9$일 때 총 22가지

$(m,M)=(1,8)$: ${}_6C_2=15$ 가지

$(m,M)=(2,7)$: ${}_4C_2=6$ 가지

$(m,M)=(3,6)$: ${}_2C_2=1$ 가지

따라서 위의 모든 경우의 수의 합은 42가지이고, 구하는 확률은 $\frac{7+13+22}{126} = \frac{42}{126} = \frac{1}{3}$

정답 : ⑤

09.9B

039

어느 공항에는 A, B 두 대의 검색대만 있으며, 비행기 탑승 전에는 반드시 공항 검색대를 통과하여야 한다.

남학생 7 명, 여학생 7 명이 모두 A, B 검색대를 통과하였는데, A 검색대를 통과한 남학생은 4 명, B 검색대를 통과한 남학생은 3 명이다. 여학생 중에서 한 학생을 임의로 선택할 때, 이 학생이 A 검색대를 통과한 여학생일 확률을 p 라 하자. B 검색대를 통과한 학생 중에서 한 학생을 임으로 선택할 때, 이 학생이 남학생일 확률을 q 라 하자.

$p=q$ 일 때, A 검색대를 통과한 여학생은 모두 몇 명인가? (단, 두 검색대를 모두 통과한 학생은 없으며, 각 검색대로 적어도 1 명의 여학생이 통과하였다.)

① 1 ② 2 ③ 3 ④ 4 ⑤ 5

HINT▸▸

$P(A|B)=\dfrac{P(A\cap B)}{P(B)}$

	A	B	
남	4	3	7
여	a	$7-a$	7
	$4+a$	$10-a$	

A검색대를 통과한 여학생수를 a라 하면, B검색대를 통과한 여학생수는 $7-a$이다.

$p=P(A \mid 여)=\dfrac{a}{7}$

B검색대를 통과한 전체 학생수는 $3+(7-a)$

그 중 남학생수는 3이므로

$q=P(남 \mid B)=\dfrac{3}{(10-a)}$

$p=q$이므로 $\dfrac{a}{7}=\dfrac{3}{10-a}$

$\therefore\ a=7$ 또는 3

적어도 한 명의 여학생은 통과하였으므로

$a=3$

정답 : ③

09.수능B

040

세 코스 A, B, C를 순서대로 한 번씩 체험하는 수련장이 있다. A코스에는 30개, B코스에는 60개, C코스에는 90개의 봉투가 마련되어 있고, 각 봉투에는 1장 또는 2장 또는 3장의 쿠폰이 들어 있다. 다음 표는 쿠폰 수에 따른 봉투의 수를 코스별로 나타낸 것이다.

코스 \ 쿠폰 수	1장	2장	3장	계
A	20	10	0	30
B	30	20	10	60
C	40	30	20	90

각 코스를 마친 학생은 그 코스에 있는 봉투를 임의로 1개 선택하여 봉투 속에 들어있는 쿠폰을 받는다. 첫째 번에 출발한 학생이 세 코스를 모두 체험한 후 받은 쿠폰이 모두 4장이었을 때, B 코스에서 받은 쿠폰이 2 장일 확률은?

① $\frac{14}{23}$ ② $\frac{12}{23}$ ③ $\frac{10}{23}$ ④ $\frac{8}{23}$ ⑤ $\frac{6}{23}$

HINT▸▸

총 쿠폰수가 4개인 경우의 A, B, C의 가짓수를 수형도로 구해보자.

$$P(A|B)=\frac{P(A\cap B)}{P(B)}$$

쿠폰을 모두 4장을 받을 확률을 구해보면

(ⅰ) A : 1, B : 1, C : 2

$$\frac{2}{3}\times\frac{1}{2}\times\frac{1}{3}=\frac{1}{9}$$

(ⅱ) A : 1, B : 2, C : 1

$$\frac{2}{3}\times\frac{1}{3}\times\frac{4}{9}=\frac{8}{81}$$

(ⅲ) A : 2, B : 1, C : 1

$$\frac{1}{3}\times\frac{1}{2}\times\frac{4}{9}=\frac{2}{27}$$

$\therefore$ 쿠폰이 4장일 확률은 $\frac{1}{9}+\frac{8}{81}+\frac{2}{27}=\frac{23}{81}$

이때, B코스에서 2장을 받은 확률은

(ⅱ)에서 $\frac{8}{81}$이므로 구하는 확률은

$$\frac{\frac{8}{81}}{\frac{23}{81}}=\frac{8}{23}$$

정답 : ④

10.6B

041

두 사건 A와 B가 서로 독립이고

$P(A)=\frac{1}{4}$, $P(A\cup B)=\frac{1}{2}$

일 때, $P(B^C|A)$의 값은? (단, B^C은 B의 여사건이다.)

① $\frac{1}{6}$ ② $\frac{1}{3}$ ③ $\frac{1}{2}$ ④ $\frac{2}{3}$ ⑤ $\frac{5}{6}$

HINT▸▸

$P(A|B)=\frac{P(A\cap B)}{P(B)}$

$P(A\cup B)=P(A)+P(B)-P(A\cap B)$

A, B가 독립일 때

$P(B|A)=P(B)$

$P(B^c|A)=P(B^c)$

$P(A\cap B)=P(A)\cdot P(B)$

$P(A^c)=1-P(A)$

두 사건 A, B가 독립이므로

이때, $P(B)=p$라 하면

$P(A\cup B)=P(A)+P(B)-P(A\cap B)$이므로

$\frac{1}{2}=\frac{1}{4}+p-\frac{1}{4}p$

$\therefore\ p=\frac{1}{3}$

$\therefore P(B^c|A)=P(B^c)$

$=1-P(B)=1-p=\frac{2}{3}$

정답 : ④

10.6B

042

14명의 학생이 특별활동 시간에 연주할 악기를 다음과 같이 하나씩 선택하였다

피아노	바이올린	첼로
3명	5명	6명

14명의 학생 중에서 임의로 뽑은 3명이 선택한 악기가 모두 같을 때, 그 악기가 피아노이거나 첼로일 확률은?

① $\frac{13}{31}$ ② $\frac{15}{31}$ ③ $\frac{17}{31}$ ④ $\frac{19}{31}$ ⑤ $\frac{21}{31}$

HINT▸▸

$P(A|B)=\frac{P(A\cap B)}{P(B)}$

14명의 학생 중에서 임의로 뽑은 3명이 선택한 악기가 모두 피아노일 확률은 $\frac{{}_3C_3}{{}_{14}C_3}$

14명의 학생 중에서 임의로 뽑은 3명이 선택한 악기가 모두 바이올린일 확률은 $\frac{{}_5C_3}{{}_{14}C_3}$

14명의 학생 중에서 임의로 뽑은 3명이 선택한 악기가 모두 첼로일 확률은 $\frac{{}_6C_3}{{}_{14}C_3}$

따라서 구하는 확률은

$$\frac{\frac{{}_3C_3+{}_5C_3}{{}_{14}C_3}}{\frac{{}_3C_3+{}_5C_3+{}_6C_3}{{}_{14}C_3}}=\frac{1+10}{1+10+20}=\frac{21}{31}$$

정답 : ⑤

10.9B

043

어느 인터넷 사이트에서 회원을 대상으로 행운권 추첨 행사를 하고 있다. 행운권이 당첨될 확률은 $\frac{1}{3}$이고, 당첨되는 경우에는 회원 점수가 5점, 당첨되지 않는 경우에는 1점 올라간다. 행운권 추첨에 4회 참여하여 회원 점수가 16점올라갈 확률은?(단, 행운권을 추첨하는 시행은 서로 독립이다.)

① $\frac{8}{81}$ ② $\frac{10}{81}$ ③ $\frac{4}{27}$ ④ $\frac{14}{81}$ ⑤ $\frac{16}{81}$

HINT▸▸

이항 분포에서의 확률 ${}_nC_r p^r q^{n-r}$ $(q=1-p)$

행운권이 당첨된 횟수를 x, 당첨되지 않은 횟수를 y라 하면

$$\begin{cases} x+y=4 \\ 5x+y=16 \end{cases}$$

연립하여 풀면

$x=3,\ y=1$

따라서 4회 참여하여 회원 점수가 16점 올라가려면 3번은 당첨되고, 1번은 당첨되지 않아야 하므로 구하는 확률은

$${}_4C_3\left(\frac{1}{3}\right)^3\left(\frac{2}{3}\right)=\frac{8}{81}$$

정답 : ①

10.수능B

044

남자 탁구 선수 4명과 여자 탁구 선수 4명이 참가한 탁구 시합에서 임의로 2명씩 4개의 조를 만들 때, 남자 1명과 여자 1명으로 이루어진 조가 2개일 확률은?

① $\frac{3}{7}$ ② $\frac{18}{35}$ ③ $\frac{3}{5}$ ④ $\frac{24}{35}$ ⑤ $\frac{27}{35}$

HINT▸▸

$$P(A|B)=\frac{P(A\cap B)}{P(B)}$$

2명씩 4개조로 4조의 크기가 동일하므로 $\frac{1}{4!}$을 곱해준다.

2명씩 4개 조를 만드는 사건을 A, 이때, 남자 1명과 여자 1명으로 이루어진 조가 2개일 사건을 B라 하자. 사건 A의 경우의 수는

$${}_8C_2\times{}_6C_2\times{}_4C_2\times\frac{1}{4!}=105$$

사건 B의 경우의 수는

(남1, 여 1), (남1, 여 1), (남2), (여2)

로 조를 이루면 되므로 앞쪽 두조에 들어간 남자 2명, 여자 2명을 뽑고, 동일 조건인 (남1, 여 1) 두조가 있으므로 $\frac{1}{2!}$을 곱하면

$${}_4C_1\times{}_3C_1\times{}_4C_1\times{}_3C_1\times\frac{1}{2!}=72$$

따라서, 구하는 확률은

$$\mathrm{P}(B|A)=\frac{\mathrm{P}(A\cap B)}{\mathrm{P}(A)}=\frac{72}{105}=\frac{24}{35}$$

정답 : ④

10.수능B

045

어느 디자인 공모 대회에 철수가 참가하였다. 참가자는 두 항목에서 점수를 받으며, 각 항목에서 받을 수 있는 점수는 표와 같이 3가지 중 하나이다. 철수가 각 항목에서 점수 A를 받을 확률은 $\frac{1}{2}$, 점수 B를 받을 확률은 $\frac{1}{3}$, 점수 C를 받을 확률은 $\frac{1}{6}$이다. 관람객 투표 점수를 받는 사건과 심사 위원 점수를 받는 사건이 서로 독립일 때, 철수가 받는 두 점수의 합이 70일 확률은?

	점수 A	점수 B	점수 C
관람객 투표	40	30	20
심사 위원	50	40	30

① $\frac{1}{3}$　② $\frac{11}{36}$　③ $\frac{5}{18}$　④ $\frac{1}{4}$　⑤ $\frac{2}{9}$

HINT▸▸

사건 A, B가 서로 독립일 때
$P(A\cap B)=P(A)\cdot P(B)$

관람객 투표 점수를 받는 사건을 X, 심사 위원 점수를 받는 사건을 Y라 하면, 철수가 받는 두 점수 $(X,\ Y)$의 합이 70이 되는 경우는 (40, 30), (30, 40), (20, 50)의 세 가지이다.
이때, X, Y가 서로 독립이므로

$$P(X=40, Y=30)=P(X=40)\cdot P(Y=30)=\frac{1}{2}\times\frac{1}{6}=\frac{1}{12}$$

$$P(X=30, Y=40)=P(X=30)\cdot P(Y=40)=\frac{1}{3}\times\frac{1}{3}=\frac{1}{9}$$

$$P(X=20, Y=50)=P(X=20)\cdot P(Y=50)=\frac{1}{6}\times\frac{1}{2}=\frac{1}{12}$$

따라서, 구하는 확률은

$$\frac{1}{12}+\frac{1}{9}+\frac{1}{12}=\frac{5}{18}$$

정답 : ③

10.수능B

046

어느 재래시장을 이용하는 고객의 집에서 시장까지의 거리는 평균이 $1740m$, 표준편차가 $500m$인 정규분포를 따른다고 한다. 집에서 시장까지의 거리가 $2000m$ 이상인 고객 중에서 15%, $2000m$ 미만인 고객 중에서 5%는 자가용을 이용하여 시장에 온다고 한다. 자가용을 이용하여 시장에 온 고객 중에서 임의로 1명을 선택할 때, 이 고객의 집에서 시장까지의 거리가 $2000m$ 미만일 확률은? (단, Z가 표준정규분포를 따르는 확률변수일 때, $P(0 \leq Z \leq 0.52) = 0.2$로 계산한다.)

① $\frac{3}{8}$ ② $\frac{7}{16}$ ③ $\frac{1}{2}$ ④ $\frac{9}{16}$ ⑤ $\frac{5}{8}$

HINT▸▸

표준정규분포화 $Z = \frac{\overline{X} - m}{\sigma}$

$P(A|B) = \frac{P(A \cap B)}{P(B)}$

고객의 집에서 시장까지의 거리를 확률변수 X라 하면, X가 평균이 $1740m$, 표준편차가 $500m$인 정규분포를 따르므로

$$P(X \geq 2000) = P\left(Z \geq \frac{2000-1740}{500}\right) = P(Z \geq 0.52) = 0.5 - 0.2 = 0.3$$

고객의 집에서 시장까지의 거리가 $2000m$ 이상인 사건을 A, 고객이 자가용을 이용하여 시장에 오는 사건을 B라 하자.

$$P(B|A) = \frac{\mathrm{P}(A \cap B)}{\mathrm{P}(A)} = \frac{\mathrm{P}(A \cap B)}{0.3} = 0.15$$

$\therefore\ P(A \cap B) = 0.045$

$$\mathrm{P}(B|A^c) = \frac{\mathrm{P}(A^c \cap B)}{\mathrm{P}(A^c)} = \frac{\mathrm{P}(A^c \cap B)}{0.7} = 0.05$$

$\therefore\ P(A^c \cap B) = 0.035$

따라서, 구하는 확률은

$$\mathrm{P}(A^c|B) = \frac{\mathrm{P}(A^c \cap B)}{\mathrm{P}(B)}$$

$$= \frac{0.035}{0.045 + 0.035} = \frac{0.035}{0.08} = \frac{7}{16}$$

정답 : ②

11.9B

047

남학생 수와 여학생 수의 비가 2 : 3인 어느 고등학교에서 전체 학생의 70%가 K자격증을 가지고 있고, 나머지 30%는 가지고 있지 않다. 이 학교의 학생 중에서 임의로 한 명을 선택할 때, 이 학생이 K자격증을 가지고 있는 남학생일 확률이 $\frac{1}{5}$이다. 이 학교의 학생 중에서 임의로 선택한 학생이 K자격증을 가지고 있지 않을 때, 이 학생이 여학생일 확률은?

① $\frac{1}{4}$ ② $\frac{1}{3}$ ③ $\frac{5}{12}$ ④ $\frac{1}{2}$ ⑤ $\frac{7}{12}$

HINT ▸▸

$$P(A|B)=\frac{P(A\cap B)}{P(B)}$$

남학생을 선택하는 사건을 A, 여학생을 선택하는 사건을 B, 자격증 K를 가지고 있는 학생을 선택하는 사건을 C라고 하면

$P(A)=\frac{2}{5}$, $P(B)=\frac{3}{5}$, $P(C)=\frac{7}{10}$

또한, $P(A\cap C)=\frac{1}{5}$ 이므로

$P(A)=P(A\cap C)+P(A\cap C^c)$

$\frac{2}{5}=\frac{1}{5}+P(A\cap C^c)$

$\therefore\ P(A\cap C^c)=\frac{1}{5}$

따라서 $P(C^c)=1-P(C)=\frac{3}{10}$ 이므로

$P(C^c)=P(A\cap C^c)+P(B\cap C^c)$

$\frac{3}{10}=\frac{1}{5}+P(B\cap C^c)$

$\therefore\ P(B\cap C^c)=\frac{1}{10}$

$$\therefore\ P(B|C^c)=\frac{P(B\cap C^c)}{P(C^c)}=\frac{\frac{1}{10}}{\frac{3}{10}}=\frac{1}{3}$$

다른 풀이 ▸▸

$P(A)=\frac{2}{5}$, $P(A\cap C)=\frac{1}{5}$이므로

남학생 중에서 자격증을 가질 확률을 p라 하면

$\frac{2}{5}\times p=\frac{1}{5}\Rightarrow p=\frac{1}{2}$이 된다.

여학생 중에서 자격증을 가질 확률을 q라 하면

$\frac{1}{5}+\frac{3}{5}\times q=\frac{7}{10}\ \Rightarrow\ q=\frac{5}{6}$가 된다.

∴ 여학생중 자격증을 가지지 않을 확률은

$1-\frac{5}{6}=\frac{1}{6}$이 된다.

∴ 자격증을 가지고 있지 않을 때 여학생일 확률은

$\frac{\frac{3}{5}\times\frac{1}{6}}{\frac{3}{10}}=\frac{1}{3}$이 된다.

정답 : ②

11.9B

048

두 사건 A, B가 서로 독립이고

$P(A\cup B)=\frac{5}{7}$, $P(A^c)=\frac{6}{7}$

일 때, $P(B)$의 값은? (단, A^c은 A의 여사건이다.)

① $\frac{4}{7}$ ② $\frac{25}{42}$ ③ $\frac{13}{21}$ ④ $\frac{9}{14}$ ⑤ $\frac{2}{3}$

HINT▸▸

$\mathrm{P}(\mathrm{A}\cup\mathrm{B})=\mathrm{P}(\mathrm{A})+\mathrm{P}(\mathrm{B})-\mathrm{P}(\mathrm{A}\cap\mathrm{B})$

사건 A, B가 서로 독립일 때

$\mathrm{P}(\mathrm{A}\cap\mathrm{B})=\mathrm{P}(\mathrm{A})\cdot\mathrm{P}(\mathrm{B})$

$P(A^C)=1-P(A)$

$P(A^C)=1-P(A)=\frac{6}{7}$

$\therefore\ P(A)=\frac{1}{7}$

또한,

$P(A\cup B)=P(A)+P(B)-P(A\cap B)$

$=P(A)+P(B)-P(A)\cdot P(B)$

에서

$\frac{5}{7}=\frac{1}{7}+P(B)-\frac{1}{7}P(B)$, $\frac{6}{7}P(B)=\frac{4}{7}$

$\therefore\ P(B)=\frac{2}{3}$

정답 : ⑤

07.9B

049

연속확률변수 X가 갖는 값은 구간 $[0, 4]$의 모든 실수이다. 다음은 확률변수 X에 대하여 $g(x)=\mathrm{P}(0\leq \mathrm{X}\leq \mathrm{x})$를 나타낸 그래프이다. 확률 $\mathrm{P}\left(\frac{5}{4}\leq \mathrm{X}\leq 4\right)$의 값은?

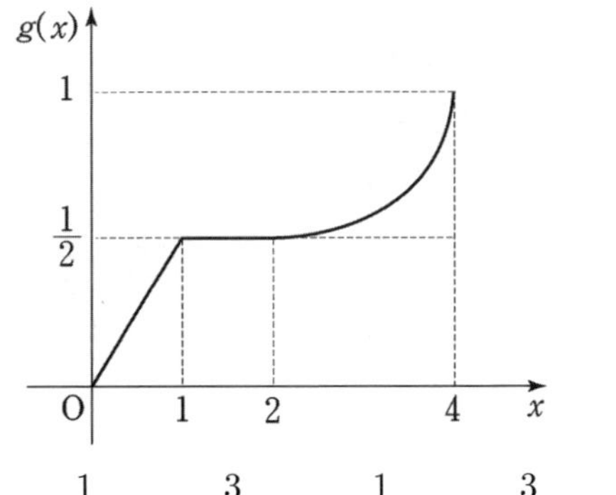

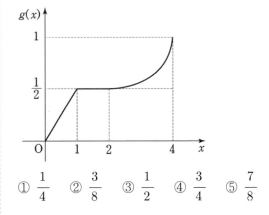

① $\frac{1}{4}$ ② $\frac{3}{8}$ ③ $\frac{1}{2}$ ④ $\frac{3}{4}$ ⑤ $\frac{7}{8}$

HINT▸▸

확률의 총합은 항상 1이다.

뒤 곡선 부분의 직접 계산이 불가능하므로 확률 총합 1에서 직선부분의 넓이를 빼준다.

$g(x)$는 “누적”확률이라는 사실에 주의하자.

$P\left(\frac{5}{4}\leq X\leq 4\right)$

$=P(0\leq X\leq 4)-P\left(0\leq X\leq \frac{5}{4}\right)$

$=g(4)-g\left(\frac{5}{4}\right)=1-\frac{1}{2}=\frac{1}{2}$

정답 : ③

11.수능B

050

상자 A 에는 빨간 공 3 개와 검은 공 5 개가 들어 있고, 상자 B 는 비어 있다. 상자 A 에서 임의로 2 개의 공을 꺼내어 빨간 공이 나오면 [실행1]을, 빨간 공이 나오지 않으면 [실행2]를 할 때, 상자 B 에 있는 빨간 공의 개수가 1 일 확률은?

> [실행1] 꺼낸 공을 상자 B 에 넣는다.
> [실행2] 꺼낸 공을 상자 B 에 넣고, 상자 A 에서 임의로 2 개의 공을 더 꺼내어 상자 B 에 넣는다.

① $\frac{1}{2}$ ② $\frac{7}{12}$ ③ $\frac{2}{3}$ ④ $\frac{3}{4}$ ⑤ $\frac{5}{6}$

HINT▸▸

$${}_nC_r = \frac{n!}{r!(n-r)!}$$

첫 번째에 빨간공 한개가 뽑힐 경우와 두 번째에 빨간공 한개가 뽑힐 경우를 나눈다.

주어진 실행에 의하여 상자 B에 있는 빨간 공의 개수가 1인 경우는 다음과 같다.

i) 상자 A에서 빨간 공 1개, 검은 공 1개를 뽑은 경우

$$\frac{{}_3C_1 \times {}_5C_1}{{}_8C_2} = \frac{15}{28}$$

ii) 상자 A에서 검은 공 2개 뽑은 후 빨간 공 1개, 검은 공 1개인 경우

$$\frac{{}_5C_2}{{}_8C_2} \times \frac{{}_3C_1 \cdot {}_3C_1}{{}_6C_2} = \frac{6}{28}$$ 이므로

i), ii)에 의해 구하는 확률은

$$\frac{15}{28} + \frac{6}{28} = \frac{21}{28} = \frac{3}{4}$$ 이다.

정답 : ④

08.6B

051

구간 $[0,\ 2]$에서 정의된 연속확률변수 X의 확률밀도함수 $f(x)$는 다음과 같다.

$$f(x) = \begin{cases} a(1-x) & (0 \leq x < 1) \\ b(x-1) & (1 \leq x \leq 2) \end{cases}$$

$\mathrm{P}(1 \leq \mathrm{X} \leq 2) = \dfrac{\mathrm{a}}{6}$일 때, $a-b$의 값은?

① 1　② $\dfrac{1}{2}$　③ $\dfrac{1}{3}$　④ $\dfrac{1}{4}$　⑤ $\dfrac{1}{5}$

HINT▸▸

그림으로 이해하자.

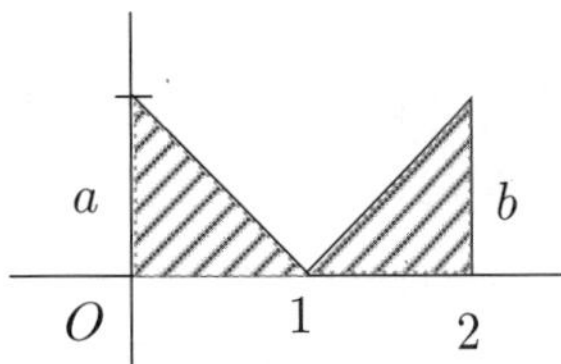

확률의 총합은 1이다.

$P(1 \leq X \leq 2) = \dfrac{1}{2} \times 1 \times b = \dfrac{a}{6}$

$\therefore\ b = \dfrac{a}{3}$

$P(0 \leq X \leq 1) = \dfrac{1}{2} \times 1 \times a = \dfrac{a}{2}$이므로

$\dfrac{a}{2} + \dfrac{a}{6} = 1$

$\therefore\ a = \dfrac{3}{2},\ b = \dfrac{\frac{3}{2}}{3} = \dfrac{1}{2}$

$\therefore a-b = 1$

정답 : ①

08.9B

052

이산확률변수 X가 취할 수 있는 값이 $-2,\ -1,\ 0,\ 1,\ 2$ 이고 X의 확률질량함수가

$$\mathrm{P}(\mathrm{X} = \mathrm{x}) = \begin{cases} k - \dfrac{x}{9} & (x = -2,\ -1,\ 0) \\ k + \dfrac{x}{9} & (x = 1,\ 2) \end{cases}$$

일 때, 상수 k의 값은?

① $\dfrac{1}{15}$　② $\dfrac{2}{15}$　③ $\dfrac{1}{5}$　④ $\dfrac{4}{15}$　⑤ $\dfrac{1}{3}$

HINT▸▸

확률의 총합은 1이다.

$P(X=-2) + P(X=-1) + P(X=0)$
$+ P(X=1) + P(X=2) = 1$
이므로

$(k + \dfrac{2}{9}) + (k + \dfrac{1}{9}) + k + (k + \dfrac{1}{9}) + (k + \dfrac{2}{9})$

$= 5k + \dfrac{6}{9} = 1,\ 5k = \dfrac{1}{3}$

$\therefore\ k = \dfrac{1}{15}$

정답 : ①

08.9B

053

그림과 같이 반지름의 길이가 1인 원의 둘레를 6등분한 점에 1부터 6까지의 번호를 하나씩 부여하였다. 한 개의 주사위를 두 번 던져 나온 눈의 수에 해당하는 점을 각각 A, B라 하자. 두 점 A, B 사이의 거리를 확률변수 X라 할 때, X의 평균 E(X)는?

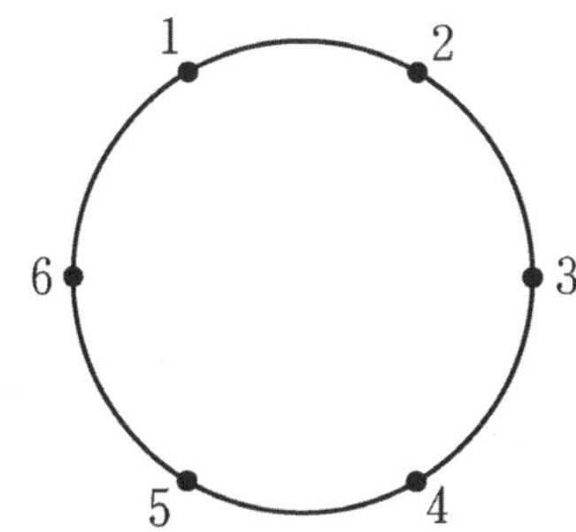

① $\frac{1+\sqrt{2}}{3}$ ② $\frac{1+\sqrt{3}}{3}$

③ $\frac{2+\sqrt{2}}{3}$ ④ $\frac{2+\sqrt{3}}{3}$

⑤ $\frac{1+2\sqrt{3}}{3}$

HINT▸▸

$E(X)=\sum_{i}^{n} x_i p_i$

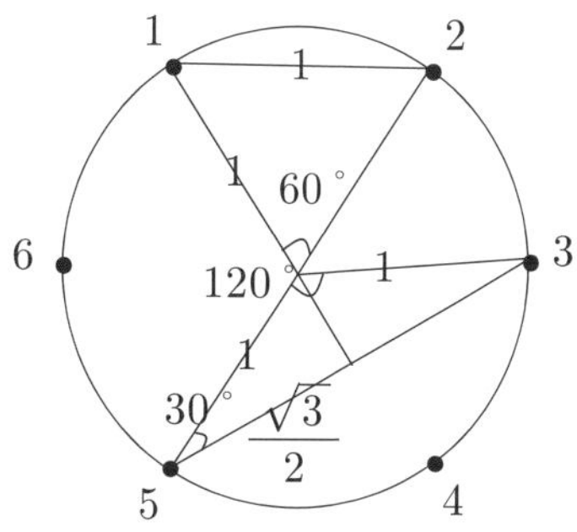

위 그림을 참조해보자. 겹칠때면 0,
한칸 옆이면 정삼각형 모양이므로 1,
두칸 옆일 경우 $\cos 30^\circ = \frac{\sqrt{3}}{2}$이므로 $\sqrt{3}$,
반대편일 경우 지름의 길이와 같으므로 2가 된다.

총 가짓수는 $6^2=36$이고
길이 0, 2일 경우 각 6가지,
길이 1, 2일 경우 각 12가지로 확률분포표를 만들면 다음과 같다.

X	0	1	$\sqrt{3}$	2	합
$P(X)$	$\frac{1}{6}$	$\frac{1}{3}$	$\frac{1}{3}$	$\frac{1}{6}$	1

$$\therefore\ E(X)=1\times\frac{1}{3}+\sqrt{3}\times\frac{1}{3}+2\times\frac{1}{6}$$
$$=\frac{2+\sqrt{3}}{3}$$

정답 : ④

08.수능B

054

한 개의 동전을 세 번 던져 나온 결과에 대하여, 다음 규칙에 따라 얻은 점수를 확률변수 X라 하자.

> (가) 같은 면이 연속하여 나오지 않으면 0점으로 한다.
> (나) 같은 면이 연속하여 두 번만 나오면 1점으로 한다.
> (다) 같은 면이 연속하여 세 번 나오면 3점으로 한다.

확률변수 X의 분산 $V(X)$의 값은?

① $\frac{9}{8}$　② $\frac{19}{16}$　③ $\frac{5}{4}$　④ $\frac{21}{16}$　⑤ $\frac{11}{8}$

HINT▸▸

$E(X)=\sum_{i}^{n}x_ip_i$

$V(X)=E(X^2)-E(X)^2$

$X=0$일 경우, 즉 같은 면이 연속으로 나오지 않을 경우는 (앞, 뒤, 앞), (뒤, 앞, 뒤)가 나오는 경우이다. 따라서 $P(X=0)=\frac{2}{8}=\frac{1}{4}$.

$X=1$일 경우, 즉 같은 면이 연속하여 두 번만 나오는 경우는 (앞, 앞, 뒤), (앞, 뒤, 뒤), (뒤, 뒤, 앞), (뒤, 앞, 앞)가 나오는 경우이다. 따라서 $P(X=1)=\frac{4}{8}=\frac{1}{2}$

$X=0,1,3$만 가지므로,

$P(X=3)=1-P(X=1)-P(X=0)$
$=\frac{1}{4}$

따라서 확률변수 X의 확률분포표는

X	0	1	3	계
$P(X=x)$	$\frac{1}{4}$	$\frac{1}{2}$	$\frac{1}{4}$	1

따라서 $E(X)=0\times\frac{1}{4}+1\times\frac{1}{2}+3\times\frac{1}{4}=\frac{5}{4}$

$V(X)=E(X^2)-(E(X))^2$
$=0^2\times\frac{1}{4}+1^2\times\frac{1}{2}+3^2\times\frac{1}{4}-\left(\frac{5}{4}\right)^2$
$=\frac{19}{16}$

정답 : ②

09.수능B

055

어느 수학 반에 남학생 3 명, 여학생 2 명으로 구성된 모둠이 10 개 있다. 각 모둠에서 임의로 2 명씩 선택할 때, 남학생들만 선택된 모둠의 수를 확률변수 X 라고 하자. X 의 평균 $\mathrm{E}(X)$ 의 값은? (단, 두 모둠 이상에 속한 학생은 없다.)

① 6　② 5　③ 4　④ 3　⑤ 2

HINT▸▸

이항분포 $B(n,\ p)$에서

$E(X)=np,\ \ V(X)=npq\ \ (q=1-p)$

한 모둠에서 남학생만 2명이 선택될 확률을 구해 보면

$$\frac{{}_3\mathrm{C}_2}{{}_5\mathrm{C}_2}=\frac{3}{10}$$

모두 10개의 모둠이 있으므로

X는 이항분포 $\mathrm{B}\left(10,\ \frac{3}{10}\right)$을 따른다.

$$\therefore\ \mathrm{E}(X)=10\cdot\frac{3}{10}=3$$

정답 : ④

10.수능B

056

이산확률변수 X의 확률질량함수가

$$P(X=x)=\frac{ax+2}{10}\ \ (x=-1,0,1,2)$$

일 때, 확률변수 $3X+2$의 분산 $V(3X+2)$의 값은?
(단, a는 상수이다.)

① 9　② 18　③ 27　④ 36　⑤ 45

HINT▸▸

확률의 총합은 1이다.

$$E(X)=\sum_{i}^{n}x_ip_i$$

$$V(X)=E(X^2)-E(X)^2$$

$$V(aX+b)=a^2V(X)$$

확률의 합은 1이므로

$$\frac{-a+2}{10}+\frac{2}{10}+\frac{a+2}{10}+\frac{2a+2}{10}=1$$

$$\frac{2a+8}{10}=1$$

$$\therefore\ a=1$$

$$E(X)=-1\times\frac{1}{10}+1\times\frac{3}{10}+2\times\frac{4}{10}=1$$

$$V(X)=E(X^2)-\{E(X)\}^2$$

$$=1\times\frac{1}{10}+1\times\frac{3}{10}+4\times\frac{4}{10}-1$$

$$=1$$

$$\therefore\ V(3X+2)=9\,V(X)=9$$

정답 : ①

10.6B

057

실수 $a(1 < a < 2)$에 대하여 폐구간 $[0, 2]$에서 정의된 연속확률변수 X의 확률 밀도 함수 $f(x)$가

$$f(x)=\begin{cases} \dfrac{x}{a} & (0 \leqq x \leqq a) \\ \dfrac{x-2}{a-2} & (a < x \leqq 2) \end{cases}$$

이다. $P(1 \leqq X \leqq 2)=\dfrac{3}{5}$일 때, $100a$의 값을 구하시오.

HINT▸▸

여사건 $p(A^C)=1-p(A)$

실수 $a(1 < a < 2)$에 대하여 폐구간 $[0, 2]$에서 정의된 X의 확률밀도함수

$$f(x)=\begin{cases} \dfrac{x}{a} & (0 \leqq x \leqq a) \\ \dfrac{x-1}{a-2} & (a < x \leqq 2) \end{cases}$$

의 그래프는 다음 그림과 같다.

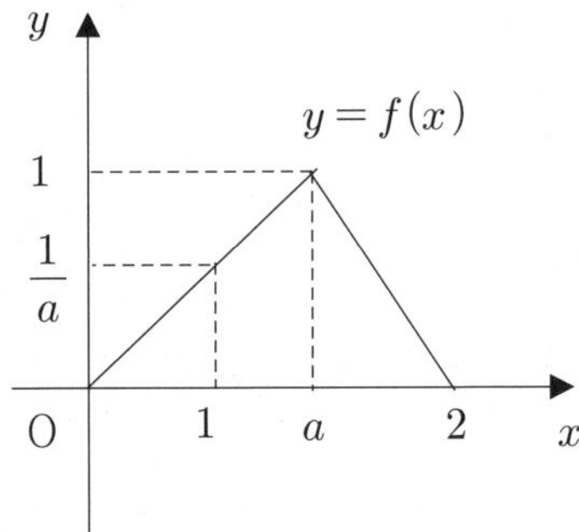

$$\mathrm{P}(1 \leqq X \leqq 2) = 1-\mathrm{P}(0 \leqq X \leqq 1)$$
$$= 1-\frac{1}{2}\times 1\times\frac{1}{a}=\frac{3}{5}$$

$$\frac{1}{2a}=\frac{2}{5}$$

$\therefore\ a=\dfrac{5}{4}$

$\therefore\ 100a=125$

정답 : 125

11.9B

058

연속확률변수 X의 확률밀도함수가

$f(x)=ax+b \quad (0 \leq x \leq 1)$

이다. $E(X)=\frac{7}{12}$일 때, 두 상수 a, b에 대하여 $80ab$의 값을 구하시오.

HINT▸▸

확률의 총합은 1이다.

확률밀도함수 $f(x)$에서의 기댓값(평균)은

$E(X)=\int_a^b xf(x)dx$

$\int_0^1 f(x)dx=1$ 이므로

$$\int_0^1 (ax+b)dx=\left[\frac{a}{2}x^2+bx\right]_0^1 =\frac{a}{2}+b =1$$

$\therefore\ a+2b=2 \ \cdots$ ㉠

$E(X)=\int_0^1 xf(x)dx=\frac{7}{12}$ 이므로

$$\int_0^1 (ax^2+bx)dx=\left[\frac{a}{3}x^3+\frac{b}{2}x^2\right]_0^1 =\frac{a}{3}+\frac{b}{2}=\frac{7}{12}$$

$\therefore\ 4a+6b=7 \ \cdots$ ㉡

㉠,㉡을 연립하여 풀면

$a=1,\ b=\frac{1}{2}$

$\therefore\ 80ab=80\times1\times\frac{1}{2}=40$

정답 : 40

07.9B

059

어느 공장에서 생산되는 건전지의 수명은 평균 m시간, 표준편차 3시간인 정규분포를 따른다고 한다. 이 공장에서 생산된 건전지 중 크기가 n인 표본을 임의추출하여 건전지의 수명에 대한 표본평균을 $\overline{X}$라 하자.

$\mathrm{P}(m-0.5 \leq \overline{X} \leq m+0.5)=0.8664$를 만족시키는 표본의 크기 n의 값을 표준정규분포표를 이용하여 구한 것은?

z	$\mathrm{P}(0 \leq Z \leq z)$
1.0	0.3413
1.5	0.4332
2.0	0.4772
2.5	0.4938

① 49 ② 64 ③ 81 ④ 100 ⑤ 121

HINT▸▸

표본평균의 표준정규분포화 $Z=\dfrac{\overline{X}-m}{\dfrac{\sigma}{\sqrt{n}}}$

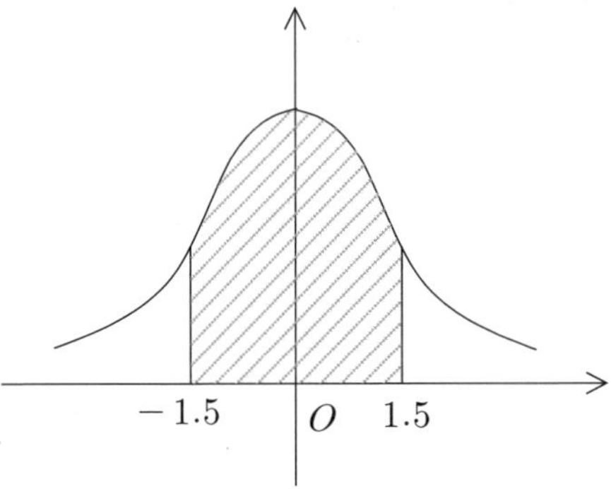

건전지의 수명은 정규분포 $\mathrm{N}(m, 3^2)$을 따르므로 표본평균 $\overline{X}$는 정규분포

$\mathrm{N}\left(m, \left(\dfrac{3}{\sqrt{n}}\right)^2\right)$을 따른다.

이 때, 주어진 확률은

$$\mathrm{P}(m-0.5 \leq \overline{X} \leq m+0.5)$$

$$=\mathrm{P}\left(\frac{(m-0.5)-m}{\frac{3}{\sqrt{n}}} \leq \frac{\overline{X}-m}{\frac{3}{\sqrt{n}}} \leq \frac{(m+0.5)-m}{\frac{3}{\sqrt{n}}}\right)$$

$$=\mathrm{P}\left(-\frac{\sqrt{n}}{6} \leq Z \leq \frac{\sqrt{n}}{6}\right)$$

$$=2\mathrm{P}\left(0 \leq Z \leq \frac{\sqrt{n}}{6}\right)$$

$$=0.8664$$

이므로 $\mathrm{P}\left(0 \leq Z \leq \dfrac{\sqrt{n}}{6}\right)=0.4332$

따라서 표준정규분포표를 이용하면

$\dfrac{\sqrt{n}}{6}=1.5$이므로 $n=81$

정답 : ③

08.수능B

060

세계핸드볼연맹에서 공인한 여자 일반부용 핸드볼 공을 생산하는 회사가 있다. 이 회사에서 생산된 핸드볼 공의 무게는 평균 350g, 표준편차 16g인 정규분포를 따른다고 한다. 이 회사는 일정한 기간 동안 생산된 핸드볼 공 중에서 임의로 추출된 핸드볼 공 64개의 무게의 평균이 346g 이하이거나 355g 이상이면 생산 공정에 문제가 있다고 판단한다. 이 회사에서 생산 공정에 문제가 있다고 판단할 확률을 아래 표준정규분포표를 이용하여 구한 것은?

z	$P(0 \leq Z \leq z)$
2.00	0.4772
2.25	0.4878
2.50	0.4938
2.75	0.4970

① 0.0290 ② 0.0258 ③ 0.0184
④ 0.0152 ⑤ 0.0092

HINT ▸▸

표본평균의 표준정규분포화 $Z=\dfrac{\overline{X}-m}{\dfrac{\sigma}{\sqrt{n}}}$

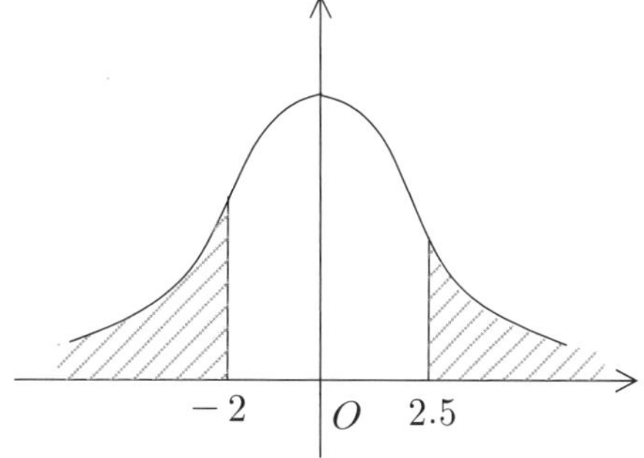

$X=N(350,\ 16^2)$이고 $n=64$이므로 표본평균의 평균은 모집단의 평균과 같은 350이고 표본평균의 분산은 모집단의 분산을 n으로 나눈 값이므로 $\dfrac{16^2}{64}=4$ 이며, 정리하면 $\overline{X}=N(350,\ 2^2)$이다.

$P(X\leq 346)=P\left(Z\leq \dfrac{346-350}{2}\right)$

$=P(Z\leq -2)=0.5-0.4772=0.0228$이다.

$P(X\geq 355)=P\left(Z\geq \dfrac{355-350}{2}\right)$

$=P(Z\geq 2.5)=0.5-0.4938=0.0062$

이다. 이 둘을 합하면 0.0290이다.

정답 : ①

09.6B

061

어느 회사 직원들이 일주일 동안 운동하는 시간은 평균 65분, 표준편차 15분인 정규분포를 따른다고 한다. 이 회사 직원 중 임의추출한 25명이 일주일동안 운동하는 시간의 평균이 68분 이상일 확률을 다음 표준정규분포표를 이용하여 구한 것은?

z	$P(0 \leq Z \leq z)$
0.5	0.1915
1.0	0.3413
1.5	0.4332
2.0	0.4772

① 0.0228 ② 0.0668 ③ 0.1587
④ 0.3085 ⑤ 0.4332

HINT▸▸

표본평균의 표준정규분포화 $Z=\dfrac{\overline{X}-m}{\dfrac{\sigma}{\sqrt{n}}}$

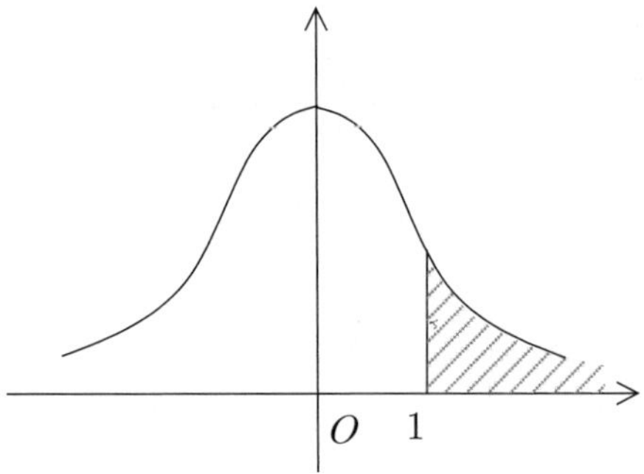

운동시간을 x라고 하면 x는 $N(65,\ 15^2)$인 정규분포를 따른다.

표본의 크기가 25인 표본평균 $\overline{X}$의 정규분포는 $\dfrac{\sigma}{\sqrt{n}}=\dfrac{15}{\sqrt{25}}=3$이 되어 $N(65,\ 3^2)$ 이므로

$$P(\overline{X} \geq 68)=P\left(Z \geq \frac{68-65}{3}\right)$$
$$=P(Z \geq 1)$$
$$=0.5-P(0 \leq Z \leq 1)$$
$$=0.5-0.3413=0.1587$$

정답 : ③

10.9B

062

어느 회사는 전체 직원의 20%가 자격증 A를 가지고 있다. 이회사의 직원 중에서 임의로 1600명을 선택할 때, 자격증 A를 가진 직원의 비율이 a% 이상일 확률이 0.9772이다. 오른쪽 표준정규분포표를 이용하여 구한 a의 값은?

z	$P(0 \leq Z \leq z)$
2.00	0.4772
2.25	0.4878
2.50	0.4938
2.75	0.4970

① 16.5 ② 17 ③ 17.5 ④ 18 ⑤ 18.5

HINT▸▸

이항분포의 정규분포화

$B(n,\ p) \rightarrow N(np,\ npq)$

표본비율의 정규분포화 $N\left(\hat{p},\ \dfrac{\hat{p}\hat{q}}{n}\right)$

(단, $\hat{q} = 1 - \hat{p}$)

표본평균의 표준정규분포화 $Z = \dfrac{\overline{X} - m}{\dfrac{\sigma}{\sqrt{n}}}$

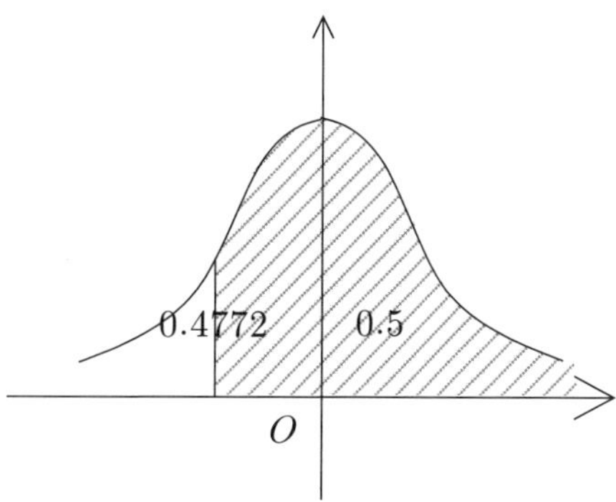

임의로 선택된 1600명의 직원 중에서 자격증 A를 가진 직원의 비율을 $\hat{p}$이라고 하면 $\hat{p}$은 정규분포$N\left(0.2,\ \dfrac{0.2\times0.8}{1600}\right)$ 즉, $N(0.2,\ 0.01^2)$을 따른다. 따라서 임의로 선택한 1600명 중 자격증 A를 가진 직원의 비율이 a% 이상일 확률은

$$P\left(\hat{p} \geq \frac{a}{100}\right) = P\left(Z \geq \frac{\frac{a}{100} - 0.2}{0.01}\right)$$
$$= P(Z \geq a - 20)$$
$$= 0.9772$$
$$= 0.5 + 0.4772$$
$$= 0.5 + P(-2 \leq Z \leq 0)$$

즉, $a - 20 = -2$이므로 $a = 18$이다.

정답 : ④

10.수능B

063

어느 회사 직원의 하루 생산량은 근무 기간에 따라 달라진다고 한다. 근무 기간이 n개월 $(1 \leq n \leq 100)$인 직원의 하루 생산량은 평균이 $an+100$(a는 상수), 표준 편차가 12인 정규분포를 따른다고 한다. 근무 기간이 16개월인 직원의 하루 생산량이 84이하일 확률이 0.0228일 때, 근무 기간의 36개월인 직원의 하루 생산량이 100이상이고 142이하일 확률을 오른쪽 표준 정규분포표를 이용하여 구한 것은?

z	$\mathrm{P}(0 \leq \mathrm{Z} \leq \mathrm{z})$
1.0	0.3413
1.5	0.4332
2.0	0.4772
2.5	0.4938

① 0.7745 ② 0.8185 ③ 0.9104
④ 0.9270 ⑤ 0.9710

HINT▸▸

표본평균의 표준정규분포화 $Z=\dfrac{\overline{X}-m}{\dfrac{\sigma}{\sqrt{n}}}$

표준화 정규분포 확률변수 $Z=\dfrac{X-m}{\sigma}$

위 두가지의 차이점을 이해해보세요.

근무 기간이 16개월인 직원의 하루 생산량을 확률변수 Y라 하면 Y는 정규분포N $(16a+100,\ 12^2)$을 따르므로

$P(Y \leq 84)=0.0228$에서

$P\left(Z \leq \dfrac{84-16a-100}{12}\right)=0.0228=0.5-0.4772$

$\dfrac{84-16a-100}{12}=-2$

$\therefore\ a=\dfrac{1}{2}$

근무 기간이 36개월인 직원의 하루 생산량을 확률변수 X라 하면 평균이 $\dfrac{1}{2}n+100$이므로 X는 정규분포

$\mathrm{N}(118,\ 12^2)$을 따른다.

$\therefore\ P(100 \leq X \leq 142)$

$=P\left(\dfrac{100-118}{12} \leq Z \leq \dfrac{142-118}{12}\right)$

$=P(-1.5 \leq Z \leq 2)$

$=0.4332+0.4772$

$=0.9104$

정답 : ③

11.수능B

064

어느 회사에서 생산하는 음료수 1 병에 들어 있는 칼슘 함유량은 모평균이 m, 모표준편차가 σ 인 정규분포를 따른다고 한다. 이 회사에서 생산한 음료수 16 병을 임의 추출하여 칼슘 함유량을 측정한 결과 표본평균이 12.34 이었다. 이 회사에서 생산한 음료수 1 병에 들어 있는 칼슘 함유량의 모평균 m 에 대한 신뢰도 95 % 의 신뢰구간이 $11.36 \leq m \leq a$ 일 때, $a+\sigma$ 의 값은? (단, Z 가 표준정규분포를 따를 때 $\mathrm{P}(0 \leq Z \leq 1.96)=0.4750$ 이고, 칼슘함유량의 단위는 mg이다.)

① 14.32 ② 14.82 ③ 15.32
④ 15.82 ⑤ 16.32

HINT▸▸

모평균 m에 대한 신뢰도 95%의 신뢰구간

$$\overline{X}-1.96\frac{\sigma}{\sqrt{n}} \leq m \leq \overline{X}+1.96\frac{\sigma}{\sqrt{n}}$$

모표준편차가 σ, 표본평균이 12.34, 표본의 크기가 16이므로 모평균 m에 대한 신뢰도 95%의 신뢰구간은

$$12.34-1.96\frac{\sigma}{\sqrt{16}} \leq m \leq 12.34+1.96\frac{\sigma}{\sqrt{16}}$$

이 때,

$12.34-1.96\times\frac{\sigma}{4}=11.36$이므로

$0.49\sigma=0.98 \quad \therefore \ \sigma=2$

$\therefore \quad a=12.34+1.96\times\frac{2}{4}=13.32$

$\therefore \quad a+\sigma=13.32+2=15.32$

정답 : ③

크로스 수학 기출문제 유형탐구

CHAPTER 03

4점완성 & 문제풀이

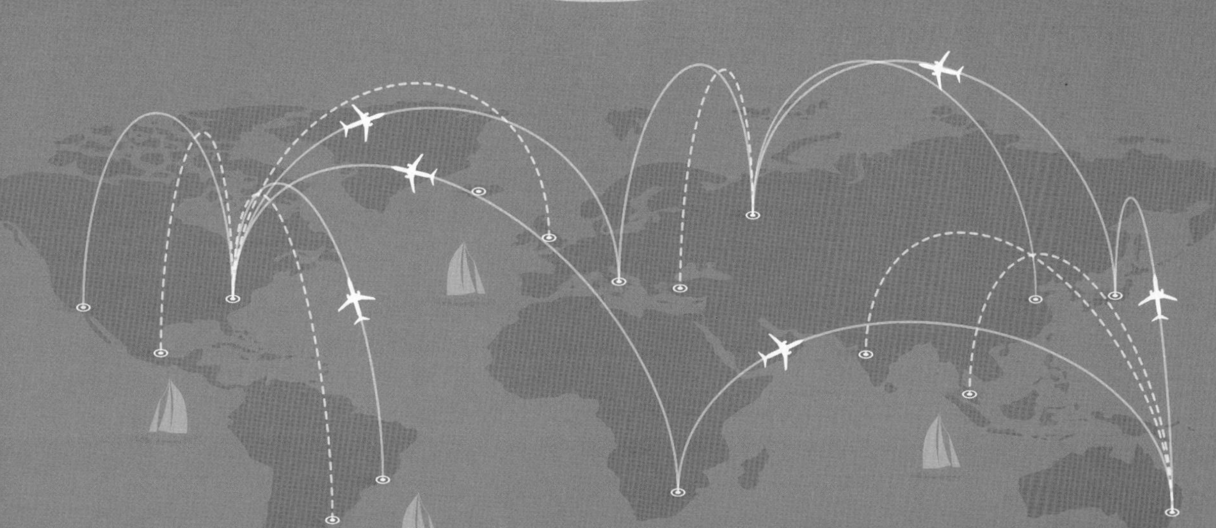

039 **눈으로 보기 리듬은 레이싱 카다. 빠른 대신에 높은 순도의 휘발유를 필요로 한다. 저질 체력, 저질 두뇌로는 감당할 수 없는 뛰어난 존재다. 따라서 머리의 청정함과 균형, 체력적인 튼실함 이 모두를 구비하도록 잘 조정하라.**

040 수면을 줄이려고 노력하기 보다는 균형을 잡을 정도의 **적당한 수면**이 중요하다는 사실이다. **머리가 맑은 상황에서 제대로 집중해서 공부한다면 읽는 속도와 기억의 정확성은 상상을 불허하는 법이다.**

041 기억하라. 어떤 지식은 단 한번 들음으로써 일생을 가고 어떤 지식은 몇 십 번을 거듭 보아도 항상 헤메게 된다는 사실을 말이다.

042 **눈을 사용하는 리듬을 제대로 활성화하려면 충분한 수면이 필수 선결 조건이다. 4시간 자면서 공부해서 성공했다는 사람들을 잊어버려라.**

043 아주 아주 머리가 빡빡한데 공부는 해야겠고 잠도 오지 않을 경우 일어나서 제자리 뛰기를 시도해보자. 어렵다면 가벼운 앞발차기라도 좋다.

044 **공부는 새로운 지식을 두뇌에 공급해줌으로써 두뇌의 오른쪽을 활성화시켜주는 중요한 삶의 에너지원이다.** 절망이나 우울증의 나락에 빠졌던 많은 사람들이 새로운 배움을 통해서 희망과 활력을 얻고 있는 현상을 우리는 우리 주변에서 정말 자주 보지 않는가?

크로스 수학
기출문제 유형탐구

1. 수학1

행렬
지수와 로그
수열과 급수

총 67문항

세상을 바꾸는 공부법 100선

045 발명왕 에디슨은 몇 일 밤을 자지 않아도 멀쩡한데 왜 나는 안되느냐고 화가 나는가? **에디슨이 밤새워 한 것은 새로운 지식에 대한 공부가 아니라 실험과 고민이었고 이런 단순 반복 작업은 두뇌를 혹사하지 않는다. 몸만 살짝 힘들 뿐이다.**

046 편두통에 효과있다는 웬만한 먹는 어떤 약보다 예습・복습의 균형에 대한 이해가 이 증상에 대한 진정한 대처임을 확신한다

047 실연 등의 슬픈 일로 우울할 때면 어려운 수학 문제를 통해서 그 우울함으로부터 더 빨리 탈출할 수 있다고 확신한다.

048 우리가 할 수 있는 최선은 균형의 원리에 따라 오른쪽 왼쪽을 **교대로 아프게 하는 것이다.** 그러면 우리는 많은 질병을 예방할 수 있다.

049 우울하면 왼쪽이 활성화된 것으로 여기고 예습을 하고 반대로 오른쪽 눈이나 머리가 아프거나 괜히 가슴에 열기가 피어올라서 어디 가서 뛰어놀고 싶은 마음이 지나칠 때는 복습을 해 보자.

050 **양쪽 목의 뻐근함부터 시작한 공부의 후유증은 정말 열심히 공부할 수록 뒤쪽 양 날개뼈 근처의 통증을 거쳐서 거의 반드시 허리 통증으로 귀결되기 마련이다.**

07.6B

001

두 이차정사각행렬 A, B에 대하여 $A^2 = A$이고 $B = -A$일 때, 〈보기〉에서 항상 옳은 것을 모두 고른 것은?

〈보 기〉

ㄱ. $A^3 = A$

ㄴ. $B^2 = -B$

ㄷ. $A+3E$는 역행렬을 갖는다.
(단, E는 단위행렬이다.)

① ㄱ ② ㄷ ③ ㄱ, ㄴ
④ ㄴ, ㄷ ⑤ ㄱ, ㄴ, ㄷ

HINT▸▸

$AB = BA = E \Leftrightarrow B = A^{-1}$

ㄱ. 〈참〉

$A^2 = A$의 양변에 A를 곱하면

$$A^3 = A^2 = A$$

ㄴ. 〈참〉

$B^2 = (-A)^2 = A^2 = A = -B$

ㄷ. 〈참〉

$A^2 = A$에서 $A^2 - A = O$이므로

$A^2 - A - 12E = -12E$

$(A+3E)(A-4E) = -12E$

$\therefore\ (A+3E)^{-1} = -\frac{1}{12}(A-4E)$

따라서 $A+3E$는 역행렬을 갖는다.
이상에서 옳은 것은 ㄱ, ㄴ, ㄷ이다.

정답 : ⑤

09.9B

002

행렬 $A = \begin{pmatrix} 0 & -1 \\ 1 & 0 \end{pmatrix}$에 대하여 $A^m = A^n$을 만족시키는 40 이하의 두 자연수 $m, n\,(m > n)$의 순서쌍 (m, n)의 개수를 구하시오.

HINT▸▸

${}_nC_r = \frac{n!}{r!(n-r)!}$

주어진 행렬을 제곱하여 계산해보면

(a) $A^1 = A^5 = A^9 = \cdots = A^{37}$

(b) $A^2 = A^6 = \cdots = A^{38} = -E$

(c) $A^3 = A^7 = \cdots = A^{39} = -A$

(d) $A^4 = A^8 = \cdots = A^{40} = E$

를 만족한다.

(a) $A^m = A^n = A$(단, $m > n$)를 만족하는 순서쌍 (m,n)의 개수는 $1,5,9,14,\cdots,37$의 10개의 수 중 2개를 뽑는 조합의 수와 같으므로 ${}_{10}C_2$

(b),(c),(d)도 (a)와 같은 방법으로 경우의 수는 ${}_{10}C_2$이므로 $4 \times {}_{10}C_2 = 180$가지

정답 : 180

07.수능B

003

0이 아닌 두 실수 a, b에 대하여 두 이차정사각행렬 A, B가 $AB=\begin{pmatrix} a & 0 \\ 0 & b \end{pmatrix}$를 만족시킬 때, 〈보기〉에서 옳은 것을 모두 고른 것은?

〈보 기〉

ㄱ. $a=b$이면 A의 역행렬 A^{-1}이 존재한다.
ㄴ. $a=b$이면 $AB=BA$이다.
ㄷ. $a \neq b$, $A=\begin{pmatrix} 1 & 0 \\ 1 & 1 \end{pmatrix}$이면 $AB=BA$이다.

① ㄱ ② ㄷ ③ ㄱ, ㄴ
④ ㄴ, ㄷ ⑤ ㄱ, ㄴ, ㄷ

HINT▸▸

$AB=BA=E$에서 $B=A^{-1}$

$A^{-1}=\dfrac{1}{ad-bc}\begin{pmatrix} d & -b \\ -c & a \end{pmatrix}$

ㄱ. 〈참〉

$a=b$이면

$AB=\begin{pmatrix} a & 0 \\ 0 & a \end{pmatrix}=aE$ (E는 단위행렬)이므로

$A\cdot\left(\dfrac{1}{a}B\right)=E$

$\therefore A^{-1}=\dfrac{1}{a}B$

ㄴ. 〈참〉

ㄱ에서 $A^{-1}=\dfrac{1}{a}B$이므로

$A\cdot\dfrac{1}{a}B=\dfrac{1}{a}B\cdot A=E$

$\therefore AB=BA$

ㄷ. 〈거짓〉

$A=\begin{pmatrix} 1 & 0 \\ 1 & 1 \end{pmatrix}$ 인데 $AB=\begin{pmatrix} a & 0 \\ 0 & b \end{pmatrix}$의 꼴이 된다면

$B=A^{-1}\begin{pmatrix} a & 0 \\ 0 & b \end{pmatrix}=\begin{pmatrix} 1 & 0 \\ -1 & 1 \end{pmatrix}\begin{pmatrix} a & 0 \\ 0 & b \end{pmatrix}=\begin{pmatrix} a & 0 \\ -a & b \end{pmatrix}$

가 된다. 따라서

$BA=\begin{pmatrix} a & 0 \\ -a & b \end{pmatrix}\begin{pmatrix} 1 & 0 \\ 1 & 1 \end{pmatrix}$

$=\begin{pmatrix} a & 0 \\ -a+b & b \end{pmatrix}$

$a \neq b$이므로

$-a+b \neq 0$

$\therefore AB \neq BA$

따라서, 보기 중 옳은 것은 ㄱ, ㄴ이다.

정답 : ③

08.9B

004

다음은 이차정사각행렬 A 와 서로 다른 두 실수 p, q 에 대하여 $A-pE$ 와 $A-qE$ 가 모두 역행렬을 갖지 않으면
$A^2-(p+q)A+pqE=O$ 임을 증명한 것이다.
(단, E 는 단위행렬이고, O 는 영행렬이다.)

〈증명〉

$B=A-\frac{p+q}{2}E$, $k=$ (가) 라 하면
$B-kE=A-pE$ 이고 $B+kE=A-qE$ 이므로 $B-kE$ 와 $B+kE$ 는 모두 역행렬을 갖지 않는다.
따라서 $B=\begin{pmatrix} a & b \\ c & d \end{pmatrix}$ 라 하면, $k\neq 0$ 이므로
$a+d=$ (나) 이고 $ad-bc=-k^2$ 이다.
그런데 $B^{-1}=\frac{1}{k^2}$ (다) 이므로
$A^2-(p+q)A+pqE=(A-pE)(A-qE)=O$
가 성립한다.

위의 증명에서 (가), (나), (다)에 알맞은 것은?

	(가)	(나)	(다)
①	$\frac{p-q}{2}$	0	$-B$
②	$\frac{p+q}{2}$	0	$-B$
③	$\frac{p-q}{2}$	0	B
④	$\frac{p+q}{2}$	1	$-B$
⑤	$\frac{p-q}{2}$	1	B

HINT▶▶

$A=\begin{pmatrix} a & b \\ c & d \end{pmatrix}$ 의 역행렬

$A^{-1}=\frac{1}{ad-bc}\begin{pmatrix} d & -b \\ -c & a \end{pmatrix}$

$B=A-\frac{p+q}{2}E$, $k=\boxed{\frac{p-q}{2}}$ 라 하면
$B-kE=A-pE$ 이고 $B+kE=A-qE$ 이므로 $B-kE$ 와 $B+kE$ 는 모두 역행렬을 갖지 않는다.
따라서 $B=\begin{pmatrix} a & b \\ c & d \end{pmatrix}$ 라 하면

$$B-kE=\begin{pmatrix} a & b \\ c & d \end{pmatrix}-k\begin{pmatrix} 1 & 0 \\ 0 & 1 \end{pmatrix}=\begin{pmatrix} a-k & b \\ c & d-k \end{pmatrix}$$

는 역행렬을 갖지 않으므로
$(a-k)(d-k)-bc=ad-k(a+d)+k^2-bc=0$
$p\neq q$ 이고
$k\neq 0$ 이므로 $a+d=\boxed{0}$, $ad-bc=-k^2$ 이다.
그런데

$$B^{-1}=\frac{1}{ad-bc}\begin{pmatrix} d & -b \\ -c & a \end{pmatrix}=\frac{1}{-k^2}\begin{pmatrix} -a & -b \\ -c & -d \end{pmatrix}$$
$$=\frac{1}{k^2}\begin{pmatrix} a & b \\ c & d \end{pmatrix}(\because a+d=0, ad-bc=-k^2)$$
$$=\frac{1}{k^2}\boxed{B}$$ 이므로

$$\begin{aligned}A^2-(p+q)A+pqE&=(A-pE)(A-qE)\\&=(B+kE)(B-kE)\\&=B^2-k^2E\\&=B\cdot k^2B^{-1}-k^2E\\&=k^2E-k^2E=O\end{aligned}$$

가 성립한다.

정답 : ③

09.6B

005

집합 S가 $S=\left\{\begin{pmatrix}0&1\\1&1\end{pmatrix}, \begin{pmatrix}1&0\\1&1\end{pmatrix}, \begin{pmatrix}1&1\\0&1\end{pmatrix}, \begin{pmatrix}1&1\\1&0\end{pmatrix}\right\}$ 일 때, 옳은 것만을 〈보기〉에서 있는 대로 고른 것은?

〈보 기〉

ㄱ. 집합 S에 속하는 서로 다른 두 행렬 A, B에 대하여 행렬 $A+B$의 성분은 모두 짝수이다.

ㄴ. 집합 S에 속하는 행렬 중에서 중복을 허락하여 m개의 행렬 A_1, A_2, $\cdots$, A_m을 선택하였을 때,

$$A_1+A_2+\cdots+A_m=\begin{pmatrix}9&9\\9&9\end{pmatrix}$$

가 되도록 하는 m이 존재한다.

ㄷ. 집합 S에 속하는 행렬 중에서 중복을 허락하여 n개의 행렬 A_1, A_2, $\cdots$, A_n을 선택하였을 때,

행렬 $\begin{pmatrix}1&3\\5&7\end{pmatrix}+A_1+A_2+\cdots+A_n$

의 성분이 모두 짝수가 되도록 하는 n의 최솟값은 4이다.

① ㄱ　② ㄴ　③ ㄷ　④ ㄴ, ㄷ　⑤ ㄱ, ㄴ, ㄷ

HINT▸▸

$\begin{pmatrix}a&b\\c&e\end{pmatrix}\pm\begin{pmatrix}e&f\\g&h\end{pmatrix}=\begin{pmatrix}a\pm e&b\pm f\\c\pm g&d\pm h\end{pmatrix}$

$k\begin{pmatrix}a&b\\c&d\end{pmatrix}=\begin{pmatrix}ka&kb\\kc&kd\end{pmatrix}$

$S=\left\{\begin{pmatrix}0&1\\1&1\end{pmatrix}, \begin{pmatrix}1&0\\1&1\end{pmatrix}, \begin{pmatrix}1&1\\0&1\end{pmatrix}, \begin{pmatrix}1&1\\1&0\end{pmatrix}\right\}$ 에서

ㄱ. 〈거짓〉

$A=\begin{pmatrix}0&1\\1&1\end{pmatrix}$, $B=\begin{pmatrix}1&0\\1&1\end{pmatrix}$이라 하면

$A+B=\begin{pmatrix}1&1\\2&2\end{pmatrix}$이므로 성분이 모두 짝수인 것은 아니다.

ㄴ. 〈참〉

각각의 원소인 행렬을 a번, b번, c번, d번 선택하여 더한다면

$$a\begin{pmatrix}0&1\\1&1\end{pmatrix}+b\begin{pmatrix}1&0\\1&1\end{pmatrix}+c\begin{pmatrix}1&1\\0&1\end{pmatrix}+d\begin{pmatrix}1&1\\1&0\end{pmatrix}$$
$$=\begin{pmatrix}b+c+d & a+c+d\\a+b+d & a+b+c\end{pmatrix}=\begin{pmatrix}9&9\\9&9\end{pmatrix}$$

$$\begin{array}{rl} & b+c+d=9\\ & a+c+d=9\\ & a+b+d=9\\ +) & a+b+c=9\\ \hline \end{array}$$

$3(a+b+c+d)=36$

$a+b+c+d=12$

$\therefore a=b=c=d=3$

즉 각각의 행렬을 3번씩 선택하여 더하면 $\begin{pmatrix}9&9\\9&9\end{pmatrix}$를 만들 수 있다.

ㄷ. 〈참〉

$$\begin{pmatrix}1&3\\5&7\end{pmatrix}+a\begin{pmatrix}0&1\\1&1\end{pmatrix}+b\begin{pmatrix}1&0\\1&1\end{pmatrix}+c\begin{pmatrix}1&1\\0&1\end{pmatrix}+d\begin{pmatrix}1&1\\1&c\end{pmatrix}$$
$$=\begin{pmatrix}1&3\\5&7\end{pmatrix}+\begin{pmatrix}b+c+d & a+c+d\\a+b+d & a+b+c\end{pmatrix}$$

단, $(a+b+c+d=n)$

의 성분이 모두 짝수가 되려면

$\begin{pmatrix}b+c+d & a+c+d\\a+b+d & a+b+c\end{pmatrix}=\begin{pmatrix}n-a & n-b\\n-c & n-d\end{pmatrix}$의 성분이 모두 홀수가 되어야 한다.

만약 n이 홀수이면 $n-a$, $n-b$, $n-c$, $n-d$ 모두 홀수이어야 되므로 a, b, c, d 모두 짝수이다.

이것은 $a+b+c+d=n$에서 짝수 네 개의 합은 짝수이므로 모순이 된다.

$\therefore$ n은 짝수, a, b, c, d는 모두 홀수

$\therefore$ $a=1$, $b=1$, $c=1$, $d=1$일 때,

$n=a+b+c+d=1+1+1+1$

4가 조건을 만족시키는 n의 최솟값이 된다.

정답 : ④

09.수능B

006

이차정사각행렬 A와 행렬 $B=\begin{pmatrix}1&0\\1&1\end{pmatrix}$에 대하여 $(BA)^2=\begin{pmatrix}1&1\\1&2\end{pmatrix}$일 때, 행렬 $(AB)^2$은?

① $\begin{pmatrix}1&1\\1&2\end{pmatrix}$ ② $\begin{pmatrix}2&1\\1&2\end{pmatrix}$ ③ $\begin{pmatrix}2&1\\1&1\end{pmatrix}$

④ $\begin{pmatrix}1&2\\2&1\end{pmatrix}$ ⑤ $\begin{pmatrix}1&1\\2&1\end{pmatrix}$

HINT ▸▸

$A=\begin{pmatrix}a&b\\c&d\end{pmatrix}$의 역행렬

$A^{-1}=\dfrac{1}{ad-bc}\begin{pmatrix}d&-b\\-c&a\end{pmatrix}$

$AA^{-1}=A^{-1}A=E$

$$B^{-1}(BA)^2B=B^{-1}BABAB=ABAB$$
$$=(AB)^2$$

$$\therefore\ (AB)^2=B^{-1}\begin{pmatrix}1&1\\1&2\end{pmatrix}B$$
$$=\frac{1}{1}\times\begin{pmatrix}1&0\\-1&1\end{pmatrix}\begin{pmatrix}1&1\\1&2\end{pmatrix}\begin{pmatrix}1&0\\1&1\end{pmatrix}$$
$$=\begin{pmatrix}1&1\\0&1\end{pmatrix}\begin{pmatrix}1&0\\1&1\end{pmatrix}=\begin{pmatrix}2&1\\1&1\end{pmatrix}$$

정답 : ③

10.9B

007

이차정사각행렬 A, B, C에 대하여 $ABC=E$이고 $ACB=E$일 때, 옳은 것만을 〈보기〉에서 있는 대로 고른 것은? (단, E는 단위행렬이다.)

ㄱ. $A=E$이면 $B=E$이다.
ㄴ. $AB=BA$
ㄷ. 모든 자연수 n에 대하여 $A^nB^nC^n=E$이다.

① ㄴ　② ㄷ　③ ㄱ, ㄴ
④ ㄱ, ㄴ　⑤ ㄴ, ㄷ

HINT▸▸

A의 역행렬을 A^{-1}이라 하면
$AA^{-1}=A^{-1}A=E$
수학적 귀납법
① $n=1$일 때 성립
② $n=k$일 때 성립한다고 가정
→ $n=k+1$일때도 성립

ㄱ. 〈거짓〉
$ABC=E$, $ACB=E$이므로
$A=E$이면 $BC=E$, $CB=E$이다.
그런데 $B=\begin{pmatrix}0&1\\1&0\end{pmatrix}$, $C=\begin{pmatrix}0&1\\1&0\end{pmatrix}$일 때
$BC=E$, $CB=E$이지만 $B\neq E$이다.
ㄴ. 〈참〉
$(AC)B=E$이므로 $B(AC)=E$이다.
즉, $BAC=E$이므로 $BA=C^{-1}$이고,
$ABC=E$이므로 $AB=C^{-1}$이다.
$\therefore\ AB=BA$
ㄷ. 〈참〉
모든 자연수 n에 대하여 $A^nB^nC^n=E$가 성립함을 수학적귀납법으로 증명하자.
(i) $n=1$일 때, $ABC=E$이므로 성립한다.
(ii) $n=k(k=1,\ 2,\ 3,\ \cdots)$일 때 성립한다고 가정하면 $A^kB^kC^k=E$
$n=k+1$일 때, 성립함을 보이자.
$ABC=ACB=E$에서 $BC=CB$이므로
$A^{k+1}B^{k+1}C^{k+1}=AA^kB^kBC^kC$
$=AA^kB^kC^kBC=AEBC=E$
그러므로 $n=k+1$일 때도 성립한다.
따라서 모든 자연수 n에 대하여 주어진 등식은 성립한다.
따라서 옳은 것은 ㄴ, ㄷ이다.

정답 : ⑤

10.수능B

008

1×2행렬을 원소로 갖는 집합S와 2×1행렬을 원소로 갖는 집합 T가 다음과 같다.

$S=\{(a,b)|a+b\neq0\}$, $T=\left\{\begin{pmatrix}p\\q\end{pmatrix}\middle|\, pq\neq0\right\}$

집합 S의 원소 A에 대하여 옳은 것만을 〈보기〉에서 있는 대로 고른 것은?

ㄱ. 집합 T의 원소 P에 대하여 PA는 역행렬을 갖지 않는다.
ㄴ. 집합 S의 원소 B와 집합 T의 원소 P에 대하여 $PA=PB$이면 $A=B$이다.
ㄷ. 집합 T의 원소 중에는 $PA\begin{pmatrix}1\\1\end{pmatrix}=\begin{pmatrix}1\\1\end{pmatrix}$을 만족하는 P가 있다.

① ㄱ ② ㄷ ③ ㄱ, ㄴ
④ ㄴ, ㄷ ⑤ ㄱ, ㄴ, ㄷ

HINT▸▸

$\begin{pmatrix}a&b\\c&d\end{pmatrix}\begin{pmatrix}e&f\\g&h\end{pmatrix}=\begin{pmatrix}ae+bg&af+bh\\ce+dg&cf+dh\end{pmatrix}$

$A=(a\ \ b)\in S$에 대하여

ㄱ. 〈참〉

$P=\begin{pmatrix}p\\q\end{pmatrix}\in T$에 대하여

$PA=\begin{pmatrix}p\\q\end{pmatrix}(a\ \ b)=\begin{pmatrix}pa&pb\\qa&qb\end{pmatrix}$

$paqb-qapb=0$이므로 PA는 역행렬을 갖지 않는다.

ㄴ. 〈참〉

$B=(c\ \ d)\in S$, $P=\begin{pmatrix}p\\q\end{pmatrix}\in T$에 대하여

$PA=\begin{pmatrix}p\\q\end{pmatrix}(a\ \ b)=\begin{pmatrix}pa&pb\\qa&qb\end{pmatrix}$

$PB=\begin{pmatrix}p\\q\end{pmatrix}(c\ \ d)=\begin{pmatrix}pc&pd\\qc&qd\end{pmatrix}$

이때, $p\neq0$이고 $q\neq0$이므로 $PA=PB$이면

$a=c$, $b=d$

$\therefore\ A=B$

ㄷ. 〈참〉

$A=(a,\ b)\in S$에서 $a+b\neq0$

$P=\begin{pmatrix}\frac{1}{a+b}\\\frac{1}{a+b}\end{pmatrix}$이라 두면 $P\in T$이고,

$$PA\begin{pmatrix}1\\1\end{pmatrix}=\begin{pmatrix}\frac{1}{a+b}\\\frac{1}{a+b}\end{pmatrix}(a\ \ b)\begin{pmatrix}1\\1\end{pmatrix}$$

$$=\begin{pmatrix}\frac{1}{a+b}\\\frac{1}{a+b}\end{pmatrix}(a+b)=\begin{pmatrix}1\\1\end{pmatrix}$$

정답 : ⑤

11.9B

009

행렬 $A=\begin{pmatrix}1 & 1\\ a & a\end{pmatrix}$ 와 이차정사각행렬 B 가 다음 조건을 만족시킬 때, 행렬 $A+B$ 의 (1, 2) 성분과 (2, 1) 성분의 합은?

> (가) $B\begin{pmatrix}1\\ -1\end{pmatrix}=\begin{pmatrix}0\\ 0\end{pmatrix}$ 이다.
>
> (나) $AB=2A$ 이고, $BA=4B$ 이다.

① 2 ② 4 ③ 6 ④ 8 ⑤ 10

HINT▸▸

$\begin{pmatrix}a\ b\\ c\ d\end{pmatrix}\begin{pmatrix}e\ f\\ g\ h\end{pmatrix}=\begin{pmatrix}ae+bg & af+bh\\ ce+dg & cf+dh\end{pmatrix}$

$B=\begin{pmatrix}p\ q\\ r\ s\end{pmatrix}$라 하면 (가)에서

$\begin{pmatrix}p\ q\\ r\ s\end{pmatrix}\begin{pmatrix}1\\ -1\end{pmatrix}=\begin{pmatrix}p-q\\ r-s\end{pmatrix}=\begin{pmatrix}0\\ 0\end{pmatrix}$

$\therefore\ p=q,\ r=s$

$\therefore\ B=\begin{pmatrix}p\ p\\ r\ r\end{pmatrix}$

이때, (나)에서

$AB=\begin{pmatrix}p+r & p+r\\ a(p+r) & a(p+r)\end{pmatrix}=2\begin{pmatrix}1\ 1\\ a\ a\end{pmatrix}$

이므로 $p+r=2$이다.

또,

$BA=\begin{pmatrix}p(1+a) & p(1+a)\\ r(1+a) & r(1+a)\end{pmatrix}=4\begin{pmatrix}p\ p\\ r\ r\end{pmatrix}$

이므로 $1+a=4$ 즉, $a=3$이다.

($\because$ $1+a\neq4$이면 $p=0$, $r=0$이므로 모순이다.)

따라서 $A+B=\begin{pmatrix}1+p & 1+p\\ a+r & a+r\end{pmatrix}$의 (1, 2)성분과 (2, 1)성분의 합은

$$\begin{aligned}1+p+a+r&=1+a+(p+r)\\&=1+3+2=6\end{aligned}$$

정답 : ③

11.수능B

010

두 이차정사각행렬 A, B가 $A^2+B=3E$, $A^4+B^2=7E$를 만족시킬 때, 옳은 것만을 〈보기〉에서 있는 대로 고른 것은?(단, E는 단위행렬이다.)

〈보 기〉

ㄱ. $AB=BA$

ㄴ. $B^{-1}=A^2$

ㄷ. $A^6+B^3=18E$

① ㄱ ② ㄴ ③ ㄱ, ㄴ

④ ㄱ, ㄷ ⑤ ㄱ, ㄴ, ㄷ

HINT▸▸

$AA^{-1}=A^{-1}A=E$

$a^3 \pm b^3=(a \pm b)(a^2 \mp ab+b^2)$

ㄱ. 〈참〉

$A^2+B=3E$의 양변의 왼쪽과 오른쪽에 A를 곱하면

$A^3+AB=3A$ ⋯ ㉠

$A^3+BA=3A$ ⋯ ㉡

㉠ − ㉡하면

$AB=BA$이다.

ㄴ. 〈참〉

$A^2=3E-B$를 $A^4+B^2=7E$에 대입하면

$(3E-B)^2+B^2=7E$

$2B^2-6B+2E=O$

$B^2-3B+E=O$

$B(3E-B)=E$

따라서 $B^{-1}=3E-B=A^2$

$(\because\ A^2+B=3E)$이다.

ㄷ. 〈참〉

ㄱ,ㄴ에 의해 주어진 식은

$B^{-1}+B=3E$, $(B^{-1})^2+B^2=7E$이고

$$\begin{aligned} A^6+B^3 &= (B^{-1})^3+B^3 \ (\because B^{-1}=A^2) \\ &= (B^{-1}+B)\{(B^{-1})^2-E+B^2\} \\ &= 3E \cdot (7E-E) \ (\because A^4+B^2=7E) \\ &= 18E \end{aligned}$$

따라서 ㄱ, ㄴ, ㄷ 모두 옳다.

정답 : ⑤

07.9B

011

모든 성분이 양수인 행렬 $A=\begin{pmatrix} a & b \\ c & d \end{pmatrix}$에 대하여 행렬 $L(A)$를 다음과 같이 정의한다.

$$L(A)=\begin{pmatrix} \log_2 a & \log_2 b \\ \log_2 c & \log_2 d \end{pmatrix}$$

〈보기〉에서 옳은 것을 모두 고른 것은?

〈보 기〉

ㄱ. $A=\begin{pmatrix} 1 & 1 \\ 1 & 1 \end{pmatrix}$일 때, $L(8A)=3A$ 이다.

ㄴ. $L(A)=E$를 만족시키는 행렬 A는 역행렬을 갖는다. (단, E는 단위행렬이다.)

ㄷ. $L(A^2)=2L(A)$를 만족시키는 행렬 A가 존재한다.

① ㄱ ② ㄷ ③ ㄱ, ㄴ
④ ㄴ, ㄷ ⑤ ㄱ, ㄴ, ㄷ

HINT▸▸

$\log_a b^n = n\log_a b$

$\log_a a = 1,\ \log_a 1 = 0$

$\begin{pmatrix} a & b \\ c & d \end{pmatrix}\begin{pmatrix} e & f \\ g & h \end{pmatrix}=\begin{pmatrix} ae+bg & af+bh \\ ce+dg & cf+dh \end{pmatrix}$

ㄱ. 〈참〉

$8A=\begin{pmatrix} 8 & 8 \\ 8 & 8 \end{pmatrix}$이므로

$$L(8A)=\begin{pmatrix} \log_2 8 & \log_2 8 \\ \log_2 8 & \log_2 8 \end{pmatrix}=\begin{pmatrix} \log_2 2^3 & \log_2 2^3 \\ \log_2 2^3 & \log_2 2^3 \end{pmatrix}=\begin{pmatrix} 3 & 3 \\ 3 & 3 \end{pmatrix}=3\begin{pmatrix} 1 & 1 \\ 1 & 1 \end{pmatrix}=3A$$

ㄴ. 〈참〉

$L(A)=E$에서

$\begin{pmatrix} \log_2 a & \log_2 b \\ \log_2 c & \log_2 d \end{pmatrix}=\begin{pmatrix} 1 & 0 \\ 0 & 1 \end{pmatrix}$ 이므로

$\log_2 a=1,\ \log_2 b=0,\ \log_2 c=1,\ \log_2 d=0$

$\therefore\ a=2,\ b=1,\ c=2,\ d=1$

이 때, $A=\begin{pmatrix} 2 & 1 \\ 1 & 2 \end{pmatrix}$이고 $2\cdot 2-1\cdot 1\neq 0$이므로 행렬 A는 역행렬을 갖는다.

ㄷ. 〈거짓〉

$A^2=\begin{pmatrix} a & b \\ c & d \end{pmatrix}\begin{pmatrix} a & b \\ c & d \end{pmatrix}=\begin{pmatrix} a^2+bc & ab+bd \\ ca+dc & cb+d^2 \end{pmatrix}$ 이므로

$$L(A^2)=\begin{pmatrix} \log_2(a^2+bc) & \log_2(ab+bd) \\ \log_2(ca+dc) & \log_2(cb+d^2) \end{pmatrix}$$

$$2L(A)=2\begin{pmatrix} \log_2 a & \log_2 b \\ \log_2 c & \log_2 d \end{pmatrix}=\begin{pmatrix} \log_2 a^2 & \log_2 b^2 \\ \log_2 c^2 & \log_2 d^2 \end{pmatrix}$$

이 때, $L(A^2)=2L(A)$ 이려면

$a^2+bc=a^2\cdots$㉠, $ab+bd=b^2$

$ca+dc=c^2,\ cb+d^2=d^2$

㉠에서 $bc=0$이므로 $b>0,\ c>0$에 모순이다. ($\because$ 문제의 조건)

따라서, $L(A^2)=2L(A)$를 만족시키는 행렬 A가 존재하지 않는다.

정답 : ③

08.수능B

012

집합 U를

$$U=\left\{\begin{pmatrix} a & b \\ c & d \end{pmatrix} \middle| \ a, b, c, d \text{는 } 1\text{이 아닌 양수} \right\}$$

라 하자. U의 부분집합 S를

$$S=\left\{\begin{pmatrix} a & b \\ c & d \end{pmatrix} \middle| \ \log_a d = \log_b c, \ a \neq b, \ bc \neq 1 \right\}$$

이라 할 때, 옳은 것만을 〈보기〉에서 있는 대로 고른 것은?

〈보 기〉

ㄱ. $A=\begin{pmatrix} 4 & 9 \\ 3 & 2 \end{pmatrix}$이면 $A \in S$이다.

ㄴ. $A \in U$이고 A가 역행렬을 가지면 $A \in S$이다.

ㄷ. $A \in S$이면 A는 역행렬을 가진다.

① ㄱ ② ㄴ ③ ㄱ, ㄷ
④ ㄴ, ㄷ ⑤ ㄱ, ㄴ, ㄷ

HINT▶▶

$n\log_a b = \log_a b^n$

$\log_a a = 1, \ a^0 = 1$

ㄱ. 〈참〉

$A=\begin{pmatrix} 4 & 9 \\ 3 & 2 \end{pmatrix}$일 때

$\log_4 2 = \log_9 3 = \dfrac{1}{2}$ 이고 $4 \neq 9, \ 3 \times 9 \neq 1$이므로 집합 S의 조건을 만족한다.

ㄴ. 〈거짓〉

(반례) $A=\begin{pmatrix} 5 & 3 \\ 3 & 2 \end{pmatrix}$일 때 A의 모든 성분은 1이 아닌 양수이고 $ad-bc \neq 0$이므로 역행렬을 가져 집합 U에 속한다.

그러나 $\log_5 2 \neq \log_3 3$이므로 집합 S의 조건을 만족하지 않는다.

ㄷ. 〈참〉

A가 집합 S의 조건을 만족하므로

$\log_a d = \log_b c = k$로 놓을 수 있으며

$bc \neq 1$이기 때문에 $k \neq -1$이다.

$a^k = d, \ b^k = c$라고 두면 $ad = a^{k+1}$이고,

$bc = b^{k+1}$이다. 그런데 $k \neq -1, \ a \neq b$이므로 $ad \neq bc$이고 $ad-bc \neq 0$가 되어서 즉, A는 역행렬을 가진다.

정답 : ③

07.9B

013

음성 신호를 크게 하는 장치를 증폭기라고 한다. 전압 이득이 V인 증폭기의 데시벨 전압 이득 D는 $D=20\log V$ 라고 한다. 전압 이득이 V_k $(k=1,\ 2,\ \cdots,\ 9)$인 증폭기의 데시벨 전압 이득 D_k $(k=1,\ 2,\ \cdots,\ 9)$는 $D_k=20\log V_k$ $(k=1,\ 2,\ \cdots,\ 9)$이다.

증폭기의 전압 이득 V_k가

$V_k=\dfrac{k+1}{k}(k=1,\ 2,\ \cdots,\ 9)$ 인 9개의 증폭기를 연결하여 얻은 전체 데시벨 전압 이득 S_9가

$S_9=\displaystyle\sum_{k=1}^{9}D_k$ 라 할 때, S_9의 값을 구하시오.

HINT▸▸

$\log_c a+\log_c b=\log_c ab$

$\log_a a=1$

$V_k=\dfrac{k+1}{k}$이므로

$D_k=20\log V_k=20\log\dfrac{k+1}{k}$

$$\therefore\ S_9=\sum_{k=1}^{9}D_k$$

$$=20\left(\log\frac{2}{1}+\log\frac{3}{2}+\log\frac{4}{3}+\cdots+\log\frac{10}{9}\right)$$

$$=20\left(\log\frac{2}{1}\times\frac{3}{2}\times\frac{4}{3}\times\cdots\times\frac{10}{9}\right)$$

$$=20\log10=20$$

정답 : 20

07.9B

014

$0 < a < 1$ 인 실수 a 에 대하여 함수 $f(x)$가

$$f(x) = \begin{cases} a^x & (x < 0) \\ -x+1 & (0 \leq x < 1) \\ \log_a x & (x \geq 1) \end{cases}$$

일 때, 〈보기〉에서 항상 옳은 것을 모두 고른 것은?

〈보 기〉

ㄱ. $\{f(-3)\}^5 = f(-15)$

ㄴ. 함수 $y = f(x)$의 그래프와 직선 $y = a$는 한 점에서 만난다.

ㄷ. 함수 $y = f(x)$의 그래프는 직선 $y = x$ 에 대하여 대칭이다.

① ㄱ ② ㄷ ③ ㄱ, ㄴ
④ ㄴ, ㄷ ⑤ ㄱ, ㄴ, ㄷ

HINT ▸▸

$(a^m)^n = a^{mn}$

$y = \log_a x$와 $y = a^x$은 서로 역함수의 관계이다.

ㄱ. 〈참〉

$\{f(-3)\}^5 = (a^{-3})^5 = a^{-15}$

$f(-15) = a^{-15}$

$\therefore \{f(-3)\}^5 = f(-15)$

ㄴ. 〈참〉

$0 < a < 1$ 이므로 $y = f(x)$의 그래프는 다음과 같다.

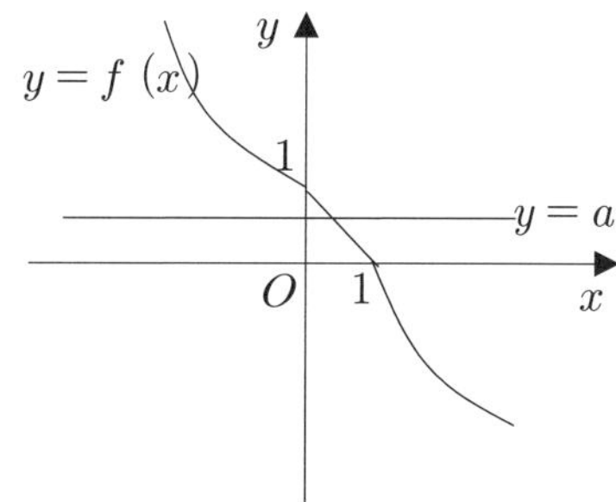

따라서, $y = f(x)$의 그래프와 직선$y = a$는 한 점에서 만난다.

ㄷ. 〈참〉

$y = a^x$ 의 역함수는 $y = \log_a x$ 이므로

$y = a^x \ (x \leq 0)$ 의 그래프와

$y = \log_a x \ (x \geq 1)$ 의 그래프는 직선$y = x$ 에 대하여 대칭이다.

따라서, ㄴ에서 $y = f(x)$의 그래프는 직선 $y = x$ 에 대하여 대칭이다.

그러므로 보기 중 옳은 것은 ㄱ, ㄴ, ㄷ이다.

정답 : ⑤

07.수능B

015

직선 $y=2-x$가 두 로그함수 $y=\log_2 x$, $y=\log_3 x$의 그래프와 만나는 점을 각각 $(x_1,\ y_1)$, $(x_2,\ y_2)$라 할 때, 〈보기〉에서 옳은 것을 모두 고른 것은?

〈보 기〉

ㄱ. $x_1 > y_2$

ㄴ. $x_2 - x_1 = y_1 - y_2$

ㄷ. $x_1 y_1 > x_2 y_2$

① ㄱ　② ㄷ　③ ㄱ, ㄴ
④ ㄴ, ㄷ　⑤ ㄱ, ㄴ, ㄷ

HINT▸▸

$(x_1,\ y_1)$, $(x_2,\ y_2)$를 지나는 직선의 기울기

$\Rightarrow \dfrac{y_2-y_1}{x_2-x_1}$

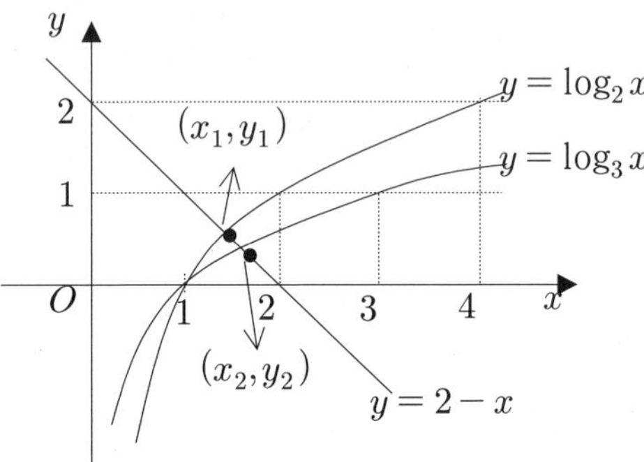

ㄱ. 〈참〉

$x_1 > 1$, $y_2 < 1$이므로

$x_1 > y_2$

ㄴ. 〈참〉

$(x_1, y_1), (x_2, y_2)$는 직선 $y=2-x$ 위의 점이므로

$$\frac{y_2-y_1}{x_2-x_1}=-1$$

$$\therefore x_2-x_1=-(y_2-y_1)$$
$$=y_1-y_2$$

ㄷ. 〈참〉

$$x_1y_1-x_2y_2=x_1(2-x_1)-x_2(2-x_2)$$
$$=({x_2}^2-{x_1}^2)-2(x_2-x_1)$$
$$=(x_2-x_1)(x_2+x_1-2)$$

$x_2-x_1>0$이고,

$x_1>1, x_2>1$에서 $x_1+x_2>2$이므로

$x_2+x_1-2>0$

$\therefore x_1y_1-x_2y_2>0$

$\therefore x_1y_1>x_2y_2$

따라서, 보기 중 옳은 것은 ㄱ, ㄴ, ㄷ이다.

정답 : ⑤

08.6B

016

실외 공기 중의 이산화탄소 농도가 0.03%일 때, 실내 공간 에서 공기 중의 초기 이산화탄소 농도 $c(0)$(%)를 측정한 후, t 시간 뒤의 실내 공간의 이산화탄소 농도 $c(t)$(%)와 환기량 Q(m^3/시)의 관계는 다음과 같다.

$$Q = k \times \frac{V}{t} log \frac{c(0) - 0.03}{c(t) - 0.03}$$

(단, k는 양의 상수이고, V(m^3)는 실내 공간의 부피이다.)

실외 공기 중의 이산화탄소 농도가 0.03%이고 환기량이 일정할 때, 초기 이산화탄소 농도가 0.83%인 빈 교실에서 환기를 시작한 후 1시간 뒤의 이산화탄소 농도를 측정하였더니 0.43%이었다. 환기를 시작한 후 t시간 뒤에 이산화탄소 농도가 0.08%가 되었다. t의 값은?

① 3 ② 4 ③ 5 ④ 6 ⑤ 7

HINT▸▸

$n log_a b = \log_a b^n$

$c(0) = 0.83,\ \ c(1) = 0.43$ 이므로

$$Q = kV\log\frac{0.83 - 0.03}{0.43 - 0.03} = kV\log 2$$

이때 Q는 일정하므로

이산화탄소 농도가 0.08%일 때

$$Q = k \times \frac{V}{t} log \frac{0.83 - 0.03}{0.08 - 0.03} = kV\log 2$$

$$k \times \frac{V}{t} log 16 = \frac{kV}{t} \cdot 4\log 2 = kV\log 2$$

$$\frac{4}{t} = 1,\ \ \therefore t = 4$$

정답 : ②

07.6B

017

다음 조건을 만족시키는 세 정수 a, b, c를 더한 값을 k라 할 때, k의 최댓값과 최솟값의 합을 구하시오.

> (가) $1 \leq a \leq 5$
> (나) $\log_2(b-a)=3$
> (다) $\log_2(c-b)=2$

HINT ▸▸

a의 범위가 주어져 있으므로 a에 대하여 정리해보자.

$\log_a x = b \Leftrightarrow a^b = x$

조건 (나)에서 $b-a=2^3=8 \cdots$ ㉠
조건 (다)에서 $c-b=2^2=4 \cdots$ ㉡
㉠, ㉡에서 $c-a=12 \cdots$ ㉢
㉠에서 $b=a+8$, ㉢에서 $c=a+12$ 이고 조건 (가)에 의하여
$9 \leq b \leq 13$, $13 \leq c \leq 17$
따라서, k의 최댓값을 M, 최솟값을 m이라 하면
$M=5+13+17=35$, $m=1+9+13=23$
$\therefore\ M+m=58$

정답 : 58

08.6B

018

함수 $y=\log_2|5x|$의 그래프와
함수 $y=\log_2(x+2)$의 그래프가 만나는 서로 다른 두 점을 각각 A, B라고 하자. $m>2$인 자연수 m에 대하여 함수 $y=\log_2|5x|$의 그래프와 함수 $y=\log_2(x+m)$의 그래프가 만나는 서로 다른 두 점을 각각 C(p, q), D(r, s)라고 하자. 〈보기〉에서 항상 옳은 것을 모두 고른 것은? (단, 점A의 x좌표는 점B의 x좌표보다 작고 $p<r$이다.)

〈보 기〉

ㄱ. $p<-\frac{1}{3}$, $r>\frac{1}{2}$
ㄴ. 직선 AB의 기울기와 직선 CD의 기울기는 같다.
ㄷ. 점 B의 y좌표와 점 C의 y좌표가 같을 때, 삼삭형 CAB의 넓이와 삼각형 CBD의 넓이는 같다.

① ㄱ ② ㄴ ③ ㄱ, ㄴ
④ ㄱ, ㄷ ⑤ ㄱ, ㄴ, ㄷ

HINT▸▸

두 점을 지나는 직선의 기울기 : $\dfrac{y_2-y_1}{x_2-x_1}$

$\log_c a-\log_c b=\log_c \dfrac{a}{b}$

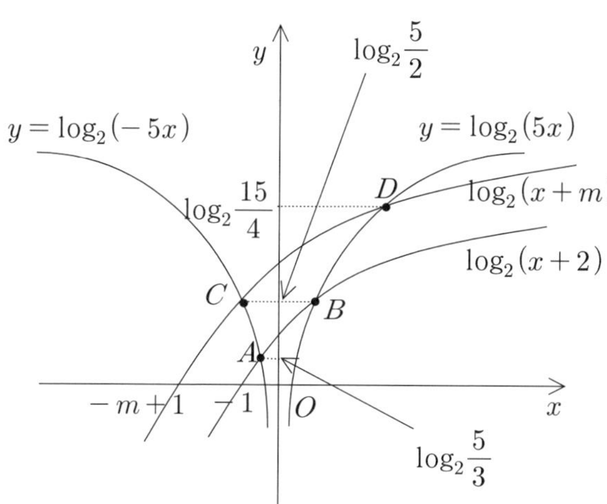

$\log_2 5x=\log_2(x+2)$에서 $5x=x+2$,

$\therefore x=\dfrac{1}{2}$에서

$\log_2(-5x)=\log_2(x+2)$에서 $-5x=x+2$,

$\therefore x=-\dfrac{1}{3}$

$\log_2 5x=\log_2(x+m)$에서 $5x=x+m$이므로

$$x=\frac{m}{4}$$

$\log_2(-5x)=\log_2(x+m)$에서 $-5x=x+m$

이므로 $x=-\dfrac{m}{6}$

$$\therefore\ A\left(-\frac{1}{3},\ \log_2\frac{5}{3}\right),\ B\left(\frac{1}{2},\ \log_2\frac{5}{2}\right)$$

$$C\left(-\frac{m}{6},\ \log_2\frac{5}{6}m\right),\ D\left(\frac{m}{4},\ \log_2\frac{5}{4}m\right)$$

ㄱ. 〈참〉

문제조건에서 $m>2$이므로

$p=-\dfrac{m}{6}<-\dfrac{1}{3},\ r=\dfrac{m}{4}>\dfrac{1}{2}$

ㄴ. 〈거짓〉

$\overline{CD}$의 기울기는

$$\frac{\log_2\frac{5}{4}m-\log_2\frac{5}{6}m}{\frac{m}{4}+\frac{m}{6}}=\frac{\log_2\left(\frac{5}{4}m\times\frac{6}{5m}\right)}{\frac{5m}{12}}$$

따라서 m의 값에 따라 기울기가 달라진다.

ㄷ. 〈참〉

$\log_2\dfrac{5}{2}=\log_2\dfrac{5}{6}m$에서 $m=3$

이 때 $C\left(-\dfrac{1}{2},\ \log_2\dfrac{5}{2}\right),\ D\left(\dfrac{3}{4},\ \log_2\dfrac{15}{4}\right)$이므로

$$\triangle CAB=\frac{1}{2}\times\overline{BC}\times\left(\log_2\frac{5}{2}-\log_2\frac{5}{3}\right)$$
$$=\frac{1}{2}\times\overline{BC}\times\log_2\frac{3}{2}$$

$$\triangle CBD=\frac{1}{2}\times\overline{BC}\times\left(\log_2\frac{15}{4}-\log_2\frac{5}{2}\right)$$
$$=\frac{1}{2}\times\overline{BC}\times\log_2\frac{3}{2}$$

이므로 두 삼각형의 넓이는 같다.

정답 : ④

07.수능B

019

어느 지역에서 1년 동안 발생하는 규모 M 이상인 지진의 평균 발생 횟수 N은 다음 식을 만족시킨다고 한다.

$\log N = a - 0.9M$ (단, a는 양의 상수)

이 지역에서 규모 4 이상인 지진이 1년에 평균 64번 발생할 때, 규모 x이상인 지진은 1년에 평균 한 번 발생한다. $9x$의 값을 구하시오. (단, $\log 2 = 0.3$으로 계산한다.)

HINT▸▸

$nlog_a b = \log_a b^n$

$\log_a 1 = 0$

$M = 4$ 일 때, $N = 64$ 이므로

$\log 64 = a - 0.9 \times 4$

$\therefore a = 3.6 + \log 64$

$= 3.6 + 6\log 2$

$= 3.6 + 6 \times 0.3$

$= 5.4$

$M = x$ 일 때, $N = 1$ 이므로

$\log 1 = a - 0.9x$ 에서

$0.9x = a = 5.4$

$\therefore 9x = 54$

정답 : 54

09.수능B

020

자연수 $n\ (n \geq 2)$에 대하여 직선 $y = -x + n$과 곡선 $y = |\log_2 x|$가 만나는 서로 다른 두 점의 x 좌표를 각각 a_n, b_n $(a_n < b_n)$이라 할 때, 옳은 것만을 [보기]에서 있는 대로 고른 것은?

〈보 기〉

ㄱ. $a_2 < \dfrac{1}{4}$　　ㄴ. $0 < \dfrac{a_{n+1}}{a_n} < 1$

ㄷ. $1 - \dfrac{\log_2 n}{n} < \dfrac{b_n}{n} < 1$

① ㄱ　② ㄴ　③ ㄷ

④ ㄴ, ㄷ　⑤ ㄱ, ㄴ, ㄷ

HINT▸▸

$0 < a < b$이면 $\frac{a}{b} < 1$

$nlog_a b = \log_a b^n$

$a^{-m} = \frac{1}{a^m}$

$y = |\log_2 x| = \begin{cases} \log_2 x & (x \geq 1) \\ -\log_2 x & (0 < x < 1) \end{cases}$

ㄱ. 〈거짓〉

$x = \frac{1}{4}$일 때, $y = -\log_2 \frac{1}{4} = 2$이므로

곡선 $y = |\log_2 x|$는 점 $\left(\frac{1}{4},\ 2\right)$를 지난다.

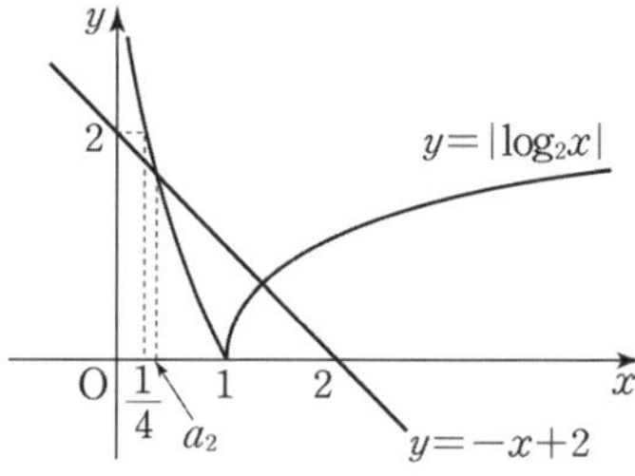

위의 그림에서 $y = -x + 2$와 $y = |\log_2 x|$의 그래프의 교점의 x좌표인 a_2는 $\frac{1}{4}$보다 크다.

즉, $a_2 > \frac{1}{4}$

ㄴ. 〈참〉

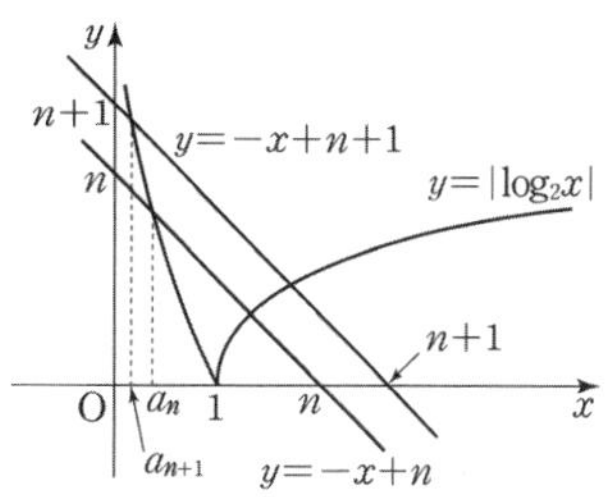

위의 그림에서 $y = -x + n$과 $y = |\log_2 x|$의 그래프의 교점의 x좌표인 a_n은

$y = -x + n + 1$과 $y = |\log_2 x|$의

그래프의 교점의 x좌표인 a_{n+1}보다 크다.

$\therefore\ a_{n+1} < a_n \quad \therefore\ 0 < \frac{a_{n+1}}{a_n} < 1$

ㄷ. 〈참〉

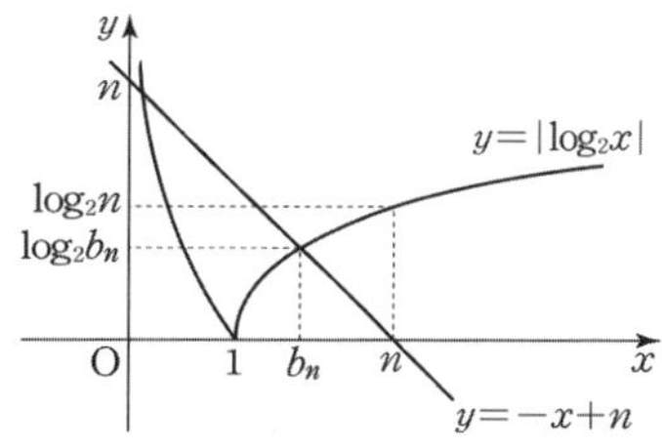

위의 그림에서 $\log_2 b_n < \log_2 n$

$\therefore\ n - \log_2 b_n > n - \log_2 n$ …… ㉠

이때, $-b_n + n = \log_2 b_n$에서

$n - \log_2 b_n = b_n$ …… ㉡

㉠, ㉡에서 $b_n > n - \log_2 n$

한편, 위의 그림에서 $b_n < n$이므로

$n - \log_2 n < b_n < n$

위의 부등식을 자연수 n으로 나누면

$1 - \frac{\log_2 n}{n} < \frac{b_n}{n} < 1$

따라서, 옳은 것은 ㄴ, ㄷ이다.

정답 : ④

10.수능B

021

2이상의 자연수 n에 대하여 집합

$\{3^{2k-1}|k$는자연수$, 1 \leq k \leq n\}$

의 서로 다른 두 원소를 곱하여 나올 수 있는 모든 값만을 원소로 하는 집합을 S라 하고, S의 원소의 개수를 $f(n)$이라 하자. 예를 들어, $f(4)=5$이다.

이때, $\sum_{n=2}^{11} f(n)$의 값을 구하시오.

HINT ▸▸

$\sum_{k=1}^{n} k \frac{1}{2} = n(n+1)$, $\sum_{k=1}^{n} c = cn$

$n=2$일 때, $k=1$, 2이고

집합$\{3^1,\ 3^3\}$에서

$S=\{3^4\}$이므로 $f(2)=1$

$n=3$일 때, $k=1$, 2, 3이고

집합 $\{3^1,\ 3^3,\ 3^5\}$에서

$S=\{3^4,\ 3^6,\ 3^8\}$이므로 $f(3)=3$

$n=4$일 때, $k=1$, 2, 3, 4이고

집합 $\{3^1,\ 3^3,\ 3^5,\ 3^7\}$에서

$S=\{3^4,\ 3^6,\ 3^8,\ 3^{10},\ 3^{12}\}$ 이므로

$f(4)=5$

$\vdots$

$f(n)=2n-3(n \geq 2)$

$$\therefore \sum_{r=2}^{11} f(n) = \sum_{n=1}^{11} f(n) - f(1)$$

$$= \sum_{n=1}^{11} (2n-3) - (-1)$$

$$= 2\sum_{n=1}^{11} n - \sum_{n=1}^{11} 3 + 1$$

$$= 2 \times \frac{11 \times 12}{2} - 11 \times 3 + 1 = 100$$

정답 : 100

08.6B

022

두 자리의 자연수 n에 대하여 $\log_9 n - [\log_9 n]$이 최대가 되는 n의 값을 구하시오.
(단, $[x]$는 x보다 크지 않은 최대의 정수이다.)

HINT ▸▸

100보다 작은 제일 큰 수가 99이듯이 9^n보다 작은 제일 큰수는 $9^n - 1$이 된다.

$\log_9 n = m + \alpha$ (m은 정수, $0 \leq \alpha < 1$)으로 놓으면 $\log_9 n - [\log_9 n] = \alpha$

또, $n = 9^m \cdot 9^\alpha$(n은 정수, $1 \leq 9^\alpha < 9$)이므로 α가 최대 즉, 9^α가 최대가 되는 n의 값을 구하면 된다.

n이 두 자리자연수 이므로 $n = 9^m \cdot 9^\alpha$(n은 정수, $1 \leq 9^\alpha < 9$)로 나타내면

$n = 10 = 9 \times \frac{10}{9}$

$n = 11 = 9 \times \frac{11}{9}$

$\cdots$

$n = 80 = 9 \times \frac{80}{9}$

$n = 81 = 9^2 \times 1$

$n = 82 = 9^2 \times \frac{82}{81}$

$\cdots$

$n = 99 = 9^2 \times \frac{99}{81}$

따라서 $n = 80$일 때, 9^α의 최댓값은 $\frac{80}{9}$을 갖는다.

정답 : 80

10.9B

023

함수 $y=\log_2 4x$의 그래프 위의 두 점 A, B와 함수 $y=\log_2 x$의 그래프 위의 점 C에 대하여, 선분 AC가 y축에 평행하고 삼각형 ABC가 정삼각형일 때, 점 B의 좌표는 (p, q)이다. $p^2\times 2^q$의 값은?

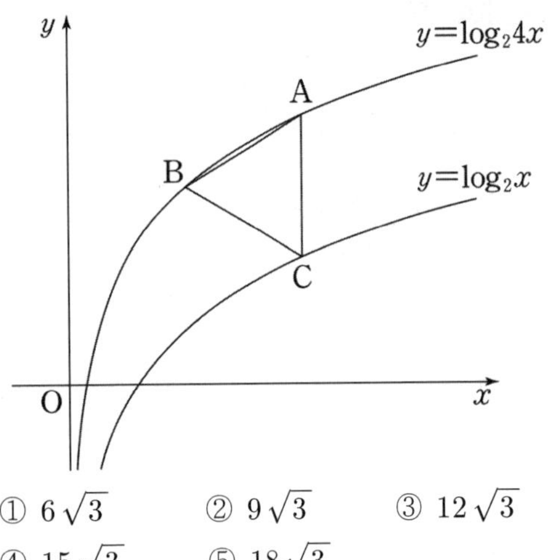

① $6\sqrt{3}$ ② $9\sqrt{3}$ ③ $12\sqrt{3}$
④ $15\sqrt{3}$ ⑤ $18\sqrt{3}$

HINT▸▸

정삼각형의 높이 : $\dfrac{\sqrt{3}}{2}a$

$\log_c a-\log_c b=\log_c \dfrac{a}{b}$

$\log_a a=1$

$a^{\log_b c}=c^{\log_b a}$

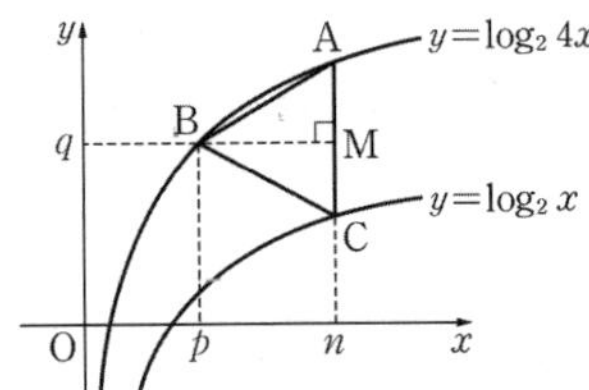

점 A와 점 C의 x좌표를 n이라 하자.
$\overline{\mathrm{AC}}=\log_2 4n-\log_2 n=2$이므로 삼각형 ABC는 한 변의 길이가 2인 정삼각형이다.
그러므로 점 B에서 선분 AC에 내린 수선의 발을 M이라 하면 점 M의 좌표는 $(n,\ \log_2 n+1)$이고, 점 B의 y좌표는 $\log_2 n+1$이다.

$\therefore\ \log_2 4p=\log_2 n+1$ ...... ㉠

또한, $\overline{\mathrm{BM}}=\sqrt{3}$이므로 $n-p=\sqrt{3}$
㉠에 대입하면

$\log_2 4p=\log_2(\sqrt{3}+p)+1=\log_2 2(\sqrt{3}+p)$

$\log_2 2p=\log_2(\sqrt{3}+p)$

$\therefore\ p=\sqrt{3},\ q=\log_2 4\sqrt{3}$

$\therefore\ p^2\times 2^q=(\sqrt{3})^2\times 2^{\log_2 4\sqrt{3}}=3\times 4\sqrt{3}$
$=12\sqrt{3}$

정답 : ③

10.수능B

024

좌표평면에서 두 곡선 $y=|\log_2 x|$와 $y=\left(\frac{1}{2}\right)^x$ 이 만나는 두 점을 $P(x_1, y_1)$, $Q(x_2, y_2)$ $(x_1 < x_2)$라 하고, 두 곡선 $y=|\log_2 x|$와 $y=2^x$이 만나는 점을 $R(x_3, y_3)$이라 하자.
옳은 것만을 〈보기〉에서 있는 대로 고른 것은?

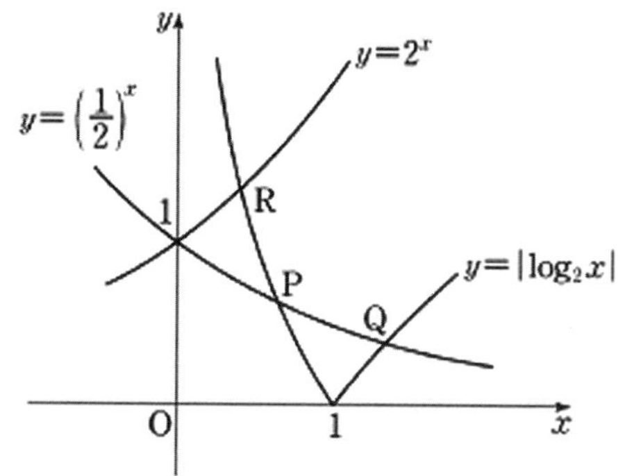

〈보 기〉

ㄱ. $\frac{1}{2} < x_1 < 1$

ㄴ. $x_2 y_2 - x_3 y_3 = 0$

ㄷ. $x_2(x_1 - 1) > y_1(y_2 - 1)$

① ㄱ　② ㄷ　③ ㄱ, ㄴ
④ ㄴ, ㄷ　⑤ ㄱ, ㄴ, ㄷ

HINT▸▸

$y=\log_a x$와 $y=a^x$은 서로 역함수가 되며 $y=x$에 대하여 대칭이다.

ㄱ. 〈참〉

곡선 $y=|\log_2 x|$가 점$\left(\frac{1}{2}, 1\right)$을 지나고, 곡선 $y=\left(\frac{1}{2}\right)^x$이 점$\left(\frac{1}{2}, \frac{\sqrt{2}}{2}\right)$를 지나므로 점 P의 x 좌표인 x_1의 범위는 $\frac{1}{2} < x_1 < 1$이다.

ㄴ. 〈참〉

곡선 $y=|\log_2 x|$의 $x>1$인 부분과 곡선 $y=2^x$의 $x>0$인 부분은 직선 $y=x$에 대하여 대칭이므로 점 $Q(x_2, y_2)$와 점 $R(x_3, y_3)$도 $y=x$에 대하여 대칭이다.

$\therefore x_2 = y_3,\ x_3 = y_2$

$\therefore x_2 y_2 - x_3 y_3 = 0$

ㄷ. 〈거짓〉

$x_2(x_1 - 1) > y_1(y_2 - 1)$

$\Leftrightarrow \frac{x_1 - 1}{y_1 - 0} > \frac{y_2 - 1}{x_2 - 0}$

점 P와 점 (1, 0)을 지나는 직선의 기울기는 $\frac{y_1 - 0}{x_1 - 1}$(⋯㉠)이고, 점 Q와 점 (0, 1)을 지나는 직선의 기울기(⋯㉡)는 $\frac{y_2 - 1}{x_2 - 0}$이다.

이때, 곡선 $y=|\log_2 x|$의 $0<x<1$인 부분과 곡선 $y=\left(\frac{1}{2}\right)^x$의 $x>0$인 부분은 $y=x$에 대하여 대칭이므로 점 P와 점 (0, 1)을 지나는 직선의 기울기(⋯㉢)는 ㉠의 역수, 즉 $\frac{x_1 - 1}{y_1 - 0}$이다.

이때, 그림에서 ㉡과 ㉢의 크기를 비교해 보면

$\frac{x_1 - 1}{y_1 - 0} < \frac{y_2 - 1}{x_2 - 0}$

따라서, 옳은 것은 ㄱ, ㄴ이다.

정답 : ③

11.6B

025

100이하의 자연수 전체의 집합을 S라 할 때, $n \in S$에 대하여 집합
$\{k \mid k \in S$ 이고 $\log_2 n - \log_2 k$는 정수$\}$
의 원소의 개수를 $f(n)$이라 하자. 예를 들어, $f(10)=5$이고 $f(99)=1$이다. 이때, $f(n)=1$인 n의 개수를 구하시오.

HINT▸▸

$\log_c a - \log_c b = \log_c \frac{a}{b}$

주어진 집합을 A_n이라 하자.

$\log_2 n - \log_2 k = \log_2 \frac{n}{k}$ 이므로 $k \in A_n$이려면

$\log_2 \frac{n}{k} = m$ (m은 정수)

$f(10)=5$인 것은 $k=1,\ 5,\ 10,\ 20,\ 40,\ 80$ 등 k값이 5개가 있기 때문이다.

즉, $\frac{n}{k}=2^m$이어야 한다.

(i) $1 \leq n \leq 50$ 일 때,

$k=n$이면 $\frac{n}{k}=1=2^0$ 이므로 $n \in A_n$이다.

$k=2n$이면 $\frac{n}{k}=\frac{1}{2}=2^{-1}$ 이므로 $2n \in A_n$이다.

따라서 집합A_n 의 원소의 개수는 2이상이다.

(ii) n이 50보다 큰 짝수일 때

$k=n$이면 $\frac{n}{k}=1=2^0$ 이므로 $n \in A_n$이다.

$k=\frac{n}{2}$ 이면 $\frac{n}{k}=2=2^1$ 이므로 $\frac{n}{2} \in A_n$ 이다.

따라서 집합A_n의 원소의 개수는 2이상이다.

(iii) n이 50보다 큰 홀수 있 때,

$\frac{n}{k}=2^m$ 즉, $k=\frac{n}{2^m}$

(m은 정수)을 만족시키는 정수 m은 0뿐이다.
즉 $k=n$ 단 하나뿐이다.
따라서 집합A_n의 원소의 개수는 1이다.
(i), (ii), (iii)에서 구하는 자연수 n은 (iii)의 경우인 51, 53, 55, ⋯ 99 의 25개다.

정답 : 25

11.수능B

026

자연수 a, b에 대하여 곡선 $y=a^{x+1}$과 곡선 $y=b^x$이 직선 $x=t$ $(t \geq 1)$와 만나는 점을 각각 P, Q라 하자. 다음 조건을 만족시키는 a, b의 모든 순서쌍 (a, b)의 개수를 구하시오. 예를 들어, $a=4$, $b=5$는 다음 조건을 만족시킨다.

> (가) $2 \leq a \leq 10$, $2 \leq b \leq 10$
> (나) $t \geq 1$인 어떤 실수 t에 대하여
> $\overline{\mathrm{PQ}} \leq 10$이다.

HINT▸▸

지수함수의 개형 : $y=a^x$에서 $a>1$이면 우상향하고 $a<1$이면 우하향하며 항상 점 $(0, 1)$을 지난다.

$f(x)=a^{x+1}-b^x$라 하자.

$f(x)=b^x\left\{a\left(\dfrac{a}{b}\right)^x-1\right\}$이므로, $a \geq b$이면

$x \geq 1$에서 $f(x)$는 증가함수

i) $a \geq b$일 때,

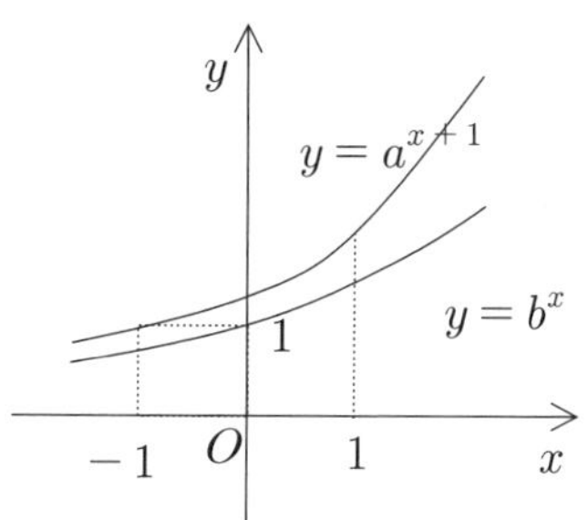

$x \geq 1$에서 $f(x)$의 최솟값은 $f(1)$이고

$f(1)=a^2-b \geq a^2-a>0$이므로

$\therefore\ a^2-b \leq 10$

가능한 경우는 $a=2$일 때 $b=2$

$a=3$일 때 $b=2,\ 3$

$a \geq 4$이면 $a^2-b \geq a^2-a \geq 12$

가능한 경우는 $(2,\ 2)$, $(3,\ 2)$, $(3,\ 3)$의 3가지

ii) $a<b$일 때

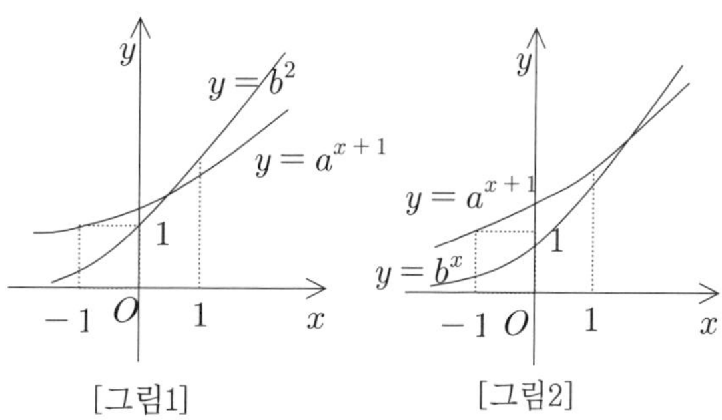

[그림1] [그림2]

$f(x)=0$의 근을 α라 하자.

$\alpha<1$이면 [그림1]에서 $|f(x)|$의 최솟값은 $f(1)$

$\alpha \geq 1$이면 [그림2]에서 $|f(x)|$의 최솟값은 0

$2 \leq a<b \leq 10$에서 $(a,\ b)$의 순서쌍은

${}_9\mathrm{C}_2=36$(개)

따라서, i), ii)에서 구하는 순서쌍은

$3+36=39$(개)이다.

정답 : 39

07.9B

027

$n \geq 2$인 모든 자연수 n에 대하여 집합 A_n을 $A_n = \{1, 2, \cdots, n\}$이라 하자. 집합 A_n의 부분집합 중 원소가 2개인 각 부분집합에서 작은 원소를 뽑아 그 원소들의 평균을 a_n이라 하자. 다음은 $a_n = \frac{n+1}{3}$임을 수학적귀납법으로 증명한 것이다.

〈증명〉

(1) $n=2$일 때, $A_2 = \{1, 2\}$의 원소가 2개인 부분집합은 자신뿐이므로
$a_2 = 1 = \frac{2+1}{3}$이다.

(2) $n = k\ (k \geq 2)$일 때 성립한다고 가정하면
$a_k = \frac{k+1}{3}$이다.

$A_{k+1} = \{1, 2, \cdots, k, k+1\}$의 부분집합 중 원소가 2개인 모든 부분집합은, A_k의 부분집합 중 원소가 2개인 모든 부분집합에 k개의 집합 $\{1, k+1\}$, $\{2, k+1\}$, $\cdots$, $\{k, k+1\}$을 추가한 것이다. A_k의 부분집합 중 원소가 2개인 부분집합의 개수는 $\boxed{\quad(가)\quad}$ 이므로

$$a_{k+1} = \frac{\boxed{\quad(나)\quad} + (1+2+\cdots+k)}{{}_{k+1}C_2}$$

$$= \frac{k+2}{3} = \frac{(k+1)+1}{3} \text{ 이다.}$$

그러므로 (1), (2)에 의하여 $n \geq 2$인 모든 자연수 n에 대하여 $a_n = \frac{n+1}{3}$이다.

위 증명에서 (가), (나)에 알맞은 것은?

	(가)	(나)
①	${}_kC_2$	${}_kC_2 \cdot \frac{k}{3}$
②	${}_kC_2$	${}_kC_2 \cdot \frac{k+1}{3}$
③	${}_{k+1}C_2$	${}_{k+1}C_2 \cdot \frac{k}{3}$
④	${}_{k+1}C_2$	${}_{k+1}C_2 \cdot \frac{k+1}{3}$
⑤	${}_{k+2}C_2$	${}_kC_2 \cdot \frac{k}{3}$

HINT▸▸

${}_nC_r = \frac{n!}{r!(n-r)!}$

수학적 귀납법

① $n=1$일 때 조건이 성립

② $n=k$일 때 조건이 성립한다고 가정하면 $n=k+1$일 때도 조건이 성립함을 증명

$n=1$일 때 성립함을 증명해야 하는데 이 문제에서 $n \geq 2$이므로 $n=2$일 때 조건이 성립함을 증명하면 된다.

$n=k\,(k \geq 2)$일 때 성립한다고 가정하면

$a_k = \dfrac{k+1}{3}$ 이다.

$A_{k+1}=\{1,2,\cdots,k,k+1\}$의 부분집합 중 원소가 2개인 모든 부분집합은,

A_k의 부분집합 중 원소가 2개인 모든 부분집합에 k개의 집합

$\{1,k+1\},\{2,k+1\},\cdots,\{k,k+1\}$

을 추가한 것이다.

A_k의 부분집합 중 원소가 2개인 부분집합의 개수는 $\boxed{{}_kC_2}$이고,

$a_k = \dfrac{k+1}{3}$ 이므로 ${}_kC_2$개의 부분집합에서 작은 원소를 뽑아 더한 합은

${}_kC_2 \times \dfrac{k+1}{3}$ 이다.

$\therefore\ a_{k+1}$

$$= \frac{\boxed{{}_kC_2 \times \dfrac{k+1}{3}} + (1+2+\cdots+k)}{{}_{k+1}C_2}$$

$$= \frac{\dfrac{(k-1)\cdot k(k+1)}{6} + \dfrac{k(k+1)}{2}}{\dfrac{k(k+1)}{2}}$$

$$= \frac{k-1}{3}+1 = \frac{k+2}{3} = \frac{(k+1)+1}{3}$$

정답 : ②

07.9B

028

거리가 3인 두 점 O, O′이 있다. 점 O를 중심으로 반지름의 길이가 각각 1, 2, ⋯, n인 n개의 원과 점 O′을 중심으로 반지름의 길이가 각각 1, 2, ⋯, n인 n개의 원이 있다. 이 $2n$개의 원의 모든 교점의 개수를 a_n이라 하자. 예를 들어, 그림에서와 같이 $a_3=14$, $a_4=26$이다. a_{20}의 값은?

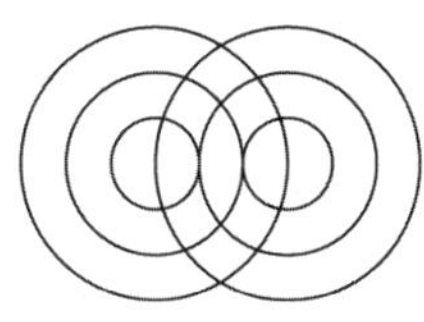
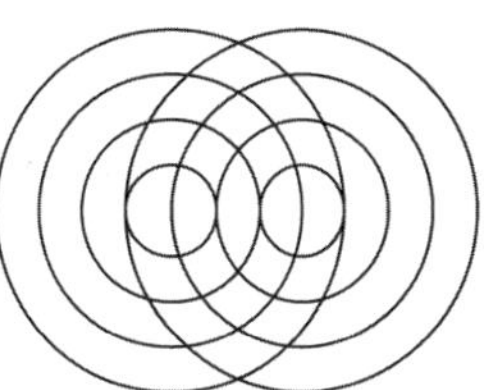

① 214 ② 218 ③ 222 ④ 226 ⑤ 230

HINT▸▸

공차가 d인 등차수열

$a_{n+1}-a_n=d$

$a_3=14,\ a_4=26,\ a_5=38,$

$\cdots$

$a_{n+1}=a_n+12\ \ (n \geq 3)$

을 추론할 수 있다.

$b_k=a_{k+2}\ (k=1, 2, 3, \cdots)$로 두면

$b_1=14,\ b_2=26$

$b_{k+1}-b_k=12$

$\therefore\ b_k=12k+2$

$\therefore\ a_{20}=b_{18}=12\times18+2$

$=218$

정답 : ②

07.6B

029

다음은 19세기 초 조선의 유학자 홍길주가 소개한 제곱근을 구하는 계산법의 일부를 재구성한 것이다.

> 1보다 큰 자연수 p에서 1을 뺀 수를 p_1이라 한다.
> p_1이 2보다 크면 p_1에서 2를 뺀 수를 p_2라 한다.
> p_2가 3보다 크면 p_2에서 3을 뺀 수를 p_3이라 한다.
> ⋮
> p_{k-1}이 k보다 크면 p_{k-1}에서 k를 뺀 수를 p_k라 한다.
> 이와 같은 과정을 계속하여 n번째 얻은 수 p_n이 $(n+1)$보다 작으면 이 과정을 멈춘다.
> 이때, $2p_n$이 $(n+1)$과 같으면 p는 (가) 이다.

(가)에 들어갈 식으로 알맞은 것은?

① $n+1$　　② $\dfrac{(n+1)^2}{2}$

③ $\left\{\dfrac{n(n+1)}{2}\right\}^2$　　④ 2^{n+1}

⑤ $(n+1)!$

HINT▸▸

$\sum_{k=1}^{n} k = \frac{1}{2}n(n+1)$

$p_1 = p-1$

$p_2 = p_1 - 2 = p-(1+2)$

$p_3 = p_2 - 3 = p-(1+2+3)$

⋮

$p_n = p-(1+2+3+\cdots+n)$

$\therefore\ p_n = p - \dfrac{n(n+1)}{2}$

$2p_n = 2p - n(n+1) = n+1$

$\therefore\ p = \dfrac{(n+1)^2}{2}$

정답 : ②

07.9B

030

수열 a_n이 $a_1=1$, $a_2=3$,

$a_{n+2}=3a_{n+1}-2a_n$ (단, n은 자연수)를 만족시킬 때, $\sum_{n=1}^{7} a_n$의 값을 구하시오.

HINT ▸▸

$pa_{n+2}+qa_{n+1}+ra_n=0$의 꼴에서는 $p(a_{n+2}-a_{n+1})=r(a_{n+1}-a_n)$의 꼴로 고쳐서 계차수열의 공식으로 푼다.
(단 $p+q+r=0$)

$a_{n+2}=3a_{n+1}-2a_n$ 에서

$a_{n+2}-a_{n+1}=2(a_{n+1}-a_n)$

$\therefore\ a_{n+1}-a_n=(3-1)2^{n-1}=2^n$

$$\therefore\ a_n=a_1+\sum_{k=1}^{n-1}(a_{k+1}-a_k)$$

$$=1+\sum_{k=1}^{n-1}2^k$$

$$=1+\frac{2(2^{n-1}-1)}{2-1}$$

$$=2^n-1$$

$$\therefore\ \sum_{n=1}^{7}a_n=\sum_{n=1}^{7}(2^n-1)$$

$$=\frac{2(2^7-1)}{2-1}-1\times7=247$$

정답 : 247

07.수능B

031

자연수 n에 대하여 세 문자 A, B, C를 중복을 허용하여 만든 n자리 문자열 중에서 다음 두 조건을 만족시키는 문자열의 개수를 a_n이라 하자.

> (가) 같은 문자가 연속하여 나올 수 없다.
> (나) A의 바로 뒤에 B는 나올 수 없다.

수열 a_n은 점화 관계 $a_{n+2}=a_{n+1}+a_n$

을 만족시킨다. a_6의 값은?

① 22 ② 26 ③ 30 ④ 34 ⑤ 38

HINT ▸▸

피보나치 수열 $a_{n+2}=a_{n+1}+a_n$의 관계일 때 이런 종류의 문제에서는 a_n의 일반항을 구하기보다는 조건에 맞는 계산을 반복하여 직접 답을 구한다.

$n=1$일 때 $a_1=3$

$n=2$일 때 $AC,\ BA,\ BC,\ CA,\ CB$이므로

$a_2=5$

그런데 이런 식으로 몇 번 계산하다보면 수열 $\{a_n\}$은 점화식

$a_{n+2}=a_{n+1}+a_n$을 만족하므로

$a_3=a_2+a_1=5+3=8$

$a_4=a_3+a_2=8+5=13$

$a_5=a_4+a_3=13+8=21$

$a_6=a_5+a_4=21+13=34$

정답 : ④

08.6B

032

공차가 d_1, d_2인 두 등차수열 $\{a_n\}$, $\{b_n\}$의 첫째항부터 제 n항까지의 합을 각각 S_n, T_n이라 하자.

$$S_n T_n = n^2(n^2-1)$$

일 때, 〈보기〉에서 항상 옳은 것을 모두 고른 것은?

〈보 기〉

ㄱ. $a_n = n$이면 $b_n = 4n-4$이다.
ㄴ. $d_1 d_2 = 4$
ㄷ. $a_1 \neq 0$이면 $a_n = n$이다.

① ㄱ ② ㄴ ③ ㄱ, ㄴ
④ ㄱ, ㄷ ⑤ ㄱ, ㄴ, ㄷ

HINT▸▸

$a_n = S_n - S_{n-1}$, $a_1 = S_1$

등차수열의 합 $S = \dfrac{n\{2a+(n-1)d\}}{2}$

$= \dfrac{n(a+l)}{2}$

(단, l은 a_n의 마지막항)

$S_n T_n = n^2(n^2-1)$에서

ㄱ. 〈참〉

$a_1 = 1$이고, $a_n = n$이면 $S_n = \dfrac{n(n+1)}{2}$이므로 $S_n T_n = n^2(n^2-1)$에서

$$\frac{n(n+1)}{2} T_n = n^2(n^2-1)$$

$\therefore T_n = 2n(n-1)$

(i) $n \geqq 2$일 때,

$b_n = T_n - T_{n-1}$

$= 2n(n-1) - 2(n-1)(n-2)$

$= 4n-4$

(ii) $n=1$일 때, $T_1 = 0 = b_1$

$\therefore b_n = 4n-4$

ㄴ. 〈참〉

$$S_n = \frac{n\{2a_1+(n-1)d_1\}}{2}$$

$$T_n = \frac{n\{2b_1+(n-1)d_2\}}{2}$$

에서 $S_1T_1=0$ 이므로 $a_1b_1=0$

(i) $a_1 \neq 0$, $b_1=0$인 경우

$$S_nT_n=\frac{n\{2a_1+(n-1)d_1\}}{2}\cdot\frac{n(n-1)d_2}{2}$$
$$=n^2(n^2-1)$$

$$2a_1d_2+(n-1)d_1d_2=d_1d_2n+2a_1d_2-d_1d_2$$
$$=4n+4$$

이 등식은 모든 자연수 n에 대하여 성립하므로

$d_1d_2=4$

(ii) $a_1=0$, $b_1 \neq 0$ 인 경우

(i)과 같은 방법으로

$d_1d_2n+2b_1d_2-d_1d_2=4n+4$

이 등식은 모든 자연수 n에 대하여 성립하므로

$d_1d_2=4$

(iii)$a_1=0$, $b_1=0$인 경우

$$S_nT_n=\frac{n(n-1)d_1}{2}\cdot\frac{n(n-1)d_2}{2}$$
$$=n^2(n^2-1)$$

$d_1d_2n-d_1d_2=4n-4$

이 등식은 모든 자연수 n에 대하여 성립하므로

$d_1d_2=4$

따라서 (i), (ii), (iii)에 의해 $d_1d_2=4$

ㄷ. 〈거짓〉

$S_1T_1=0$ 이므로 $a_1 \neq 0$이면 $b_1=0$

$$S_nT_n=S_n\cdot\frac{n(n-1)d_2}{2}=n^2(n^2-1)$$

$\therefore S_n=2n(n+1)d_2$

$$a_n=S_n-S_{n-1}$$
$$=2n(n+1)d_2-2(n-1)nd_2$$
$$=4d_2n\neq n$$

따라서 옳은 것은 ㄱ, ㄴ이다.

정답 : ③

08.9B

033

수열 $\{a_n\}$의 제 n항 a_n을 자연수 k의 양의 제곱근 $\sqrt{k}$를 소수점 아래 첫째 자리에서 반올림하여 n이 되는 k의 개수라 하자. $\sum_{i=1}^{10}a_i$의 값을 구하시오.

HINT▸▸

$n-\frac{1}{2}\leqq x<n+\frac{1}{2}$일 때 x는 n으로 반올림된다.

자연수 n에 대하여 $\sqrt{k}$를 소수점 아래 첫째 자리에서 반올림하여 n이 되는 k는

$$(n-1)+\frac{1}{2}\leqq\sqrt{k}<n+\frac{1}{2}$$
$$n-\frac{1}{2}\leqq\sqrt{k}<n+\frac{1}{2}$$

양변을 제곱하면

$$n^2-n+\frac{1}{4}\leqq k<n^2+n+\frac{1}{4}$$

이 조건을 만족하는 자연수 k는 n^2-n+1 부터 n^2+n까지의 수이므로

$$a_n=(n^2+n)-(n^2-n+1)+1=2n$$

따라서

$$\sum_{i=1}^{10}a_i=\sum_{i=1}^{10}2i=2\times\frac{10\times11}{2}=110$$

정답 : 110

07.수능B

034

다음과 같이 정사각형을 가로 방향으로 3등분하여 [도형 1]을 만들고, 세로 방향으로 3등분하여 [도형 2]를 만든다.

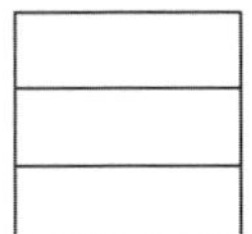

[도형 1]

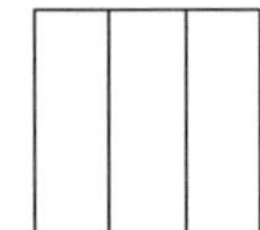

[도형 2]

[도형 1]과 [도형 2]를 번갈아 가며 계속 붙여 아래와 같은 도형을 만든다. 그림과 같이 첫 번째 붙여진 [도형 1]의 왼쪽 맨 위 꼭짓점을 A 라 하고, [도형 1]의 개수와 [도형 2]의 개수를 합하여 n 개 붙여 만든 도형의 오른쪽 맨 아래 꼭짓점을 B_n 이라 하자.

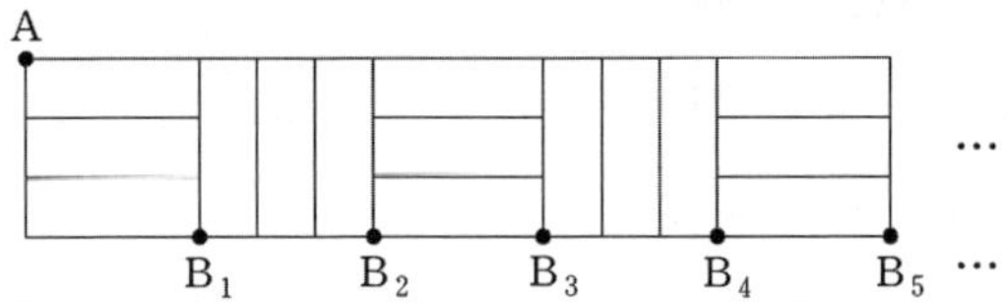

꼭짓점 A 에서 꼭짓점 B_n 까지 선을 따라 최단거리로 가는 경로의 수를 a_n 이라 할 때, $a_3 + a_7$ 의 값은?

① 26 ② 28 ③ 30 ④ 32 ⑤ 34

HINT▸▸

첫때항이 a_1, 공차가 d인 등차수열의 일반항 $a_n = a_1 + (n-1)d$

$A \to B$로의 최단경로수

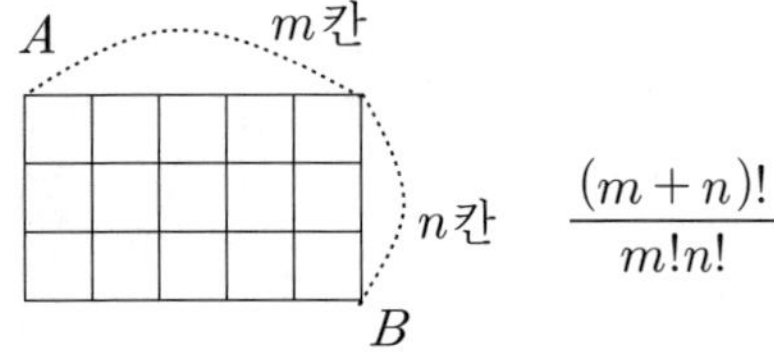

$\dfrac{(m+n)!}{m!n!}$

(i) n 이 짝수일 때,

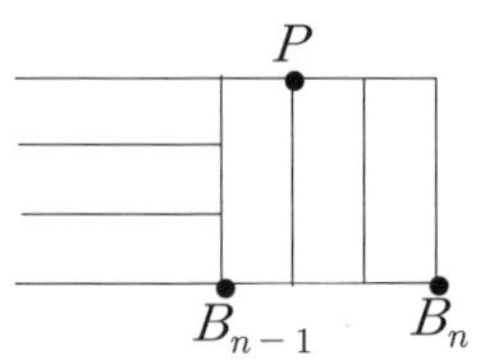

B_n 에 이르는 최단경로는

$A \to B_{n-1} \to B_n$

또는 $A \to P \to B_n$

$\therefore\ a_n = a_{n-1} \times 1 + 1 \times \dfrac{3!}{2!1!}$

$= a_{n-1} + 3$

(ii) n 이 홀수일 때,

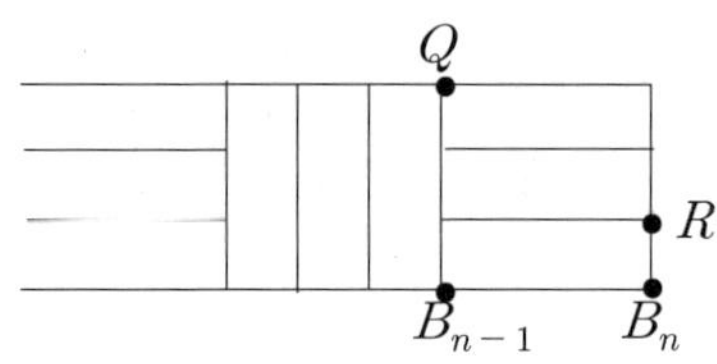

B_n 에 이르는 최단경로는

$A \to B_{n-1} \to B_n$

또는 $A \to Q \to R \to B_n$

$\therefore\ a_n = a_{n-1} \times 1 + 1 \times \dfrac{3!}{2!1!} \times 1$

$= a_{n-1} + 3$

(i),(ii)에서

$a_n = a_{n-1} + 3\ (n = 2, 3, 4, \cdots)$

이므로 수열$\{a_n\}$은 공차가 3인 등차수열이다.

$a_1 = \dfrac{4!}{3!\,1!} = 4$ 이므로 $a_n = 4 + (n-1) \times 3$이므로

$a_3 = 4 + 2 \times 3 = 10$,

$a_7 = 4 + 6 \times 3 = 22$

$\therefore\ a_3 + a_7 = 32$

정답 : ④

08.9B

035

그림과 같이 한 변의 길이가 1인 정사각형 모양의 타일로 가로의 길이가 5, 높이가 3, 각 획의 폭이 1이 되도록‘ㅍ’모양의 도형 F_1을 만든다. 도형 F_1의 가로의 길이를 2배, 높이를 2배, 각 획의 폭을 2배로 하여‘ㅍ’모양의 도형 F_2를 만든다. 도형 F_1의 가로의 길이를 3배, 높이를 3배, 각 획의 폭을 3배로 하여‘ㅍ’모양의 도형 F_3을 만든다. 이와 같이 도형 F_1의 가로의 길이를 n배, 높이를 n배, 각 획의 폭을 n배로 하여‘ㅍ’모양의 도형 F_n을 만든다. 도형 F_n을 만드는 데 사용된 타일의 개수를 a_n이라 할 때,

$\sum_{k=1}^{n} a_k = 4620$을 만족시키는 n의 값은?

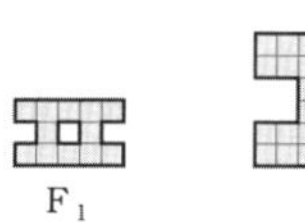
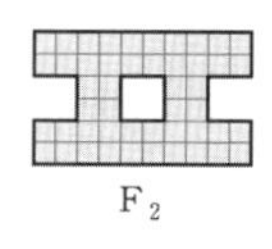
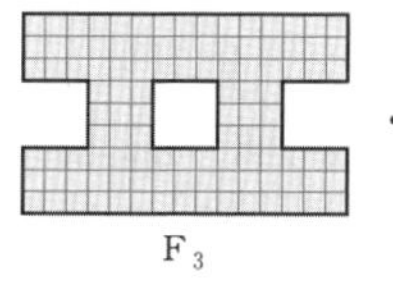

F_1　　F_2　　F_3　…

① 10　② 11　③ 12　④ 13　⑤ 14

HINT▸▸

넓이의 비는 닮음비의 제곱에 비례한다.

ex) $1:2$닮음비 $\Rightarrow$ $1:2^2$넓이의 비

$$\sum_{k=1}^{n} k^2 = \frac{1}{6}n(n+1)(2n+1)$$

$$a_1 = 3\times5-3\times1^2 = 12$$

$$a_2 = 3\times5\times2^2-3\times2^2 = 12\cdot2^2$$

$$a_3 = 3\times5\times3^2-3\times3^2 = 12\cdot3^2$$

$$\vdots$$

$$a_n = 3\times5\times n^2-3\times n^2 = 12\cdot n^2$$

$$\therefore \sum_{k=1}^{n} a_k = \sum_{k=1}^{n} 12k^2$$

$$= 12\times\frac{n(n+1)(2n+1)}{6}$$

$$= 2n(n+1)(2n+1) = 4620$$

$$n(n+1)(2n+1) = 2310 = 10\times11\times21$$

$$\therefore n = 10$$

정답 : ①

08.수능B

036

자연수 $n\,(n \geq 2)$으로 나누었을 때, 몫과 나머지가 같아지는 자연수를 모두 더한 값을 a_n이라 하자. 예를 들어 4로 나누었을 때, 몫과 나머지가 같아지는 자연수는 5, 10, 15이므로 $a_4 = 5+10+15 = 30$이다. $a_n > 500$을 만족시키는 자연수 n의 최솟값을 구하시오.

HINT▸▸

$\sum_k nf(k) = n\sum_k f(k)$

$\sum_{k=1}^{n} k = \frac{1}{2}n(n+1)$

$a_2 = (2\times1+1) = 3$

$a_3 = (3\times1+1)+(3\times2+2) = 4+8 = 12$

$a_4 = (4\times1+1)+(4\times2+2)+(4\times3+3) = 30$

몫과 나머지를 k로 두면,

$a_n = \sum_{k=1}^{n-1}(nk+k) = \sum_{k=1}^{n-1}(n+1)k$

$= (n+1)\sum_{k=1}^{n-1}k$

$= \frac{(n+1)n(n-1)}{2} > 500$

이므로 $n=11$일 때 그 값이 최소이다.

정답 : 11

09.6B

037

수열 $\{a_n\}$에서 $a_n = (-1)^{\frac{n(n+1)}{2}}$ 일 때, $\sum_{n=1}^{2010} na_n$의 값은?

① -2011　② -2010　③ 0
④ 2010　⑤ 2011

HINT▸▸

$n(n+1)$은 연속한 두 자연수의 곱이므로 항상 짝수이다.

a_n은 4가 주기인 함수이다. $n(n+1)$은 $4k$ 또는 $4k+2$의 꼴의 수이다. 그리고 2로 나누어야 하므로 $n=4k-3,\ 4k-2,\ 4k-1,\ 4k$의 네 가지의 경우가 있게 된다.

(i) $n=4k-3$ 꼴일 때 $a_n = -1$

(ii) $n=4k-2$ 꼴일 때 $a_n = -1$

(iii) $n=4k-1$ 꼴일 때 $a_n = 1$

(iv) $n=4k$ 꼴일 때 $a_n = 1$

$\therefore \{a_n\}$: $-1,\ -1,\ 1,\ 1,\ -1,\ -1,\ 1,\ 1,\ \cdots$

$\sum_{n=1}^{2010} na_n = \{(-1)+(-2)+3+4\}+$
$\{(-5)+(-6)+7+8\}+\cdots$
$+\{(-2005)+(-2006)+2007+2008\}+$
$(-2009)+(-2010)$

$= \underbrace{4+4+\cdots+4}_{4가\ 502개}+(-2009)+(-2010)$

$= 2008-2009-2010$

$= -2011$

정답 : ①

09.6B

038

함수 $y=f(x)$는 $f(3)=f(15)$를 만족하고, 그 그래프는 그림과 같다. 모든 자연수 n 에 대하여 $f(n)=\sum_{k=1}^{n} a_k$ 인 수열 $\{a_n\}$이 있다. m이 15 보다 작은 자연수일 때,
$a_m + a_{m+1} + \cdots + a_{15} < 0$을 만족시키는 m의 최솟값을 구하시오.

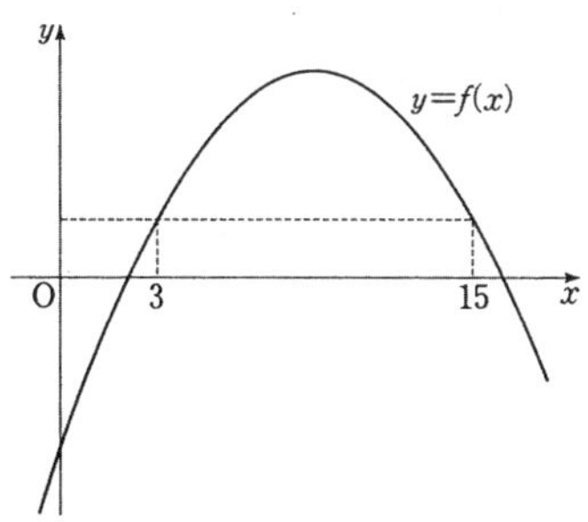

HINT▸▸

$$\sum_{k=n}^{m} a_k = \sum_{k=1}^{m} a_k - \sum_{k=1}^{n-1} a_k$$

$a_m + a_{m+1} + \cdots + a_{15}$
$=f(15)-f(m-1)<0$
$\therefore\ f(15)<f(m-1)$
아래 그림에서 $4 \leqq m-1 \leqq 14$
$5 \leqq m \leqq 15$ 이므로
m 의 최솟값은 5

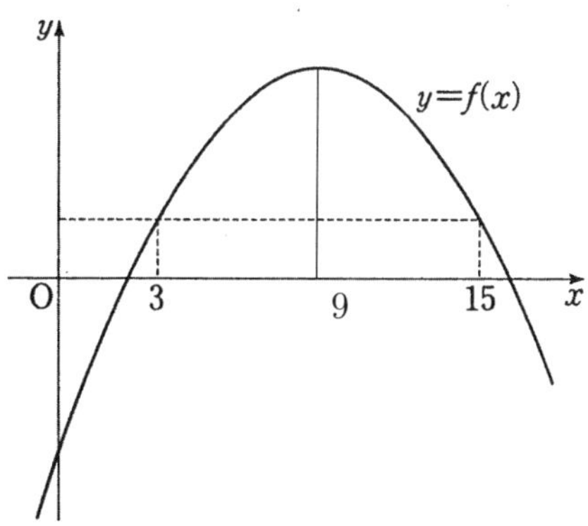

좀더 쉽게 설명하자면
$f(3)=a_1+a_2+a_3$
$f(15)=a_1+a_2+a_3+\ldots+a_{15}$이고
$f(3)=f(15)$이므로
$a_1+a_2+a_3=a_1+a_2+a_3+a_4+\ldots+a_{15}$
$\therefore a_4+a_5+\ldots+a_{15}=0$이고 정가운데는 $a_9=0$
그 좌측값은 "+"이고 그 우측값은 "−"이므로 a_4를 빼고 a_5부터 계산하면 그 합이 0보다 작게 된다.

정답 : 5

09.수능B

039

등비수열 $\{a_n\}$이 $a_2=\frac{1}{2}$, $a_5=\frac{1}{6}$을 만족시킨다. $\sum_{n=1}^{\infty}a_n a_{n+1} a_{n+2}=\frac{q}{p}$일 때, $p+q$의 값을 구하시오.
(단, p, q는 서로소인 자연수이다.)

HINT ▸▸

$a^m \times a^n = a^{m+n}$

$\sqrt[m]{a^n}=a^{\frac{n}{m}}$, $(a^m)^n=a^{mn}$

등비수열의 일반항 $a_n=a\cdot r^{n-1}$

무한등비급수의 합의 공식 $S=\frac{a}{1-r}$

등비수열 $\{a_n\}$의 첫째항을 a, 공비를 r라 하면

$a_2=ar=\frac{1}{2}$ …… ㉠

$a_5=ar^4=\frac{1}{6}$ …… ㉡

㉡÷㉠을 하면 $r^3=\frac{1}{3}$

$\therefore r=\sqrt[3]{\frac{1}{3}}$ …… ㉢

㉢을 ㉠에 대입하면 $a=\frac{\sqrt[3]{3}}{2}$

$$a_n a_{n+1} a_{n+2}=ar^{n-1}\cdot ar^n\cdot ar^{n+1}$$
$$=\left(\frac{\sqrt[3]{3}}{2}\right)\cdot\left(\sqrt[3]{\frac{1}{3}}\right)^{n-1}\cdot\left(\frac{\sqrt[3]{3}}{2}\right)\cdot\left(\sqrt[3]{\frac{1}{3}}\right)^{n}\cdot\left(\frac{\sqrt[3]{3}}{2}\right)\cdot\left(\sqrt[3]{\frac{1}{3}}\right)^{n+1}$$
$$=\frac{3}{8}\cdot\left(\frac{1}{3}\right)^n$$
$$=a^3r^{3n}$$
$$=(a^3\cdot r^3)\cdot(r^3)^{n-1}$$

$\therefore$ 초항이 $a^3r^3=(ar)^3=\frac{1}{8}$, 공비가 $r^3=\frac{1}{3}$인 등비수열이 된다.

$$\sum_{n=1}^{\infty}a_n a_{n+1} a_{n+2}=\frac{\frac{1}{8}}{1-\frac{1}{3}}=\frac{3}{16}$$

$\therefore\ p+q=16+3=19$

정답 : 19

10.6B

040

첫째항이 16이고 공비가 $2^{\frac{1}{10}}$ 인 등비수열 $\{a_n\}$ 에 대하여 $\log a_n$ 의 가수를 b_n 이라 하자.

$b_1, b_2, b_3, \cdots, b_{k-1}, b_k, b_{k+1}+1$

이 주어진 순서로 등차수열을 이룰 때, k 의 값을 구하시오.

(단, $\log 2 = 0.301$ 로 계산한다.)

HINT▸▸

$\log_a x = n + \alpha$ (단 $0 \leq a < 1$)

n: 지표, α: 가수

$nlog_a b = \log_a b^n$

$a_n = 16 \times \left(2^{\frac{1}{10}}\right)^{n-1} = 2^{\frac{1}{10}n + 4 - \frac{1}{10}}$ 이므로

$$\log a_n = \left(\frac{1}{10}n + 4 - \frac{1}{10}\right)\log 2$$
$$= \left(\frac{1}{10}n + 4 - \frac{1}{10}\right) \times 0.301$$
$$= 0.0301n + 1.204 - 0.0301$$
$$= 0.0301n + 1.1739$$
$$= 1 + (0.0301n + 0.1739)$$

$0.0301n + 0.1739 \geq 1$ 에서

$0.0301n \geq 0.8261$

$n \geq 27.4\times\times\times$

따라서, $1 \leq n \leq 27$ 일 때,

$\log a_n$ 의 가수 b_n 은

$b_n = 0.0301n + 0.1739$

이므로 수열

$b_1, b_2, b_3, \cdots, b_{27}$

은 공차가 0.0301 인 등차수열을 이룬다.

$b_{28} = 0.0301 \times 28 + 0.1739 - 1$ 이므로

$b_{28} + 1 = 0.0301 \times 28 + 0.1739$

$b_{29} = 0.0301 \times 29 + 0.1739 - 1$ 이므로

$b_{29} + 1 = 0.0301 \times 29 + 0.1739$

따라서, 수열

$b_1, b_2, \cdots, b_{27}, b_{28}+1, b_{29}+1$ 은

공차가 0.0301 인 등차수열을 이룬다.

그러므로 수열

$b_1, b_2, b_3, \cdots, b_k, b_{k+1}+1$

이 등차수열을 이루는 k 의 값은 27 이다.

정답 : 27

10.6B

041

수열 $\{a_n\}$이 $a_1 = \alpha\,(\alpha \neq 0)$이고,
모든 $n(n \geq 2)$에 대하여
$(n-1)a_n + \sum_{m=1}^{n-1} ma_m = 0$을 만족시킨다. 다음은 $a_n = \frac{(-1)^{n-1}}{(n-1)!}\alpha\,(n \geq 1)$임을 수학적귀납법을 이용하여 증명한 것이다.

〈증명〉

(1) $n=1$일 때, $a_1 = \alpha = \frac{(-1)^{1-1}}{(1-1)!}\alpha$이다.

(2) i) $n=2$일 때, $a_2 + a_1 = 0$이므로

$a_2 = -a_1 = \frac{(-1)^{2-1}}{(2-1)!}\alpha$이다.

따라서 주어진 식이 성립한다.

ii) $n=k\,(k \geq 2)$일 때 성립한다고 가정하고, $n=k+1$일 때 성립함을 보이자.

$$0 = ka_{k+1} + \sum_{m=1}^{k} ma_m$$
$$= ka_{k+1} + \sum_{m=1}^{k-1} ma_m + ka_k$$
$$= ka_{k+1} + (\boxed{\text{(가)}}) \times a_k + ka_k$$

이므로

$$a_{k+1} = \boxed{\text{(나)}} \times a_k = \frac{(-1)^k}{k!}\alpha$$

이다.

따라서 모든 자연수 n에 대하여

$a_n = \frac{(-1)^{n-1}}{(n-1)!}\alpha$이다.

위의 (가), (나)에 알맞은 식의 곱을 $f(k)$라 할 때, $f(10)$의 값은?

① $\frac{1}{10}$ ② $\frac{3}{10}$ ③ $\frac{1}{2}$ ④ $\frac{7}{10}$ ⑤ $\frac{9}{10}$

HINT▸▸

$${}_nC_r = \frac{n!}{r!(n-r)!}$$

수학적 귀납법

① $n=1$일 때 조건이 성립

② $n=k$일 때 조건이 성립한다고 가정하면 $n=k+1$일 때도 조건이 성립함을 증명

$$0 = ka_{k+1} + \sum_{m=1}^{k} ma_m$$
$$= ka_{k+1} + \sum_{m=1}^{k-1} ma_m + ka_k$$
$$= ka_{k+1} + \boxed{(1-k)}a_k + ka_k$$

$\left(\because (n-1)a_n = -\sum_{m=1}^{n-1} ma_m \text{이므로}\right)$

$ka_{k+1} = (k-1)a_k - ka_k = -a_k$

$\therefore\ a_{k+1} = \boxed{-\frac{1}{k}}a_k$

따라서 (가), (나)에 들어갈 식은 각각

$1-k,\ -\frac{1}{k}$

이므로

$f(k) = (1-k)(-\frac{1}{k}) = 1 - \frac{1}{k}$

$\therefore\ f(10) = 1 - \frac{1}{10} = \frac{9}{10}$

정답 : ⑤

10.9B

042

수열 $\{a_n\}$은 $a_1 = 2$이고,

$$a_{n+1} = a_n + (-1)^n \frac{2n+1}{n(n+1)} \ (n \geq 1)$$

을 만족 시킨다. $a_{20} = \frac{q}{p}$일 때, $p+q$의 값을 구하시오.
(단, p와 q는 서로소인 자연수이다.)

HINT ▸▸

$\frac{A+B}{AB} = \frac{1}{A} + \frac{1}{B}$

계차수열을 b_n이라 하면 원수열

$a_n = a_1 + \sum_{k=1}^{n-1} b_k$

$a_{n+1} = a_n + (-1)^n \frac{2n+1}{n(n+1)} \ (n \geq 1)$이므로

수열 $\{a_n\}$의 계차수열의 일반항은

$$b_n = a_{n+1} - a_n = (-1)^n \frac{2n+1}{n(n+1)} = (-1)^n \left(\frac{1}{n} + \frac{1}{n+1}\right)$$

$$\therefore \ a_{20} = a_1 + \sum_{k=1}^{19} (-1)^k \left(\frac{1}{k} + \frac{1}{k+1}\right)$$

$$= 2 + \left\{\left(-1 - \frac{1}{2}\right) + \left(\frac{1}{2} + \frac{1}{3}\right) + \left(-\frac{1}{3} - \frac{1}{4}\right) + \cdots + \left(-\frac{1}{19} - \frac{1}{20}\right)\right\}$$

$$= 2 - 1 - \frac{1}{20}$$

$$= \frac{19}{20} = \frac{q}{p}$$

$\therefore \ p + q = 39$

정답 : 39

10.9B

043

수열 $\{a_n\}$은 $a_1 = 1$이고,

$$a_n = n^2 + \sum_{k=1}^{n-1}(2k+1)a_k \ (n \geq 2)$$

를 만족시킨다. 다음은 일반항 a_n을 구하는 과정의 일부이다.

> 주어진 식으로부터 $a_2 = 7$이다.
> 자연수 $n(n \geq 3)$에 대하여
>
> $$a_n = n^2 + \sum_{k=1}^{n-1}(2k+1)a_k$$
> $$= n^2 + \sum_{k=1}^{n-2}(2k+1)a_k + (2n-1)a_{n-1}$$
> $$= n^2 + a_{n-1} - \boxed{\text{(가)}} + (2n-1)a_{n-1}$$
>
> 이므로, $a_n + 1 = 2n(a_{n-1}+1)$이 성립한다.
> 따라서
>
> $$a_n + 1 = n \times (n-1) \times \cdots \times 3 \times \boxed{\text{(나)}} \times (a_2+1)$$
> $$= 4 \times n! \times \boxed{\text{(나)}}$$
>
> 이다.

위의 (가)에 알맞은 식을 $f(n)$, (나)에 알맞은 식을 $g(n)$이라 할 때 $f(9) \times g(9)$의 값은?

① 2^{13} ② 2^{14} ③ 2^{15} ④ 2^{16} ⑤ 2^{17}

HINT▸▸

$${}_nC_r = \frac{n!}{r!(n-r)!}$$

수학적 귀납법

① $n=1$일 때 조건이 성립

② $n=k$일 때 조건이 성립한다고 가정하면 $n=k+1$일 때도 조건이 성립함을 증명

주어진 식으로부터 $a_2 = 7$이다.

자연수 $n(n \geq 3)$에 대하여

$$a_n = n^2 + \sum_{k=1}^{n-1}(2k+1)a_k$$

$$= n^2 + \sum_{k=1}^{n-2}(2k+1)a_k + (2n-1)a_{n-1} \cdots ㉠$$

$a_{n-1} = (n-1)^2 + \sum_{k=1}^{n-2}(2k+1)a_k$이므로 ㉠에서

$$a_n = n^2 + a_{n-1} - \boxed{(n-1)^2} + (2n-1)a_{n-1}$$
$$= 2n - 1 + 2n \cdot a_{n-1}$$

이므로, $a_n + 1 = 2n(a_{n-1}+1)$이 성립한다.

3이상의 자연수 n에 대하여

$$a_3 + 1 = 2 \cdot 3 \cdot (a_2 + 1)$$
$$a_4 + 1 = 2 \cdot 4 \cdot (a_3 + 1)$$
$$\vdots$$
$$a_n + 1 = 2 \cdot n \cdot (a_{n-1} + 1)$$

이고 각 변끼리 곱하면

$$a_n + 1 = n \times (n-1) \times \cdots \times 3 \times \boxed{2^{n-2}} \times (a_2+1)$$

$= n \times (n-1) \times \cdots \times 3 \times 2^{n-2} \times 8$

$(\because a_2 = 7)$

$$= 4 \times n! \times \boxed{2^{n-2}}$$

$\therefore \ f(n) = (n-1)^2, \ g(n) = 2^{n-2}$

$\therefore \ f(9) \times g(9) = 8^2 \times 2^7 = 2^6 \times 2^7 = 2^{13}$

정답 : ①

10.수능B

044

수열$\{a_n\}$은 $a_1=1$이고,

$a_{n+1}=n+1+\dfrac{(n-1)!}{a_1a_2\cdots a_n}$ $(n\geq 1)$을 만족시킨다. 다음은 일반항 a_n을 구하는 과정의 일부이다.

> 모든 자연수 n에 대하여
> $a_1a_2\cdots a_na_{n+1}$
> $=a_1a_2\cdots a_n\times(n+1)+(n-1)!$
> 이다. 수열 $\{b_n\}$의 일반항을 구하면
> $b_{n+1}=b_n+$ [가] 이므로
> $\dfrac{a_1a_2\cdots a_n}{n!}=$ [나] 이다.
> 따라서 $a_1=1$이고,
> $a_n=\dfrac{(n-1)(2n-1)}{2n-3}(n\geq 2)$이다.

위의 (가)에 알맞은 식을 $f(n)$, (나)에 알맞은 식을 $g(n)$이라 할 때, $f(13)\times g(7)$의 값은?

① $\dfrac{1}{70}$ ② $\dfrac{1}{77}$ ③ $\dfrac{1}{84}$ ④ $\dfrac{1}{91}$ ⑤ $\dfrac{1}{98}$

HINT▸▸

계차수열을 b_n이라 하면 원수열 a_n은

$$a_n=a_1+\sum_{k=1}^{n-1}b_k$$

$$\frac{1}{A\cdot B}=\frac{1}{B-A}\left(\frac{1}{A}-\frac{1}{B}\right)=\frac{1}{A-B}\left(\frac{1}{B}-\frac{1}{A}\right)$$

모든 자연수 n에 대하여 조건식에 $a_1a_2{\dots}a_n$을 곱하면

$a_1a_2\cdots a_na_{n+1}=a_1a_2\cdots a_n\times(n+1)+(n-1)!$

양변을 $(n+1)!$로 나누면

$$\frac{a_1a_2\dots a_{n+1}}{(n+1)!}=\frac{a_1a_2\dots a_n}{n!}+\frac{1}{n(n+1)}\ \cdots\ ㉠$$

$b_n=\dfrac{a_1a_2\dots a_n}{n!}$이라 하면, $b_1=1$이고 ㉠에서

$$b_{n+1}=b_n+\boxed{\frac{1}{n(n+1)}}\ (가)$$

이다. 계차수열의 공식을 이용해서 수열 $\{b_n\}$의 일반항을 구하면

$$b_n=b_1+\sum_{k=1}^{n-1}\frac{1}{k(k+1)}=1+\sum_{k=1}^{n-1}\left(\frac{1}{k}-\frac{1}{k+1}\right)$$

$$=1+\left\{\left(1-\frac{1}{2}\right)+\left(\frac{1}{2}-\frac{1}{3}\right)+\dots+\left(\frac{1}{n-1}-\frac{1}{n}\right)\right\}$$

$$=2-\frac{1}{n}=\boxed{\frac{2n-1}{n}}\ (나)$$

이므로 $\dfrac{a_1a_2\cdots a_n}{n!}=\boxed{\dfrac{2n-1}{n}}$이다.

따라서, $a_1=1$이고,

$$a_n=\frac{2n-1}{n}\times\frac{n!}{a_1\cdot a_2\cdot\dots\cdot a_{n-1}}$$

$$=(2n-1)\times\frac{(n-1)!}{a_1\cdot a_2\cdot\dots\cdot a_{n-1}}$$

$$=(2n-1)\times\frac{1}{b_{n-1}}$$

$$=\frac{(n-1)(2n-1)}{2n-3}(n\geq 2)$$이다.

따라서, $f(n)=\dfrac{1}{n(n+1)}$, $g(n)=\dfrac{2n-1}{n}$

이므로

$$f(13)\times g(7)=\frac{1}{13\times 14}\times\frac{13}{7}=\frac{1}{98}$$

정답 : ⑤

11.6B

045

자연수 n에 대하여 좌표평면 위의 점 A_n을 다음 규칙에 따라 정한다.

> (가) 점 A_1의 좌표는 $(1, 1)$이다.
> (나) n이 짝수이면 점 A_n은 점A_{n-1}을 x축의 방향으로 2큼, y축의 방향으로 1만큼 평행이동한 점이다.
> (다) n이 3이상의 홀수이면 점 A_n은 점 A_{n-1}을 x축의 방향으로 -1만큼, y축의 방향으로 -2만큼 평행이동한 점이다.

위의 규칙에 따라 정해진 점 A_k의 좌표가 $(7, -2)$이고 점 A_l의 좌표가 $(9, -7)$일 때, $k+l$의 값은?

① 27　② 29　③ 31　④ 33　⑤ 35

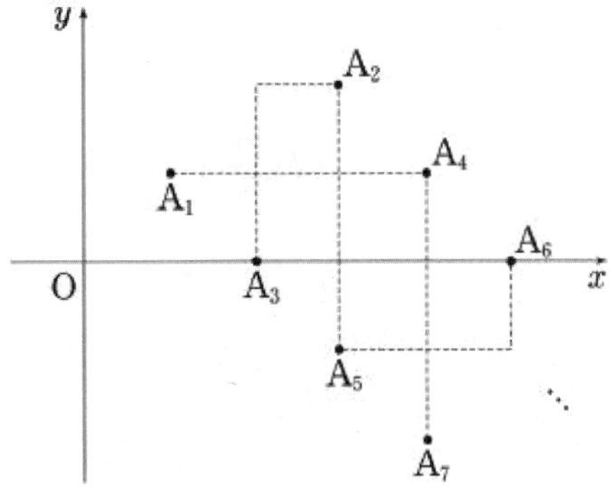

HINT▸▸

홀수항 짝수항으로 나누어서 구한다. 홀수항은 $y=-x+2$, 짝수항은 $y=-x+5$의 규칙을 따른다.

자연수 n에 대하여 좌표가 $(n, 2-n)$인 점은 A_{2n-1} 이므로 좌표가 $(9, -7)$인 점은 $A_{2\times 9-1}$ 즉, A_{17} 이다.
또, 좌표가 $(n+2, 3-n)$인 점은 A_{2n}이므로 좌표가 $(7, -2)$인 점은 $A_{2\times 5}$ 즉, A_{10}이다.
$\therefore k=10,\ l=17$
$\therefore k+l=27$

정답 : ①

11.9B

046

자연수 n 에 대하여 좌표평면에서 다음 조건을 만족시키는 가장 작은 정사각형의 한 변의 길이를 a_n 이라 하자.

> (가) 정사각형의 각 변은 좌표축에 평행하고, 두 대각선의 교점은 $(n,\ 2^n)$ 이다.
> (나) 정사각형과 그 내부에 있는 점 $(x,\ y)$ 중에서 x 가 자연수이고, $y=2^x$ 을 만족시키는 점은 3 개뿐이다.

예를 들어 $a_1=12$ 이다. $\sum_{k=1}^{7} a_k$ 의 값을 구하시오.

HINT▸▸

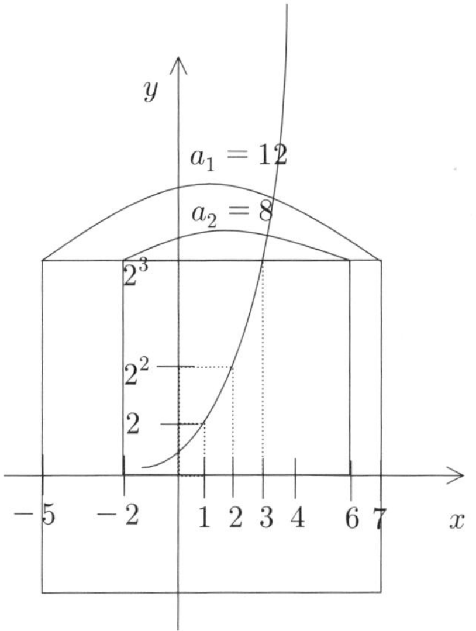

제1항과 2항은 따로 구한다.
등비수열의 합의 공식

$$S=\frac{a(1-r^n)}{1-r}=\frac{a(r^n-1)}{r-1}$$

(i) $n=1$일 때
세 점 $(1,2^1)$, $(2,2^2)$, $(3,2^3)$이 정사각형과 그 내부에 포함되는 경우이므로
$a_1=2\times(2^3-2^1)=12$

(ii) $n=2$일 때
세 점 $(1,2^1)$, $(2,2^2)$, $(3,2^3)$이 정사각형과 그 내부에 포함되는 경우이므로
$a_2=2\times(2^3-2^2)=8$

(iii) $n\geq 3$일 때
세 점 $(n-2,2^{n-2})$, $(n-1,2^{n-1})$, $(n,2^n)$이 정사각형과 그 내부에 포함되는 경우이므로
$a_n=2\times(2^n-2^{n-2})=3\times 2^{n-1}$

(i), (ii), (iii)에서

$$\sum_{k=1}^{7} a_k=12+8+3(2^2+2^3+\cdots+2^6)$$

$$=20+3\times\frac{2^2(2^5-1)}{2-1}=20+12\times 31=392$$

[참고]
위의 풀이의 (iii)에서
세 점 $(n-1,2^{n-1})$, $(n,2^n)$, $(n+1,2^{n+1})$이 정사각형과 그 내부에 포함되는 경우에는 점 $(n-2,2^{n-2})$도 이 정사각형의 내부에 포함되므로 조건을 만족시키지 않는다. 즉, 조건을 만족시키는 점이 4개 이상이 된다.
마찬가지로, 세 점$(n,2^n)$, $(n+1,2^{n+1})$, $(n+2,2^{n+2})$이 정사각형과 그 내부에 포함되는 경우도 조건을 만족시키지 않는다.

정답 : 392

09.9B

047

두 수열 $\{a_n\}$, $\{b_n\}$이 모든 자연수 k에 대하여

$$b_{2k-1} = \left(\frac{1}{2}\right)^{a_1+a_3+\ \dots\ +a_{2k-1}}$$

$$b_{2k} = 2^{a_2+a_4+\ \dots\ +a_{2k}}$$

을 만족시킨다. 수열 $\{a_n\}$은 등차수열이고,

$$b_1 \times b_2 \times b_3 \times \cdots \times b_{10} = 8$$

일 때, 수열 $\{a_n\}$의 공차는?

① $\frac{1}{15}$ ② $\frac{2}{15}$ ③ $\frac{1}{5}$ ④ $\frac{4}{15}$ ⑤ $\frac{1}{3}$

HINT▸▸

$a^{-m} = \frac{1}{a^m}$

홀수항과 짝수항을 나누어 계산한다.

$b_{2k-1} = 2^{-(a_1+a_3+\dots+a_{2k-1})}$

$b_{2k} = 2^{a_2+a_4+\dots+a_{2k}}$

a_n의 공차를 d라 하면

$b_1 \times b_2 = 2^{-a_1+a_2} = 2^d$

$b_3 \times b_4 = 2^{-a_1-a_3+a_2+a_4} = 2^{2d}$

⋮

$b_9 \times b_{10} = 2^{5d}$

$\therefore b_1 \times b_2 \times b_3 \times \cdots \times b_{10} = 2^{d+2d+\cdots 5d}$

$= 2^{15d} = 8 = 2^3$

$15d = 3$이므로 $d = \frac{1}{5}$

정답 : ③

11.수능B

048

첫째항이 1 인 수열 $\{a_n\}$ 에 대하여

$S_n = \sum_{k=1}^{n} a_k$ 라 할 때,

$nS_{n+1} = (n+2)S_n + (n+1)^3 \ (n \geq 1)$

이 성립한다. 다음은 수열 $\{a_n\}$ 의 일반항을 구하는 과정의 일부이다.

> 자연수 n 에 대하여 $S_{n+1} = S_n + a_{n+1}$ 이므로
>
> $na_{n+1} = 2S_n + (n+1)^3$ …… ㉠
>
> 이다. 2 이상의 자연수 n 에 대하여
>
> $(n-1)a_n = 2S_{n-1} + n^3$ …… ㉡
>
> 이고, ㉠ 에서 ㉡ 을 뺀 식으로부터
>
> $na_{n+1} = (n+1)a_n + \boxed{(가)}$
>
> 를 얻는다. 양변을 $n(n+1)$ 로 나누면
>
> $\frac{a_{n+1}}{n+1} = \frac{a_n}{n} + \frac{\boxed{(가)}}{n(n+1)}$
>
> 이다. $b_n = \frac{a_n}{n}$ 이라 하면,
>
> $b_{n+1} = b_n + 3 + \boxed{(나)} \ (n \geq 2)$
>
> 이므로 $b_n = b_2 + \boxed{(다)} \ (n \geq 3)$ 이다.
>
> ⋮

위의 (가), (나), (다)에 들어갈 식을 각각 $f(n)$, $g(n)$, $h(n)$ 이라 할 때, $\frac{f(3)}{g(3)h(6)}$ 의 값은?

① 30 ② 36 ③ 42 ④ 48 ⑤ 54

HINT▸▸

b_n을 a_n의 계차수열이라 하면

$a_n = a_1 + \sum_{k=1}^{n-1} b_k$

$a_n = S_n - S_{n-1},\ a_1 = S_1$

자연수 n에 대하여 $S_{n+1} = S_n + a_{n+1}$이므로

$nS_{n+1} = (n+2)S_n + (n+1)^3$에서

$n(S_n + a_{n+1}) = nS_n + 2S_n + (n+1)^3$

$\therefore\ na_{n+1} = 2S_n + (n+1)^3\ (n \geq 2)$ …… ㉠

이다.

2이상의 자연수 n에 대하여 ㉠의 식에 n 대신 $n-1$을 대입하면

$(n-1)a_n = 2S_{n-1} + n^3$ …… ㉡

이고, ㉠에서 ㉡을 뺀 식으로부터

$$\begin{aligned} na_{n+1} - (n-1)a_n &= 2(S_n - S_{n-1}) + (n+1)^3 - n^3 \\ &= 2a_n + 3n^2 + 3n + 1 \end{aligned}$$

$\therefore\ na_{n+1} = (n+1)a_n + \boxed{3n^2+3n+1}$(가)

를 얻는다. 양변을 $n(n+1)$로 나누면

$$\begin{aligned} \frac{a_{n+1}}{n+1} &= \frac{a_n}{n} + \frac{\boxed{3n^2+3n+1}}{n(n+1)} \\ &= \frac{a_n}{n} + 3 + \frac{1}{n(n+1)} \end{aligned}$$

이다. $b_n = \frac{a_n}{n}$ 이라 하면,

$b_{n+1} = b_n + 3 + \boxed{\frac{1}{n(n+1)}}$ (나)

$(n \geqq 2)$ 이므로

$$\begin{aligned} b_n &= b_2 + \sum_{k=2}^{n-1}\left(3 + \frac{1}{k} - \frac{1}{k+1}\right) \\ &= b_2 + \boxed{3(n-2) + \frac{1}{2} - \frac{1}{n}} \text{(다)}\ (n \geqq 3)\text{이다.} \end{aligned}$$

$$\left(\begin{aligned} &\because \sum_{k=2}^{n-1}\left(\frac{1}{k} - \frac{1}{k+1}\right) \\ &= \left(\frac{1}{2} - \frac{1}{3}\right) + \left(\frac{1}{3} - \frac{1}{4}\right) + \cdots + \left(\frac{1}{n-1} - \frac{1}{n}\right) \end{aligned}\right)$$

$\therefore\ f(n) = 3n^2 + 3n + 1,\quad g(n) = \frac{1}{n(n+1)},$

$h(n) = 3n - \frac{11}{2} - \frac{1}{n}$ 이므로

$$\begin{aligned} \frac{f(3)}{g(3)h(6)} &= \frac{3\times3^2 + 3\times3 + 1}{\frac{1}{12}\times\left(18 - \frac{11}{2} - \frac{1}{6}\right)} = \frac{37}{\frac{1}{12}\times\frac{74}{6}} \\ &= \frac{37}{\frac{2\times37}{72}} = 36 \end{aligned}$$

정답 : ②

11.9B

049

수열 $\{a_n\}$ 은 $a_1 = 1$ 이고,

$$a_{n+1} = \frac{3a_n - 1}{4a_n - 1} \quad (n \geq 1)$$

을 만족시킨다. 다음은 일반항 a_n 을 구하는 과정의 일부이다.

> 모든 자연수 n 에 대하여
> $4a_{n+1} - 1 = 4 \times \dfrac{3a_n - 1}{4a_n - 1} - 1 = 2 - \dfrac{1}{4a_n - 1}$
> 이다. 수열 $\{b_n\}$ 을
> $b_1 = 1$,
> $b_{n+1} = (4a_n - 1)b_n \ (n \geq 1)$ …… (*)
> 이라 하면,
> ⋮
> $b_{n+2} - b_{n+1} = b_{n+1} - b_n$ 이다.
> 즉, $\{b_n\}$ 은 등차수열이므로 (*) 에 의하여
> $b_n =$ (가) 이고, $a_n =$ (나) 이다.

위의 (가), (나)에 알맞은 식을 각각 $f(n)$, $g(n)$ 이라 할 때, $f(14) \times g(5)$ 의 값은?

① 15 ② 16 ③ 17 ④ 18 ⑤ 19

HINT▸▸

(*) 를 고치면 $4a_n - 1 = \dfrac{b_{n+1}}{b_n}$ 이고

$4a_{n+1} - 1 = 2 - \dfrac{1}{4a_n - 1}$ 을 고치면

$\therefore \dfrac{b_{n+2}}{b_{n+1}} = 2 - \dfrac{b_n}{b_{n+1}}$

$b_{n+2} = 2b_{n+1} - b_n$

$b_{n+2} - b_{n+1} = b_{n+1} - b_n$

$b_2 = (4a_1 - 1)b_1 = 3$이므로

$b_{n+2} - b_{n+1} = b_{n+1} - b_n = \cdots = b_2 - b_1 = 2$

따라서 등차수열 $\{b_n\}$은

첫째항이 1이고 공차가 2이므로

$b_n = \boxed{2n - 1}$

따라서 $b_{n+1} = 2n + 1$이므로 (*)에서

$2n + 1 = (4a_n - 1)(2n - 1)$

$\therefore a_n = \dfrac{1}{4}\left(\dfrac{2n+1}{2n-1} + 1\right)$

$= \boxed{\dfrac{n}{2n-1}}$

따라서 $f(n) = 2n - 1$, $g(n) = \dfrac{n}{2n-1}$ 이므로

$f(14) \times g(5) = 27 \times \dfrac{5}{9} = 15$

정답 : ①

07.6B

050

그림과 같이 반지름의 길이가 1이고 중심이 $O_1, O_2, O_3, \cdots$ 인 원들이 있다.
모든 원들의 중심은 한 직선 위에 있고, $\overline{O_nO_{n+1}}=1(n=1, 2, 3, \cdots)$이다.
두 원 O_1, O_2가 만나는 두 점을 각각 P_1, Q_1이라 하고, 부채꼴 $O_2P_1Q_1$의 넓이를 S_1이라 하자.
두 점 P_1, Q_1에서 원 O_3의 중심과 연결한 선분이 원 O_3과 만나는 두 점을 각각 P_2, Q_2라 하고, 부채꼴 $O_3P_2Q_2$의 넓이를 S_2라 하자.
두 점 P_2, Q_2에서 원 O_4의 중심과 연결한 선분이 원 O_4와 만나는 두 점을 각각 P_3, Q_3이라 하고, 부채꼴 $O_4P_3Q_3$의 넓이를 S_3이라 하자.
이와 같은 과정을 계속하여 n번째 얻은 부채꼴 $O_{n+1}P_nQ_n$의 넓이를 S_n이라 할 때, $\sum_{n=1}^{\infty} S_n$의 값은?

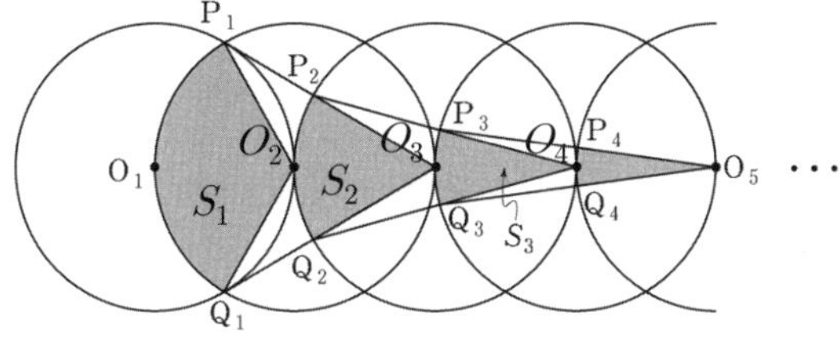

① $\frac{\pi}{2}$　② $\frac{2}{3}\pi$　③ $\frac{5}{6}\pi$
④ π　⑤ $\frac{7}{6}\pi$

HINT▸▸

원주각은 중심각의 $\frac{1}{2}$이다.

무한등비급수의 합의 공식 $S=\frac{a}{1-r}$

아래 그림에서 $\triangle O_1O_2P_1$, $\triangle O_1Q_1O_2$는 정삼각형이므로 $\angle P_1O_2Q_1=\frac{2}{3}\pi$

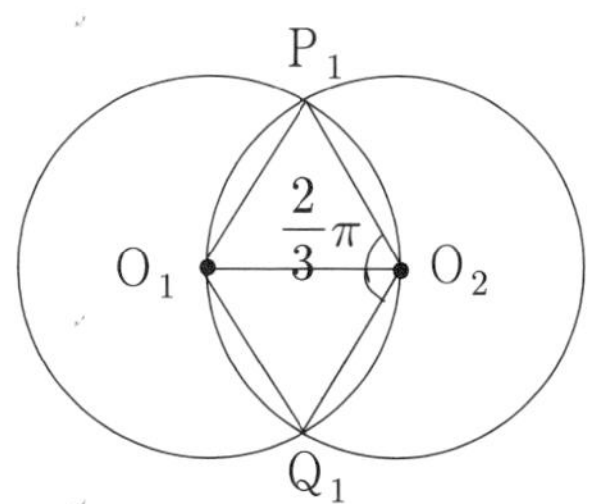

또, 아래 그림에서 중심이 O_n인 원에서
호 P_nQ_n에 대한 중심각은 $\angle P_nO_{n+1}Q_n$,
원주각은 $\angle P_{n+1}O_{n+2}Q_{n+1}$이므로
$\angle P_{n+1}O_{n+2}Q_{n+1}=\frac{1}{2}\angle P_nO_{n+1}Q_n$

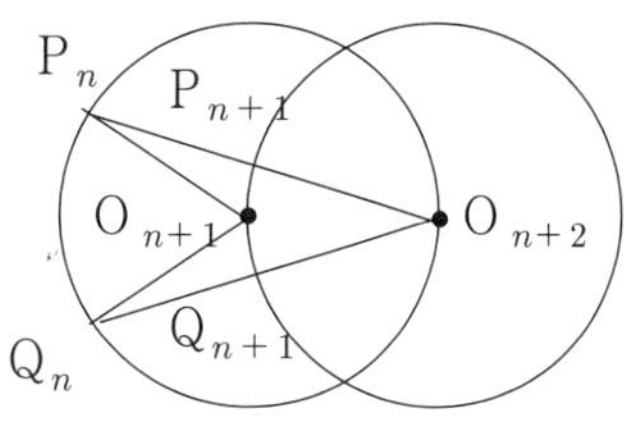

$\therefore\ \angle P_nO_{n+1}Q_n=\frac{2}{3}\pi\times\left(\frac{1}{2}\right)^{n-1}$

따라서, $S_n=\frac{1}{2}\times1^2\times\left\{\frac{2}{3}\pi\times\left(\frac{1}{2}\right)^{n-1}\right\}$

$=\frac{\pi}{3}\times\left(\frac{1}{2}\right)^{n-1}$ 이므로

$$\sum_{n=1}^{\infty}S_n=\frac{\frac{\pi}{3}}{1-\frac{1}{2}}=\frac{2}{3}\pi$$

정답 : ②

07.6B

051

한 변의 길이가 2인 정사각형과 한 변의 길이가 1인 정삼각형 ABC가 있다. [그림 1]과 같이 정사각형 둘레를 따라 시계 방향으로 정삼각형 ABC를 회전시킨다. 정삼각형 ABC가 처음 위치에서 출발한 후 정사각형 둘레를 n바퀴 도는 동안, 변BC가 정사각형의 변 위에 놓이는 횟수를 a_n이라 하자. 예를 들어 $n=1$일 때, [그림 2]와 같이 변BC가 2회 놓이므로 $a_1=2$이다. 이때, $\lim_{n\to\infty}\frac{a_{3n-2}}{n}$의 값은?

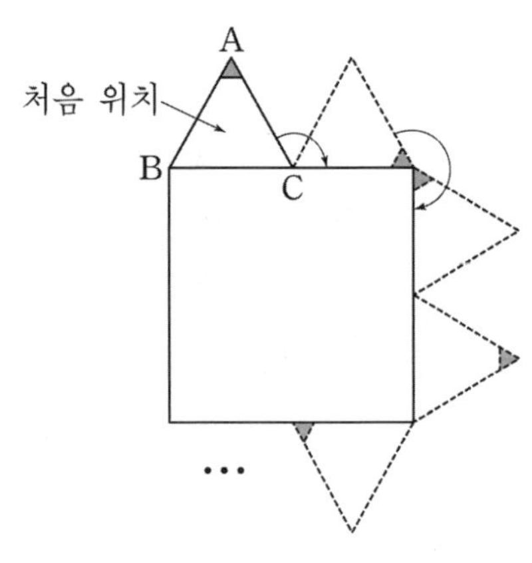

[그림 1]

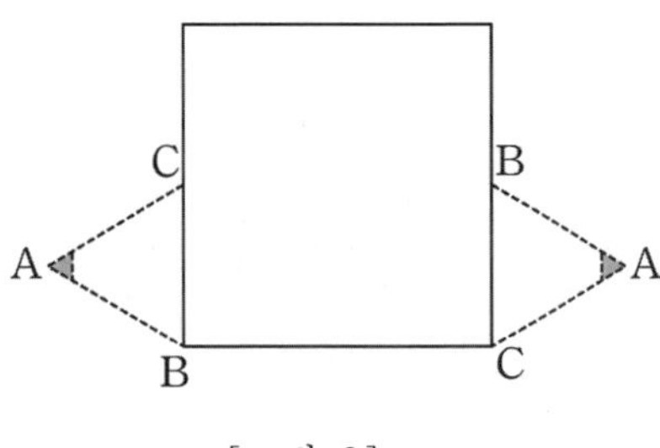

[그림 2]

① 8 ② 10 ③ 12 ④ 14 ⑤ 16

HINT▸▸

한 바퀴당 변이 닿는 수가 8번이고 변 BC가 닿는 경우는 3번당 한번이므로 최소공배수인 24의 배수를 이용해보자.

$\frac{\infty}{\infty}$의 경우에는 분자·분모를 제일 큰 수로 나누어라.

[그림1]의 점B를 수직선의 원점으로 생각하고 삼각형ABC가 회전하면서 수직선 위를 움직인다고 생각하자.

변BC가 수직선 위에 놓이는 순간의 점B의 좌표를 차례로 나열하면

$$3,\ 6,\ 9,\ 12, \ldots$$

그런데, 정사각형의 둘레의 길이는 8이므로 정삼각형이 정사각형의 둘레를 $3n-2$ 바퀴 도는 동안 수직선 위를 움직인 거리는

$$8(3n-2)=24n-16$$

이 때, 변BC가 정사각형의 변 위에 놓이는 횟수는 수직선 위의 $0<x<24n-16$인 범위에서 x좌표가 3의 배수인 점의 개수와 같다.

우리가 잘 아는 가우스 기호를 이용한다.

$$\therefore\ a_{3n-2}=\left[\frac{24n-16}{3}\right]=8n-6$$

$$\therefore\ \lim_{n\to\infty}\frac{a_{3n-2}}{n}=\lim_{n\to\infty}\frac{8n-6}{n}=8$$

정답 : ①

07.9B

052

그림과 같이 한 변의 길이가 3인 정사각형을 A_1, 그 넓이를 S_1이라 하자. 정사각형 A_1에 대각선을 그어 만들어진 4개의 삼각형의 무게중심을 연결한 정사각형을 A_2, 그 넓이를 S_2라 하자. 같은 방법으로 정사각형 A_2에 대각선을 그어 만들어진 4개의 삼각형의 무게중심을 연결한 정사각형을 A_3, 그 넓이를 S_3이라 하자. 이와 같은 과정을 계속하여 $(n-1)$번째 얻은 정사각형을 A_n, 그 넓이를 S_n이라 할 때, $\sum_{n=1}^{\infty} S_n$의 값은?

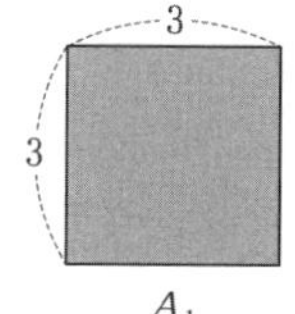

A_1

A_2

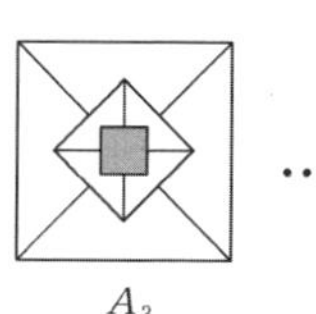
A_3

…

① $\frac{64}{7}$ ② $\frac{21}{2}$ ③ $\frac{72}{7}$ ④ $\frac{27}{2}$ ⑤ $\frac{81}{7}$

HINT▸▸

무한등비급수의 합의 공식

$S=\frac{a}{1-r}$

삼각형의 무게중심은 중선을 꼭짓점으로부터 2 : 1로 내분한다.

따라서 한 변의 길이가 a인 정사각형 A_{n-1} 내부에 들어 있는 작은 정사각형 A_n의 한 변의 길이는 대각선 길이의 $\frac{1}{3}$이므로 $\frac{a\sqrt{2}}{3}$ 이다.

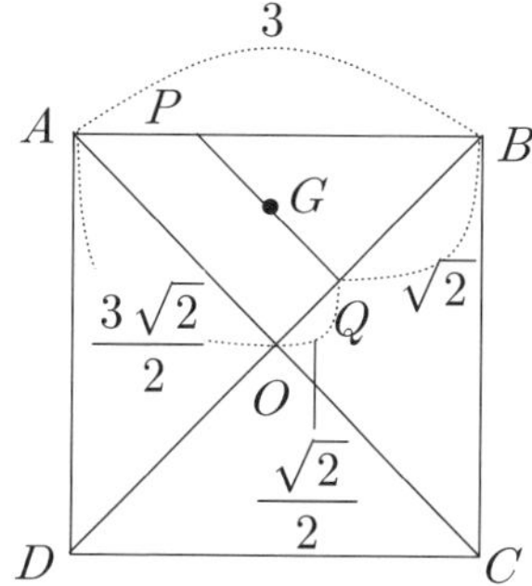

즉 위 그림에서 AO에 평행이고 무게중심 G를 지나는 직선 PQ를 그리면 Q는 $\overline{OB}$를 $1:2$로 내분하게 된다.

그리고 마찬가지의 관계가 $\overline{OD}$에서도 있게 되어 두 번째 사각형의 한 변의 길이는 첫 번째 사각형의 대각선 길이의 이 되는 것이다. 따라서 A_2의 한 변의 길이는 $3\times\sqrt{2}\times\frac{1}{3}=\sqrt{2}$가 되며 닮음비는 $\frac{\sqrt{2}}{3}$, 넓이의 비는 $\left(\frac{\sqrt{2}}{3}\right)^2=\frac{2}{9}$가 된다.

$$\therefore \sum_{n=1}^{\infty} S_n = S_1+S_2+S_3+\cdots$$

$$=3^2+2+\frac{2}{9}+\cdots$$

$$=\frac{9}{1-\frac{2}{9}}=\frac{81}{7}$$

정답 : ⑤

07.수능B

053

아래와 같이 가로의 길이가 6이고 세로의 길이가 8인 직사각형 내부에 두 대각선의 교점을 중심으로 하고, 직사각형 가로 길이의 $\frac{1}{3}$을 지름으로 하는 원을 그려서 얻은 그림을 R_1이라 하자. 그림 R_1에서 직사각형의 각 꼭짓점으로부터 대각선과 원의 교점까지의 선분을 각각 대각선으로 하는 4개의 직사각형을 그린 후, 새로 그려진 직사각형 내부에 두 대각선의 교점을 중심으로 하고, 새로 그려진 직사각형 가로 길이의 $\frac{1}{3}$을 지름으로 하는 원을 그려서 얻은 그림을 R_2라 하자. 그림 R_2에 있는 합동인 4개의 직사각형 각각에서 각 꼭짓점으로부터 대각선과 원의 교점까지의 선분을 각각 대각선으로 하는 4개의 직사각형을 그린 후, 새로 그려진 직사각형 내부에 두 대각선의 교점을 중심으로 하고, 새로 그려진 직사각형 가로 길이의 $\frac{1}{3}$을 지름으로 하는 원을 그려서 얻은 그림을 R_3이라 하자. 이와 같은 과정을 계속하여 n번째 얻은 그림 R_n에 있는 모든 원의 넓이의 합을 S_n이라 할 때, $\lim_{n\to\infty} S_n$의 값은? (단, 모든 직사각형의 가로와 세로는 각각 서로 평행하다.)

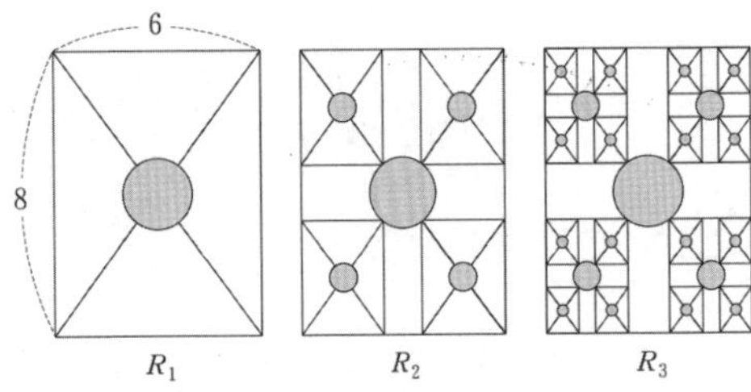

① $\frac{37}{9}\pi$　② $\frac{34}{9}\pi$　③ $\frac{31}{9}\pi$

④ $\frac{28}{9}\pi$　⑤ $\frac{25}{9}\pi$

HINT▸▸

넓이의 비는 닮음비의 제곱이다.

무한등비급수의 합의 공식 $S=\frac{a}{1-r}$

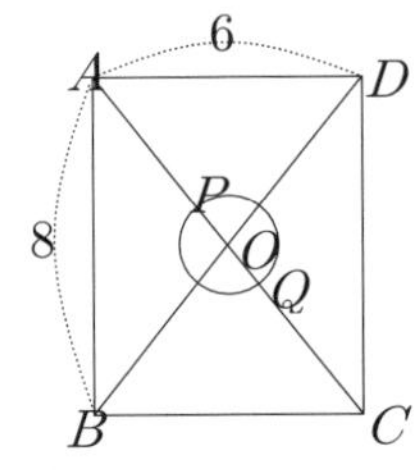

$\overline{AC}=10$, $\overline{PQ}=2$이므로

$\overline{AP}=\frac{1}{2}(10-2)=4$

따라서, 모양의 닮은 도형들을 크기순으로 나열할 때, 인접하는 두 도형의 닮음비는 $10:4=5:2$ 이고, 넓이의 비는 $25:4$이다. R_1에 있는 원의 넓이는 π이고, 닮은꼴의 원의 개수는 크기순으로 $1, 4, 4^2, 4^3, \cdots$ 이므로

공비 $r=4\times\frac{4}{25}=\frac{16}{25}$이 된다.

$$\lim_{n\to\infty} S_n=\pi+4\times\frac{4}{25}\pi+4^2\times\left(\frac{4}{25}\right)^2\pi+4^3\times\left(\frac{4}{25}\right)^3\pi+\cdots$$

$$=\frac{\pi}{1-\frac{16}{25}}=\frac{25}{9}\pi$$

정답 : ⑤

08.9B

054

자연수 n에 대하여 좌표평면 위의 세 점 $A_n(x_n, 0)$, $B_n(0, x_n)$, $C_n(x_n, x_n)$을 꼭짓점으로 하는 직각이등변삼각형 T_n을 다음 조건에 따라 그린다.

> (가) $x_1 = 1$이다.
> (나) 변 $\mathrm{A}_{n+1}\mathrm{B}_{n+1}$의 중점이 C_n이다. $(n = 1, 2, 3, \cdots)$

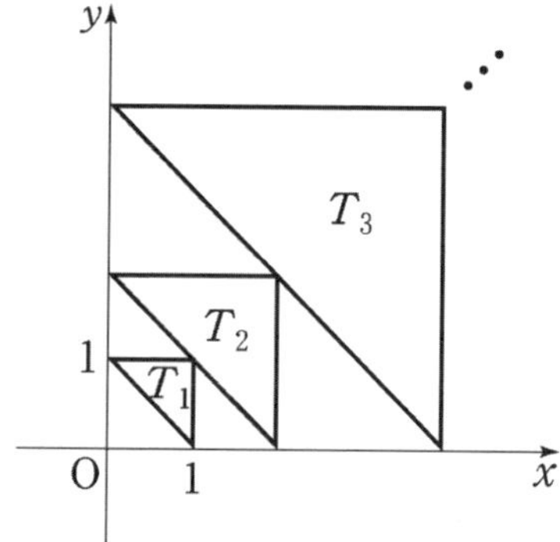

삼각형 T_n의 넓이를 a_n, 삼각형 T_n의 세 변 위에 있는 점 중에서 x좌표와 y좌표가 모두 정수인 점의 개수를 b_n이라 할 때,

$\lim_{n\to\infty}\frac{2^n b_n}{a_n + 2^n}$의 값을 구하시오.

HINT▸▸

$\frac{\infty}{\infty}$의 경우에는 분자·분모를 제일 큰 수로 나누어라.

$A_1(1, 0)$, $B_1(0, 1)$, $C_1(1, 1)$에서

$a_1 = 1\times1\times\frac{1}{2} = \frac{1}{2}$, $b_1 = 3$

$\overline{A_2B_2}$의 중점이 $C_1(1, 1)$이므로

$A_2(2, 0)$, $B_2(0, 2)$, $C_2(2, 2)$

$a_2 = 2\times2\times\frac{1}{2} = 2$, $b_2 = 6$

$\overline{A_3B_3}$의 중점이 $C_2(2, 2)$이므로

$A_3(2^2, 0)$, $B_2(0, 2^2)$, $C_2(2^2, 2^2)$

$a_3 = 2^2\times2^2\times\frac{1}{2} = 8$, $b_3 = 12$

따라서 $a_n = \frac{1}{2}\cdot4^{n-1}$, $b_n = 3\cdot2^{n-1}$

$$\therefore \lim_{n\to\infty}\frac{2^n b_n}{a_n+2^n} = \lim_{n\to\infty}\frac{2^{2n-1}\cdot3}{2^{2n-3}+2^n}$$

$$= \lim_{n\to\infty}\frac{\frac{2^{2n-1}\cdot3}{2^{2n}}}{\frac{2^{2n-3}}{2^{2n}}+\frac{2^n}{2^{2n}}}$$

$$= \frac{3\cdot2^{-1}}{2^{-3}}$$

$$= 3\cdot2^{-1+3} = 12$$

정답 : 12

09.9B

055

자연수 n에 대하여 점 A_n이 함수 $y=4^x$의 그래프 위의 점일 때, 점 A_{n+1}을 다음 규칙에 따라 정한다.

> (가) 점 A_1의 좌표는 $(a, 4^a)$이다.
> (나) (1) 점 A_n을 지나고 x축에 평행한 직선이 직선 $y=2x$와 만나는 점을 P_n이라 한다.
> (2) 점 P_n을 지나고 y축에 평행한 직선이 곡선$y=\log_4 x$와 만나는 점을 B_n이라 한다.
> (3) 점 B_n을 지나고 x축에 평행한 직선이 직선 $y=2x$와 만나는 점을 Q_n이라 한다.
> (4) 점 Q_n을 지나고 y축에 평행한 직선이 곡선 $y=4^x$와 만나는 점을 A_{n+1}이라 한다.

점 A_n의 x좌표를 x_n이라 할 때, $\lim_{n \to \infty} x_n$의 값은?

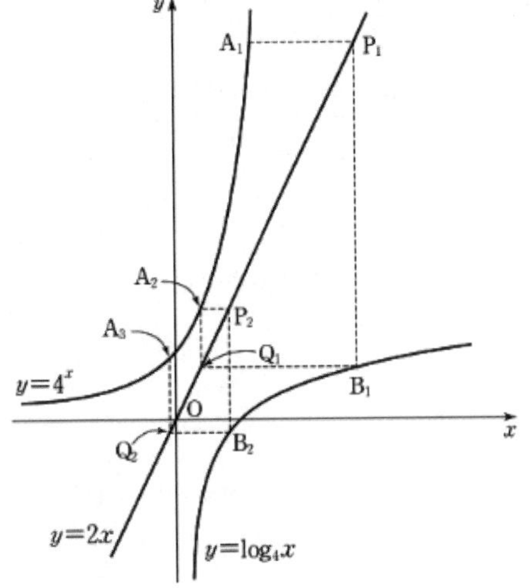

① $-\frac{3}{4}$ ② $-\frac{11}{16}$ ③ $-\frac{5}{8}$
④ $-\frac{9}{16}$ ⑤ $-\frac{1}{2}$

HINT▸▸

$\log_{a^m} b^n = \frac{n}{m} log_a b$

$\log_a a = 1$

$px_{n+1} = qx_n + r$
$\Rightarrow$ $p(x_{n+1}+k) = q(x_{n+1}+k)$의 꼴로 고쳐서 x_n+k의 등비수열의 일반항을 구한다.

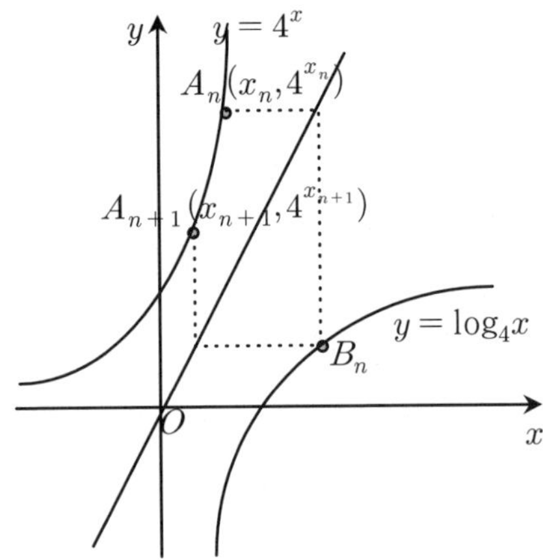

A_n의 x좌표를 x_n이라고 가정하면
$A_n=(x_n, 4^{x_n})$이고
$y=2x$와의 교점의 좌표는 $(\frac{1}{2}\times 4^{x_n}, 4^{x_n})$이다.
따라서 $y=\log_4 x$에 $x=\frac{1}{2}\times 4^{x_n}$를 대입하면
B_n의 y좌표는 $y=\log_{2^2}2^{2x_n-1}=\frac{2x_n-1}{2}$
이다.

따라서 $y=2x$에 다시 대입하면
$\frac{2x_n-1}{2}=2x_{n+1}$이다.
$\therefore x_{n+1}=\frac{1}{2}x_n-\frac{1}{4}$이므로
$pa_{n+1}=qa_n+r$의 경우이므로
$(x_{n+1}-k)=\frac{1}{2}(x_n-k)$의 꼴로 놓고 k값을 구하면 $x_{n+1}=\frac{1}{2}x_n-\frac{1}{2}k+k$
$=\frac{1}{2}x_n-\frac{1}{4}$
이 되므로 $k-\frac{1}{2}k=\frac{1}{2}k=-\frac{1}{4}$
$\therefore k=-\frac{1}{2}$이므로
$x_{n+1}+\frac{1}{2}=\frac{1}{2}\left(x_n+\frac{1}{2}\right)$
$\left(x_n+\frac{1}{2}\right)$수열은 공비가 $r=\frac{1}{2}$인 등비수열이 되어
일반항 $x_n=(x_1+\frac{1}{2})(\frac{1}{2})^{n-1}-\frac{1}{2}$이고
$n\to\infty$일 때
$(\frac{1}{2})^{n-1}\to 0$이므로 $\lim_{n\to\infty}x_n=-\frac{1}{2}$

정답 : ⑤

09.9B

056

수열 $\{a_n\}$의 제 n항 a_n을 $\frac{n}{3^k}$이 자연수가 되게 하는 음이 아닌 정수 k의 최댓값이라 하자. 예를 들어 $a_1=0$이고 $a_6=1$이다. $a_m=3$일 때, $a_m+a_{2m}+a_{3m}+\cdots+a_{9m}$의 값을 구하시오.

HINT▶▶

k값이 $3m$, $6m$일 때에는
인수 3이 한번, k값이 $9m$일 때에는 인수 3이 두 번 더 곱해진 상태이다.

$a_m=3$이므로 $\frac{m}{3^3}=a$, $\therefore m=3^3\cdot a$

(단, $\frac{m}{3^k}=a$를 만족하는 최대 정수 $k=3$
이므로 a는 3 배수가 아닌 자연수)
따라서
$a_m=a_{2m}=a_{4m}=a_{5m}=a_{7m}=a_{8m}=3$이고
$a_{3m}=a_{6m}=4$, $a_{9m}=5$이다.
$\therefore a_m+a_{2m}+\cdots+a_{9m}=(3\times 6)+(4\times 2)+5=31$

정답 : 31

08.9B

057

한 변의 길이가 1인 정사각형 ABCD가 있다. 그림과 같이 정사각형 ABCD 안에 두 점 A, B를 각각 중심으로 하고 변 AB를 반지름으로 하는 2개의 사분원을 그린다. 이 두 사분원의 공통부분에 내접하는 정사각형을 $A_1B_1C_1D_1$이라 하자. 정사각형 $A_1B_1C_1D_1$ 안에 두 점 A_1, B_1을 각각 중심으로 하고 변 A_1B_1을 반지름으로 하는 2개의 사분원을 그린다. 이 두 사분원의 공통부분에 내접하는 정사각형을 $A_2B_2C_2D_2$라 하자. 이와 같은 과정을 계속하여 n번째 얻은 정사각형 $A_nB_nC_nD_n$의 넓이를 S_n이라 할 때, $\sum_{n=1}^{\infty} S_n$의 값은?

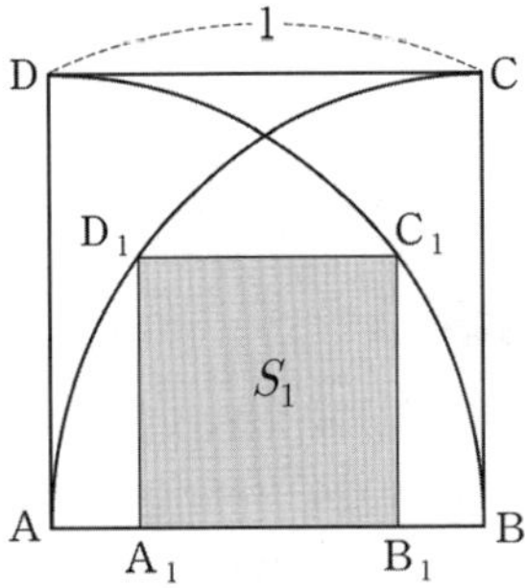

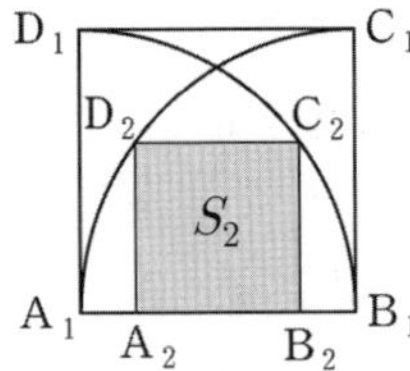

D_2 C_2 D_3 C_3 S_3 A_2 B_2 A_3 B_3 …

① $\frac{3}{8}$ ② $\frac{9}{16}$ ③ $\frac{4}{5}$ ④ $\frac{9}{8}$ ⑤ $\frac{23}{16}$

HINT▸▸

피타고라스의 정리 $a^2+b^2=c^2$

무한등비급수의 합의 공식 $S=\frac{a}{1-r}$

사각형 $A_1B_1C_1D_1$의 한 변의 길이를 a라 하자.

이 때, $\overline{AB_1}=\frac{1}{2}+\frac{a}{2}$, $\overline{B_1C_1}=a$, $\overline{AC_1}=1$이므로 직각삼각형 AB_1C_1에서

$\left(\frac{1}{2}+\frac{a}{2}\right)^2+a^2=1^2$

$\frac{5}{4}a^2+\frac{a}{2}-\frac{3}{4}=0$

$5a^2+2a-3=(5a-3)(a+1)=0$

$\therefore a=\frac{3}{5}$ $(\because a>0)$

따라서 정사각형 $A_nB_nC_nD_n$의 한 변의 길이를 a_n이라 하면 수열 $\{a_n\}$은 첫째항이 $\frac{3}{5}$, 공비가 $\frac{3}{5}$인 등비수열임을 알 수 있다.

따라서 수열 $\{S_n=a_n{}^2\}$은

첫째항이 $\left(\frac{3}{5}\right)^2=\frac{9}{25}$, 공비가 $\left(\frac{3}{5}\right)^2=\frac{9}{25}$인 등비수열이므로

$$\sum_{n=1}^{\infty} S_n=\frac{\frac{9}{25}}{1-\frac{9}{25}}=\frac{9}{16}$$

정답 : ②

08.수능B

058

좌표평면에 원 C_1 : $(x-4)^2+y^2=1$이 있다. 그림과 같이 원점에서 원 C_1에 기울기가 양수인 접선 l을 그었을 때 생기는 접점을 P_1이라 하자. 중심이 직선 l 위에 있고 점 P_1을 지나며 x축에 접하는 원을 C_2라 하고 이 원과 x축의 접점을 P_2라 하자. 중심이 x축 위에 있고 점 P_2를 지나며 직선 l에 접하는 원을 C_3이라 하고 이 원과 직선 l의 접점을 P_3이라 하자. 중심이 직선 l 위에 있고 점 P_3을 지나며 x축에 접하는 원을 C_4라 하고 이 원과 x축의 접점을 P_4라 하자. 이와 같은 과정을 계속할 때, 원 C_n의 넓이를 S_n이라 하자. $\sum_{n=1}^{\infty} S_n$의 값은? (단, 원 C_{n+1}의 반지름의 길이는 원 C_n의 반지름의 길이보다 작다.)

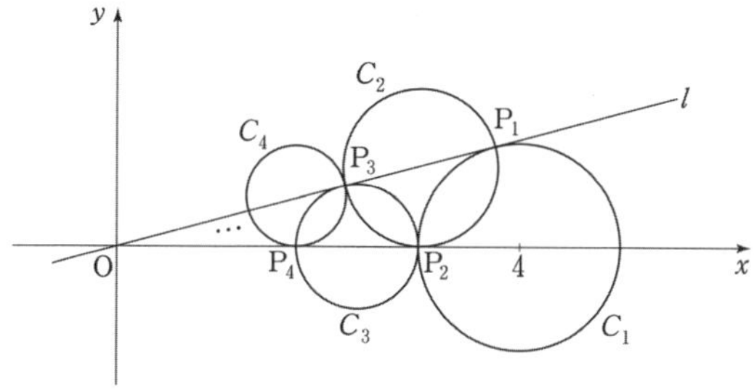

① $\frac{3}{2}\pi$ ② 2π ③ $\frac{5}{2}\pi$

④ 3π ⑤ $\frac{7}{2}\pi$

HINT ▸▸

무한등비급수의 합의 공식 $S=\frac{a}{1-r}$

원점에서 그은 C_1의 접선의 길이는 $\sqrt{4^2-1}=\sqrt{15}$이다. 원점에서 그은 C_2의 접선의 길이는 $4-1=3$이다. 접선의 길이의 비가 $C_1 : C_2=\sqrt{15} : 3$이므로 이것이 곧 닮음비이고 넓이의 비는 그 제곱인 $15 : 9$이다. 동일한 패턴으로 이루어져 있으므로 원 C_n의 넓이 S_n은 $a=\pi$, 공비 $r=\frac{9}{15}$인 등비수열이다. 그러므로 구하려는 값은 등비수열의 무한 합, 즉 등비급수이고 공식 $\frac{a}{1-r}$에 대입하면 답을 얻을 수 있다.

$$S=\frac{\pi}{1-\frac{9}{15}}=\frac{15}{6}\pi=\frac{5}{2}\pi$$

정답 : ③

09.수능B

059

그림과 같이 원점을 중심으로 하고 반지름의 길이가 3인 원 O_1을 그리고, 원 O_1이 좌표축과 만나는 네 점을 각각 $A_1(0, 3)$, $B_1(-3, 0)$, $C_1(0, -3)$, $D_1(3, 0)$이라 하자. 두 점 B_1, D_1을 모두 지나고 두 점 A_1, C_1을 각각 중심으로 하는 두 원이 원 O_2의 내부에서 y축과 만나는 점을 각각 C_2, A_2라 하자. 호 $B_1A_1D_1$과 호 $B_1A_2D_1$로 둘러싸인 도형의 넓이를 S_1, 호 $B_1C_1D_1$과 호 $B_1C_2D_1$로 둘러싸인 도형의 넓이를 T_1이라 하자. 선분 A_2C_2를 지름으로 하는 원 O_2를 그리고, 원 O_2가 x축과 만나는 두 점을 각각 B_2, D_2라 하자. 두 점 B_2, D_2를 모두 지나고 두 점 A_2, C_2를 각각 중심으로 하는 두 원이 원 O_2의 내부에서 y축과 만나는 점을 각각 C_3, A_3이라 하자. 호 $B_2A_2D_2$와 호 $B_2A_3D_2$로 둘러싸인 도형의 넓이를 S_2, 호 $B_2C_2D_2$와 호 $B_2C_3D_2$로 둘러싸인 도형의 넓이를 T_2라 하자. 이와 같은 과정을 계속하여 n번째 얻은 호 $B_nA_nD_n$과 호 $B_nA_{n+1}D_n$으로 둘러싸인 도형의 넓이를 S_n, 호 $B_nC_nD_n$과 호 $B_nC_{n+1}D_n$으로 둘러싸인 도형의 넓이를 T_n이라 할 때, $\sum_{n=1}^{\infty}(S_n+T_n)$의 값은?

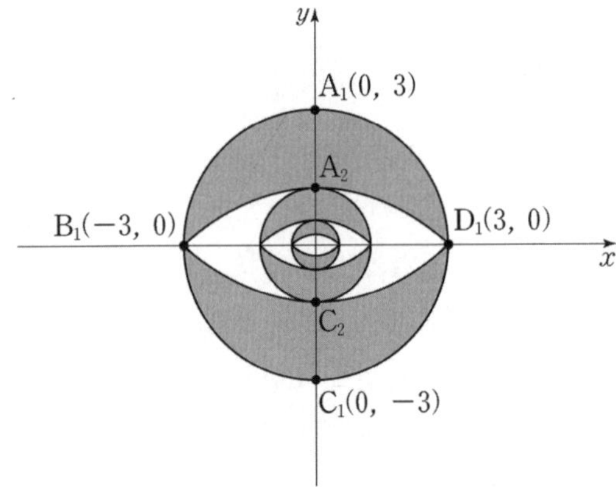

① $6(\sqrt{2}+1)$ ② $6(\sqrt{3}+1)$ ③ $6(\sqrt{5}+1)$
④ $9(\sqrt{2}+1)$ ⑤ $9(\sqrt{3}+1)$

HINT ▸▸

무한등비급수의 합의 공식 $S=\dfrac{a}{1-r}$

원 O_1의 반지름의 길이는 3이고 부채꼴 $A_1B_1D_1$의 반지름의 길이는

$\overline{A_1B_1}=\overline{A_1C_2}=3\sqrt{2}$ …… ㉠이므로

$T_1=S_1$

$=\dfrac{1}{2}\times$(원 O_1의 넓이)$-${(부채꼴 $B_1C_1D_1$의 넓이)$-$(삼각형 $B_1C_1D_1$의 넓이)}

$=\dfrac{1}{2}\times 3^2\pi-\left\{\dfrac{1}{4}\times(3\sqrt{2})^2\pi-\dfrac{1}{2}\cdot(3\sqrt{2})^2\right\}$

$=9$

$\therefore\ S_1+T_1=2\times 9=18$

한편, $\overline{C_2C_1}=\overline{A_1C_1}-\overline{A_1C_2}$

$=6-3\sqrt{2}$ ($\because$ ㉠)

$\therefore\ \overline{A_2C_2}=\overline{A_1C_1}-2\times\overline{C_2C_1}$

$=6-2(6-3\sqrt{2})$

$=6\sqrt{2}-6$

따라서, 원 O_2의 반지름의 길이는

$\dfrac{1}{2}\overline{A_2C_2}=\dfrac{1}{2}\times(6\sqrt{2}-6)$

$=3\sqrt{2}-3$

두 원 O_1과 O_2의 반지름의 길이의 비가

$\dfrac{3\sqrt{2}-3}{3}=\sqrt{2}-1$이므로

수열 $\{S_n+T_n\}$은 공비가 (닮음비)^{2}이므로

$(\sqrt{2}-1)^2=3-2\sqrt{2}$인 등비수열이다.

$\therefore\ \displaystyle\sum_{n=1}^{\infty}(S_n+T_n)=\frac{18}{1-(3-2\sqrt{2})}$

$=\dfrac{18}{2\sqrt{2}-2}$

$=\dfrac{9}{\sqrt{2}-1}$

$=9(\sqrt{2}+1)$

정답 : ④

10.6B

060

가로의 길이가 5이고 세로의 길이가 4인 직사각형에서 그림과 같이 가로의 폭 a가 직사각형의 가로의 길이의 $\frac{1}{4}$, 세로의 폭 b가 직사각형의 세로의 길이의 $\frac{1}{5}$인 亞모양의 도형을 잘라내어 얻은 4개의 직사각형을 R_1이라 하고, 그 4개의 직사각형의 넓이의 합을 S_1이라 하자.

R_1의 각 직사각형에서 가로의 폭이 각 직사각형의 가로의 길이의 $\frac{1}{4}$, 세로의 폭이 각 직사각형의 세로의 길이의 $\frac{1}{5}$인 亞모양의 도형을 잘라내어 얻은 16개의 직사각형을 R_2라 하고, 그 16개의 직사각형의 넓이의 합을 S_2라 하자. 이와 같은 과정을 계속하여 n번째 얻은 R_n의 4^n개의 직사각형의 넓이의 합을 S_n이라 할 때, $\sum_{n=1}^{\infty} S_n$의 값은?

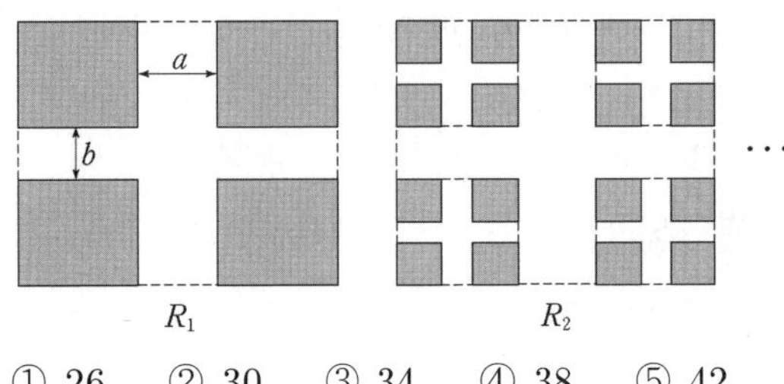

① 26 ② 30 ③ 34 ④ 38 ⑤ 42

HINT▶▶

무한등비급수의 합의 공식 $S=\frac{a}{1-r}$

도형 R_1에서 색칠된 직사각형의 가로의 길이를 x라 하면

$$2x+\frac{1}{4}\times 5=5 \quad \therefore x=\frac{15}{8}$$

또, 세로의 길이를 y라 하면

$$2y+\frac{1}{5}\times 4=4 \quad \therefore y=\frac{8}{5}$$ 그러므로

$$S_1=4\times\frac{15}{8}\times\frac{8}{5}=12$$

한편, 색칠된 하나의 직사각형의 가로의 길이, 세로의 길이는 그 공비가 각각 $\frac{\frac{15}{8}}{5}=\frac{3}{8}$, $\frac{\frac{8}{5}}{4}=\frac{2}{5}$인 등비수열을 이루고 직사각형의 개수는 공비가 4인 등비수열을 이룬다. 따라서, 수열 $\{S_n\}$은 첫째항이 12, 공비가 $4\times\frac{3}{8}\times\frac{2}{5}$ 즉, $\frac{3}{5}$인 등비수열을 이루므로

$$\sum_{n=1}^{\infty} S_n=\frac{12}{1-\frac{3}{5}}=30$$

정답 : ②

10.9B

061

좌표평면에서 자연수 n에 대하여 기울기가 n이고 y절편이 양수인 직선이 원 $x^2+y^2=n^2$에 접할 때, 이 직선이 x축, y축과 만나는 점을 각각 P_n, Q_n이라 하자.

$l_n=\overline{P_nQ_n}$이라 할 때, $\lim_{n\to\infty}\frac{l_n}{2n^2}$의 값은?

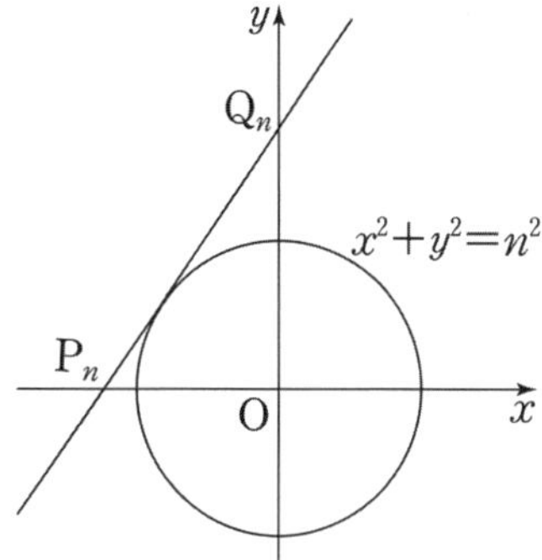

① $\frac{1}{8}$ ② $\frac{1}{4}$ ③ $\frac{3}{8}$ ④ $\frac{1}{2}$ ⑤ $\frac{5}{8}$

HINT ▸▸

점과 직선의 거리의 공식

$d=\frac{|ax_1+by_1+c|}{\sqrt{a^2+b^2}}$

$\frac{\infty}{\infty}$의 꼴일 때는 분자·분모를 제일 큰 수로 나누어라.

기울기가 n이고 y절편이 양수인 원 $x^2+y^2=n^2$의 접선의 방정식을 $y=nx+k\ (k>0)$라 하면 이 접선과 원의 중심 사이의 거리가 n이므로 점과 직선 사이의 거리 공식에 의하여

$\frac{|k|}{\sqrt{n^2+1}}=n\quad\therefore\ k=n\sqrt{n^2+1}\ (\because\ k>0)$

그러므로 접선의 방정식은

$y=nx+n\sqrt{n^2+1}$ 이고,

$\mathrm{P}_n\left(-\sqrt{n^2+1},\ 0\right)$, $\mathrm{Q}_n\left(0,\ n\sqrt{n^2+1}\right)$이다.

$$\begin{aligned}\therefore\ l_n&=\overline{\mathrm{P}_n\mathrm{Q}_n}\\&=\sqrt{(n^2+1)+n^2(n^2+1)}\\&=\sqrt{n^4+2n^2+1}\\&=\sqrt{(n^2+1)^2}\\&=|n^2+1|=n^2+1\end{aligned}$$

$$\therefore\ \lim_{n\to\infty}\frac{l_n}{2n^2}=\lim_{n\to\infty}\frac{n^2+1}{2n^2}=\frac{1}{2}$$

정답 : ④

10.수능B

062

자연수 m에 대하여 크기가 같은 정육면체 모양의 블록이 1열에 1개, 2열에 2개, 3열에 3개, …, m열에 m개 쌓여있다. 블록의 개수가 짝수인 열이 남아 있지 않을 때까지 다음 시행을 반복한다.

블록의 개수가 짝수인 각 열에 대하여 그 열에 있는 블록의 개수의 $\frac{1}{2}$만큼의 블록을 그 열에서 들어낸다.

블록을 들어내는 시행을 모두 마쳤을 때, 1열부터 m열까지 남아 있는 블록의 개수의 합을 $f(m)$이라 하자.
예를 들어, $f(2)=2$, $f(3)=5$ $f(4)=6$이다.

$$\lim_{n\to\infty}\frac{f(2^{n+1})-f(2^n)}{f(2^{n+2})}=\frac{q}{p}$$

일 때, $p+q$의 값을 구하시오. (단,p와 q는 서로소인 자연수이다.)

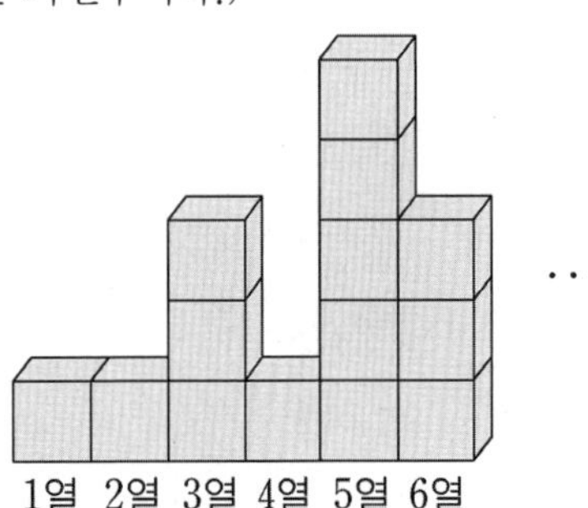

HINT▸▸

주어진 조건식 중 분자인 $f(2^{n+1})-f(2^n)$의 형태를 이용해보자.
등비수열의 합의 공식

$$S=\frac{a(1-r^n)}{1-r}=\frac{a(r^n-1)}{r-1}$$

$\frac{\infty}{\infty}$의 꼴일 때는 분자·분모를 제일 큰 수로 나누어라.

$f(2^2)-f(2^1)=1+3=2^2=4$
$f(2^3)-f(2^2)=1+3+5+7=2^4=4^2$
$f(2^4)-f(2^3)$
$=1+3+5+7+9+11+13+15$
$=2^6=4^3$
$\vdots$
$f(2^n)-f(2^{n-1})=4^{n-1}$
($\because$ 문제의 수열을 나열해보면 1, (1), (3,1), (5, 3, 7, 1), (9, 5, 11, 3, 13, 7, 15, 1)… 이 된다. 괄호는 이해를 돕기 위해 넣은 것인데 순서가 섞여 있지만 $1+3+5+\ldots$의 꼴임을 알 수 있다.)
위의 식의 변변을 더하면
$f(2^n)-f(2)=4+4^2+\cdots+4^{n-1}$
$f(2^n)=1+(1+4+4^2+\cdots+4^{n-1})$
($\because f(2)=2=1+1$)

$$=1+\frac{4^n-1}{4-1}=1+\frac{1}{3}(4^n-1)$$

$$\therefore \lim_{n\to\infty}\frac{f(2^{n+1})-f(2^n)}{f(2^{n+2})}$$

$$=\lim_{n\to\infty}\frac{\left\{1+\frac{1}{3}(4^{n+1}-1)\right\}-\left\{1+\frac{1}{3}(4^n-1)\right\}}{1+\frac{1}{3}(4^{n+2}-1)}$$

$$=\frac{\frac{3}{3}}{\frac{16}{3}}=\frac{3}{16}$$

(분자·분모를 4^n으로 나누어 푼다.)
$\therefore p+q=16+3=19$

정답 : 19

10.수능B

063

$\overline{A_1B_1}=1$, $\overline{B_1C_1}=2$인 직사각형 $A_1B_1C_1D_1$이 있다. 그림과 같이 선분 B_1C_1의 중점을 M_1이라 하고, 선분 A_1D_1위에

$\angle A_1M_1B_2=\angle C_2M_1D_1=15^\circ$.

$\angle B_2M_1C_2=60^\circ$가 되도록 두점 B_2, C_2를 정한다. 삼각형 $A_1M_1B_2$의 넓이와 삼각형 $C_2M_1D_1$의 넓이의 합을 S_1이라 하자.

사각형 $A_2B_2C_2D_2$가 $\overline{B_2C_2}=2\overline{A_2B_2}$인 직사각형이 되도록 그림과 같이 두점 A_2, D_2를 정한다. 선분 B_2C_2의 중점을 M_2라 하고, 선분 A_2D_2위에

$\angle A_2M_2B_3=\angle C_3M_2D_2=15^\circ$,

$\angle B_3M_2C_3=60^\circ$가 되도록 두점 B_3, C_3을 정한다. 삼각형 $A_2M_2B_3$의 넓이와 삼각형 $C_3M_2D_2$의 넓이의 합을 S_2라 하자. 이와 같은 과정을 계속하여 얻은 S_n에 대하여 $\sum_{n=1}^{\infty} S_n$의 값은?

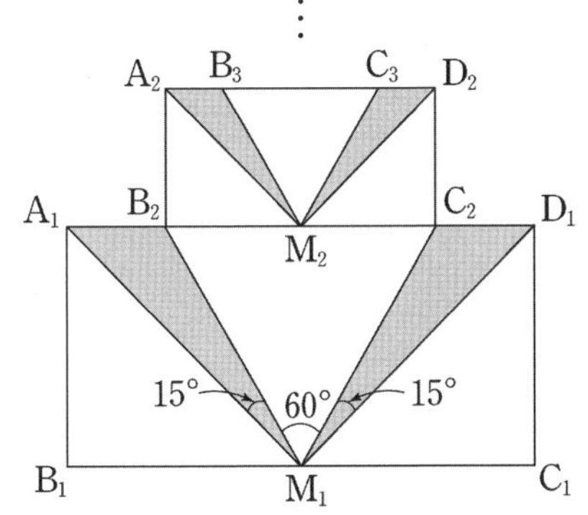

① $\frac{2+\sqrt{3}}{6}$ ② $\frac{3-\sqrt{3}}{2}$ ③ $\frac{4+\sqrt{3}}{9}$

④ $\frac{5-\sqrt{3}}{5}$ ⑤ $\frac{7-\sqrt{3}}{8}$

HINT▸▸

무한등비급수의 합의 공식 $S=\frac{a}{1-r}$

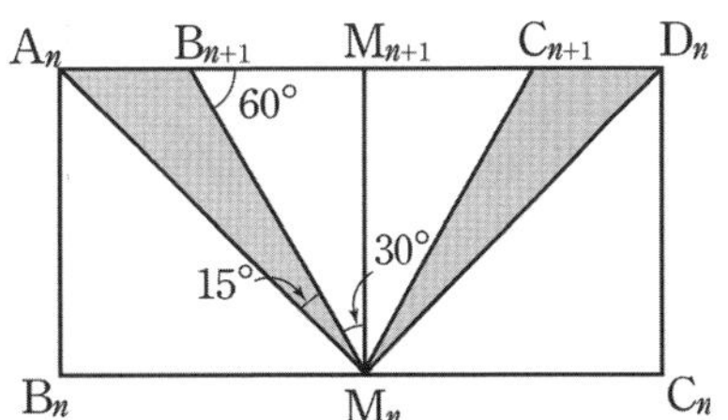

$\overline{A_nB_n}=x_n$이라 두면

$x_{n+1}=\overline{B_{n+1}M_{n+1}}=\frac{1}{\sqrt{3}}x_n$

$\triangle A_nM_nB_{n+1}=\triangle C_{n+1}M_nD_n$이므로

$$\begin{aligned} S_n &= \triangle A_nM_nB_{n+1}+\triangle C_{n+1}M_nD_n \\ &= 2\triangle A_nM_nB_{n+1} \\ &= 2\left(\frac{1}{2}x_n{}^2-\frac{1}{2}\cdot\frac{1}{\sqrt{3}}x_n\cdot x_n\right) \\ &= \left(1-\frac{1}{\sqrt{3}}\right)x_n{}^2 \end{aligned}$$

이때, $x_1=1$이므로

$S_1=1-\frac{1}{\sqrt{3}}=\frac{3-\sqrt{3}}{3}$

따라서, S_n은 첫째항이 $\frac{3-\sqrt{3}}{3}$이고, 공비가 $(\text{닮음비})^2=\left(\frac{1}{\sqrt{3}}\right)^2=\frac{1}{3}$인 등비수열이므로

$$\sum_{n=1}^{\infty} S_n=\frac{\frac{3-\sqrt{3}}{3}}{1-\frac{1}{3}}=\frac{3-\sqrt{3}}{2}$$

정답 : ②

11.6B

064

자연수 n에 대하여 직선 $x=n$이 두 곡선 $y=2^x$, $y=3^x$과 만나는 점을 각각 P_n, Q_n이라 하자. 삼각형 $P_nQ_nP_{n-1}$의 넓이를 S_n이라 하고, $T_n=\sum_{k=1}^{n}S_k$라 할 때, $\lim_{n\to\infty}\frac{T_n}{3^n}$의 값은?

(단, 점 P_0의 좌표는 $(0, 1)$이다.)

① $\frac{5}{8}$　② $\frac{11}{16}$　③ $\frac{3}{4}$　④ $\frac{13}{16}$　⑤ $\frac{7}{8}$

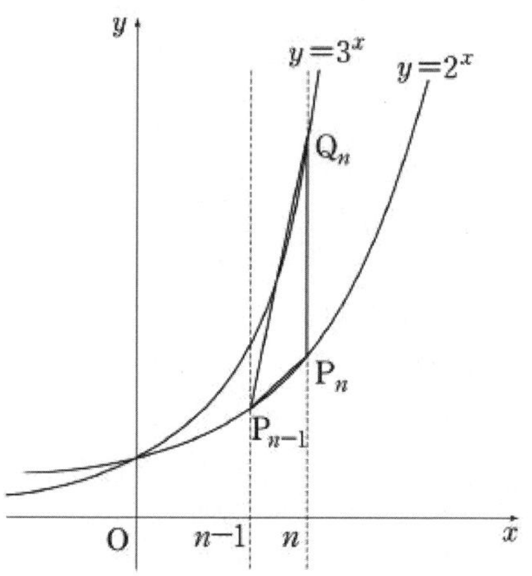

HINT▸▸

무한등비급수의 합의 공식 $S=\frac{a}{1-r}$

$\frac{\infty}{\infty}$의 꼴일 때는 분자·분모를 제일 큰 수로 나누어라.

$S_n=\frac{1}{2}\times 1\times(3^n-2^n)=\frac{3^n-2^n}{2}$ 이므로

$$\begin{aligned}T_n&=\sum_{k=1}^{n}S_k=\frac{1}{2}\sum_{k=1}^{n}(3^k-2^k)\\&=\frac{1}{2}\left\{\frac{3(3^n-1)}{3-1}-\frac{2(2^n-1)}{2-1}\right\}\\&=\frac{3^{n+1}-3}{4}-\frac{2^{n+1}-2}{2}\\&=\frac{3^{n+1}-2^{n+2}+1}{4}\end{aligned}$$

$$\begin{aligned}\therefore \lim_{n\to\infty}\frac{T_n}{3^n}&=\lim_{n\to\infty}\frac{3^{n+1}-2^{n+2}+1}{4\times 3^n}\\&=\lim_{n\to\infty}\frac{3-4\left(\frac{2}{3}\right)^n+\frac{1}{3^n}}{4}\\&=\frac{3-0-0}{4}=\frac{3}{4}\end{aligned}$$

정답 : ③

11.6B

065

두 수열 $\{a_n\}$, $\{b_n\}$의 일반항이 각각

$$a_n = \left(\frac{1}{2}\right)^{n-1},\ b_n = \sum_{k=1}^{n}\left(\frac{1}{2}\right)^{k-1}$$

이다. 좌표평면에서 중심이 (a_n, b_n)이고 y축에 접하는 원의 내부와 연립부등식

$\begin{cases} y \le b_n \\ 2x + y - 2 \le 0 \end{cases}$ 이 나타내는 영역의 공통부분을 P_n이라 하고, y축에 대하여 P_n과 대칭인 영역을 Q_n이라 하자. P_n의 넓이와 Q_n의 넓이의 합을 S_n이라 할 때,

$\sum_{n=1}^{\infty} S_n$의 값은?

① $\frac{5(\pi-1)}{9}$ ② $\frac{11(\pi-1)}{18}$

③ $\frac{2(\pi-1)}{3}$ ④ $\frac{13(\pi-1)}{18}$

⑤ $\frac{7(\pi-1)}{9}$

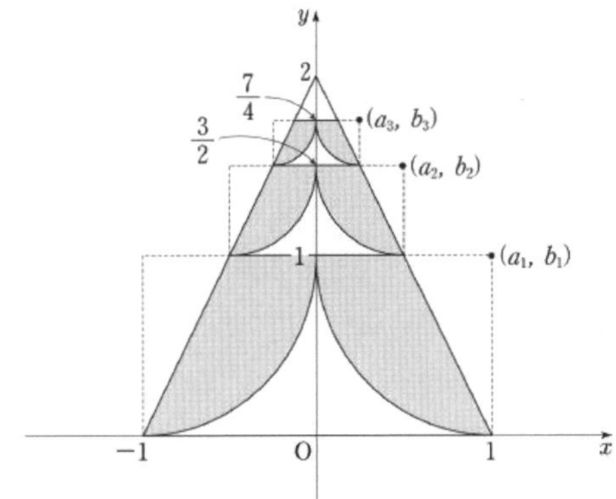

HINT▸▸

무한등비급수의 합의 공식 $S = \frac{a}{1-r}$

중심의 좌표가 (a_n, b_n)인 원의 반지름의 길이를 r_n이라고 하고

중심의 좌표가 (a_{n+1}, b_{n+1})인 원의 반지름의 길이를 r_{n+1}이라고 하면 $a_n = \left(\frac{1}{2}\right)^{n-1}$이므로

$r_{n+1} = \frac{1}{2}r_n$ 따라서

$$S_n = 2\times\left(\frac{\pi r_n^{\ 2}}{4} - \frac{1}{2}\times\frac{1}{2}\times r_n^{\ 2}\right) = \frac{r_n^{\ 2}}{2}(\pi-1)$$

이고 길이에 대한 비율이 $\frac{1}{2}$이므로 넓이의 비는 $\frac{1}{4}$이 된다.

$$S_{n+1} = \frac{r_{n+1}^{\ 2}}{2}(\pi-1) = \frac{1}{4}\times\frac{r_n^{\ 2}}{2}(\pi-1) = \frac{1}{4}S_n$$

이므로 $\{S_n\}$은 공비가 $\frac{1}{4}$이고

첫째항이 $\frac{\pi-1}{2}$인 등비수열이다.

$$\therefore \sum_{n=1}^{\infty} S_n = \frac{\frac{\pi-1}{2}}{1-\frac{1}{4}} = \frac{2(\pi-1)}{3}$$

정답 : ③

11.수능B

066

반지름의 길이가 1 인 원이 있다. 그림과 같이 가로의 길이와 세로의 길이의 비가 3 : 1 인 직사각형을 이 원에 내접하도록 그리고, 원의 내부와 직사각형의 외부의 공통부분에 색칠하여 얻은 그림을 R_1 이라 하자.

그림 R_1 에서 직사각형의 세 변에 접하도록 원 2 개를 그린다. 새로 그려진 각 원에 그림 R_1 을 얻은 것과 같은 방법으로 직사각형을 그리고 색칠하여 얻은 그림을 R_2 라 하자.

그림 R_2 에서 새로 그려진 직사각형의 세 변에 접하도록 원 4 개를 그린다. 새로 그려진 각 원에 그림 R_1 을 얻는 것과 같은 방법으로 직사각형을 그리고 색칠하여 얻은 그림을 R_3 이라 하자.

이와 같은 과정을 계속하여 n 번째 얻은 그림 R_n 에서 색칠된 부분의 넓이를 S_n 이라 할 때, $\lim_{n\to\infty} S_n$ 의 값은?

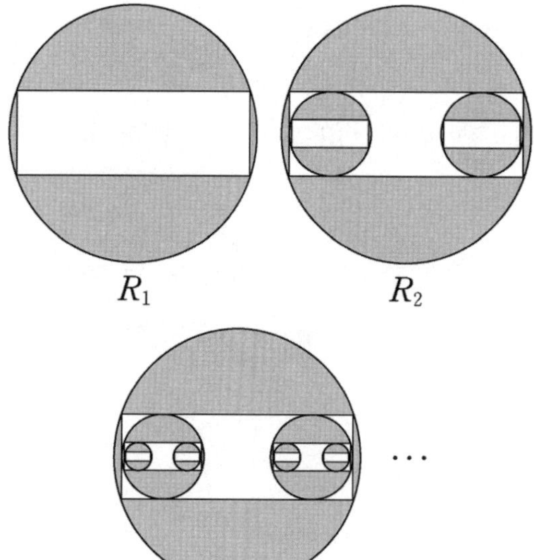

① $\frac{5}{4}\pi - \frac{5}{3}$ ② $\frac{5}{4}\pi - \frac{3}{2}$

③ $\frac{4}{3}\pi - \frac{8}{5}$ ④ $\frac{5}{4}\pi - 1$

⑤ $\frac{4}{3}\pi - \frac{16}{15}$

HINT▸▸

무한등비급수의 합의 공식 $S=\dfrac{a}{1-r}$

R_1의 직사각형의 가로의 길이와 세로의 길이를 각각 $6a$, $2a$라 하면

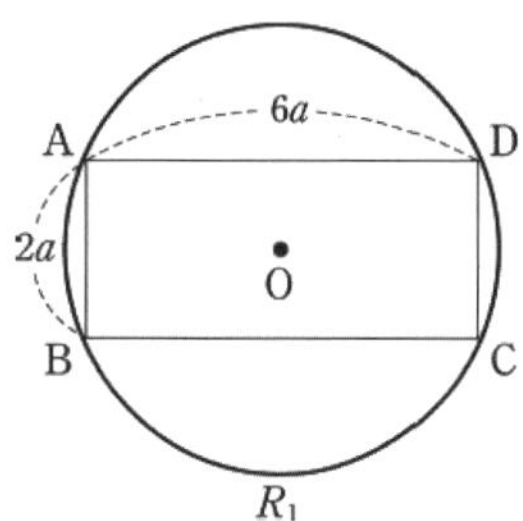

$$\overline{\mathrm{OA}}=\sqrt{a^2+9a^2}=\sqrt{10}\,a=1$$

$\therefore\ a=\dfrac{1}{\sqrt{10}}$

R_n의 가장 작은 원의 반지름의 길이를 r_n이라 하면

$r_1=1,\ r_2=\dfrac{1}{\sqrt{10}},\ r_{n+1}=\dfrac{1}{\sqrt{10}}r_n$

각 원에서 색칠된 부분의 넓이는

첫 항이 $\pi-\dfrac{2}{\sqrt{10}}\times\dfrac{6}{\sqrt{10}}=\pi-\dfrac{12}{10}=\pi-\dfrac{6}{5}$,

공비가 $\left(\dfrac{1}{\sqrt{10}}\right)^2=\dfrac{1}{10}$인 등비수열이고, 개수는

1개, 2개, 4개, $\cdots$의 등비수열을 이루므로

$$S_n=\left(\pi-\frac{6}{5}\right)+2\cdot\frac{1}{10}\cdot\left(\pi-\frac{6}{5}\right)+2^2\cdot\frac{1}{10^2}\cdot\left(\pi-\frac{6}{5}\right)+\cdots+2^{n-1}\frac{1}{10^{n-1}}\cdot\left(\pi-\frac{6}{5}\right)$$

$$\lim_{n\to\infty}S_n=\frac{\pi-\frac{6}{5}}{1-\frac{2}{10}}=\frac{5\pi-6}{4}=\frac{5}{4}\pi-\frac{3}{2}$$

정답 : ②

11.9B

067

첫째항이 12 이고 공비가 $\frac{1}{3}$ 인 등비수열 $\{a_n\}$ 에 대하여 수열 $\{b_n\}$ 을 다음 규칙에 따라 정한다.

> (가) $b_1 = 1$
> (나) $n \geq 1$ 일 때, b_{n+1} 은 점 $P_n\left(-b_n,\ {b_n}^2\right)$ 을 지나고 기울기가 a_n 인 직선과 곡선 $y = x^2$ 의 교점 중에서 P_n 이 아닌 점의 x 좌표이다.

$\lim_{n\to\infty} b_n$ 의 값을 구하시오.

HINT▸▸

$P(x_1,\ y_1)$을 지나고 기울기가 m인 직선의 식 $y - y_1 = m(x - x_1)$

무한등비급수의 합의 공식 $S = \frac{a}{1-r}$

계차수열이 b_n일 때 원수열 $a_n = a_1 + \sum_{k=1}^{n-1} b_k$

$a_n = 12 \times \left(\frac{1}{3}\right)^{n-1}$ $(n = 1, 2, 3, \cdots)$

점 P_n을 지나고 기울기가 a_n인 직선의 방정식은

$y - b_n^2 = a_n(x + b_n)$ 즉,

$y = a_n x + a_n b_n + b_n^2$

이 직선과 곡선 $y = x^2$의 교점의 x좌표는 방정식 $a_n x + a_n b_n + b_n^2 = x^2$ 즉,

$(x + b_n)(x - a_n - b_n) = 0$의 실근이다.

$\therefore\ b_{n+1} = a_n + b_n$ $(\because b_{n+1} \neq -b_n)$

이때, $b_{n+1} - b_n = a_n$이므로 수열 $\{b_n\}$의 계차수열이 $\{a_n\}$이다.

$\therefore\ b_n = b_1 + \sum_{k=1}^{n-1} a_k = 1 + \sum_{k=1}^{n-1} a_k$

$$\begin{aligned}\therefore \lim_{n\to\infty} b_n &= 1 + \lim_{n\to\infty} \sum_{k=1}^{n-1} a_k \\ &= 1 + \sum_{k=1}^{\infty} 12\left(\frac{1}{3}\right)^{k-1} \\ &= 1 + \frac{12}{1 - \frac{1}{3}} = 1 + 18 = 19\end{aligned}$$

정답 : 19

크로스수학
기출문제 유형탐구

2. 수학2

방정식과 부등식
삼각함수
미분

총 56문항

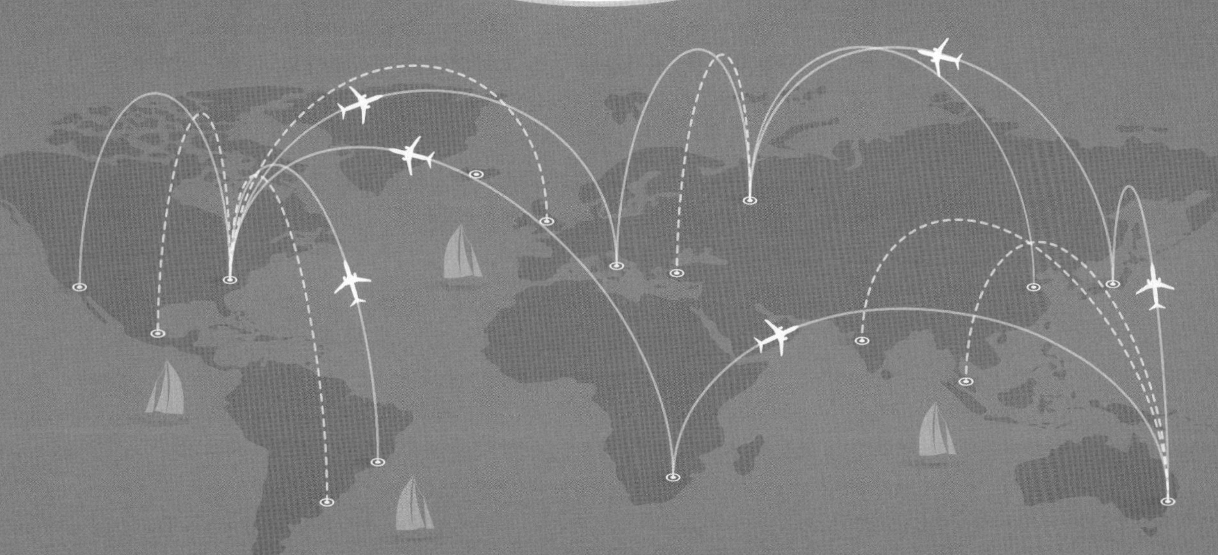

세상을 바꾸는 공부법 100선

051 **공부를 하면서도 목 옆쪽 어깨가 아픈 분들이라면 자신이 비효율적으로 공부하고 있지는 않는지 살펴보아라. 쓰는 리듬을 많이 사용하는 분들일 경우가 많다.** 쓰는 리듬이 비효율적이라는 간접적 증거도 된다.

052 **생활 속에서 가장 편하면서 따라하기도 쉬운 추천 1순위가 무엇이냐고? 발뒤꿈치를 들고 걷도록 하라.** 길을 걸을 때 마사이워킹슈즈를 신었다 생각하고 뒤꿈치를 지면에서 살짝 띄우고 걷도록 하라. 정말 쉽고 지겹지도 않으면서 운동량도 꽤 많은 추천 1순위다.

053 **날씬한 다리를 원한다면, 또 부족한 운동을 보충하기를 원한다면, 머리를 맑게 하려한다면 손가락운동을 겸한 마사지를 빼 놓을 수는 없다.**

054 **끊임없이 다양한 균형을 검색하고 맞추기 위해서 노력하라. 좌우가 교대로 자극 받도록 공부스케줄을 짜라. 당신은 점점 건강해지고 점점 공부를 잘하게 될 것이다.**

055 **끊임없이 자신이 해야만 하는 교재별로 신체나 두뇌에 대한 자극의 정도를 체크해놓아라.** 그리고 그러한 데이터베이스를 활용해보아라.

056 즐겁게 살려면 **약간 오른쪽이 튀어나오는 상태를 유지하는 편이 좋다.** 오른쪽에 대한 자극 즉 예습에 대한 자극정도가 왼쪽에 대한 자극보다 살짝 더 높도록 유지하라. 그러면 당신의 생활이 항상 즐겁고 힘차게 될 것이다.

08.6B

001

그림과 같이
A지점과 B지점 사이의 거리가 10km, B지점과 C지점 사이의 거리가 10km인 도로가 있고 영희와 철수는 다음과 같이 A지점에서 C지점까지 이동하였다.

> 영희는 A지점을 출발하여 D지점과 E지점을 거쳐 C지점 까지 평균속력 6km/시로 이동하였다.
> 철수는 A지점을 출발하여 B지점까지는 평균속력 3km/시, B지점에서 C지점까지는 평균속력 6km/시로 이동하였다.

B지점과 E지점 사이의 거리는 $2x$(km)이고, D지점과 E지점 사이의 거리는 x(km)이다. 영희와 철수가 동시에 출발하여 영희가 철수보다 2시간 먼저 도착하였을 때, x의 값은?

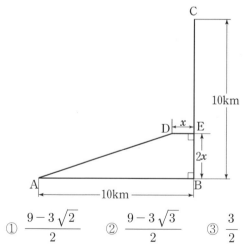

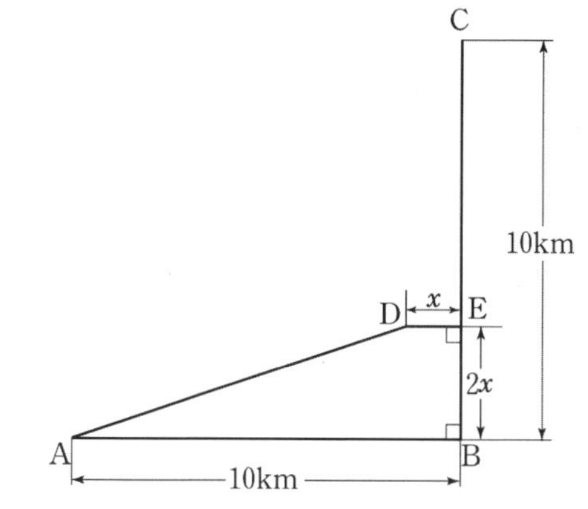

① $\frac{9-3\sqrt{2}}{2}$　② $\frac{9-3\sqrt{3}}{2}$　③ $\frac{3}{2}$
④ $\frac{9-3\sqrt{5}}{2}$　⑤ $\frac{9-3\sqrt{6}}{2}$

HINT▸▸
두점사이의 거리의 공식
$d=\sqrt{(x_2-x_1)^2+(y_2-y_1)^2}$

$\frac{거리}{속력}=시간$

철수가 걸린 시간은 $\frac{10}{3}+\frac{10}{6}=5$(시간)

$\overline{AD}=\sqrt{(10-x)^2+(2x)^2}$
$=\sqrt{5x^2-20x+100}$
이므로
영희가 걸린 시간은

$\frac{\sqrt{5x^2-20x+100}+x+(10-2x)}{6}$

$=\frac{\sqrt{5x^2-20x+100}+10-x}{6}=3$

$\therefore\ \sqrt{5x^2-20x+100}=x+8$
양변을 제곱하면
$5x^2-20x+100=x^2+16x+64$
$4x^2-36x+36=0$
$x^2-9x+9=0$
$\therefore\ x=\frac{9-\sqrt{45}}{2}=\frac{9-3\sqrt{5}}{2}$
$(\because\ x<5)$

정답 : ④

08.6B

002

x에 대한 부등식 $\frac{a}{x-2a}>1$의 모든 해가 x에 대한 부등식 $\frac{10}{x-2b}>1$의 해가 될 때, 좌표평면에서 점 $(a,\ b)$가 나타내는 영역의 넓이를 구하시오. (단, $a>0$이다.)

HINT▸▸

$\frac{g(x)}{f(x)}>0 \Leftrightarrow f(x)g(x)>0$ (단 $f(x)\neq 0$)

(i) $\frac{a}{x-2a}>1$ 에서

$\frac{a}{x-2a}-1>0,\ \frac{3a-x}{x-2a}>0$

양변에 $(x-2a)^2$을 곱하여 정리하면

$(x-2a)(x-3a)<0$

$\therefore\ 2a<x<3a$

(ii) $\frac{10}{x-2b}>1$ 에서

$\frac{10}{x-2b}-1>0,\ \frac{10-x+2b}{x-2b}>0$

양변에 $(x-2b)^2$을 곱하여 정리하면

$(x-2b)(x-10-2b)<0$

$\therefore\ 2b<x<2b+10$

(i), (ii)에서

$2b\leqq 2a$ 즉, $b\leqq a$ 이고 $3a\leqq 2b+10$ 이므로

$b\geqq \frac{3}{2}a-5$가 되며 교점은 $a=b$를 대입하여

$a=b=10$이 되어 $a>0$ 에서 위 두 부등식을 동시에 만족하는 점 (a,b)를 좌표평면 위에 나타내면 다음과 같다.

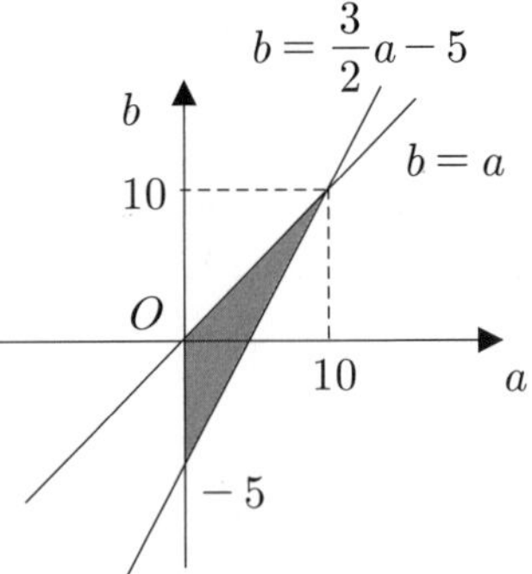

따라서 구하는 영역의 넓이는

$\frac{1}{2}\times 5\times 10=25$

정답 : 25

09.6B

003

그림과 같이 삼차함수 $y=f(x)$의 그래프와 직선 $y=x+1$은 세 점에서 만나고 그 교점의 x좌표는 $-2,\ 1,\ 3$이다. 부등식 $\dfrac{x}{f(2x)-1} \geqq \dfrac{1}{2}$을 만족시키는 실수 x의 최댓값을 M, 최솟값을 m이라 할 때, $M+m$의 값은?

① -1 ② $-\dfrac{1}{2}$ ③ $\dfrac{1}{2}$

④ 1 ⑤ $\dfrac{3}{2}$

HINT▸▸

그림으로 풀어보자.

$2x=t$로 치환하면

부등식

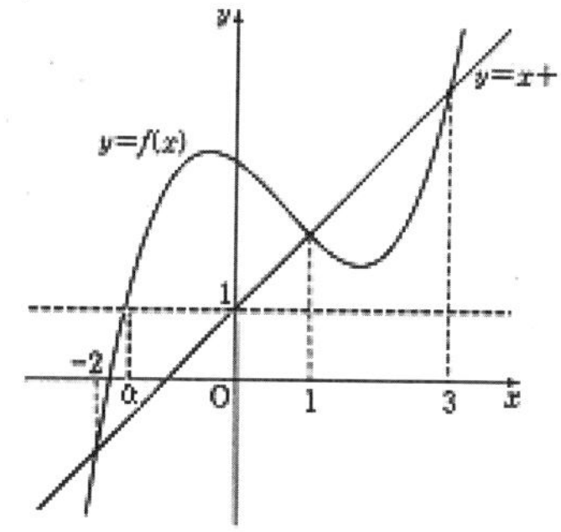

$\dfrac{x}{f(2x)-1} \geqq \dfrac{1}{2} \leftrightarrows \dfrac{t}{f(t)-1} \geqq 1$

(i) $f(t)>1$이면

$f(t) \leqq t+1$ 이어야

하므로 주어진

그래프에서 두 조건을

만족하는 t의 범위는 $1 \leqq t \leqq 3$이다.(∵ 그림참조)

$\therefore 1 \leqq 2x \leqq 3$

$\dfrac{1}{2} \leqq x \leqq \dfrac{3}{2}$

(ii) $f(t)<1$이면

$f(t) \geqq t+1$ 이어야 하므로

같은 방법으로 t의 범위를 구하면

$-2 \leqq t < \alpha$이다.

$\therefore\ -2 \leqq 2x < \alpha$

$-1 \leqq x \leqq \dfrac{\alpha}{2}$

$\therefore\ \mathrm{M}=\dfrac{3}{2} \qquad m=-1$

$\mathrm{M}+m=\dfrac{1}{2}$

정답 : ③

09.수능B

004

그림과 같이 삼차함수 $y=f(x)$ 의 그래프가 점 $P(2,\ 0)$에서 x 축에 접하고 일차함수 $y=g(x)$ 의 그래프와 한 점 P에서만 만난다. $1<f(0)<g(0)$일 때,

방정식 $f(x)+g(x)=\dfrac{1}{f(x)}+\dfrac{1}{g(x)}$의 실근의 개수는?

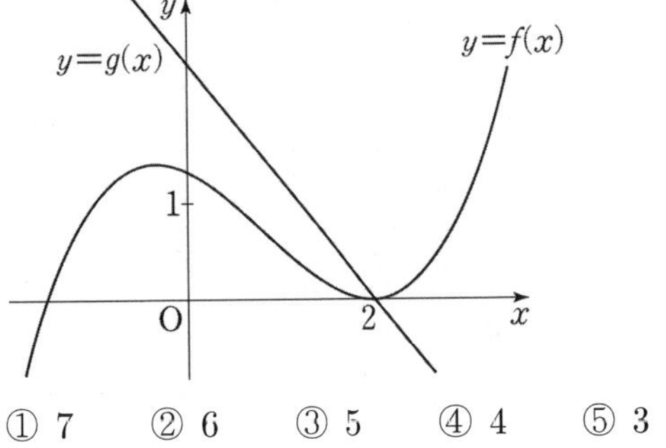

① 7 ② 6 ③ 5 ④ 4 ⑤ 3

HINT▸▸

$y=\dfrac{b}{x-a}$의 그래프에서 $b<0$, $a>0$라면 접근선이 $x=a$, $y=0$인 직각쌍곡선이 된다.

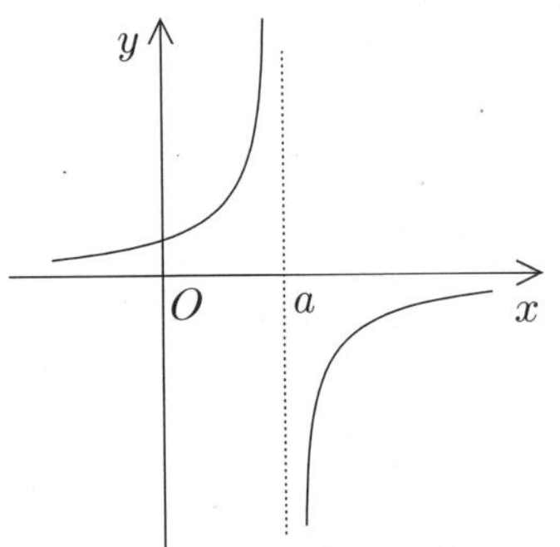

$$f(x)+g(x)=\frac{1}{f(x)}+\frac{1}{g(x)}$$

양변에 $f(x)g(x)$를 곱하여 정리하면

$\{f(x)\}^2g(x)+f(x)\{g(x)\}^2-g(x)-f(x)=0$

$\{f(x)g(x)-1\}\{f(x)+g(x)\}=0$

$\therefore\ f(x)g(x)=1$ 또는 $f(x)=-g(x)$

먼저, $f(x)=-g(x)$에서 $f(x)\neq 0$, $g(x)\neq 0$이므로 실근의 개수는 2이다.

$(\because f(x)\neq 0$, 즉 $x\neq 2)$

$f(x)g(x)=1$에서 $f(x)=\dfrac{1}{g(x)}$이고

$y=g(x)$의 그래프는 $(2,\ 0)$을 지나고,

기울기가 음수이므로

$g(x)=k(x-2)(k<0)$로 나타낼 수 있다.

따라서, $f(x)=\dfrac{1}{g(x)}$에서 $f(x)=\dfrac{1}{k(x-2)}$

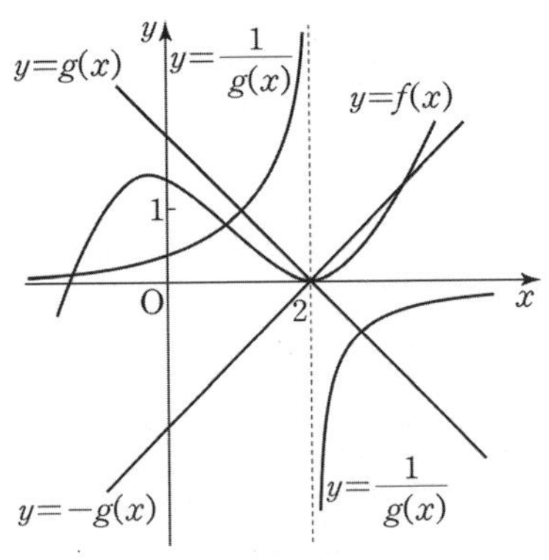

이때, $1<g(0)=-2k$이다.

따라서, $y=\dfrac{1}{k(x-2)}$에서 $x=0$일 때,

$y=\dfrac{1}{-2k}$이고, $-\dfrac{1}{2k}<1$이다.

따라서, 그림과 같이 되어 방정식 $f(x)=\dfrac{1}{g(x)}$의 실근의 개수는 2이다.

따라서, 구하는 실근의 개수는 총 4개이다.

정답 : ④

11.6B

005

정의역이 $\{x \mid -4 \le x \le 4\}$인 함수 $y=f(x)$인 그래프가 그림과 같다.

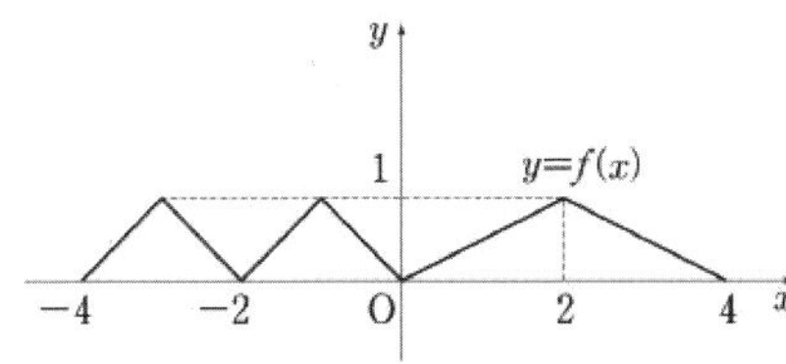

이때, 방정식 $\dfrac{1}{f(x)}-\dfrac{1}{f(-x)}=1-\dfrac{f(x)}{f(-x)}$ 를 만족시키는 실근의 개수는?

① 2　② 4　③ 6　④ 8　⑤ 10

HINT▸▸

분모인 $f(x)$, $f(-x)$는 모두 무연근을 고려해서 계산한다.

$$\frac{1}{f(x)}-\frac{1}{f(-x)}=1-\frac{f(x)}{f(-x)}$$

양변에 $f(x)f(-x)$를 곱하면

$f(-x)-f(x)=f(x)f(-x)-\{f(x)\}^2$

$\{f(x)\}^2-f(x)=f(x)f(-x)+f(-x)$

$f(x)\{f(x)-1\}-f(-x)\{f(x)-1\}=0$

$\{f(x)-f(-x)\}\{f(x)-1\}=0$

$f(x)=f(-x)$ 또는 $f(x)=1$

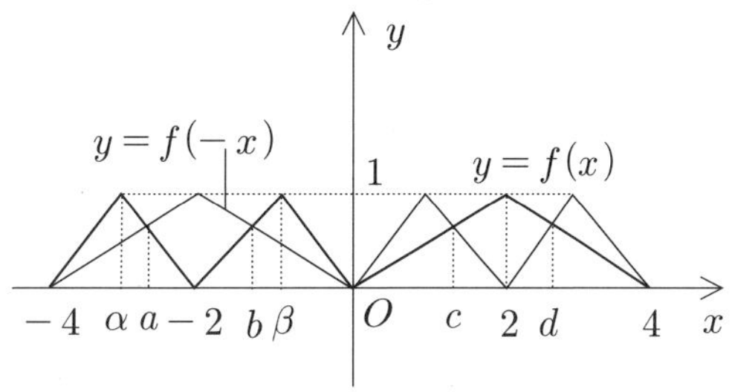

(i) $f(x)=f(-x)$일 때,
위의 그림에서 $x=-4,\ a,\ b,\ 0,\ c,\ d,\ 4$이고, $x=-4, 0, 4$이면 $f(x)=f(-x)=0$이므로 무연근이다.
$\therefore x=a,\ b,\ c,\ d$

(ii) $f(x)=1$일 때,
위의 그림에서 $x=\alpha, \beta, 2$이고 $x=2$이면 $f(-x)=0$이므로 무연근이다.
$\therefore x=\alpha, \beta$

따라서, (i), (ii)에 의해 주어진 부등식의 실근은 $x=a,\ b,\ c,\ d,\ \alpha, \beta$의 6개이다.

정답 : ③

08.6B

006

눈높이가 1m인 어린이가 나무로부터 7m 떨어진 지점에서 나무의 꼭대기를 바라본 선과 나무가 지면에 닿는 지점을 바라본 선이 이루는 각이 θ이었다. 나무로부터 2m 떨어진 지점까지 다가가서 나무를 바라보았더니 나무의 꼭대기를 바라본 선과 나무가 지면에 닿는 지점을 바라본 선이 이루는 각이 $\theta+\frac{\pi}{4}$가 되었다. 나무의 높이는 a(m) 또는 b(m)이다. $a+b$의 값은?

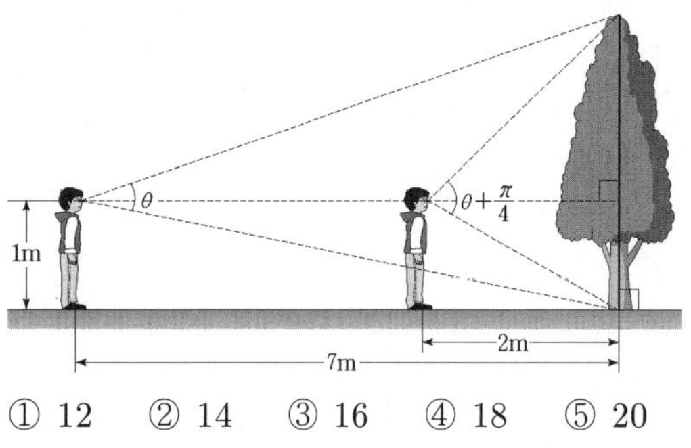

① 12 ② 14 ③ 16 ④ 18 ⑤ 20

HINT▸▸

$\tan\frac{\pi}{4}=1$

$\tan(\alpha\pm\beta)=\frac{\tan\alpha\pm\tan\beta}{1\mp\tan\alpha\tan\beta}$

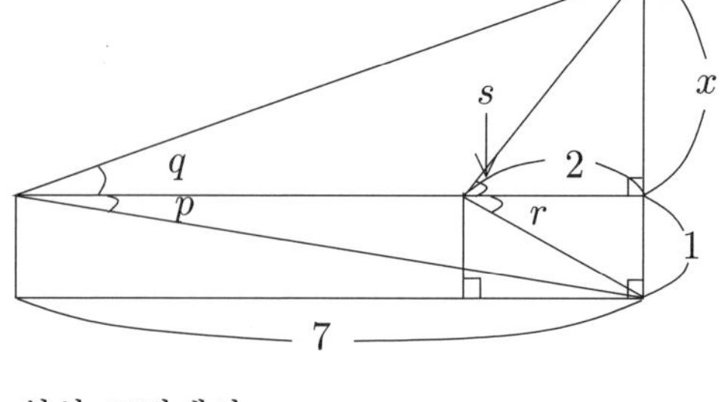

위의 그림에서

$\tan p=\frac{1}{7}$, $\tan q=\frac{x}{7}$이므로

$$\tan(p+q)=\frac{\frac{1}{7}+\frac{x}{7}}{1-\frac{1}{7}\cdot\frac{x}{7}}=\frac{7(x+1)}{49-x}$$

또, $\tan r=\frac{1}{2}$, $\tan s=\frac{x}{2}$이므로

$$\tan(r+s)=\frac{\frac{1}{2}+\frac{x}{2}}{1-\frac{1}{2}\cdot\frac{x}{2}}=\frac{2(x+1)}{4-x}$$

이 때 $r+s=p+q+\frac{\pi}{4}$이므로

$$\tan\{(r+s)-(p+q)\}=\tan\frac{\pi}{4}$$

$$=\frac{\frac{2(x+1)}{4-x}-\frac{7(x+1)}{49-x}}{1+\frac{2(x+1)}{4-x}\cdot\frac{7(x+1)}{49-x}}$$

$$=\frac{5x^2+75x+70}{15x^2-25x+210}=1$$

$\therefore\ x^2-10x+14=0$

위 방정식의 두 근을 α, β라 하면 $\alpha+\beta=10$
α, β에 어린이의 키를 각각 더해주면 나무의 높이가 되므로, $(\alpha+1)+(\beta+1)=12$
$\therefore a+b=12$

정답 : ①

11.수능B

007

좌표평면에서 직선 $y=mx$ $(0<m<\sqrt{3})$가 x 축과 이루는 예각의 크기를 θ_1, 직선 $y=mx$가 직선 $y=\sqrt{3}x$ 와 이루는 예각의 크기를 θ_2라 하자. $3\sin\theta_1+4\sin\theta_2$ 의 값이 최대가 되도록 하는 m 의 값은?

① $\frac{\sqrt{3}}{6}$ ② $\frac{\sqrt{3}}{7}$ ③ $\frac{\sqrt{3}}{8}$ ④ $\frac{\sqrt{3}}{9}$ ⑤ $\frac{\sqrt{3}}{10}$

HINT▸▸

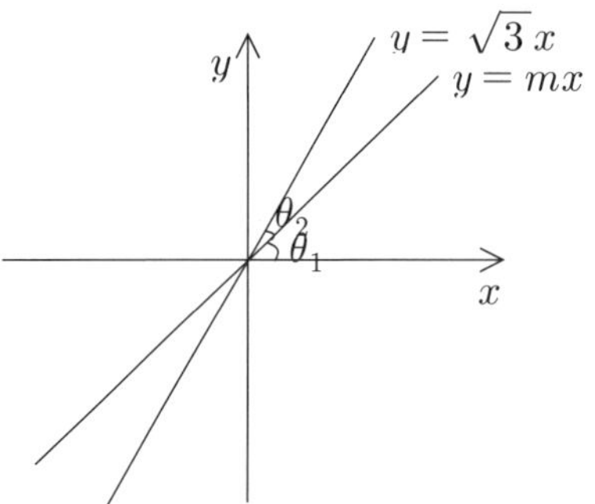

$\tan\theta=\dfrac{\sin\theta}{\cos\theta}$, $\cot\theta=\dfrac{1}{\tan\theta}$

$\sin(\alpha\pm\beta)=\sin\alpha\cos\beta\pm\cos\alpha\sin\beta$

직선 $y=\sqrt{3}x$가 x축과 이루는 예각의 크기는 $\tan\frac{\pi}{3}=\sqrt{3}$에서 $\frac{\pi}{3}$이다.

직선 $y=mx$ $(0<m<\sqrt{3})$가 직선 $y=\sqrt{3}x$와 이루는 예각의 크기는 $\theta_2=\frac{\pi}{3}-\theta_1$

$\therefore\ 3\sin\theta_1+4\sin\theta_2$

$=3\sin\theta_1+4\sin\left(\frac{\pi}{3}-\theta_1\right)$

$=3\sin\theta_1+4\left(\sin\frac{\pi}{3}\cos\theta_1-\cos\frac{\pi}{3}\sin\theta_1\right)$

$=3\sin\theta_1+4\left(\frac{\sqrt{3}}{2}\cos\theta_1-\frac{1}{2}\sin\theta_1\right)$

$=\sin\theta_1+2\sqrt{3}\cos\theta_1$

$=\sqrt{13}\sin(\theta_1+\alpha)$ $\left(\cos\alpha=\frac{1}{\sqrt{13}},\ \sin\alpha=\frac{2\sqrt{3}}{\sqrt{13}}\right)$

따라서 $\theta_1+\alpha=\frac{\pi}{2}$일 때, $3\sin\theta_1+4\sin\theta_2$의 값이 최대가 되므로 최대가 되는 $\theta_1=\frac{\pi}{2}-\alpha$이므로

$m=\tan\theta_1=\tan\left(\frac{\pi}{2}-\alpha\right)$

$=\cot\alpha=\dfrac{\cos\alpha}{\sin\alpha}=\dfrac{1}{2\sqrt{3}}=\dfrac{\sqrt{3}}{6}$

정답 : ①

07.6B

008

다항함수 $g(x)$에 대하여

함수 $f(x)=e^{-x}\sin x+g(x)$가

$\lim_{x\to 0}\frac{f(x)}{x}=1$, $\lim_{x\to\infty}\frac{f(x)}{x^2}=1$ 을 만족시킬 때, 〈보기〉에서 옳은 것을 모두 고른 것은?

〈보 기〉

ㄱ. $g(0)=0$

ㄴ. $\lim_{x\to\infty}\frac{g(x)}{x^2}=1$

ㄷ. $\lim_{x\to 0}\frac{f(x)}{g(x)}=1$

① ㄱ ② ㄴ ③ ㄱ, ㄴ
④ ㄴ, ㄷ ⑤ ㄱ, ㄴ, ㄷ

HINT▸▸

$\lim_{x\to 0}\frac{\sin x}{x}=\lim_{x\to 0}\frac{x}{\sin x}=1$

$\lim_{x\to a}\frac{g(x)}{f(x)}=b$일때

$f(a)=0 \Rightarrow g(a)=0$

$g(a)=0 \Rightarrow f(a)=0$

ㄱ. 〈참〉

$f(x)=e^{-x}\sin x+g(x)$에서 $\lim_{x\to 0}\frac{f(x)}{x}=1$이므로 $x\to 0$일 때 (분자)$\to 0$이어야 한다.

따라서

$f(0)=e^{-0}\sin 0+g(0)=0$이므로 $g(0)=0$

ㄴ. 〈참〉

$\lim_{x\to\infty}\frac{f(x)}{x^2}=1$이므로

$\lim_{x\to\infty}\frac{e^{-x}\sin x+g(x)}{x^2}=1$이다.

그런데 $x\to\infty$일 때$e^{-x}\sin x \to 0$이므로

$$\lim_{x\to\infty}\frac{e^{-x}\sin x+g(x)}{x^2}$$
$$=\lim_{x\to\infty}\frac{e^{-x}\sin x}{x^2}+\lim_{x\to\infty}\frac{g(x)}{x^2}$$
$$=\lim_{x\to\infty}\frac{g(x)}{x^2}=1$$

ㄷ. 〈거짓〉

ㄱ, ㄴ이 참이므로 $g(x)=x^2+ax$라 할 수 있다. 이 때

$$\lim_{x\to 0}\frac{f(x)}{x}=\lim_{x\to 0}\frac{e^{-x}\sin x+x^2+ax}{x}$$
$$=\lim_{x\to 0}\left(\frac{e^{-x}\sin x}{x}+x+a\right)$$
$$=1+a=1\left(\because \lim_{x\to 0}\frac{\sin x}{x}=1\right)$$

$\therefore a=0$

$\therefore g(x)=x^2$

그러므로

$$\lim_{x\to 0}\frac{f(x)}{g(x)}=\lim_{x\to 0}\frac{f(x)}{x^2}=\lim_{x\to 0}\left(\frac{f(x)}{x}\cdot\frac{1}{x}\right)$$

그런데 $x\to 0$일 때 $\frac{1}{x}$의 극한값이 존재하지 않으므로 $\lim_{x\to 0}\frac{f(x)}{g(x)}$의 극한값은 존재하지 않는다.

따라서 보기 중 옳은 것은 ㄱ, ㄴ이다.

정답 : ③

07.6B

009

그림과 같이 중심이 O 이고 반지름의 길이가 1 인 원 위의 서로 다른 두 점 P, Q에 대하여 ∠POQ를 이등분하는 직선이 호 PQ와 만나는 점을 R라 하자. 삼각형 POQ의 넓이와 삼각형 ROQ의 넓이의 비가 3 : 2이고 ∠ROQ = θ 라 할 때, $16\cos\theta$ 의 값을 구하시오.

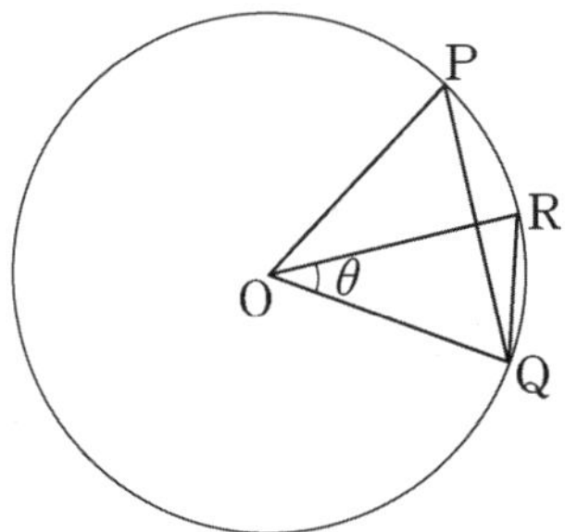

HINT▸▸

$\sin 2\theta = 2\sin\theta\cos\theta$

$\angle ROQ = \theta$, $\angle POQ = 2\theta$ 이고,

$\overline{OP} = \overline{OR} = \overline{OQ} = 1$ 이므로

삼각형POQ 의 넓이는

$\frac{1}{2}\cdot 1\cdot 1\cdot \sin 2\theta = \frac{1}{2}sin2\theta$

삼각형ROQ 의 넓이는

$\frac{1}{2}\cdot 1\cdot 1\cdot \sin\theta = \frac{1}{2}sin\theta$

따라서, $\frac{1}{2}sin2\theta : \frac{1}{2}sin\theta = 3 : 2$ 에서

$2\sin 2\theta = 3\sin\theta$

$4\sin\theta\cos\theta = 3\sin\theta$

$\sin\theta(4\cos\theta - 3) = 0$

$\sin\theta \neq 0$ 이므로 $4\cos\theta = 3$

$\therefore\ \cos\theta = \frac{3}{4}$

$\therefore\ 16\cos\theta = 16\cdot\frac{3}{4} = 12$

정답 : 12

07.9B

010

두 실수 $a=\lim_{t\to0}\frac{\sin t}{2t}$, $b=\lim_{t\to0}\frac{e^{2t}-1}{t}$ 에 대하여 함수 $f(x)$가

$$f(x)=\begin{cases} a & (x \geqq 1) \\ b & (x<1)\end{cases}$$

일 때, 〈보기〉에서 옳은 것을 모두 고른 것은?

〈보 기〉

ㄱ. $f(1)=\frac{1}{2}$

ㄴ. $f(f(1))=2$

ㄷ. $\lim_{x\to1-0}f(f(x))=\lim_{x\to1+0}f(f(x))$

① ㄱ　② ㄴ　③ ㄱ, ㄴ
④ ㄴ, ㄷ　⑤ ㄱ, ㄴ, ㄷ

HINT▸▸

$\lim_{\theta\to0}\frac{\sin\theta}{\theta}=\lim_{\theta\to0}\frac{\theta}{\sin\theta}=1$

$\lim_{x\to0}\frac{e^x-1}{x}=1$

$a=\lim_{t\to0}\frac{\sin t}{2t}=\frac{1}{2}\lim_{t\to0}\frac{\sin t}{t}=\frac{1}{2}\cdot1=\frac{1}{2}$

$b=\lim_{t\to0}\frac{e^{2t}-1}{t}=2\lim_{t\to0}\frac{e^{2t}-1}{2t}=2\cdot1=2$

이므로 $f(x)=\begin{cases}\frac{1}{2} & (x\geqq1)\\ 2 & (x<1)\end{cases}$

ㄱ. 〈참〉

$f(1)=\frac{1}{2}$

ㄴ. 〈참〉

$f(f(1))=f\left(\frac{1}{2}\right)=2$

ㄷ. 〈거짓〉

$x\geqq1$ 일 때, $f(f(x))=f\left(\frac{1}{2}\right)=2$

$x<1$ 일 때, $f(f(x))=f(2)=\frac{1}{2}$

이므로 $y=f(f(x))$의 그래프는 다음과 같다.

y, $y=f(f(x))$, 2, $\frac{1}{2}$, O, 1, x

$\lim_{x\to1-0}f(f(x))=\frac{1}{2}$, $\lim_{x\to1+0}f(f(x))=2$

이므로

$\lim_{x\to1-0}f(f(x))\neq\lim_{x\to1+0}f(f(x))$

따라서, 보기 중 옳은 것은 ㄱ, ㄴ이다.

정답 : ③

07.수능B

011

개구간 $(-2, 2)$에서 정의된 함수 $y=f(x)$의 그래프가 다음 그림과 같다.

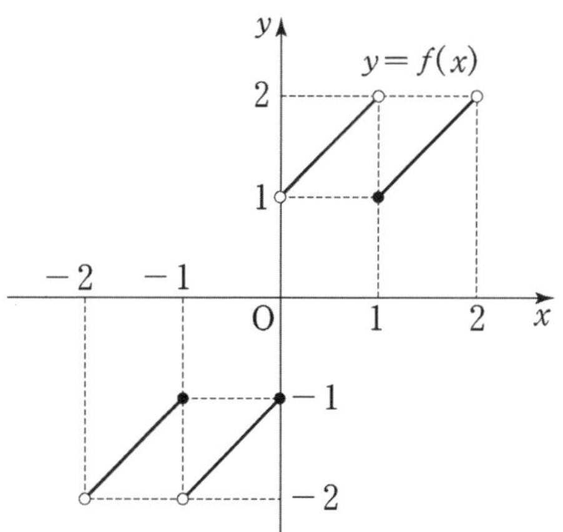

개구간 $(-2, 2)$에서 함수 $g(x)$를 $g(x)=f(x)+f(-x)$로 정의할 때, 〈보기〉에서 옳은 것을 모두 고른 것은?

〈보 기〉

ㄱ. $\lim_{x\to 0} f(x)$가 존재한다.

ㄴ. $\lim_{x\to 0} g(x)$가 존재한다.

ㄷ. 함수 $g(x)$는 $x=1$에서 연속이다.

① ㄴ ② ㄷ ③ ㄱ, ㄴ
④ ㄱ, ㄷ ⑤ ㄴ, ㄷ

HINT▸▸

극한값이 존재한다. ⇔ 좌극한값=우극한값

ㄱ. 〈거짓〉

$\lim_{x\to -0} f(x)=-1$, $\lim_{x\to +0} f(x)=1$ 이므로

$\lim_{x\to 0} f(x)$는 존재하지 않는다.

ㄴ. 〈참〉

$y=f(-x)$의 그래프는 $y=f(x)$의 그래프를 y축에 대하여 대칭이동한 것이므로 다음과 같다.

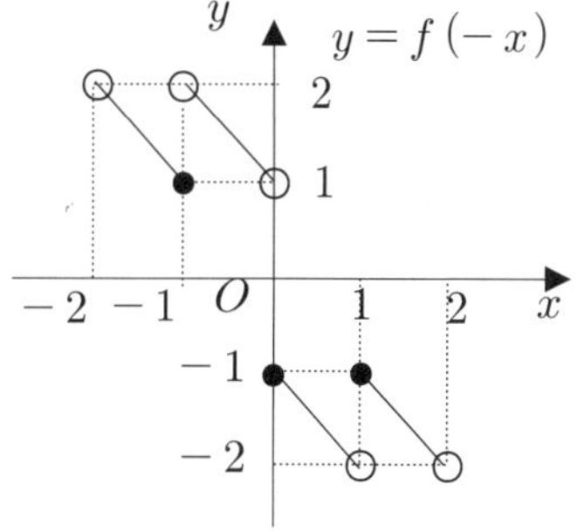

따라서, $g(x)=f(x)+f(-x)$의 그래프는 다

음과 같다.

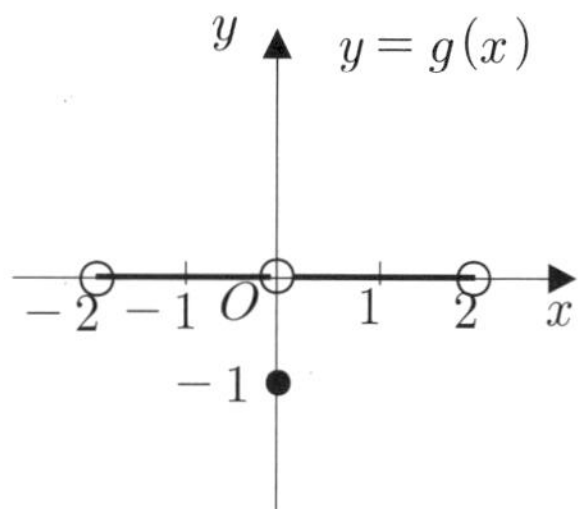

$\lim_{x\to -0} g(x)=\lim_{x\to +0} g(x)=0$ 이므로

$\lim_{x\to 0} g(x)=0$ 이 존재한다.

ㄷ. 〈참〉

ㄴ에서 $g(x)$는 $x=1$에서 연속이다.(∵ 그림참조)

따라서, 보기 중 옳은 것은 ㄴ, ㄷ이다.

정답 : ⑤

08.6B

012

서로 다른 두 다항함수 $f(x)$, $g(x)$에 대하여 함수

$$y=\begin{cases} f(x) & (x<a) \\ g(x) & (x \geq a) \end{cases}$$

가 모든 실수에서 연속이 되도록 하는 상수 a의 개수를 $N(f, g)$라 하자. 〈보기〉에서 항상 옳은 것을 모두 고른 것은?

〈보 기〉

ㄱ. $f(x)=x^2$, $g(x)=x+1$이면 $N(f, g)=2$이다.

ㄴ. $N(f, g)=N(g, f)$

ㄷ. $h(x)=x^3$이면 $N(f, g)=N(h \circ f, h \circ g)$이다.

① ㄱ ② ㄱ, ㄴ ③ ㄴ, ㄷ
④ ㄱ, ㄷ ⑤ ㄱ, ㄴ, ㄷ

HINT▸▸

$a^3 \pm b^3=(a \pm b)(a^2 \mp ab+b^2)$

$y=\begin{cases} f(x) \ (x<a) \\ g(x) \ (x \geq a) \end{cases}$가 모든 실수 x에서 연속이 되도록 하는 상수 a의 개수는 두 함수 $f(x)$,$g(x)$의 그래프의 교점의 개수와 같다. … ㉠

ㄱ. 〈참〉

두 다항함수 $f(x)=x^2$, $g(x)=x+1$의 그래프는 다음과 같다.

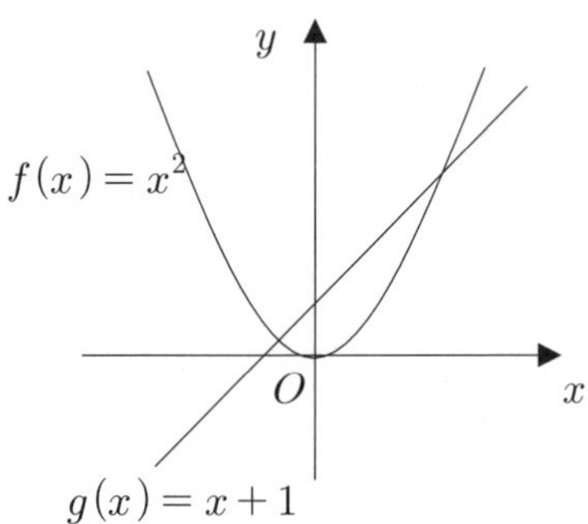

$\therefore N(f, g)=2$

ㄴ. 〈참〉

㉠에 의해 $N(f, g)=N(g, f)$

ㄷ. 〈참〉

$h(f(x))=h(g(x))$라 놓으면

$\{f(x)\}^3=\{g(x)\}^3$에서

$\{f(x)-g(x)\}[\{f(x)\}^2+f(x)g(x)+\{g(x)\}^2]=0$

이고

$[\{f(x)\}^2+f(x)g(x)+\{g(x)\}^2]$

$=\left[\left\{f(x)+\frac{1}{2}g(x)\right\}^2+\frac{3}{4}\{g(x)\}^2\right\} \geq 0$

이므로 $\{f(x)\}^3=\{g(x)\}^3$를 만족하는 x의 값의 개수는 $f(x)=g(x)$를 만족하는 x의 값의 개수와 같다.

즉, 두 함수 $h \circ f$와 $h \circ g$의 그래프의 교점의 개수는 두 함수 f와 g의 그래프의 교점의 개수와 같다.

$\therefore N(f, g)=N(h \circ f, h \circ g)$

따라서 옳은 것은 ㄱ, ㄴ, ㄷ이다.

정답 : ⑤

08.6B

013

함수 $f(x)$는 구간 $(-1, 1)$에서

$f(x)=(x-1)(2x-1)(x+1)$

이고, 모든 실수 x에 대하여

$f(x)=f(x+2)$

이다. $a>1$에 대하여 함수 $g(x)$가

$$g(x)=\begin{cases} x & (x \neq 1) \\ a & (x=1) \end{cases}$$

일 때, 합성함수 $(f \circ g)(x)$가 $x=1$에서 연속이다. a의 최솟값은?

① 2 ② $\frac{5}{2}$ ③ 3 ④ $\frac{7}{2}$ ⑤ 4

HINT▸▸

함수 $f(x)$가 $x=a$에서 연속이라면

① $\lim_{x \to a} f(a)$ 값이 존재

② $f(a)$값이 존재

③ 위 두값이 일치 즉, $\lim_{x \to a} f(x)=f(a)$

$f(x)=f(x+2) \Rightarrow$ 주기가 2라는 의미다.

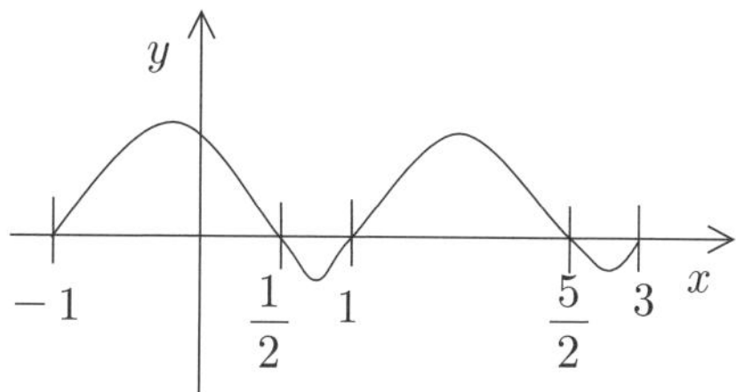

$(f \circ g)(x)$가 $x=1$에서 연속이므로

$\lim_{x \to 1+0} (f \circ g)(x)=\lim_{x \to 1-0} (f \circ g)(x)=(f \circ g)(1)$

(i) $x \to 1+0$일 때, $x \neq 1$이고

$f(x)=f(x+2)$이므로

$$\begin{aligned}\lim_{x \to 1+0} (f \circ g)(x) &= \lim_{x \to 1+0} f(g(x)) \\ &= \lim_{x \to 1+0} f(x) \\ &= \lim_{x \to -1+0} f(x) \\ &= 0\end{aligned}$$

(ii) $x \to 1-0$일 때, $x \neq 1$이고

$f(x)=f(x+2)$이므로

$$\begin{aligned}\lim_{x \to 1-0} (f \circ g)(x) &= \lim_{x \to 1-0} f(g(x)) \\ &= \lim_{x \to 1-0} f(x) \\ &= 0\end{aligned}$$

(iii) $x=1$일 때,

$$\begin{aligned}(f \circ g)(1) &= f(g(1)) \\ &= f(a)\end{aligned}$$

(i), (ii), (iii)에서

$f(a)=0$

그런데 $a>1$이고 $f(x)=f(x+2)$이므로 a의 최솟값은 $a=\frac{5}{2}$

정답 : ②

08.6B

014

그림과 같이 한 변의 길이가 1인 정사각형 ABCD에서 변 AB를 연장한 직선 위에 $\overline{BE}=1$인 점E가 있다. 점 E를 꼭짓점으로 하고 한 변의 길이가 1인 정사각형 EFGH에 대하여 $\angle BEF=\theta$ 일 때, 변 FG와 변 AB의 교점을 K, 변 FG와 변 BC의 교점을 L이라 하자. 삼각형 KBL의 넓이를 $S(\theta)$라 할 때, $\lim_{\theta\to 0}\frac{S(\theta)}{\theta^3}=\frac{q}{p}$이다. p^2+q^2의 값을 구하시오. (단, $0<\theta<\frac{\pi}{4}$이고, p, q는 서로소인 자연수이다.)

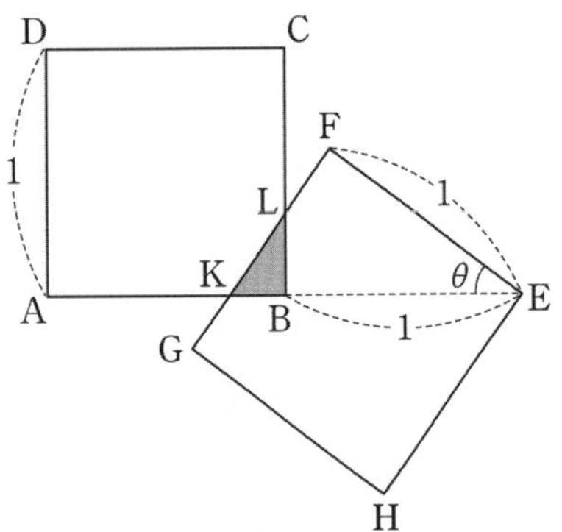

HINT▸▸

$$\lim_{\theta\to 0}\frac{\sin\theta}{\theta}=\lim_{\theta\to 0}\frac{\theta}{\sin\theta}=1$$

$\overline{BK}=a$라 하면 삼각형 EFK에서

$$\cos\theta=\frac{1}{a+1} \qquad \therefore\ a=\frac{1-\cos\theta}{\cos\theta}$$

또한, 삼각형 BKL과 삼각형 EFK는 닮은 삼각형이므로

$\angle BLK=\theta$ 이므로

$$\overline{BL}=\frac{a}{\tan\theta}=\frac{a\cos\theta}{\sin\theta}=\frac{1-\cos\theta}{\sin\theta}$$

$$\left(\because a=\frac{1-\cos\theta}{\cos\theta}\right)$$

$$\therefore\ \lim_{\theta\to 0}\frac{S(\theta)}{\theta^3}=\lim_{\theta\to 0}\frac{\frac{1}{2}\times\overline{BK}\times\overline{BL}}{\theta^3}$$

$$=\lim_{\theta\to 0}\frac{\frac{1}{2}\times\frac{1-\cos\theta}{\cos\theta}\times\frac{1-\cos\theta}{\sin\theta}}{\theta^3}\times\frac{(1+\cos\theta)^2}{(1+\cos\theta)^2}$$

$$=\lim_{\theta\to 0}\left(\frac{1}{2}\times\frac{\sin^2\theta}{1+\cos\theta}\times\frac{\sin^2\theta}{1+\cos\theta}\times\frac{2}{\sin 2\theta}\times\frac{1}{\theta^3}\right)$$

$$=\lim_{\theta\to 0}\left\{\frac{1}{2}\times\left(\frac{\sin\theta}{\theta}\right)^2\times\left(\frac{\sin\theta}{\theta}\right)^2\times\frac{2\theta}{\sin 2\theta}\times\frac{1}{(1+\cos\theta)^2}\right\}$$

$$=\frac{1}{2}\times 1\times 1\times 1\times\frac{1}{4}=\frac{1}{8}$$

$$\therefore\ p^2+q^2=65$$

정답 : 65

08.9B

015

$a>0$, $b>0$, $a\neq 1$, $b\neq 1$일 때, 함수

$$f(x)=\frac{b^x+\log_a x}{a^x+\log_b x}$$

에 대하여 <보기>에서 옳은 것만을 있는 대로 고른 것은?

〈보 기〉

ㄱ. $1<a<b$이면 $x>1$인 모든 x에 대하여 $f(x)>1$이다.

ㄴ. $b<a<1$이면 $\lim_{x\to\infty} f(x)=0$이다.

ㄷ. $\lim_{x\to+0} f(x)=\log_a b$

① ㄱ　② ㄴ　③ ㄱ, ㄷ　④ ㄴ, ㄷ　⑤ ㄱ, ㄴ, ㄷ

HINT▸▸

$0<a<b \Rightarrow \frac{b}{a}>1$

$\frac{\infty}{\infty}$의 꼴은 분자·분모를 제일 큰수로 나눈다.

$\log_a b=\frac{\log_c b}{\log_c a}=\frac{1}{\log_b a}$

ㄱ. 〈참〉

$1<a<b$이고 $x>1$이면 $1<a^x<b^x$이고

$0<\log_b x<\log_a x$이므로

$a^x+\log_b x<b^x+\log_a x$

$$f(x)=\frac{b^x+\log_a x}{a^x+\log_b x}>1$$

ㄴ. 〈거짓〉

$b<a<1$이면 $\lim_{x\to\infty} a^x=\lim_{x\to\infty} b^x=0$이고

$\lim_{x\to\infty}\log_a x=\lim_{x\to\infty}\log_b x=-\infty$이므로

$$\lim_{x\to\infty} f(x)=\lim_{x\to\infty}\frac{b^x+\log_a x}{a^x+\log_b x}$$

$$=\lim_{x\to\infty}\frac{\frac{b^x}{\log_b x}+\frac{\log_a x}{\log_b x}}{\frac{a^x}{\log_b x}+1}$$

$$=\lim_{x\to\infty}\frac{\frac{b^x}{\log_b x}+\frac{\frac{\log_b x}{\log_b a}}{\log_b x}}{\frac{a^x}{\log_b x}+1}=\frac{1}{\log_b a}$$

$$=\log_a b\neq 0$$

$$\left(\because \log_a x=\frac{\log_b x}{\log_b a}=\frac{1}{\log_x a}\right)$$

ㄷ. 〈참〉

$\lim_{x\to+0} a^x=\lim_{x\to+0} b^x=1$이고 $x\to+0$일 때,

$\log_a x$, $\log_b x$는 ∞ 또는 $-\infty$로 발산하므로

ㄴ과 같은 방법으로 계산하면

$$\lim_{x\to+0} f(x)=\lim_{x\to+0}\frac{b^x+\log_a x}{a^x+\log_b x}$$

$$=\lim_{x\to\infty}\frac{\frac{b^x}{\log_b x}+\frac{\frac{\log_b x}{\log_b a}}{\log_b x}}{\frac{a^x}{\log_b x}+1}=\log_a b$$

정답 : ③

08.수능B

016

폐구간 $[0, 5]$에서 정의된 함수 $y=f(x)$에 대하여 함수 $g(x)$를

$$g(x)=\begin{cases}\{f(x)\}^2 & (0 \leqq x \leqq 3) \\ (f \circ f)(x) & (3 < x \leqq 5)\end{cases}$$

라 하자. 함수 $g(x)$가 폐구간 $[0, 5]$에서 연속이 되도록 하는 함수 $y=f(x)$의 그래프로 옳은 것만을 〈보기〉에서 있는 대로 고른 것은?

〈보 기〉

ㄱ. ㄴ. ㄷ.

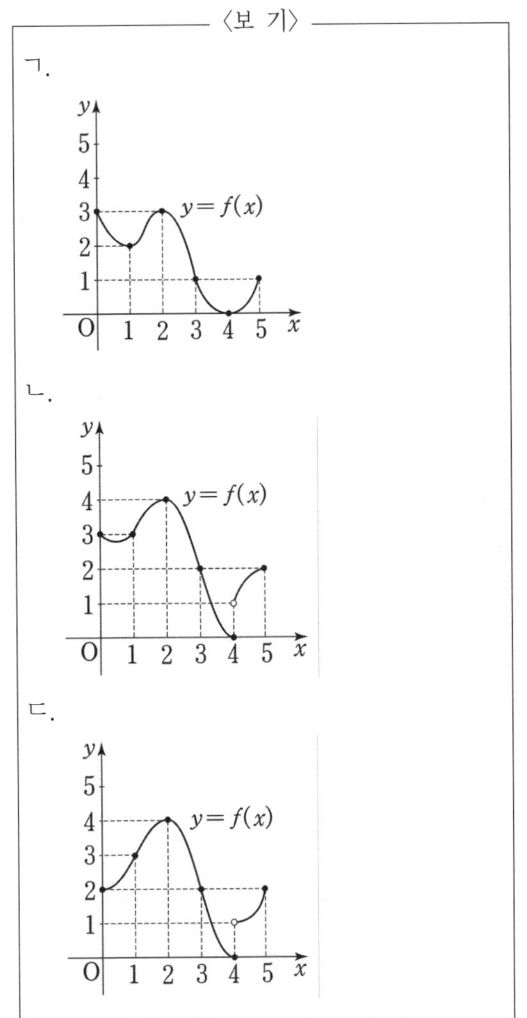

① ㄱ　② ㄴ　③ ㄷ　④ ㄱ, ㄴ　⑤ ㄴ, ㄷ

HINT▸▸

함수 $f(x)$가 $x=a$에서 연속이라면

① $\lim_{x\to a} f(a)$ 값이 존재

② $f(a)$값이 존재

③ 위 두값이 일치 즉, $\lim_{x\to a} f(x)=f(a)$

보기에 주어진 함수 $f(x)$ 모두 $[0,3)$에서 연속이므로 함수 $g(x)$는 구간 $[0,3)$에서 연속이지만, 나머지 구간인 폐구간 $[3,5]$에서는 각 $f(x)$에 따라 연속일 수도 연속이 아닐 수도 있다.

한편, $\lim_{x\to3-0} g(x)=g(3)=\{f(3)\}^2$이므로

$x=3$에서의 연속성은 $\lim_{x\to3+0} g(x)=\{f(3)\}^2$ 여부만 살피자.

ㄱ. 〈거짓〉

$\lim_{x\to3+0} g(x)=\lim_{f(x)\to1-0} f(f(x))=2$이지만,

$f(3)^2=1$이므로 $x=3$에서 $g(x)$는 연속이 아니다.

ㄴ. 〈참〉

$\lim_{x\to3+0} g(x)=\lim_{f(x)\to2-0} f(f(x))=4$

$=\{f(3)\}^2$이므로 $x=3$에서 연속이다.

또, $x\in(3,5]$에서 $x\neq4$이면 $(f\circ f)(x)$는 연속임을 알 수 있다. $x=4$일 때에도,

$\lim_{x\to4-0} g(x)=\lim_{f(x)\to0+0} f(f(x))=3$

$\lim_{x\to4+0} g(x)=\lim_{f(x)\to1+0} f(f(x))=3$

$g(4)=f(f(4))=3$이므로 연속이다.

따라서 $g(x)$는 폐구간 $[3,5]$ 전체에서 연속이다.

ㄷ. 〈거짓〉

ㄴ과 같은 방법으로 $x=3$에서 $g(x)$가 연속임을 알 수 있으나 $x=4$일 때에

$\lim_{x\to4-0} g(x)=\lim_{f(x)\to0+0} f(f(x))=2$

$\lim_{x\to4+0} g(x)=\lim_{f(x)\to1+0} f(f(x))=3$

이므로 $g(x)$는 $x=4$에서 연속이 아니다.

정답 : ②

09.6B

017

n이 자연수일 때, x에 대한 무리방정식

$$\sqrt{4n+x}+\sqrt{4n-x}=2n$$

이 실수해를 갖도록 하는 모든 n의 값의 합을 구하시오.

HINT▸▸

$\sqrt{f(x)}=g(x)$에서 실수조건이 있으면

$f(x)\geqq0,\ g(x)\geqq0$

$-4n\leqq x\leqq 4n$ 의 양변을 제곱하여 정리하면

$\sqrt{(4n+x)(4n-x)}=2n^2-4n$ ……①

다시 제곱하면

$16n^2-x^2=(2n^2-4n)^2$ 에서

$x^2=2n^3(8-2n)$ ……②

① 과 ②에서

$2n^2-4n\geqq0,\ 8-2n\geqq0$ ⇨ $2\leqq n\leqq4$

$\therefore\ n=2,3,4$

$\therefore$ 모든 n의 값의 합은 9

정답 : 9

08.9B

018

그림과 같이 중심각의 크기가 90°이고 반지름의 길이가 1인 부채꼴 AOB와 선분 OA 위를 움직이는 점 P가 있다. 선분 OP를 한 변으로 하는 정사각형 OPQR가 호 AB와 서로 다른 두 점 S, T에서 만날 때, 정사각형 OPQR에서 점 Q를 중심으로 하고 반지름이 QS인 부채꼴 SQT를 제외한 어두운 부분의 넓이를 D라 하자. $\angle SOT = \theta$라 할 때, D가 최대가 되도록 하는 θ에 대하여 $10\pi\tan\theta$의 값을 구하시오.

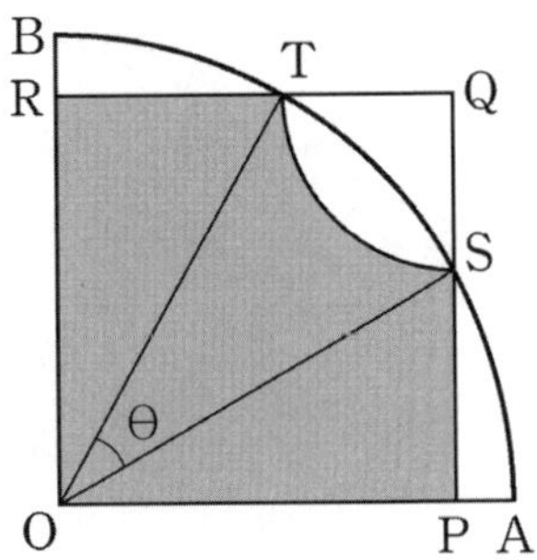

HINT▸▸

$\tan\theta = \dfrac{\sin\theta}{\cos\theta}$, $\cot\theta = \dfrac{\cos\theta}{\sin\theta} = \dfrac{1}{\tan\theta}$

$\dfrac{d}{dx}\{f(x)\}^n = \{f(x)\}^{n-1} \cdot f'(x)$

$\dfrac{d}{dx}(\cos x) = -\sin x$

$\dfrac{d}{dx}\sin f(x) = \cos f(x) \cdot f'(x)$

$\sin 2\theta = 2\sin\theta\cos\theta$

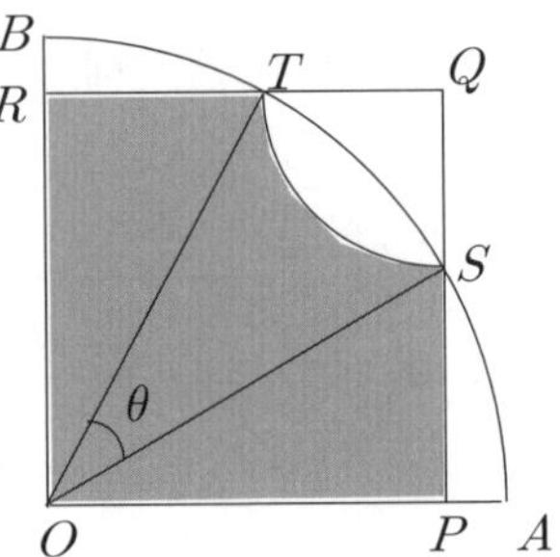

$\angle SOT = \theta$이므로

$\angle SOP = \dfrac{\pi}{4} - \dfrac{\theta}{2} = t\,(\,0 \leq t \leq \dfrac{\pi}{4})$로 놓으면

$\overline{OP} = \cos t$, $\overline{SP} = \sin t$ 이므로

$D = \cos^2 t - (\cos t - \sin t)^2 \dfrac{\pi}{4}$

$\quad = \cos^2 t - (1 - 2\sin t \cos t)\dfrac{\pi}{4}$

$\quad = \cos^2 t - (1 - \sin 2t)\dfrac{\pi}{4}$

$D' = -2\cos t \sin t + \dfrac{\pi}{4} \cdot 2\cos 2t$

$\quad = -\sin 2t + \dfrac{\pi}{2}\cos 2t = 0$

$\dfrac{\sin 2t}{\cos 2t} = \dfrac{\pi}{2}$

즉, $\tan 2t = \dfrac{\pi}{2}\,(\,0 \leq t \leq \dfrac{\pi}{4})$를 만족하는 t에 대하여 D는 최댓값을 갖는다.

$\tan 2t = \tan 2(\dfrac{\pi}{4} - \dfrac{\theta}{2}) = \tan(\dfrac{\pi}{2} - \theta)$

$\qquad = \cot\theta = \dfrac{\pi}{2}$

$\therefore\ \tan\theta = \dfrac{2}{\pi}$

$\therefore\ 10\pi\tan\theta = 10\pi \times \dfrac{2}{\pi} = 20$

정답 : 20

08.수능B

019

반지름의 길이가 1인 원 O 위에 점 A가 있다. 그림과 같이 양수 θ에 대하여 원 O 위의 두 점 B, C를 $\angle BAC = \theta$이고 $\overline{AB} = \overline{AC}$가 되도록 잡는다. 삼각형 ABC의 내접원의 반지름의 길이를 $r(\theta)$라 할 때,

$$\lim_{\theta \to \pi - 0} \frac{r(\theta)}{(\pi - \theta)^2} = \frac{q}{p}$$ 이다.

$p^2 + q^2$의 값을 구하시오. (단, p, q는 서로소인 자연수이다.)

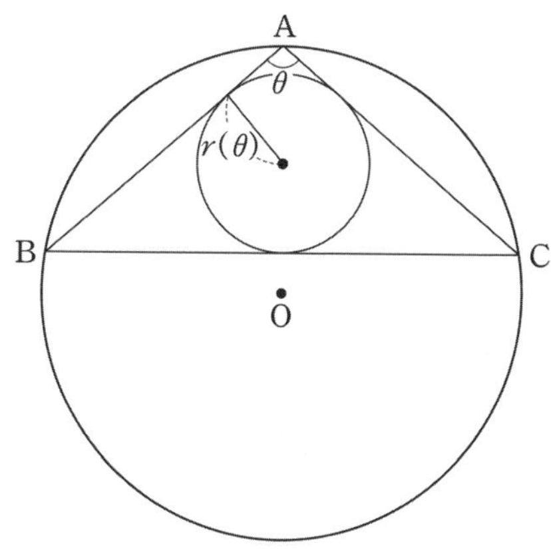

HINT▸▸

중심각은 원주각의 2배이다.

$$\lim_{\theta \to 0} \frac{\theta}{\sin\theta} = \lim_{\theta \to 0} \frac{\sin\theta}{\theta} = \lim_{\theta \to 0} \frac{\theta}{\tan\theta} = \lim_{\theta \to 0} \frac{\tan\theta}{\theta} = 1$$

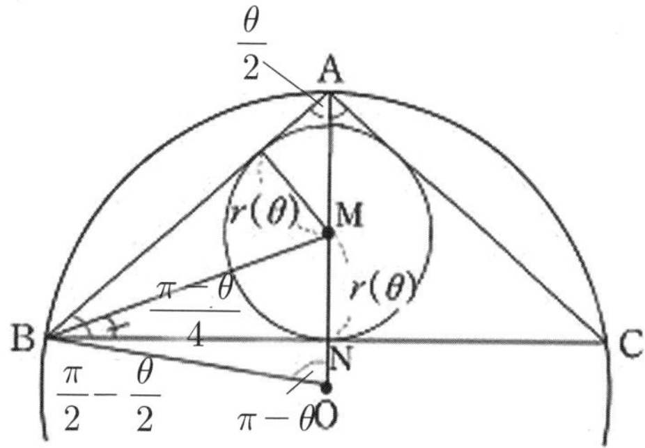

위의 그림에서, $\overline{AB} = \overline{AC}$이므로 $\angle BAO = \frac{\theta}{2}$이고, 둔각 $\angle BOC$는 원주각$\angle BAC$의 중심각이므로 2θ이며, 따라서 예각 $\angle BOC = 2\pi - 2\theta$이다. 또 $\overline{BO} = \overline{CO}$이므로 $\angle BOA = \pi - \theta$임을 알 수 있다. 한편 삼각형 ABC는 $\overline{AB} = \overline{AC}$인 삼각형이므로 $\overline{BC}$의 중점을 N이라 하면,

$\triangle ABN$은 $\angle N = \angle R$인 직각삼각형이 되고

$\angle ABC = \frac{\pi}{2} - \frac{\theta}{2} = \frac{\pi - \theta}{2}$이다.

또 내접원의 중심을 M이라 하면 $\overline{BM}$을 빗변으로 공유하고 있는 두 직각삼각형은 RHS합동이므로,

$\angle MBN = \frac{\pi - \theta}{4}$이다.

이제 $\overline{BN} = \frac{\overline{BN}}{\overline{BO}} = \sin(\pi - \theta)$이고,

$\tan\left(\frac{\pi - \theta}{4}\right) = \frac{\overline{MN}}{\overline{BN}} = \frac{r(\theta)}{\sin(\pi - \theta)}$이므로

$r(\theta) = \tan\left(\frac{\pi - \theta}{4}\right)\sin(\pi - \theta)$이고,

$$\lim_{\theta \to \pi - 0} \frac{r(\theta)}{(\pi - \theta)^2} = \lim_{\theta \to \pi - 0} \frac{\tan\left(\frac{\pi - \theta}{4}\right)\sin(\pi - \theta)}{4 \times \frac{\pi - \theta}{4} \times (\pi - \theta)} = \frac{1}{4}$$

$\therefore p = 4, \ q = 1, \ p^2 + q^2 = 17$

정답 : 17

CROSS MATH

09.6B

020

폐구간 $[-1,\ 2]$에서 정의된 함수 $y=f(x)$의 그래프가 다음과 같다.

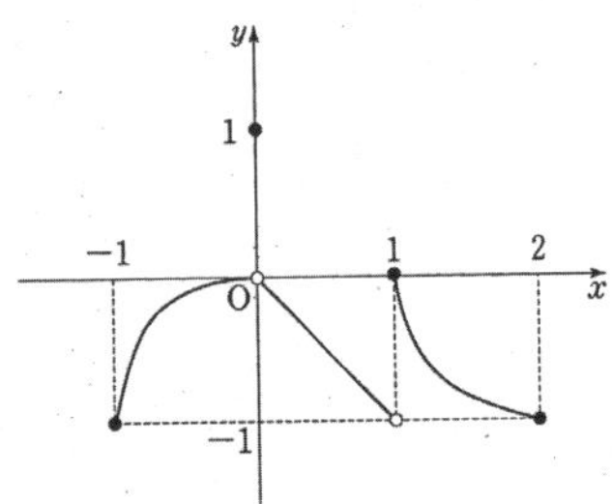

폐구간 $[-1,\ 2]$에서 두 함수 $g(x)$, $h(x)$를

$$g(x)=\frac{f(x)+|f(x)|}{2},$$

$$h(x)=\frac{f(x)-|f(x)|}{2}$$

으로 정의할 때, 옳은 것만을 〈보기〉에서 있는 대로 고른 것은?

〈보 기〉

ㄱ. $\lim_{x\to1}h(x)$는 존재한다.

ㄴ. 함수 $(h\circ g)(x)$는 폐구간 $[-1,\ 2]$에서 연속이다.

ㄷ. $\lim_{x\to0}(g\circ h)(x)=(g\circ h)(0)$

① ㄴ　② ㄷ　③ ㄱ, ㄴ　④ ㄱ, ㄷ　⑤ ㄴ, ㄷ

HINT▸▸

함수 $f(x)$가 $x=a$에서 연속이라면

① $\lim_{x\to a}f(a)$ 값이 존재

② $f(a)$값이 존재

③ 위 두값이 일치 즉, $\lim_{x\to a}f(x)=f(a)$

주어진 구간에서 두 함수 $g(x)$, $h(x)$를 간단히 하면 $x=0$이면 $f(x)=1>0$

$x\neq0$이면 $f(x)\leqq0$ 이므로

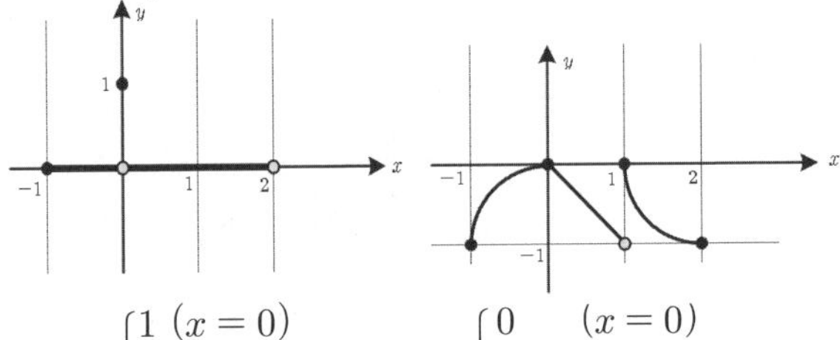

$$g(x)=\begin{cases}1 & (x=0)\\ 0 & (x\neq0)\end{cases},\quad h(x)=\begin{cases}0 & (x=0)\\ f(x) & (x\neq0)\end{cases}$$

ㄱ. 〈거짓〉

$\lim_{x\to1+0}h(x)=0$, $\lim_{x\to1-0}h(x)=-1$ 이므로 $\lim_{x\to1}h(x)$를 존재하지 않는다.

ㄴ. 〈참〉

주어진 구간내의 임의의 실수 a에 대하여

$\lim_{x\to a}(h\circ g)(x)=0$이다.

$(\because \lim_{x\to a}g(x)=0,\ \lim_{x\to0}h(x)=0)$

$$(h\circ g)(a)=\begin{cases}h(0)=0 & (a\neq0)\ (\because g(a)=0)\\ h(1)=0 & (a=0)\ (\because g(a)=1)\end{cases}$$

$\therefore \lim_{x\to a}(h\circ g)(x)=(h\circ g)(a)=0$

주어진 구간에서 연속이다.

ㄷ. 〈거짓〉

$\lim_{x\to0}(g\circ h)(x)=0$, $(g\circ h)(0)=g(0)=1$

$\therefore x=0$에서 불연속

정답 : ①

09.6B

021

최고차항의 계수가 1 인 이차함수 $f(x)$ 와 두 함수

$$g(x)=\lim_{n\to\infty}\frac{x^{2n-1}-1}{x^{2n}+1}$$

$$h(x)=\begin{cases}\dfrac{|x|}{x} & (x\neq 0)\\ 0 & (x=0)\end{cases}$$

에 대하여 함수 $f(x)g(x)$ 와 함수 $f(x)h(x)$ 가 모두 연속함수일 때, $f(10)$ 의 값을 구하시오.

HINT▸▸

① $|r|<0$ 일때 $\lim_{n\to\infty} r^n=0$

② $r=1$ 일때 $\lim_{n\to\infty} r^n=1$

③ $|r|>1,\ r=-1$ 일때 $\lim r^n$ 은 발산

$$g(x)=\begin{cases}\dfrac{1}{x} & (x>1)\\ 0 & (x=1)\\ -1 & (-1<x<1)\\ -1 & (x=-1)\\ \dfrac{1}{x} & (x<-1)\end{cases}$$

$$h(x)=\begin{cases}1 & (x>0)\\ 0 & (x=0)\\ -1 & (x<0)\end{cases}$$

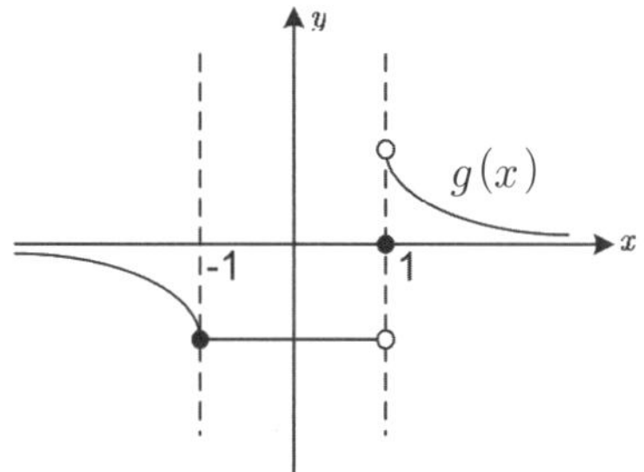

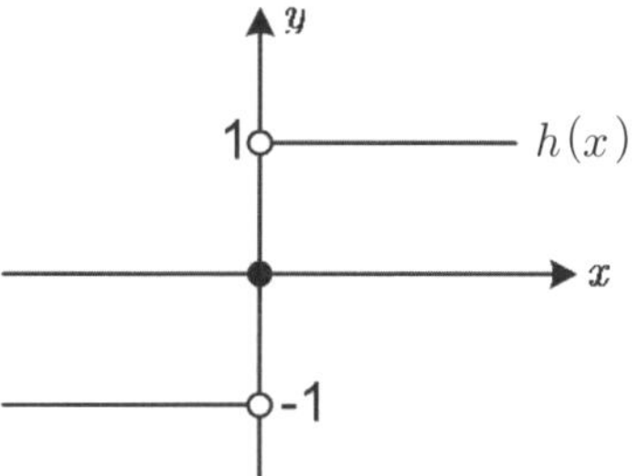

$y=f(x)\cdot g(x)$ 가 연속이므로

$f(1)\cdot g(1)=0$,

$\lim_{x\to 1+0} f(x)g(x)=f(1)=0$

$y=f(x)\cdot h(x)$ 가 연속이므로

$f(0)\cdot h(0)=0$,

$\lim_{x\to +0} f(x)h(x)=f(0)=0$

$\therefore\ f(x)=x\cdot(x-1)$

($\because f(x)$는 최고차항의 계수가 1인 2차함수)

$\therefore\ f(10)=90$

정답 : 90

09.6B

022

함수 $f(x)$에 대하여 옳은 것만을 〈보기〉에서 있는 대로 고른 것은?

〈보 기〉

ㄱ. $f(x)=x^2$이면 $\lim_{x\to0}\frac{e^{f(x)}-1}{x}=0$이다.

ㄴ. $\lim_{x\to0}\frac{e^x-1}{f(x)}=1$이면 $\lim_{x\to0}\frac{3^x-1}{f(x)}=\ln3$ 이다.

ㄷ. $\lim_{x\to0}f(x)=0$ 이면 $\lim_{x\to0}\frac{e^{f(x)}-1}{x}$ 이 존재한다.

① ㄱ ② ㄷ ③ ㄱ, ㄴ
④ ㄴ, ㄷ ⑤ ㄱ, ㄴ, ㄷ

HINT▸▸

$$\lim_{x\to0}\frac{e^x-1}{x}=1$$

$$\lim_{x\to0}\frac{a^x-1}{x}=\ln a$$

ㄱ. 〈참〉

$f(x^2)=x^2$ 이면 $\lim_{x\to0}\frac{e^{x^2}-1}{x^2}\times x=0$

ㄴ. 〈참〉

$$\lim_{x\to0}\frac{e^x-1}{f(x)}=\lim_{x\to0}\frac{e^x-1}{x}\times\frac{x}{f(x)}=1$$

이므로 $\lim_{x\to0}\frac{x}{f(x)}=1$

$$\lim_{x\to0}\frac{3^x-1}{f(x)}=\lim_{x\to0}\frac{3^x-1}{x}\times\frac{x}{f(x)}=\ln3$$

ㄷ. 〈거짓〉

(반례) $f(x)=|x|$라 하면

$$\lim_{x\to+0}\frac{e^{|x|}-1}{x}=\lim_{x\to+0}\frac{e^{|x|}-1}{|x|}\times\frac{|x|}{x}=1$$

$$\lim_{x\to-0}\frac{e^{|x|}-1}{x}=\lim_{x\to-0}\frac{e^{|x|}-1}{|x|}\times\frac{|x|}{x}=-1$$

$\therefore\ \lim_{x\to0}\frac{e^{|x|}-1}{x}$ 은 존재하지 않는다.

정답 : ③

09.6B

023

그림과 같이 양수 θ에 대하여

$\angle AOB=\theta$, $\angle OAB=\frac{\pi}{2}$, $\overline{OA}=10$인 직각 삼각형 OAB가 있다.

변 OB 위에 있는 $\overline{OC}=10$인 점 C에 대하여 삼각형 ABC의 둘레의 길이를 $f(\theta)$라 하자.

$\lim_{\theta\to+0}\frac{f(\theta)}{\theta}$의 값을 구하시오.

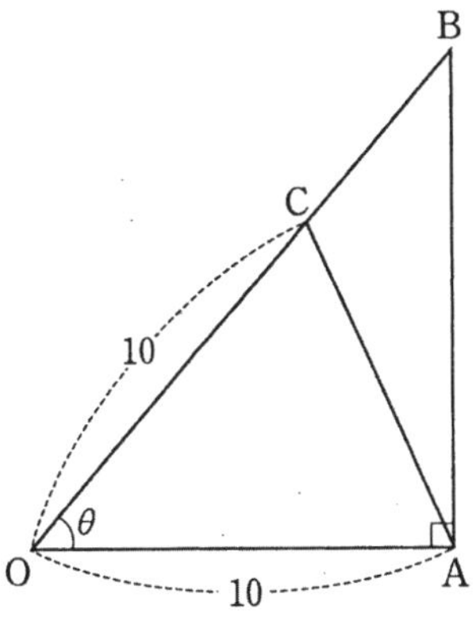

HINT▸▸

$$\lim_{\theta\to0}\frac{\theta}{\sin\theta}=\lim_{\theta\to0}\frac{\sin\theta}{\theta}$$

$$=\lim_{\theta\to0}\frac{\theta}{\tan\theta}=\lim_{\theta\to0}\frac{\tan\theta}{\theta}=1$$

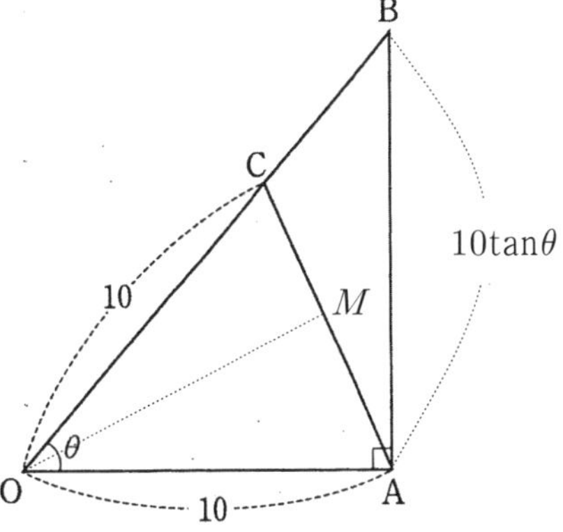

$\overline{AM}=10\sin\frac{\theta}{2}$ $\quad\therefore\ \overline{AC}=20\sin\frac{\theta}{2}$

$\overline{OB}=10\sec\theta$ 이므로

$\overline{BC}=10\sec\theta-10$ 이고

$\overline{AB}=10\tan\theta$

$$\therefore\ f(\theta)=10\tan\theta+20\sin\frac{\theta}{2}+10\sec\theta-10$$

$$\therefore\lim_{\theta\to0}\frac{f(\theta)}{\theta}$$

$$=\lim_{\theta\to+0}\frac{10\tan\theta+20\sin\frac{\theta}{2}+10\sec\theta-10}{\theta}$$

$$=10\lim_{\theta\to0}\frac{\tan\theta}{\theta}+20\times\frac{1}{2}\lim_{\theta\to0}\frac{\sin\frac{\theta}{2}}{\frac{\theta}{2}}$$

$$+10\times\lim_{\theta\to0}\frac{1}{\cos\theta}-10$$

$$=10+10+10-10=20$$

정답 : 20

09.9B

024

두 함수 $y=f(x)$와 $y=g(x)$의 그래프의 일부가 다음 그림과 같고, 모든 실수 x에 대하여 $f(x+4)=f(x)$일 때, 옳은 것만을 〈보기〉에서 있는 대로 고른 것은?

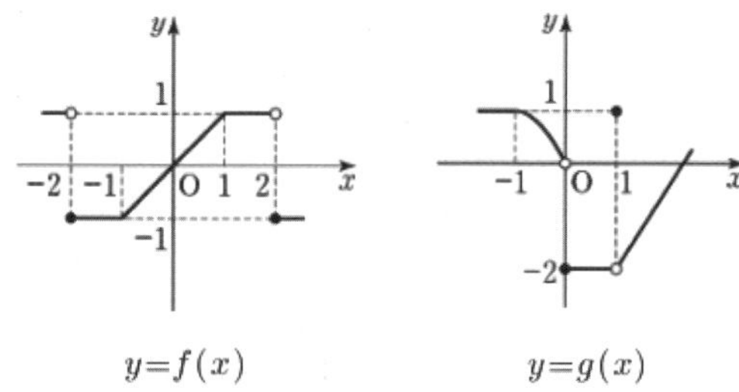

〈보 기〉

ㄱ. $\lim_{x \to 0} g(f(x))=-2$

ㄴ. $\lim_{x \to 2} g(f(x))=1$

ㄷ. $\lim_{x \to \infty} \sum_{k=1}^{4} g\left(f\left(2k+\frac{1}{x}\right)\right)=-2$

① ㄱ ② ㄴ ③ ㄷ
④ ㄴ, ㄷ ⑤ ㄱ, ㄴ, ㄷ

HINT▸▸

$f(x+\alpha)=f(x)$: $f(x)$의 주기가 α이다.

ㄱ. 〈거짓〉

$\lim_{x\to+0} g(f(x))=-2,\quad \lim_{x\to-0} g(f(x))=0$

ㄴ. 〈참〉

$\lim_{x\to2+0} g(f(x))=g(-1)=1,$

$\lim_{x\to2-0} g(f(x))=g(1)=1$

ㄷ. 〈참〉

$\lim_{x\to\infty} g(f(2+\frac{1}{x}))=\lim_{x\to\infty} g(f(6+\frac{1}{x}))=1$

$\lim_{x\to\infty} g(f(4+\frac{1}{x}))=\lim_{x\to\infty} g(f(8+\frac{1}{x}))$

$=\lim_{x\to\infty} g(f(\frac{1}{x}))=-2$

이므로 준식 = $1+(-2)+1+(-2)=-2$

정답 : ④

09.9B

025

좌표평면 위에 타원 $\frac{x^2}{11^2}+\frac{y^2}{3^2}=1$과 점 P(11, 0)이 있고, 원점을 중심으로 하고 반지름의 길이가 11인 원 C_1과 원점을 중심으로 하고 반지름의 길이가 3인 원 C_2가 있다. 제 1사분면에 있는 원 C_1 위의 점 A에 대하여 선분 OA와 원 C_2의 교점을 B, 점 A에서 x축에 내린 수선의 발을 H, 선분 AH와 타원의 교점을 Q, 선분 OA가 x축의 양의 방향과 이루는 각의 크기를 θ라 하자. 삼각형 ABQ의 넓이를 S_1이라 하고, 삼각형 APQ의 넓이를 S_2라 하자.

$\lim_{\theta \to 0}\frac{S_2}{\theta^2 \cdot S_1}=\frac{q}{p}$일 때, $p+q$의 값을 구하시오.

(단, p와 q는 서로소인 자연수이다.)

HINT▸▸

$\lim_{\theta\to0}\frac{\sin\theta}{\theta}=\lim_{\theta\to0}\frac{\theta}{\sin\theta}=1$

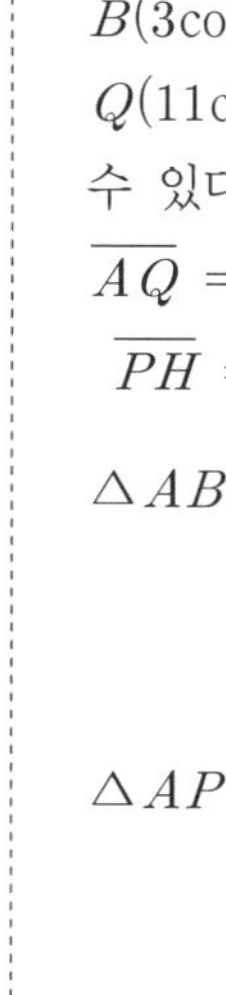

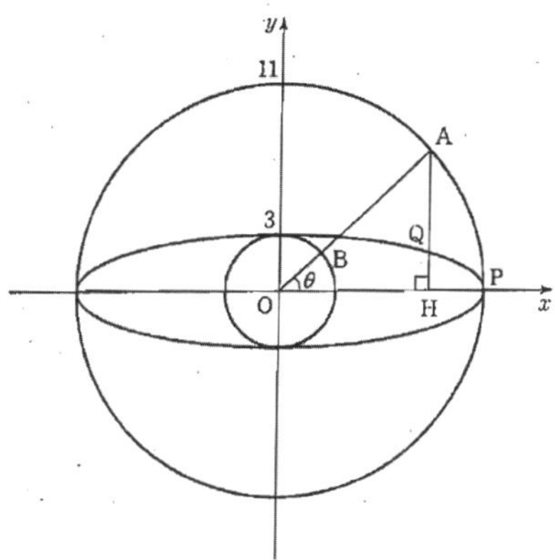

조건에 의해 $A(11\cos\theta, 11\sin\theta)$, $B(3\cos\theta, 3\sin\theta)$, $P(11, 0)$, $Q(11\cos\theta, 3\sin\theta)$, $H(11\cos\theta, 0)$로 놓을 수 있다.

$\overline{AQ}=8\sin\theta$, $\overline{BQ}=8\cos\theta$,

$\overline{PH}=11(1-\cos\theta)$

$$\triangle ABQ=S_1=\frac{1}{2}\cdot\overline{AQ}\cdot\overline{BQ}$$

$$=\frac{1}{2}\cdot8\sin\theta\cdot8\cos\theta=16\sin2\theta$$

$$\triangle APQ=S_2=\frac{1}{2}\cdot\overline{AQ}\cdot\overline{PH}$$

$$=\frac{1}{2}\cdot8\sin\theta\cdot11(1-\cos\theta)$$

$$=44\sin\theta(1-\cos\theta)$$

$$\lim_{\theta\to0}\frac{S_2}{\theta^2\cdot S_1}=\frac{44\sin\theta(1-\cos\theta)}{\theta^2\cdot16\sin2\theta}$$

$$=\lim_{\theta\to0}\frac{11}{16}\cdot\frac{2(1-\cos\theta)}{\theta^2}\cdot\frac{\frac{\sin\theta}{\theta}}{\frac{\sin2\theta}{2\theta}}=\frac{11}{16}$$

$$\left(\because\frac{(1-\cos\theta)}{\theta^2}\times\frac{1+\cos\theta}{1+\cos\theta}=\frac{\sin^2\theta}{\theta^2}\times\frac{1}{1+\cos\theta}\right)$$

$\therefore\ p+q=16+11=27$

정답 : 27

10.6B

026

함수 $f(x)$가

$$f(x)=\begin{cases} x^2 & (x \neq 1) \\ 2 & (x=1) \end{cases}$$

일 때, 옳은 것만을 〈보기〉에서 있는 대로 고른 것은?

> ㄱ. $\lim_{x\to 1-0} f(x)=\lim_{x\to 1+0} f(x)$
> ㄴ. 함수 $g(x)=f(x-a)$가 실수 전체의 집합에서 연속이 되도록 하는 실수 a가 존재한다.
> ㄷ. 함수 $h(x)=(x-1)f(x)$는 실수 전체의 집합에서 연속이다.

① ㄱ ② ㄴ ③ ㄱ, ㄷ
④ ㄴ, ㄷ ⑤ ㄱ, ㄴ, ㄷ

HINT▸▸

함수$f(x)$가 $x=a$에서 연속이라면

① $\lim_{x\to a} f(a)$ 값이 존재

② $f(a)$값이 존재

③ 위 두값이 일치 즉, $\lim_{x\to a} f(x)=f(a)$

함수 $f(x)=\begin{cases} x^2 \ (x\neq 1) \\ 2 \ \ (x=1) \end{cases}$의 그래프는 다음 그림과 같다.

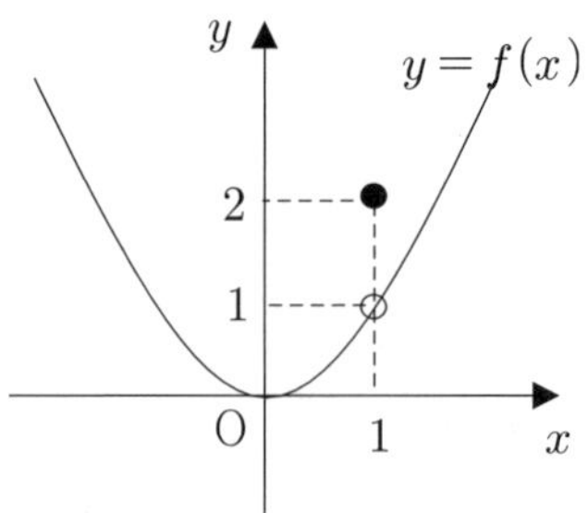

ㄱ. 〈참〉

$\lim_{x\to 1-0} f(x)=1=\lim_{x\to 1+0} f(x)$

ㄴ. 〈거짓〉

$g(x)=f(x-a)$의 그래프는 $f(x)$의 그래프를 x축의 방향으로 a만큼 평행이동한 그래프이므로 함수 $g(x)$가 실수전체의 집합에서 연속인 실수 a는 존재하지 않는다.

즉 $x=1+a$인 점에서 불연속한다.

ㄷ. 〈참〉

$y=x-1$이 실수 전체의 집합에서 연속이고, $y=f(x)$는 $x=1$에서 불연속이므로 $h(x)=(x-1)f(x)$가 $x=1$에서 연속이면 실수 전체의 집합에서 연속이다.

$$\lim_{x\to 1-0} h(x)=\lim_{x\to 1-0}(x-1)x^2 = \lim_{x\to 1-0}(x^3-x^2)=0$$

$$\lim_{x\to 1+0} h(x)=\lim_{x\to 1+0}(x-1)x^2 = \lim_{x\to 1+0}(x^3-x^2)=0$$

이므로 $\lim_{x\to 1} h(x)=0$

$h(1)=(1-1)f(1)=0\times 2=0$

$\therefore \lim_{x\to 1} h(x)=h(1)$

따라서 함수 $h(x)$는 실수 전체의 집합에서 연속이다.

따라서 옳은 것은 ㄱ, ㄷ이다.

정답 : ③

10.6B

027

x가 양수일 때, x보다 작은 자연수 중에서 소수의 개수를 $f(x)$라 하고, 함수 $g(x)$를

$$g(x)=\begin{cases} f(x) & (x > 2f(x)) \\ \dfrac{1}{f(x)} & (x \leq 2f(x)) \end{cases}$$

라고 하자. 예를 들어, $f\left(\dfrac{7}{2}\right)=2$이고 $\dfrac{7}{2}< 2f\left(\dfrac{7}{2}\right)$이므로 $g\left(\dfrac{7}{2}\right)= \dfrac{1}{2}$이다.

$\lim\limits_{x\to 8+0} g(x)=\alpha$, $\lim\limits_{x\to 8-0} g(x)=\beta$라고 할 때, $\dfrac{\alpha}{\beta}$의 값을 구하시오.

HINT▸▸

연속의 조건이 없으므로 '좌극한값 $\neq$ 우극한값'이 될 수도 있다.

(i) $8 < x < 9$일 때,

x보다 작은 자연수 중에서 소수는 2, 3, 5, 7의 4개이므로

$f(x) = 4$

이 때, $2f(x) = 8 < x$이므로

$g(x) = f(x) = 4$

$\therefore \lim\limits_{x\to 8+0} g(x) = 4$

$\therefore \alpha = 4$

(ii) $7 < x < 8$일 때,

x보다 작은 자연수 중에서 소수는 2, 3, 5, 7의 4개이므로

$f(x) = 4$

이 때, $2f(x) = 8 > x$이므로

$g(x) = \dfrac{1}{f(x)} = \dfrac{1}{4}$

$\therefore \lim\limits_{x\to 8-0} g(x) = \dfrac{1}{4}$

$\therefore \beta = \dfrac{1}{4}$

$\therefore \dfrac{\alpha}{\beta} = \dfrac{4}{\dfrac{1}{4}} = 16$

정답 : 16

10.6B

028

다항함수 $f(x), g(x)$에 대하여 함수 $h(x)$를

$$h(x)=\begin{cases} f(x) & (x \geq 0) \\ g(x) & (x < 0) \end{cases}$$

라고 하자. $h(x)$가 실수 전체의 집합에서 연속일 때, 옳은 것만을 〈보기〉에서 있는 대로 고른 것은?

ㄱ. $f(0)=g(0)$
ㄴ. $f'(0)=g'(0)$이면 $h(x)$는 $x=0$ 에서 미분가능하다.
ㄷ. $f'(0)g'(0)<0$이면 $h(x)$는 $x=0$에서 극값을 갖는다.

① ㄱ ② ㄴ ③ ㄷ
④ ㄱ, ㄴ ⑤ ㄱ, ㄴ, ㄷ

HINT▸▸

연속 $\underset{\leftarrow}{\not\rightarrow}$ 미분가능

미분가능하다는 말은 미분된 함수가 연속이라는 것을 의미한다.

ㄱ. 〈참〉

$h(x)$가 실수 전체의 집합에서 연속이므로

$\lim_{x\to+0} h(x)=\lim_{x\to-0} h(x)=h(0)$

따라서, $\lim_{x\to+0} f(x)=\lim_{x\to-0} g(x)$에서

$f(0)=g(0)$

ㄴ. 〈참〉

$f'(0)=g'(0)=k$라 하면

$$\lim_{x\to+0}\frac{h(x)-h(0)}{x}=\lim_{x\to+0}\frac{f(x)-f(0)}{x}$$
$$=f'(0)=k$$
$$\lim_{x\to-0}\frac{h(x)-h(0)}{x}=\lim_{x\to-0}\frac{g(x)-f(0)}{x}$$
$$=\lim_{x\to-0}\frac{g(x)-g(0)}{x}$$
$$=g'(0)=k$$
$$\therefore\ h'(0)=\lim_{x\to0}\frac{h(x)-h(0)}{x}=k$$

ㄷ. 〈참〉

(i) $f'(0)<0$, $g'(0)>0$ 이면

$f(x)$는 $x=0$에서 감소상태, $g(x)$는 $x=0$에서 증가상태이고, $f(0)=g(0)$이므로 아래의 그림과 같이 함수 $h(x)$는 $x=0$에서 극댓값을 갖는다.

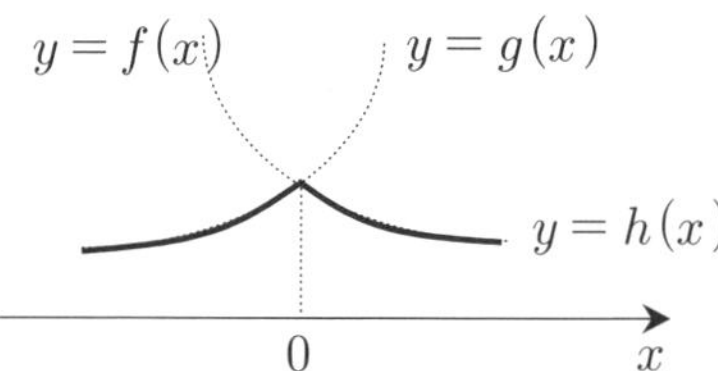

(ii) $f'(0)>0$, $g'(0)<0$ 이면

$f(x)$는 $x=0$에서 증가상태, $g(x)$는 $x=0$에서 감소상태이고, $f(0)=g(0)$이므로 아래의 그림과 같이 함수 $h(x)$는 $x=0$에서 극솟값을 갖는다.

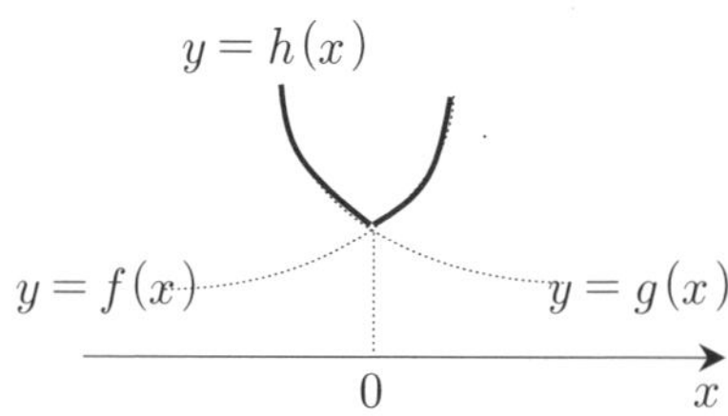

따라서, $h(x)$는 $x=0$에서 극값을 갖는다.

그러므로 보기 중 옳은 것은 ㄱ, ㄴ, ㄷ이다.

정답 : ⑤

10.6B

029

세 양수 a, b, c에 대하여

$$\lim_{x\to\infty}x^a\ln\left(b+\frac{c}{x^2}\right)=2$$

일 때, $a+b+c$의 값은?

① 5 ② 6 ③ 7 ④ 8 ⑤ 9

HINT▸▸

$\log_a1=0$, $n\log_ab=\log_ab^n$

$\infty\times\infty$의 꼴은 발산하고

$\infty\times0$의 꼴은 수렴할 수도 있다.

$$\lim_{x\to\infty}\left(1+\frac{1}{x}\right)^x=\lim_{x\to0}(1+x)^{\frac{1}{x}}=e$$

$\lim_{x\to\infty}x^a=\infty$이므로 주어진 등식이 성립하려면

$\lim_{x\to\infty}\ln\left(b+\frac{c}{x^2}\right)=0$이어야 한다.

따라서 $\lim_{x\to\infty}\left(b+\frac{c}{x^2}\right)=1$이어야 하므로

$b=1$

이때, 뒤쪽에 $\frac{1}{c}$을 앞쪽엔 c를 곱하면

$$(\text{주어진 식})=\lim_{x\to\infty}cx^{a-2}\ln\left(1+\frac{c}{x^2}\right)^{\frac{x^2}{c}}$$
$$=\lim_{x\to\infty}cx^{a-2}=2 \quad \text{이어야 하므로}$$

$a-2=0$, $c=2$ 이어야 한다.

$\therefore\ a=2$, $c=2$

$\therefore\ a+b+c=2+1+2=5$

정답 : ①

10.6B

030

좌표평면에서 중심이 원점 O이고 반지름의 길이가 1인 원 위의 점 P에서의 접선이 x축과 만나는 점을 Q, 점 $A(0,\ 1)$과 점 P를 지나는 직선이 x축과 만나는 점을 R라 하자.

$\angle QOP=\theta$라 하고 삼각형 PQR의 넓이를 $S(\theta)$라고 하자. $\lim_{\theta\to+0}\frac{S(\theta)}{\theta^2}=\alpha$일 때, 100α의 값을 구하시오. (단, 점 P는 제 1사분면 위의 점이다.)

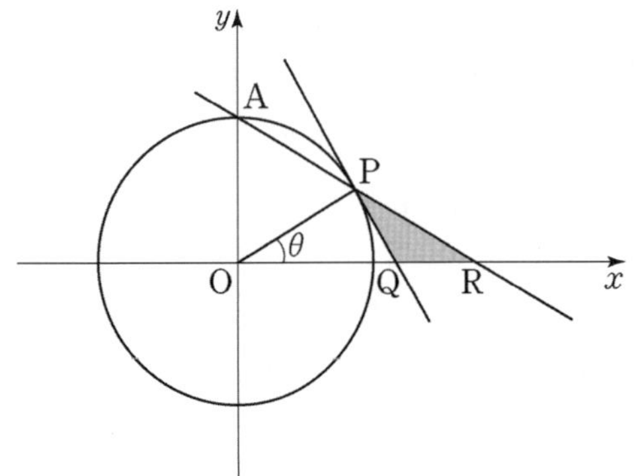

HINT▸▸

두 점을 지나는 직선의 식

$$y-y_1=\frac{y_2-y_1}{x_2-x_1}(x-x_1)$$

$$\lim_{\theta\to0}\frac{\sin\theta}{\theta}=\lim_{\theta\to0}\frac{\theta}{\sin\theta}=1$$

$A(0,\ 1)$, $\mathrm{P}(\cos\theta,\ \sin\theta)$이므로 직선 AP의 방정식은

$$y=\frac{\sin\theta-1}{\cos\theta}x+1$$

위 직선의 x절편은

$$\frac{\cos\theta}{1-\sin\theta}$$

이므로 점 R의 좌표는 $\left(\frac{\cos\theta}{1-\sin\theta},0\right)$이다.

$$\triangle\mathrm{ORP}=\frac{1}{2}\times\frac{\cos\theta}{1-\sin\theta}\times\sin\theta$$

$$\triangle\mathrm{OQP}=\frac{1}{2}\times1\times\tan\theta$$

이므로

$$\triangle\mathrm{PQR}=\frac{1}{2}\left(\frac{\sin\theta\cos\theta}{1-\sin\theta}-\tan\theta\right)$$

$$=\frac{1}{2}\left\{\frac{\sin\theta\cos\theta(1+\sin\theta)}{(1-\sin\theta)(1+\sin\theta)}-\frac{\sin\theta}{\cos\theta}\right\}$$

$$=\frac{1}{2}\left\{\frac{\sin\theta\cos\theta(1+\sin\theta)-\sin\theta\cos\theta}{\cos^2\theta}\right\}$$

$$=\frac{\sin^2\theta}{2\cos\theta}$$

$$\therefore\ \alpha=\lim_{\theta\to+0}\frac{S(\theta)}{\theta^2}$$

$$=\lim_{\theta\to+0}\frac{\sin^2\theta}{2\theta^2}\cdot\frac{1}{\cos\theta}=\frac{1}{2}$$

$$\therefore\ 100\alpha=50$$

정답 : 50

10.9B

031

그림과 같이 반지름의 길이가 2이고 중심각의 크기가 $\frac{\pi}{2}$인 부채꼴 OAB가 있다. 호 AB위의 점 T에서 선분 OA와 선분 OB에 내린 수선의 발을 각각 P, Q라 하고 $\angle\ TOP=\theta$라 하자. 점 P와 점 Q를 지름의 양끝으로 하고 점 T를 지나는 반원을 C라 할 때, 반원 C의 호 TP, 선분 PA, 부채꼴 OAT의 호 AT로 둘러싸인 부분의 넓이를 $f(\theta)$, 삼각형 OPQ의 넓이를 $g(\theta)$라 하자. $\lim_{\theta\to+0}\frac{\theta+f(\theta)}{g(\theta)}=a$일 때, $100a$의 값을 구하시오. (단, $0<\theta<\frac{\pi}{2}$)

HINT▸▸

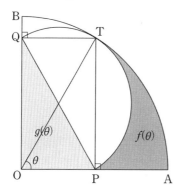

부채꼴의 넓이 $S=\frac{1}{2}r^2\theta=\frac{1}{2}rl$

$2\sin\theta\cos\theta=\sin2\theta$

$\lim_{\theta\to0}\frac{\sin\theta}{\theta}=\lim_{\theta\to0}\frac{\theta}{\sin\theta}=1$

점 T의 좌표를 $T(2\cos\theta,\ 2\sin\theta)$라 하면

$g(\theta)=\frac{1}{2}\times2\cos\theta\times2\sin\theta$

$=2\sin\theta\cos\theta=\sin2\theta$

한편, $\overline{OT}$와 $\overline{QP}$의 교점을 R라 하면

$f(\theta)=$(부채꼴 OAT의 넓이)$-$(삼각형 OPR의 넓이) $-$(부채꼴 TRP의 넓이)

이고, 사각형 QOPT는 직사각형이므로

$\overline{OR}=\overline{PR}=\overline{RT}=1$,

$\angle RPO=\angle ROP=\theta$

$\therefore\ \angle TRP=2\theta$

따라서 삼각형 OPR의 넓이는

$\frac{1}{2}\cdot1\cdot2\cos\theta\cdot\sin\theta=\sin\theta\cos\theta=\frac{1}{2}\sin2\theta$

이고, 부채꼴 TRP의 넓이는 $\frac{1}{2}\cdot1^2\cdot2\theta=\theta$

이므로

$f(\theta)=\frac{1}{2}\cdot2^2\cdot\theta-\frac{1}{2}\sin2\theta-\theta$

$=\theta-\frac{1}{2}\sin2\theta$

$$\therefore\ \lim_{\theta\to+0}\frac{\theta+f(\theta)}{g(\theta)}=\lim_{\theta\to+0}\frac{2\theta-\frac{1}{2}\sin2\theta}{\sin2\theta}$$

$$=\lim_{\theta\to+0}\left(\frac{2\theta}{\sin2\theta}-\frac{1}{2}\right)$$

$$=1-\frac{1}{2}=\frac{1}{2}=a$$

$\therefore\ 100a=100\times\frac{1}{2}=50$

정답 : 50

10.수능B

032

좌표평면에서 그림과 같이 원$x^2+y^2=1$ 위의 점 P에 대하여 선분 OP가 x축의 양의 방향과 이루는 각의 크기를 $\theta\left(0<\theta<\frac{\pi}{4}\right)$라 하자. 점 P를 지나고 x축에 평행한 직선이 곡선$y=e^x-1$ 과 만나는 점을 Q라 하고, 점 Q에서 x축에 내린 수선의 발을 R라 하자. 선분 OP와 선분 QR의 교점을 T라 할 때, 삼각형 ORT의 넓이를 $S(\theta)$라 하자.

$\lim_{\theta\to+0}\frac{S(\theta)}{\theta^3}=a$일 때, $60a$의 값을 구하시오.

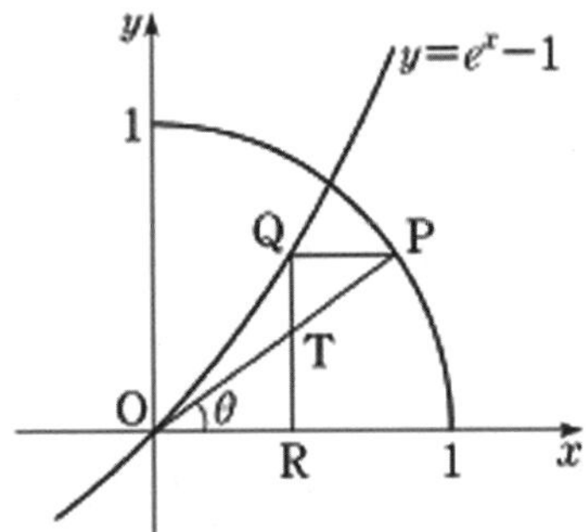

HINT▸▸

$$\lim_{\theta\to0}\frac{\tan\theta}{\theta}=\lim_{\theta\to0}\frac{\theta}{\tan\theta}=1$$

$$\lim_{x\to\infty}\left(1+\frac{1}{x}\right)^x=\lim_{x\to0}(1+x)^{\frac{1}{x}}=e$$

단위원 위의 점 P와$\angle ROP=\theta$에 대하여 점 P의 좌표는 $(\cos\theta,\ \sin\theta)$라 놓을 수 있다.

$e^x-1=\sin\theta$에서

$e^x=1+\sin\theta$

$x=\ln(1+\sin\theta)$

$\therefore\ Q(\ln(1+\sin\theta),\ \sin\theta)$

$\therefore\ R(\ln(1+\sin\theta),\ 0)$

이때, 두 점 $O(0,\ 0)$과 $P(\cos\theta,\ \sin\theta)$를 지나는 직선의 방정식은 $y=\tan\theta x$이므로 점 T의 좌표는

$T(\ln(1+\sin\theta),\ \tan\theta\cdot\ln(1+\sin\theta))$

$\therefore\ S(\theta)$

$=\frac{1}{2}\times\ln(1+\sin\theta)\times\tan\theta\cdot\ln(1+\sin\theta)$

$=\frac{1}{2}tan\theta\{\ln(1+\sin\theta)\}^2$

$\lim_{\theta\to+0}\frac{S(\theta)}{\theta^3}$

$=\lim_{\theta\to+0}\frac{\tan\theta\{\ln(1+\sin\theta)\}^2}{2\theta^3}$

$=\lim_{\theta\to+0}\frac{1}{2}\times\frac{\tan\theta}{\theta}\times\left\{\frac{\ln(1+\sin\theta)}{\theta}\right\}^2$

이때,

$\lim_{\theta\to+0}\frac{\ln(1+\sin\theta)}{\theta}=\lim_{\theta\to+0}\frac{1}{\theta}ln(1+\sin\theta)$

$=\lim_{\theta\to+0}ln(1+\sin\theta)^{\frac{1}{\theta}}=\ln e=1$이므로

$\lim_{\theta\to+0}\frac{S(\theta)}{\theta^3}$

$=\frac{1}{2}\lim_{\theta\to+0}\frac{\tan\theta}{\theta}\times\lim_{\theta\to+0}\left\{\frac{\ln(1+\sin\theta)}{\theta}\right\}^2$

$=\frac{1}{2}\times1\times1=\frac{1}{2}$

$\therefore\ a=\frac{1}{2}$

$\therefore\ 60a=60\times\frac{1}{2}=30$

정답 : 30

11.6B

033

중심이 O이고, 두 점 A, B를 지름의 양 끝으로 하며 반지름의 길이가 1인 원 C가 있다. 그림과 같이 원 C 위의 점 P에 대하여 점 O를 지나고 직선 AP와 평행한 직선이 선분 PB와 만나는 점을 Q, 호 PB와 만나는 점을 R라 하자.

$\angle PAB=\theta\left(0<\theta<\frac{\pi}{2}\right)$라 하고, 점 Q와 점 R를 지름의 양 끝으로 하는 원의 넓이를 $S(\theta)$라 할 때, $\lim_{\theta \to +0}\frac{S(\theta)}{\theta^4}=\frac{q}{p}\pi$이다. $p+q$의 값을 구하시오.

(단, $\overline{QR}<1$이고, p와 q는 서로소인 자연수이다.)

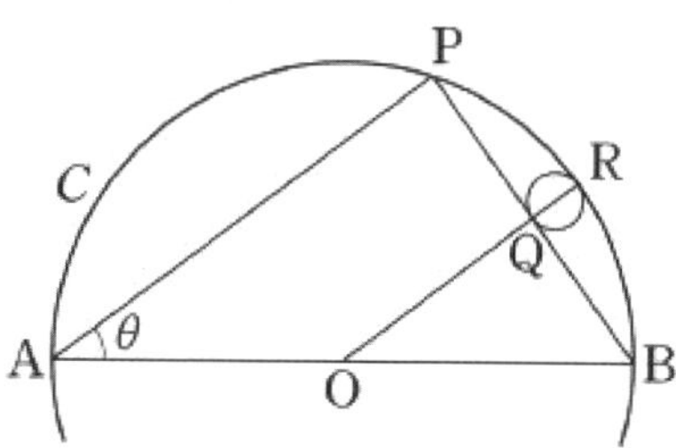

HINT▸▸

$(1-\cos\theta)$의 꼴이 있을 경우 $(1+\cos\theta)$를 곱해서 $1-\cos^2\theta=\sin^2\theta$임을 이용해 $\sin^2\theta$로 고치는 형태가 자주 이용된다.

$$\lim_{\theta\to0}\frac{\sin\theta}{\theta}=\lim_{\theta\to0}\frac{\theta}{\sin\theta}=1$$

$\angle BOR=\theta$ 이므로 $\overline{OQ}=\cos\theta$

$\therefore \overline{QR}=1-\cos\theta$

$\therefore S(\theta)=\pi\left(\frac{1-\cos\theta}{2}\right)^2$

$$\therefore \lim_{\theta\to0}\frac{S(\theta)}{\theta^4}=\lim_{\theta\to0}\frac{\pi\left(\frac{1-\cos\theta}{2}\right)^2}{\theta^4}$$

$$=\frac{\pi}{4}\lim_{\theta\to0}\frac{(1-\cos\theta)^2}{\theta^4}$$

$$=\frac{\pi}{4}\lim_{\theta\to0}\left(\frac{(1-\cos\theta)(1+\cos\theta)}{\theta^2(1+\cos\theta)}\right)^2$$

$$=\frac{\pi}{4}\lim_{\theta\to+0}\left(\frac{\sin^2\theta}{\theta^2(1+\cos\theta)}\right)^2$$

$$=\frac{\pi}{4}\lim_{\theta\to+0}\left\{\left(\frac{\sin\theta}{\theta}\right)^4\times\frac{1}{(1+\cos\theta)^2}\right\}$$

$$=\frac{\pi}{4}\times1\times\frac{1}{2^2}=\frac{\pi}{16}$$

$\therefore p+q=17$

정답 : 17

11.수능B

034

그림과 같이 중심이 O이고 길이가 2인 선분 AB를 지름으로 하는 원 위의 점 P에서 선분 AB에 내린 수선의 발을 Q, 점 Q에서 선분 OP에 내린 수선의 발을 R, 점 O에서 선분 AP에 내린 수선의 발을 S라 하자.

$\angle PAQ=\theta\ \left(0<\theta<\frac{\pi}{4}\right)$ 일 때, 삼각형 AOS의 넓이를 $f(\theta)$, 삼각형 PRQ의 넓이를 $g(\theta)$라 하자. $\lim_{\theta\to+0}\frac{\theta^2 f(\theta)}{g(\theta)}=\frac{q}{p}$ 일 때, p^2+q^2의 값을 구하시오.(단, p와 q는 서로소인 자연수이다.)

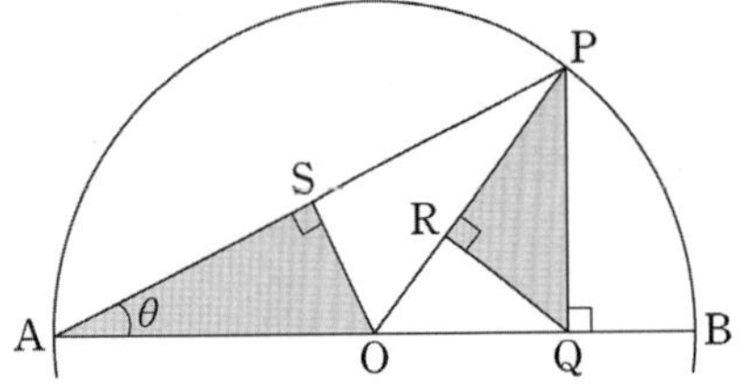

HINT▸▸

$\sin2\theta=2\sin\theta\cos\theta$

$\lim_{\theta\to0}\frac{\sin\theta}{\theta}=\lim_{\theta\to0}\frac{\theta}{\sin\theta}=1$

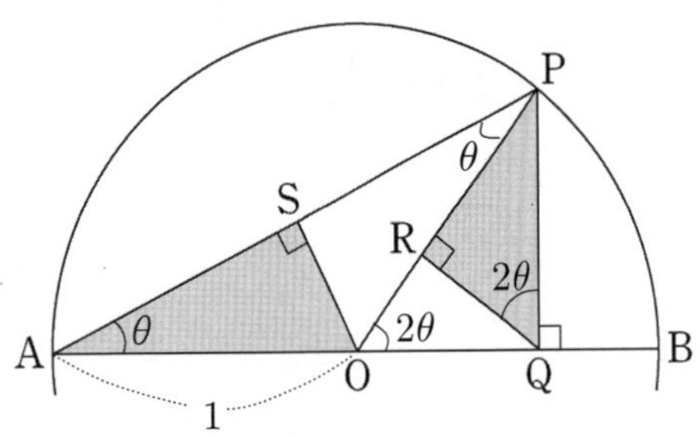

$\triangle AOS$에서 $\overline{AO}=1$, $\angle SAO=\theta$이므로

$\overline{AS}=\cos\theta$, $\overline{OS}=\sin\theta$

$\therefore\ \triangle AOS=f(\theta)=\frac{1}{2}\times\overline{AS}\times\overline{OS}$

$=\frac{1}{2}\times\cos\theta\sin\theta$

$\triangle POQ$에서 $\overline{OP}=1$, $\angle POQ=2\theta$이므로

$\overline{PQ}=\sin2\theta$

$\triangle PRQ$에서 $\overline{OP}=1$,

$\angle PQR=\angle POQ=2\theta$이므로

$\overline{PR}=\sin2\theta\sin2\theta=\sin^2 2\theta$,

$\overline{QR}=\sin2\theta\cos2\theta$

$\therefore\ \triangle PRQ=g(\theta)=\frac{1}{2}\times\overline{PR}\times\overline{QR}$

$=\frac{1}{2}\times\sin^3 2\theta\cos2\theta$

$$\therefore\ \lim_{\theta\to+0}\frac{\theta^2 f(\theta)}{g(\theta)}=\lim_{\theta\to+0}\frac{\frac{1}{2}\theta^2\sin\theta\cos\theta}{\frac{1}{2}\sin^3 2\theta\cos2\theta}$$

$$=\lim_{\theta\to+0}\frac{\frac{1}{4}\theta^2\sin2\theta}{\frac{1}{2}\sin^3 2\theta\cos2\theta}$$

$$=\lim_{\theta\to+0}\frac{1}{2}\cdot\frac{\theta^2}{\sin^2 2\theta}\cdot\frac{1}{\cos2\theta}$$

$$=\frac{1}{2}\lim_{\theta\to+0}\frac{2\theta}{\sin2\theta}\cdot\frac{2\theta}{\sin2\theta}\cdot\frac{1}{4}\cdot\frac{1}{\cos2\theta}$$

$$=\lim_{\theta\to+0}\frac{1}{2}\cdot\frac{1}{4}\cdot\frac{(2\theta)^2}{\sin^2 2\theta}\cdot\frac{1}{\cos2\theta}$$

$$=\frac{1}{2}\times\frac{1}{4}\times1\times1$$

$$=\frac{1}{8}$$

$\therefore\ p^2+q^2=64+1=65$

정답 : 65

07.6B

035

사차함수

$f(x)=x^4+ax^3+bx^2+cx+6$이 다음 조건을 만족시킬 때, $f(3)$의 값을 구하시오.

(가) 모든 실수 x에 대하여 $f(-x)=f(x)$이다. (나) 함수 $f(x)$는 극솟값 -10을 갖는다.

HINT ▸▸

4차식을 그래프는 최고차항의 계수가 0보다 클 때 (W 모양) 의 형태가 된다.

$f(x)$는 $f'(x)=0$일때 극값을 가진다.

$f(x)=x^4+ax^3+bx^2+cx+6$에서

$f(-x)=f(x)$이므로 $f(x)$는 우함수이다.

$\therefore\ a=c=0$

따라서 $f(x)=x^4+bx^2+6$이고

$f'(x)=4x^3+2bx=2x(2x^2+b)$

이 때 $f'(x)=0$인 x의 값을 구하면

$b>0$일 때 $x=0$

$b<0$일 때 $x=0$또는 $x=\pm\sqrt{\dfrac{-b}{2}}$

그런데 $b>0$일 때 $x=0$인 경우

함수 $f(x)$는 $x=0$에서 극솟값을 갖고

$f(0)=6$이므로 (나)의 조건을

만족시키지 못한다.

따라서 $b<0$이고 이 때 함수 $f(x)$는

$x=\pm\sqrt{\dfrac{-b}{2}}$ 에서 극솟값을 가지므로

$f\left(\pm\sqrt{\dfrac{-b}{2}}\right)=\dfrac{b^2}{4}-\dfrac{b^2}{2}+6=-10$

$\dfrac{b^2}{4}=16,\ b^2=64$

그런데 $b<0$이므로 $b=-8$

따라서 $f(x)=x^4-8x^2+6$이므로

$f(3)=3^4-8\times3^2+6=15$

정답 : 15

07.6B

036

그림과 같이 좌표평면 위에 네 점 O(0, 0), A(8, 0), B(8, 8), C(0, 8) 을 꼭짓점으로 하는 정사각형 OABC와 한 변의 길이가 8이고 네 변이 좌표축과 평행한 정사각형 PQRS가 있다. 점 P가 점 $(-1,\ -6)$에서 출발하여 포물선 $y=-x^2+5x$ 를 따라 움직이도록 정사각형 PQRS를 평행이동 시킨다. 평행이동시킨 정사각형과 정사각형 OABC가 겹치는 부분의 넓이의 최댓값을 $\frac{q}{p}$라 할 때, $p+q$의 값을 구하시오. (단, p와 q는 서로소인 자연수이다.)

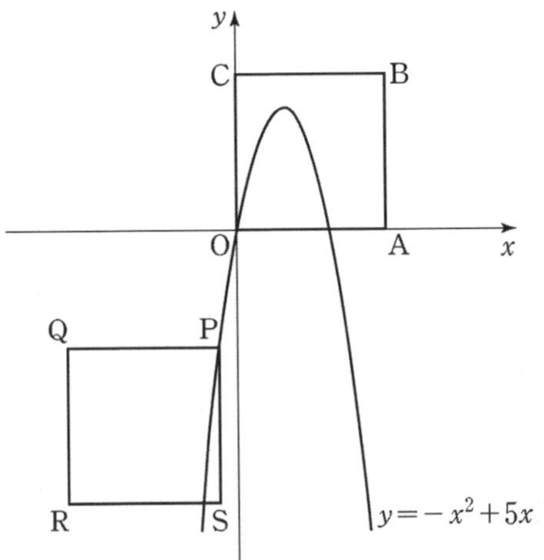

HINT▸▸

$f(x)$는 $f'(x)=0$일때 극값을 가진다.

점P의 좌표를 $(x, -x^2+5x)$라 하면

두 정사각형OABC,PQRS가 겹칠 때,

$0 \leq x \leq 5$이다.

두 정사각형이 겹치는 부분의 넓이를 $S(x)$라 하면

$S(x)=x(-x^2+5x)=-x^3+5x^2$ 이다.

$S'(x)=-3x^2+10x=-3x\left(x-\frac{10}{3}\right)$이므로

$S'(x)=0$ 에서 $x=0, \frac{10}{3}$

x	0	$\cdots$	$\frac{10}{3}$	$\cdots$	5
$S'(x)$		+	0	−	
$S(x)$		↗		↘	

증감표에서 $S(x)$는 $x=\frac{10}{3}$일 때, 최댓값을 갖고 최댓값은

$S\left(\frac{10}{3}\right)=-\frac{1000}{27}+5\cdot\frac{100}{9}=\frac{500}{27}$

$\therefore\ p+q=27+500=527$

정답 : 527

07.6B

037

그림과 같이 편평한 바닥에 $60°$로 기울어진 경사면과 반지름의 길이가 0.5m인 공이 있다. 이 공의 중심은 경사면과 바닥이 만나는 점에서 바닥에 수직으로 높이가 21m인 위치에 있다.

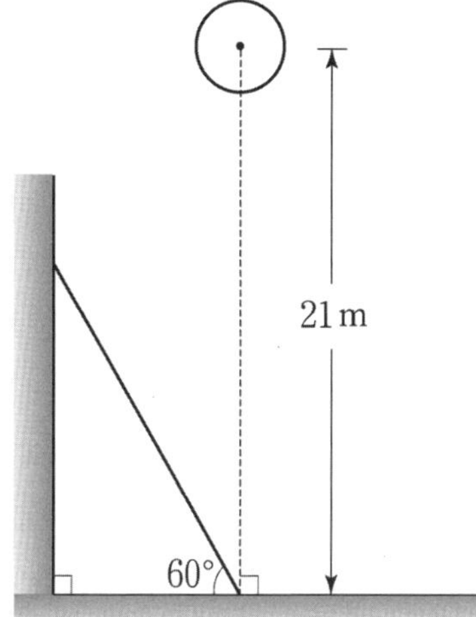

이 공을 자유낙하시킬 때, t초 후 공의 중심의 높이 $h(t)$는 $h(t)=21-5t^2(\text{m})$ 라고 한다. 공이 경사면과 처음으로 충돌하는 순간, 공의 속도는? (단, 경사면의 두께와 공기의 저항은 무시한다.)

① $-20\text{m}/$초　② $-17\text{m}/$초
③ $-15\text{m}/$초　④ $-12\text{m}/$초
⑤ $-10\text{m}/$초

HINT ▸▸

	적분		적분	
가속도	⇄	속도	⇄	위치
	미분		미분	

공이 빗면과 충돌할 때의 공의 중심과 바닥사이의 거리를 h_0라 하면 아래 그림에서

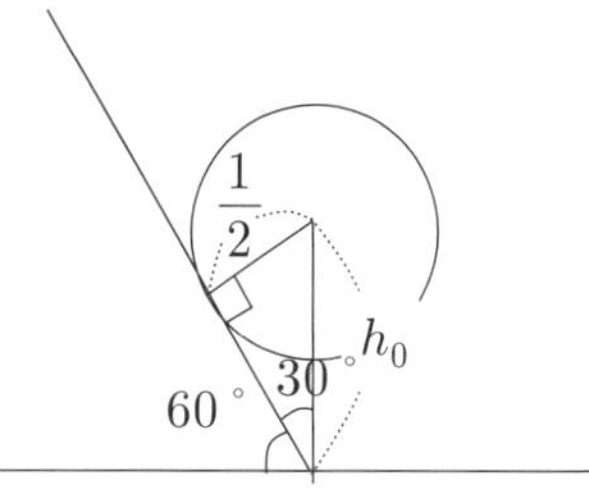

$h_0 \sin 30° = \frac{1}{2}$

$\therefore\ h_0 = 1$

구와 빗면이 만나는 시각을 t라 하면 $h(t)=1$에서

$21-5t^2=1$

$\therefore\ t=2\ (\because\ t>0)$

따라서 t초 후의 공의 중심의 속도는 $h'(t) = -10t$이므로 충돌하는 순간의 속도는 $h'(1) = -20$

정답 : ①

07.수능B

038

그림과 같이 좌표평면에서 원 $x^2+y^2=1$ 위의 점 P는 점 A(1, 0)에서 출발하여 원 둘레를 따라 시계 반대 방향으로 매초 $\frac{\pi}{2}$의 일정한 속력으로 움직이고 있다. 점 Q는 점 A에서 출발하여 점 B(−1, 0)을 향하여 매초 1의 일정한 속력으로 x축 위를 움직이고 있다. 점 P와 점 Q가 동시에 점 A에서 출발하여 t초가 되는 순간, 선분 PQ, 선분 QA, 호 AP로 둘러싸인 어두운 부분의 넓이를 S라 하자. 출발한 지 1초가 되는 순간, 넓이 S의 시간(초)에 대한 변화율은?

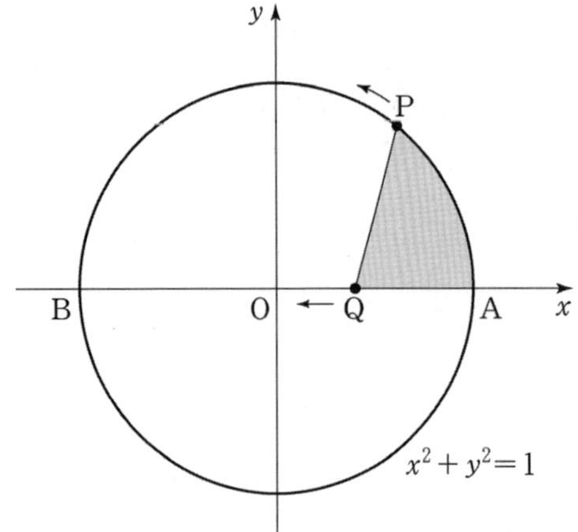

① $\frac{\pi}{4}-1$　② $\frac{\pi}{4}$　③ $\frac{\pi}{4}+\frac{1}{3}$　④ $\frac{\pi}{4}+\frac{1}{2}$　⑤ $\frac{\pi}{4}+1$

HINT▸▸

삼각형의 넓이 $S=\frac{1}{2}absin\theta$

호의 길이 $l=r\theta$

호의 넓이 $S=\frac{1}{2}r^2\theta=\frac{1}{2}rl$

어두운 부분의 넓이를 $S(t)$라 하면

(i) $0\leq t\leq 1$ 일 때

(호AP 의 길이)= $\frac{\pi}{2}t$, $\angle AOP=\frac{\pi}{2}t$,

$\overline{OQ}=1-t$ 이므로

$\frac{dS}{dt}=\frac{\pi}{4}+\frac{1}{2}sin\frac{\pi}{2}t-\frac{\pi}{4}(1-t)\cos\frac{\pi}{2}t$

$\left(\frac{dS}{dt}\right)_{t=1}=\frac{\pi}{4}+\frac{1}{2}$

(ii) $1<t\leq 2$ 일 때

(호AP 의 길이)= $\frac{\pi}{2}t$, $\angle AOP=\frac{\pi}{2}t$,

$\overline{OQ}=t-1$ 이므로

$S(t)=\frac{\pi}{4}t+\frac{1}{2}(t-1)\sin\frac{\pi}{2}t$

$\frac{dS}{dt}=\frac{\pi}{4}+\frac{1}{2}sin\frac{\pi}{2}t+\frac{\pi}{4}(t-1)\cos\frac{\pi}{2}t$

$\left(\frac{dS}{dt}\right)_{t=1}=\frac{\pi}{4}+\frac{1}{2}$

(i),(ii)에서 $S'(1)=\frac{\pi}{4}+\frac{1}{2}$

정답 : ④

07.9B

039

두 다항함수 $f(x)$, $g(x)$가 다음 조건을 만족시킬 때, $g'(0)$의 값을 구하시오.

(가) $f(0)=1$, $f'(0)=-6$, $g(0)=4$
(나) $\lim_{x \to 0} \frac{f(x)g(x)-4}{x}=0$

HINT▸▸

$\{f(x) \cdot g(x)\}' = f'(x)g(x)+f(x) \cdot g'(x)$

$F(x)=f(x)g(x)$라 하면

$F(0)=f(0)g(0)=4$이므로

(나)에서

$\lim_{x \to 0} \frac{F(x)-F(0)}{x} = F'(0)$

$=f(0)g'(0)+f'(0)g(0)$

$=1 \times g'(0)+(-6) \times 4$

$=g'(0)-24=0$

$\therefore\ g'(0)=24$

정답 : 24

08.6B

040

함수 $f(x)=\frac{1}{3}x^3-x^2-3x$는 $x=a$에서 극솟값 b를 가진다. 함수 $y=f(x)$의 그래프 위의 점 $(2, f(2))$에서 접하는 직선을 l이라 할 때, 점 (a, b)에서 직선 l까지의 거리가 d이다. $90d^2$의 값을 구하시오.

HINT▸▸

3차식의 개형 : 최고차항의 계수> 0일 경우

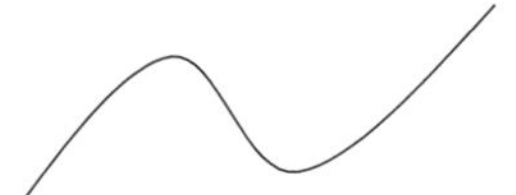

$x=a$에서 접선의 식 $y=f'(a)(x-a)+f(a)$

점과 직선과의 거리의 식 $d=\frac{|ax_1+by_1+c|}{\sqrt{a^2+b^2}}$

$f'(x)=x^2-2x-3$
$=(x+1)(x-3)$

$x=3$에서 극솟값 $f(3)=-9$를 가지므로

$a=3,\ b=-9$

점 $(2, f(2))$에서의 접선 l의 방정식은

$y=f'(2)(x-2)+f(2)$

$=-3(x-2)+\frac{8}{3}-10$

$=-3x-\frac{4}{3}$

따라서 점 $(3, -9)$와 직선 $9x+3y+4=0$ 사이의 거리 d는

$d=\frac{|9\cdot 3+3\cdot(-9)+4|}{\sqrt{9^2+3^2}}=\frac{4}{\sqrt{90}}$이므로

$90d^2=16$

정답 : 16

08.수능B

041

다항함수 $f(x)$와 두 자연수 m, n이

$$\lim_{x\to\infty}\frac{f(x)}{x^m}=1, \quad \lim_{x\to\infty}\frac{f'(x)}{x^{m-1}}=a$$

$$\lim_{x\to 0}\frac{f(x)}{x^n}=b, \quad \lim_{x\to 0}\frac{f'(x)}{x^{n-1}}=9$$

를 모두 만족시킬 때, 옳은 것만을 〈보기〉에서 있는 대로 고른 것은? (단, a, b는 실수이다.)

〈보 기〉

ㄱ. $m \geqq n$
ㄴ. $ab \geqq 9$
ㄷ. $f(x)$가 삼차함수이면 $am = bn$이다.

① ㄱ ② ㄷ ③ ㄱ, ㄴ
④ ㄴ, ㄷ ⑤ ㄱ, ㄴ, ㄷ

HINT ▸▸

$(x^n)' = nx^{n-1}$

다항함수 $f(x)$와 자연수 p에 대해, $\lim_{x\to\infty}\frac{f(x)}{x^p}=\alpha(\neq 0)$이면 $f(x)$의 차수는 p, 최고차항의 계수는 α이며, $\lim_{x\to 0}\frac{f(x)}{x^p}=\beta$이면 $f(x)$는 x^p를 인수로 갖고, x^p항의 계수는 β이다. 이러한 사실에서, 주어진 관계식들은

(1) $f(x)=x^a+a_{m-1}x^{m-1}+\dots+bx^n$,

$f'(x)=ax^{a-1}+\dots+bnx^{n-1}$

(2) $a=m$

(3) $bn=9$ 임을 알려준다.

ㄱ. 〈참〉

$a=m\geqq n$

ㄴ. 〈참〉

ㄱ에서 $a\geqq n$이므로 $ab\geqq nb=9$

ㄷ. 〈참〉

$f(x)$가 삼차함수이므로 $a=3$이고 따라서 $am=a^2=9=bn$이다.

따라서 ㄱ, ㄴ, ㄷ 모두 옳다.

정답 : ⑤

09.6B

042

사차함수 $f(x)$가 다음 조건을 만족시킬 때, $\dfrac{f'(5)}{f'(3)}$의 값을 구하시오.

(가) 함수 $f(x)$는 $x=2$에서 극값을 갖는다.
(나) 함수 $|f(x)-f(1)|$은 오직 $x=a$ $(a>2)$에서만 미분가능하지 않다.

HINT▸▸

$f'(x)=(x-\alpha)^2h(x)$의 꼴일때 $f(x)$는 $x=\alpha$ 점에서 극값을 갖지 않는다.

$g(x)=f(x)-f(1)$ 이라 하면
$g'(x)=f'(x)=(x-2)I(x)$의 꼴이고
$|g(x)|=|f(x)-f(1)|$가 $x=1$에서 미분가능하려면 $x=1$에서 x축에 접해야 하므로
$g'(x)=(x-1)^2I(x)$의 꼴도 된다, 따라서
$g(1)=g'(1)=0$, $g'(2)=0$
$y=|g(x)|$는 $x=1$ 에서 극값을 갖는다.
따라서 (나)의 조건에 맞도록 $y=|g(x)|$의 그래프를 그려보면 아래그림과 같다.

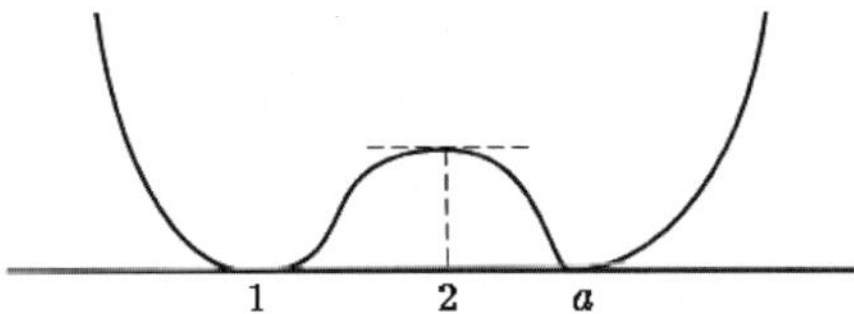

$y=g(x)$의 그래프는 다음 두 가지 경우에 해당한다.

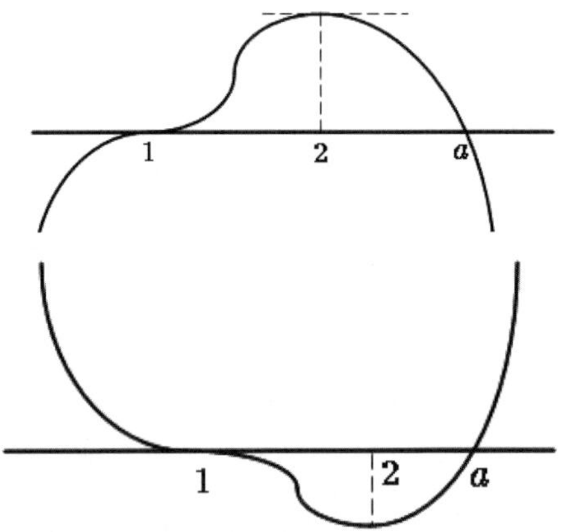

$\therefore$ $g'(x)=a(x-1)^2(x-2)=f'(x)$ $(a\neq 0)$

$\dfrac{f'(5)}{f'(3)}=\dfrac{48a}{4a}=12$

정답 : 12

09.9B

043

다음 조건을 만족시키는 모든 사차함수 $y=f(x)$의 그래프가 항상 지나는 점들의 y좌표의 합을 구하시오.

(가) $f(x)$의 최고차항의 계수는 1 이다.
(나) 곡선 $y=f(x)$가 점 $(2,\ f(2))$에서 직선 $y=2$에 접한다.
(다) $f'(0)=0$

HINT▸▸

$x=a$에서 $y=b$에 접한다.
$\Rightarrow$ $f(x)$가 $x=a$에서 극값 b를 가진다.

$f(x)=x^4+ax^3+bx^2+cx+d\cdots$ ⓐ
$f'(x)=4x^3+3ax^2+2bx+c\cdots$ ⓑ
주어진 조건이
$f'(0)=0,\ f'(2)=0,\ f(2)=2$ 이므로
ⓑ식에 적용해보면
$c=0$
$b=-3a-8$
이를 ⓐ에 적용해보면
$d=4a+18$
이들을 ⓐ에 대입하여 a에 대하여 정리해보면
$f(x)=x^4+ax^3+(-3a-8)x^2+(4a+18)$
$=(x^4-8x^2+18)+a(x^3-3x^2+4)$
$=(x^4-8x^2+18)+a(x-1)(x-2)^2$
따라서 $f(x)$는 a값에 상관 없이
$x=1,\ x=2$ 을 지난다.
따라서 점의 좌표는 $f(1)=11,\ f(2)=2$이다.
$f(1)+f(2)=13$

정답 : 13

09.9B

044

함수 $f(x)=\sin\frac{x^2}{2}$에 대한 설명으로 옳은 것만을 <보기>에서 있는 대로 고른 것은?

<보 기>

ㄱ. $0<x<1$일 때, $x^2\sin\frac{x^2}{2}<f(x)<\cos\frac{x^2}{2}$ 이다.

ㄴ. 구간 $(0, 1)$에서 곡선 $y=f(x)$는 위로 볼록하다.

ㄷ. $\int_0^1 f(x)dx \leqq \frac{1}{2}\sin\frac{1}{2}$

① ㄱ ② ㄴ ③ ㄱ, ㄴ
④ ㄱ, ㄷ ⑤ ㄴ, ㄷ

HINT▸▸

$\frac{d}{dx}\{\cos f(x)\}=-\sin f(x)\cdot f'(x)$

$\frac{d}{dx}\{\sin f(x)\}=\cos f(x)\cdot f'(x)$

$f''(x)>0 \Rightarrow$ 아래로 볼록
$f''(x)<0 \Rightarrow$ 위로 볼록

ㄱ. <참>

$0<x^2<1$ 이므로, $x^2\sin\frac{x^2}{2} < \sin\frac{x^2}{2}$ …①

$0<\frac{x^2}{2}<\frac{1}{2}<\frac{\pi}{6}$ 이므로,

$\sin\frac{x^2}{2}<\cos\frac{x^2}{2}$ …②

$(\because 0<\theta<\frac{\pi}{4}$일 때 $\sin\theta<\cos\theta)$

①, ② 에 의해

$x^2\sin\frac{x^2}{2} < f(x) < \cos\frac{x^2}{2}$

ㄴ. <거짓>

$f'(x)=x\cos\frac{x^2}{2}$,

$f''(x)=\cos\frac{x^2}{2}-x^2\sin\frac{x^2}{2}>0$

(∵ ㄱ. 에 의해)

따라서, $y=f(x)$ 는 $0<x<1$ 에서 아래로 볼록.

ㄷ. <참>

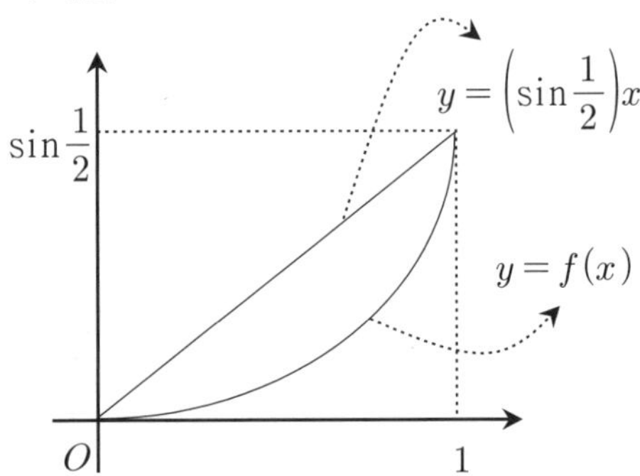

$0<x<1$ 에서 아래로 볼록이므로, [그림1]에서 $f(x)\leqq\left(\sin\frac{1}{2}\right)x$ (∵ ㄴ.)

따라서,

$$\int_0^1 f(x)\,dx \leqq \int_0^1\left(\sin\frac{1}{2}\right)x\,dx=\frac{1}{2}\sin\frac{1}{2}$$

정답 : ④

09.수능B

045

최고차항의 계수가 1인 사차함수 $f(x)$에 대하여 함수 $g(x)$가 다음 조건을 만족시킨다.

> (가) $-1 \leq x < 1$일 때, $g(x)=f(x)$이다.
> (나) 모든 실수 x에 대하여
> $g(x+2)=g(x)$이다.

옳은 것만을 [보기]에서 있는 대로 고른 것은?

〈보 기〉

ㄱ. $f(-1)=f(1)$ 이고 $f'(-1)=f'(1)$이면, $g(x)$는 실수 전체의 집합에서 미분가능하다.
ㄴ. $g(x)$가 실수 전체의 집합에서 미분가능하면, $f'(0)f'(1)<0$ 이다.
ㄷ. $g(x)$가 실수 전체의 집합에서 미분가능하고 $f'(1)>0$이면, 구간 $(-\infty, -1)$에 $f'(c)=0$인 c가 존재한다.

① ㄱ　② ㄴ　③ ㄱ, ㄷ
④ ㄴ, ㄷ　⑤ ㄱ, ㄴ, ㄷ

HINT ▸▸

롤의 정리 : 함수 $f(x)$가 닫힌구간 $[a, b]$에서 연속이고 열린구간 (a, b)에서 미분가능할 때 a, b에서의 함숫값이 같다면 구간 $[a, b]$에서 기울기가 0이 되는 c가 반드시 존재한다.

ㄱ. 〈참〉
$g(x+2)=g(x)$이므로 함수 $g(x)$의 그래프는 $-1 \leq x<1$일 때의 함수 $f(x)$의 그래프가 주기적으로 반복된다.
한편, $f(-1)=f(1)$이므로 함수 $g(x)$는 연속이다.
또한, $-1<x<1$에서 $f(x)$는 다항함수이므로 미분가능하고, $f'(-1)=f'(1)$이므로 실수 전체의 집합에서 미분가능하다.
ㄴ. 〈거짓〉
[반례]
$f(x)=(x-1)^2(x+1)^2$
이라 하면
$f(-1)=f(1)=0$,
$f'(-1)=f'(1)=0$이므로

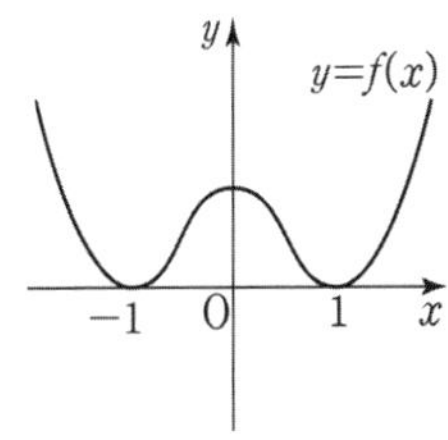

$g(x)$가 실수 전체의 집합에서 미분가능하지만 $f'(0)f'(1)=0$
ㄷ. 〈참〉
$g(x)$가 주기함수이고 미분가능하므로 전구간 연속이고 $\therefore f(1)=f(-1)$
따라서 롤의 정리에 의해 매 주기당 최소 한번 이상 $f'(c)=0$인 c가 존재한다.
따라서, 옳은 것은 ㄱ, ㄷ이다.

정답 : ③

CROSS MATH

10.6B

046

서로 다른 두 실수 α, β가 사차방정식 $f(x)=0$의 근일 때, 옳은 것만을 〈보기〉에서 있는 대로 고른 것은?

> ㄱ. $f'(\alpha)=0$이면 다항식 $f(x)$는 $(x-a)^2$으로 나누어 떨어진다.
> ㄴ. $f'(\alpha)f'(\beta)=0$이면 방정식 $f(x)=0$은 허근을 갖지 않는다.
> ㄷ. $f'(\alpha)f'(\beta)>0$이면 방정식 $f(x)=0$은 서로 다른 네 실근을 갖는다.

① ㄱ ② ㄷ ③ ㄱ, ㄴ
④ ㄴ, ㄷ ⑤ ㄱ, ㄴ, ㄷ

HINT ▸▸

중간값의 정리 :
연속인 함수 $f(x)$에서
$f(a)\cdot f(b)<0$이면 $f(c)=0$을 만족하는 c가 $(a,\ b)$상에 적어도 하나 존재한다.

ㄱ. 〈참〉
$f(\alpha)=0$, $f'(\alpha)=0$ 이므로
$f(x)$는 $(x-\alpha)^2$을 인수로 갖는다.
따라서 $f(x)$는 $(x-\alpha)^2$으로 나누어 떨어진다.
ㄴ. 〈참〉
$f'(\alpha)f'(\beta)=0$ 이면
$f'(\alpha)=0$ 또는 $f'(\beta)=0$ 이므로 ㄱ에 의하여 $f(x)$의 사차항의 계수를 k라 하면
$f(x)=k(x-\alpha)^2(x-\beta)(x-\gamma)$
또는 $f(x)=k(x-\alpha)(x-\beta)^2(x-\gamma)$
또는 $f(x)=k(x-\alpha)^2(x-\beta)^2$
으로 나타낼 수 있다. 이 때 γ는 1차식의 근이므로 허근이 될 수 없다.
따라서 방정식 $f(x)=0$은 허근을 갖지 않는다.
ㄷ. 〈참〉
$f(x)=k(x-\alpha)(x-\beta)(x^2+ax+b)$
라고 하면
$$f'(x)=k(x-\beta)(x^2+ax+b)+k(x-\alpha)(x^2+ax+b)+k(x-\alpha)(x-\beta)(2x+a)$$
$f'(\alpha)f'(\beta)$
$=\{k(\alpha-\beta)(\alpha^2+a\alpha+b)\}\times\{k(\beta-\alpha)(\beta^2+a\beta+b)\}$
$=-k^2(\alpha-\beta)^2(\alpha^2+a\alpha+b)(\beta^2+a\beta+b)>0$
$(\alpha^2+a\alpha+b)(\beta^2+a\beta+b)<0$
따라서 $g(x)=x^2+ax+b$라고 하면
$g(\alpha)g(\beta)<0$ 이므로 중간값의 정리에 의하여 구간 (α,β)에서 방정식 $g(x)=0$은 하나의 실근을 갖는다. 또한, $g(x)$는 이차함수이므로 다른 구간에서 또다른 하나의 실근을 갖는다. 즉, 방정식 $f(x)=0$은 α, β 그리고 그 외 두근을 합해서 서로 다른 네 실근을 갖는다.
따라서 옳은 것은 ㄱ, ㄴ, ㄷ 이다.

[참고]
그림으로 이해해보자. α, β가 두근인 사차방정식에서 $f'(\alpha)f'(\beta)>0$면 x축과의 교점인 α, β에서의 기울기의 부호가 같다는 것이다.

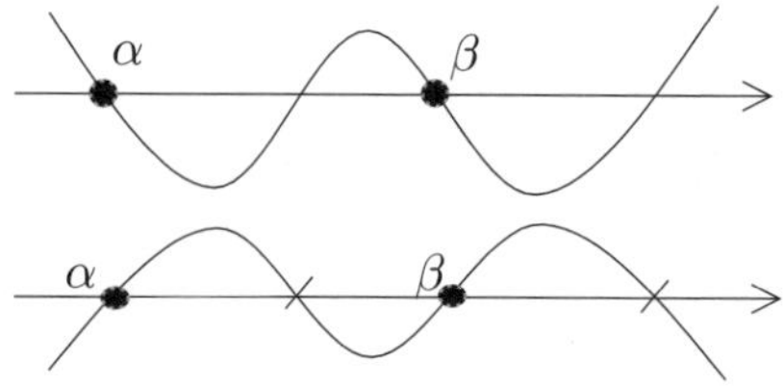

∴ 이럴 경우 $f(x)$는 서로 다른 네 실근을 갖는다.

정답 : ⑤

10.6B

047

삼차함수
$f(x)=x(x-\alpha)(x-\beta)$ $(0<\alpha<\beta)$와 두 실수 a, b에 대하여 함수 $g(x)$를
$g(x)=f(a)+(b-a)f'(x)$ 라고 하자.
$a<0, \alpha<b<\beta$일 때, 옳은 것만을 〈보기〉에서 있는 대로 고른 것은?

> ㄱ. x에 대한 방정식 $g(x)=f(a)$는 실근을 갖는다.
> ㄴ. $g(b)>f(a)$
> ㄷ. $g(a)>f(b)$

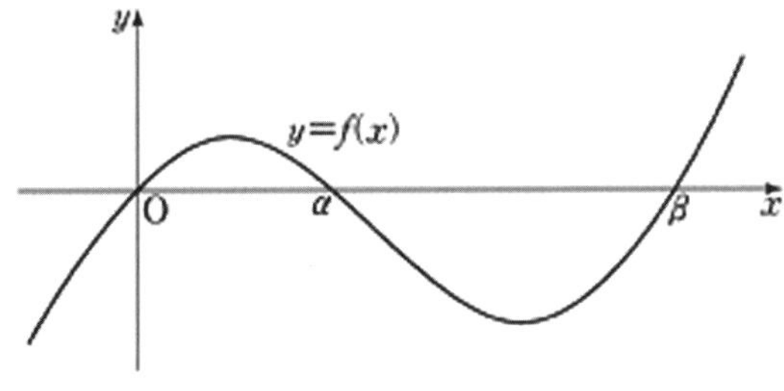

① ㄱ　② ㄴ　③ ㄱ, ㄴ
④ ㄱ, ㄷ　⑤ ㄱ, ㄴ, ㄷ

HINT▸▸

함수 $f(x)$는 $f'(x)=0$의 점에서 극값을 갖는다.
두점 $(x_1,\ y_1)(x_2,\ y_2)$가 주어질 때 직선의 기울기 : $m=\dfrac{y_2-y_1}{x_2-x_1}=\dfrac{f(x_2)-f(x_1)}{x_2-x_1}$

ㄱ. 〈참〉
$g(x)=f(a)$에서 $b-a>0$이므로
$g(x)-f(a)=(b-a)f'(x)=0$에서
$f'(x)=0$ $(\because a\neq b)$
이때, $y=f(x)$의 그래프는 극댓값과 극솟값을 가지므로 방정식 $f'(x)=0$은 두 개의 서로 다른 실근을 갖는다.

ㄴ. 〈거짓〉
$$g(b)-f(a)=\{f(a)+(b-a)f'(b)\}-f(a)$$
$$=(b-a)f'(b)$$
이때, $b-a>0$이고 $y=f(x)$가 감소하는 구간에서는 $f'(b)<0$이므로
$(b-a)f'(b)<0$
그러므로 항상 $g(b)>f(a)$라고 할 수 없다.

ㄷ. 〈참〉
$$g(a)-f(b)=\{f(a)+(b-a)f'(a)\}-f(b)$$
$$=(b-a)\left\{f'(a)-\frac{f(b)-f(a)}{b-a}\right\}$$
이때, $b-a>0$이고 점 $(a, f(a))$에서의 접선의 기울기 $f'(a)$는 두 점 $(a, f(a))$, $(b, f(b))$를 잇는 직선의 기울기보다 항상 크므로
($\because$ 왜 그런지는 그림으로 상상해보라)
$$f'(a)-\frac{f(b)-f(a)}{b-a}>0$$
그러므로 $g(a)>f(b)$

정답 : ④

10.6B

048

최고차항의 계수가 1이 아닌 다항함수 $f(x)$가 다음 조건을 만족시킬 때, $f'(1)$의 값을 구하시오.

(가) $\lim_{x\to\infty}\frac{\{f(x)\}^2-f(x^2)}{x^3f(x)}=4$

(나) $\lim_{x\to0}\frac{f'(x)}{x}=4$

HINT▸▸

$\frac{\infty}{\infty}$의 꼴일 때는 분자·분모를 제일 큰 수 혹은 문자로 나눈다.

(가)에서 $f(x)$의 최고차항을 $ax^n\,(a\neq1)$이라 하면

$\{f(x)\}^2-f(x^2)$의 최고차항은

$a^2x^{2n}-ax^{2n}=a(a-1)x^{2n}$ ---㉠

또, $x^3f(x)$의 최고차항은

ax^{n+3} ----㉡

0 아닌 극한값이 존재하려면 ㉠과 ㉡에서

$2n=n+3 \quad \therefore\ n=3$

이때, 극한값이 4이므로

$\frac{a(a-1)}{a}=4 \quad \therefore\ a=5$

$f(x)=5x^3+bx^2+cx+d$로 놓으면

$f'(x)=15x^2+2bx+c$

(나)에서

$\lim_{x\to0}\frac{f'(x)}{x}=\lim_{x\to0}\frac{15x^2+2bx+c}{x}$

이때, $x\to0$일 때, (분모)$\to0$이고 극한값이 존재하므로 (분자)$\to0$에서

$\lim_{x\to0}(15x^2+2bx+c)=c=0$

이 값을 대입하면

$\lim_{x\to0}\frac{15x^2+2bx}{x}=\lim_{x\to0}(15x+2b)=2b=4$

$\therefore\ b=2$

따라서 $f'(x)=15x^2+4x$이므로

$f'(1)=15+4=19$

정답 : 19

10.9B

049

함수 $f(x)=-3x^4+4(a-1)x^3+6ax^2(a>0)$과 실수 t에 대하여, $x \leqq t$에서 $f(x)$의 최댓값을 $g(t)$라 하자. 함수 $g(t)$가 실수 전체의 집합에서 미분가능 하도록 하는 a의 최댓값은?

① 1 ② 2 ③ 3 ④ 4 ⑤ 5

HINT▸▸

미분가능 ⇔ 도함수가 연속

$f'(x)=-12x^3+12(a-1)x^2+12ax$
$=-12x(x+1)(x-a)$

x	$\cdots$	-1	$\cdots$	0	$\cdots$	a	$\cdots$
$f'(x)$	$+$	0	$-$	0	$+$	0	$-$
$f(x)$	↗	극대	↘	극소	↗	극대	↘

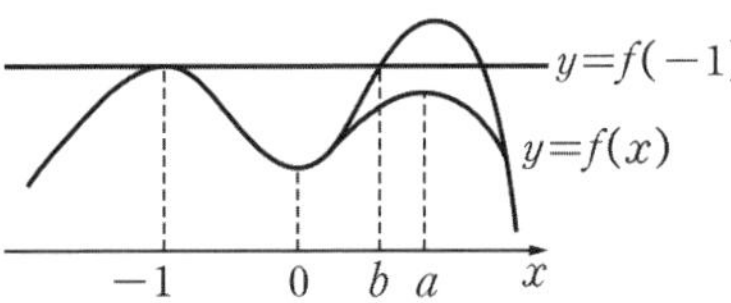

(i) $t \leqq -1$이면 $g(t)=f(t)$

(ii) $-1 \leqq t < b$이면 $g(t)=f(-1)$

(iii) $f(a)>f(-1)$일 때,

$b \leqq t < a$이면 $g(t)=f(t)$

$t>a$이면 $g(t)=f(a)$

그런데 (ii), (iii)에서

$\lim\limits_{t\to b-0} g'(t)=0 \neq \lim\limits_{t\to b+0} g'(t)$이므로

$f(a)>f(-1)$이면 $t=b$에서 미분가능하지 않다.

즉 최대값이 $f(-1)$이 아니라 $f(a)$가 되면 $x=b$에서 도함수가 불연속이 되어 $f(x)$가 미분가능하지 않게 된다.

그러므로 $f(a) \leqq f(-1)$이 되어야 한다.

$-3a^4+4a^3(a-1)+6a^3 \leqq -3-4(a-1)+6a$

$a^4+2a^3-2a-1 \leqq 0$

$(a+1)^3(a-1) \leqq 0 \quad \therefore -1 \leqq a \leqq 1$

따라서 a의 최댓값은 1이다.

정답 : ①

10.9B

050

다항함수 $f(x)$에 대하여 다음 표는 x의 값에 따른 $f(x)$. $f'(x), f''(x)$의 변화 중 일부를 나타낸 것이다.

x	$x<1$	$x=1$	$1<x<3$	$x=3$
$f'(x)$		0		1
$f''(x)$	+		+	0
$f(x)$		$\frac{\pi}{2}$		π

함수 $g(x)=\sin(f(x))$에 대하여 옳은 것만을 〈보기〉에서 있는 대로 고른 것은?

ㄱ. $g'(3)=-1$
ㄴ. $1<a<b<3$이면
$-1<\frac{g(b)-g(a)}{b-a}<0$이다.
ㄷ. 점 $P(1,1)$은 곡선 $y=g(x)$의 변곡점이다.

① ㄱ　② ㄷ　③ ㄱ, ㄴ
④ ㄴ, ㄷ　⑤ ㄱ, ㄴ, ㄷ

HINT▸▸

$a<x<b$
$c<y<d$
$a-d<x-y<b-c$

$\frac{d}{dx}\{\sin f(x)\}=\cos f(x)\cdot f'(x)$

$\frac{d}{dx}\{\cos f(x)\}=-\sin f(x)\cdot f'(x)$

〈평균값정리〉

함수 $f(x)$가 구간 $[a,\ b]$에서 연속이고 열린구간 $(a,\ b)$에서 미분가능일때

$f'(c)=\frac{f(b)-f(a)}{b-a}$를 만족하는 c가 열린구간 $(a,\ b)$에 반드시 하나이상 존재한다.

다항함수 $f(x)$가 다음을 만족할 때, 조건을 만족하도록 다른 값들을 입력하면 다음과 같다.

x	$x<1$	$x=1$	$1<x<3$	$x=3$
$f'(x)$	−	0	+	1
$f''(x)$	+	+	+	0
$f(x)$		$\frac{\pi}{2}$		π

$g(x)=\sin(f(x))$에 대하여 $g'(x), g''(x)$를 각각 구해 보면

$g'(x)=\cos(f(x))f'(x)$

$g''(x)=-\sin(f(x))\{f'(x)\}^2+\cos(f(x))f''(x)$

ㄱ. 〈참〉

$g'(3)=\cos(f(3))f'(3)$
$=\cos\pi\times 1=-1$

ㄴ. 〈참〉

$1<a<b<3$ 일 때, $g(x)$는 폐구간 $[1,3]$에서 연속이고 개구간 $(1,3)$에서 미분가능하므로 평균값 정리에 의하여

$\frac{g(b)-g(a)}{b-a}=g'(c)\ (1<a<c<b<3)$ …… ㉠

인 c가 존재한다.

(ⅰ) 다항함수 $f(x)$는 개구간 $(1,3)$에서 아래로 볼록이고 $f(1)<f(3)$이므로 $f(x)$는 이 구간에서 증가한다. 즉, $\frac{\pi}{2}<f(c)<\pi$

$\therefore\ -1<\cos(f(c))<0$

(ⅱ) 개구간 $(1,3)$에서 $0<f'(c)<1$

(ⅰ), (ⅱ)에서

$-1<g'(c)=\cos(f(c))f'(c)<0$ …… ㉡

㉡을 ㉠에 대입하면

$-1<\frac{g(b)-g(a)}{b-a}<0$ 이다.

ㄷ. 〈거짓〉

문제의 조건에 의하여

$$g''(1)=-\sin(f(1))\{f'(1)\}^2+\cos(f(1))f''(1)$$
$$=-1\times0^2+0\times f''(1)=0$$

$x\to1-0$일 때,

$f(x)\to\frac{\pi}{2}+0$이므로

$\sin f(x)>0,\ f'(x)<0$

$\cos f(x)<0,\ f''(x)>0$이므로

$g''(x)$

$=-\sin(f(x))\{f'(x)\}^2+\cos(f(x))f''(x)<0$

$x\to1+0$일 때,

$f(x)\to\frac{\pi}{2}+0$이므로

$\sin f(x)>0, f'(x)>0$

$\cos f(x)<0,\ f''(x)>0$이므로

$g''(x)<0$

$\therefore\ g''(1)=0$이지만 $x=1$의 좌우에서 $g''(x)$의 부호가 바뀌지 않으므로 점 $\mathrm{P}(1,1)$은 곡선 $y=g(x)$의 변곡점이 아니다.

따라서 옳은 것은 ㄱ, ㄴ이다.

정답 : ③

11.6B

051

함수 $f(x)=(x+1)^{\frac{3}{2}}$과 실수 전체의 집합에서 미분가능한 함수 $g(x)$에 대하여 함수 $h(x)$를 $h(x)=(g\circ f)(x)$라 하자. $h'(0)=15$일 때, $g'(1)$의 값을 구하시오.

HINT▸▸

$\{f(g(x))\}'=f'(g(x))\cdot g'(x)$

$h'(x)=g'(f(x))f'(x)$ 이므로

$h'(0)=g'(f(0))f'(0)=g'(1)f'(0)=15$

이때, $f'(x)=\frac{3}{2}(x+1)^{\frac{1}{2}}$ 이므로 $f'(0)=\frac{3}{2}$

즉, $g'(1)\times\frac{3}{2}=15$ 이므로 $g'(1)=10$

정답 : 10

11.6B

052

양의 실수 전체의 집합을 정의역으로 하는 함수

$$f(x)=\frac{1}{27}(x^4-6x^3+12x^2+19x)$$

에 대하여 $f(x)$의 역함수를 $g(x)$라 하자. 〈보기〉에서 옳은 것만을 있는 대로 고른 것은?

〈보 기〉

ㄱ. 점 $(2, 2)$는 곡선 $y=f(x)$의 변곡점이다.
ㄴ. 방정식 $f(x)=x$ 의 실근 중 양수인 것은 $x=2$ 하나뿐이다.
ㄷ. 함수 $|f(x)-g(x)|$는 $x=2$에서 미분 가능하다.

① ㄱ　② ㄴ　③ ㄱ, ㄴ　④ ㄱ, ㄷ　⑤ ㄱ, ㄴ, ㄷ

HINT▸▸

$f(x)$와 그 역함수$f(x)^{-1}$은 $y=x$그래프에 대해 대칭이다.
미분가능한 경우 그 도함수는 연속이 된다.
함수$f(x)$가 $x=a$에서 연속이라면
① $\lim_{x\to a} f(a)$ 값이 존재
② $f(a)$값이 존재
③ 위 두값이 일치 즉, $\lim_{x\to a} f(x)=f(a)$

ㄱ. 〈참〉

$f'(x)=\frac{1}{27}(4x^3-18x^2+24x+19)$

$f''(x)=\frac{1}{27}(12x^2-36x+24)$

$=\frac{4}{9}(x^2-3x+2)$

$=\frac{4}{9}(x-1)(x-2)$

따라서, $f''(x)=0$에서 $x=1$, $x=2$이고

$f(1)=\frac{26}{27}$, $f(2)=2$이므로 변곡점은

$\left(1, \frac{26}{27}\right)$, $(2, 2)$이다.

ㄴ. 〈참〉

$f(x)=x$에서

$x^4-6x^3+12x^2+19x=27x$

$x^4-6x^3+12x^2-8x=0$

$x(x^3-6x^2+12x-8)=0$

$x(x-2)^3=0$

$\therefore x=0$ 또는 $x=2$

따라서 실근 중 양수인 것은 $x=2$ 하나뿐이다.

ㄷ. 〈참〉

$f'(2)=\frac{1}{27}(4\cdot 2^3-18\cdot 2^2+24\cdot 2+19)$

$=\frac{1}{27}\cdot 27=1$

$=g'(2)$가 된다.

ㄱ, ㄴ에서 점(2,2)에서의 함수 $y=f(x)$의 접선은 $y=x$이고 $f(x)$의 역함수 $g(x)$의 그래프는 $f(x)$의 그래프와 직선 $y=x$에 대하여 대칭이므로 $f(2)=g(2)$

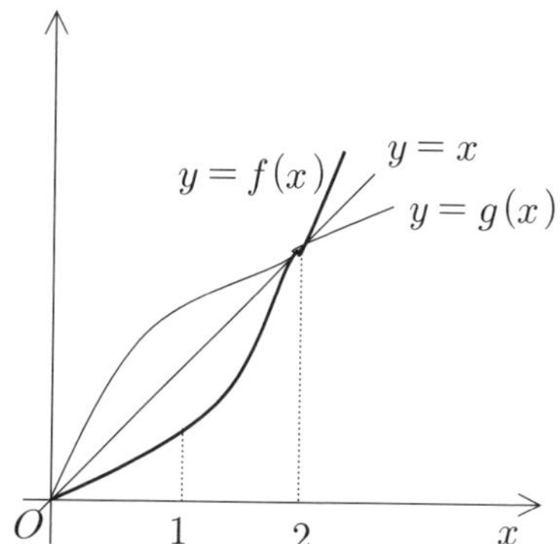

따라서, $I(x)=|f(x)-g(x)|$라고 하면

$I'(2)=\lim_{h\to 0}\frac{I(2+h)-I(2)}{h}=\lim_{h\to 0}\frac{I(2+h)}{h}$

$(\because I(2)=f(2)-g(2)=2-2=0)$

$=\lim_{h\to 0}\frac{|f(2+h)-g(2+h)|}{h}$

이때 $x=2$ 오른쪽에서는 $f(x)>g(x)$이므로

$\lim_{h\to +0}\frac{f(2+h)-g(2+h)}{h}$

$=\lim_{h\to +0}\frac{f(2+h)-f(2)}{h}-\lim_{h\to +0}\frac{g(2+h)-g(2)}{h}$

$=f'(2)-g'(2)=0$ $(\because f'(2)=1,\ g'(2)=1)$

$x=2$ 왼쪽에서는 $f(x)<g(x)$이므로

$\lim_{h\to -0}\frac{g(2+h)-f(2+h)}{h}$

$=\lim_{h\to -0}\frac{g(2+h)-g(2)}{h}-\lim_{h\to -0}\frac{f(2+h)-f(2)}{h}$

$=g'(2)-f'(2)=0$

그리고 $I'(2)=(f'(2)-g'(2))=0$이므로 도함수가 연속이 된다.

따라서 함수 $|f(x)-g(x)|$는 $x=2$에서 미분이 가능하다.

따라서, ㄱ, ㄴ, ㄷ 모두 옳다.

정답 : ⑤

11.9B

053

삼차함수 $y=f(x)$가 다음 조건을 만족시킨다.

(가) 방정식 $f(x)-x=0$이 서로 다른 세 실근 α, β, γ를 갖는다.
(나) $x=3$일 때 극값 7을 갖는다.
(다) $f(f(3))=5$

$f(f(x))$를 $f(x)-x$로 나눈 몫을 $g(x)$, 나머지를 $h(x)$라 할 때, 옳은 것만을 〈보기〉에서 있는 대로 고른 것은?

〈보 기〉

ㄱ. α, β, γ는 방정식 $f(f(x))-x=0$의 근이다.
ㄴ. $h(x)=x$
ㄷ. $g'(3)=1$

① ㄱ ② ㄷ ③ ㄱ, ㄴ
④ ㄴ, ㄷ ⑤ ㄱ, ㄴ, ㄷ

HINT▸▸

$\{f(g(x))\}' = f'(g(x)) \cdot g'(x)$

극값에서 $f'(x)=0$이 된다.

ㄱ. 〈참〉

α, β, γ는 방정식 $f(x)=x$의 근이므로

$f(\alpha)-\alpha=0$, $f(\beta)-\beta=0$, $f(\gamma)-\gamma=0$

$\therefore f(\alpha)=\alpha$, $f(\beta)=\beta$, $f(\gamma)=\gamma$

$\therefore f(f(\alpha))=f(\alpha)=\alpha$

$f(f(\beta))=f(\beta)=\beta$

$f(f(\gamma))=f(\gamma)=\gamma$

따라서, α, β, γ는 방정식 $f(f(x))=x$의 근이다.

ㄴ. 〈참〉

$f(x)-x$가 삼차식이므로

$h(x)=px^2+qx+r$로 놓을 수 있다.

$\therefore f(f(x))=\{f(x)-x\}g(x)+h(x)$

$=\{f(x)-x\}g(x)+px^2+qx+r$

$f(f(\alpha))=p\alpha^2+q\alpha+r=\alpha$ $\cdots$ ㉠

$f(f(\beta))=p\beta^2+q\beta+r=\beta$ $\cdots$ ㉡

$f(f(\gamma))=p\gamma^2+q\gamma+r=\gamma$ $\cdots$ ㉢

㉠-㉡에서 $p(\alpha^2-\beta^2)+q(\alpha-\beta)=\alpha-\beta$

$\alpha\neq\beta$이므로 $p(\alpha+\beta)+q=1$ $\cdots$ ㉣

㉡-㉢에서 $p(\beta^2-\gamma^2)+q(\beta-\gamma)=\beta-\gamma$

$\beta\neq\gamma$이므로 $p(\beta+\gamma)+q=1$ $\cdots$ ㉤

㉣-㉤에서 $p(\alpha-\gamma)=0$

$\alpha\neq\gamma$이므로 $p=0$

㉣에서 $q=1$

㉠에서 $\alpha+r=\alpha$이므로 $r=0$

$\therefore h(x)=x$

ㄷ. 〈거짓〉

$f(f(x))=\{f(x)-x\}g(x)+x$ $\cdots$ (*)

조건(나),(다)에서

$f(3)=7$, $f(f(3))=5$이므로

$f(f(3))=\{f(3)-3\}g(3)+3$에서

$5=(7-3)g(3)+3$ $\therefore g(3)=\frac{1}{2}$

(*)의 양변을 x에 대하여 미분하면

$f'(f(x))f'(x)$

$=\{f'(x)-1\}g(x)+\{f(x)-x\}g'(x)+1$

$x=3$을 대입하면

$f'(f(3))f'(3)$

$=\{f'(3)-1\}g(3)+\{f(3)-3\}g'(3)+1$

조건(나)에서 $f'(3)=0$이므로

$0=(0-1)\times\frac{1}{2}+(7-3)g'(3)+1$

$4g'(3)=-\frac{1}{2}$

$\therefore g'(3)=-\frac{1}{8}$

따라서, 보기 중 옳은 것은 ㄱ, ㄴ이다.

정답 : ③

11.수능B

054

정의역이 $\{x \mid 0 \leq x \leq \pi\}$ 인 함수 $f(x) = 2x\cos x$ 에 대하여 옳은 것만을 〈보기〉에서 있는 대로 고른 것은?

〈보 기〉

ㄱ. $f'(a) = 0$ 이면 $\tan a = \frac{1}{a}$ 이다.

ㄴ. 함수 $f(x)$ 가 $x = a$ 에서 극댓값을 가지는 a 가 구간 $\left(\frac{\pi}{4}, \frac{\pi}{3}\right)$ 에 있다.

ㄷ. 구간 $\left[0, \frac{\pi}{2}\right]$ 에서 방정식 $f(x) = 1$ 의 서로 다른 실근의 개수는 2 이다.

① ㄱ ② ㄷ ③ ㄱ, ㄴ
④ ㄴ, ㄷ ⑤ ㄱ, ㄴ, ㄷ

HINT▸▸

$f(x)\cdot g(x)' = f'(x)\cdot g(x) + f(x)\cdot g'(x)$

$\frac{d}{dx}(\cos x) = -\sin x$

$\frac{d}{dx}(\sin x) = \cos x$

중간값의 정리 :
연속인 함수 $f(x)$에서 $f(a)\cdot f(b) < 0$이면 $f(c) = 0$을 만족하는 c가 $(a,\ b)$상에 적어도 하나 존재한다.

$f(x)=2x\cos x$에서
$f'(x)=2\cos x-2x\sin x$

ㄱ. 〈참〉
$f'(a)=0$이면
$f'(a)=2\cos a-2a\sin a=0$
$2\cos a=2a\sin a$, $\dfrac{\sin a}{\cos a}=\dfrac{1}{a}$
$\therefore \tan a=\dfrac{1}{a}$

ㄴ. 〈참〉
함수 $f(x)$가 $x=a$에서 극댓값을 가지면
$f'(a)=0$이다.
이 때 함수 $f'(x)$는 모든 실수에서 연속이고

$$f'\left(\frac{\pi}{4}\right)=2\cos\frac{\pi}{4}-2\times\frac{\pi}{4}\times\sin\frac{\pi}{4}$$
$$=\sqrt{2}-\frac{\sqrt{2}}{4}\pi=\sqrt{2}\left(1-\frac{\pi}{4}\right)>0$$
$$f'\left(\frac{\pi}{3}\right)=2\cos\frac{\pi}{3}-2\times\frac{\pi}{3}\times\sin\frac{\pi}{3}$$
$$=1-\frac{\sqrt{3}}{3}\pi<0$$에서

기울기가 '$-$'에서 '$+$'로 바뀌었고
$f'\left(\dfrac{\pi}{4}\right)f'\left(\dfrac{\pi}{3}\right)<0$이므로 중간값의 정리에 의해
$f'(a)=0$을 만족하는 a가 구간 $\left(\dfrac{\pi}{4},\ \dfrac{\pi}{3}\right)$에 존재한다.

ㄷ. 〈참〉
방정식 $f(x)=1$에서 $2x\cos x=1$,
즉 $\cos x=\dfrac{1}{2x}$ $(\because x\neq 0)$
구간 $\left[0,\ \dfrac{\pi}{2}\right]$에서
방정식 $\cos x=\dfrac{1}{2x}$의 서로 다른 실근의 개수는 두 함수 $y=\cos x$, $y=\dfrac{1}{2x}$의 그래프의 서로 다른 교점의 개수와 같다.
$x=\dfrac{\pi}{3}$일 때,
좌변은 $\cos\dfrac{\pi}{3}=\dfrac{1}{2}$, 우변은 $\dfrac{1}{2}\cdot\dfrac{3}{\pi}=\dfrac{3}{2\pi}$에서
$\pi>3$이므로 $\dfrac{1}{2}>\dfrac{3}{2\pi}$이므로 $x=\dfrac{\pi}{3}$일 때,
$y=\cos x$의 그래프가 $y=\dfrac{1}{2x}$의 그래프보다 위에 있다. 따라서 구간 $\left[0,\ \dfrac{\pi}{2}\right]$에서 두 함수의 그래프는 그림과 같고 서로 다른 두 점에서 만난다. 즉 구간 $\left[0,\ \dfrac{\pi}{2}\right]$에서 방정식 $f(x)=1$의 서로 다른 실근의 개수는 2이다.

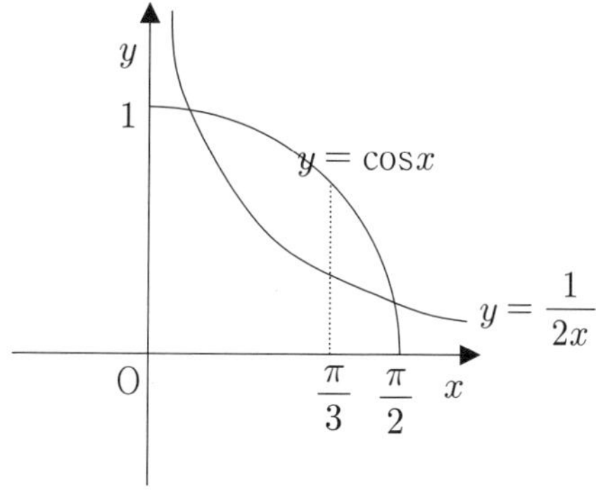

그러므로 ㄱ, ㄴ, ㄷ 모두 옳다.

정답 : ⑤

11.수능B

055

실수 m 에 대하여 점 $(0,\ 2)$ 를 지나고 기울기가 m 인 직선이 곡선 $y=x^3-3x^2+1$ 과 만나는 점의 개수를 $f(m)$ 이라 하자. 함수 $f(m)$ 이 구간 $(-\infty,\ a)$ 에서 연속이 되게 하는 실수 a 의 최댓값은?

① -3 ② $-\dfrac{3}{4}$ ③ $\dfrac{3}{2}$

④ $\dfrac{15}{4}$ ⑤ 6

HINT▸▸

그림을 그려서 이해하자.

$$\left(\frac{f(x)}{g(x)}\right)' = \frac{f'(x)g(x) - f(x)g'(x)}{g(x)^2}$$

점 $(0,\ 2)$를 지나고 기울기가 m인 직선 $y = mx + 2$와 곡선 $y = x^3 - 3x^2 + 1$의 교점의 개수는 방정식

$mx + 2 = x^3 - 3x^2 + 1$,

즉 $x^3 - 3x^2 - mx - 1 = 0$,

$x^2 - 3x - \dfrac{1}{x} = m$의 실근의 개수와 같다.

$(\because\ x \neq 0)$

$g(x) = x^2 - 3x - \dfrac{1}{x}$로 놓고 미분하면

$$g'(x) = 2x - 3 + \frac{1}{x^2} = \frac{2x^3 - 3x + 1}{x^2}$$

$$= \frac{(x-1)^2(2x+1)}{x^2}$$

$g'(x) = 0$에서 $x = -\dfrac{1}{2}$ 또는 $x = 1$

그러므로 $g(x)$의 증감표는 다음과 같다.

x	$\cdots$	$-\frac{1}{2}$	$\cdots$	(0)	$\cdots$	1	$\cdots$
$g(x)$	$-$	0	$+$		$+$	0	$+$
$g'(x)$	↘	$\frac{15}{4}$	↗		↗	-3	↗

$\lim\limits_{x\to+0} g(x) = -\infty$ $\qquad$ $\lim\limits_{x\to-0} g(x) = +\infty$

$\lim\limits_{x\to+\infty} g(x) = +\infty$

$\lim\limits_{x\to-\infty} g(x) = +\infty$

이 때 $y = g(x)$, $y = m$의 그래프를 그리면 그림과 같다.

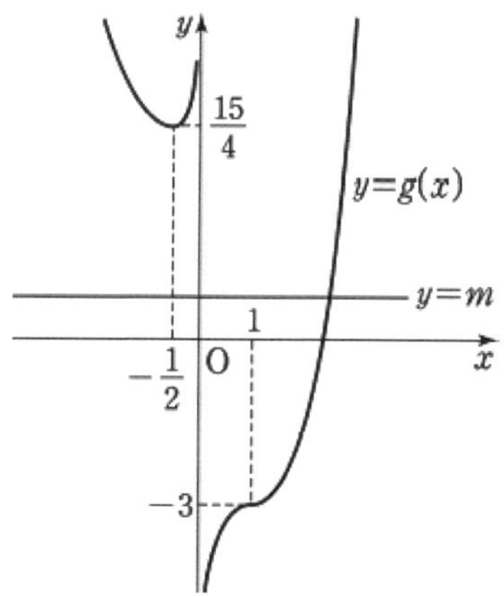

곡선 $y = g(x)$와 직선 $y = m$의 교점의 개수가 $f(m)$이므로

$$f(m) = \begin{cases} 3 & \left(m > \frac{15}{4}\right) \\ 2 & \left(m = \frac{15}{4}\right) \\ 1 & \left(m < \frac{15}{4}\right) \end{cases}$$

이며 그림으로 나타내면 아래와 같다.

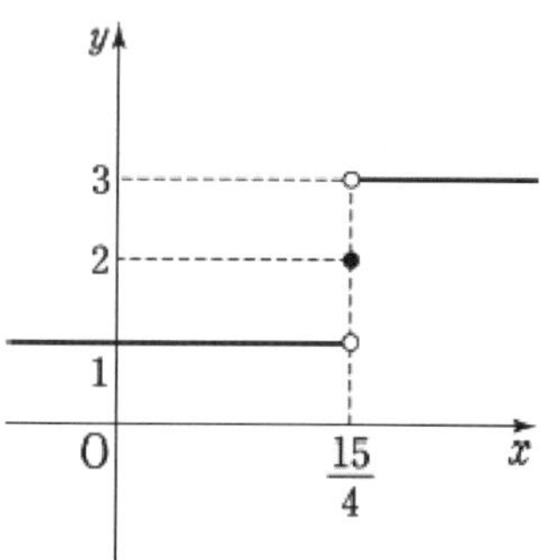

따라서 함수$f(m)$이 구간 $(-\infty,\ a)$에서 연속이 되게하는 실수 a의 최댓값은 $\dfrac{15}{4}$이다.

정답 : ④

11.9B

056

평면에 있는 사각형 $ABCD$가

$\overline{AB}=\overline{AD}=1$, $\overline{BC}=\overline{CD}=\overline{DB}$

를 만족시킨다. $\angle DAB=\theta$라 할 때, 사각형 $ABCD$의 넓이가 최대가 되도록 하는 θ에 대하여 $60\sin^2\theta$의 값을 구하시오.

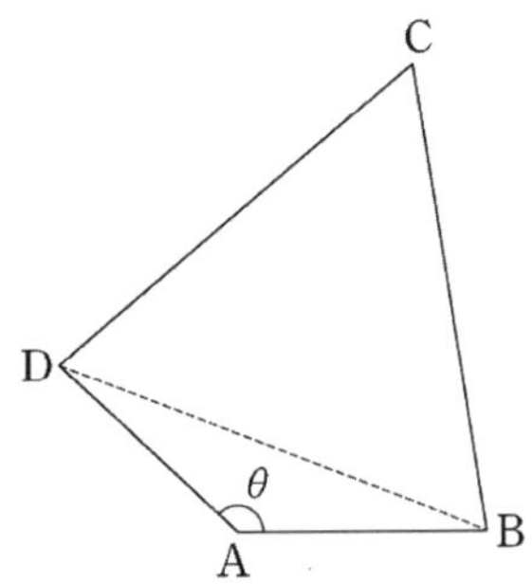

HINT▸▸

제이코사인법칙

$a^2=b^2+c^2-2bc\cos A \Leftrightarrow \cos A=\dfrac{b^2+c^2-a^2}{2bc}$

한변의 길이가 a인 정삼각형의 넓이

$S=\dfrac{\sqrt{3}}{4}a^2$

$\sin x\cos y \pm \cos x\sin y=\sin(x\pm y)$

삼각형 ABD에서 코사인법칙에 의해

$$\overline{BD}^2=1^2+1^2-2\cdot1\cdot1\cdot\cos\theta$$
$$=2-2\cos\theta$$

삼각형 BCD는 정삼각형이므로

삼각형 BCD의 넓이는

$$\frac{\sqrt{3}}{4}\times\overline{BD}^2=\frac{\sqrt{3}}{4}(2-2\cos\theta)$$
$$=\frac{\sqrt{3}}{2}(1-\cos\theta)$$

삼각형 ABD의 넓이는

$$\frac{1}{2}\times1\times1\times\sin\theta=\frac{1}{2}\sin\theta$$

이므로 사각형 $ABCD$의 넓이 S는

$$S=\frac{1}{2}\sin\theta+\frac{\sqrt{3}}{2}(1-\cos\theta)$$
$$=\frac{1}{2}\sin\theta-\frac{\sqrt{3}}{2}\cos\theta+\frac{\sqrt{3}}{2}$$
$$=\left(\cos\frac{\pi}{3}sin\theta-\sin\frac{\pi}{3}cos\theta\right)+\frac{\sqrt{3}}{2}$$
$$=\sin\left(\theta-\frac{\pi}{3}\right)+\frac{\sqrt{3}}{2}$$

따라서, S는 $\theta-\dfrac{\pi}{3}=\dfrac{\pi}{2}$ 즉, $\theta=\dfrac{5}{6}\pi$ 일때 최댓값을 갖는다.

$$\therefore\ 60\sin^2\theta=60\sin^2\frac{5}{6}\pi=60\times\left(\frac{1}{2}\right)^2$$
$$=15$$

정답 : 15

크로스수학
기출문제 유형탐구

3. 기하와 벡터

변환
도형
공간과 벡터

총 29문항

057 **눈이 아프면 듣기리듬을 쓰고, 우울하면 예습을 하고, 너무 나가서 놀고 싶은데 마음이 진정되지 않으면 복습을 하고, 속이 꼬이면서 좋지 않으면 예습을 빠른 속도로 하고, 속이 쓰리면서 좋지 않으면 느린 예습을 하라.**

058 우리는 열심히 공부하고 열심히 놀라고 강조한다. 진정으로 집중해서 하루 동안 공부할 책 100페이지를 자신의 것으로 만들고 싶은가? 그러면 운동 · 수면 · 공부의 균형, 좌우균형, 리듬간균형 말고 제4의 요소인 카타르시스를 말하지 않을 수 없다.

059 간혹 공부에 관해 완벽히 잊자. 어차피 우리에게 그냥 책상 앞에 앉아 있는 것만이 목표는 아니지 않는가? 최소 일주 한번은 진정 공부를 잊기 위해서 노력해보자.

060 스트레스해소법중 **추천하지 않는 것이 있는데 게임이 바로 그렇다.** 이 스트레스해소법은 공부방식의 가장 중요한 부분인 눈을 사용하는 리듬을 피로하도록 집중적으로 사용해버려서 귀중한 자원을 낭비한다. 게다가 공부할 때 꼭 필요한 이해력 암기력 등도 많은 부분을 갉아먹어버린다.

061 게임은 최악의 경우 즉 너무 스트레스가 심해서 도저히 다른 방법이 없을 때를 위한 **최후의 어쩔 수 없는 선택**이라는 점을 명심하자. 가능하면 피하도록 하라.

08.9B

001

좌표평면에서 원 $x^2+y^2=36$ 위를 움직이는 점 P(a, b)와 점 A(4, 0)에 대하여 다음 조건을 만족시키는 점 Q 전체의 집합을 X라 하자. (단, $b\neq 0$)

> (가) 점 Q는 선분 OP 위에 있다.
> (나) 점 Q를 지나고 직선 AP에 평행한 직선이 ∠OQA를 이등분한다.

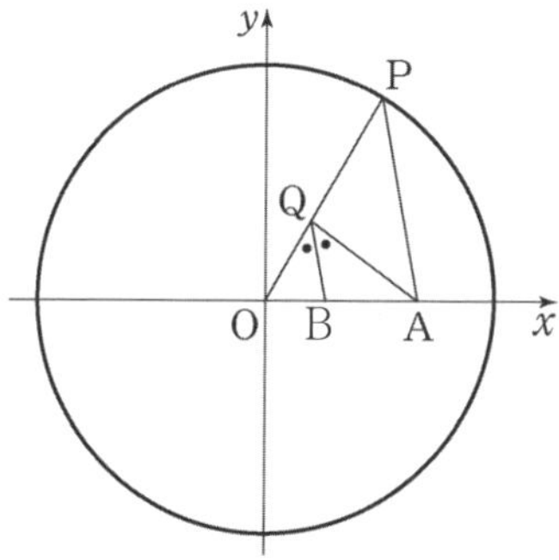

집합의 포함관계로 옳은 것은?

① $X\subset\left\{(x,\ y)\,\middle|\,\dfrac{(x-1)^2}{9}-\dfrac{(y-1)^2}{5}=1\right\}$

② $X\subset\left\{(x,\ y)\,\middle|\,\dfrac{(x-2)^2}{9}+\dfrac{(y-1)^2}{5}=1\right\}$

③ $X\subset\left\{(x,\ y)\,\middle|\,\dfrac{(x-1)^2}{9}-\dfrac{y^2}{5}=1\right\}$

④ $X\subset\left\{(x,\ y)\,\middle|\,\dfrac{(x-1)^2}{9}+\dfrac{y^2}{5}=1\right\}$

⑤ $X\subset\left\{(x,\ y)\,\middle|\,\dfrac{(x-2)^2}{9}+\dfrac{y^2}{5}=1\right\}$

HINT ▸▸

두점까지의 거리의 합이 일정 ⇒ 타원의 성질

$\overline{AP}//\overline{BQ}$ 이므로

$\angle AQB=\angle QAP$ (엇각)

$\angle OQB=\angle QPA$ (동위각)

따라서, $\angle QAP=\angle QPA$ 이므로

삼각형 QAP는 $\overline{QA}=\overline{QP}$ 인 이등변삼각형이고,

$\overline{OQ}+\overline{QA}=\overline{OQ}+\overline{QP}=\overline{OP}=6$

따라서, 점 Q는 두 점 O, A에 이르는 거리의 합이 6으로 일정하다.

점 Q의 좌표를 (x, y)라 하면

$\overline{OQ}+\overline{QA}=\sqrt{x^2+y^2}+\sqrt{(x-4)^2+y^2}=6$

$\sqrt{(x-4)^2+y^2}=6-\sqrt{x^2+y^2}$

양변을 제곱하여 정리하면

$x^2-8x+16+y^2=36-12\sqrt{x^2+y^2}+x^2+y^2$

$3\sqrt{x^2+y^2}=2x+5$

양변을 제곱하면

$9x^2+9y^2=4x^2+20x+25$

$5(x-2)^2+9y^2=45$

따라서, 점 Q의 자취는

$\dfrac{(x-2)^2}{9}+\dfrac{y^2}{5}=1$ (단, $y\neq 0$)

이므로

$X\subset\left\{(x,y)\,\middle|\,\dfrac{(x-2)^2}{9}+\dfrac{y^2}{5}=1\right\}$

정답 : ⑤

10.수능B

002

그림과 같이 좌표평면에서 x축 위의 두점 A, B에 대하여 꼭짓점이 A인 포물선 p_1과 꼭짓점이 B인 포물선 p_2가 다음 조건을 만족시킨다. 이때, 삼각형 ABC의 넓이는?

> (가) p_1의 초점은 B이고, p_2의 초점은 원점 O이다.
> (나) p_1과 p_2는 y축 위의 두 점 C, D에서 만난다.
> (다) $\overline{AB}=2$

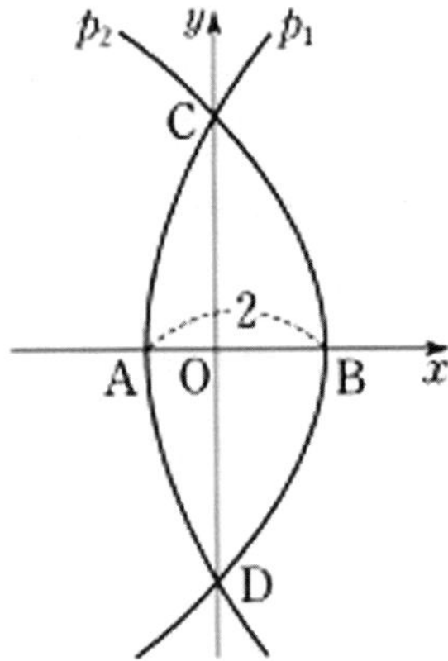

① $4(\sqrt{2}-1)$ ② $3(\sqrt{3}-1)$ ③ $2(\sqrt{5}-1)$ ④ $\sqrt{3}+1$ ⑤ $\sqrt{5}+1$

HINT▸▸

이중근호의 풀이

: $\sqrt{a^2+b^2\pm2\sqrt{ab}}=\sqrt{a}\pm\sqrt{b}$

(단 $0<b<a$)

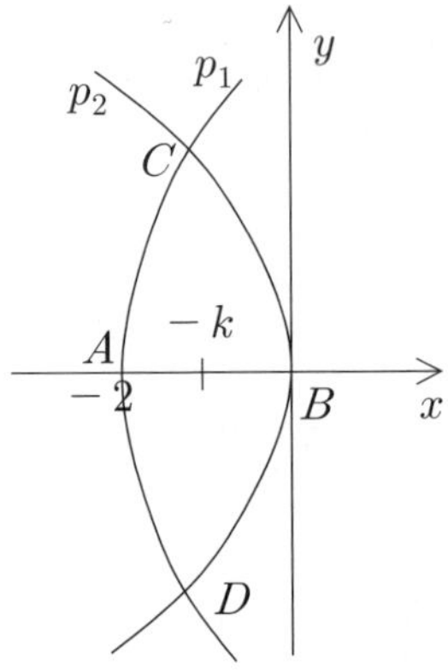

문제의 그림을 이동해서 풀어보자.

점 B를 원점으로 평행이동시키면 그림과 같다.
이때, 포물선 p_1의 방정식은

$y^2=8(x+2)$ …… ㉠

포물선 p_2의 방정식은

$y^2=-4kx$이다.

이때, 교점 C의 x, y좌표가 같으므로

$8(-k+2)=4k^2$

$k^2+2k-4=0$

$\therefore k=-1+\sqrt{5}\ (\because k>0)$

따라서, $\triangle ABC$의 높이는 $x=-k$를 ㉠식에 대입하여

$y^2=8(1-\sqrt{5}+2)$에서

$y=\sqrt{24-2\sqrt{80}}=2\sqrt{5}-2$

따라서, $\triangle ABC$의 넓이는

$\frac{1}{2}\cdot2\cdot(2\sqrt{5}-2)=2(\sqrt{5}-1)$

정답 : ③

11.6B

003

점 $(0, 2)$에서 타원 $\frac{x^2}{8}+\frac{y^2}{2}=1$에 그은 두 접선의 접점을 각각 P, Q라 하고, 타원의 두 초점 중 하나를 F라 할 때, 삼각형 PFQ의 둘레의 길이는 $a\sqrt{2}+b$이다.
a^2+b^2의 값을 구하시오. (단, a, b는 유리수이다.)

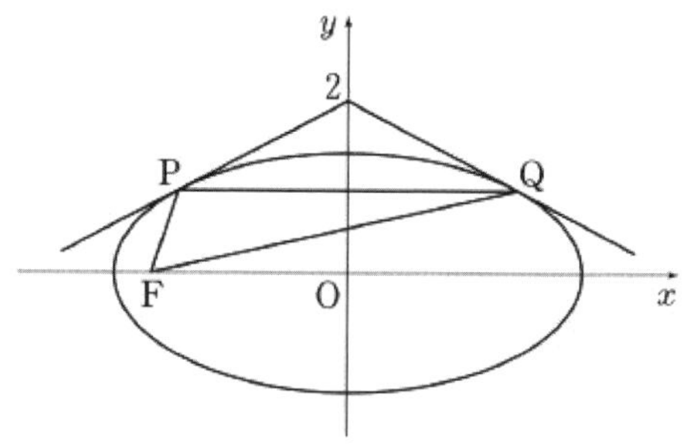

HINT▸▸

타원의 접선의 식

① 접점이 주어질 때 $\frac{x_1x}{a^2}+\frac{y_1y}{b^2}=1$

② 기울기가 주어질 때 $y=mx\pm\sqrt{a^2m^2+b^2}$

기울기가 m이고 타원 $\frac{x^2}{8}+\frac{y^2}{2}=1$에 접하는 접선의 방정식은

$y=mx\pm\sqrt{8m^2+2}$ ……… ㉠

이때, ㉠은 점 $(0, 2)$를 지나므로

$\sqrt{8m^2+2}=2$

$8m^2+2=4$, $m^2=\frac{1}{4}$

$\therefore m=\pm\frac{1}{2}$

따라서 접선의 방정식은

$y=\frac{1}{2}x+2$ 또는 $y=-\frac{1}{2}x+2$ 이므로

점 P의 x좌표는

$\frac{x^2}{8}+\frac{\left(\frac{1}{2}x+2\right)^2}{2}=1$, $x^2+4\left(\frac{1}{2}x+2\right)^2=8$

$x^2+4x+4=0$, $(x+2)^2=0$

$\therefore x=-2$

이때, 두 점 P, Q는 y축에 대하여 대칭이므로

$\overline{PQ}=2-(-2)=4$

또한, 타원의 또 다른 한 초점을 F'라고 하면

$\overline{PF}=\overline{QF'}$ 이므로

$\overline{PF}+\overline{FQ}=\overline{F'Q}+\overline{QF}=4\sqrt{2}$

($\because$ 장축의 길이$=(2\sqrt{2}\times2)$)

따라서 삼각형 PFQ의 둘레의 길이는

$4\sqrt{2}+4$ $\therefore a^2+b^2=32$

정답 : 32

11.6B

004

그림과 같이 한 변의 길이가 $2\sqrt{3}$ 인 정삼각형 OAB의 무게중심 G가 x축 위에 있다. 꼭짓점이 O이고 초점이 G인 포물선과 직선 GB가 제 1사분면에서 만나는 점을 P라 할 때, 선분 GP의 길이를 구하시오. (단, O는 원점이다.)

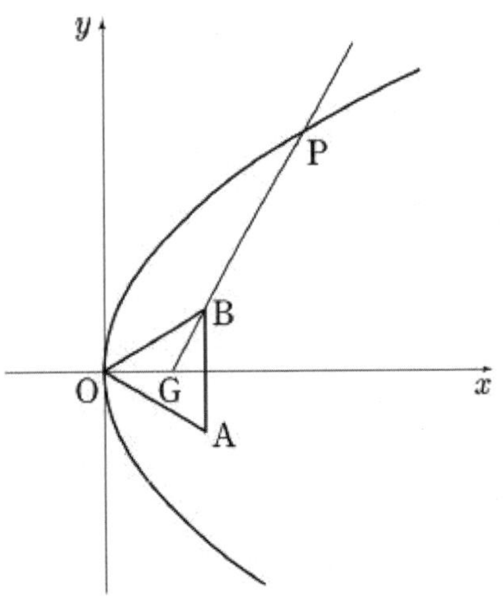

HINT▸▸

삼각형의 무게중심은 꼭지점과 대변의 중점을 연결하는 직선을 $2:1$로 내분한다.

정삼각형의 높이 $h=\frac{\sqrt{3}}{2}a$

삼각형의 두 내각의 합은 이웃하지 않는 한 외각의 크기와 같다.

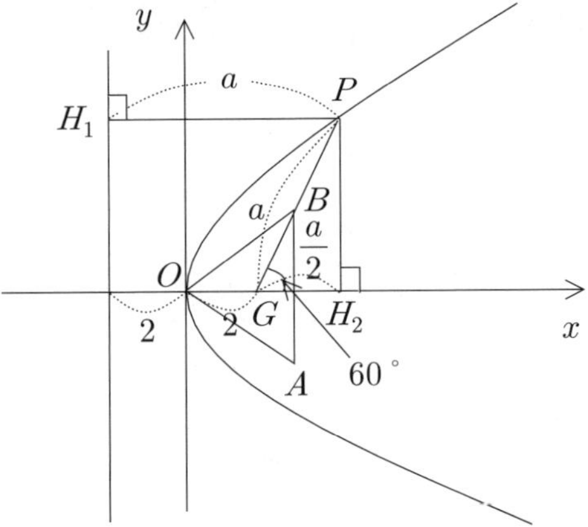

삼각형 OAB가 정삼각형이고 무게중심 G가 x축 위에 있으므로 직선 GP는 x축과 이루는 양의 각의 크기가 $60°$이다. 또한, 정삼각형의 한 변의 길이가 $2\sqrt{3}$이므로

$\overline{OG}=2\sqrt{3}\times\frac{\sqrt{3}}{2}\times\frac{2}{3}=2$

따라서

점 P에서 준선에 내린 수선의 발을 H_1,

x축에 내린 수선의 발을 H_2라고,

$\overline{GP}=a$ 라고 하면

$\overline{PH_1}=\overline{GP}=a$,

$\overline{GH_2}=a\cos 60°=\frac{a}{2}$

또한, 꼭짓점 O에서 준선까지의 거리도 2이므로

$a=2+2+\frac{a}{2}=4+\frac{a}{2}$

$\therefore a=8$

정답 : 8

11.9B

005

쌍곡선 $\frac{x^2}{12}-\frac{y^2}{8}=1$ 위의 점 $(a,\ b)$에서의 접선이 타원 $\frac{(x-2)^2}{4}+y^2=1$의 넓이를 이등분할 때, a^2+b^2의 값을 구하시오.

HINT▸▸

쌍곡선의 접선의 식

① 접점이 주어질 때 $\frac{x_1x}{a^2}-\frac{y_1y}{b^2}=\pm1$

② 기울기가 주어질 때 $y=mx\pm\sqrt{a^2m^2-b^2}$

쌍곡선 $\frac{x^2}{12}-\frac{y^2}{8}=1$ 위의 점 $(a,\ b)$에서의 접선의 방정식은 $\frac{ax}{12}-\frac{by}{8}=1$ …㉠

이고, 접선이 타원 $\frac{(x-2)^2}{4}+y^2=1$의 넓이를 이등분하므로 접선은 타원의 중심 $(2, 0)$을 지난다.

따라서, ㉠에 대입하면 $\frac{2a}{12}-0=1$에서 $a=6$

또한, $\frac{a^2}{12}-\frac{b^2}{8}=1$이므로

$\frac{36}{12}-\frac{b^2}{8}=1$에서 $\frac{b^2}{8}=2$, $b^2=16$

$\therefore\ a^2+b^2=36+16=52$

정답 : 52

11.수능B

006

포물선 $y^2 = nx$ 의 초점과 포물선 위의 점 $(n,\ n)$ 에서의 접선 사이의 거리를 d 라 하자. $d^2 \geq 40$ 을 만족시키는 자연수 n 의 최솟값을 구하시오.

HINT▸▸

포물선의 식 : $y^2 = 4px$ 혹은 $x^2 = 4py$

점$(x_1,\ y_1)$와 직선 $ax+by+c=0$사이의 거리

$$d = \frac{|ax_1 + by_1 + c|}{\sqrt{a^2+b^2}}$$

포물선의 접선의 식

① 접점이 주어질 때 $y_1 y = 2p(x + x_1)$

② 기울기가 주어질 때 $y = mx + \frac{p}{m}$

$y^2 = nx = 4 \cdot \frac{n}{4} \cdot x$에서 포물선의 초점을 F라 하면 초점의 좌표는 $\mathrm{F}\left(\frac{n}{4},\ 0\right)$이다.

포물선 $y^2 = nx$ 위의 점 $(n,\ n)$에서의

접선 방정식은 $ny = \frac{n}{2}(x+n)$

즉, $x - 2y + n = 0 \quad (\because\ n \neq 0)$

직선 $x - 2y + n = 0$과 포물선의 초점 $\left(\frac{n}{4},\ 0\right)$ 사이의 거리 d는

$$d = \frac{\left|1 \times \frac{n}{4} - 2 \times 0 + n\right|}{\sqrt{1^2 + (-2)^2}} = \frac{\frac{5}{4}n}{\sqrt{5}} = \frac{\sqrt{5}}{4}n$$

$d^2 \geq 40$에서 $\frac{5n^2}{16} \geq 40,\ n^2 \geq 128$

따라서 $11^2 = 121,\ 12^2 = 144$이므로 $d^2 \geq 40$을 만족하는 자연수 n의 최솟값은 12이다.

정답 : 12

07.9B

007

반지름의 길이가 6인 반구가 평면 α 위에 놓여 있다. 반구와 평면 α가 만나서 생기는 원의 중심을 O라 하자. 그림과 같이 중심 O로부터 거리가 $2\sqrt{3}$이고 평면 α와 $45°$의 각을 이루는 평면으로 반구를 자를 때, 반구에 나타나는 단면의 평면 α 위로의 정사영의 넓이는 $\sqrt{2}(a+b\pi)$이다. $a+b$의 값을 구하시오. (단, a, b는 자연수이다.)

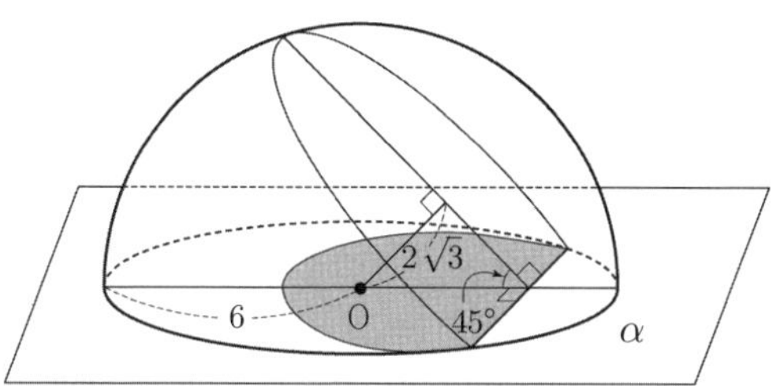

HINT▸▸

정사영의 넓이 $S' = S\cos\theta$

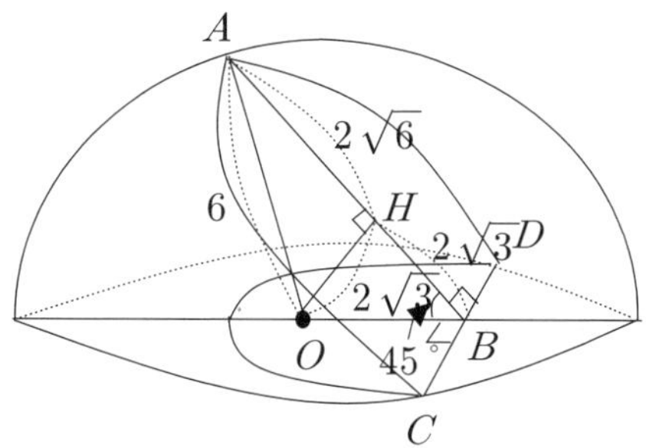

위의 그림에서

$\overline{AH} = \sqrt{6^2 - (2\sqrt{3})^2} = 2\sqrt{6}$, $\overline{BH} = 2\sqrt{3}$

이고 평면 α와 $45°$의 각을 이루는 평면으로 반구를 자른 단면은 다음 그림과 같다.

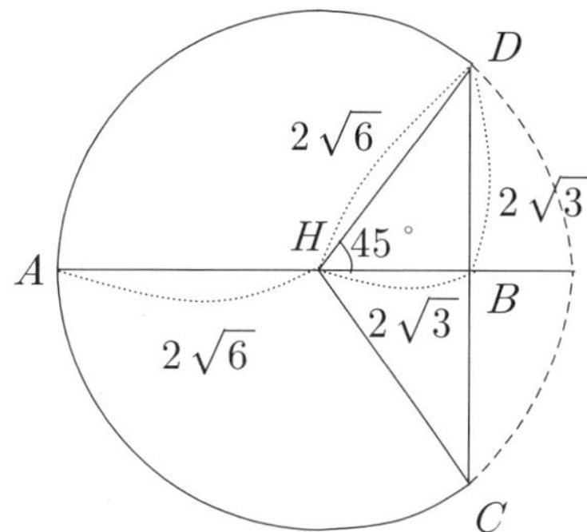

즉, $\overline{BD} = \sqrt{(2\sqrt{6})^2 - (2\sqrt{3})^2} = 2\sqrt{3}$ 이므로

$\angle DHB = 45°$, $\angle DHC = 90°$

따라서, 단면의 넓이는

$$(2\sqrt{6})^2\pi \times \frac{3}{4} + \frac{1}{2} \times 2\sqrt{6} \times 2\sqrt{6} = 18\pi + 12$$

따라서, 이 단면을 평면 α 위로의 정사영한 넓이가 $\sqrt{2}(a+b\pi)$ 이므로

$$\sqrt{2}(a+b\pi) = (18\pi+12)\cos 45° = (18\pi+12) \times \frac{\sqrt{2}}{2} = \sqrt{2}(9\pi+6)$$

$\therefore\ a+b \equiv 9+6 = 15$

정답 : 15

07.수능B

008

한 변의 길이가 6인 정사면체 OABC가 있다. 세 삼각형 $\triangle OAB$, $\triangle OBC$, $\triangle OCA$에 각각 내접하는 세 원의 평면ABC 위로의 정사영을 각각 S_1, S_2, S_3이라 하자. 그림과 같이 세 도형 S_1, S_2, S_3으로 둘러싸인 어두운 부분의 넓이를 S라 할 때, $(S+\pi)^2$의 값을 구하시오.

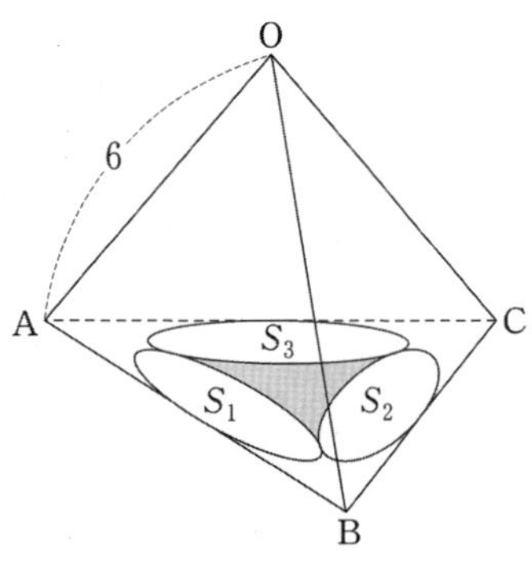

정삼각형의 넓이 $S=\dfrac{\sqrt{3}}{4}a^2$

정사영의 넓이 $S'=S\cos\theta$

내접원의 반지름이 r일때 삼각형의 넓이

$S=\dfrac{1}{2}r(a+b+c)$

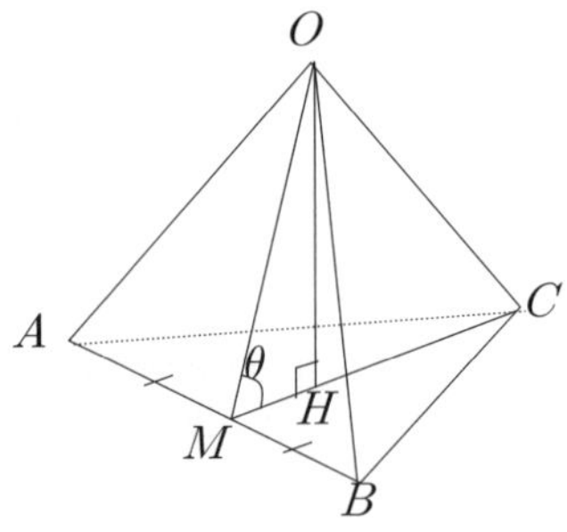

두 평면OAB, ABC가 이루는 각을 θ라 하면

$$\cos\theta=\frac{\overline{MH}}{\overline{OM}}=\frac{\overline{MH}}{\overline{CM}}=\frac{1}{3}$$

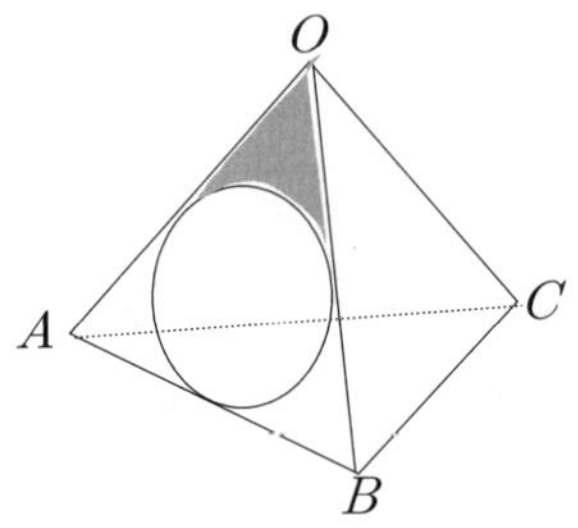

위의 그림과 같이 $\triangle OAB$에서 어두운 부분을 평면ABC 위로 정사영시키고, $\triangle OBC$, $\triangle OCA$에서도 같은 방법으로 정사영시키면 이들은 서로 겹치지 않고 S_1, S_2, S_3로 둘러싸인 부분과 일치한다.

$\triangle OAB$에서 내접원의 반지름의 길이를 r라고 하면

$$\frac{1}{2}r(6+6+6)=\frac{\sqrt{3}}{4}\times 6^2 \qquad \therefore\ r=\sqrt{3}$$

따라서, 어두운 부분의 넓이는

$$\frac{1}{3}\left(\frac{\sqrt{3}}{4}\times 6^2-3\pi\right)=3\sqrt{3}-\pi$$

이므로 구하는 넓이S는

$$S=(3\sqrt{3}-\pi)\times\cos\theta\times 3$$
$$=(3\sqrt{3}-\pi)\times\frac{1}{3}\times 3=3\sqrt{3}-\pi$$

$$\therefore\ (S+\pi)^2=(3\sqrt{3})^2=27$$

정답 : 27

08.9B

009

중심이 O이고 반지름의 길이가 1인 구에 내접하는 정사면체 $ABCD$가 있다. 두 삼각형 BCD, ACD의 무게중심을 각각 F, G라 할 때, 〈보기〉에서 옳은 것만을 있는 대로 고른 것은?

〈보 기〉

ㄱ. 직선 AF와 직선 BG는 꼬인 위치에 있다.

ㄴ. 삼각형 ABC의 넓이는 $\frac{3\sqrt{3}}{4}$보다 작다.

ㄷ. $\angle AOG = \theta$일 때, $\cos\theta = \frac{1}{3}$이다.

① ㄴ　② ㄷ　③ ㄱ, ㄴ　④ ㄴ, ㄷ　⑤ ㄱ, ㄴ, ㄷ

HINT▸▸

정사면체에서 위쪽 3개의 정삼각형의 정사영의 넓이가 밑의 1개의 정삼각형이로 정사영되므로 $\cos\theta = \frac{1}{3}$이 된다.

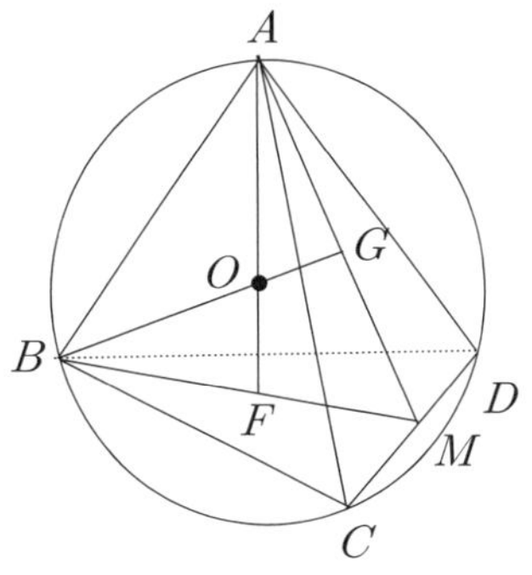

ㄱ. 〈거짓〉

직선 AF와 직선 BG는 모두 중심 O에서 만난다.

ㄴ. 〈참〉

반지름의 길이가 1인 원에 내접하는 정삼각형의 한 변의 길이는 $\sqrt{3}$이다.

따라서 삼각형 ABC의 한 변의 길이는 $\sqrt{3}$보다 작다.

그런데, 한 변의 길이가 $\sqrt{3}$인 정삼각형의 넓이는 $\frac{1}{2}\times(\sqrt{3})^2\times\sin60^\circ = \frac{3\sqrt{3}}{4}$이므로 이보다 더 작은 삼각형 ABC의 넓이는 $\frac{3\sqrt{3}}{4}$보다 작다.

ㄷ. 〈참〉

다음 그림에서 삼각형 AFC와 삼각형 AGO는 닮음꼴이다.

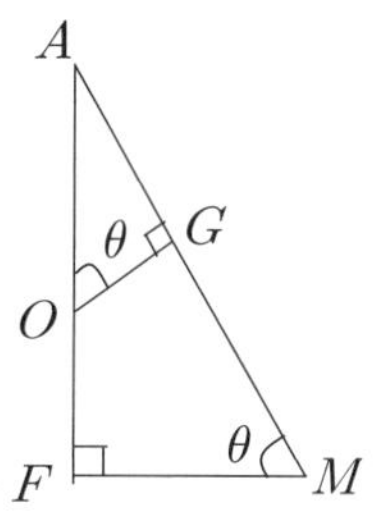

그런데, $\angle AMF$는 정사면체의 이웃한 두 면이 이루는 각의 크기와 같고, $\angle ACF = \angle AOG$이므로

$\cos\theta = \cos(\angle ACF) = \frac{1}{3}$

이상에서 옳은 것은 ㄴ, ㄷ이다.

정답 : ④

08.9B

010

그림과 같이 태양광선이 지면과 $60°$의 각을 이루면서 비추고 있다. 한 변의 길이가 4인 정사각형의 중앙에 반지름의 길이가 1인 원 모양의 구멍이 뚫려 있는 판이 있다. 이 판은 지면과 수직으로 서 있고 태양광선과 $30°$의 각을 이루고 있다. 판의 밑변을 지면에 고정하고 판을 그림자 쪽으로 기울일 때 생기는 그림자의 최대 넓이를 S라 하자. S의 값을 $\dfrac{\sqrt{3}(a+b\pi)}{3}$라 할 때, $a+b$의 값을 구하시오. (단, a, b는 정수이고 판의 두께는 무시한다.)

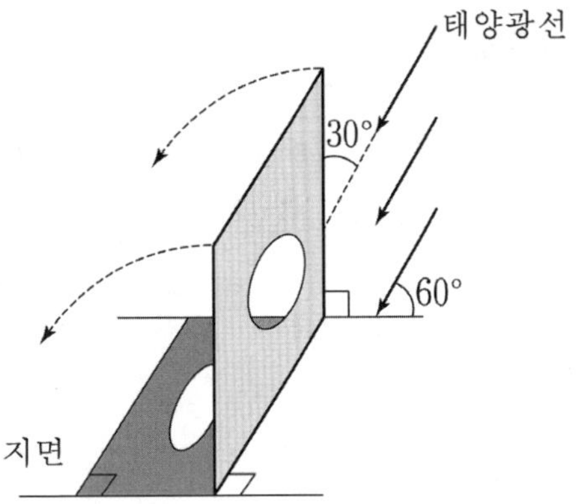

HINT▸▸

평면과 태양광선이 수직으로 만날 때 최대넓이가 된다.

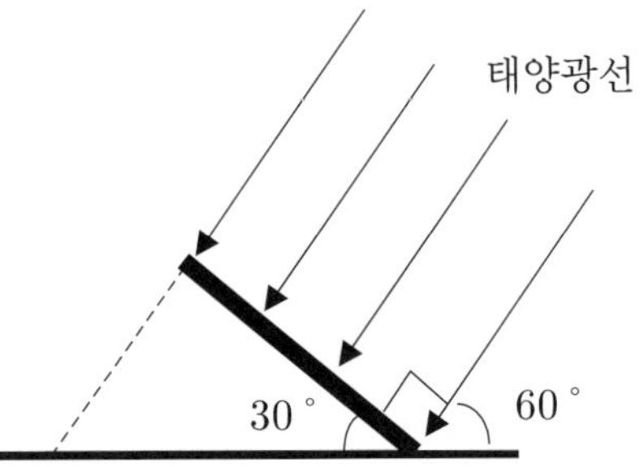

태양광선이 위의 그림처럼 판에 수직으로 비춰질 때 즉, 지면과 판이 이루는 각의 크기가 $30°$이면 그림자의 넓이 S가 최대가 된다.

판의 넓이는 $4^2-\pi=16-\pi$이므로

$$S=\frac{16-\pi}{\cos 30°}=\frac{16-\pi}{\frac{\sqrt{3}}{2}}$$

$$=\frac{\sqrt{3}(32-2\pi)}{3}$$

$\therefore\ a=32,\ b=-2$

$\therefore\ a+b=32-2=30$

정답 : 30

08.수능B

011

그림과 같이 반지름의 길이가 모두 $\sqrt{3}$ 이고 높이가 서로 다른 세 원기둥이 서로 외접하며 한 평면 α 위에 놓여 있다. 평면 α와 만나지 않는 세 원기둥의 밑면의 중심을 각각 P, Q, R라 할 때, 삼각형 QPR는 이등변삼각형이고, 평면 QPR와 평면 α가 이루는 각의 크기는 $60°$이다. 세 원기둥의 높이를 각각 8, a, b라 할 때, $a+b$의 값을 구하시오.
(단, $8<a<b$)

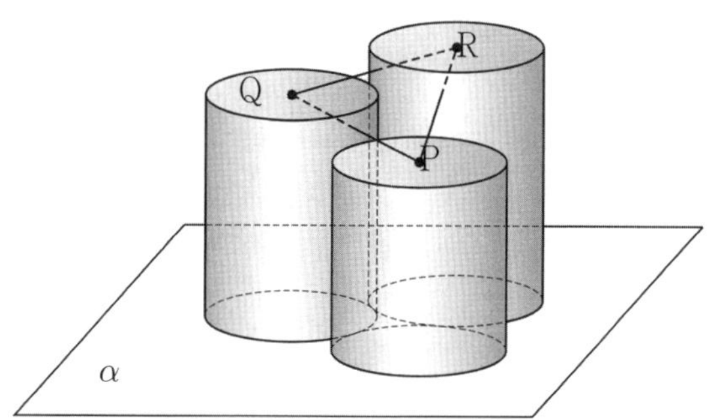

HINT▸▸

한변이 a인 정삼각형의 높이 $\frac{\sqrt{3}}{2}a$

정사영의 길이
$d' = d\cos\theta$

삼각형 QPR이 이등변삼각형이면 $\overline{PQ}=\overline{QR}$이어야 한다. 한편, $\overrightarrow{QP}$와 $\overrightarrow{QR}$ 은 α 위에서 대칭적으로 움직였기 때문에, α에 수직한 방향으로 움직인 크기는 같아야 한다.

따라서, $a-8=b-a$이어야 한다.

이제, $\overline{PR}$의 중점을 M, $\overline{P'R'}$의 중점을 M'이라 하자. 이 때 $\overline{QM}\perp\overline{PR}$, $\overline{Q'M'}\perp\overline{P'R'}$임을 각각 이등변삼각형, 정삼각형의 성질에서 알 수 있다. 한편, P', Q', R', M'이 P, Q, R, M을 평면 α에 정사영한 것임을 떠올리자. 이에 따르면, $\overline{QM}=\overline{Q'M'}=\frac{\sqrt{3}}{2}\times 2\sqrt{3}=3$임을 알 수 있으며, 직선 PR과 직선 $P'R'$이 이루는 각의 크기가 평면 α와 평면 QPR이 이루는 각의 크기인 $60°$와 같음을 알 수 있다.

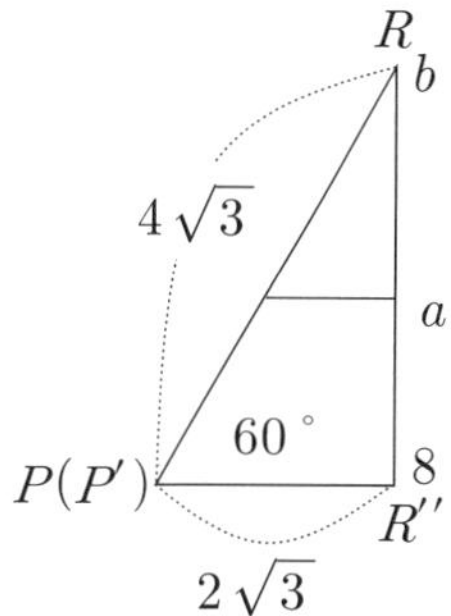

따라서, $\overline{PR}\cos 60° = \overline{P'R'} = 2\sqrt{3}$

$\therefore \overline{PR} = 4\sqrt{3}$,

그러므로 $\frac{b-8}{\overline{PR}} = \sin 60° = \frac{\sqrt{3}}{2}$에서

$b=14$, $a=\frac{8+b}{2}=11$, $a+b=25$이다.

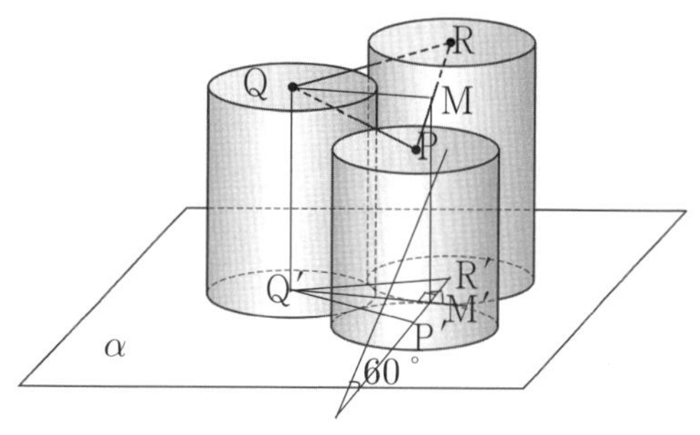

정답 : 25

09.9B

012

그림과 같이 반지름의 길이가 r 인 구 모양의 공이 공중에 있다. 벽면과 지면은 서로 수직이고, 태양 광선이지면과 크기가 θ 인 각을 이루면서 공을 비추고 있다. 태양광선과 평행하고 공의중심을 지나는 직선이 벽면과 지면의 교선 l 과 수직으로 만난다. 벽면에 생긴 공의 그림자 위의 점에서 교선 l 까지 거리의 최댓값을 a 라하고, 지면에 생기는 공의 그림자 위의 점에서 교선 l 까지 거리의 최댓값을 b 라 하자. 옳은 것만을 〈보기〉에서 있는 대로 고른 것은?

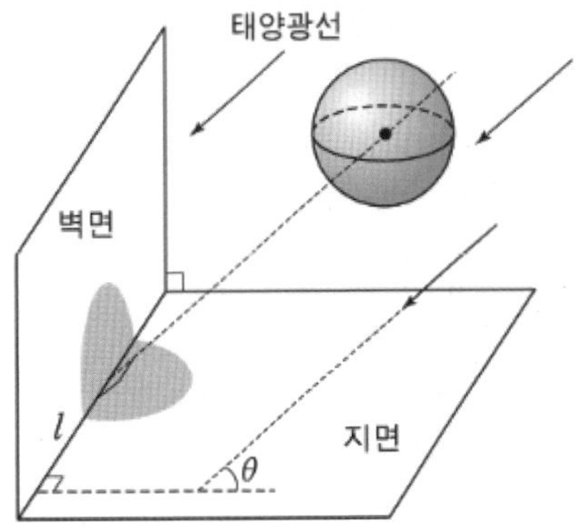

〈보 기〉

ㄱ. 그림자와 교선 l 의 공통부분의 길이는 $2r$ 이다.

ㄴ. $\theta = 60°$ 이면 $a < b$ 이다.

ㄷ. $\frac{1}{a^2} + \frac{1}{b^2} = \frac{1}{r^2}$

① ㄱ ② ㄴ ③ ㄱ, ㄷ
④ ㄴ, ㄷ ⑤ ㄱ, ㄴ, ㄷ

HINT▸▸

$\sin^2\theta + \cos^2\theta = 1$

ㄱ. 〈참〉

구의 지름 중 구의 중심을 지나고 교선 l과 평행한 지름의 정사영의 길이는 변치 않으므로 그림자와 교선 l의 공통부분의 길이는 $2r$이다.

ㄴ. 〈거짓〉

구의 중심을 교선l위에 오도록 평행이동하고 구면 위의 원 중에서 태양광선에 수직인 원의 지름을 xy평면에서 생각하면 그림과 같다.

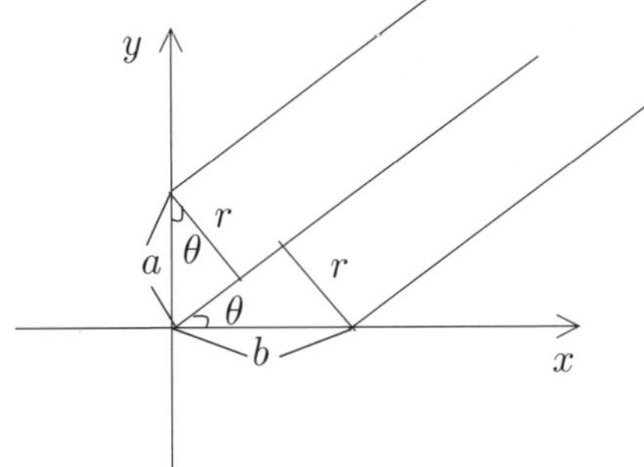

이때 $a\cos\theta = r$, $b\sin\theta = r$ 이므로

$a = \frac{r}{\cos60°} = 2r$, $b = \frac{r}{\sin60°} = \frac{2\sqrt{3}}{3}r$

$\therefore a > b$

ㄷ. 〈참〉

$\cos\theta = \frac{r}{a}$, $\sin\theta = \frac{r}{b}$ 이므로

$\sin^2\theta + \cos^2\theta = 1$ 에 대입하면

$\frac{r^2}{a^2} + \frac{r^2}{b^2} = 1 \qquad \therefore \frac{1}{a^2} + \frac{1}{b^2} = \frac{1}{r^2}$

정답 : ③

09.수능B

013

좌표공간에서 x 축을 포함하고 xy 평면과 이루는 각의 크기가 $\theta\left(0<\theta<\frac{\pi}{2}\right)$ 인 평면을 α 라 하자. 평면 α 가 구 $x^2+y^2+z^2=1$과 만나서 생기는 도형의 xy 평면 위로의 정사영이 영역 $\{(x,\ y,\ 0)\mid x+3y-2\leq 0\}$에 포함되도록 하는 θ에 대하여 $\cos\theta$ 의 최댓값을 M이라 하자. $60M^2$의 값을 구하시오.

HINT▸▸

기울이가 주어질 때 타원의 접선의 식

$y=mx\pm\sqrt{m^2a^2+b^2}$

판별식 $D=b^2-4ac=0$일 때 경계선과 접한다.

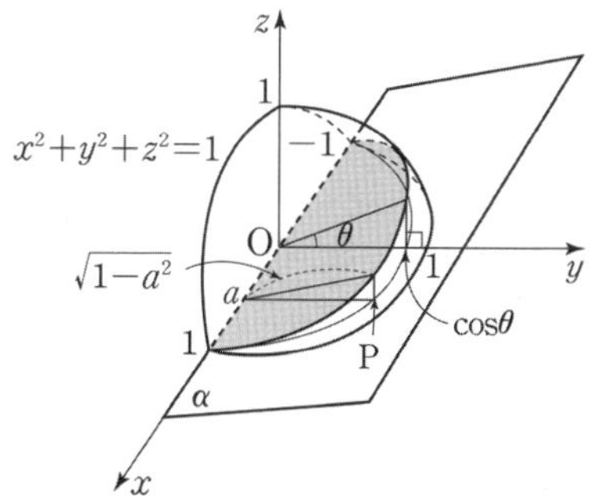

그림에서 평면 α가 구 $x^2+y^2+z^2=1$과 만나서 생기는 도형의 xy 평면 위로의 정사영 위의 임의의 한 점의 좌표를

$\mathrm{P}(a,\ \sqrt{1-a^2}\cos\theta,\ 0)$이라 하면

$a+3\sqrt{1-a^2}\cos\theta-2\leq 0$ 이어야 하므로

$3\sqrt{1-a^2}\cos\theta\leq 2-a$

양변을 제곱하여 정리하면

$(1+9\cos^2\theta)a^2-4a+4-9\cos^2\theta\geq 0$

$-1\leq a\leq 1$에서 항상 성립해야 하므로

방정식

$(1+9\cos^2\theta)a^2-4a+4-9\cos^2\theta=0$의

판별식을 D라 하면

$D/4=4-(1+9\cos^2\theta)(4-9\cos^2\theta)\leq 0$

$81\cos^4\theta-27\cos^2\theta\leq 0$

$\therefore\ \cos^2\theta\leq\frac{1}{3}$

$\therefore\ 60M^2=60\cdot\frac{1}{3}=20$

다른 풀이▸▸

xy평면으로의 정사영을 그려주면 다음과 같은 타원이 된다.

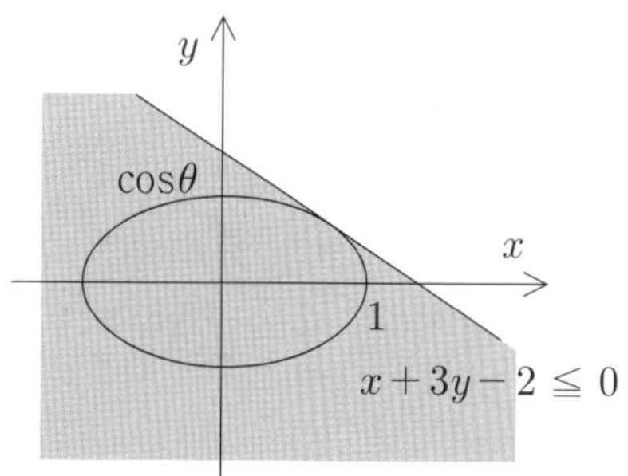

$\frac{x^2}{1}+\frac{y^2}{\cos^2\theta}=1$ 일때

접선이 $x+3y-2=0$이라면 기울기가 $-\frac{1}{3}$이므로

$y=-\frac{1}{3}x+\sqrt{\frac{1}{9}\cdot 1+\cos^2\theta}$ 이고

$\sqrt{\frac{1}{9}\cdot 1+\cos^2\theta}\leq\left(\frac{2}{3}\right)$이어야 하므로

$\frac{1}{9}\cdot 1+\cos^2\theta\leq\frac{4}{9}\quad\therefore\ \cos^2\theta\leq\frac{3}{9}=\frac{1}{3}$

정답 : 20

10.9B

014

같은 평면 위에 있지 않고 서로 평행한 세 직선 l, m, n이 있다. 직선 l위의 두 점 A, B, 직선 m 위의 점 C, 직선 n위의 점 D가 다음 조건을 만족시킨다.

> (가) $\overline{AB}=2\sqrt{2}$, $\overline{CD}=3$
> (나) $\overline{AC}\perp l$, $\overline{AC}=5$
> (다) $\overline{BD}\perp l$, $\overline{BD}=4\sqrt{2}$

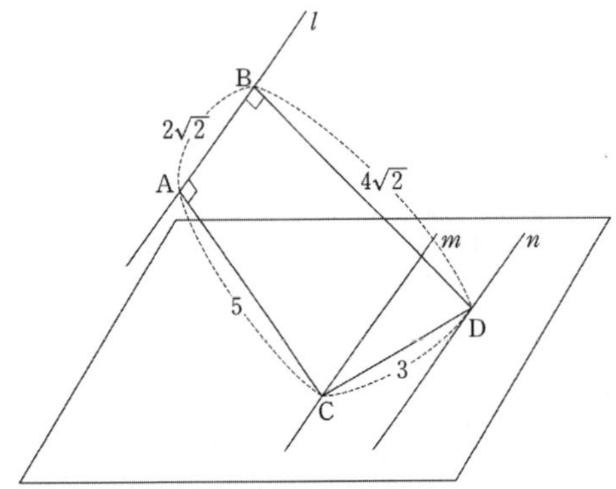

두 직선 m, n을 포함하는 평면과 세 점 A, C, D를 포함하는 평면이 이루는 각의 크기를 θ라 할 때, $15\tan^2\theta$의 값을 구하시오.

(단, $0<\theta<\dfrac{\pi}{2}$)

HINT▸▸

제이코사인법칙

$a^2=b^2+c^2-2bc\cos A \Leftrightarrow \cos A=\dfrac{b^2+c^2-a^2}{2bc}$

삼각형의 넓이 $S=\dfrac{1}{2}ab\sin C$

정사영의 넓이 $S'=S\cos\theta$

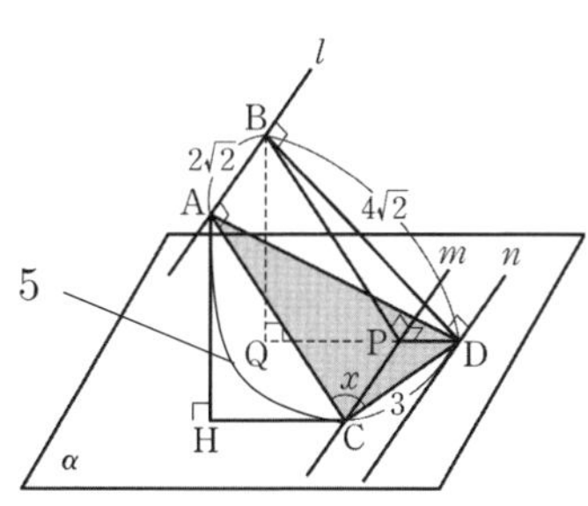

두 직선 m, n을 포함하는 평면을 α라 하자.
점 B에서 직선 m에 그은 수선의 발을 P라 하면 (평면 BPD)$\perp\alpha$이고, $\overline{BP}=\overline{AC}=5$이므로 $\overline{PD}=1$이다.($\because \overline{CD}^2-\overline{CP}^2=9-8=1$)

$\angle BPD=\beta$라 하면 삼각형 BPD에서 코사인법칙에 의해

$$\cos\beta=\frac{5^2+1^2-(4\sqrt{2})^2}{2\cdot5\cdot1}=-\frac{3}{5}$$

이때, $\angle BPQ=\pi-\beta$이고

$\cos(\pi-\beta)=\dfrac{3}{5}$이므로

$\overline{PQ}=3$, $\overline{BQ}=4$ …… ㉠

한편, 점 A에서 평면 α에 내린 수선의 발을 H라 하면 ㉠에서 $\overline{AH}=\overline{BQ}=4$,
$\overline{CH}=\overline{PQ}=3$이므로
(삼각형 HCD의 넓이)

$=3\times2\sqrt{2}\times\dfrac{1}{2}=3\sqrt{2}$ …… ㉡

또, 삼각형 ABD는 직각삼각형이므로

$\overline{AD}=\sqrt{(4\sqrt{2})^2+(2\sqrt{2})^2}=2\sqrt{10}$

$\angle ACD=x$라 하면

$$\cos x=\frac{5^2+3^2-(2\sqrt{10})^2}{2\times5\times3}=-\frac{1}{5}$$

$$\sin x=\sqrt{1-\cos^2 x}=\sqrt{1-\frac{1}{25}}=\frac{2\sqrt{6}}{5}$$

$\therefore$ (삼각형 ACD의 넓이)

$=\dfrac{1}{2}\times5\times3\times\dfrac{2\sqrt{6}}{5}=3\sqrt{6}$ …… ㉢

이때, 삼각형 ACD를 평면 α위로 정사영시키면 삼각형 HCD가 되므로 ㉡, ㉢에서

$3\sqrt{2}=3\sqrt{6}\cos\theta$

$\therefore\ \cos\theta=\dfrac{1}{\sqrt{3}}$, $\sin\theta=\sqrt{1-\dfrac{1}{3}}=\dfrac{\sqrt{2}}{\sqrt{3}}$

따라서 $\tan\theta=\dfrac{\frac{\sqrt{2}}{\sqrt{3}}}{\frac{1}{\sqrt{3}}}=\sqrt{2}$이므로

$15\tan^2\theta=15\times2=30$

정답 : 30

10.수능B

015

그림과 같이 중심 사이의 거리가 $\sqrt{3}$ 이고 반지름의 길이가 1인 두 원판과 평면 α가 있다. 각 원판의 중심을 지나는 직선l은 두 원판의 면과 각각 수직이고, 평면 α와 이루는 각의 크기가 $60°$ 이다. 태양광선이 그림과 같이 평면 α에 수직인 방향으로 비출 때, 두 원판에 의해 평면 α에 생기는 그림자의 넓이는? (단, 원판의 두께는 무시한다.)

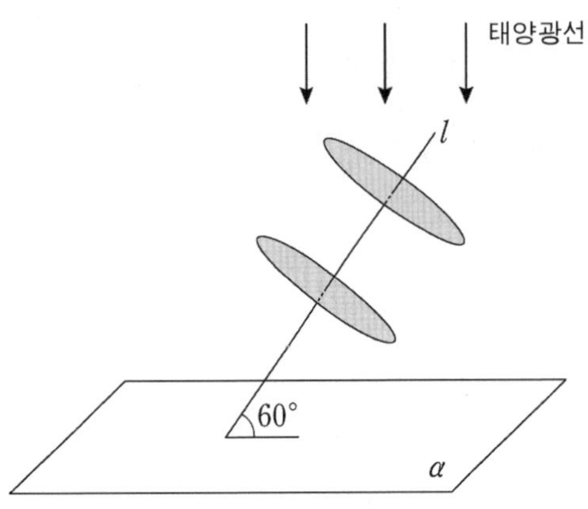

① $\frac{\sqrt{3}}{3}\pi+\frac{3}{8}$　② $\frac{2}{3}\pi+\frac{\sqrt{3}}{4}$

③ $\frac{2\sqrt{3}}{3}\pi+\frac{1}{8}$　④ $\frac{4}{3}\pi+\frac{\sqrt{3}}{16}$

⑤ $\frac{2\sqrt{3}}{3}\pi+\frac{3}{4}$

HINT▸▸

호의 넓이 $S=\frac{1}{2}r^2\theta=\frac{1}{2}rl$

정사영의 넓이 $S'=S\cos\theta$

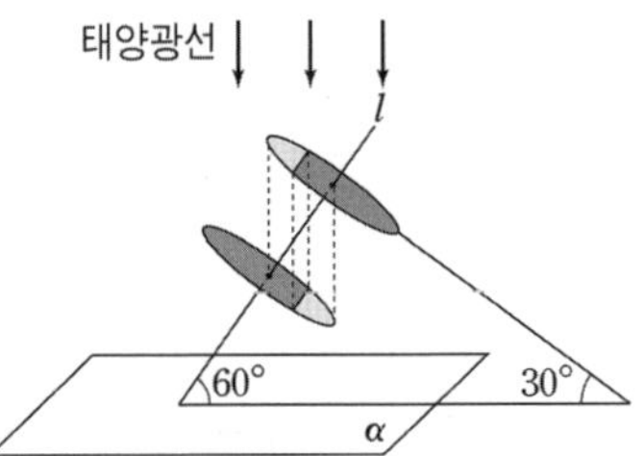

위의 그림과 같이 어두운 두 부분을 정사영시키면 되므로 그중에서 한 부분은 아래 그림의 S_1+S_2이다.

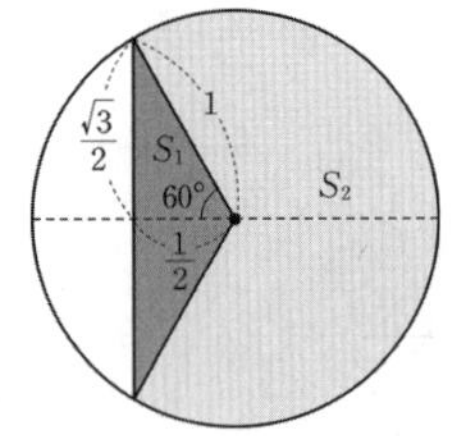

$S_1=\frac{1}{2}\times\sqrt{3}\times\frac{1}{2}=\frac{\sqrt{3}}{4}$

$S_2=\frac{1}{2}\times1^2\times\frac{4}{3}\pi=\frac{2}{3}\pi$

따라서, 구하는 그림자의 넓이는

$2\left(\frac{\sqrt{3}}{4}+\frac{2}{3}\pi\right)\times\cos\frac{\pi}{6}=\frac{2\sqrt{3}}{3}\pi+\frac{3}{4}$

정답 : ⑤

11.9B

016

그림은 $\overline{AC} = \overline{AE} = \overline{BE}$이고 $\angle DAC = \angle CAB = 90°$ 인 사면체의 전개도이다.

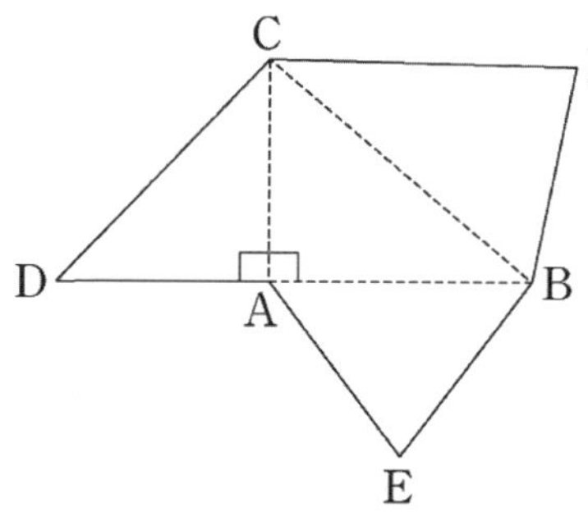

이 전개도로 사면체를 만들 때, 세 점 D, E, F가 합쳐지는 점을 P라 하자. 사면체 $PABC$에 대하여 옳은 것만을 〈보기〉에서 있는 대로 고른 것은?

〈보 기〉

ㄱ. $\overline{CP} = \sqrt{2} \cdot \overline{BP}$
ㄴ. 직선 AB와 직선 CP는 꼬인 위치에 있다.
ㄷ. 선분 AB의 중점을 M이라 할 때, 직선 PM과 직선 BC는 서로 수직이다.

① ㄱ ② ㄷ ③ ㄱ, ㄴ
④ ㄴ, ㄷ ⑤ ㄱ, ㄴ, ㄷ

HINT▸▸

직선 l과 평면 α가 수직으로 만날 때 평면 α 위의 임의의 직선도 직선 l과 수직이 된다.

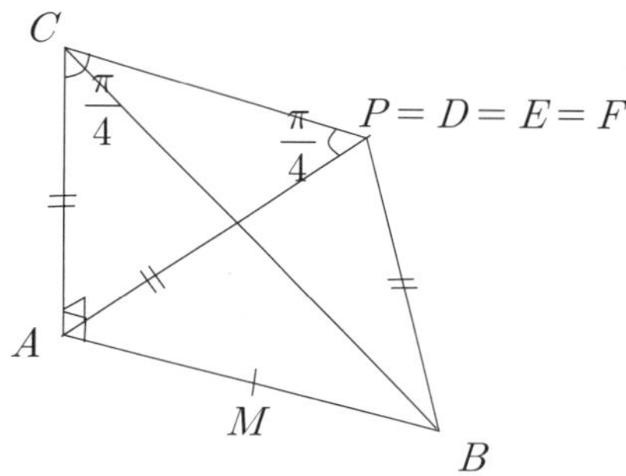

ㄱ. 〈참〉

$\overline{AC} \perp \overline{AD}$, $\overline{AC} \perp \overline{AB}$ 이므로

$\overline{AC} \perp$ (평면ABP)

따라서 삼각형 ACP는 $\overline{AC} = \overline{AP}$ 이고 $\angle A = 90°$ 인 직각이등변삼각형이므로

$\overline{CP} = \sqrt{2}\,\overline{BP}$

ㄴ. 〈참〉

세 점 A, B, C는 한 평면 위에 있으면서 일직선 위에 있지 않고, 점 P는 그 평면 위의 점이 아니므로 직선 AB와 직선 CP는 만나지 않는다. 즉, 직선 AB와 직선 CP는 꼬인 위치에 있다.

ㄷ. 〈참〉

ㄱ에서 $\overline{AC} \perp$ (평면ABP) 이므로

$\overline{AC} \perp \overline{PM}$

또한, $\triangle APB$는 이등변 삼각형이므로

$\overline{PM} \perp \overline{AB}$ 이므로 $\overline{PM} \perp$ (평면ABC)

따라서 직선 PM과 직선 BC는 서로 수직이다.

정답 : ⑤

11.9B

017

그림과 같이 평면 α 위에 점 A가 있고, α로부터의 거리가 각각 1, 3인 두 점 B, C가 있다. 선분 AC를 $1:2$로 내분하는 점P에 대하여 $\overline{BP}=4$이다. 삼각형 ABC의 넓이가 9일 때, 삼각형 ABC의 평면 α 위로의 정사영의 넓이를 S라 하자. S^2의 값을 구하시오.

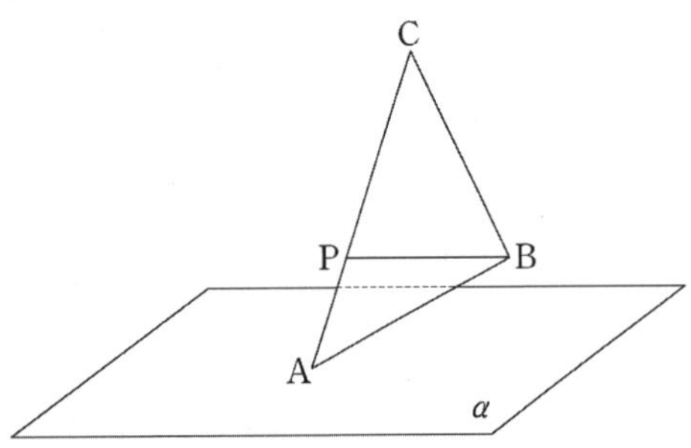

HINT▸▸

삼수선의 정리

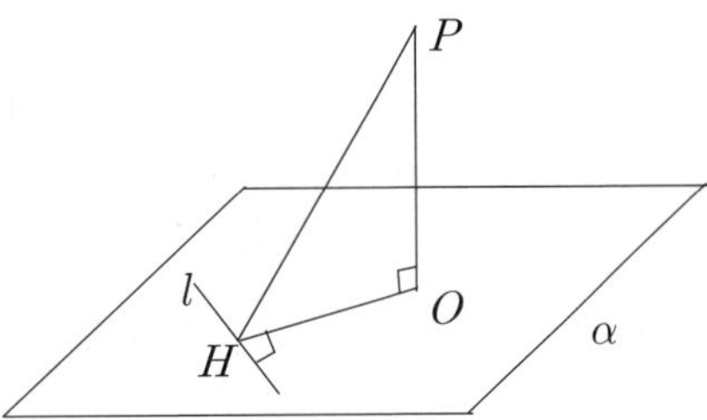

$\overline{PO}\perp\alpha,\ \overline{OH}\perp l \Rightarrow \overline{PH}\perp l$

$\overline{PO}\perp\alpha,\ \overline{PH}\perp l \Rightarrow \overline{OH}\perp l$

$\overline{PH}\perp l,\ \overline{OH}\perp l,\ \overline{PO}\perp\overline{OH} \Rightarrow \overline{PO}\perp l$

점 P가 선분 AC를 1 : 2로 내분하는 점이고, 점 C에서 평면 α에 이르는 거리가 3이므로 점 P에서 평면 α에 이르는 거리는 1이다.

따라서, 직선 PB는 평면 α와 평행하다.

삼각형 ABC와 평면 α가 이루는 각의 크기를 θ라고 하자.

평면 α에 평행하고 직선 PB를 포함하는 평면을 β라고 하면 삼각형 PBC와 평면 β가 이루는 각의 크기도 θ이다.

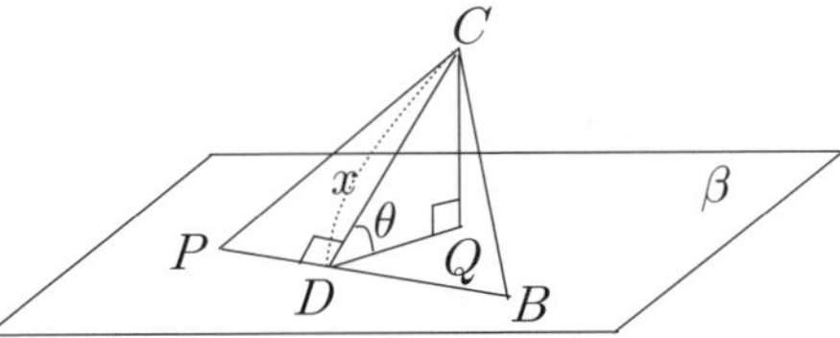

점 C에서 직선 PB에 내린 수선의 발을 D라 하고, 점 C에서 평면 β에 내린 수선의 발을 Q라 하자.

삼수선의 정리에 의하여 $\overline{DQ}\perp\overline{PB}$이므로

$\angle CDQ=\theta$이다.

$\overline{CQ}=3-1=2$이므로

$\overline{CD}=x$라 하면 $\sin\theta=\dfrac{2}{x}$이다.

삼각형 ABC의 넓이가 9이므로 삼각형 PBC의 넓이는 $9\times\dfrac{2}{3}=6$

따라서, $\dfrac{1}{2}\times\overline{PB}\times x=6$에서

$\dfrac{1}{2}\times 4\times x=6$, $x=3$

$\therefore\ \sin\theta=\dfrac{2}{3}$

$\therefore\ \cos\theta=\sqrt{1-\sin^2\theta}=\sqrt{1-\dfrac{4}{9}}=\dfrac{\sqrt{5}}{3}$

따라서, 삼각형 ABC의 평면 α 위로의 정사영의 넓이 S는

$S=9\cos\theta=9\times\dfrac{\sqrt{5}}{3}=3\sqrt{5}$

$\therefore\ S^2=45$

정답 : 45

11.수능B

018

그림과 같이 밑면의 반지름의 길이가 7 인 원기둥과 밑면의 반지름의 길이가 5 이고 높이가 12 인 원뿔이 평면 α 위에 놓여 있고, 원뿔의 밑면의 둘레가 원기둥의 밑면의 둘레에 내접한다. 평면 α 와 만나는 원기둥의 밑면의 중심을 O, 원뿔의 꼭짓점을 A라 하자. 중심이 B이고 반지름의 길이가 4 인 구 S가 다음 조건을 만족시킨다.

> (가) 구 S는 원기둥과 원뿔에 모두 접한다.
> (나) 두 점 A, B의 평면 α 위로의 정사영이 각각 A', B'일 때, $\angle A'OB' = 180^\circ$ 이다.

직선 AB와 평면 α 가 이루는 예각의 크기를 θ 라 할 때, $\tan\theta = p$ 이다. $100p$ 의 값을 구하시오. (단, 원뿔의 밑면의 중심과 점 A'은 일치한다.)

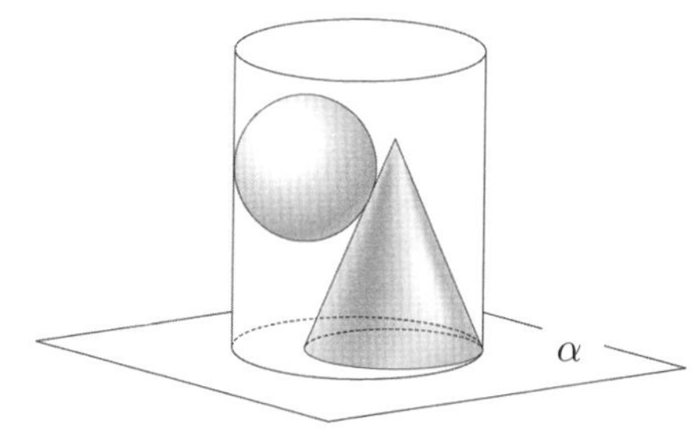

HINT▶▶

암기하면 편해지는 피타고라스의 정리가 적용되는 직각삼각형예시

$1:1:\sqrt{2}$, $1:\sqrt{3}:2$, $3:4:5$, $5:12:13$

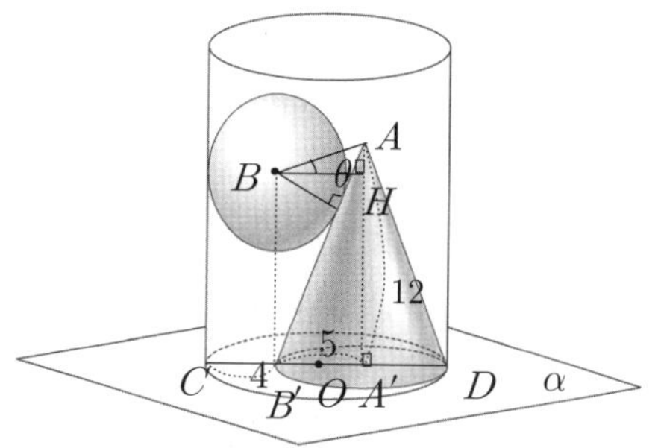

세 점 A', B', B를 지나는 평면으로 입체도형을 자른 단면은 아래 그림과 같다.

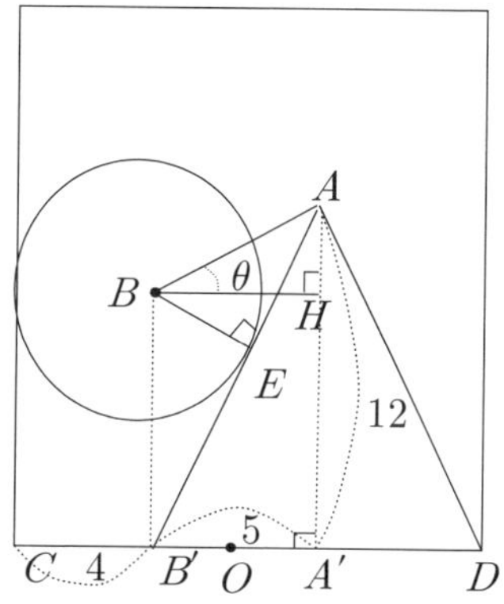

구와 원뿔의 접점을 E, 점B에서 $\overline{AA'}$에 내린 수선의 발을 H라 하자. $\triangle BB'E$와 $\triangle B'AA'$에서

$\angle BEB' = \angle B'A'A = 90^\circ$,

$\angle BB'E = \angle B'AA'$(엇각)이므로

$\triangle BB'E \sim \triangle B'AA'$

즉, $\overline{BB'} : \overline{BE} = \overline{B'A} : \overline{B'A'}$ 이므로

$\overline{BB'} : 4 = 13 : 5$, $\left(\because\ \overline{B'A} = \sqrt{5^2+12^2} = 13\right)$

$5\overline{BB'} = 52 \quad \therefore\ \overline{BB'} = \dfrac{52}{5}$

$\overline{AH} = 12 - \dfrac{52}{5} = \dfrac{8}{5}$, $\overline{BH} = 5$이므로

$$\tan\theta = \frac{\overline{AH}}{\overline{BH}} = \frac{\frac{8}{5}}{5} = \frac{8}{25} = p$$

$\therefore\ 100p = 100 \times \dfrac{8}{25} = 32$

정답 : 32

07.수능B

019

좌표공간에서 중심이 C인 구
$(x-1)^2+(y-1)^2+(z-1)^2=9$와
평면 $x+y+z=6$이 만나서 생기는 도형을 S라 하자. 도형 S 위의 두 점 P, Q에 대하여 두 벡터 $\overrightarrow{CP}$, $\overrightarrow{CQ}$의 내적 $\overrightarrow{CP}\cdot\overrightarrow{CQ}$의 최솟값은?

① -3 ② -2 ③ -1 ④ 1 ⑤ 2

HINT▸▸

$\vec{a}\cdot\vec{b}=|\vec{a}|\cdot|\vec{b}|\cos\theta$

점과 평면사이의 거리

$$d=\frac{|ax_1+by_1+cz_1+d|}{\sqrt{a^2+b^2+c^2}}$$

제이코사인법칙

$$a^2=b^2+c^2-2bc\cos A \Leftrightarrow \cos A=\frac{b^2+c^2-a^2}{2bc}$$

구 $(x-1)^2+(y-1)^2+(z-1)^2=9$의
반지름의 길이가 3이므로
$|\overrightarrow{CP}|=|\overrightarrow{CQ}|=3$
두 벡터 $\overrightarrow{CP}$, $\overrightarrow{CQ}$가 이루는 각의 크기를 θ라 하면
$\overrightarrow{CP}\cdot\overrightarrow{CQ}=|\overrightarrow{CP}||\overrightarrow{CQ}|\cos\theta=9\cos\theta$
이므로 $\cos\theta$의 값이 최소일 때, $\overrightarrow{CP}\cdot\overrightarrow{CQ}$의 값도 최솟값을 갖는다.
또한, $0\leq\theta<\pi$일 때 θ의 값이 클수록 $\cos\theta$의 값이 작아지므로 구와 평면의 교선인 원S 위의 점P, Q가 지름의 양끝점일 때 $\cos\theta$는 최솟값을 갖는다.
구의 중심$C(1,1,1)$에서 평면$x+y+z=6$에 이르는 거리는

$$\frac{|1+1+1-6|}{\sqrt{1^2+1^2+1^2}}=\sqrt{3}$$

이고, 구의 반지름의 길이가 3이므로 원 S의 반지름의 길이를 r라 하면

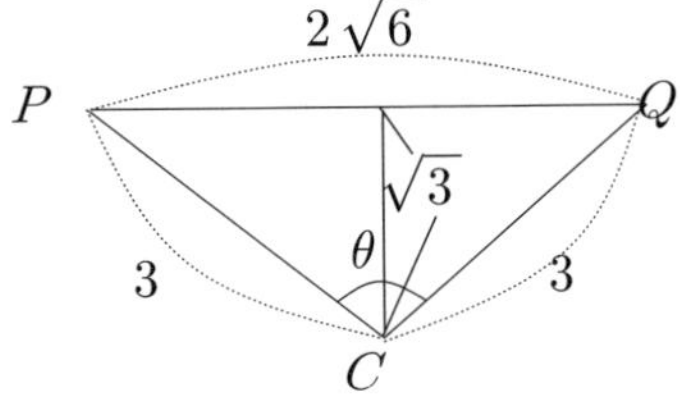

$r=\sqrt{3^2-(\sqrt{3})^2}=\sqrt{6}$
삼각형CPQ에서
제이코사인법칙에 의하여

$$\cos\theta=\frac{3^2+3^2-(2\sqrt{6})^2}{2\cdot3\cdot3}=-\frac{1}{3}$$

이므로 구하는 $\overrightarrow{\mathrm{CP}}\cdot\overrightarrow{\mathrm{CQ}}$의 최솟값은

$$9\cos\theta=9\cdot\left(-\frac{1}{3}\right)=-3$$

정답 : ①

08.수능B

020

좌표공간의 점 A(3, 3, 3)과 중심이 원점 O인 구 $x^2+y^2+z^2=9$ 위를 움직이는 점 P에 대하여 $\left|\frac{2}{3}\overrightarrow{OA}+\frac{1}{3}\overrightarrow{OP}\right|$의 최댓값은 $a+b\sqrt{3}$이다. $10(a+b)$의 값을 구하시오. (단, a, b는 유리수이다.)

HINT ▸▸

코사인값의 범위 $-1 \leqq \cos\theta \leqq 1$

$\left|\frac{2}{3}\overrightarrow{OA}+\frac{1}{3}\overrightarrow{OP}\right| = \frac{1}{3}|2\overrightarrow{OA}+\overrightarrow{OP}| = |\vec{x}|$

라고 하면,

$|\vec{x}|^2 = \frac{1}{9}(2\overrightarrow{OA}+\overrightarrow{OP})\cdot(2\overrightarrow{OA}+\overrightarrow{OP})$

$= \frac{1}{9}\left(4|\overrightarrow{OA}|^2+|\overrightarrow{OP}|^2+4|\overrightarrow{OA}||\overrightarrow{OP}|\cos\theta\right)$

(단 θ는 $\overrightarrow{OA}$와 $\overrightarrow{OP}$의 사잇각)

그런데 $|\overrightarrow{OA}| = \sqrt{3^2+3^2+3^2} = 3\sqrt{3}$이고,

$|\overrightarrow{OP}| = \sqrt{x^2+y^2+z^2} = 3$이므로,

$|\vec{x}|^2$은 $\cos\theta=1$일 때 최댓값을 갖으며, 그 때에 $|\vec{x}|$ 또한 최댓값을 갖는다. 이는 $\overrightarrow{OA}$와 $\overrightarrow{OP}$의 사잇각이 $0°$임을 의미하는데, 구 위의 점 P로 이루어진 벡터 $\overrightarrow{OP}$는 공간의 어느 방향으로도 움직일 수 있으므로, $\overrightarrow{OA}$와 $\overrightarrow{OP}$의 사잇각이 $0°$일 수 있다. 따라서

$|\vec{x}|^2$

$= \frac{1}{9}\left(4|\overrightarrow{OA}|^2+|\overrightarrow{OP}|^2+4|\overrightarrow{OA}||\overrightarrow{OP}|\right)$

$= \left(\frac{2|\overrightarrow{OA}|+|\overrightarrow{OP}|}{3}\right)^2$

$= \left(\frac{2\cdot3\sqrt{3}+3}{3}\right)^2 = (2\sqrt{3}+1)^2$

$\therefore \left|\frac{2}{3}\overrightarrow{OA}+\frac{1}{3}\overrightarrow{OP}\right| = |\vec{x}| = 1+2\sqrt{3}$

$\therefore a=1,\ b=2,\ 10(a+b)=30$

정답 : 30

09.수능B

021

평면에서 그림의 오각형 ABCDE가

$\overline{AB}=\overline{BC}$, $\overline{AE}=\overline{ED}$, $\angle B=\angle E=90°$를 만족시킬 때, 옳은 것만을 [보기]에서 있는 대로 고른 것은?

〈보 기〉

ㄱ. 선분 BE 의 중점 M 에 대하여 $\overrightarrow{AB}+\overrightarrow{AE}$ 와 $\overrightarrow{AM}$은 서로 평행하다.

ㄴ. $\overrightarrow{AB}\cdot\overrightarrow{AE}=-\overrightarrow{BC}\cdot\overrightarrow{ED}$

ㄷ. $|\overrightarrow{BC}+\overrightarrow{ED}|=|\overrightarrow{BE}|$

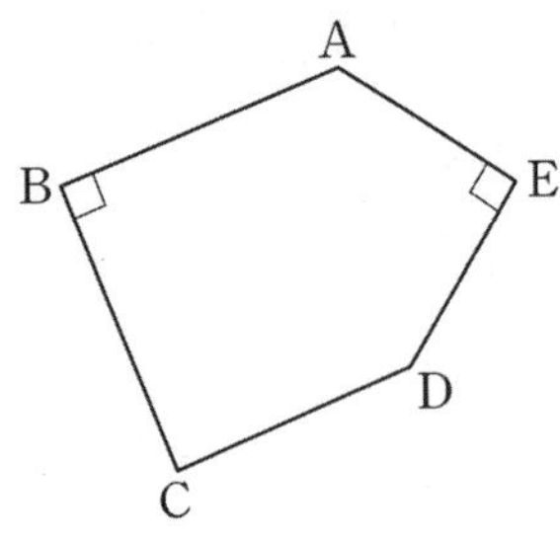

① ㄱ ② ㄷ ③ ㄱ, ㄴ

④ ㄴ, ㄷ ⑤ ㄱ, ㄴ, ㄷ

HINT▸▸

$|\vec{a}\pm\vec{b}|^2=|\vec{a}|^2\pm2\vec{a}\cdot\vec{b}+|\vec{b}|^2$

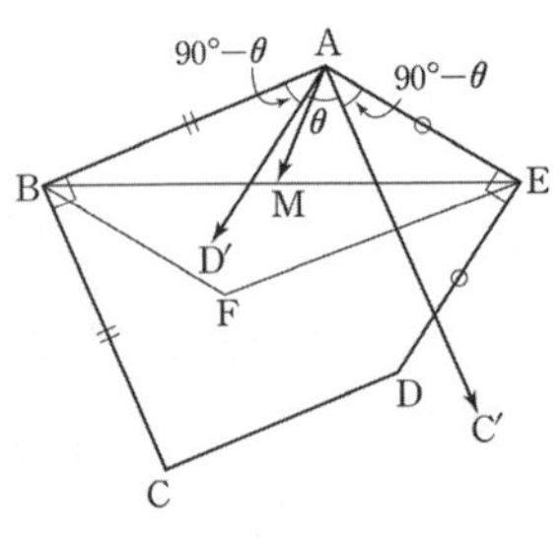

ㄱ. 〈참〉

$\overline{AB}$, $\overline{AE}$를 이웃하는 두 변으로 하는 평행사변형 ABFE에서 $\overline{AF}$와 $\overline{BE}$의 교점이 M 이므로

$\overrightarrow{AM}=\frac{1}{2}\overrightarrow{AF}=\frac{1}{2}(\overrightarrow{AB}+\overrightarrow{AE})$

ㄴ. 〈참〉

그림에서 $\overrightarrow{AD}'\,/\!/\,\overrightarrow{ED}$, $\overrightarrow{AC}'\,/\!/\,\overrightarrow{BC}$일 때, 두 벡터 $\overrightarrow{BC}$, $\overrightarrow{ED}$가 이루는 각의 크기를 θ라 하면 두 벡터 $\overrightarrow{AC}'$, $\overrightarrow{AD}'$이 이루는 각의 크기도 θ이다.

또, 두 벡터 $\overrightarrow{AB}$, $\overrightarrow{AE}$가 이루는 각의 크기는

$(90°-\theta)+\theta+(90°-\theta)=180°-\theta$

즉,

$$\begin{aligned}\overrightarrow{AB}\cdot\overrightarrow{AE}&=|\overrightarrow{AB}||\overrightarrow{AE}|\cos(180°-\theta)\\&=|\overrightarrow{AB}||\overrightarrow{AE}|(-\cos\theta)\\&=|\overrightarrow{BC}||\overrightarrow{ED}|(-\cos\theta)\\&\quad(\because\ \overline{AB}=\overline{BC},\ \overline{AE}=\overline{ED})\\&=-\overrightarrow{BC}\cdot\overrightarrow{ED}\end{aligned}$$

ㄷ. 〈참〉

$|\overrightarrow{BC}+\overrightarrow{ED}|^2$

$=|\overrightarrow{BC}|^2+2\overrightarrow{BC}\cdot\overrightarrow{ED}+|\overrightarrow{ED}|^2$

$|\overrightarrow{BE}|^2=|\overrightarrow{AE}-\overrightarrow{AB}|^2$

$=|\overrightarrow{AE}|^2-2\overrightarrow{AE}\cdot\overrightarrow{AB}+|\overrightarrow{AB}|^2$

이때, $|\overrightarrow{BC}|^2=|\overrightarrow{AB}|^2$, $|\overrightarrow{ED}|^2=|\overrightarrow{AE}|^2$이고

ㄴ에서 $\overrightarrow{AB}\cdot\overrightarrow{AE}=-\overrightarrow{BC}\cdot\overrightarrow{ED}$이므로

$|\overrightarrow{BC}+\overrightarrow{ED}|^2=|\overrightarrow{BE}|^2$

따라서, ㄱ, ㄴ, ㄷ 모두 옳다.

정답 : ⑤

10.9B

022

평면에서 그림과 같이 $\overline{AB}=1$이고 $\overline{BC}=\sqrt{3}$ 인 직사각형 $ABCD$와 정삼각형 EAD가 있다. 점 P가 선분 AE 위를 움직일 때, 옳은 것만을 〈보기〉에서 있는 대로 고른 것은?

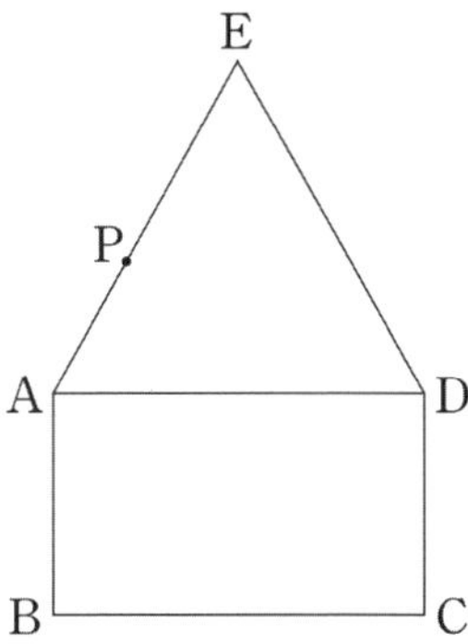

ㄱ. $|\overrightarrow{CB}-\overrightarrow{CP}|$의 최솟값은 1이다.
ㄴ. $\overrightarrow{CA}\cdot\overrightarrow{CP}$의 값은 일정하다.
ㄷ. $|\overrightarrow{DA}+\overrightarrow{CP}|$의 최솟값은 $\dfrac{7}{2}$이다.

① ㄱ　② ㄷ　③ ㄱ, ㄴ
④ ㄴ, ㄷ　⑤ ㄱ, ㄴ, ㄷ

HINT▸▸

벡터간 뺄셈 $\overrightarrow{OA}-\overrightarrow{OB}=\overrightarrow{BA}$

ㄱ. 〈참〉

$|\overrightarrow{CB}-\overrightarrow{CP}|=|\overrightarrow{PB}|$이므로 점 P가 점 A에 있을 때 최소가 된다. 그런데 $\overline{AB}=1$이므로 최솟값은 1이다.

ㄴ. 〈참〉

$\overrightarrow{CA}\cdot\overrightarrow{CP}=\overrightarrow{CA}\cdot(\overrightarrow{CA}+\overrightarrow{AP})$
$=\overrightarrow{CA}\cdot\overrightarrow{CA}+\overrightarrow{CA}\cdot\overrightarrow{AP}$

그런데 $\angle CAE=\dfrac{\pi}{6}$, $\angle DAE=\dfrac{\pi}{3}$

$\angle CAE=\dfrac{\pi}{2}$이므로

$\overrightarrow{CA}\cdot\overrightarrow{AP}=0$

$\therefore\ \overrightarrow{CA}\cdot\overrightarrow{CP}=|\overrightarrow{CA}|^2=4$

따라서 $\overrightarrow{CA}\cdot\overrightarrow{CP}$의 값은 일정하다.

ㄷ. 〈참〉

그림과 같이 주어진 도형과 합동인 도형을 그리면

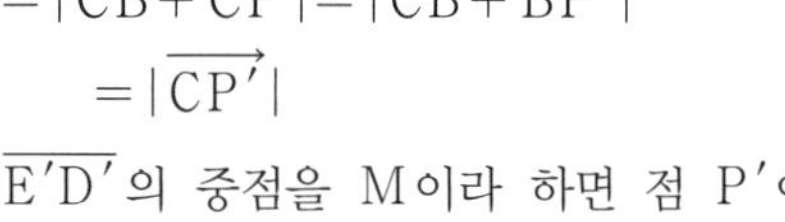

$|\overrightarrow{DA}+\overrightarrow{CP}|$
$=|\overrightarrow{CB}+\overrightarrow{CP}|=|\overrightarrow{CB}+\overrightarrow{BP'}|$
$=|\overrightarrow{CP'}|$

$\overline{E'D'}$의 중점을 M이라 하면 점 P′이 점 M에 위치할 때, $|\overrightarrow{CM}|$이 구하는 최솟값이다.

$\therefore\ |\overrightarrow{DA}+\overrightarrow{CP}|=|\overrightarrow{CP'}|\geq|\overrightarrow{CM}|$

이때, 삼각형 E′D′A는 한 변의 길이가 $\sqrt{3}$인 정삼각형이므로

$|\overrightarrow{AM}|=\dfrac{\sqrt{3}}{2}\times\sqrt{3}=\dfrac{3}{2}$

$\therefore\ |\overrightarrow{CM}|=|\overrightarrow{CA}|+|\overrightarrow{AM}|$
$=2+\dfrac{3}{2}=\dfrac{7}{2}$

따라서 구하는 최솟값은 $\dfrac{7}{2}$이다.

따라서 옳은 것은 ㄱ, ㄴ, ㄷ이다.

정답 : ⑤

10.수능B

023

그림과 같이 평면 위에 정삼각형 ABC와 선분 AC를 지름으로 하는 원 O가 있다. 선분 BC 위의 점 D를 $\angle DAB = \frac{\pi}{15}$가 되도록 정한다. 점 X가 원 O 위를 움직일 때, 두 벡터 $\overrightarrow{AD}$, $\overrightarrow{CX}$의 내적 $\overrightarrow{AD} \cdot \overrightarrow{CX}$의 값이 최소가 되도록 하는 점 X를 점 P라 하자. $\angle ACP = \frac{q}{p}\pi$일 때, $p+q$의 값을 구하시오 (단, p와 q는 서로소인 자연수이다.)

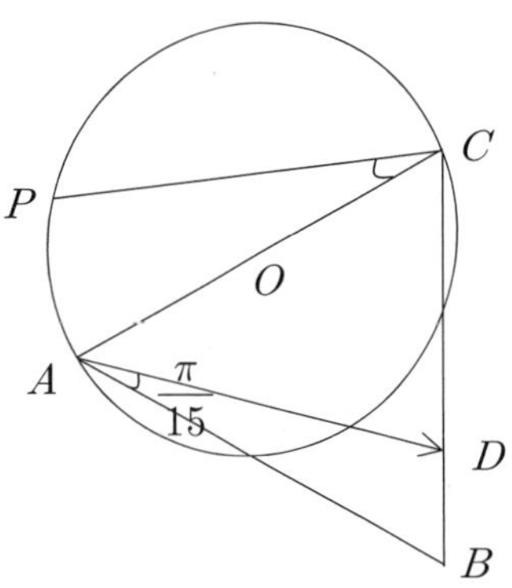

HINT▸▸

원의 지름을 한변으로 하는 내접 삼각형은 직각 삼각형이 된다.

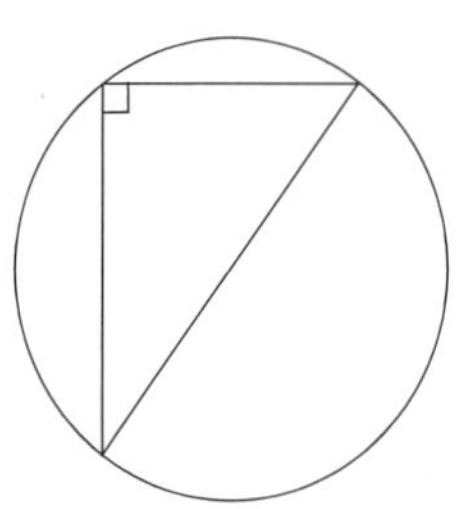

그림과 같이 원 O의 지름 $\overline{CA}$의 연장선을 긋고, $\overrightarrow{CX}$의 시점 C를 점 A로 옮겨오자.

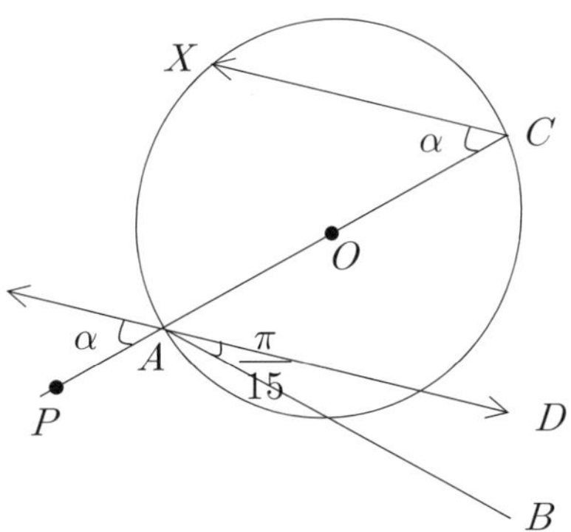

$\angle ACX=\alpha$라 하고, $\overrightarrow{AD}$와 $\overrightarrow{CX}$가 이루는 각을 θ라 하면

$\angle PAB=\pi-\angle CAB$

$=\pi-\dfrac{\pi}{3}=\dfrac{2}{3}\pi$

$\therefore \theta=\dfrac{\pi}{15}+\dfrac{2}{3}\pi+\alpha$

$=\dfrac{11}{15}\pi+\alpha$

$=\pi-\dfrac{4}{15}\pi+\alpha$

$\therefore \cos\theta=\cos\left(\pi-\dfrac{4}{15}\pi+\alpha\right)$

$=-\cos\left(-\dfrac{4}{15}\pi+\alpha\right)$ ……㉠

$\overrightarrow{AD}\cdot\overrightarrow{CX}$

$=|\overrightarrow{AD}||\overrightarrow{CX}|\cos\theta$

$=\overline{AD}\cdot\overline{AC}\cdot\cos\alpha\cdot\cos\theta$ ($\because \overline{CX}=\overline{AC}\cdot\cos\alpha$)

$=-\overline{AD}\cdot\overline{AC}\cdot\cos\alpha\cdot\cos\left(-\dfrac{4}{15}\pi+\alpha\right)$ ($\because$ ㉠)

이때, $\overrightarrow{AD}\cdot\overrightarrow{CX}$의 값이 최소가 되기 위해서는 $\cos\alpha\cdot\cos\left(-\dfrac{4}{15}\pi+\alpha\right)$가 최대가 되어야 한다.

$\cos\alpha=\cos\left(-\dfrac{4}{15}\pi+\alpha\right)$일 때 최대가 되므로

$\cos\alpha=\cos\left(-\dfrac{4}{15}\pi+\alpha\right)=\cos\left(\dfrac{4}{15}\pi-\alpha\right)$

$\therefore \alpha=\dfrac{4}{15}\pi-\alpha$

$\therefore \alpha=\dfrac{2}{15}\pi$

$\therefore p+q=15+2=17$

다른 풀이 ▸▸

$\overrightarrow{AD}\cdot\overrightarrow{CX}=|\overrightarrow{AD}|\cdot|\overrightarrow{CX}|\cdot\cos\theta$에서

$\overrightarrow{CX}=\overrightarrow{CO}+\overrightarrow{OX}$인데 이때 $\overrightarrow{CO}$는 정해져 잇으므로 $\overrightarrow{AD}\cdot\overrightarrow{OX}$가 최소인 값을 찾는다.

$\overrightarrow{AD}\cdot\overrightarrow{OX}=|\overrightarrow{AD}|\cdot|\overrightarrow{OX}|\cdot\cos\theta$가 되는데 이때 $\cos\theta$가 -1이 되면 최소값이 된다.

즉 $\theta=\pi$가 되면 되는데 그림에서 보듯이 α의 중심각인 2α가 엇각으로 $\dfrac{4}{15}\pi$와 같아야 한다.

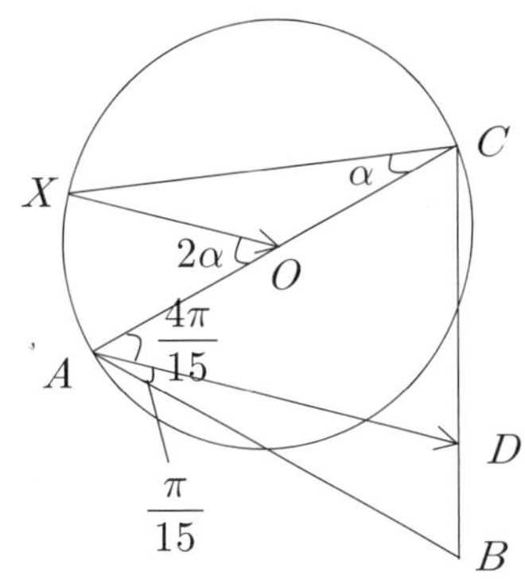

따라서 $\alpha=\dfrac{2}{15}\pi$가 된다.

정답 : 17

07.9B

024

좌표공간에서 xy 평면 위의 원 $x^2+y^2=1$을 C라 하고, 원 C 위의 점 P와 점 A$(0, 0, 3)$을 잇는 선분이 구 $x^2+y^2+(z-2)^2=1$과 만나는 점을 Q 라 하자. 점 P가 원 C 위를 한 바퀴 돌 때, 점 Q가 나타내는 도형 전체의 길이는 $\frac{b}{a}\pi$ 이다. $a+b$의 값을 구하시오. (단, 점Q는 점A가 아니고, a, b는 서로소인 자연수이다.)

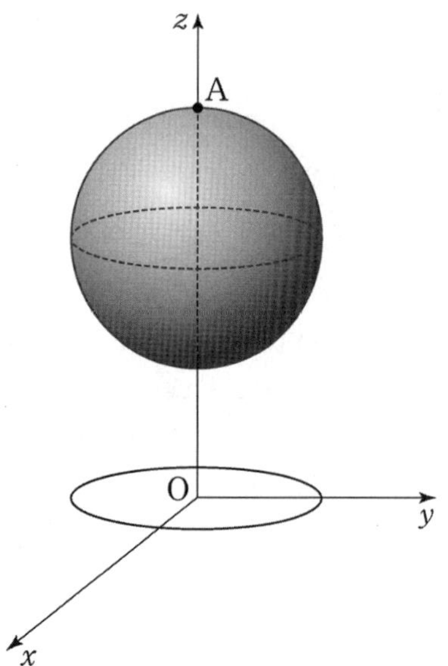

HINT▸▸

직선의 방정식

$$\frac{x-x_1}{x_2-x_1}=\frac{y-y_1}{y_2-y_1}=\frac{z-z_1}{z_2-z_1}$$

원 $x^2+y^2=1$ 위의 한 점 $B(1,0,0)$과 점 $A(0,0,3)$을 지나는 직선의 방정식은

$\frac{x-1}{-1}=\frac{z}{3}$, $y=0$

따라서, 이 직선과 구 $x^2+y^2+(z-2)^2=1$의 교점을 D라 하면 $\frac{x-1}{-1}=\frac{z}{3}=t$, $y=0$에서

$D(-t+1,0,3t)$ $(\frac{1}{3}<t<1)$

이 때, 점 $D(-t+1,0,3t)$는 구 $x^2+y^2+(z-2)^2=1$ 위의 점이므로

$(-t+1)^2+(3t-2)^2=1$

$10t^2-14t+4=0$, $5t^2-7t+2=0$

$(5t-2)(t+1)=0$

$\therefore\ t=\frac{2}{5}$ $(\because \frac{1}{3}<t<1)$

또한, 구하고자 하는 도형은 점 $D(\frac{3}{5},0,\frac{6}{5})$을 지나면서 xy평면에 평행한 평면과 구 $x^2+y^2+(z-2)^2=1$의 교선이므로 $z=\frac{6}{5}$을 대입하여

$x^2+y^2+(\frac{6}{5}-2)^2=1$, $x^2+y^2=\frac{9}{25}$

즉, 반지름이 $\frac{3}{5}$인 원이 된다.

따라서, 도형 전체의 길이는

$\frac{b}{a}\pi=2\times\frac{3}{5}\pi=\frac{6}{5}\pi$

$\therefore\ a+b=11$

정답 : 11

07.수능B

025

좌표공간에 네 점 A(2, 0, 0), B(0, 1, 0), C(−3, 0, 0), D(0, 0, 2)를 꼭짓점으로 하는 사면체 ABCD가 있다. 모서리 BD 위를 움직이는 점 P에 대하여 $\overline{PA}^2+\overline{PC}^2$의 값을 최소로 하는 점 P의 좌표를 (a, b, c)라고 할 때, $a+b+c=\frac{q}{p}$이다. $p+q$의 값을 구하시오. (단, p, q는 서로소인 자연수이다.)

HINT▸▸

두점 (x_1, y_1, z_1), (x_2, y_2, z_2)을 지나는 직선의 식

$$\frac{x-x_1}{x_2-x_1}=\frac{y-y_1}{y_2-y_1}=\frac{z-z_1}{z_2-z_1}$$

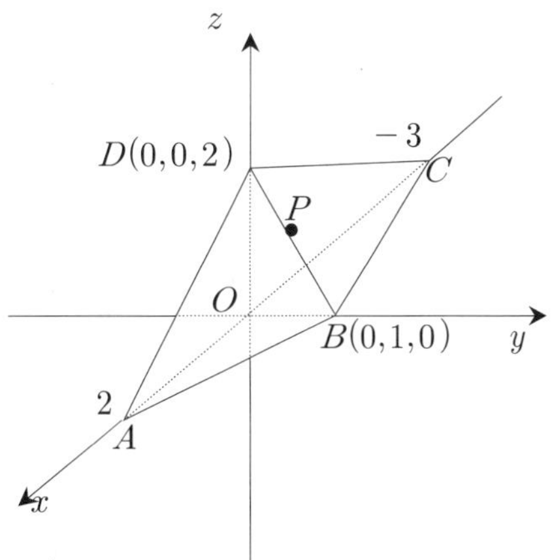

직선BD의 방정식은

$$\frac{y}{1}=\frac{z-2}{-2},\ x=0$$

이고, 직선 위의 임의의 점P의 좌표를 $(0, t, -2t+2)$로 놓으면

$$\left(\because \frac{y}{1}=\frac{z-2}{-2}=t \text{ 라 놓고 정리}\right)$$

$$\begin{aligned}\overline{PA}^2+\overline{PC}^2&=2^2+(-t)^2+(2t-2)^2\\&\quad+(-3)^2+(-t)^2+(2t-2)^2\\&=10t^2-16t+21\\&=10\left(t-\frac{4}{5}\right)^2+\frac{73}{5}\end{aligned}$$

$t=\frac{4}{5}$일 때, $\overline{PA}^2+\overline{PC}^2$의 값은 최소이고, 점$P$의 좌표는 $\left(0, \frac{4}{5}, \frac{2}{5}\right)$이므로 점$P$는 선분 BD 위에 있다.

$\therefore\ a+b+c=0+\frac{4}{5}+\frac{2}{5}=\frac{6}{5}$

$\therefore\ p+q=5+6=11$

정답 : 11

08.수능B

026

좌표공간에서 구 $S : x^2+y^2+z^2=4$와 평면 $\alpha : y-\sqrt{3}z=2$가 만나서 생기는 원을 C라 하자. 원 C 위의 점 A(0, 2, 0)에 대하여 원 C의 지름의 양 끝점 P, Q를 $\overline{\mathrm{AP}}=\overline{\mathrm{AQ}}$가 되도록 잡고, 점 P를 지나고 평면 α에 수직인 직선이 구 S와 만나는 또 다른 점을 R라 하자. 삼각형 ARQ의 넓이를 s라 할 때, s^2의 값을 구하시오.

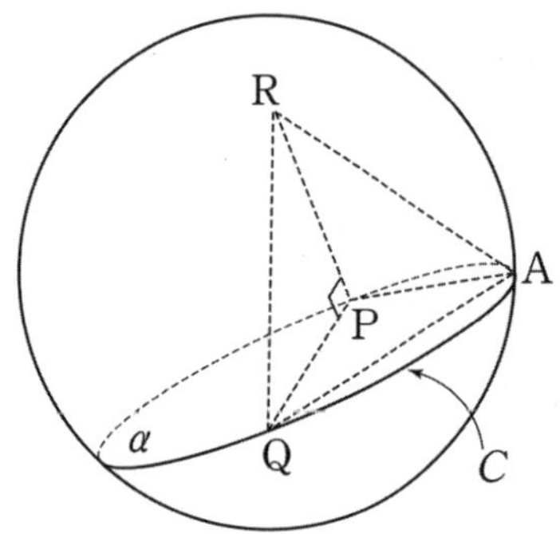

HINT▸▸

원의 지름을 한변으로 하는 내접삼각형은 직각삼각형이 된다.

점(x_1, y_1)과 직선 $ax+by+c=0$과의 거리의 공식

$$d=\frac{|ax_1+by_1+c|}{\sqrt{a^2+b^2}}$$

피타고라스 정리를 이용한다. $a^2+b^2=c^2$

원 C의 중심을 O라고 하면 O에서 평면 α까지의 거리는 $\dfrac{|0-\sqrt{3}\times 0-2|}{\sqrt{1+(\sqrt{3})^2}}=1$이고, C의 반지름은 2이므로 다음과 같이 삼각형 OQP를 생각하면 $\overline{PQ}=2\sqrt{3}$이다.

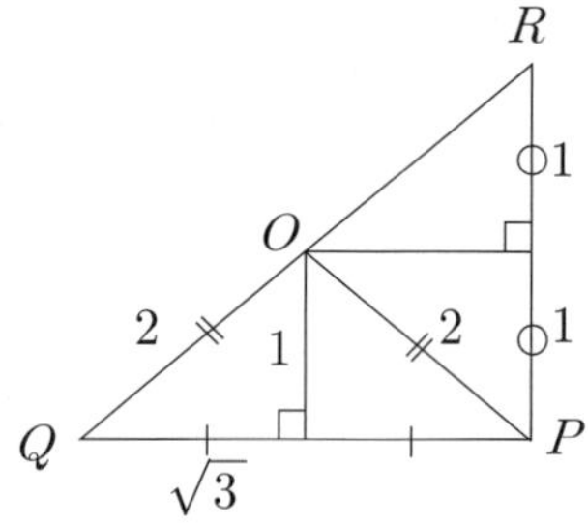

한편, $\overline{PA}=\overline{AQ}$이고, A는 선분 PQ를 지름으로 하는 원 위의 점이므로 $\angle PAQ=90°$이다. 따라서 피타고라스의 정리에 의해

$2(\overline{PA})^2=(\overline{PA})^2+(\overline{AQ})^2=(\overline{PQ})^2=12$

$\therefore \overline{PA}=\sqrt{6}$

한편, 삼각형 OPR에서 $\overline{PR}=2$이다.

이제, 구해야 할 삼각형 ARQ의 세 변의 길이를 구해보면

$\overline{AR}=$

$\sqrt{(\overline{AP})^2+(\overline{PR})^2}=\sqrt{(\sqrt{6})^2+2^2}=\sqrt{10}$,

$\overline{RQ}=4$, $\overline{QA}=\overline{PA}=\sqrt{6}$ 이고,

$(\overline{RQ})^2=(\overline{RA})^2+(\overline{AQ})^2$이므로 이 삼각형은 $\angle RAQ$가 직각인 삼각형이다. 따라서 넓이 s는

$s=\dfrac{1}{2}\times\sqrt{6}\times\sqrt{10}=\sqrt{15}$, $s^2=15$

다른 풀이▸▸

$\overline{RP}\perp\overline{PA}$, $\overline{PA}\perp\overline{AQ}$이므로 삼수선정리에 의해 $\overline{RA}\perp\overline{AQ}$

정답 : 15

09.9B

027

좌표공간에서 구 $x^2+y^2+z^2=50$ 이 두 평면

$\alpha:\ x+y+2z=15$

$\beta:\ x-y-4\sqrt{3}z=25$

와 만나서 생기는 원을 각각 C_1, C_2 라 하자. 원 C_1 위의 점 P 와 원 C_2 위의 점 Q 에 대하여 $\overline{\mathrm{PQ}}^2$ 의 최솟값을 구하시오.

HINT▸▸

점과 평면사이의 거리

$$d=\frac{|ax_1+by_1+cz_1+d|}{\sqrt{a^2+b^2+c^2}}$$

α의 법선벡터 : $(1,\ 1,\ 2)$

β의 법선벡터 : $(1,\ -1,\ -4\sqrt{3})$

$$\cos\theta=\frac{\alpha\cdot\beta}{|\alpha|\cdot|\beta|}$$

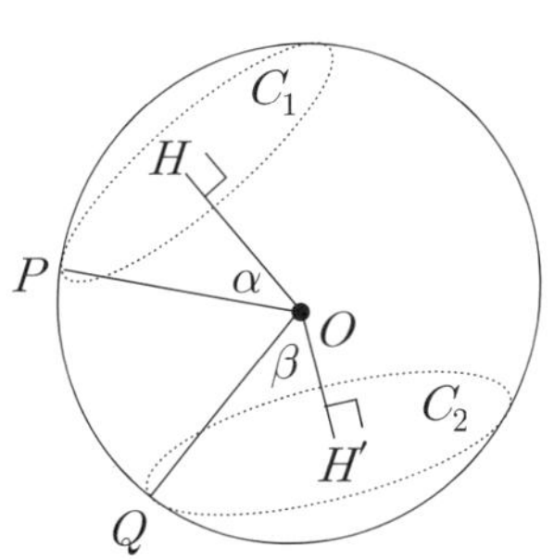

원C_1과 중심에서 원C_1에 그은 벡터$\overrightarrow{OP}$와 평면 α의 법선 벡터가 이루는 각

$$\cos\alpha=\frac{\frac{15}{\sqrt{6}}}{5\sqrt{2}}=\frac{\sqrt{3}}{2}$$

$$\left(\because OH=\frac{|-15|}{\sqrt{1+1+4}}=\frac{15}{\sqrt{6}},\ OP=5\sqrt{2}\right)$$

$$\alpha=\frac{\pi}{6}$$

원C_2과 중심에서 원C_2에 그은 벡터$\overrightarrow{OQ}$와 평면 β의 법선 벡터가 이루는 각

$$\cos\beta=\frac{\frac{5\sqrt{2}}{2}}{5\sqrt{2}}=\frac{1}{2}$$

$$\left(\because OH=\frac{|-25|}{\sqrt{1+1+48}}=\frac{5\sqrt{2}}{2},\ OQ=5\sqrt{2}\right)$$

$$\beta=\frac{\pi}{3}$$

$$\therefore \alpha+\beta=\frac{\pi}{2}$$

평면 α의 법선 벡터와 평면 β의 법선 벡터가 이루는 각 θ는

$$\cos\theta=\frac{|1-1-8\sqrt{3}|}{\sqrt{1+1+4}\sqrt{1+1+48}}=\frac{4}{5}$$

따라서, 최단거리를 나타내는 벡터$\overrightarrow{OP}$와 벡터$\overrightarrow{OQ}$가 이루는 각은

$\cos\left(\theta-\frac{\pi}{2}\right)=\cos\left(\frac{\pi}{2}-\theta\right)=\sin\theta=\frac{3}{5}$ 이다.

$$\begin{aligned}\overline{PQ}^2&=|\overrightarrow{PQ}|^2\\&=|\overrightarrow{OQ}-\overrightarrow{OP}|^2\\&=OQ^2+OP^2-2\overline{OQ}\cdot\overline{OP}\cdot\cos\left(\frac{\pi}{2}-\theta\right)\end{aligned}$$

를 정리하면 $\overline{PQ}^2$ 최솟값은 40이다.

정답 : 40

11.9B

028

좌표공간에 두 점 $A(0,-1,1)$, $B(1,1,0)$이 있고, xy평면 위에 원 $x^2+y^2=13$이 있다. 이 원 위의 점 $(a,b,0)$ $(a<0)$을 지나고 z축에 평행한 직선이 직선 AB와 만날 때, $a+b$의 값은?

① $-\frac{47}{10}$ ② $-\frac{23}{5}$ ③ $-\frac{9}{2}$
④ $-\frac{22}{5}$ ⑤ $-\frac{43}{10}$

HINT▸▸

직선의 방정식

$$\frac{x-x_1}{x_2-x_1}=\frac{y-y_1}{y_2-y_1}=\frac{z-z_1}{z_2-z_1}$$

직선 AB의 방정식은

$$\frac{x-0}{1}=\frac{y+1}{2}=\frac{z-1}{-1}$$

즉, $x=\frac{y+1}{2}=1-z$

점 $(a,b,0)$을 지나고 z축에 평행한 직선 l의 방정식은

$x=a,\ y=b$

이므로 직선 AB와 직선 l의 교점의 좌표를 $C(a,b,c)$로 놓을 수 있다.

점 C는 직선 AB 위의 점이므로

$$a=\frac{b+1}{2}=1-c$$

따라서, $a=\frac{b+1}{2}$에서 $b=2a-1$이고

점 $(a,b,0)$이 원 $x^2+y^2=13$ 위의 점이므로

$a^2+b^2=13$

$\therefore\ a^2+(2a-1)^2=13$

$5a^2-4a-12=0$, $(a-2)(5a+6)=0$

$a<0$이므로 $a=-\frac{6}{5}$

$\therefore\ b=2a-1=2\cdot\left(-\frac{6}{5}\right)-1=-\frac{17}{5}$

$\therefore\ a+b=-\frac{6}{5}+\left(-\frac{17}{5}\right)=-\frac{23}{5}$

정답 : ②

11.수능B

029

좌표공간에서 삼각형 ABC가 다음 조건을 만족시킨다.

(가) 삼각형 ABC의 넓이는 6 이다. (나) 삼각형 ABC의 yz평면 위로의 정사영의 넓이는 3 이다.

삼각형 ABC의 평면 $x-2y+2z=1$ 위로의 정사영의 넓이의 최댓값은?

① $2\sqrt{6}+1$ ② $2\sqrt{2}+3$
③ $3\sqrt{5}-1$ ④ $2\sqrt{5}+1$
⑤ $3\sqrt{6}-2$

HINT▸▸

도형의 정사영에서 각도가 θ라면 $S'=Scos\theta$

$\cos(A-B)=\cos A\cos B-\sin A\sin B$

$0<\theta_1<\theta_2<90^\circ$ 이면 $\cos\theta_1>\cos\theta_2$

△ABC를 포함한 평면과 yz평면이 이루는 예각의 크기를 θ_1이라 하면 조건 (가), (나)에 의해

$6\cos\theta_1=3$, $\cos\theta_1=\frac{1}{2}$

$\therefore\ \theta_1=\frac{\pi}{3}$

평면 $x-2y+2z=1$과 yz평면이 이루는 예각의 크기를 θ_2라 하면 두 평면의 법선벡터가 $(1,\ -2,\ 2)$, $(1,\ 0,\ 0)$이므로

$$\cos\theta_2=\frac{|1\times1+(-2)\times0+2\times0|}{\sqrt{1^2+(-2)^2+2^2}\sqrt{1^2+0^2+0^2}}=\frac{1}{3}$$

한편, △ABC의 평면 $x-2y+2z=1$위로의 정사영 넓이가 최대가 되려면 두 평면이 이루는 예각의 크기가 최소가 되어야 하므로 이 최소각의 크기를 θ라 하면 $\theta=\theta_2-\theta_1$

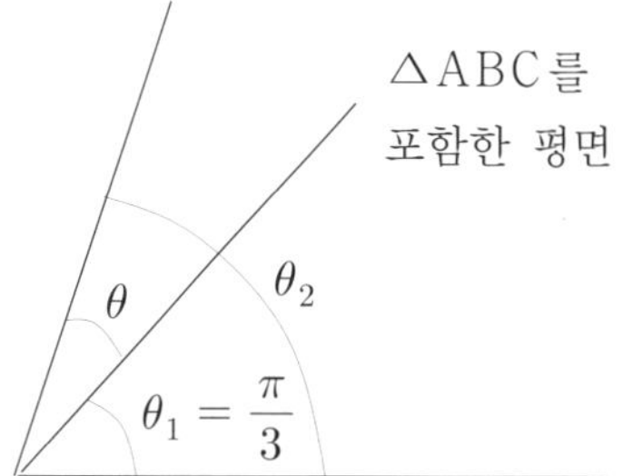

$$\begin{aligned}\therefore\ \cos\theta&=\cos(\theta_2-\theta_1)\\&=\cos\theta_2\cos\theta_1-\sin\theta_2\sin\theta_1\\&=\frac{1}{3}\times\frac{1}{2}+\frac{2\sqrt{2}}{3}\times\frac{\sqrt{3}}{2}\\&=\frac{1}{6}+\frac{2\sqrt{6}}{6}\end{aligned}$$

$\left(\because\ \sin\theta_1=\sqrt{1-\left(\frac{1}{2}\right)^2},\ \sin\theta_2=\sqrt{1-\left(\frac{1}{3}\right)^2}\right)$

따라서 구하는 정사영의 넓이의 최댓값은

$6\cos\theta=6\times\left(\frac{1}{6}+\frac{2\sqrt{6}}{6}\right)=1+2\sqrt{6}$

정답 : ①

4. 적분과 통계

적분
확률
통계

총 67문항

062 **최대한 느낄 수 있는 카타르시스를 시원하게 느껴라. 그 순간만큼은 공부라는 것을 잊고 몰두하라.** 그래야 다시 공부를 하려고 할 때 깨끗한 마음으로 시작할 수 있다.

063 수학을 예습하는데 즉 처음 진도를 나가는데 한참 나가다 보니 **슬슬 어려워지기 시작하고 제일 앞의 내용이 도저히 다시 떠오르지 않는 등 이상증세가 나타난다면** 적정단위를 지나친 것이다. 그 전에 복습을 시작하라.

064 학습방법의 숙련도나 해당과목에서의 기본실력, 책의 난이도 등에 따라서 단위란 계속 변하기 마련이라는 사실도 결코 잊지 말자.

065 단위란 **'지루하지 않으면서 또 너무 잊혀지지 않는 수준에서 복습이 가능한 범위'** 로 좀 더 정밀하게 정의를 내려보자. 그리고 이 개념을 이용해서 과목별로 혹은 단원별로 자신의 수준에 맞게 단위를 만들어놓고 공부에 임하라.

066 **학교에서 정해주는 인위적인 시험범위가 아니라 각자의 사정에 따라서 시험범위를 2,3개로 나누거나 또 2,3과목을 합치도록 해 보아라. 그러면 좀 더 신나면서 보람 있는 자신만의 공부를 할 수 있을 것이다.**

067 **일반적으로 처음 보는 책일수록, 어려운 부분일수록, 옆에 선생님이 없을수록 단위는 줄고 복습일수록, 쉬운 책일수록 단위는 늘기 마련이다.** 호기심과 이해도를 고려해서 단위를 적당히 잘 조절해보자.

07.9B

001

곡선 $y=5\sqrt{\ln x}$ 와 x 축 및 직선 $x=e$ 로 둘러싸인 부분을 x 축 둘레로 회전하여 생기는 회전체의 부피를 V 라 할 때, $\frac{V}{\pi}$ 의 값을 구하시오.

HINT▸▸

x 축 둘레로 회전하는 회전체

$y=\pi\int_a^b f(x)^2dx$

$\ln e=\log_e e=1$

$\begin{pmatrix} u=\ln x & v'=1 \\ u'=\frac{1}{x} & v=x \end{pmatrix}$ 라 놓으면

$\int_1^e \ln x dx=[x\ln x]_1^e-\int_1^e x\cdot\frac{1}{x}dx$

$=[x\ln x-x]_1^e$

$V=\pi\int_1^e(5\sqrt{\ln x})^2dx$

$=25\pi\int_1^e \ln x\, dx$

$=25\pi[x\ln x-x]_1^e$

$=25\pi(e-e+1)=25\pi$

$\therefore \frac{V}{\pi}=\frac{25\pi}{\pi}=25$

정답 : 25

07.수능B

002

$x=0$ 에서 $x=6$ 까지

곡선 $y=\frac{1}{3}(x^2+2)^{\frac{3}{2}}$ 의 길이를 구하시오.

HINT▸▸

$\frac{d}{dx}\{f(x)\}^n=nf(x)\cdot f'(x)$

$x=a$ 에서 $x=b$ 까지 그래프 $f(x)$ 의 길이

$d=\int_a^b\sqrt{1+\{f'(x)\}^2}dx$

$f(x)=\frac{1}{3}(x^2+2)^{\frac{3}{2}}$ 라 하면 구하는 길이는

$\int_0^6\sqrt{1+\{f'(x)\}^2}\,dx$

$=\int_0^6\sqrt{1+\left\{\frac{1}{2}(x^2+2)^{\frac{1}{2}}\cdot 2x\right\}^2}\,dx$

$=\int_0^6\sqrt{1+\{x^2(x^2+2)\}}\,dx$

$=\int_0^6\sqrt{(x^2+1)^2}\,dx$

$=\int_0^6(x^2+1)dx=\left[\frac{1}{3}x^3+x\right]_0^6$

$=72+6=78$

정답 : 78

08.9B

003

다항함수 $f(x)$가 다음 두 조건을 만족한다.

> (가) $f(0)=0$
> (나) $0<x<y<1$인 모든 x, y에 대하여
> $0<xf(y)<yf(x)$

세 수 $A=f'(0)$

$B=f(1)$

$C=2\int_0^1 f(x)dx$

의 대소 관계를 옳게 나타낸 것은?

① $A<B<C$ ② $A<C<B$

③ $B<A<C$ ④ $B<C<A$

⑤ $C<A<B$

HINT▶▶

$xf(y)$, $yf(x)$를 x만의 식, y만의 식으로 고쳐보자.

조건(나)에서 $0<x<y<1$인 모든 x, y에 대하여

$0<xf(y)<yf(x)$이므로 $\frac{1}{xy}$을 곱해주면

이므로 $0<\frac{f(y)}{y}<\frac{f(x)}{x}$이고

$f(0)=0$을 동시에 만족하는 다항함수 $f(x)$의 그래프의 개형은 다음과 같다.(즉, 위로 볼록하다.)

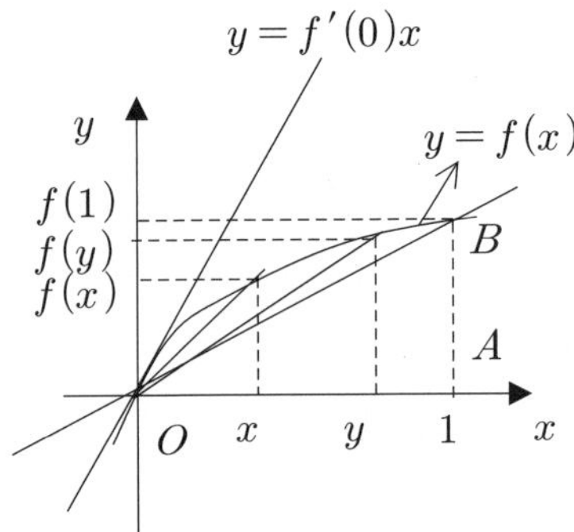

주어진 그림에서 삼각형 OAB의 넓이는

$\frac{1}{2}f(1)$이므로

$y=\frac{1}{2}f(1)<\int_0^1 f(x)dx$

$\therefore\ f(1)<2\int_0^1 f(x)dx$ 즉, $B<C$

한편, 원점 O을 지나는 접선의 방정식은

$y=f'(0)x$

직선 $y=f'(0)x$와 직선 $x=1$ 및 x축으로 둘러싸인 도형의 넓이는 $\frac{1}{2}f'(0)$이고 주어진 그림에서 $\frac{1}{2}f'(0)>\int_0^1 f(x)dx$

$\therefore\ f'(0)>2\int_0^1 f(x)dx$ 즉, $A>C$

$\therefore\ B<C<A$

정답 : ④

08.9B

004

함수 $f(x)=\begin{cases}-1 & (x<1)\\ -x+2 & (x\geq 1)\end{cases}$

에 대하여 함수 $g(x)$를

$$g(x)=\int_{-1}^{x}(t-1)f(t)\,dt$$

라 하자. 〈보기〉에서 옳은 것만을 있는 대로 고른 것은?

〈보 기〉

ㄱ. $g(x)$는 구간$(1, 2)$에서 증가한다.
ㄴ. $g(x)$는 $x=1$에서 미분가능하다.
ㄷ. 방정식 $g(x)=k$가 서로 다른 세 실근을 갖도록 하는 실수 k가 존재한다.

① ㄴ　② ㄷ　③ ㄱ, ㄴ
④ ㄱ, ㄷ　⑤ ㄱ, ㄴ, ㄷ

HINT▸▸

$x=a$에서 미분가능하다는 것은 $f'(a)$가 연속임을 증명하면 된다.

(i) $x<1$일 때,

$$g(x)=\int_{-1}^{x}(t-1)f(t)dt$$
$$=\int_{-1}^{x}(t-1)(-1)dt$$
$$=\left[-\frac{t^2}{2}+t\right]_{-1}^{x}$$
$$=-\frac{x^2}{2}+x+\frac{3}{2} \quad \cdots ㉠$$

(ii) $x\geq 1$일 때,

$$g(x)=\int_{-1}^{x}(t-1)f(t)dt$$
$$=\int_{-1}^{1}(t-1)(-1)dt+\int_{1}^{x}(t-1)(-t+2)dt$$
$$=\left[-\frac{t^2}{2}+t\right]_{-1}^{1}+\left[-\frac{t^3}{3}+\frac{3}{2}t^2-2t\right]_{1}^{x}$$
$$=-\frac{x^3}{3}+\frac{3}{2}x^2-2x+\frac{17}{6} \quad \cdots ㉡$$

ㄱ. 〈참〉
구간 $(1, 2)$에서
$g'(x)=-x^2+3x-2=-(x-1)(x-2)$에서
$g'(x)>0$이므로 $g(x)$는 증가한다.

ㄴ. 〈참〉

$$\lim_{x\to 1+0}\frac{g(x)-g(1)}{x-1}=0=g'(1) \quad \cdots (㉡에대입)$$
$$\lim_{x\to 1-0}\frac{g(x)-g(1)}{x-1}=0=g'(1) \quad \cdots (㉠에대입)$$

이므로 $x=1$에서 미분가능하다.
(즉, 미분값이 연속임을 증명한 것이다.)

ㄷ. 〈거짓〉
$x<1$일 때, $g'(x)=-x+1$
$x>1$일 때, $g'(x)=-(x-1)(x-2)$
이므로 $y=g(x)$의 그래프는 아래 그림과 같다. 따라서 방정식 $g(x)=k$이 서로 다른 세 실근을 갖도록 하는 k가 존재하지 않는다.

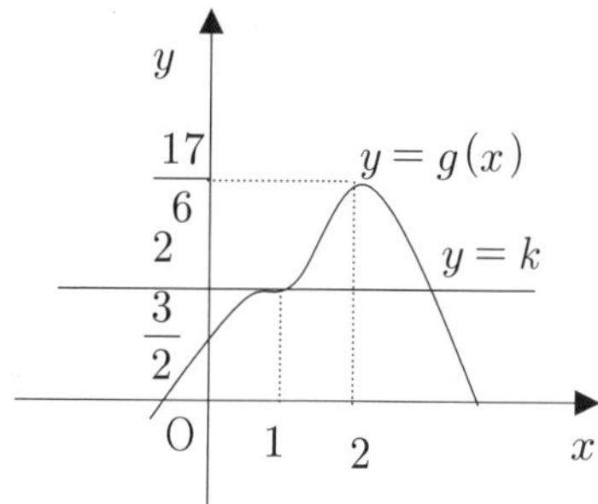

정답 : ③

08.수능B

005

함수 $f(x)$를 $f(x)=\int_a^x \{2+\sin(t^2)\}dt$

라 하자. $f''(a)=\sqrt{3}\,a$일 때, $(f^{-1})'(0)$의

값은? (단, a는 $0<a<\sqrt{\frac{\pi}{2}}$인 상수이다.)

① $\frac{1}{10}$ ② $\frac{1}{5}$ ③ $\frac{3}{10}$ ④ $\frac{2}{5}$ ⑤ $\frac{1}{2}$

HINT▸▸

$\{\sin f(x)\}'=\cos f(x)\cdot f'(x)$

$F(x)=\int\{2+\sin(x^2)\}dx$라고 하면,

$F'(x)=2+\sin(x^2)$이다. 이 때,

$f(x)=F(x)-F(a)$,

$f'(x)=F'(x)=2+\sin(x^2)$

$f''(x)=\{\sin(x^2)\}'=\cos(x^2)\times 2x$

$f''(a)=\sqrt{3}\,a$에서 $2a\cos a^2=\sqrt{3}\,a$,

$\therefore \cos a^2=\frac{\sqrt{3}}{2}$ $(\because a>0)$

따라서 $a^2=\frac{\pi}{6}$ $\left(\because\ 0<a<\sqrt{\frac{\pi}{2}}\right)$

그런데 $f(f^{-1}(x))=x$에서, 합성함수의 미분법을 쓰면 $f'(f^{-1}(x))\times(f^{-1})'(x)=1$이므로

$$(f^{-1})'(0)=\frac{1}{f'(f^{-1}(0))}=\frac{1}{f'(a)}$$

$$\left(\because f(a)=\int_a^a\{2+\sin(t^2)\}dt=0\right)$$

$$=\frac{1}{2+\sin(a^2)}$$

$$=\frac{1}{2+\sin\frac{\pi}{6}}$$

$$=\frac{2}{5}$$

정답 : ④

09.9B

006

실수 전체의 집합에서 연속인 함수 $f(x)$가 모든 양수 x에 대하여

$$\int_0^x (x-t)\{f(t)\}^2 dt = 6\int_0^1 x^3(x-t)^2 dt$$

를 만족시킨다. 곡선 $y=f(x)$와 직선 $x=1$, x축, y축으로 둘러싸인 도형을 x축의 둘레로 회전시켜 생기는 회전체의 부피를 $a\pi$라 할 때, a의 값을 구하시오.

HINT▸▸

x축 둘레로 회전시킨다

$\Rightarrow \pi\int_a^b \{f(x)\}^2 dx$의 꼴이 된다.

주어진 식을 x에 대하여 양변을 미분하면

좌변$= x\int_0^x \{f(t)\}^2 dt - \int_0^x t\{f(t)\}^2 dt$

$(좌변)' = \int_0^x \{f(t)\}^2 dt + x\{f(x)\}^2 - x\{f(x)\}$

우변$= 6\int_0^x (x^3)(x^2-2xt+t^2)dt$

$$= 6x^3\left[x^2 - xt^2 + \frac{1}{3}t^3\right]_0^x$$

$$= 6x^5 - 6x^4 + 2x^3$$

$(우변)' = 30x^4 + 24x^3 + 6x^2$

$$\int_0^x \{f(t)\}^2 dt = 30x^4 - 24x^3 + 6x^2$$

$x=1$, x축, y축 둘러싸인 도형을 x축의 둘레로 회전시킨 부피는

$V = \pi\int_0^1 \{f(t)\}^2 dt$ 이므로 회전체의 부피는 12π이다.

정답 : 12π

09.수능B

007

함수 $f(x)=x^2+ax+b$ $(a \geq 0,\ b>0)$가 있다. 그림과 같이 2이상인 자연수 n에 대하여 폐구간 $[0,\ 1]$을 n등분한 각분점 (양 끝점도 포함)을 차례로

$0=x_0,\ x_1,\ x_2,\ \cdots,\ x_{n-1},\ x_n=1$ 이라 하자. 폐구간 $[x_{k-1},\ x_k]$를 밑변으로 하고 높이가 $f(x_k)$인 직각삼각형의 넓이를 A_k라 하자. $(k=1,\ 2,\ \cdots,\ n)$

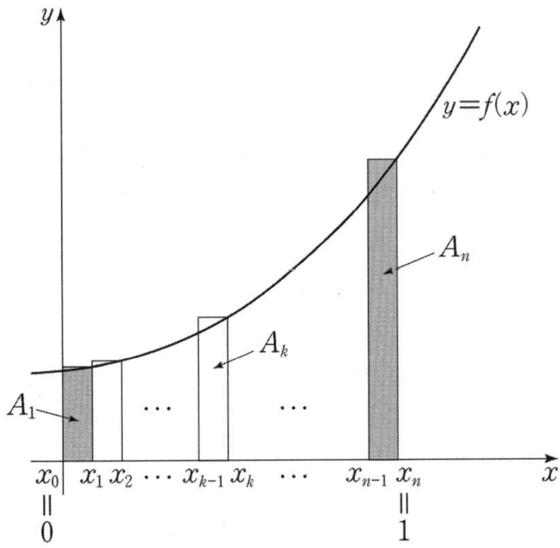

양 끝에 있는 두 직사각형의 넓이의 합이

$A_1+A_n=\dfrac{7n^2+1}{n^3}$일 때,

$\displaystyle\lim_{n\to\infty}\sum_{k=1}^{n}\frac{8k}{n}A_k$ 의 값을 구하시오.

HINT▸▸

구분구적법에서

$\dfrac{1}{n} \Rightarrow dx,\ \dfrac{k}{n} \Rightarrow x,\ \displaystyle\lim_{n\to\infty}\sum_{k=1}^{n} \Rightarrow \int dx$가 된다.

$x_k=\dfrac{k}{n}$이므로

$$A_k=\frac{1}{n}\cdot f(x_k)=\frac{1}{n}f\left(\frac{k}{n}\right)$$

$$A_1+A_n=\frac{1}{n}\{f(x_1)+f(x_n)\}$$

$$=\frac{1}{n}\left\{\left(\frac{1}{n}\right)^2+\frac{a}{n}+b+1+a+b\right\}$$

$$=\frac{1}{n^3}\{1+an+(1+a+2b)n^2\}$$

$$=\frac{7n^2+1}{n^3}\text{에서}$$

$a=0,\ 1+a+2b=7$

$\therefore\ a=0,\ b=3 \qquad \therefore\ f(x)=x^2+3$

따라서, $A_k=\dfrac{1}{n}\left\{\left(\dfrac{k}{n}\right)^2+3\right\}$이므로

$$\lim_{n\to\infty}\sum_{k=1}^{n}\frac{8k}{n}A_k=8\lim_{n\to\infty}\sum_{k=1}^{n}\frac{k}{n}\cdot\frac{1}{n}\left\{\left(\frac{k}{n}\right)^2+3\right\}$$

$$=8\int_0^1 x(x^2+3)dx=8\left[\frac{1}{4}x^4+\frac{3}{2}x^2\right]_0^1$$

$$=8\left(\frac{1}{4}+\frac{3}{2}\right)=14$$

정답 : 14

09.수능B

008

삼차함수 $f(x)=x^3-3x-1$이 있다. 실수 $t\ (t\geq -1)$에 대하여 $-1\leq x\leq t$에서 $|f(x)|$의 최댓값을 $g(t)$라고 하자. $\int_{-1}^{1} g(t)dt=\frac{q}{p}$일 때, $p+q$의 값을 구하시오.
(단, p, q는 서로소인 자연수이다.)

HINT▸▸

$|f(x)|$는 $f(x)$를 그린 후 x축 밑에 부분을 위로 대칭이동시킨 것이다.

$$\int_a^b f(x)dx=\int_a^c f(x)dx+\int_c^b f(x)dx$$

$f(x)=x^3-3x-1$에서

$f'(x)=3x^2-3$

$f'(x)=0$에서 $x=\pm 1$

$f(-1)=1$, $f(1)=-3$이므로 $y=|f(x)|$의 그래프는 그림과 같다.

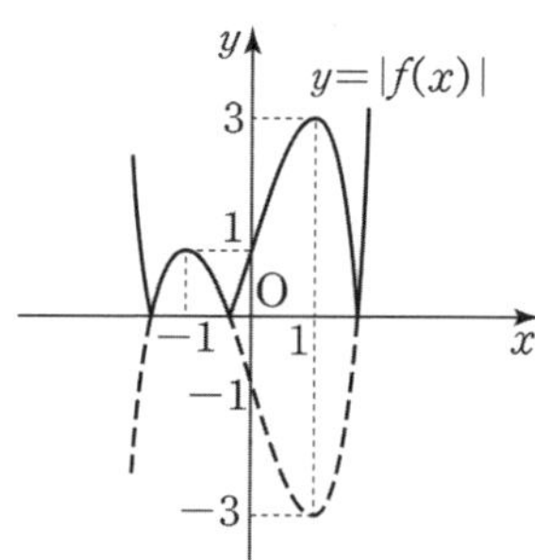

$$\therefore\ g(t)=\begin{cases}1 & (-1\leq t\leq 0)\\ -f(t) & (0\leq t\leq 1)\end{cases}$$

$$\therefore\ \int_{-1}^{1} g(t)dt=\int_{-1}^{0} 1dt+\int_{0}^{1} -f(t)dt$$

$$=[t]_{-1}^{0}+\int_0^1(-t^3+3t+1)dt$$

$$=-(-1)+\left[-\frac{1}{4}t^4+\frac{3}{2}t^2+t\right]_0^1$$

$$=1+\left(-\frac{1}{4}+\frac{3}{2}+1\right)=\frac{13}{4}$$

$\therefore\ p+q=4+13=17$

정답 : 17

09.수능B

009

실수 전체의 집합에서 이계도함수를 갖는 두 함수 $f(x)$ 와 $g(x)$에 대하여 정적분

$$\int_0^1 \{f'(x)g(1-x)-g'(x)f(1-x)\}dx$$

의 값을 k 라 하자. 옳은 것만은 [보기]에서 있는 대로 고른 것은?

〈보 기〉

ㄱ. $\int_0^1 \{f(x)g'(1-x)-g(x)f'(1-x)\}dx=-k$

ㄴ. $f(0)=f(1)$이고 $g(0)=g(1)$이면, $k=0$이다.

ㄷ. $f(x)=\ln(1+x^4)$이고 $g(x)=\sin\pi x$ 이면, $k=0$이다.

① ㄴ ② ㄷ ③ ㄱ, ㄴ
④ ㄱ, ㄷ ⑤ ㄱ, ㄴ, ㄷ

HINT▸▸

$$\int_a^b f'(x)g(x)dx$$
$$=[f(x)g(x)]_a^b-\int_a^b f(x)g'(x)dx$$

ㄱ. 〈참〉

$$\int_0^1 \{f'(x)g(1-x)-g'(x)f(1-x)\}dx=k \quad \cdots\cdots ㉠$$

에서

$1-x=t$로 놓으면 $-dx=dt$이고,

$x=0$이면 $t=1$, $x=1$이면 $t=0$이므로

㉠에서

$$-\int_1^0 \{f'(1-t)g(t)-g'(1-t)f(t)\}dt=k$$

$$\int_1^0 \{g'(1-t)f(t)-f'(1-t)g(t)\}dt=k$$

$$\int_0^1 \{f(x)g'(1-x)-g(x)f'(1-x)\}dx=-k$$

ㄴ. 〈참〉

$$\int_0^1 \{f'(x)g(1-x)-g'(x)f(1-x)\}dx$$

$$=[f(x)g(1-x)]_0^1+\int_0^1 f(x)g'(1-x)dx$$

$$-\left\{[g(x)f(1-x)]_0^1+\int_0^1 g(x)f'(1-x)dx\right\}$$

$$=2\{f(1)g(0)-f(0)g(1)\}$$

$$+\int_0^1 \{f(x)g'(1-x)-g(x)f'(1-x)\}dx$$

$$=2\{f(1)g(0)-f(0)g(1)\}-k=k$$

($\because$ 보기ㄱ.참조)

$\therefore\ 2k=2\{f(1)g(0)-f(0)g(1)\}$ …… ㉡

이때, $f(0)=f(1)$, $g(0)=g(1)$이므로

$k=0$

ㄷ. 〈참〉

$g(0)=\sin0=0$, $g(1)=\sin\pi=0$

이므로

㉡에서 $2k=0$ $\therefore\ k=0$

따라서, ㄱ, ㄴ, ㄷ 모두 옳다.

정답 : ⑤

10.9B

010

함수 $f(x)=\frac{a}{3}x^3-ax+a\,(a>0)$이 있다.

함수 $g(x)$는 모든 실수 x에 대하여 $f'(x)=g'(x)$를 만족시키고 $g(0)=a+1$이다. 두 곡선 $y=f(x)$, $y=g(x)$와 두 직선 $x=-1$, $x=1$로 둘러싸인 부분을 x축 둘레로 회전시켜 생기는 회전체의 부피가 50π일 때, a의 값을 구하시오.

HINT▸▸

x축 둘레로 회전시킨다

$\Rightarrow \int_a^b y^2\pi dx=\pi\int_a^b\{f(x)\}^2dx$

$f(x)$가 우함수일때

$\int_{-a}^a f(x)dx=2\int_0^a f(x)dx$

$f(x)$가 기함수일때

$\int_{-a}^a f(x)dx=0$

$f'(x)=g'(x)$에서 $g(x)=f(x)+C$(C는 적분상수)

이때, $g(0)=f(0)+C=a+C=a+1$

이므로 $C=1$

$\therefore\ g(x)=f(x)+1$

이때, 두 곡선 $y=f(x)$, $y=g(x)$와 두 직선 $x=-1$, $x=1$로 둘러싸인 부분을 x축의 둘레로 회전시켜 생기는 회전체의 부피는

$\pi\int_{-1}^1 [\{g(x)\}^2-\{f(x)\}^2]dx$

$=\pi\int_{-1}^1 \{g(x)-f(x)\}\{g(x)+f(x)\}dx$

$=\pi\int_{-1}^1 \{2f(x)+1\}dx\ \ (\because g(x)=f(x)+1)$

$=a\pi\int_{-1}^1\left(\frac{2}{3}x^3-2x+2\right)dx+\pi\int_{-1}^1 1\,dx$

$=a\pi\left[\frac{1}{6}x^4-x^2+2x\right]_{-1}^1+\pi[x]_{-1}^1$

$=4a\pi+2\pi=50\pi$

$4a=48$

$\therefore\ a=12$

정답 : 12

10.수능B

011

원점을 출발하여 수직선 위를 움직이는 점 P의 시각 $t(0 \leq t \leq 5)$에서의 속도 $v(t)$가 다음과 같다.

$$v(t)=\begin{cases}4t & (0 \leq t < 1)\\ -2t+6 & (1 \leq t < 3)\\ t-3 & (3 \leq t \leq 5)\end{cases}$$

$0 < x < 3$인 실수 x에 대하여 점 P가
시각 $t=0$에서 $t=x$까지 움직인 거리,
시각 $t=x$에서 $t=x+2$까지 움직인 거리,
시각 $t=x+2$에서 $t=5$까지 움직인 거리
중에서 최소인 값을 $f(x)$라 할 때, 옳은 것만을 〈보기〉에서 있는 대로 고른 것은?

ㄱ. $f(1)=2$
ㄴ. $f(2)-f(1)=\int_{1}^{2} v(t)dt$
ㄷ. 함수 $f(x)$는 $x=1$에서 미분 가능하다.

① ㄱ ② ㄴ ③ ㄱ, ㄴ
④ ㄱ, ㄷ ⑤ ㄴ, ㄷ

HINT▸▸

함수 $f(x)$가 $x=a$에서 미분가능하다는 것은 $f(x)$가 $x=a$에서 연속한다는 것이다.
함수 $f(x)$가 $x=a$에서 연속한다는 것은
① $x=a$에서의 좌우극한값이 일치하고
② $f(a)$값이 존재하고
③ 극한값과 함수값이 일치한다는 것이다.

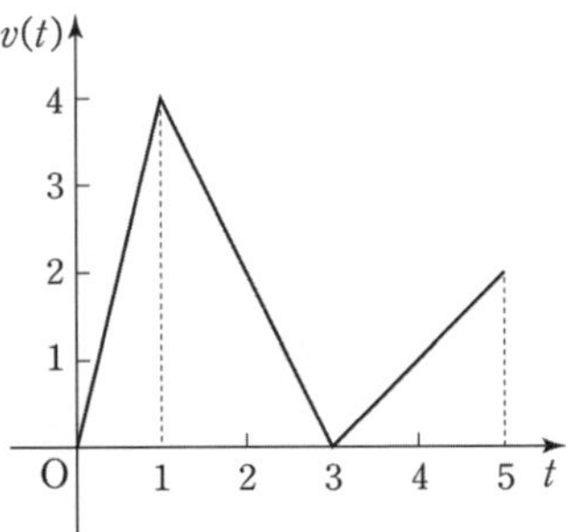

ㄱ. 〈참〉
$x=1$일 때, 점 P가
시각 $t=0$에서 $t=1$까지 움직인 거리는
$\frac{1}{2}\times 1\times 4=2$
시각 $t=1$에서 $t=3$까지 움직인 거리는
$\frac{1}{2}\times 2\times 4=4$
시각 $t=3$에서 $t=5$까지 움직인 거리는
$\frac{1}{2}\times 2\times 2=2$
이므로 $f(1)=2$

ㄴ. 〈거짓〉
$x=2$일 때, 점 P가
시각 $t=0$에서 $t=2$까지 움직인 거리는
$2+\frac{1}{2}\times(2+4)\times 1=5$
시각 $t=2$에서 $t=4$까지 움직인 거리는
$\frac{1}{2}\times 1\times 2+\frac{1}{2}\times 1\times 1=\frac{3}{2}$
시각 $t=4$에서 $t=5$까지 움직인 거리는
$\frac{1}{2}\times(1+2)\times 1=\frac{3}{2}$
이므로 $f(2)=\frac{3}{2}$

$\therefore$ (좌변)$=f(2)-f(1)=\frac{3}{2}-2=-\frac{1}{2}$

한편, $\int_{1}^{2} v(t)dt=\frac{1}{2}\times(2+4)\times 1=3$이므로
(좌변)$\neq$(우변)

ㄷ. 〈거짓〉

(i) $x<1$일 때,

$$f(x)=\int_0^x 4t\,dt=\left[2t^2\right]_0^x=2x^2$$

$$\lim_{x\to 1-0}\frac{f(x)-f(1)}{x-1}=\lim_{x\to 1-0}(2x+2)=4$$

(ii) $x>1$일 때,

$$f(x)=\int_{x+2}^5 (t-3)dt$$

$$=\left[\frac{1}{2}t^2-3t\right]_{x+2}^5$$

$$=\frac{1}{2}\cdot 5^2-3\cdot 5-\frac{1}{2}(x+2)^2+3(x+2)$$

$$=-\frac{5}{2}-\frac{1}{2}x^2-2x-2+3x+6$$

$$=-\frac{1}{2}x^2+x+\frac{3}{2}$$

$$\lim_{x\to 1+0}\frac{f(x)-f(1)}{x-1}$$

$$=\lim_{x\to 1+0}\frac{-\frac{1}{2}x^2+x-\frac{1}{2}}{x-1}$$

$$=\lim_{x\to 1+0}-\frac{1}{2}(x-1)$$

$$=0$$

(i), (ii)에서

$$\lim_{x\to 1-0}\frac{f(x)-f(1)}{x-1}\neq\lim_{x\to 1+0}\frac{f(x)-f(1)}{x-1}$$

따라서, $f(x)$는 $x=1$에서 미분가능하지 않다.

따라서, 옳은 것은 ㄱ 뿐이다.

정답 : ①

09.수능B

012

좌표평면 위를 움직이는 점 P의 시각 t에서의 위치 $(x,\ y)$가

$$\begin{cases}x=4(\cos t+\sin t)\\ y=\cos 2t\end{cases}\quad (0\leq t\leq 2\pi)\text{이다.}$$

점 P가 $t=0$에서 $t=2\pi$까지 움직인 거리 (경과거리)를 $a\pi$라 할 때, a^2의 값을 구하시오.

HINT ▸▸

곡선의 길이를 구하는 공식

$$l=\int_a^b\sqrt{\left(\frac{dx}{dt}\right)^2+\left(\frac{dy}{dt}\right)^2}\,dt$$

$2\sin\theta\cos\theta=\sin 2\theta$

$\int\sin\theta\, d\theta=-\cos\theta+c$

$(\cos\theta)'=-\sin\theta,\ (\sin\theta)'=\cos\theta$

$\frac{dx}{dt}=4(-\sin t+\cos t),\ \frac{dy}{dt}=-2\sin 2t$

이므로

곡선의 길이 l은

$$l=\int_0^{2\pi}\sqrt{\left(\frac{dx}{dt}\right)^2+\left(\frac{dy}{dt}\right)^2}\,dt$$

$$=\int_0^{2\pi}\sqrt{16(1-\sin 2t)+4\sin^2 2t}\,dt$$

$$=\int_0^{2\pi}2(2-\sin 2t)dt=\left[4t+\cos 2t\right]_0^{2\pi}$$

$$=8\pi+1-1=8\pi$$

$\therefore\ a^2=8^2=64$

정답 : 64

10.수능B

013

최고 차항의 계수가 1이고, $f(0)=3$, $f'(3)<0$인 사차함수 $f(x)$가 있다. 실수 t에 대하여 집합 S를 $S=\{a|$함수 $|f(x)-t|$가 $x=a$에서 미분가능하지 않다.$\}$라 하고, 집합 S의 원소의 개수를 $g(t)$라 하자. 함수 $g(t)$가 $t=3$과 $t=19$에서만 불연속일 때, $f(-2)$의 값을 구하시오.

HINT▸▸

단 두 번만 불연속하다는 이야기는 함수가 W형태이며 두 개의 극소값이 동일하다는 말이다.

그리고 그 극값이 3, 19가 된다는 말은 그 중복된 극소값이 3이 된다는 것을 의미한다.
이 함수는 좌우대칭 W형태이므로 극대값이 되는 x를 α라 하면 또하나의 극소값이 되는 x는 2α가 된다.

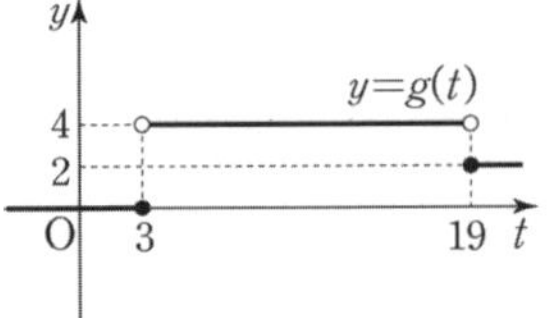

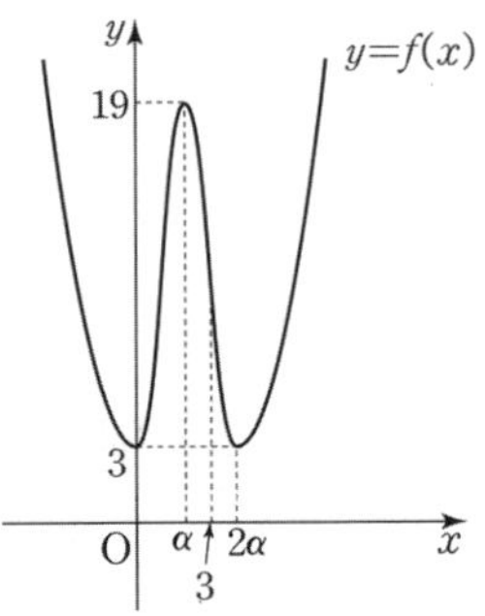

$f'(x)=4x(x-\alpha)(x-2\alpha)\left(단,\ \frac{3}{2}<\alpha<3\right)$이라 놓을 수 있다.

$f'(x)=4x^3-12\alpha x^2+8\alpha^2x$에서

$$f(x)=\int(4x^3-12\alpha x^2+8\alpha^2x)dx$$
$$=x^4-4\alpha x^3+4\alpha^2x^2+C$$

이때, $f(0)=3$이므로 $C=3$

$\therefore f(x)=x^4-4\alpha x^3+4\alpha^2x^2+3$

이때, $f(\alpha)=19$에서

$\alpha^4-4\alpha^4+4\alpha^4+3=19$

$\alpha^4=16$

$\alpha=2\left(\because \frac{3}{2}<\alpha<3\right)$

$\therefore f(x)=x^4-8x^3+16x^2+3$

$\therefore f(-2)=16+64+64+3=147$

정답 : 147

10.수능B

014

실수 전체의 집합에서 미분가능하고, 다음 조건을 만족시키는 모든 함수 $f(x)$에 대하여 $\int_0^2 f(x)dx$의 최솟값은?

(가) $f(0)=1, f'(0)=1$
(나) $0<a<b<2$이면 $f'(a) \leq f'(b)$이다.
(다) 구간 $(0,\ 1)$에서 $f''(x)=e^x$이다.

① $\frac{1}{2}e-1$ ② $\frac{3}{2}e-1$ ③ $\frac{5}{2}e-1$
④ $\frac{7}{2}e-2$ ⑤ $\frac{9}{2}e-2$

HINT▸▸

$(e^x)'=e^x$

구간 $(0,\ 1)$에서 $f''(x)=e^x$이므로

$f'(x)=\int e^x dx=e^x+C_1$

이때, $f'(0)=1$이므로

$f'(0)=e^0+C_1=1+C_1=1$

$\therefore\ C_1=0$

$\therefore\ f'(x)=e^x$

$\therefore\ f(x)=\int e^x dx=e^x+C_2$

이때, $f(0)=1$이므로

$f(0)=e^0+C_2=1+C_2=1$

$\therefore\ C_2=0$

$\therefore\ f(x)=e^x$

조건 (나)에 의해 함수 $f(x)$는 구간 $(1,\ 2)$에서 점 $(1,\ e)$를 지나고 기울기가 $f'(1)=e$인 직선일 때, $\int_0^2 f(x)dx$가 최소가 된다.

$(\because f'(a) \leq f'(b))$

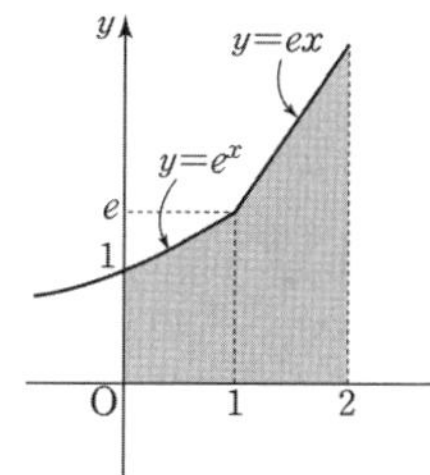

이때, 점 $(1,\ e)$를 지나고 기울기가 e인 직선의 방정식은

$y-e=e(x-1)$,

즉 $y=ex$이므로

$$f(x)=\begin{cases} e^x & (0<x<1) \\ ex & (1 \leq x<2) \end{cases}$$

$$\therefore \int_0^2 f(x)dx=\int_0^1 e^x\,dx+\int_1^2 ex\,dx$$

$$=\left[e^x\right]_0^1+\left[\frac{e}{2}x^2\right]_1^2$$

$$=(e-1)+\left(2e-\frac{e}{2}\right)$$

$$=\frac{5}{2}e-1$$

정답 : ③

11.6B

015

2이상의 자연수 n에 대하여 곡선 $y=(\ln x)^n$ $(x \geqq 1)$과 x축, y축 및 $y=1$ 로 둘러싸인 도형의 넓이를 S_n이라 하자. 〈보기〉에서 옳은 것만을 있는 대로 고른 것은?

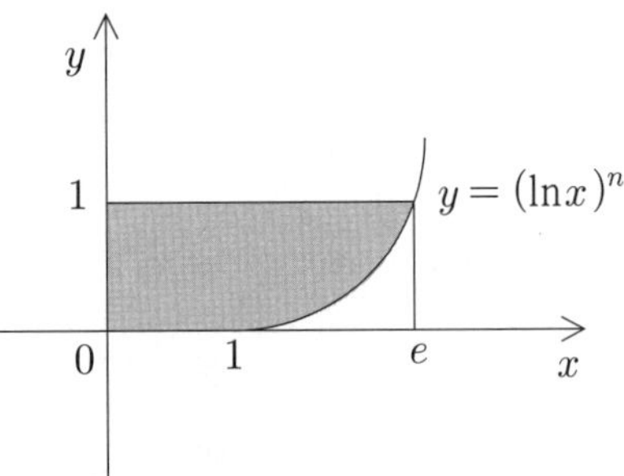

〈보 기〉

ㄱ. $1 \leqq x \leqq e$일 때, $(\ln x)^n \geqq (\ln x)^{n+1}$ 이다.

ㄴ. $S_n \leqq S_{n+1}$

ㄷ, 함수 $f(x)=(\ln x)^n$ $(x \geqq 1)$의 역함수를 $g(x)$라 하면 $S_n=\int_0^1 g(x)dx$이다.

① ㄱ ② ㄱ, ㄴ ③ ㄱ, ㄷ
④ ㄴ, ㄷ ⑤ ㄱ, ㄴ, ㄷ

HINT▸▸

$y=\log_a x$와 $y=a^x$은 서로 역함수이며 $y=x$에 대칭이 된다.

ㄱ. 〈참〉

$1 \leqq x \leqq e$이므로 $0 \leqq \ln x \leqq 1$

따라서 n은 2이상의 자연수이므로

$(\ln x)^n \geqq (\ln x)^{n+1}$

ㄴ. 〈참〉

ㄱ에서 $(\ln x)^n \geqq (\ln x)^{n+1}$ 이므로

$S_n < S_{n+1}$

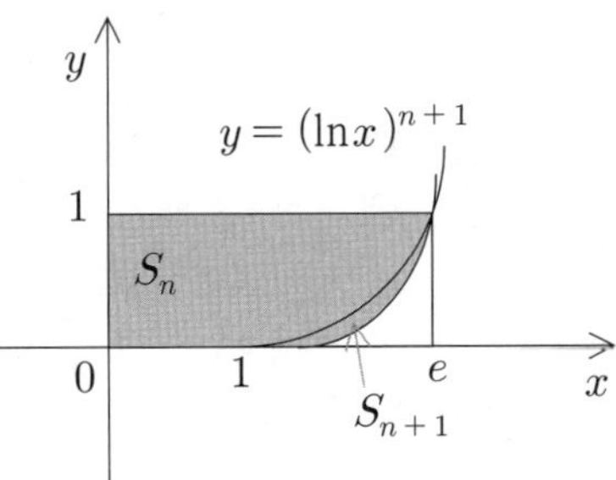

ㄷ. 〈참〉

함수 $f(x)=(\ln x)^n$의 그래프와 역함수 $g(x)$의 그래프는 직선 $y=x$에 대하여 대칭이므로

$S_n=\int_0^1 g(x)dx$

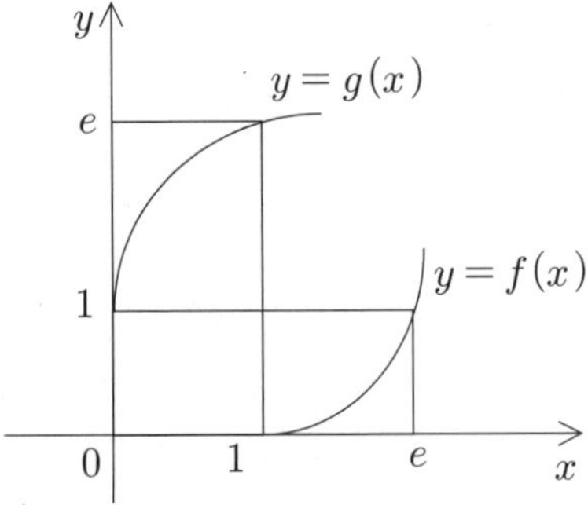

따라서 옳은 것은 ㄱ, ㄴ, ㄷ 이다.

정답 : ⑤

11.6B

016

정의역이 $\{x|x>-1\}$인 함수 $f(x)$에 대하여 $f'(x)=\dfrac{1}{(1+x^3)^2}$이고, 함수 $g(x)=x^2$일 때,

$$\int_0^1 f(x)g'(x)dx=\frac{1}{6}$$

이다. $f(1)$의 값은?

① $\frac{1}{6}$　② $\frac{2}{9}$　③ $\frac{5}{18}$　④ $\frac{1}{3}$　⑤ $\frac{7}{18}$

HINT ▸▸

$$\int_a^b f'(x)g(x)dx$$

$$=[f(x)g(x)]_a^b-\int_a^b f(x)g'(x)dx$$

$$\int_0^1 f(x)g'(x)dx$$

$$=[f(x)g(x)]_0^1-\int_0^1 f'(x)g(x)dx$$

$$=\{f(1)g(1)-f(0)g(0)\}-\int_0^1\frac{x^2}{(1+x^3)^2}dx$$

$$=f(1)-\int_0^1\frac{x^2}{(1+x^3)^2}dx \quad \cdots\cdots\cdots ㉠$$

$\int_0^1\frac{x^2}{(1+x^3)^2}dx$ 에서 $1+x^3=t$ 라고 하면

$3x^2=\frac{dt}{dx}$ 이고

$x=0$ 일때 $t=1$, $x=1$일 때 $t=2$ 이므로

$$\int_0^1\frac{x^2}{(1+x^3)^2}dx=\int_1^2\frac{1}{3}\times\frac{1}{t^2}dt$$

$$=\frac{1}{3}\left[-\frac{1}{t^2}\right]_1^2=\frac{1}{3}\left(-\frac{1}{2}+1\right)$$

$$=\frac{1}{6}$$

따라서 ㉠에서

$$f(1)-\int_0^1\frac{x^2}{(1+x^3)^2}dx=f(1)-\frac{1}{6}=\frac{1}{6}$$

이므로

$$f(1)=\frac{1}{3}$$

정답 : ④

11.9B

017

그림과 같이 곡선 $y=x\sin x$ $\left(0 \leq x \leq \frac{\pi}{2}\right)$에 대하여 이 곡선과 x축, 직선 $x=k$로 둘러싸인 영역을 A, 이 곡선과 직선 $x=k$, 직선 $y=\frac{\pi}{2}$로 둘러싸인 영역을 B라 하자. A의 넓이와 B의 넓이가 같을 때, 상수 k의 값은?(단, $0 \leq k \leq \frac{\pi}{2}$)

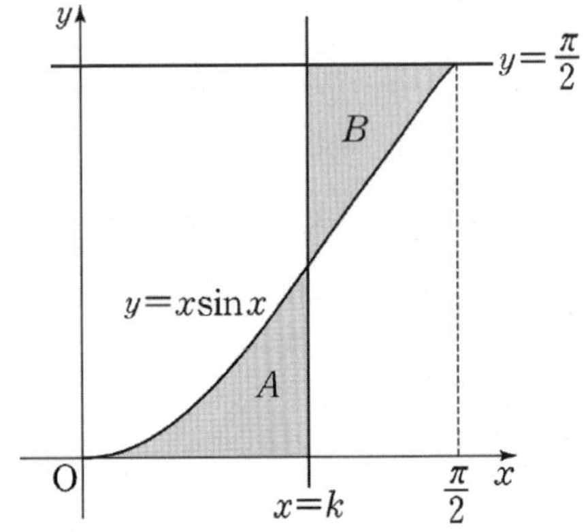

① $\frac{\pi}{4}-\frac{1}{\pi}$　② $\frac{\pi}{4}$　③ $\frac{\pi}{2}-\frac{2}{\pi}$
④ $\frac{\pi}{4}+\frac{1}{\pi}$　⑤ $\frac{\pi}{2}-\frac{1}{\pi}$

HINT▸▸

$$\int_a^b f(x)dx=\int_a^c f(x)dx+\int_c^b f(x)dx$$

$$\int_a^b f(x)g'(x)dx=[f(x)g(x)]-\int_a^b f'(x)g(x)dx$$

$$\int \sin x dx=-\cos x+C$$

$$\int \cos x dx=\sin x+C$$

$$\int_0^k x\sin x dx=\int_k^{\frac{\pi}{2}}\left(\frac{\pi}{2}-x\sin x\right)dx$$

$$\int_0^k x\sin x dx=\int_k^{\frac{\pi}{2}}\frac{\pi}{2}dx-\int_k^{\frac{\pi}{2}}x\sin x dx$$

$$\int_0^k x\sin x dx+\int_k^{\frac{\pi}{2}}x\sin x dx=\int_k^{\frac{\pi}{2}}\frac{\pi}{2}dx$$

$$\int_0^{\frac{\pi}{2}}x\sin x dx=\int_k^{\frac{\pi}{2}}\frac{\pi}{2}dx$$

이때, $f(x)=x$, $g'(x)=\sin x$라고 하면 $f'(x)=1$, $g(x)=-\cos x$ 이므로

$$(\text{좌변})=[-x\cos x]_0^{\frac{\pi}{2}}-\int_0^{\frac{\pi}{2}}(-\cos x)dx$$

$$=\int_0^{\frac{\pi}{2}}\cos x\,dx=[\sin x]_0^{\frac{\pi}{2}}=1$$

$$(\text{우변})=\left[\frac{\pi}{2}x\right]_k^{\frac{\pi}{2}}=\frac{\pi^2}{4}-\frac{\pi}{2}k$$

따라서 $1=\frac{\pi^2}{4}-\frac{\pi}{2}k$ 이므로

$$\frac{\pi}{2}k=\frac{\pi^2}{4}-1$$

$$\therefore\ k=\frac{\pi}{2}-\frac{2}{\pi}$$

정답 : ③

11.9B

018

구간 $\left[0, \frac{\pi}{2}\right]$에서 연속인 함수 $f(x)$가 다음 조건을 만족시킬 때, $f\left(\frac{\pi}{4}\right)$의 값은?

(가) $\int_0^{\frac{\pi}{2}} f(t)dt = 1$

(나) $\cos x \int_0^x f(t)dt = \sin x \int_x^{\frac{\pi}{2}} f(t)dt$

$\left(단, 0 \leqq x \leqq \frac{\pi}{2}\right)$

① $\frac{1}{5}$ ② $\frac{1}{4}$ ③ $\frac{1}{3}$ ④ $\frac{1}{2}$ ⑤ 1

HINT▸▸

$\int_a^b f(x)dx = -\int_b^a f(x)dx$

$\{f(x)g(x)\}' = f'(x)g(x) + f(x)g'(x)$

$(\cos x)' = -\sin x$

$(\sin x)' = \cos x$

$\int_a^b f(x)dx = \int_a^c f(x)dx + \int_c^b f(x)dx$

조건(나)에서

$\cos x \int_0^x f(t)\,dt = -\sin x \int_{\frac{\pi}{2}}^x f(t)\,dt$

양변을 x에 대하여 미분하면

$-\sin x \int_0^x f(t)\,dt + \cos x \cdot f(x)$

$= -\cos x \int_{\frac{\pi}{2}}^x f(t)\,dt - \sin x \cdot f(x)$

등식의 양변에 $x = \frac{\pi}{4}$를 대입하면

$-\frac{\sqrt{2}}{2}\int_0^{\frac{\pi}{4}} f(t)\,dt + \frac{\sqrt{2}}{2} f\left(\frac{\pi}{4}\right)$

$= -\frac{\sqrt{2}}{2}\int_{\frac{\pi}{2}}^{\frac{\pi}{4}} f(t)\,dt - \frac{\sqrt{2}}{2} f\left(\frac{\pi}{4}\right)$

$\sqrt{2} f\left(\frac{\pi}{4}\right) = \frac{\sqrt{2}}{2}\int_0^{\frac{\pi}{4}} f(t)\,dt + \frac{\sqrt{2}}{2}\int_{\frac{\pi}{4}}^{\frac{\pi}{2}} f(t)\,dt$

$= \frac{\sqrt{2}}{2}\int_0^{\frac{\pi}{2}} f(t)dt = \frac{\sqrt{2}}{2} \times 1$

($\because$ 조건(가))

$\therefore f\left(\frac{\pi}{4}\right) = \frac{\sqrt{2}}{2} \times \frac{1}{\sqrt{2}} = \frac{1}{2}$

정답 : ④

11.수능B

019

그림에서 두 곡선 $y=e^x$, $y=xe^x$과 y축으로 둘러싸인 부분 A의 넓이를 a, 두 곡선 $y=e^x$, $y=xe^x$과 직선 $x=2$로 둘러싸인 부분 B의 넓이를 b라 할 때, $b-a$의 값은?

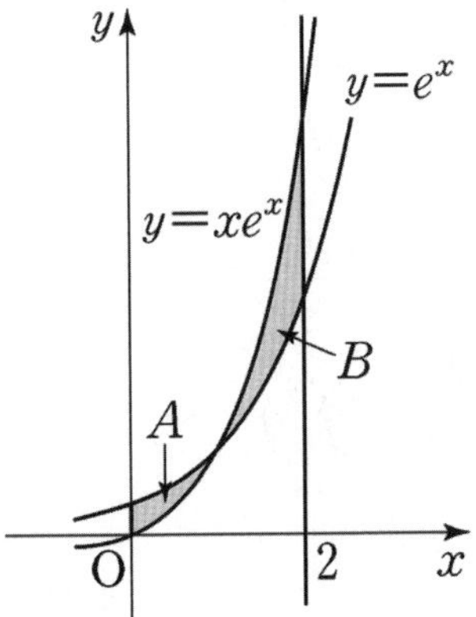

① $\frac{3}{2}$　　② $e-1$　　③ 2

④ $\frac{5}{2}$　　⑤ e

HINT▸▸

$$\int_a^b f'(x)g(x)dx$$

$$=\left[f(x)g(x)\right]_a^b-\int_a^b f(x)g'(x)dx$$

$$\int e^x dx=e^x+C$$

$$(e^x)'=e^x$$

두 곡선의 교점의 x좌표를 구하면

$xe^x=e^x$에서 $xe^x-e^x=0$

$e^x(x-1)=0$　　$\therefore\ x=1$

$$a=\int_0^1(e^x-xe^x)dx$$

$$=\int_0^1(1-x)e^x dx$$

(여기에서 $f(x)=1-x$, $g'(x)=e^x$으로 놓으면 $f'(x)=-1$, $g(x)=e^x$이므로)

$$=\left[(1-x)e^x\right]_0^1+\int_0^1 e^x dx$$

$$=-1+\left[e^x\right]_0^1=-1+(e-1)=e-2$$

$$b=\int_1^2(xe^x-e^x)dx=\int_1^2(x-1)e^x dx$$

(여기에서 $f(x)=x-1$, $g'(x)=e^x$으로 놓으면 $f'(x)=1$, $g(x)=e^x$이므로)

$$=\left[(x-1)e^x\right]_1^2-\int_1^2 e^x dx$$

$$=e^2-\left[e^x\right]_1^2=e^2-(e^2-e)=e$$

$\therefore\ b-a=e-(e-2)=2$

정답 : ③

11.수능B

020

함수 $f(x)=3(x-1)^2+5$ 에 대하여 함수 $F(x)$를 $F(x)=\int_0^x f(t)\,dt$ 라 하자. 미분가능한 함수 $g(x)$ 가 모든 실수 x 에 대하여 $F(g(x))=\frac{1}{2}F(x)$ 를 만족시킨다.

$g'(2)=p$ 일 때, $30p$ 의 값을 구하시오.

HINT▸▸

$\frac{d}{dx}\left\{\int_a^b f(x)dx\right\}=f(x)$

$\{f(g(x)\}'=f'(g(x))\cdot g'(x)$

$F(x)=\int_0^x f(t)dt$의 양변을 x에 대하여 미분하면

$F'(x)=f(x)$

$F(g(x))=\frac{1}{2}F(x)$ … ㉠

㉠의 양변을 x에 대하여 미분한다.

$f(g(x))g'(x)=\frac{1}{2}f(x)$

위 식의 양변에 $x=2$를 대입하면

$f(g(2))\cdot g'(2)=\frac{1}{2}f(2)=4$ … ㉡

한편 $F(x)=\int_0^x f(t)dt$

$=\int_0^x \{3(t-1)^2+5\}dt$

$=\left[(t-1)^3+5t\right]_0^x$

$=(x-1)^3+5x-(-1)^3$

$=x^3-3x^2+8x$ … ㉢

㉠의 양변에 $x=2$를 대입하면

$F(g(2))=\frac{1}{2}F(2)$

$g(2)=t$로 놓으면 $F(t)=\frac{1}{2}F(2)$이므로

㉢에서

$t^3-3t^2+8t=\frac{1}{2}(8-12+16)$

$t^3-3t^2+8t-6=0$, $(t-1)(t^2-2t+6)=0$

$\therefore\ t=1$

즉, $g(2)=1$

㉡에서 $f(1)g'(2)=\frac{1}{2}f(2)$이므로

$5p=\frac{1}{2}\times 8 \quad \therefore p=\frac{4}{5}$

$\therefore\ 30p=30\times\frac{4}{5}=24$

정답 : 37

07.6B

021

색깔이 서로 다른 9개의 열쇠가 하나씩 포장되어 있다. 이 중 4개는 자물쇠 A만을, 3개는 자물쇠 B만을, 2개는 자물쇠 C만을 열 수 있다. 9개의 열쇠 중에서 3개를 임의로 선택할 때, 자물쇠 A와 자물쇠 B는 모두 열리고 자물쇠 C는 열리지 않도록 선택하는 경우의 수는?

① 15 ② 20 ③ 25 ④ 30 ⑤ 35

HINT▸▸

순서가 필요없을 때는 조합이며

이때는 ${}_nC_r = \dfrac{n!}{r!(n-r)!}$ 공식을 사용한다.

(i) 자물쇠 A를 열 수 있는 열쇠 2개와 자물쇠 B를 열 수 있는 열쇠 1개를 선택하는 경우의 수는

$${}_4C_2 \times {}_3C_1 = 18 \text{(가지)}$$

(ii) 자물쇠 A를 열 수 있는 열쇠 1개와 자물쇠 B를 열 수 있는 열쇠 2개를 선택하는 경우의 수는

$${}_4C_1 \times {}_3C_2 = 12 \text{(가지)}$$

따라서, 구하는 경우의 수는

$18 + 12 = 30$ (가지)

정답 : ④

07.6B

022

할머니, 할아버지, 어머니, 아버지, 영희, 철수 모두 6명의 가족이 자동차를 타고 여행을 가려고 한다. 이 자동차에는 앉을 수 있는 좌석이 그림과 같이 앞줄에 2개, 가운데 줄에 3개, 뒷줄에 1개가 있다. 운전석에는 아버지나 어머니만 앉을 수 있고, 영희와 철수는 가운데 줄에만 앉을 수 있을 때, 가족 6명이 모두 자동차의 좌석에 앉는 경우의 수를 구하시오.

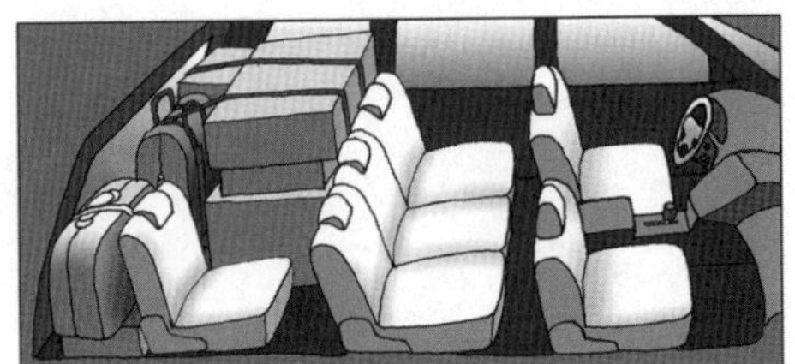

HINT▸▸

$${}_nP_r = \frac{n!}{(n-r)!} = n \times (n-1) \times \ldots \times (n-r+1)$$

운전석에 앉는 경우의 수는 2가지이고

가운데 줄에 영희와 철수가 앉는 경우의 수는

${}_3P_2$

나머지 사람들이 세 자리에 앉는 경우의 수는

3!이므로 구하는 모든 경우의 수는

$2 \times {}_3P_2 \times 3! = 2 \times 3 \times 2 \times 3 \times 2 \times 1 = 72$

정답 : 72

07.9B

023

그림과 같은 모양의 도로망이 있다. 지점A에서 지점B까지 도로를 따라 최단 거리로 가는 경우의 수는? (단, 가로 방향 도로와 세로 방향 도로는 각각 서로 평행하다.)

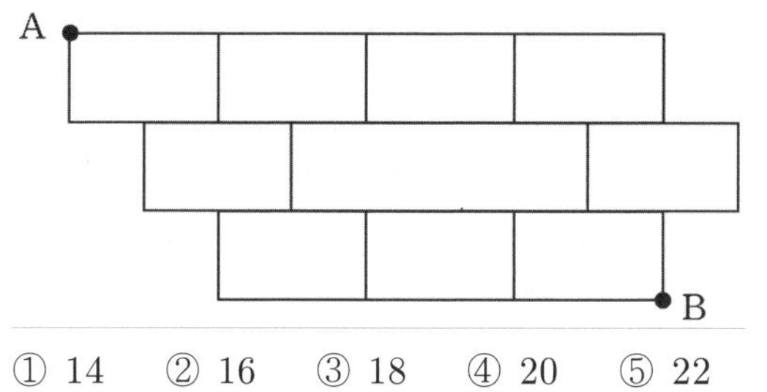

① 14　② 16　③ 18　④ 20　⑤ 22

HINT▸▸

$A \to B$ 최단거리 길찾기 가능한 가짓수는

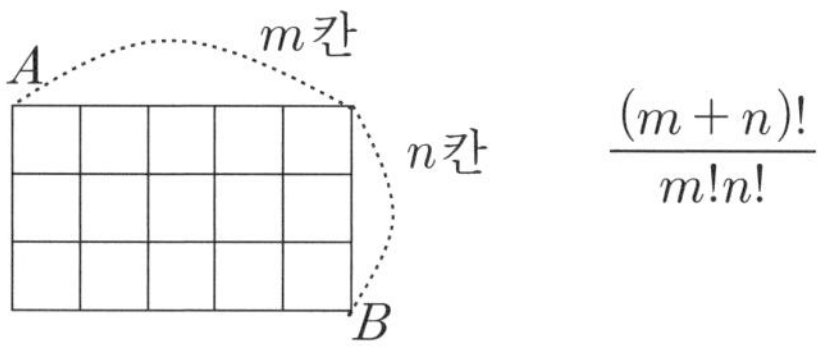

$$\frac{(m+n)!}{m!n!}$$

(풀이1) 각 갈림길까지 최단경로로 가는 경우의 수를 적으면 다음과 같다.

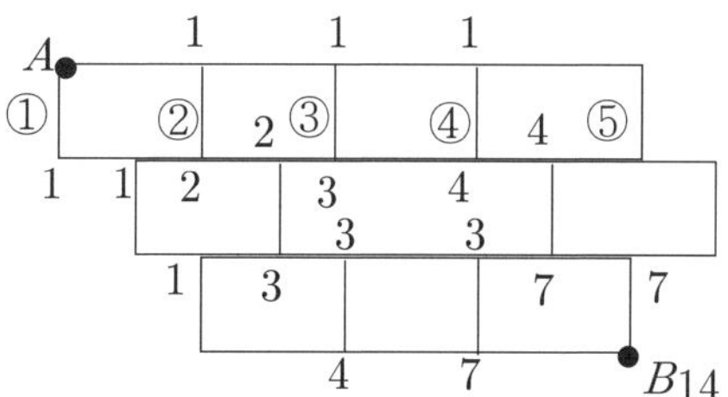

(풀이2) 구하는 최단경로의 수는 다음 그림에서 A에서 B로 가는 최단경로의 수와 같다.

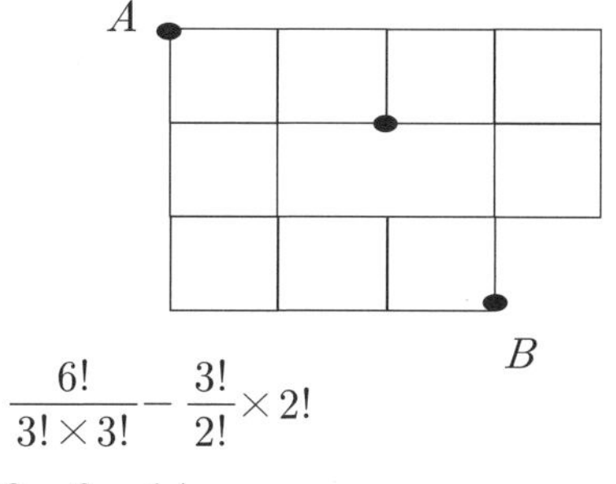

$\therefore \frac{6!}{3! \times 3!} - \frac{3!}{2!} \times 2!$

$= 20 - 6 = 14$

정답 : ①

07.수능B

024

서로 다른 5종류의 체험 프로그램을 운영하는 어느 수련원이 있다. 이 수련원의 프로그램에 참가한 A와 B가 각각 5종류의 체험 프로그램 중에서 2종류를 선택하려고 한다. A와 B가 선택하는 2종류의 체험 프로그램 중에서 한 종류만 같은 경우의 수를 구하시오.

HINT▸▸

n개중 r개를 선택해서 순서대로 늘어 놓는 가짓수 ${}_nP_r = \frac{n!}{(n-r)!}$

체험 프로그램을 1, 2, 3, 4, 5라 하자.
A, B가 함께 1을 선택하는 경우
2, 3, 4, 5 중 각각 1개씩을 선택하는 경우의 수는

${}_4P_2 = 12$ (가지)

A, B가 함께 2, 3, 4, 5를 선택하는 경우도 마찬가지이므로 구하는 경우의 수는

$5 \times {}_4P_2 = 60$ (가지)

정답 : 60

08.6B

025

그림과 같은 모양의 종이에 서로 다른 3가지 색을 사용하여 색칠하려고 한다. 이웃한 사다리꼴에는 서로 다른 색을 칠하고, 맨 위의 사다리꼴과 맨 아래의 사다리꼴에 서로 다른 색을 칠한다. 5개의 사다리꼴에 색을 칠하는 방법의 수를 구하시오.

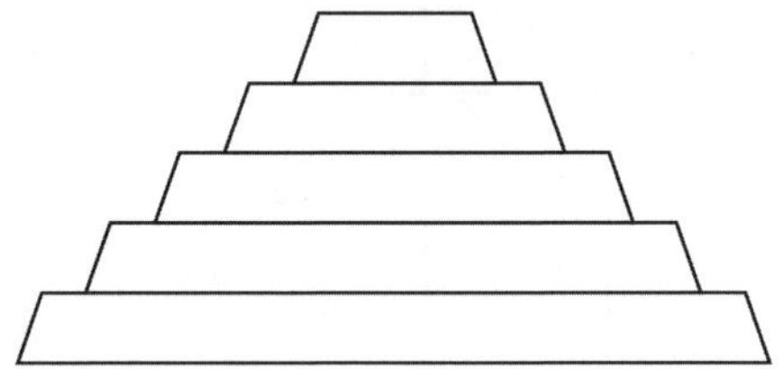

HINT▸▸

${}_nC_r = \frac{n!}{r!(n-r)!}$

수형도를 이용해보자.

서로 다른 3가지 색을 A, B, C 라고 하면 맨 위와 맨 아래의 사다리꼴에 서로 다른 색을 칠하는 방법의 수는 ${}_3C_1 \times {}_2C_1 = 6$ 이다.

이 때 맨 위와 맨 아래의 사다리꼴에 A, B 두 색을 칠한 경우 중간의 사다리꼴에 색을 칠하는 경우의 수는

$A-B-A-C-B$
$A-B-C-A-B$
$A-C-A-C-B$
$A-C-B-A-B$
$A-C-B-C-B$

로 5가지이므로 구하는 경우의 수는

$6 \times 5 = 30$

정답 : 30

08.6B

026

A, B 두 사람이 하루에 한 번씩 탁구 경기를 하기로 하였다. 첫 경기부터 A가 이긴 횟수가 B가 이긴 횟수보다 항상 많거나 같도록 유지되면서 경기가 진행될 때, 처음 7일 동안 경기를 치른 결과, A가 네 번 이기고 B가 세 번 이기는 경우의 수를 구하시오.

HINT▸▸

표를 이용하거나 수형도를 그려본다.

$${}_nC_r = \frac{n!}{r!(n-r)!} = \frac{{}_nP_r}{r!}$$

A가 이기는 경우를 ○, 지는 경우를 ×로 나타내기로 하자.

A가 이긴 횟수가 B가 이긴 횟수보다 항상 많거나 같아야 하므로 첫 경기에는 A가 이겨야 한다. 즉,

1회	2회	3회	4회	5회	6회	7회
○						

2회, 3회의 경기 결과에서
A가 두 번 모두 지지 않아야 하므로
다음 세 가지 경우가 있다.

	1회	2회	3회	4회	5회	6회	7회
(i)	○	○	○				
(ii)	○	○	×				
(iii)	○	×	○				

(i)의 경우,

4, 5, 6, 7회의 경기 중 한 경기를 A가 이겨야 하므로 경우의 수는

$${}_4C_1 = 4\text{(가지)}$$

(ii),(iii)의 경우,

4회에 A가 이기면 5, 6, 7회 중 A가 한 경기를 이겨야 하고, 4회에 A가 지면 5회에 A가 반드시 이기고, 6, 7회 중 A가 한 경기를 이겨야 하므로 경우의 수는

$$2({}_3C_1 + {}_2C_1) = 2\times 5 = 10\text{(가지)}$$

따라서, 구하는 경우의 수는

$$4+10 = 14\text{(가지)}$$

정답 : 14

08.9B

027

할아버지, 할머니, 아버지, 어머니, 아들, 딸로 구성된 가족이 있다. 이 가족 6명이 그림과 같은 6개의 좌석에 모두 앉을 때, 할아버지, 할머니가 같은 열에 이웃하여 앉고, 아버지, 어머니도 같은 열에 이웃하여 앉는 경우의 수를 구하시오.

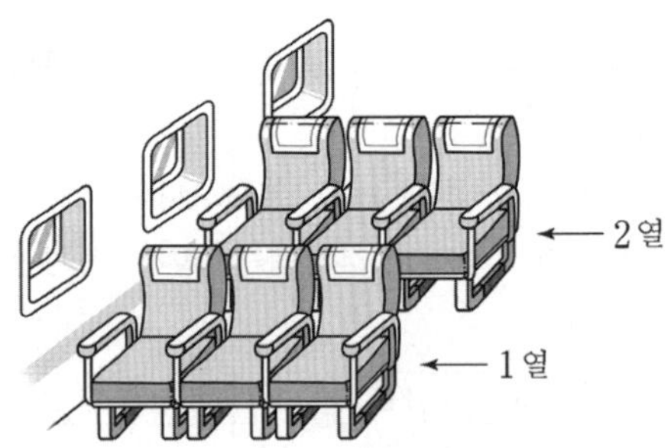

HINT▸▸

특정한 두 대상이 이웃한다고 한다면 이를 한 묶음으로 보고 계산한 후 다시 그 두 대상의 순서에 따른 가짓수 (즉 $2! = 2$)를 곱한다.

할아버지, 할머니가 앉는 열과 아버지, 어머니가 앉는 열을 정하는 경우의 수는

2(가지)

그 각각에 대하여 아들과 딸이 앉는 열을 정하는 경우의 수는

2(가지)

1열에서 세 사람이 앉을 때, 특정한 2명이 이웃하도록 앉는 경우의 수는

$2! \times 2! = 4$ (가지)

2열에서 세 사람이 앉을 때, 특정한 2명이 이웃하도록 앉는 경우의 수는

$2! \times 2! = 4$(가지)

따라서, 구하는 경우의 수는

$2 \times 2 \times 4 \times 4 = 64$ (가지)

정답 : 64

08.수능B

028

여섯 개의 문자 A, B, C, D, E, F를 모두 사용하여 만든 6자리 문자열 중에서 다음 조건을 모두 만족시키는 문자열의 개수는?

> (가) A의 바로 다음 자리에 B가 올 수 없다.
> (나) B의 바로 다음 자리에 C가 올 수 없다.
> (다) C의 바로 다음 자리에 A가 올 수 없다.

(예를 들어 CDFBAE는 조건을 만족시키지만 CDFABE는 조건을 만족시키지 않는다.)

① 380 ② 432 ③ 484 ④ 536 ⑤ 598

HINT▸▸

$n(A\cup B\cup C)$
$=n(A)+n(B)+n(C)$
$-n(A\cap B)-n(B\cap C)-n(C\cap A)$
$+n(A\cup B\cup C)$

A다음 자리에 B가 올 경우 : A, B를 한 문자로 보면 총 5문자가 되므로 5!

문자 A, B, C, D, E, F를 모두 사용해 만들 수 있는 모든 6자리의 문자열의 집합을 전체집합 U라고 하고, (가)를 만족하지 않는 집합을 A, (나)를 만족하지 않는 집합을 B, (다)를 만족하지 않는 집합을 C라고 하면, 주어진 조건을 모두 만족하는 경우의 수는

$n(A^C\cap B^C\cap C^C)$

$=n(A\cup B\cup C)^C$

$=n(U)-n(A\cup B\cup C)$

$=n(U)-\{n(A)+n(B)+n(C)\}$
$+\{n(A\cap B)+n(B\cap C)+n(C\cap A)\}$
$-n(A\cap B\cap \mathrm{C})$

$=6!-3\times 5!+3\times 4!-0=432$

정답 : ②

08.수능B

029

어떤 사회봉사센터에서는 다음과 같은 4가지 봉사활동 프로그램을 매일 운영하고 있다.

프로그램	A	B	C	D
봉사활동 시간	1시간	2시간	3시간	4시간

철수는 이 사회봉사센터에서 5일간 매일 하나씩의 프로그램에 참여하여 다섯 번의 봉사활동 시간 합계가 8시간이 되도록 아래와 같은 봉사활동 계획서를 작성하려고 한다. 작성할 수 있는 봉사활동 계획서의 가짓수는?

봉사활동 계획서

성명 :

참여일	참여 프로그램	봉사활동 시간
2009. 1. 5		
2009. 1. 6		
2009. 1. 7		
2009. 1. 8		
2009. 1. 9		
봉사활동 시간 합계		8시간

① 47　② 44　③ 41　④ 38　⑤ 35

HINT▸▸

같은 것을 포함하는 순열 $\frac{n!}{r!q!}$

(A, B, C, D)를 순서쌍으로 나타내면 (4, 0, 0, 1), (3, 1, 1, 0), (2, 3, 0, 0) 이렇게 세 가지가 있다. (4, 0, 0, 1)의 경우에 작성할 수 있는 봉사활동 계획서의 가짓수는 A 4개와 D 1개를 일렬로 나열하는 경우의 수와 같다. 즉

$\frac{5!}{4!1!}=5$이다. 같은 방식으로 (3, 1, 1, 0)은

$\frac{5!}{3!1!1!}=20$, (2, 3, 0, 0)은

$\frac{5!}{2!3!}=10$이므로 총 35가지이다.

정답 : ⑤

09.6B

030

좌표평면 위의 점들의 집합 $S=\{(x,\ y)\mid x$와 y는 정수$\}$가 있다. 집합 S에 속하는 한 점에서 S에 속하는 다른 점으로 이동하는 '점프'는 다음 규칙을 만족시킨다.

> 점 P에서 한 번의 '점프'로 점 Q로 이동할 때, 선분 PQ의 길이는 1 또는 $\sqrt{2}$이다.

점 $A(-2,\ 0)$에서 점 $B(2,\ 0)$까지 4번만 '점프'하여 이동하는 경우의 수를 구하시오. (단, 이동하는 과정에서 지나는 점이 다르면 다른 경우이다.)

HINT▸▸

같은 것을 포함하는 순열 $\dfrac{n!}{r!q!}$

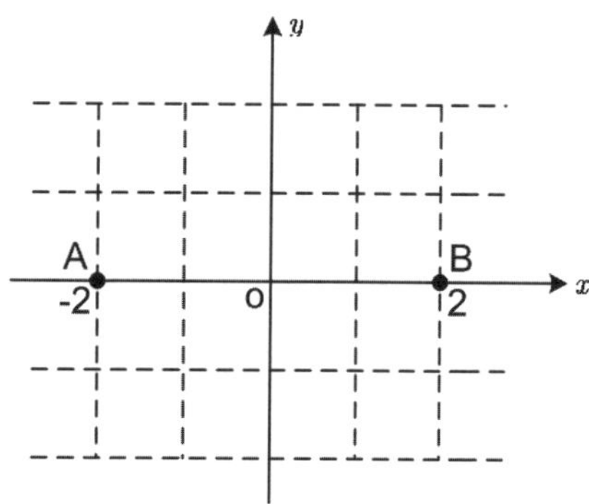

점프방법은 → ↗ ↘ 의 세가지 경우가 있다.

→ : a ↗ : b ↘ : c로 나타내면 4번을 점프하여 A에서 B로 이동하는 경우는 $aaaa$, $aabc$, $bbcc$를 배열하는 경우의 수로 나타낼 수 있다.

i) $aaaa$: 1가지

ii) $aabc$: $\dfrac{4!}{2!}=12$ 가지

iii) $bbcc$: $\dfrac{4!}{2!2!}=6$

$\therefore\ 1+12+6=19$ 가지

정답 : 19

09.6B

031

다음은 n이 2이상의 자연수일 때

$\sum_{k=1}^{n} k({}_nC_k)^2$ 의 값을 구하는 과정이다.

〈증 명〉

두 다항식의 곱

$(a_0+a_1x+\cdots+a_{n-1}x^{n-1})(b_0+b_1x+\cdots+b_nx^n)$

에서 x^{n-1}의 계수는

$a_0b_{n-1}+a_1b_{n-2}+\cdots+a_{n-1}b_0 \cdots\cdots (*)$ 이다.

등식 $(1+x)^{2n-1}=(1+x)^{n-1}(1+x)^n$의 좌변에서 x^{n-1}의 계수는 (가) 이고, $(*)$을 이용하여 우변에서 x^{n-1}의 계수를 구하면

$\sum_{k=1}^{n}({}_{n-1}C_{k-1}\times$ (나) $)$이다.

따라서 (가) $=\sum_{k=1}^{n}({}_{n-1}C_{k-1}\times$ (나) $)$

이다.

한편 $1\leq k\leq n$일 때, $k\times{}_nC_k=n\times{}_{n-1}C_{k-1}$ 이므로

$\sum_{k=1}^{n}k({}_nC_k)^2=\sum_{k=1}^{n}(n\times{}_{n-1}C_{k-1}\times$ (나) $)$

$=n\times\sum_{k=1}^{n}({}_{n-1}C_{k-1}\times$ (나) $)$

$=$ (다) 이다.

위의 과정에서 (가), (나), (다)에 알맞은 것은?

	(가)	(나)	(다)
①	${}_{2n}C_n$	${}_nC_{n-k+1}$	$\frac{n}{2}\times{}_{2n}C_{n+1}$
②	${}_{2n-1}C_{n-1}$	${}_nC_{n-k+1}$	$\frac{n}{2}\times{}_{2n}C_n$
③	${}_{2n-1}C_{n-1}$	${}_nC_{n-k}$	$\frac{n}{2}\times{}_{2n}C_n$
④	${}_{2n}C_n$	${}_nC_{n-k+1}$	$n\times{}_{2n}C_{n+1}$
⑤	${}_{2n-1}C_{n-1}$	${}_nC_{n-k}$	$n\times{}_{2n}C_n$

HINT▸▸

${}_nC_r = {}_nC_{n-r}$

$(1+x)^n = {}_nC_0x^n + {}_nC_1x^{n-1} + \ldots + {}_nC_nx^0$

$= \sum_{k=0}^{n} {}_nC_k \cdot x^{n-k} = \sum_{k=0}^{n} {}_nC_kx^k$

$(a+b)^n$의 일반항 : ${}_nC_ra^rb^{n-r}$

$(1+x)^{2n-1}$에서 x^{n-1}의 계수는

$\boxed{{}_{2n-1}C_{n-1}}$이고

$(1+x)^{n-1}(1+x)^n$을 이용하여 x^{n-1}의 계수를 구하면

$\sum_{k=1}^{n}\left({}_{n-1}C_{k-1} \times \boxed{{}_nC_{n-k}}\right)$이다.

따라서

${}_{2n-1}C_{n-1} = \sum_{k=1}^{n}\left({}_{n-1}C_{k-1} \times {}_nC_{n-k}\right)$이다.

한편, $1 \leq k \leq n$일 때,

$k \times {}_nC_k = n \times {}_{n-1}C_{n-k}$ 이므로

$$\sum_{k=1}^{n} k\left({}_nC_k\right)^2 = \sum_{k=1}^{n}\left(n \times {}_{n-1}C_{k-1} \times {}_nC_{n-k}\right)$$
$$= n \times \sum_{k=1}^{n}\left({}_{n-1}C_{k-1} \times {}_nC_{n-k}\right)$$
$$= n \times {}_{2n-1}C_{n-1}$$
$$= \boxed{\frac{n}{2} \times {}_{2n}C_n}$$

즉, $${}_{2n-1}C_{n-1} = \frac{(2n-1)!}{(n-1)!n!}$$
$$= \frac{(2n-1)!}{(n-1)!n!} \times \frac{2n}{n} \times \frac{1}{2}$$
$$= \frac{1}{2} \times \frac{(2n)!}{n!n!}$$
$$= \frac{1}{2} \times {}_{2n}C_n$$

${}_{2n-1}C_{n-1} = \frac{1}{2} \times {}_{2n}C_n$은 다음과 같이 설명할 수 있다.

집합 $\{1, 2, 3, \cdots, 2n\}$에서 n개의 수를 뽑는 경우의 수는 ${}_{2n}C_n$이다.

이것을 다음과 같이 나누어 구할 수 있다.

① 1을 반드시 포함하는 경우의 수는 1을 미리 뽑았으므로 나머지 $(2n-1)$개의 수에서 $(n-1)$개의 수를 더 뽑으면 되기 때문에 ${}_{2n-1}C_{n-1}$

② 2를 포함해서 n개의 수를 뽑는 경우의 수는 ${}_{2n-1}C_{n-1}$

⋮

③ $2n$을 포함해서 n개씩 수를 뽑는 경우의 수는 ${}_{2n-1}C_{n-1}$

그런데 각각의 수는 모두 n가지 경우에 중복되게 계산되었으므로 위 경우의 수의 합은

${}_{2n-1}C_{n-1} \times 2n \times \frac{1}{n}$

이것이 ${}_{2n}C_n$과 같아야 하므로

${}_{2n-1}C_{n-1} \times 2 = {}_{2n}C_n$

$\therefore\ {}_{2n-1}C_{n-1} = \frac{1}{2} \times {}_{2n}C_n$

정답 : ③

09.9B

032

1 부터 9 까지 자연수가 하나씩 적혀 있는 9 장의 카드가 있다. 다음은 이 카드 중에서 동시에 3장을 선택할 때, 카드에 적힌 어느 두 수도 연속하지 않는 경우의 수를 구하는 과정이다.

> 두 자연수 $m, n\,(2 \leqq m \leqq n)$에 대하여 1 부터 n까지 자연수가 하나씩 적혀 있는 n 장의 카드에서 동시에 m장을 선택할 때, 카드에 적힌 어느 두 수도 연속하지 않는 경우의 수를 $N(n, m)$이라 하자.
>
> 9 장의 카드에서 3장의 카드를 선택할 때, 9 가 적힌 카드가 선택되는 경우와 선택되지 않는 경우로 나누면 $N(9, 3)$에대하여 다음 관계식을 얻을 수 있다.
>
> $N(9, 3) = N(\boxed{(가)}, 2) + N(8, 3)$
>
> $N(8, 3)$에 8이 적힌 카드가 선택되는 경우와 선택하지 않는 경우로 나누어 적용하면
>
> $N(9, 3) = N(\boxed{(가)}, 2) + N(6, 3)$
> $+ N(7, 3)$
>
> 이다. 이와 같은 방법을 계속 적용하면
>
> $$N(9, 3) = \sum_{k=1}^{7} N(k, 2) \text{ 이다.}$$
>
> 여기서
>
> $N(k, 2) = \boxed{(나)} - (k-1)$ 이므로
>
> $N(9, 3) = \boxed{(다)}$ 이다.

위의 과정에서 (가), (나), (다)에 알맞은 것은?

	(가)	(나)	(다)
①	7	${}_{k}\mathrm{C}_{2}$	35
②	8	${}_{k+1}\mathrm{C}_{2}$	48
③	7	${}_{k}\mathrm{C}_{2}$	48
④	8	${}_{k}\mathrm{C}_{2}$	48
⑤	7	${}_{k+1}\mathrm{C}_{2}$	35

HINT▸▸

$${}_nC_r=\frac{n!}{r!(n-r)!}$$

(가)는 $N(9,3)$중 9를 선택하였을 때의 경우의 수이므로 8이 포함되면 안된다.

$\therefore$ (가)= $\boxed{7}$

또한, $N(9,3)=N(7,2)+N(8,3)$

마찬가지로, $N(8,3)=N(6,2)+N(7,3)$

$N(7,3)=N(5,2)+N(6,3)$

⋮

이므로, 이와 같은 방법을 계속 적용하면

$N(9,3)=\sum_{k=3}^{7}N(k,2)$이다.

그런데, $N(k,2)$는 $1\sim k$ 의 자연수 중 2장을 뽑았을 때, 연속하지 않는 경우의 수이므로

$N(k,2)={}_kC_2-(k-1)$

$\therefore$ (나)= $\boxed{{}_kC_2}$

$$\begin{aligned}N(9,3)&=\sum_{k=3}^{7}\{{}_kC_2-(k-1)\}\\&=\sum_{k=3}^{7}\left\{\frac{k(k-1)}{2}-(k-1)\right\}\\&=\sum_{k=3}^{7}\frac{1}{2}(k-1)(k-2)\\&=\frac{1}{2}\sum_{k=1}^{5}k(k+1)=\frac{1}{2}\cdot\frac{5\cdot6\cdot7}{3}=35\end{aligned}$$

$\therefore$ (다)= $\boxed{35}$

정답 : ①

10.6B

033

어느 상담 교사는 월요일, 화요일, 수요일 3일 동안 학생 9명과 상담하기 위하여 상담 계획표를 작성하려고 한다.

[상담 계획표]

요일	월요일	화요일	수요일
학생 수(명)	a	b	c

상담 교사는 각 학생과 한 번만 상담하고, 요일별로 적어도 한 명의 학생과 상담한다. 상담 계획표에 학생 수만을 기록할 때, 작성할 수 있는 상담 계획표의 가짓수를 구하시오. (단, a, b, c는 자연수이다.)

HINT▸▸

중복조합의 개념을 이용한 문제입니다.

n개중 r개를 중복해서 뽑는 경우의 수

$${}_nH_r={}_{n+r-1}C_r$$

$${}_nC_r={}_nC_{n-r}=\frac{n!}{r!(n-r)!}$$

3일 동안 상담하는 학생 수는 모두 9명이므로 $a+b+c=9$이다. 이 때 각 요일별로 적어도 한 명의 학생과 상담해야 하므로

$a=a'+1,\ b=b'+1,\ c=c'+1$ 이라 하면

$a'+b'+c'=6$(단, a', b', c'은 음이 아닌 정수)이다. 따라서 각 요일별로 상담하는 학생수는 3개의 문자를 중복해서 6번 선택하는 중복조합의 수 ${}_{3+6-1}C_6={}_8C_6={}_8C_2$ 와 같다.

따라서 ${}_8C_2=\frac{8\times7}{2}=28$ (가지)

정답 : 28

10.6B

034

좌표평면 위에 9개의 점 (i, j) $(i=0, 4, 8, j=0, 4, 8)$이 있다. 이 9개의 점 중 네 점을 꼭짓점으로 하는 사각형 중에서 내부에 세 점 $(1, 1), (3, 1), (1, 3)$을 꼭짓점으로 하는 삼각형을 포함하는 사각형의 개수는?

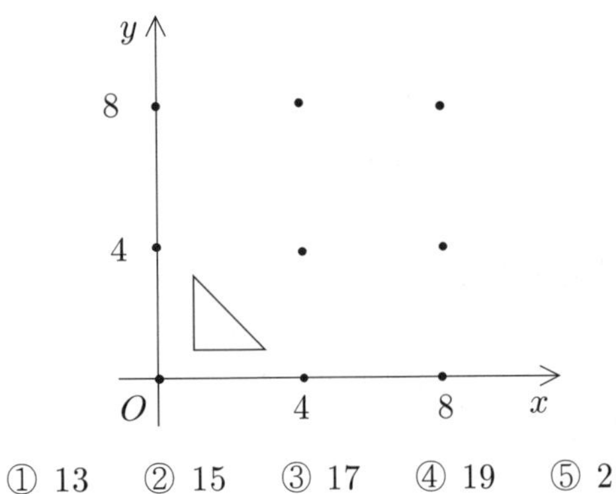

① 13　② 15　③ 17　④ 19　⑤ 21

HINT▸▸

$${}_nC_r = \frac{n!}{r!(n-r)!}$$

주어진 삼각형을 포함하는 사각형을 만들려면 점 $O(0, 0)$을 반드시 꼭짓점으로 해야 한다.
점 O와 연결된 변의 꼭짓점은
$(4, 0), (8, 0)$ 중에서 한 개,
$(0, 4), (0, 8)$ 중에서 한 개 선택하며,
점 O와 변으로 연결되지 않은 한 꼭짓점은
$(4, 4), (4, 8), (8, 4), (8, 8)$ 중에서 한 개를 선택해야 한다.
따라서, 꼭짓점을 선택하는 방법의 수는
${}_2C_1 \times {}_2C_1 \times {}_4C_1 = 16$ (개)
이 중에서 $(0, 0), (8, 0), (4, 4), (0, 8)$을 꼭짓점으로 선택하면 사각형을 만들 수 없다.
따라서, 구하는 사각형의 개수는
$16 - 1 = 15$ (개)

정답 : ②

10.9B

035

집합 $\{1,\ 2,\ 3,\ 4\}$에서 집합 $\{1,\ 2,\ 3,\ 4\}$로의 함수 중에서 다음 조건을 만족하는 함수 f의 개수는?

> (가) 함수 f의 치역의 원소의 개수는 2이다.
> (나) 합성함수 $f \circ f$의 치역의 원소의 개수는 1이다.

① 36 ② 42 ③ 48 ④ 54 ⑤ 60

HINT▸▸

수형도를 이용해 풀어보자.

함수 f의 치역의 원소의 개수는 2이고, 합성함수 $f \circ f$의 치역의 원소의 개수가 1이므로 $f \circ f$의 치역의 원소를 선택하는 방법의 수는 4가지, f의 치역의 원소를 선택하는 방법의 수는 $f \circ f$의 치역의 원소에 다른 3개의 숫자 중 하나를 더 선택하는 3가지이다.
예를 들어, $f \circ f$의 치역이 $\{1\}$, f의 치역이 $\{1,\ 2\}$인 경우 다음 그림과 같이 된다.

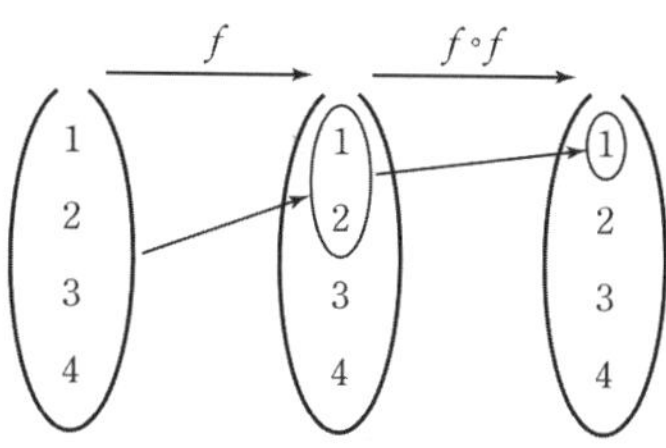

이때, $f(1) = f(2) = 1$이고,
$f(3) = f(4) = 2$ 또는 $f(3) = 1, f(4) = 2$
또는 $f(3) = 2, f(4) = 1$의 3가지가 있으므로
조건을 만족하는 함수 f의 개수는
$4 \times 3 \times 3 = 36$ (개)이다.

정답 : ①

036

A, B, C 세 명이 이 순서대로 주사위를 한 번씩 던져 가장 큰 눈의 수가 나온 사람이 우승하는 규칙으로 게임을 한다. 이때 가장 큰 눈의 수가 나온 사람이 두 명 이상이면 그 사람들 끼리 다시 주사위를 던지는 방식으로 게임을 계속하여 우승자를 가린다. A가 처음 던진 주사위의 눈의 수가 3일 때, C가 한 번만 주사위를 던지고 우승할 확률은?

① $\frac{2}{9}$ ② $\frac{5}{18}$ ③ $\frac{1}{3}$ ④ $\frac{7}{18}$ ⑤ $\frac{4}{9}$

HINT▸▸

수형도를 이용해보자.

A가 3이 나왔으므로 B, C가 주사위를 던져 나올 수 있는 경우의 수는 $6 \times 6 = 36$(가지)이다.
이 때, C가 한 번만 주사위를 던져 이기는 경우는 아래 표와 같으므로 경우의 수는 12(가지)이다.

B	C
1	4, 5, 6
2	4, 5, 6
3	4, 5, 6
4	5, 6
5	6

따라서 구하는 확률은
$$\frac{12}{36} = \frac{1}{3}$$

정답 : ③

11.6B

037

그림과 같이 서로 접하고 크기가 같은 원 3개와 이 세원의 중심을 꼭짓점으로 하는 정삼각형이 있다. 원의 내부 또는 정삼각형의 내부에 만들어지는 7개의 영역에 서로 다른 7가지 색을 모두 사용하여 칠하려고 한다. 한 영역에 한 가지 색만을 칠할 때, 색칠한 결과로 나올 수 있는 경우의 수는?
(단, 회전하여 일치하는 것은 같은 것으로 본다.)

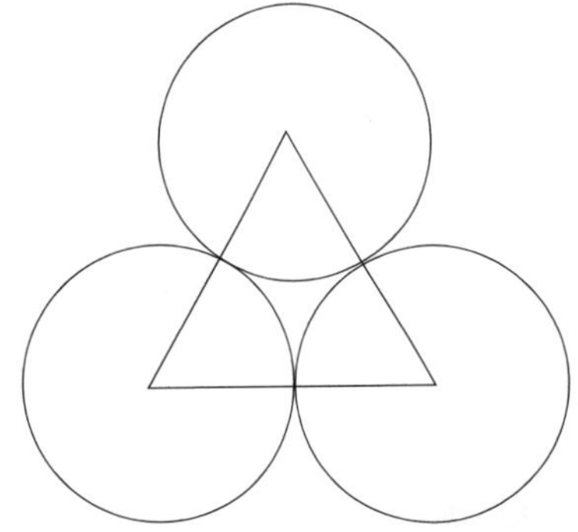

① 1260 ② 1680 ③ 2520 ④ 3760 ⑤ 5040

HINT▸▸
원순열 : $(n-1)!$

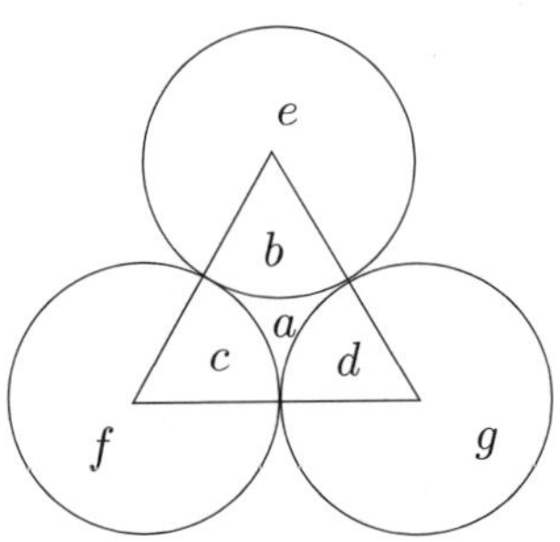

그림과 같이 7개의 영역을 각각 a, b, c, d, e, f, g라 하자.

(i) a에 색칠하는 방법의 수는
$_7C_1 = 7$(가지)

(ii) b, c, d에 색칠하는 것은 회전하여 일치하는 경우가 생기므로 그 방법의 수는
$_6C_3 \times (3-1) = 40$(가지)

(iii) a, b, c, d에 서로 다른 색이 칠해져 있으므로 e, f, g에 색칠하는 것은 회전에 의하여 일치할 수 없다.
따라서 e, f, g에 색칠하는 방법의 수는
$3! = 6$(가지)

(i), (ii), (iii)에 의해 구하는 방법의 수는
$7 \times 40 \times 6 = 1680$(가지)

정답 : ②

07.6B

038

1부터 10까지의 자연수가 하나씩 적힌 10개의 구슬이 들어 있는 주머니가 있다. 이 주머니에서 임의로 한 개의 구슬을 꺼내어 그 구슬에 적힌 수를 m이라 할 때, 직선 $y=m$과 포물선 $y=-x^2+5x-\frac{3}{4}$이 만나도록 하는 수가 적힌 구슬을 꺼낼 확률은?

① $\frac{1}{5}$ ② $\frac{3}{10}$ ③ $\frac{2}{5}$ ④ $\frac{1}{2}$ ⑤ $\frac{3}{5}$

HINT ▸▸

$f(x)=m$의 식을 $f(x)-m=0$이라 놓을 때 판별식 $D=b^2-4ac>0$이면 두 점에서 $D=0$이면 한 점에서 만난다.

직선 $y=m\,(1\leq m\leq 10)$과

포물선 $y=-x^2+5x-\frac{3}{4}$이 만나려면

$m=-x^2+5x-\frac{3}{4}$ 즉,

$x^2-5x+m+\frac{3}{4}=0$에서 실근x의 값이 존재해야 한다.

$D=25-4m-3\geq 0$에서 $m\leq\frac{11}{2}$

$\therefore\ m=1,2,3,4,5$

따라서, 주머니에서 5이하의 수가 적힌 구슬을 꺼낼 확률은

$\frac{5}{10}=\frac{1}{2}$

정답 : ④

07.6B

039

검은 공 3개, 흰 공 2개가 들어 있는 주머니가 있다. 이 주머니에서 한 개의 공을 꺼내어 색을 확인한 후 다시 넣지 않는다. 이와 같은 시행을 반복할 때, 흰 공 2개가 나올 때까지의 시행 횟수를 X라 하면 $\mathrm{P}(\mathrm{X}>3)=\frac{\mathrm{q}}{\mathrm{p}}$이다. $p+q$의 값을 구하시오. (단, p와 q는 서로소인 자연수이다.)

HINT▸▸

흰공이 기준이다.

4회 혹은 5회까지 반복시행한다는 말은 마지막인 4, 5회에 흰색이 나온 것이므로 그 앞쪽에 흰색 1번이 더 나온다는 것을 기준으로 생각해 보자.

(i) $X=4$일 때

1회	2회	3회	4회	5회
○	●	●	○	
●	○	●	○	
●	●	○	○	

$\mathrm{P}(X=4)$

$=\frac{2}{5}\times\frac{3}{4}\times\frac{2}{3}\times\frac{1}{2}$

$+\frac{3}{5}\times\frac{2}{4}\times\frac{2}{3}\times\frac{1}{2}$

$+\frac{3}{5}\times\frac{2}{4}\times\frac{2}{3}\times\frac{1}{2}$

$=\frac{3}{10}$

(ii) $X=5$일 때,

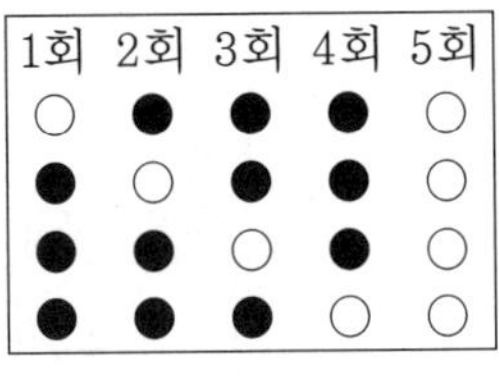

1회	2회	3회	4회	5회
○	●	●	●	○
●	○	●	●	○
●	●	○	●	○
●	●	●	○	○

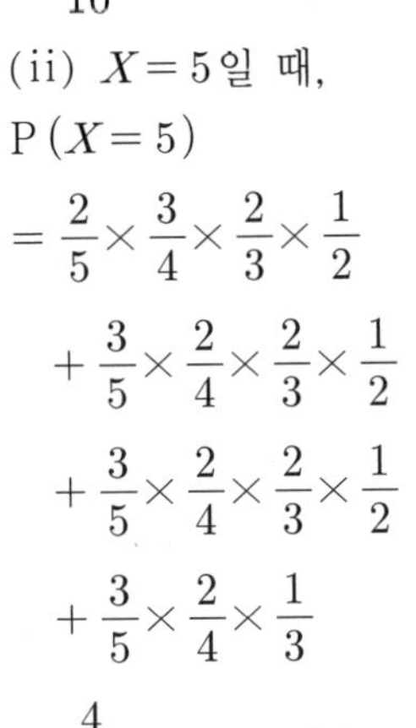

$\mathrm{P}(X=5)$

$=\frac{2}{5}\times\frac{3}{4}\times\frac{2}{3}\times\frac{1}{2}$

$+\frac{3}{5}\times\frac{2}{4}\times\frac{2}{3}\times\frac{1}{2}$

$+\frac{3}{5}\times\frac{2}{4}\times\frac{2}{3}\times\frac{1}{2}$

$+\frac{3}{5}\times\frac{2}{4}\times\frac{1}{3}$

$=\frac{4}{10}$

따라서 구하는 확률은

$\mathrm{P}(\mathrm{X}>3)=\mathrm{P}(X=4)+\mathrm{P}(X=5)$

$=\frac{3}{10}+\frac{4}{10}=\frac{7}{10}$

이므로

$p+q=10+7=17$

정답 : 17

07.6B

040

가수 A의 팬클럽 회원 150명과 가수 B의 팬클럽 회원 200명을 대상으로 가수 C에 대한 선호도를 조사하였다. 그 결과, 가수 A의 팬클럽 회원 중에서 70%, 가수 B의 팬클럽 회원 중에서 50%가 가수 C를 선호하였다. 가수 A와 가수 B의 팬클럽 회원 전체 350명 중에서 임의로 선택된 한 사람이 가수 C를 선호하였을 때, 이 사람이 가수 A의 팬클럽 회원일 확률은? (단, 가수 A의 팬클럽과 가수 B의 팬클럽에 동시에 가입한 회원은 없고, 모든 회원이 선호도 조사에 응답하였다.)

① $\frac{15}{41}$ ② $\frac{17}{41}$ ③ $\frac{19}{41}$ ④ $\frac{21}{41}$ ⑤ $\frac{23}{41}$

HINT ▸▸

조건부 확률 $P(A|B)=\dfrac{P(A\cap B)}{P(B)}$

가수 C를 선호하는 사건을 D, 가수 A의 팬클럽일 사건을 E라 하면
구하고자 하는 확률은

$$P(E|D)=\frac{P(E\cap D)}{P(D)}=\frac{\dfrac{150\times0.7}{350}}{\dfrac{150\times0.7+200\times0.5}{350}}=\frac{105}{205}=\frac{21}{41}$$

정답 : ④

07.6B

041

○표가 있는 4개의 제비와 ×표가 있는 4개의 제비가 있다. 이 8개의 제비 중에서 4개를 뽑았을 때, ○표가 있는 제비가 3개 이상이 나오거나 4개 모두 ×표인 제비가 나올 확률을 $\frac{q}{p}$라 하자. $p+q$의 값을 구하시오. (단, p와 q는 서로소인 자연수이다.)

HINT ▸▸

전체확률$(=1)$에서 1개 혹은 2개의 ○표가 나올 확률은 빼도 좋다.

즉, $1-\left(\dfrac{{}_4C_1\cdot{}_4C_3}{{}_8C_4}+\dfrac{{}_4C_2\cdot{}_4C_2}{{}_8C_4}\right)=\dfrac{9}{35}$

(i) ○표인 제비가 3개 이상이 나올 확률은

$$\frac{{}_4C_3\times{}_4C_1}{{}_8C_4}+\frac{{}_4C_4}{{}_8C_4}=\frac{16+1}{70}=\frac{17}{70}$$

(ii) ×표인 제비가 4개가 나올 확률은

$$\frac{{}_4C_4}{{}_8C_4}=\frac{1}{70}$$

따라서, 구하고자 하는 확률은

$$\frac{17}{70}+\frac{1}{70}=\frac{9}{35}$$

$\therefore\ p+q=44$

정답 : 44

08.6B

042

집합

$X= 1, 2, 3$, $\mathrm{Y} = 1, 2, 3, 4$, $\mathrm{Z} = 0, 1$에 대하여 조건 (가)를 만족시키는 모든 함수 $f\ : X \to Y$ 중에서 임의로 하나를 선택하고, 조건 (나)를 만족시키는 모든 함수 $g\ : Y \to Z$ 중에서 임의로 하나를 선택하여 합성함수 $g \circ f\ : X \to Z$를 만들 때, 이 합성함수의 치역이 Z일 확률은 $\frac{q}{p}$이다. $p+q$의 값을 구하시오.

(단, p, q는 서로소인 자연수이다.)

(가) X의 임의의 두 원소 x_1, x_2에 대하여 $x_1 \neq x_2$이면 $f(x_1) \neq f(x_2)$이다. (나) g의 치역은 Z이다.

HINT▸▸

합성함수의 치역이 Z가 아닐 경우란 $X \to Y$대응시 빠져있던 Y의 한 원소만 Z의 원소중 하나에 대응하는 경우다.

(가)를 만족하는 함수 f의 개수는

${}_4P_3 = 4 \times 3 \times 2 = 24 \cdots$㉠

(나)를 만족하는 함수 g의 개수는 중복을 허락해서 두 개의 원소에서 4번을 뽑는 가짓수에서, 하나만을 뽑는 가짓수를 뺀 것이므로

$2^4 - 2 = 14$

또한, 합성함수 $g \circ f$의 개수는

$24 \times 14 = 336$

이 때, 합성함수 중에서 치역이 Z 가 아닌 경우는 ㉠중의 하나를 선택할 때 다음과 같이 두 가지 경우가 있다.

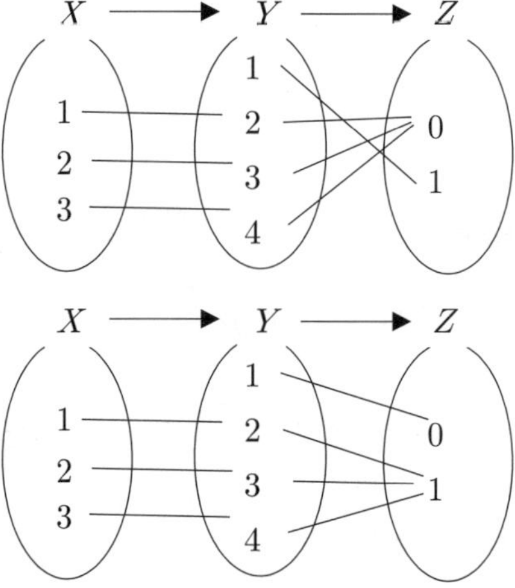

위와 같이 $X \to Y$로의 함수의 가짓수보다 각각 2가지씩 가능하므로

$\therefore 24 \times 2 = 48$

따라서, 구하고자 하는 확률은

$1 - \frac{48}{336} = \frac{288}{336} = \frac{6}{7}$

$\therefore\ p+q = 13$

정답 : 13

08.수능B

043

주머니 A와 B에는 1, 2, 3, 4, 5의 숫자가 하나씩 적혀 있는 다섯 개의 구슬이 각각 들어 있다. 철수는 주머니 A에서, 영희는 주머니 B에서 각자 구슬을 임의로 한 개씩 꺼내어 두 구슬에 적혀 있는 숫자를 확인한 후 다시 넣지 않는다. 이와 같은 시행을 반복할 때, 첫 번째 꺼낸 두 구슬에 적혀 있는 숫자가 서로 다르고, 두 번째 꺼낸 두 구슬에 적혀 있는 숫자가 같을 확률은?

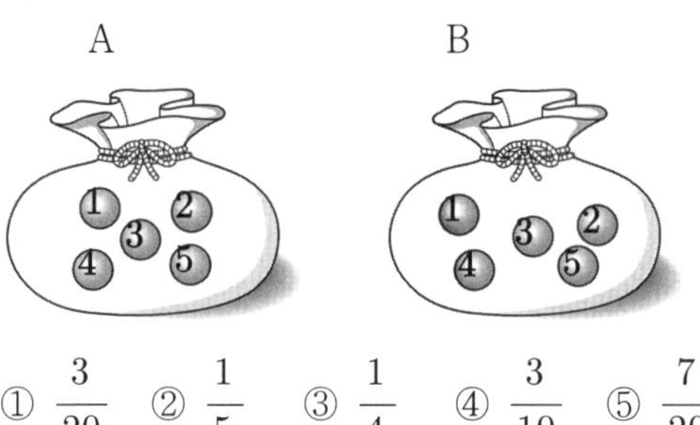

① $\frac{3}{20}$ ② $\frac{1}{5}$ ③ $\frac{1}{4}$ ④ $\frac{3}{10}$ ⑤ $\frac{7}{20}$

HINT▸▸

$\left(1\times\frac{4}{5}\right)\times\left(\frac{3}{4}\times\frac{1}{4}\right)$의 꼴이 된다.

우선 처음 A에서는 아무거나 뽑아도 관계없으므로 확률은 1이다. 그 다음 B에서는 A와 다른 숫자의 구슬을 뽑아야하기 때문에 확률은 $\frac{4}{5}$이다. 그 다음 A에서 뽑을 때는 앞서 뽑은 두 숫자를 제외한 수 중에서 뽑아야 B에서도 같은 숫자의 구슬을 뽑을 수 있다. 즉 확률은 나머지 4개중 B에서 뽑혔던 공까지 제외해서 $\frac{3}{4}$이고 마지막으로 B에서 뽑아야 할 구슬은 A에서 뽑힌 것과 같은 숫자의 구슬이어야 하므로 확률은 $\frac{1}{4}$이다.

이를 다 곱하면 확률은 $\frac{3}{20}$이다.

정답 : ①

08.수능B

044

정보이론에서는 사건 E가 발생했을 때, 사건 E의 정보량 $I(E)$가 다음과 같이 정의된다고 한다.

$$I(E) = -\log_2 \mathrm{P}(\mathrm{E})$$

〈보기〉에서 옳은 것만을 있는 대로 고른 것은? (단, 사건 E가 일어날 확률 $\mathrm{P}(\mathrm{E})$는 양수이고, 정보량의 단위는 비트이다.)

〈보 기〉

ㄱ. 한 개의 주사위를 던져 홀수의 눈이 나오는 사건을 E라 하면 $I(E)=1$이다.

ㄴ. 두 사건 A, B가 서로 독립이고 $\mathrm{P}(\mathrm{A} \cap \mathrm{B}) > 0$이면 $I(A \cap B) = I(A) + I(B)$이다.

ㄷ. $\mathrm{P}(\mathrm{A}) > 0$, $\mathrm{P}(\mathrm{B}) > 0$인 두 사건 A, B에 대하여 $2I(A \cup B) \leqq I(A) + I(B)$이다.

① ㄱ ② ㄱ, ㄴ ③ ㄱ, ㄷ
④ ㄴ, ㄷ ⑤ ㄱ, ㄴ, ㄷ

HINT▸▸

$\log_c a + \log_c b = \log_c ab$

$\log_a a = 1$

$n log_a b = \log_a b^n$

A, B사건이 서로 독립일 때
: $P(A \cap B) = P(A) \cdot P(B)$

ㄱ. 〈참〉

한 개의 주사위를 던져 홀수의 눈이 나올 확률은 $\frac{1}{2}$이므로 $P(E) = \frac{1}{2}$을 대입하여 계산하면

$I(E) = -\log_2 \frac{1}{2} = -\log_2 2^{-1} = 1$이다.

ㄴ. 〈참〉

두 사건 A, B가 서로 독립이므로 $P(A \cap B) = P(A)P(B)$이다.

$$\begin{aligned} I(E) &= -\log_2 P(A \cap B) \\ &= -\log_2 P(A)P(B) \\ &= -\log_2 P(A) - \log_2 P(B) \\ &= I(A) + I(B) \end{aligned}$$

ㄷ. 〈참〉

$$\begin{aligned} 2I(A \cup B) &= -2\log_2 P(A \cup B) \\ &= -\log_2 \{P(A \cup B)\}^2 \end{aligned}$$

$I(A) + I(B) = -\log_2 P(A)P(B)$

$P(A \cup B) \geqq P(A) > 0$,

$P(A \cup B) \geqq P(B) > 0$ 이므로

$\{P(A \cup B)\}^2 \geqq P(A)P(B)$

그런데 $y = -\log_2 x$는 감소함수이므로

$2I(A \cup B) \leqq I(A) + I(B)$이다.

정답 : ⑤

10.6B

045

A, B를 포함한 6명이 정육각형 모양의 탁자에 그림과 같이 둘러 앉아 주사위 한 개를 사용하여 다음 규칙을 따르는 시행을 한다.

> 주사위를 가진 사람이 주사위를 던져 나온 눈의 수가 3의 배수이면 시계방향으로, 3의 배수가 아니면 시계반대 방향으로 이웃한 사람에게 주사위를 준다.

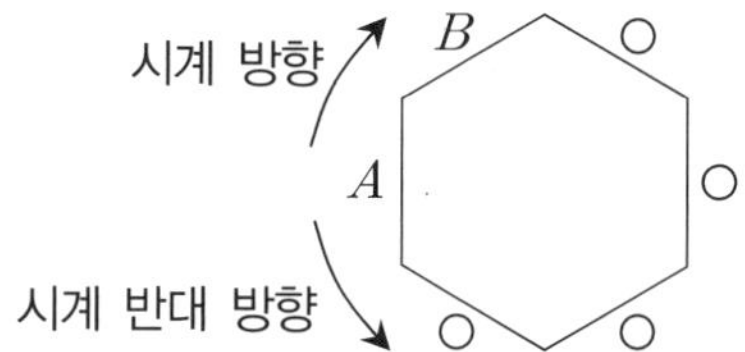

A부터 시작하여 이 시행을 5번 한 후 B가 주사위를 가지고 있을 확률은?

① $\frac{4}{27}$ ② $\frac{2}{9}$ ③ $\frac{8}{27}$ ④ $\frac{10}{27}$ ⑤ $\frac{4}{9}$

HINT ▸▸

이항 확률 공식

${}_nC_r p^n q^{n-1}$(단, $q=1-p$)을 이용해본다

주사위를 던져서 3의 배수의 눈이 나오는 경우 즉, 시계방향으로 주사위를 주는 경우를 a, 주사위를 던져서 3의 배수가 아닌 눈이 나오는 경우 즉, 반시계방향으로 주사위를 주는 경우를 b라 하자.

5번 주사위를 던진 후에 B가 주사위를 가지려면 a가 3번, b가 2번 나오거나 b가 5번 나오는 경우이므로 구하는 확률은

$${}_5C_3\left(\frac{1}{3}\right)^3\left(\frac{2}{3}\right)^2+\left(\frac{2}{3}\right)^5=\frac{8}{27}$$

정답 : ③

10.6B

046

A, B 두 사람이 탁구 시합을 할 때, 한 사람이 먼저 세 세트를 이기거나 연속하여 두 세트를 이기면 승리하기로 한다. 각 세트에서 A가 이길 확률은 $\frac{1}{3}$이고, B가 이길 확률은 $\frac{2}{3}$이다. 첫 세트에서 A가 이겼을 때, 이 시합에서 A가 승리할 확률은 $\frac{q}{p}$이다. $p+q$의 값을 구하시오. (단, p와 q는 서로소인 자연수이다.)

HINT▸▸

연달아 바로 A가 이겼을 경우와 한번 지고 그 다음에 두 번 더 이기는 경우로 나누어 본다.

각 세트에서 A가 이기는 것을 O, B가 이기는 것을 X라 하면 A가 승리하는 경우와 그 확률은 다음과 같다. 한번만 더해서 A가 승리할 확률은

O : $\frac{1}{3}$

($\because$ 제일 첫회에서 A가 이겼으므로 한번더 연달아 이기면 A가 승리한다.)

XOO : $\frac{2}{3}\times\frac{1}{3}\times\frac{1}{3}$

$XOXO$: $\frac{2}{3}\times\frac{1}{3}\times\frac{2}{3}\times\frac{1}{3}$

따라서 A가 승리할 확률은

$\frac{1}{3}+\frac{2}{3^3}+\frac{4}{3^4}=\frac{27+6+4}{81}=\frac{37}{81}$

$\therefore\ p+q=81+37=118$

정답 : 118

10.9B

047

어떤 제품을 생산하는 세 공장 A, B, C가 있다. 공장 A에서 생산한 제품의 불량률은 2%이고, 공장 B, C에서 생산한 제품의 불량률은 각각 1%이다. 세 공장 중 임의로 한 공장을 선택하고, 그 공장에서 생산한 제품 3개를 임의추출하여 조사할 때, 2개가 불량품일 확률을 p라 하자. 10^6p의 값을 구하시오.

HINT▸▸

이항 확률 공식 ${}_nC_rp^nq^{n-1}$(단, $q=1-p$)

세 공장 A, B, C를 임의로 선택할 확률은 각각 $\frac{1}{3}$이므로

(i) A 공장에서 생산한 제품 3개 중에서 2개가 불량품일 확률은

$$\frac{1}{3}\times {}_3\mathrm{C}_2\left(\frac{2}{100}\right)^2\left(\frac{98}{100}\right)=\frac{4\times98}{10^6}$$

(ii) B 공장에서 생산한 제품 3개 중에서 2개가 불량품일 확률은

$$\frac{1}{3}\times {}_3\mathrm{C}_2\left(\frac{1}{100}\right)^2\left(\frac{99}{100}\right)=\frac{99}{10^6}$$

(iii) C 공장에서 생산한 제품 3개 중에서 2개가 불량품일 확률은

$$\frac{1}{3}\times {}_3\mathrm{C}_2\left(\frac{1}{100}\right)^2\left(\frac{99}{100}\right)=\frac{99}{10^6}$$

따라서 구하는 확률 p는 위 (i), (ii), (iii)의 합이 된다.

$$p=\frac{4\times98+2\times99}{10^6}=\frac{590}{10^6}$$

$\therefore\ 10^6p=590$

정답 : 590

10.9B

048

주머니 안에 스티커가 1개, 2개, 3개 붙어 있는 카드가 각각 1장씩 들어 있다. 주머니에서 임의로 카드 1장을 꺼내어 스티커 1개를 더 붙인 후 다시 주머니에 넣는 시행을 반복한다. 주머니안의 각 카드에 붙어 있는 스티커의 개수를 3으로 나눈 나머지가 모두 같아지는 사건을 A라 하자. 시행을 6번 하였을 때, 1회부터 5회까지는 사건 A가 일어나지 않고 , 6회에서 사건 A가 일어날 확률을 $\frac{q}{p}$라 하자. $p+q$의 값을 구하시오 (단, p와 q는 서로소인 자연수인다.)

HINT▸▸

3의 배수 회에만 나머지가 같아지도록 조정할 수 있다.
수형도를 이용해서 풀어보자.

카드에 붙어 있는 스티커의 개수를 3으로 나눈 나머지를 각각 α, β, γ라 하자.
$(\alpha,\ \beta,\ \gamma)=(0,\ 1,\ 2)$이므로 두 번의 시행으로
$(0,\ 0,\ 0)$ 또는 $(1,\ 1,\ 1)$ 또는 $(2,\ 2,\ 2)$를 만들 수 없다. 세 번의 시행으로 나올 수 있는 모든 경우의 수는
$3\times3\times3=27$(가지)
이고, 세 번의 시행에서 $(0,\ 0,\ 0)$이 되는 경우는
$(0,\ 1,\ 2)\rightarrow(0,\ 2,\ 2)\rightarrow(0,\ 2,\ 3)\rightarrow(0,\ 3,\ 3)$
$(0,\ 1,\ 2)\rightarrow(0,\ 2,\ 2)\rightarrow(0,\ 3,\ 2)\rightarrow(0,\ 3,\ 3)$
$(0,\ 1,\ 2)\rightarrow(0,\ 1,\ 3)\rightarrow(0,\ 2,\ 3)\rightarrow(0,\ 3,\ 3)$
의 3가지이고 $(1,\ 1,\ 1)$ 또는 $(2,\ 2,\ 2)$가 될 수 있는 경우도 각각 3가지씩이다.
따라서 3번째 시행에서 사건 A가 일어나지 않을 확률은
$$\mathrm{P}(A^{C})=1-\frac{3+3+3}{27}=\frac{2}{3}$$
또한, 3번의 시행 후에는 모든 카드에 붙어 있는 스티커의 수를 3으로 나눈 나머지가 $(0,\ 1,\ 2)$ 또는 $(0,\ 0,\ 0)$ 또는 $(1,\ 1,\ 1)$ 또는 $(2,\ 2,\ 2)$이므로 4번째, 5번째 시행에서는 사건 A가 일어나지 않고 6번째 시행에서 사건 A가 같은 확률로 일어난다.
따라서 구하는 확률은
$$1\times1\times\frac{2}{3}\times1\times1\times\frac{1}{3}=\frac{2}{9}=\frac{q}{p}$$
$\therefore\ p+q=11$

정답 : 11

07.9B

049

정규분포 $N(m, \sigma^2)$을 따르는 모집단에서 크기가 24인 표본을 임의추출할 때, 표본평균 $\overline{X}$의 평균은 다음 자료 5개의 평균과 같고, 표본평균 $\overline{X}$의 분산은 이 자료의 분산과 같다.
모집단의 평균 m과 표준편차 σ의 합 $m+\sigma$의 값을 구하시오.

8, 9, 11, 12, 15

HINT▸▸

표본평균의 평균과 분산

$E(X)=m,\ \ V(\overline{X})=\dfrac{\sigma^2}{n}$

주어진 5개의 자료의 평균은

$\dfrac{8+9+11+12+15}{5}=\dfrac{55}{5}=11$

이므로 $E(\overline{X})=m=11$

주어진 5개의 자료의 분산은

$\dfrac{(-3)^2+(-2)^2+0+1^2+4^2}{5}=\dfrac{30}{5}=6$

이므로 $V(\overline{X})=\dfrac{\sigma^2}{24}=6$

$\sigma^2=144 \quad \therefore\ \sigma=12$

$\therefore\ m+\sigma=11+12=23$

정답 : 23

07.9B

050

어느 회사에서는 두 종류의 막대 모양 과자 A, B를 생산하고 있다. 과자 A의 길이의 분포는 평균 m, 표준편차 σ_1인 정규분포이고, 과자 B의 길이의 분포는 평균 $m+25$, 표준편차 σ_2인 정규분포이다. 과자 A의 길이가 $m+10$ 이상일 확률과 과자 B의 길이가 $m+10$ 이하일 확률이 같을 때, $\dfrac{\sigma_2}{\sigma_1}$의 값은?

① $\dfrac{3}{2}$ ② 2 ③ $\dfrac{5}{2}$ ④ 3 ⑤ $\dfrac{7}{2}$

HINT▸▸

표준정규분포화시 $Z=\dfrac{X-m}{\sigma}$의 공식을 쓴다.

과자 A의 길이 X가 $m+10$ 이상일 확률은

$$P(X \geqq m+10)=P\left(Z \geqq \frac{10}{\sigma_1}\right)$$

과자 B의 길이 Y가 $m+10$ 이하일 확률은

$$P(Y \leqq m+10)=P\left(Z \leqq \frac{-15}{\sigma_2}\right)$$

이 때, $P\left(Z \geqq \dfrac{10}{\sigma_1}\right)=P\left(Z \leqq \dfrac{-15}{\sigma_2}\right)$이므로

$\dfrac{10}{\sigma_1}=\dfrac{15}{\sigma_2}$

$\therefore\ \dfrac{\sigma_2}{\sigma_1}=\dfrac{15}{10}=\dfrac{3}{2}$

정답 : ①

07.수능B

051

두 연속확률변수 X, Y에 대하여 폐구간 $[0, 1]$에서 두 함수 $G(x)$, $H(x)$를 각각 $G(x)=P(X>x)$, $H(x)=P(Y>x)$로 정의할 때, 함수 $G(x)$는 $G(x)=-x+1\ (0\leq x\leq 1)$이고, 함수 $H(x)$의 그래프의 개형은 다음과 같다.

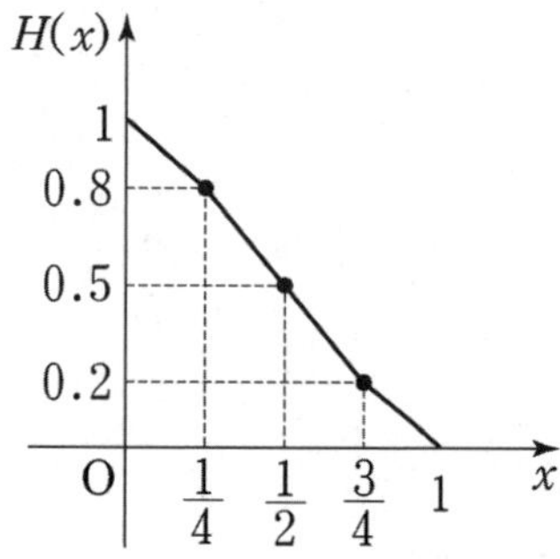

$P(X>k)=P\left(\frac{1}{4}<Y\leq\frac{3}{4}\right)$을 만족시키는 k의 값은?

① $\frac{2}{15}$ ② $\frac{1}{5}$ ③ $\frac{4}{15}$ ④ $\frac{1}{3}$ ⑤ $\frac{2}{5}$

HINT▸▸

$P(a<x\leq b)=p(x>a)-p(x>b)$

$$P(\frac{1}{4}<Y\leq\frac{3}{4})=P(Y>\frac{1}{4})-P(Y>\frac{3}{4})$$
$$=H\left(\frac{1}{4}\right)-H\left(\frac{3}{4}\right)$$
$$=0.8-0.2=0.6$$
$$P(X>k)=G(k)=-k+1=0.6$$
$$\therefore\ k=0.4=\frac{2}{5}$$

정답 : ⑤

09.6B

052

어느 창고에 부품 S가 3개, 부품 T가 2개 있는 상태에서 부품 2개를 추가로 들여왔다. 추가된 부품은 S 또는 T이고, 추가된 부품 중 S의 개수는 이항분포 $B\left(2,\ \frac{1}{2}\right)$을 따른다. 이 7개의 부품 중 임의로 1개를 선택한 것이 T일 때, 추가된 부품이 모두 S였을 확률은?

① $\frac{1}{6}$ ② $\frac{1}{4}$ ③ $\frac{1}{3}$ ④ $\frac{1}{2}$ ⑤ $\frac{3}{4}$

HINT▸▸

이항 확률 공식 ${}_nC_r p^r q^{n-r}$ (단, $q=1-p$)

조건부 확률 $P(A|B)=\dfrac{P(A\cap B)}{P(B)}$

추가된 부품 중 S의 개수를 x라고 하면 $B\left(2,\ \frac{1}{2}\right)$을 따르므로

$P(x=0)={}_2C_0\left(\frac{1}{2}\right)^0\left(\frac{1}{2}\right)^2=\frac{1}{4}$

$P(x=1)={}_2C_1\left(\frac{1}{2}\right)^1\left(\frac{1}{2}\right)^1=\frac{1}{2}$

$P(x=2)={}_2C_2\left(\frac{1}{2}\right)^2=\frac{1}{4}$

7개의 부품 중 임의로 1개를 선택한 것이 T인 사건을 A라 하고

추가된 부품이 모두 S인 사건을 B라고 하면

구하고자 하는 확률을

$$P(B|A)=\frac{P(A\cap B)}{P(A)}$$

$$=\frac{\frac{1}{4}\times\frac{2}{7}}{\frac{1}{4}\times\frac{4}{7}+\frac{1}{2}\times\frac{3}{7}+\frac{1}{4}\times\frac{2}{7}}=\frac{1}{6}$$

정답 : ①

09.9B

053

한 개의 동전을 한 번 던지는 시행을 5 번 반복한다. 각 시행에서 나온 결과에 대하여 다음 규칙에 따라 표를 작성한다.

> (가) 첫 번째 시행에서 앞면이 나오면 △, 뒷면이 나오면 ○를 표시한다.
> (나) 두 번째 시행부터
> (1) 뒷면이 나오면 ○를 표시하고,
> (2) 앞면이 나왔을 때, 바로 이전 시행의 결과가 앞면이면 ○, 뒷면이면 △를 표시한다.

예를 들어 동전을 5번 던져 '앞면, 뒷면, 앞면, 앞면, 뒷면'이 나오면 다음과 같이 표가 작성된다.

시행	1	2	3	4	5
표시	△	○	△	○	○

한 개의 동전을 5번 던질 때 작성되는 표에 표시된 △의 개수를 확률변수 x 라 하자. $\mathrm{P}(\mathrm{X}=2)$ 의 값은?

① $\frac{13}{32}$ ② $\frac{15}{32}$ ③ $\frac{17}{31}$ ④ $\frac{19}{32}$ ⑤ $\frac{21}{32}$

HINT▸▸

수형도를 이용하여 구해보자.

동전의 앞면이 나오는 사건을 H, 뒷면이 나오는 사건을 T라고 하자.
이 때, H가 올 수 있는 자리를 ●라고 하자.

(ㄱ). H가 2번, T가 3번인 경우
H 2개가 이웃하지 않으므로
●T●T●T●가 되어 ${}_4C_2=6$가지이다.

(ㄴ). H가 3번, T가 2번인 경우
H 2개는 이웃하고 나머지 H 1개는 이웃하지 않으므로
●T●T●이므로 ${}_3P_2=6$가지이다.

(ㄷ). H가 4번, T가 1번 인 경우
H가 2개씩 이웃할 때 :
●T●에서 ${}_2C_2=1$
H가 3개씩 이웃하고 나머지 하나는 이웃하지 않을 때
●T●에서 ${}_2P_2=2$

$\therefore P(X=2)=\frac{6+6+1+2}{2^5}=\frac{15}{32}$

정답 : ②

10.9B

054

두 사람 A와 B가 각각 주사위를 한 개씩 동시에 던지는 시행을 한다. 이 시행에서 나온 두 주사위의 눈의 수의 차가 3보다 작으면 A가 1점을 얻고, 그렇지 않으면 B가 1점을 얻는다. 이와 같은 시행을 15회 반복할 때, A가 얻는 점수의 합의 기댓값과 B가 얻는 점수의 합의 기댓값의 차는?

① 1　② 3　③ 5　④ 7　⑤ 9

HINT ▸▸

이항분포 $B(n,\ p)$에서

$E(X)=np,\ \ V(X)=npq$ (단, $q=1-p$)

A와 B가 각각 주사위를 한 개씩 동시에 던지는 시행을 통하여 얻은 주사위의 눈의 수를 각각 $a,\ b$라 할 때,

$|a-b|<3$인 경우의 수는

$a=1$일 때 $b=1,\ 2,\ 3$

$a=2$일 때 $b=1,\ 2,\ 3,\ 4$

$a=3$일 때 $b=1,\ 2,\ 3,\ 4,\ 5$

$a=4$일 때 $b=2,\ 3,\ 4,\ 5,\ 6$

$a=5$일 때 $b=3,\ 4,\ 5,\ 6$

$a=6$일 때 $b=4,\ 5,\ 6$

의 24(가지)이다.

그러므로 한 번의 시행에서 A가 1점을 얻을 확률은

$\dfrac{24}{36}=\dfrac{2}{3}$

B가 1점을 얻을 확률은 $\dfrac{1}{3}$

15번의 시행에서 A가 얻는 점수를 확률변수 X, B가 얻는 점수를 확률변수 Y라 하면 X는 이항분포

$\mathrm{B}\left(15,\ \dfrac{2}{3}\right)$, Y는 이항분포 $\mathrm{B}\left(15,\ \dfrac{1}{3}\right)$을 따른다.

$\therefore\ \mathrm{E}(X)=15\times\dfrac{2}{3}=10$

$\quad\ \mathrm{E}(Y)=15\times\dfrac{1}{3}=5$

$\therefore\ |\mathrm{E}(X)-\mathrm{E}(Y)|=5$

정답 : ③

07.9B

055

어느 학교의 체육대회에서 학급 대항 멀리뛰기 시합을 하는데, 각 학급에서 임의추출한 학생 4명의 멀리뛰기 기록에 대한 표본평균 $\overline{X}$가 상수 L보다 크면 이 학급은 예선을 통과한 것으로 한다. 어느 학급 학생들의 멀리뛰기 기록은 평균 196.8, 표준편차 10인 정규분포를 따른다고 한다. 이 학급이 예선을 통과할 확률이 0.8770일 때, 상수 L의 값을 다음 표준정규분포표를 이용하여 구한 것은? (단, 멀리뛰기 기록의 단위는 cm이다.)

z	$\mathrm{P}(0 \leq Z \leq z)$
1.07	0.3577
1.16	0.3770
1.18	0.3810
1.27	0.3980

① 190 ② 191 ③ 192 ④ 193 ⑤ 194

HINT▸▸

표준화 정규분포 확률변수

$Z=\dfrac{X-m}{\sigma}$, $Z=\dfrac{\overline{X}-m}{\dfrac{\sigma}{\sqrt{n}}}$ (표본평균의 경우)

주어진 학급의 멀리뛰기 기록은

정규분포 $\mathrm{N}(196.8,\ 10^2)$을 따르므로 4명의 표본

평균 $\overline{X}$는 정규분포 $\mathrm{N}\left(196.8,\ \dfrac{10^2}{4}\right)$

즉, $\mathrm{N}(196.8,\ 5^2)$을 따른다.

이 학급이 예선을 통과할 확률이 0.8770이므로

$$\begin{aligned}&\mathrm{P}(\overline{X}>L)\\&=\mathrm{P}\left(\frac{\overline{X}-196.8}{5}>\frac{L-196.8}{5}\right)\\&=\mathrm{P}\left(Z>\frac{L-196.8}{5}\right)\\&=0.8770\end{aligned}$$

한편, 표준정규분포표를 이용하면

$$\begin{aligned}\mathrm{P}(Z>-1.16)&=\mathrm{P}(-1.16<Z<0)+\mathrm{P}(Z>0)\\&=\mathrm{P}(0<Z<1.16)+0.5\\&=0.3770+0.5\\&=0.8770\end{aligned}$$

이므로

$$\frac{L-196.8}{5}=-1.16$$

$\therefore\ L=191$

정답 : ②

07.수능B

056

어느 회사의 전체 신입 사원 1000명을 대상으로 신체검사를 한 결과, 키는 평균 m, 표준편차 10인 정규분포를 따른다고 한다. 전체 신입 사원 중에서 키가 177 이상인 사원이 242명이었다. 전체 신입 사원 중에서 임의로 선택한 한 명의 키가 180 이상일 확률을 오른쪽 표준정규분포표를 이용하여 구한 것은? (단, 키의 단위는 cm이다.)

z	$P(0 \leq Z \leq z)$
0.7	0.2580
0.8	0.2881
0.9	0.3159
1.0	0.3413

① 0.1587 ② 0.1841 ③ 0.2119
④ 0.2267 ⑤ 0.2420

HINT▸▸

표준화 정규분포 확률변수 $Z=\dfrac{X-m}{\sigma}$

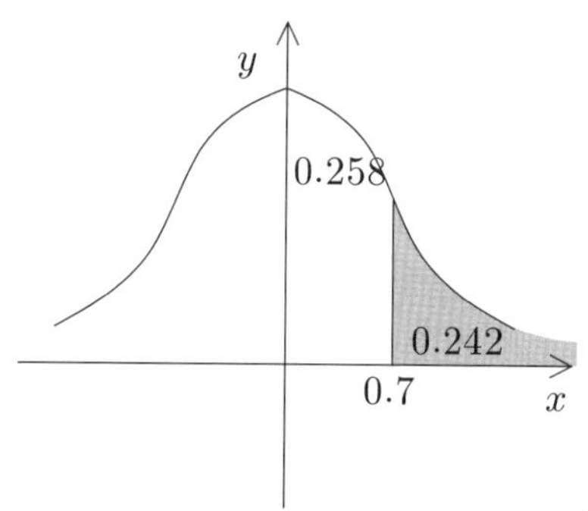

신입사원의 키를 확률변수 X 라고 하면 X 는 정규분포 $N(m, 10^2)$ 을 따른다.

$$P(X \geq 177) = P\left(Z \geq \frac{177-m}{10}\right) = 0.242$$

$$P\left(0 \leq Z \leq \frac{177-m}{10}\right) = 0.5 - 0.242 = 0.258$$

이므로

$\dfrac{177-m}{10} = 0.7$ 에서

$m = 170$

$$\therefore\ P(X \geq 180) = P\left(Z \geq \frac{180-170}{10}\right) = P(Z \geq 1) = 0.5 - P(0 \leq Z \leq 1) = 0.5 - 0.3413 = 0.1587$$

정답 : ①

07.수능B

057

어느 고등학교에서 오전 8시 이전에 등교하는 학생의 비율 p를 알아보기 위하여, 어느 날 이 학교 학생 중에서 300명을 임의추출하여 오전 8시 이전에 등교한 학생의 표본비율 $\hat{p}$을 구하였다. 표본비율 $\hat{p}$을 이용하여 구한 비율 p에 대한 신뢰도 95%의 신뢰구간이 $[0.701, 0.799]$일 때, 임의추출된 300명의 학생 중에서 오전 8시 이전에 등교한 학생의 수를 구하시오.
(단, Z가 표준정규분포를 따를 때, $\mathrm{P}(|Z| \leq 1.96) = 0.95$이다.)

HINT ▸▸

신뢰구간의 평균은 전체의 평균이 된다.

$x - k \cdot \dfrac{\sigma}{\sqrt{n}} \leq x \leq x + k \cdot \dfrac{\sigma}{\sqrt{n}}$의 꼴에서 부등호 좌우를 더하면 평균 m이 나온다는 것이다.

모비율 p에 대한 신뢰구간

$$\left[\hat{p} - 1.96\sqrt{\frac{\hat{p}(1-\hat{p})}{300}},\ \hat{p} + 1.96\sqrt{\frac{\hat{p}(1-\hat{p})}{300}}\right]$$

이 때, 주어진 신뢰구간이 $[0.701,\ 0.799]$이므로 신뢰구간의 양끝 값을 더하면

$2\hat{p} = 0.701 + 0.799$

$\therefore \hat{p} = 0.75$

300명의 학생 중에서 오전 8시 이전에 등교한 학생수를 X라 하면 $\hat{p} = \dfrac{X}{300}$이므로

$$\frac{X}{300} = 0.75$$

$\therefore X = 225$

정답 : 225

08.9B

058

어떤 모집단의 분포가 정규분포 $\mathrm{N}(m,\ 10^2)$을 따르고, 이 정규분포의 확률밀도함수 $f(x)$의 그래프와 구간별 확률은 아래와 같다.

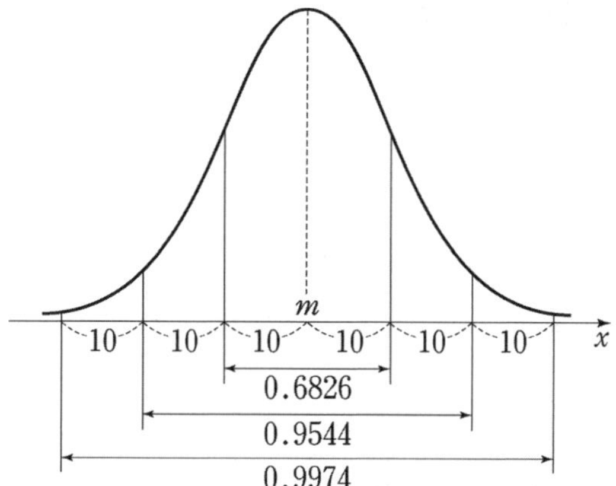

확률밀도함수 $f(x)$는 모든 실수 x에 대하여

$$f(x)=f(100-x)$$

를 만족한다. 이 모집단에서 크기 25인 표본을 임의추출할 때의 표본평균을 $\overline{X}$라 하자.

$\mathrm{P}(44 \leqq \overline{X} \leqq 48)$의 값은?

① 0.1359 ② 0.1574 ③ 0.1965
④ 0.2350 ⑤ 0.2718

HINT▸▸

표준화 정규분포 확률변수

$$Z=\frac{X-m}{\sigma} \text{ 혹은 } Z=\frac{\overline{X}-m}{\frac{\sigma}{\sqrt{n}}}$$

확률밀도함수 $f(x)$가 $f(x)=f(100-x)$이므로 $f(x)$는 $x=50$에 대하여 대칭이다. 따라서 평균 $m=50$이고 표본평균 $\overline{X}$는 평균이 50이고 표준편차가

$\frac{10}{\sqrt{25}}=2$인 정규분포를 따른다.

$$\therefore P(44 \leqq \overline{X} \leqq 48)$$
$$=P\left(\frac{44-50}{2} \leqq Z \leqq \frac{48-50}{2}\right)$$
$$=P(-3 \leqq Z \leqq -1)$$

한편 주어진 그래프에서 구간별 확률은

$P(-1 \leqq Z \leqq 1)=0.6826$

$P(-3 \leqq Z \leqq 3)=0.9974$

이므로

$$P(-3 \leqq Z \leqq -1)$$
$$=P(0 \leqq Z \leqq 3)-P(0 \leqq Z \leqq 1)$$
$$=\frac{0.9974}{2}-\frac{0.6826}{2}=0.1574$$

정답 : ②

08.9B

059

모집단 A는 정규분포 $\mathrm{N}(\mathrm{m}_1, \sigma^2)$을 따르고, 모집단 B는 정규분포 $\mathrm{N}\left(\mathrm{m}_2, \left(\frac{\sigma}{2}\right)^2\right)$을 따른다. 모집단 A에서 크기 n_1, 모집단 B에서 크기 n_2인 표본을 각각 임의추출할 때의 표본평균을 각각 $\overline{X_A}$, $\overline{X_B}$라 하자. 〈보기〉에서 옳은 것만을 있는 대로 고른 것은? (단, n_1, n_2는 1보다 큰 자연수이다.)

〈보 기〉

ㄱ. $m_1 = m_2$이면 $\mathrm{E}(\overline{\mathrm{X}_\mathrm{A}}) = \mathrm{E}(\overline{\mathrm{X}_\mathrm{B}})$이다.

ㄴ. 표본평균 $\overline{X_B}$는 정규분포 $\mathrm{N}\left(\mathrm{m}_2, \left(\frac{\sigma}{2}\right)^2\right)$을 따른다.

ㄷ. $n_1 = 4n_2$일 때, m_1에 대한 신뢰도 95%의 신뢰구간이 $[a, b]$이고, m_2에 대한 신뢰도 95%의 신뢰구간이 $[c, d]$이면, $b-a=d-c$이다.

① ㄱ ② ㄷ ③ ㄱ, ㄷ
④ ㄴ, ㄷ ⑤ ㄱ, ㄴ, ㄷ

HINT▸▸

신뢰구간의 크기 : $2 \times k \times \frac{\sigma}{\sqrt{n}}$

ㄱ. 〈참〉
$\mathrm{E}(\overline{X_A}) = m_1$, $\mathrm{E}(\overline{X_B}) = m_2$이므로
$m_1 = m_2$이면 $\mathrm{E}(\overline{X_A}) = \mathrm{E}(\overline{X_B})$이다.

ㄴ. 〈거짓〉
표본평균 $\overline{X_B}$의 표준편차는 $\dfrac{\frac{\sigma}{2}}{\sqrt{n_2}}$

즉, $\frac{\sigma}{2\sqrt{n_2}}\left(\neq \frac{\sigma}{2}\right)$이다.

따라서 $\overline{X_B}$는 정규분포 $\mathrm{N}\left(m_2, \left(\frac{\sigma}{2\sqrt{n_2}}\right)^2\right)$을 따른다.

ㄷ. 〈참〉
m_1에 대한 신뢰도 95%의 신뢰구간의 폭은

$$b-a = 2 \times 1.96 \times \frac{\sigma}{\sqrt{n_1}}$$

이고, m_2에 대한 신뢰도 95%의 신뢰구간의 폭은

$$d-c = 2 \times 1.96 \times \frac{\sigma}{2\sqrt{n_2}}$$

따라서 $n_1 = 4n_2$이면

$\frac{\sigma}{\sqrt{n_1}} = \frac{\sigma}{\sqrt{4n_2}} = \frac{\sigma}{2\sqrt{n_2}}$가 되어

$b-a=d-c$ 이다.

이상에서 옳은 것은 ㄱ, ㄷ이다.

정답 : ③

08.수능B

060

확률변수 X와 Y는 평균이 모두 0이고 분산이 각각 σ^2과 $\frac{\sigma^2}{4}$인 정규분포를 따르고, 확률변수 Z는 표준정규분포를 따른다. 두 양수 a와 b에 대하여 $P(|X| \leq a) = P(|Y| \leq b)$ 일 때, 옳은 것만을 〈보기〉에서 있는 대로 고른 것은?

〈보 기〉

ㄱ. $a > b$

ㄴ. $P\left(Z > \frac{2b}{\sigma}\right) = P\left(Y > \frac{a}{2}\right)$

ㄷ. $P(Y \leq b) = 0.7$일 때, $P(|X| \leq a) = 0.3$이다.

① ㄱ ② ㄴ ③ ㄱ, ㄴ
④ ㄴ, ㄷ ⑤ ㄱ, ㄴ, ㄷ

HINT▸▸

표준화 정규분포 확률변수

$Z = \frac{X-m}{\sigma}$ 혹은 $Z = \frac{\overline{X}-m}{\frac{\sigma}{\sqrt{n}}}$

$P(|X| \leq a) = P\left(\left|\frac{X-0}{\sigma}\right| \leq \frac{a-0}{\sigma}\right)$

$= P\left(|Z| \leq \frac{a}{\sigma}\right)$

$P(|Y| \leq b) = P\left(\left|\frac{Y-0}{\sigma/2}\right| \leq \frac{b-0}{\sigma/2}\right)$

$= P\left(|Z| \leq \frac{2b}{\sigma}\right)$

이므로 주어진 조건에서

$P(|X| \leq a) = P(|Y| \leq b)$이면 $a = 2b$임을 알 수 있다.

ㄱ. 〈참〉

a, b는 양수이므로 $a = 2b > b$

ㄴ. 〈참〉

우변을 Z의 식으로 변형시켜보자.

$P\left(Y > \frac{a}{2}\right) = P\left(\frac{Y-0}{\sigma/2} \geq \frac{b-0}{\sigma/2}\right) = P\left(Z > \frac{2b}{\sigma}\right)$

ㄷ. 〈거짓〉

$P(Y > b) = 1 - P(Y \leq b) = 0.3$에서,

$P(|Y| \leq b) = 1 - 2P(Y > b) = 1 - 2 \times 0.3 = 0.4$

$\therefore P(|X| \leq a) = P(|Y| \leq b) = 0.4$

($\because$ 주어진 조건)

따라서 ㄱ, ㄴ만 참이다.

정답 : ③

08.수능B

061

어떤 모집단에서 임의로 100명을 추출하여 구한 모비율에 대한 신뢰도 95%의 신뢰구간이 $\left[\frac{1}{10}-c,\ \frac{1}{10}+c\right]$이었다. 같은 모집단에서 n명을 임의로 추출하여 구한 모비율에 대한 신뢰도 95%의 신뢰구간이 $\left[\frac{1}{9}-s(n),\ \frac{1}{9}+s(n)\right]$이고 $s(n)=\frac{50}{81}c$ 이다. n의 값을 구하시오.

HINT▸▸

신뢰구간의 길이

: $2k\cdot\frac{\sigma}{\sqrt{n}}$ 혹은 $2k\cdot\sqrt{\frac{\overline{p}(1-\overline{p})}{\sqrt{n}}}$

두 번째로 구한 모비율에 따르면 $p=\frac{1}{9}$이 된다.

100명 추출에 대한 신뢰도 95%의 신뢰구간의 길이가

$$2c=2\times1.96\times\sqrt{\frac{\frac{1}{10}\times\frac{9}{10}}{100}}=2\times1.96\times\frac{3}{100}$$

이고, n명 추출에 대한 신뢰도 95%의 신뢰구간의 길이가

$$2s(n)=2\times1.96\times\sqrt{\frac{\frac{1}{9}\times\frac{8}{9}}{n}}=2\times1.96\times\frac{2\sqrt{2}}{9\sqrt{n}}$$

인데,

$s(n)=\frac{50}{81}c$에서

$$\frac{2\sqrt{2}}{9\sqrt{n}}=\frac{50}{81}\times\frac{3}{100}\quad\therefore\sqrt{n}=6\sqrt{8},\ n=288$$

정답 : 288

09.수능B

062

어느 뼈 화석이 두 동물 A와 B 중에서 어느 동물의 것인지 판단하는 방법 가운데 한 가지는 특정 부위의 길이를 이용하는 것이다. 동물 A의 이 부위의 길이는 정규분포 $\mathrm{N}(10,\ 0.4^2)$을 따르고, 동물 B의 이 부위의 길이는 정규분포 $\mathrm{N}(12,\ 0.6^2)$을 따른다. 이 부위의 길이가 d 미만이면 동물 A의 화석으로 판단하고, d 이상이면 동물 B의 화석으로 판단한다. 동물 A의 화석을 동물 A의 화석으로 판단할 확률과 동물 B의 화석을 동물 B의 화석으로 판단할 확률이 같아지는 d의 값은? (단, 길이의 단위는 cm이다.)

① 10.4 ② 10.5 ③ 10.6
④ 10.7 ⑤ 10.8

HINT▸▸

표준화 정규분포 확률변수 $Z=\dfrac{X-m}{\sigma}$

동물 A의 이 부위의 길이를 확률변수 X,
동물 B의 이 부위의 길이를 확률변수 Y라 하자.
동물 A의 화석을 동물 A의 화석으로 판단할 확률은

$\mathrm{P}(X<d)=\mathrm{P}\left(Z<\dfrac{d-10}{0.4}\right)$ …… ㉠

동물 B의 화석을 동물 B의 화석으로 판단할 확률은

$\mathrm{P}(Y\geq d)=\mathrm{P}\left(Z\geq\dfrac{d-12}{0.6}\right)$ …… ㉡

㉠, ㉡이 같아야 하므로

$\dfrac{d-10}{0.4}+\dfrac{d-12}{0.6}=0$

$\dfrac{d-10}{0.4}=-\dfrac{d-12}{0.6}$, $0.6d-6=-0.4d+4.8$

$\therefore\ d=10.8$

정답 : ⑤

10.수능B

063

도시 A에서 임의로 추출한 100명을 대상으로 가장 안전하다고 생각하는 교통수단을 조사한 결과, 고속버스를 택한 사람이 20명이었다. 이 결과를 이용하여 고속버스를 택한 사람의 비율에 대한 신뢰도 95%의 신뢰구간을 구하였더니 $[a,\ b]$이었다. 도시 B에서 임의로 추출한 n명을 대상으로 고속버스가 가장 안전한 교통수단이라고 생각하는 사람의 비율에 대한 신뢰도 95%의 신뢰구간을 구하려고 한다. 이 신뢰구간의 최대 허용 표본오차가 $\dfrac{b-a}{2}$ 이하가 되도록 하는 n의 최솟값을 구하시오.

HINT▸▸

95% 신뢰구간

$\left[\overline{X}-1.96\times\dfrac{\sigma}{\sqrt{n}},\ \overline{X}+1.96\times\dfrac{\sigma}{\sqrt{n}}\right]$ 혹은

$\left[\overline{P}-1.96\sqrt{\dfrac{\overline{P}(1-\overline{P})}{n}},\ \overline{P}+1.96\sqrt{\dfrac{\overline{P}(1-\overline{P})}{n}}\right]$

최대허용표본오차 : 신뢰도 95% 일때 $1.96\sqrt{\dfrac{1}{4n}}$

도시 A에서 고속버스를 택한 사람의 비율에 대한 신뢰도 95%의 신뢰구간은 표본비율이 $\dfrac{20}{100}=0.2$이므로

$\left[0.2-1.96\sqrt{\dfrac{0.2\times0.8}{100}},\right.$

$\left.0.2+1.96\sqrt{\dfrac{0.2\times0.8}{100}}\right]$

$=[0.2-0.0784,\ 0.2+0.0784]$

$\therefore\ b-a=2\times0.0784=0.1568$

또한, 도시 B에서 고속버스를 택한 사람의 비율에 대한 신뢰도 95%의 신뢰구간의 최대 허용 표본오차는

$1.96\sqrt{\dfrac{1}{4n}}$ 이므로 $1.96\sqrt{\dfrac{1}{4n}}\leq\dfrac{b-a}{2}$,

$1.96\sqrt{\dfrac{1}{4n}}\leq0.0784$, $\sqrt{\dfrac{1}{4n}}\leq0.04$,

$\dfrac{1}{4n}\leq0.0016$, $4n\geq\dfrac{1}{0.0016}$, $4n\geq625$

$\therefore\ n\geq156.25$

n은 사람 수이므로 n의 최솟값은 157이다.

정답 : 157

09.수능B

064

어느 공장에서 생산되는 병의 내압강도는 정규분포 $\mathrm{N}(m,\ \sigma^2)$ 을 따르고, 내압강도가 40 보다 작은 병은 불량품으로 분류한다. 이 공장의 공정능력을 평가하는 공정능력지수 G 는

$$G=\frac{m-40}{3\sigma}$$

으로 계산한다. $G=0.8$일 때, 임의 추출한 한 개의 병이 불량품일 확률을 다음 표준정규분포표를 이용하여 구한 것은?

〈표준정규분포표〉

z	$\mathrm{P}(0\leq Z\leq z)$
2.2	0.4861
2.3	0.4893
2.4	0.4918
2.5	0.4938

① 0.0139 ② 0.0107 ③ 0.0082
④ 0.0062 ⑤ 0.0038

HINT▸▸

표준화 정규분포 확률변수 $Z=\dfrac{X-m}{\sigma}$

$\dfrac{m-40}{3\sigma}=0.8$에서 표준화 정규분포 확률변수 형태로 고치면 $-\dfrac{(40-m)}{\sigma}=2.4$

$$\frac{40-m}{\sigma}=-2.4$$

공장에서 생산하는 병의 내압강도를 확률변수 X라 하면 임의로 추출한 한 개의 병이 불량품일 확률은

$$\begin{aligned}\mathrm{P}(X<40)&=\mathrm{P}\left(Z<\frac{40-m}{\sigma}\right)\\&=\mathrm{P}(Z<-2.4)\ (\because ㉠)\\&=0.5-\mathrm{P}(0\leq Z\leq 2.4)\\&=0.5-0.4918=0.0082\end{aligned}$$

정답 : ③

10.9B

065

평균이 m이고 표준편차가 5인 정규분포를 따르는 모집단이 있다. 어느 조사에서 크기 n인 표본을 임의추출하여 얻은 모평균에 대한 신뢰도 95%의 신뢰구간이 $[a,b]$일 때, 조사비용과 추정의 정확도에 따른 수익이 다음과 같다고 한다.

비용: $10n$, 수익: $10^{\frac{2}{b-a}}$

n이 100의 배수일 때, 수익이 비용보다 크게 되는 n의 최솟값을 다음 표를 이용하여 구한 것은? (단, Z가 표준정규분포를 따르는 확률변수일 때, $P(0 \leq Z \leq 1.96) = 0.4750$이다.)

n	$\frac{\sqrt{n}}{1+\log n}$
1600	9.51
1700	9.75
1800	9.97
1900	10.19
2000	10.40

① 1600 ② 1700 ③ 1800 ④ 1900 ⑤ 2000

HINT▸▸

신뢰구간 : $2k \cdot \frac{\sigma}{\sqrt{n}}$

$\log_a b = x \Leftrightarrow a^x = b$

$n\log_a b = \log_a b^n$

$\log_a a = 1$

$\log_c a + \log_c b = \log_c ab$

신뢰도 95%의 신뢰구간이 $[a,\ b]$이므로

$b-a = 2 \times 1.96 \times \frac{5}{\sqrt{n}}$

$\frac{b-a}{2} = \frac{9.8}{\sqrt{n}}$ …… ㉠

한편, 수익이 비용보다 크게 되려면

$(\text{수익})-(\text{비용}) = 10^{\frac{2}{b-a}} - 10n > 0$

$10^{\frac{2}{b-a}} > 10n$

위의 식의 양변에 상용로그를 취하면

$\frac{2}{b-a} > 1+\log n$

$\therefore\ \frac{b-a}{2} < \frac{1}{1+\log n}$ …… ㉡

㉠, ㉡에서

$\frac{9.8}{\sqrt{n}} < \frac{1}{1+\log n}$, $9.8 < \frac{\sqrt{n}}{1+\log n}$

n이 100의 배수이므로

(i) $n = 1700$일 때, $\frac{\sqrt{n}}{1+\log n} = 9.75$

(ii) $n = 1800$일 때, $\frac{\sqrt{n}}{1+\log n} = 9.97$

따라서 수익이 비용보다 크게 되는 n의 최솟값은 1800이다.

정답 : ③

10.수능B

066

우리나라 성인을 대상으로 특정 질병에 대한 항체 보유 비율을 조사하려고 한다. 모집단의 항체 보유 비율을 p, 모집단에서 임의로 추출한 n명을 대상으로 조사한 표본의 항체 보유 비율을 $\hat{p}$이라고 할때, $|\hat{p}-p| \le 0.16\sqrt{\hat{p}(1-\hat{p})}$ 일 확률이 0.9544이상이 되도록 하는 n의 최솟값을 구하시오.
(단, Z가 표준 정규분포를 따르는 확률변수일 때, $P(0 \leqq Z \leqq 2) = 0.4772$이다.)

HINT▸▸

표준화 정규분포 확률변수

$Z = \dfrac{\overline{X}-m}{\dfrac{\sigma}{\sqrt{n}}}$에서 확률로 표현을 바꾸면

$\overline{X} = \overline{p}$, $m = p$, $\dfrac{\sigma}{\sqrt{n}} = \sqrt{\dfrac{pq}{n}}$ 가 된다.

즉, $Z = \dfrac{\overline{p}-p}{\sqrt{\dfrac{pq}{n}}}$가 된다.

$P(-2 \leqq Z \leqq 2) = 0.9544$이므로

$Z = \dfrac{\hat{p}-p}{\sqrt{\dfrac{pq}{n}}}$라 놓으면 문제의 조건을 변형하여

$-0.16\sqrt{n} \leqq Z = \dfrac{\hat{p}-p}{\sqrt{\dfrac{pq}{n}}} \leqq 0.16\sqrt{n}$ 의 꼴이 되어 범위의 양 끝값인 $\pm 0.16\sqrt{n}$의 절대값이 2보다 커지면 되므로

$0.16\sqrt{n} \geqq 2$

$\sqrt{n} \geqq \dfrac{2}{0.16}$

$\therefore n \geqq 156.25$가 되므로 n의 최소값은 157이 된다.

정답 : 157

11.9B

067

어느 지역 학생들의 1일 인터넷 사용시간 X는 평균이 m분, 표준편차가 30분인 정규분포를 따른다. 이 지역 학생들을 대상으로 9명을 임의추출하여 조사한 1일 인터넷 사용시간의 표본평균을 $\overline{X}$라 하자. 함수 $G(k)$, $H(k)$를

$$G(k)=P(X \leq m+30k)$$
$$H(k)=P(\overline{X} \geq m-30k)$$

라 할 때, 옳은 것만을 〈보기〉에서 있는 대로 고른 것은?

〈보 기〉

ㄱ. $G(0)=H(0)$
ㄴ. $G(3)=H(1)$
ㄷ. $G(1)+H(-1)=1$

① ㄱ　② ㄷ　③ ㄱ, ㄴ
④ ㄴ,ㄷ　⑤ ㄱ, ㄴ, ㄷ

HINT▸▸

X와 $\overline{X}$를 구분하자.
X는 모집단에서의 변량이고, $\overline{X}$는 표본평균이다.

X는 정규분포 $N(m, 30^2)$을 따르므로
크기가 9인 표본평균 $\overline{X}$에 대하여

$$E(\overline{X})=m,\ \sigma(\overline{X})=\frac{30}{\sqrt{9}}=10$$

따라서, $\overline{X}$는 정규분포 $N(m, 10^2)$을 따른다.

$$G(k)=P(X \leq m+30k)$$
$$=P\left(Z \leq \frac{m+30k-m}{30}\right)=P(Z \leq k)$$
$$H(k)=P(\overline{X} \geq m-30k)$$
$$=P\left(Z \geq \frac{m-30k-m}{10}\right)$$
$$=P(Z \geq -3k)$$

ㄱ. 〈참〉

$$G(0)=P(Z \leq 0)=0.5$$
$$H(0)=P(Z \geq 0)=0.5$$
$$\therefore\ G(0)=H(0)$$

ㄴ. 〈참〉

$$G(3)=P(Z \leq 3)=0.5+P(0 \leq Z \leq 3)$$
$$H(1)=P(Z \geq -3)=P(-3 \leq Z \leq 0)+0.5$$
$$=P(0 \leq Z \leq 3)+0.5$$
$$\therefore\ G(3)=H(1)$$

ㄷ. 〈거짓〉

$G(1)=P(Z \leq 1)$, $H(-1)=P(Z \geq 3)$

이므로

$$G(1)+H(-1)=P(Z \leq 1)+P(Z \geq 3)$$
$$=1-P(1 \leq Z \leq 3)$$

$P(1 \leq Z \leq 3)>0$ 이므로

$$G(1)+H(-1)<1$$

따라서 보기 중 옳은 것은 ㄱ, ㄴ이다.

정답 : ③

068 **한 번에 이해하려고 하지 마라. 한 번에 이해하려고 하면 그 과욕으로 인해 우리는 좌절하고 실망하고 심지어는 분노하게 되는 것이다. '나누어 이해하라.'**

---

069 **"언젠가는, 언젠가는 완벽하게 외워진다. 언젠가는, 언젠가는 이해가 된다."** 그렇게 믿고 넘어가자. 그리고 꾸준히 복습하라.

---

070 **'먼저 외우고, 나중에 이해한다' 라는 개념을 아는 것도 중요하다.** 어려운 부분을 여러 번 반복하다 보면 아직 이해는 되지 않았는데 암기부터 되어버리는 것이다. 이것도 아주 좋은 공부방법이다. 차차 이해와 암기는 그 선후가 중요하지 않다는 것을 깨닫게 되리라.

---

071 중간 중간 단위를 끊어서 복습하라. 학교 시험범위를 기준으로 삼아도 좋지만 책의 분량을 3-4개 정도로 나누어 보아라. 분량이 정해지면 제1단위가 4-5회 정도 복습되면 서서히 그 다음 제2단위를 시작해도 좋다. 다시 제2단위가 4-5회 되면 다시 제3단위를 시작하자.

---

072 어느 수학책이던지 제일 처음에는 개념이나 기본공식 그리고 이런 것들을 이용하는 아주 기초적인 문제가 나오기 마련이다. 이런 부분을 나갈 때 다독의 원리를 시험해보자.

073

어떤 부분의 경우 기본개념인데도 정말 어렵게 느껴지는 점이 있을 수 있다. 한 번에 이해하려고 하지 마라. **한 번에 이해하려고 하면 그 과욕으로 인해 우리는 좌절하고 실망하고 심지어는 분노하게 되는 것이다.**

074

어려운 개념이 있을 때는 그 부분에 줄을 치던지 혹은 체크 표시를 하고 잠시만 기다려 보아라. '몇 번 더 보지' 생각하면서 편하게 넘어가되, 바로 넘어가지 말고 **아주 약간은 더 쳐다보아라. 왼손을 대고 마음속으로 2번, 3번 더 본 후에 넘어가자.**

075

단순한 암기를 할 때는 나누어서 외운다는 것에 다들 익숙하지 않은가? **새로 전화번호를 바꾼 친구들은 자신의 휴대폰 번호를 외우려고 목숨을 걸진 않는다. 몇 번 확인하고 남에게 가르쳐주다 보면 얼마 지나지 않아 저절로 외워진다! 수학 공식을 이해하는 데도 이와 같은 자세를 가지면 얼마 지나지 않아 외우게 된다는 것이 그리도 의심할 만한 것일까? '믿어라. 편하게 믿어보아라.'**

076

많은 학생들이 정독의 도그마에 쩔어서 해답지는 반드시 아주아주 나중에 보아야 한다고 생각한다. 해답지를 펼쳐놓고 풀어라. 항상 해답을 확인하여라. 한 번 풀고 말 거면 모르지만 어차피 여러 번 풀 예정이다.

077 **해답지에도 줄을 치고 체크를 해 놓아라.** 어려운 문제일수록 또 해답의 길이가 길면 길수록 이런 체크가 중요하다. **복습을 할 경우에는 내가 모르는 부분이 대략 어디쯤 있는지 필요한 부분을 신속하게 찾는데 큰 효과가 있다.**

078 써클1, 2, 3 라고 이름 붙인 것은 복습하는 단위를 기준으로 삼아서 그 순서대로 번호를 매긴 것에 불과하다. 이러한 구별을 언제 쓰느냐고? 복습위주로 하고 싶으면 써클1을, 예습위주로 공부하고 싶으면 써클3를 이용하라.

079 **자신의 스케줄과 상태를 따져보아서 복습을 많이 했으면 써클 뒤쪽 번호의 공부를, 반대로 예습을 많이 했으면 써클 앞쪽 번호를 복습하라.** 그럼 예 · 복습의 균형이 맞추어 지면서 차분하지만 적당한 호기심으로 가득 찬 자신의 상태에 만족하게 될 것이다.

080 너무 눈에 뜨이면 오히려 외워지지도 않는다. 왜냐고? **어디에 무엇이 있더라 하는 정도의 호기심이라도 들어야 하는데 그 기초적인 호기심조차 무시할 만큼 눈에 띄어서 그렇다.** 따라서 줄칠 때는 샤프를 사용하라.

081 **우리의 지식체계는 끊임없이 변한다. 한 번 줄 치면 그만인 색연필이나 형광펜으로는 변덕스러운 우리의 지식체계의 변화를 표현할 길이 없다는 것이다.**

082 직관적으로 그 문제의 풀이를 이해하는데 큰 도움이 될 수 있는 그래프 등을 샤프로 그려 넣어라. **당연한 이야기지만 그림은 실수해서 다시 그려야 할 경우가 많고 따라서 볼펜이나 형광펜은 이런 점에서 낙제다.**

083 중간 과정이 생략된 해설부분을 보면서 울분을 삼킨 경험은 누구에게나 있다. 이럴 경우 그 부족한 부분을 보충해서 집어넣도록 하라. '샤프를 이용해서'.

084 어려운 문제들을 푸는 것이 시간상 어렵다고 생각하는가? **문제집을 좋은 것으로 잘 골라서 1-2권만 풀 생각을 한다면 또 단순계산은 눈으로 푼다고 생각하면 충분히 시간상 어려운 문제들을 건드릴 수 있다.**

085 **수학은 체계의 학문이라서 어려운 문제만 푼다고 쉬운 문제를 못 풀 가능성이 매우 낮은 법이다. 따라서 어려운 문제들에 도전하라. 단 '나누어 이해하기'를 익히는 것은 필수조건이다.**

086 **어려운 문제들을 골라서 일정한 단위로 만드는 것도 잊지 말자.** 무조건 한 단원 이런 식으로 하지 말고, 난이도와 개수를 기준으로 신중하게 선택하여 단위로 묶는 것은 정말 중요하다.

087 **어려운 부분들로 구성된 단위가 바로 써클3다.** 어려운 문제로 이루어진 만큼 10번 이상의 복습을 상정하고 출발하자. **보통 열번 이상 정도까지는 복습을 해야 '완벽함'이라는 느낌이 들 것이다.**

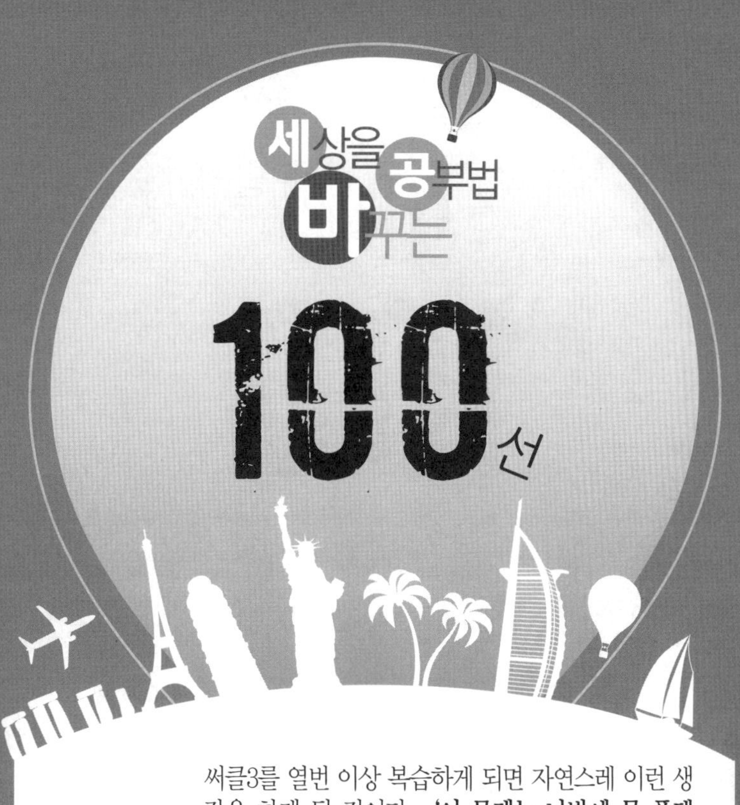

088 써클3를 열번 이상 복습하게 되면 자연스레 이런 생각을 하게 될 것이다. **'이 문제는 나밖에 못 풀텐데', 혹은 '제발 이 어려운 문제가 나와야 하는데'. 당신은 시험을 보기도 전에 그 단위에 있어서만큼은 최고의 수준에 올라선 것이다.** 우리는 이런 단계에 도달하기 위해 공부하는 것이다. 이것이 바로 '완벽함'을 추구하는 다독방식의 장점이 아니겠는가?

089 **빠른 속도로 복습하다 보면 어떤 진실, 어떤 단어, 어떤 공식, 어떤 유형들이 머릿속에 빠른 속도로 들어가고 또 당연히 필요한 순간 빠른 속도로 튀어나오기 마련이다. 따라서 빠른 복습은 응용력향상의 필수조건이다.**

090 빠른 속도로 써클 1,2,3를 무한 반복한다면 대부분의 학생들은 자신이 사실 놀랄만큼 '응용력이 있다'는 사실에 경악하게 될 것이다. **따라서 불쌍한 부모님의 유전자를 탓하지 말고 공부방식을 바꾸도록 하라.**

091 **그래프나 그림으로 풀 수도 있는 문제라면 일단은 그래프나 그림으로 풀도록 하라.** 그림이나 그래프는 당연히 **수식이나 공식들 보다 훨씬 직관적이다.** 직관적인 것은 그렇지 못한 것에 비해서 빠른 속도를 수반하는 경우가 많다. 빠른 속도가 얼마나 중요한 지는 두말할 필요도 없다.

092 **그림이나 그래프로 풀 수 있다면, 중간과정에 그림이나 그래프가 있어서 조금이라도 더 편하다면, 반드시 그래프 혹은 그림을 그려 넣도록 하라.**

093 **쓰면서 푸는 것을 자제하라. 10번 복습하면 한두 번만 쓰면서 풀어도 충분하다. 차라리 그 시간에 중요부분을 위주로 계속 복습하라.**

094 수학이 엄청나게 풀리지 않을 경우가 있다. 흐름이 계속 끊긴다. 몇 문제 못 풀었는데 심지어는 단 한 문제인데 풀릴 듯하다가 풀리지 않는다. 과연 무엇이 문제일까? 수학은 모든 학문 중에서 가장 불규칙한 리듬을 사용한다. 아주 빠른 리듬부터 약간 느린 리듬까지 리듬의 변화가 가장 다이내믹하게 펼쳐진다.

095 수학을 잘 하려면 일단 수면 량을 체크해보자. 두뇌가 피곤할 때는 풀리지 않는다. 그 다음으로는 운동량이다. 적당한 운동량이 있어야 더욱 머리가 오래 장시간동안 제 기능을 발휘한다. 셋째로는 예복습의 균형이 맞았는지 점검해 보자.

096 수면이 부족할 경우에는 잠시 낮잠이라도 자고 운동이 부족할 경우에는 가벼운 운동을 해 보자. 예복습의 균형이 맞지 않을 경우에는 복습과 예습의 정도를 살펴서 부족한 부분위주로 공부해보자.

097 수학 문제풀이의 속도를 올리기 위해서는 중요 부분위주로 초점을 맞춰야 한다. 수학의 풀이과정은 중요하거나 어려운 부분과 단순계산 부분으로 나뉘기 마련이다. 단순계산 부분을 무시하라. 아예 없는 것으로 여기도록 하라. 문제 풀이의 흐름, 즉 맥을 이해하는 것이 더 중요하다.

098 혹시라도 계산실수로 틀릴까봐 두려운가? 수학의 어렵고 중요한 부분을 이해하고나면 단순 계산의 영역은 별볼일없는 부분일 뿐이다. 단순계산 부분을 '쓰레기' 라고 여기도록 하라.

099 수학은 요령이고, 요령은 핵심의 암기와 반복이다. 중요한 부분을 체크하고 그 부분을 최소한으로 줄인 후 이를 수도 없이 반복하라.

100 수능이 가까운 수험생의 경우 수학공부 만큼은 단원별로 공부하는 것보다 난이도(점수)별로 공부하는 것을 추천한다. 자신의 현재 수준을 감안하여 난이도별 단원별 목표를 설정하고 그 부분에 집중하자.